Andreas N. Grohmann
Martin Jekel, Andreas Grohmann
Regine Szewzyk, Ulrich Szewzyk

Wasser

Chemie, Mikrobiologie und nachhaltige Nutzung

DE GRUYTER

Autoren

Prof. Dr. Andreas Grohmann
Technische Universität Berlin
Institut für Chemie
Sekr. C 2
Straße des 17. Juni 135
10623 Berlin
andreas.grohmann@tu-berlin.de

Prof. Dr. Andreas Nikolaos Grohmann
Holbeinstr. 17
12203 Berlin
ga@grohmannberlin.de

Prof. Dr.-Ing. Martin Jekel
Technische Universität Berlin
Institut für Technischen Umweltschutz
Sekr. KF 4
Straße des 17. Juni 135
10623 Berlin
martin.jekel@tu-berlin.de

Prof. Dr. rer. nat. Ulrich Szewzyk
Technische Universität Berlin
Institut für Umweltmikrobiologie
Sekr. FR 1–2
Franklinstr. 29
10587 Berlin
urlich.szewzyk@tu-berlin.de

Dr. Regine Szewzyk
Umweltbundesamt
Corrensplatz 1
14195 Berlin
regine.szewzyk@uba.de

Das Buch enthält 77 Abbildungen und 50 Tabellen.

ISBN 978-3-11-021308-9
e-ISBN 978-3-11-021309-6

Library of Congress Cataloging-in-Publication Data

Wasser: Chemie, Mikrobiologie und nachhaltige Nutzung / by Andreas Nikolaos Grohmann . . . [et al.].
    p. cm.
ISBN 978-3-11-021308-9 (acid-free paper)
1. Water chemistry. 2. Water–Microbiology. 3. Water use. I. Grohmann, A. (Andreas)
  GB855.W347 2011
  628.1′61–dc22
                                      2011010470

Bibliografische Information der Deutschen Bibliothek

Die Deutsche Nationalbibliothek verzeichnet diese Publikation in der Deutschen Nationalbibliografie; detaillierte bibliografische Daten sind im Internet über http://dnb.d-nb.de abrufbar.

Satz: Druckhaus „Thomas Müntzer", Bad Langensalza
Druck und Bindung: Hubert & Co., Göttingen

Vorwort

Ohne Wasser kein Leben. Eine nachhaltige Nutzung dieser unersetzlichen Ressource muss Grundlage jeder auf Dauerhaftigkeit angelegten Gesellschaft sein.

Wasser ist mehr als nur Materie. In der belebten Natur ist Wasser zugleich Lösemittel, chemisches Reagenz und Strukturbaustein: So wirkt es als Transporter in Stoffwechselprozessen, ist die Sauerstoffquelle der Photosynthese oder eine Determinante der Proteinfaltung. Wasser ist damit aktiv am Lebensprozess beteiligt, Existenzgrundlage für Mikroorganismen, Pflanzen und Tiere und das wichtigste Lebensmittel des Menschen.

Wasser ist Lebensraum. Wasser bietet unzähligen Lebewesen ein Zuhause. Die Basis der Nahrungskette bilden mikroskopisch kleine Organismen wie Algen, Bakterien und Protozoen, die ein Wachstum höherer Organismen wie Krebse und Fische erst ermöglichen. Diese Mikroorganismen finden auch in technischen Wassersystemen geeignete Lebensbedingungen. Selbst Trinkwasser ist nicht steril, sondern enthält eine Vielzahl harmloser Umweltbakterien. Das Nährstoffangebot ist in allen Wassersystemen der maßgebliche Parameter für die sich entwickelnde Organismengemeinschaft. Die erstaunlichen Fähigkeiten der Mikroorganismen – einschließlich mancher Krankheitserreger – sich an Lebensräume im Wasser anzupassen, ebenso wie die Bedeutung von Biofilmen in natürlichen und technischen Wassersystemen machen es erforderlich, sich aus der beengenden anthropozentrischen Sicht auf das Wasser zu befreien.

Wasserreiches Deutschland. Deutschland ist ein wasserreiches Land. Nur 3,4 % des aus Regen und Zufluss verfügbaren Wassers werden für Haushalt und Industrie benötigt, nach der Nutzung aber wieder in die Natur zurückgeführt, sodass der Abfluss ins Meer nicht verringert wird. Für die Landwirtschaft in Deutschland werden nur etwa 25 % der Wasserverfügbarkeit benötigt. Dagegen ist Deutschland über die Einfuhr landwirtschaftlicher Produkte, insbesondere Baumwolle, Futtergetreide und Agrarrohstoffe (z. B. so genanntes Bioethanol), an Wasserstress und Wassermangel in den exportierenden Ländern ursächlich beteiligt (Stichwort: virtuelles Wasser).

Auf die Qualität kommt es an. Mangel war immer schon ein guter Ratgeber. In globaler Perspektive zwingt er uns dazu, vom Überfluss und Verbrauch von Wasser abzukommen und zu einer sorgsamen Nutzung des Wassers im Kreislauf zu gelangen. Die in die Produktion integrierte Bewirtschaftung von Wasser bis hin zur abwasserfreien Industrie und die wiederholte Nutzung des Wassers aus den Siedlungen, das mit einem multiplen Barrierensystem gereinigt wurde, sind heute schon keine Utopie mehr. Es muss allerdings durch geeignete Barrieren sichergestellt werden, dass schädliche Stoffe und Krankheitserreger nicht auch im Kreislauf mitgeführt werden. Neue analytische Möglichkeiten, Krankheitserreger sowie schädliche Stoffe und Arzneimittelreste in sehr geringen Konzentrationen im Wasser nachzuweisen, werden es ermöglichen, das Barrierensystem noch zu verbessern. Risikobewertungen geben die notwendige Unterstützung für eine Anpassung ohne Aktionismus.

Wasser global. Die Weltbevölkerung wächst stetig. Weil der größte Bedarf an Wasser für die Erzeugung landwirtschaftlicher Produkte besteht und weil Auswirkungen eines möglichen Klimawandels zu bewältigen sind, ist eine vertiefte internationale Zusammenarbeit erforderlich, um einen Ausgleich zwischen Gebieten mit Wassermangel und -überfluss zu ermöglichen und das Meer als Wasserressource einzubeziehen. Diesem Ziel dienen gemeinsame Prinzipien wie das Kreislaufprinzip, das Prinzip der Nachhaltigkeit und das Menschenrecht auf Wasser. Sie sind Brücken der Verständigung zwischen Menschen unterschiedlicher Herkunft, kulturellem Hintergrund und Zielvorstellungen und somit Grundlage eines zukunftsfähigen Ordnungsrahmens.

Die Autoren danken der Lektorin Frau Heidi Schooltink für viele Verbesserungsvorschläge. Sie danken Kolleginnen und Kollegen für ihre Beiträge zu einzelnen Kapiteln, insbesondere Frau Dr. Anke Putschew, TU Berlin, Herrn Dr. Thomas Rapp, Umweltbundesamt und Dr. Christian Remy, Kompetenzzentrum Wasser Berlin.

Das Studienbuch soll Studierenden und interessierten Laien die Möglichkeit geben, Wasser zu verstehen. Es bietet eine fundierte Einführung in das Wissen über die Ressource Wasser. Dabei stehen sorgsamer Umgang und nachhaltige Nutzung im Vordergrund.

Berlin, im Mai 2011

Andreas N. Grohmann
Martin Jekel
Andreas Grohmann
Ulrich Szewzyk
Regine Szewzyk

Abkürzungen

aaRT	allgemein anerkannte Regeln der Technik
AbwV	Abwasserverordnung
ADP	Adenosindiphosphat
ADI	engl. acceptable daily intake, s. TDI
AFS	abfiltrierbare Feststoffe
AOC	assimilierbarer organischer Kohlenstoff, engl. assimilable organic carbon
AOX	adsorbierbare organische Halogenverbindungen
ATP	Adenosintriphosphat
BfG	Bundesanstalt für Gewässerkunde
BGBl	Bundesgesetzblatt
BSB	biologischer Sauerstoffbedarf
BMU	Bundesministerium für Umwelt, Naturschutz und Reaktorsicherheit
CEN	Center for European Normalization
CKW	chlorierte Kohlenwasserstoffe
CSB	chemischer Sauerstoffbedarf
DAEC	diffus adhärente *Escherichia coli*
DALY	engl. disability adjusted life years
DEV	Deutsches Einheitsverfahren der Wasser- und Schlammuntersuchung
DIN	Deutsches Institut für Normung
DIC	gelöster anorganischer Kohlenstoff, engl. dissolved inorganic carbon
DO	gelöster Sauerstoff, engl. dissolved oxygen
DOC	gelöster organischer Kohlenstoff, engl. dissolved organic carbon
DOP	Dioctylphthalat
DNA	Desoxyribonukleinsäure, engl. deoxyribonucleic acid
dH	deutsche Härte
DVGW	Deutsche Vereinigung des Gas- und Wasserfaches
EAEC	enteroaggregative *Escherichia coli*
EDTA	Ethylendiamintetraacetat
EG	Europäische Gemeinschaft
EHEC	enterohämorrhagische *Escherichia coli*
EIEC	enteroinvasive *Escherichia coli*
EN	Europäische Norm
EN	Elektronegativität
EPA	Environmental Protection Agency
EPEC	enteropathogene *Escherichia coli*
Ep	Evapotranspiration
Epo	potentielle Evapotranspiration
EPS	extrazelluläre polymere Substanzen
ETEC	enterotoxische *Escherichia coli*
EU	Europäische Union
EW	Einwohner

EWG	Europäische Wirtschaftsgemeinschaft
GC	Gaschromatographie
GG	Grundgesetz
GW-Leiter	Grundwasserleiter
HACCP	engl. hazard analysis at critical control points
H-Brücke	Wasserstoffbrückenbindung
HPLC	Hochdurchsatz-Flüssigkeitschromatographie, engl. high performance liquid chromatography
ID	Infektionsdosis
IR	Infrarot
ISO	International Standard Organization
IfSG	Infektionsschutzgesetz
IWRM	integrierte Wasserressourcen-Bewirtschaftung, engl. integrated water resource management
KBE	Kolonie-bildende Einheiten
KWB	klimatische Wasserbilanz
LAWA	Bund/Länder-Arbeitsgemeinschaft Wasser
LC	Flüssigkeitschromatographie, engl. liquid chromatography
LCKW	leichtflüchtige chlorierte Kohlenwasserstoffe
LHC	Lichtsammelkomplex, engl. light harvesting complex
LOEL	engl. lowest-observed effect level
LW	Leitwert
MO	Molekülorbital
MOTT	Umweltmykobakterien, engl. mycobacteria other than tuberculosis
MRT	Magnetresonanztomographie
MS	Massenspektrometrie
MW	Maßnahmenwert
NAD	Nicotinsäureamid-Adenindinucleotid
NADP	Nicotinsäureamid-Adenindinucleotid-Phosphat
NOAEL	engl. no observed adverse effect level
NOM	natürliche organische Stoffe, engl. natural organic matter
PAK	polyzyklische aromatische Kohlenwasserstoffe
PBSM	Pflanzenbehandlungs- und Schädlingsbekämpfungsmittel
PCR	Polymerasekettenreaktion, engl. polymerase chain reaction
PET	Polyethylenterephthalat (Kunststoffflaschen)
PFT	polyfluorierte Tenside
PIUS	produktionsintegrierter Umweltschutz
Poly-P	Polyphosphat
POP	langlebige organische Schadstoffe, engl. persistent organic pollutants
ppm	engl. parts per million
RC	Reaktionszentrum der Photosynthese, engl. reaction center
SPE	Festphasenextraktion, engl. solid phase extraction
spp.	Spezies
STEC	Shigatoxin-produzierende *Escherichia coli*
StGB	Strafgesetzbuch
TDI	engl. tolerable daily intake, s. ADI
THM	Trihalogenmethane

TOC	gesamter organischer Kohlenstoff, engl. total organic carbon
TrinkwV	Trinkwasserverordnung
TS	Trockensubstanz
UBA	Umweltbundesamt
VB	Valenzbindung
VBNC	engl. viable but non-culturable
VDG	Vereinigung deutscher Gewässerschutz e. V.
VDI	Verein deutscher Ingenieure
VTEC	Verotoxin-produzierende *Escherichia coli*
WSP	engl. water safety plan
WHG	Wasserhaushaltsgesetz
WHO	Weltgesundheitsorganisation, engl. world health organization
WRRL	Wasserrahmenrichtlinie
WVU	Wasserversorgungsunternehmen

Inhalt

1 Herkunft des Wassers

1.1 Einleitung

Wir bezeichnen die Erde als „Blauen Planeten" und aus dem Weltraum aufgenommene Bilder bestätigen diesen vom allgegenwärtigen Wasser hervorgerufenen Farbeindruck. Über die Frage, wie das Wasser auf die Erde kam, besteht noch keine Einigkeit. Zwei Möglichkeiten werden derzeit diskutiert.

- **Ausgasung:** Das Wasser war bereits Bestandteil der Gaswolke, aus der die Erde entstand, und kondensierte in der Folge.
- **Kometeneintrag:** Die frühe, bereits erkaltende Erde erhielt ihr Wasser durch Meteoriten- und Kometeneintrag aus dem All.

Für diese Einschlagtheorie sprechen die kraterübersäten Oberflächen anderer Himmelskörper, wie etwa die des Mondes, wo das Relief wegen fehlender Erosion konserviert wurde, und die Zusammensetzung von Kometen, in denen Wasser mitunter als Hauptbestandteil nachgewiesen werden konnte. Allerdings ist das Protium/Deuterium-Verhältnis (s. Kap. 2.2.3) im Meerwasser ein anderes als im Eis der meisten Kometen. Dies macht für die Herkunft des Wassers auf der Erde eine Kombination beider Prozesse (Ausgasung und Kometeneintrag) wahrscheinlich.

Das Vorhandensein riesiger Mengen gefrorenen und gasförmigen Wassers im interstellaren Raum ist erwiesen. Dort entsteht es aus den Elementen, und zwar wahrscheinlich an der reaktiven Oberfläche von Staubpartikeln. Nach dem Urknall war Wasserstoff das „erstgeborene" Element. Es ist immer noch in schier unerschöpflicher Menge im Weltall vorhanden. Die Entstehung von Sauerstoff erfordert, wie diejenige aller schwereren Elemente, in den Sternen stattfindende Kernverschmelzungsprozesse. Aus beiden Elementen entsteht im Weltraum auch heute noch Wasser, so etwa im Orionnebel pro Tag eine Menge, die ausreichen würde, die irdischen Meere sechzigmal zu füllen. Dieses Wasser lässt sich mithilfe der IR-Spektroskopie (s. Kap. 2.2.2) zweifelsfrei nachweisen.

Wasser ermöglicht Leben. Ohne Wasser gäbe es keine Welt, wie wir sie kennen. Das Leben kommt aus dem Wasser, ist vorwiegend Wasser und braucht für seinen Fortbestand vor allem Wasser. Das Wasser der Erde ist **Lebensraum** und speichert die Energie der Sonne als Wärme. Diese **Wärmespeicherung** hat großen Einfluss auf das Klima und damit auch auf das Leben an Land und in der Luft. Wasser (H_2O) ist der **Elektronenlieferant** der Photosynthese, in deren Verlauf es zu Sauerstoff oxidiert wird. Mit Hilfe des Sonnenlichts und der aus dem Wasser bezogenen Elektronen reduzieren Cyanobakterien und grüne Pflanzen Kohlenstoffdioxid (CO_2) zu Glukose ($C_6H_{12}O_6$). Reduzierte Materie dient den aeroben Lebewesen als Nahrungsmittel, d. h. zur Gewinnung von Energie. Unter Nutzung des bei der photosynthetischen Wasseroxidation gebildeten Sauerstoffs (Atmung) entstehen auf dem Wege einer stillen Verbrennung (Stoffwechsel) wiederum Kohlenstoffdioxid und Wasser, damit schließt sich der Kreis. Die Gesamtmenge des Wassers auf der Erde (s. u.) ist jedoch so hoch, dass diese Prozesse für die globale Wasserbilanz unbedeutend bleiben. Neben dieser unmittelbaren Funktion als chemischer Reaktionspartner ist Wasser gleichzeitig das **Reaktionsmedium der Stoffwechselprozesse** in allen Lebewesen, vom Einzeller bis zum Menschen. Wasser ist ein hervorragendes Lösemittel. Die besonderen Lösungseigenschaften des Wassers machen es zum wahrscheinlichsten Entstehungsort der ersten selbstreplizierenden Systeme der Evolution („Urozean").

„Leben" ist in nüchterner naturwissenschaftlicher Definition ein Vorgang, der sich „[...] als kontrolliertes stationäres Fließgleichgewicht mit Input und Output als notwendigen Voraussetzungen in nicht oder nur teilweise abgeschlossenen Systemen weitab vom „toten" thermodynamischen Gleichgewicht abspielt und nur durch Energie verbrauchende chemische Prozesse aufrechterhalten wird (dissipatives System)" (Kaim und Schwederski, 2005).

Wasser ist Mittler und beteiligter Stoff bei allen Lebensprozessen. Es ist darüber hinaus mit seiner Wärmekapazität, der Schmelz- und Verdampfungswärme, den großen Meeresströmungen und den wandernden Wolken ausgleichendes Medium im Energiefluss von der wärmenden Sonne ins kalte Universum.

1.2 Das Wasser der Erde

Der Blaue Planet Erde verfügt über $1,4 \cdot 10^{18}$ m^3 Wasser, das wegen der herrschenden Temperaturen von im Mittel 12 °C hauptsächlich in flüssiger Form vorliegt und etwa 70 % der Erdoberfläche bedeckt. Die auf der Erde verfügbare Wassermenge **(globale Wasserbilanz)** ist unveränderlich. Sie reicht aus, um die seit Milliarden Jahren aus dem Festland ausgewaschenen Salze soweit zu verdünnen, dass vielfältiges Leben im Meer möglich bleibt. Die Tatsache, dass Meerwasser salzhaltig ist, wird bewusst nicht als Nachteil herausgestellt, um das im Meer für die Produktion von Lebensmitteln oder als Kühlwasser für Wärmekraftwerke enthaltene Potential nicht auszuklammern (s. Kap. 1.3).

Prozesse der Bildung oder des Verbrauchs von Wasser haben auf die Gesamtmenge des Wassers auf der Erde nur marginale Auswirkungen. Zwar wird von **Wasserverbrauch** gesprochen, doch handelt es sich um eine **Nutzung**, ohne die Menge des Wassers zu verändern.

Auf dem Festland ist die verfügbare Wassermenge extrem **ungleichmäßig** verteilt. Sie wird durch die natürliche Entsalzung des Meerwassers (Verdunstung, V) und den Transport der Wassermassen (Wolken, Nebel, Schnee und Regen, genauer: Niederschlag, P) bestimmt. In Abweichung von der Klimaklassifikation nach Köppen mit sieben **Klimazonen** wird hier nur der Niederschlag bewertet (Lecher und Kresser, 2001). Zu unterscheiden sind:

- **Immerfeuchte regenreiche Gebiete:**
  tropischer Regenwald (P 10.000 mm/a),
  immergrüner Passatregenwald an der Ostseite der kontinentalen Gebirgsränder (P 2.000 mm/a),
  Westwindzonen an Gebirgsküsten (P 2.000 mm/a).

- **Wechselfeuchte Gebiete ohne lange Trockenzeiten:**
  gemäßigte Zonen mit wechselhaftem Wetter aber regelmäßigem und ausreichendem Winter- und Sommerregen (wie in Mitteleuropa, z. B. in Deutschland).
- **Wechselfeuchte Gebiete mit langer Trockenzeit:**
  äußere Tropen mit Regenzeit und langer Trockenzeit,
  subtropisches Winterregengebiet (wie am Mittelmeer und in Kalifornien),
  Monsunregengebiete,
  Steppengürtel mit trockenem Winter.
- **Regenarme Länder und Trockengebiete:**
  subtropischer Hochdruckgürtel (Rossbreiten),
  Steppen und Dornsavannen; Halbwüsten und Wüsten (mit $P < 200\,\mathrm{mm/a}$, aber $V \gg P$, bei mehrjährigen feuchten bzw. Dürreperioden).

Durch Niederschlag und Abfluss hat sich auf dem Festland ein stationärer Zustand der Hydrosphäre der Erde ausgebildet, der in Tabelle 1.1 erläutert wird.

Tab. 1.1 Die Hydrosphäre der Erde.

jährlich über dem Festland		
Niederschlag 733 mm/a	$0{,}11 \cdot 10^{15}\,\mathrm{m^3/a}$	
Verdunstung 480 mm/a	$0{,}072 \cdot 10^{15}\,\mathrm{m^3/a}$	
Abfluss 253 mm/a	$0{,}038 \cdot 10^{15}\,\mathrm{m^3/a}$	$1{,}2 \cdot 10^6\,\mathrm{m/s}$

Am Abfluss haben die drei größten Flusssysteme der Erde, Amazonas (180.000 m³/s), Kongo (39.000 m³/s) und Jangtse (32.000 m³/s), einen Anteil von 21 %. Neben den Wüsten ist dies ein Ausdruck der extrem ungleichmäßigen Verteilung des Niederschlags und damit der Verfügbarkeit von Wasser auf dem Festland.

stationärer Zustand der Hydrosphäre aufgrund von Niederschlag und Abfluss		
Wolken und Luftfeuchte	$0{,}013 \cdot 10^{15}\,\mathrm{m^3}$ $10^{15}\,\mathrm{m^3}$ entsprechen 1 Mill. km³	<0,01 % der Gesamtmenge
Süßwasser (Seen, Flüsse, Grundwasser)	$8{,}3 \cdot 10^{15}\,\mathrm{m^3}$	0,6 %
Eis und Gletscher	$27{,}8\ 10^{15}\,\mathrm{m^3}$	2,0 %
Salzwasser (Weltmeere)	$1.350 \cdot 10^{15}\,\mathrm{m^3}$	97,4 %

1.3 Wasserhaushalt und Wasserbilanzen

1.3.1 Wasserhaushaltsgleichungen

Wasserbilanzen
Die Nutzung des Wassers in einer Kulturlandschaft, wie sie für ein industrialisiertes Land wie Deutschland typisch ist, bedeutet immer einen Eingriff in den natürlichen Wasserhaushalt. Wie tief dieser Eingriff ist, kann unter anderem durch Wasserbilanzen beschrieben werden, für die folgende Begriffe verwendet werden:

- Niederschlag (engl. precipitation)   P
- Zufluss   Z
- Wasserverfügbarkeit (engl. available water) (Wa = P + Z)   Wa
- Wasserdargebot (engl. disposable water) (Wd = Wa − T − I − V)   Wd
- Transpiration der Pflanzen   T
- Verdunstung (engl. evaporation)   V
- Interzeption (Verdunstung direkt von den Blättern der Pflanzen)   I
- Evapotranspiration der Pflanzen (Ep = T + I)   Ep
- Potentielle Evapotranspiration (Epo = Ep einer Referenzbepflanzung: Gras bei ausreichendem Wd)   Epo
- Klimatische Wasserbilanz (P − Epo)   KWB
- Speicherung (engl. storage)   S
- Abfluss   A
- Entnahme (engl. extraction)   Ex
- Rückführung (engl. return)   R
- Leckagen, Wasserverlust (engl. leak)   L
- Kreislaufanteile (engl. circle share)   C
- Nutzung (engl. use)   U

Zu beachten ist, dass die Nutzung von Wasser nicht identisch mit der Entnahme von Wasser aus der Umwelt ist. Deswegen wird zwischen Entnahme (Ex) und Nutzung (U) unterschieden. Die Entnahme von Wasser aus der aquatischen Umwelt für die Wasserversorgung oder für Bewässerung setzt eine Verfügbarkeit am Ort der Entnahme voraus, die als Wasserdargebot (Wd), häufig auch als „blaues Wasser", bezeichnet wird. Das für die Entnahme durch Pflanzen verfügbare Wasser wird häufig als „grünes Wasser" bezeichnet. Die Summe aus blauem und grünem Wasser in einem Bilanzgebiet entspricht der Wasserverfügbarkeit (Wa).

Unberührte Landschaften

Für die **Wasserbilanz** eines Gebietes (Raumes) beliebiger Größe sind neben dem Niederschlag (P) auch der Zufluss (Z, Flüsse, Wasserzuleitungen) maßgeblich.

Die Wasseraufnahme und -abgabe der Pflanzen (T, Transpiration), die Verdunstung (V, Evaporation), die Interzeption (I, Verdunstung des Regens direkt von den Blättern der Pflanzen) und der Abfluss (A) können in der Summe nicht größer sein als die **Wasserverfügbarkeit** (Wa) aus P + Z, woraus sich die **Wasserhaushaltsgleichung** für langjährige Mittel ergibt, die allerdings nur ungenügend die Einflussnahmen der Menschen auf den Wasserhaushalt berücksichtigt:

$$Wa = P + Z = T + I + V + A \tag{1.1}$$

Unter **Abfluss** eines untersuchten Gebietes ist Sickerwasser, Grundwasserneubildung, Grundwasserabfluss, oberirdischer Wasserabfluss und in der Summe der Abfluss ins Meer zu verstehen. **Bilanzgebiete** sind z. B. der Wurzelbereich einer Pflanze, ein Acker, ein Forst, eine Siedlung, eine ländliche oder eine urbane Region, ein Flusseinzugsgebiet, ein Land oder ein Kontinent. Ein **Flusseinzugsgebiet** ist definiert mit Z = 0, von Besonderheiten, wie dem Abfluss vom Donau- in das Einzugsgebiet des Rheins, abgesehen.

Die Terme Z und A können weiter in einen unterirdischen und oberirdischen Zu- und Abfluss aufgeteilt werden. Bei Betrachtung kürzerer Zeiträume als dem langjährigen Mittel sind die Speicherung (Rücklage) und der Aufbrauch des Wassers, das in Form von Schnee sowie als Boden- und Grundwasser gebunden ist, in der Bilanz zu berücksichtigen.

Kulturlandschaften (ganzheitliche Wasserbilanz)

Tatsächlich ist die Nutzung des Wassers untrennbar mit Einflüssen des Menschen auf die Landschaften und auf den Wasserhaushalt verbunden. Vereinfachend wird jede Inanspruchnahme der Wasserverfügbarkeit als **Entnahme** (Ex) in der ganzheitlichen Bilanzgleichung berücksichtigt. Eine **Rückführung** (R) genutzten Wassers in das gleiche Gewinnungsgebiet vermindert die Entnahme und es verbleibt ΔEx. Auf diese Weise wird nicht nur die punktuelle Entnahme von Wasser für die Wasserversorgung und die Rückführung des mehr oder minder gereinigten Abwassers erfasst, sondern auch die Entnahme durch Pflanzen (Transpiration, Interzeption) in der Land- und Forstwirtschaft, die in einer **Kulturlandschaft** durch menschliche Einwirkungen, z. B. der Auswahl der Pflanzenbestände oder durch Versiegelung von Flächen, beeinflusst werden kann. Bei Entnahme von Wasser aus der aquatischen Umwelt durch Pflanzen wird dieses an die Atmosphäre abgegeben, folglich ist R = 0. Unter Berücksichtigung von **Verdunstung** (V), **Speicherung** (S) und **Abfluss** (A) ergibt sich die ganzheitliche Wasserbilanz von Kulturlandschaften:

$$Wa = P + Z = \Sigma(\Delta Ex_i) + V + S + A \qquad (1.2)$$

1.3.2 Wasserwirtschaftliche Bilanzen

Die „zielbewusste Ordnung aller menschlichen Einwirkungen auf das ober- und unterirdische Wasser" wird als **Wasserwirtschaft** (DIN 4046) bezeichnet. Um die Einwirkungen zu bewerten, müssen mindestens folgende Fragestellungen und Aufgaben berücksichtigt werden, wobei wasserwirtschaftliche Bilanzen aus der ganzheitlichen Wasserbilanz der Gleichung 1.2 abgeleitet werden, die der jeweiligen Aufgabe angepasst sind:

- Grundwasserneubildung, Wassergewinnung, Speicherung und Abfluss
- Feuchtgebiete, Feuchtbiotope und Parklandschaften (Landschaftswasser)
- Land- und Forstwirtschaft, Wasserversorgung von Haushalten, Industrie und Gewerbe, Kraftwerken und Bergwerken mit nachfolgender Abwassereinleitung
- Hochwasserschutz
- Trockenperioden und Wasserspeicher
- Kanäle und Schifffahrt
- Mindestabfluss z. B. aus ökologischen oder völkerrechtlichen Gründen

Charakteristisch für wasserwirtschaftliche Bilanzen ist, dass meist die Entnahme durch Pflanzen und die Verdunstung nicht berücksichtigt werden. Der verbleibende Anteil der Wasserverfügbarkeit heißt **Wasserdargebot** (Wd). Als potentielles Wasserdargebot (Wdpo) wird die Wasserverfügbarkeit abzüglich Verdunstung, Transpiration und Interzeption bezeichnet, was dem langfristigen Mittel der Summe aus oberirdischem und unterirdischem Abfluss aus dem Bilanzgebiet nach Gleichung 1.1 entspricht:

$$Wdpo = P + Z - T - I - V = A \qquad (1.3)$$

Wasserwirtschaftliche Planungen setzen **detaillierte Wasserbilanzen** für Teilgebiete voraus, die neben dem natürlichen Dargebot des Bilanzgebietes, der Summe der Entnahmen, der Rückführungen, der Zuleitungen und der Ableitungen auch die Summe der Speichereinflüsse und den erforderlichen Mindestabfluss zu berücksichtigen haben (Grünewald, 2001). Der Einfluss der Pflanzenbestände auf das Wasserdargebot wird nicht berücksichtigt, obwohl die Klimaänderungen dies geboten erscheinen lassen (s. Kap. 1.8).

In Bezug auf Modellierungen für **wasserbauliche Maßnahmen**, wie Hochwasserschutz oder Speicher für Wasserkraftwerke, sei auf Lehrbücher der Wasserwirtschaft verwiesen (Lecher et al., 2001). Maßgeblich sind die gewässerkundlichen Hauptwerte in m/s, nämlich der an einem bestimmten Pegel gemessene Abfluss Q mit arithmetischem Mittel MQ, Median ZQ und häufigstem (dichtestem) Wert DQ, sowie für Niedrigwasser NQ, MNQ und NNQ (geringster bekannter Wert für N) und entsprechend für Hochwasser HQ, MHQ und HHQ. Aus diesen Werten lässt sich mit statistischen Methoden der Abfluss A der Gleichung 1.3 berechnen, der dem potentiellen Wasserdargebot bei einem bestimmten Pegel entspricht.

Der Problematik, dass nicht das potentielle Wasserdargebot für Entnahmen zur Verfügung steht, sondern nur ein Teil hiervon, wird durch Bezeichnungen wie nutzbar, erneuerbar, stabil, reguliert und real zum Ausdruck gebracht. Damit soll berücksichtigt werden, dass z. B. kein geeigneter Grundwasserleiter verfügbar ist, dass durch Hochwasserspitzen ein Teil des Niederschlags zu schnell an der Entnahmestelle vorbei fließt und mittelfristig nicht verfügbar ist und dass bei Trockenzeiten ein Mindestabfluss durch die Entnahme in Frage gestellt wird.

Die UNESCO (UNESCO, 2006) verwendet an Stelle des Begriffs „Wasserdargebot" den Begriff **„erneuerbare Süßwasserressourcen"** und zählt hierzu die erneuerbaren Grundwasserressourcen sowie Süßwasservorräte aus Seen und Flüssen. Hinzu kommen die nutzbaren Wasservorräte aus vom Menschen angelegten Stauseen. Diese Wassermenge wird als verfügbare Wassermenge bezeichnet. Auch hierbei werden durchaus verfügbare oder beeinflussbare Bilanzgrößen, wie Speicherung des Wassers im Boden sowie Entnahme (Transpiration) durch die Pflanzen der Landwirtschaft, außer Acht gelassen.

Diesem Dilemma soll durch die Bezeichnungen **„blaues" und „grünes" Wasser** begegnet werden. Blaues Wasser ist dabei das in den Flüssen und Seen und anderen Oberflächengewässern sowie in den Grundwasserleitern gespeicherte Wasser, das durch technische Maßnahmen entnommen werden kann. Grünes Wasser ist direkt aus dem Regen stammendes Bodenwasser, das für die pflanzliche Transpiration und Evaporation zur Verfügung steht. Damit entspräche das potentielle Wasserdargebot nach Gleichung 1.3 dem „blauem Wasser" und die Wasserverfügbarkeit nach Gleichung 1.1 der Summe aus „blauem" und „grünem" Wasser. Die Abgrenzungen sind aber unklar, weil z. B. die Grundwasseranreicherung durch kleine Dämme an Berghängen vielfach zum grünen Wasser gezählt wird.

1.3.3 Wasserbilanzen der Wasserversorgung

Für die Wasserversorgung muss im Gewinnungsgebiet ein ausreichendes Wasserdargebot für die Entnahme vorhanden sein (s. Kap. 5.2), z. B. aus Quellen, Brunnen in Grundwasserleitern, Seen, Talsperren, oder Flüssen. Für große Wasserversorgungen, etwa für Großstädte oder Industrieparks, müssen meist mehrere **Wassergewinnungsgebiete** in Anspruch genommen werden, wobei für eine nachhaltige Wasserversorgung in jedem Einzelfall gilt:

$$Ex_i < Wd_i \tag{1.4}$$

Gleichung 1.4 ist keineswegs immer erfüllt, was zu **Nutzungskonflikten** führt, weil entweder nicht regenerative Wasservorkommen genutzt werden, der Grundwasserspiegel sinkt oder die Land- und Forstwirtschaft mehr oder weniger beeinträchtigt werden. Dem Grunde nach kann verfügbares Wasser eines Bilanzgebietes (also nicht nur das Wasserdargebot) zunächst für die Wasserversorgung und anschließend für die Landschaftspflege oder Landwirtschaft dieses Bilanzgebietes zur Verfügung gestellt werden. Hierdurch können Nutzungskonflikte entschärft werden.

Gleichung 1.4 mag auch für ein größeres Bilanzgebiet rechnerisch erfüllt sein, nicht aber am Ort der Entnahme selbst, weil ein geeigneter **Grundwasserleiter** fehlt. Ein Beispiel ist Baden-Württemberg. Obwohl es zu den Gebieten in Deutschland mit der höchsten Niederschlagshöhe gehört, gilt es in Bezug auf die Wassergewinnung als **Wassermangelgebiet**, so dass vom Bodensee und von der Donau Wasser für die Wasserversorgung entnommen werden muss. Dies ist der geringen Bodendeckung in den Mittelgebirgen geschuldet, die keinen ausreichenden Grundwasserleiter für eine auskömmliche Wassergewinnung ermöglichen. Zudem sorgt der Karst für einen schnellen Abfluss des Niederschlags. Lediglich geringe Entnahmen für kleine Wasserversorgungen sind möglich. Die gleiche Situation liegt auch im Harz und im Erzgebirge vor, so dass dort **Talsperren** zur Speicherung von Wasser für große Wasserversorgung erforderlich sind. Dies sind Gebiete mit der größten Anzahl an Kleinanlagen der **dezentralen** Wasserversorgung.

Die Summe der Entnahmen soll im Versorgungsgebiet eine **Nutzung** (U) in Höhe des Bedarfs (s. Kap. 1.3) ermöglichen, wobei bis zur Abgabe des Wassers an die Nutzer noch **Verluste** (L) der Leitungen zu berücksichtigen sind. Um den Betrag der Verluste ist die Entnahme höher als die Nutzung. Andererseits können **Kreislaufanteile** (C) bei gleich hoher Nutzung die Entnahme aus dem Wasserdargebot vermindern. Die Summe aller für die Wasserversorgung erforderlichen Entnahmen ergibt sich damit aus folgender Bilanzgleichung:

$$\Sigma(Ex_i) = U + L - C \tag{1.5}$$

Im industriellen Bereich wird Wasser durch interne Reinigungs- und Kreislaufprozesse mehrfach genutzt. Folgende Gleichung ist ein Beispiel für eine vierfache Nutzung:

$$C = 0{,}8 \cdot U \quad \text{und} \quad \Sigma(Ex_i) = 0{,}2 \cdot U + L \tag{1.6}$$

Bis auf einen geringen Verlust durch Verdunstung fließt das für die Wasserversorgung entnommene Wasser wieder in die aquatische Umwelt (Rückführung, R, s. auch Erläuterung zu Gl. 1.2). Das Gewässer, das R aufnimmt, wird als **Vorflut** bezeichnet. In diesem Bereich nimmt das natürliche Wasserdargebot um R zu. Mündet eine Vorflut in einem Wassergewinnungsgebiet, etwa in einen Fluss, z. B. den Rhein, dessen Unterlieger das Flusswasser mit **Kreislaufanteilen Rc** von R für die Wasserversorgung entnehmen, so kann dies in der Bilanz durch Verminderung von Ex_i aus dieser Wassergewinnung um den Betrag von Rc_i berücksichtigt werden:

$$\Sigma(Ex_i) = (U + L - C) - \Sigma(Rc_i) \qquad (1.7)$$

Es kann ein Kreislaufanteil von etwa 1 % an der Entnahmestelle der Bodenseewasserversorgung, etwa 30 % an den Brunnen mit Uferfiltrat am Tegeler See in Berlin und etwa 80 % an der Wasserversorgung von Windhuk, Namibia, angenommen werden (s. Kap. 5.7.4).

Wird R nicht in eine Vorflut abgeleitet und nicht als Kreislaufanteil verwendet, sondern zur anderweitigen weiteren Nutzung des Wassers zur Verfügung gestellt, so kann es die Wasserbilanz in der näheren Umgebung von Siedlungen oder Industriegebieten, insbesondere der Umgebung von großen Städten, entscheidend verändern (urbane Wasserquelle).

Die direkte oder besser mittelbare (über multiple Barrierensysteme) landwirtschaftliche Nutzung dieser Wasserquelle wird als **urbane Landwirtschaft** bezeichnet. Sie hat in ariden und semiariden Gebieten hohe Bedeutung, ungeachtet der Reinigung der Abwässer, weil selbst in regenarmen Zeiten die Rückführung genutzten Wassers aus der urbanen Wasserversorgung nicht versiegt (Beispiel Ismailia-Kanal in Ägypten oder Abwasserableitung von Mexico). Auch kann der Abfluss des Niederschlags aus versiegelten Flächen für eine Erhöhung des Wasserdargebots im Grundwasserleiter der Stadt oder im Umland genutzt werden, statt ihn in eine Vorflut abzuleiten (Sieker, 2006).

1.3.4 Wasserbilanzen der Land- und Forstwirtschaft

Klimatische Wasserbilanz

In der Land- und Forstwirtschaft wird die **Nutzung** von Wasser und damit die Entnahme aus der Verfügbarkeit durch den Wasserbedarf der Pflanzen bestimmt, die als **Evapotranspiration** (Ep) bezeichnet wird. Sie umfasst die Transpiration T, die Interzeption I und die Evaporation vom Boden im unmittelbaren Bereich der Pflanzen, nicht jedoch die Verdunstung außerhalb des bepflanzten Bereichs im Bilanzgebiet.

$$Ep = T + I \qquad (1.8)$$

Schließt die Evapotranspiration auch die Verdunstung außerhalb der Pflanzenbestände ein, so wird das Kürzel Ep' verwendet (s. u., Tab. 1.2).

Ep kann je nach Bepflanzung und klimatischen Bedingungen sehr stark schwanken. Zur besseren Vergleichbarkeit verschiedener Pflanzenkulturen wird der Wasserbedarf einer Referenzbepflanzung (Gras) während eines bestimmten Zeitabschnittes (Δt, z. B. Monat oder Jahr) bei ausreichender Wasserverfügbarkeit ermittelt und in Bilanzen mit der Bezeichnung **potentielle Evapotranspiration** (Epo in mm/Δt) verwendet. Epo wird aus klimatischen Daten (Strahlung, Temperatur, Wind) nach modifizierten Modellen, z. B. nach Penman, berechnet (BfG, 2003) oder mit Lysimetern bestimmt. Mit empirischen Faktoren kann hieraus Ep von Pflanzenbeständen ermittelt werden.

Die Differenz (P − Ep) aus der Niederschlagshöhe P und dem Wasserbedarf der Pflanzen Ep gibt Auskunft darüber, ob ausreichend Wasser für Pflanzen verfügbar ist oder sogar ein Abfluss, also natürliches Wasserdargebot im Bilanzgebiet, zu erwarten ist oder ob Mangel herrscht und Bewässerung erforderlich ist. Vereinfachend wird auf Epo zurückgegriffen und die Differenz als **klimatische Wasserbilanz** (KWB) bezeichnet:

$$P - Epo = KWB \qquad (1.9)$$

KWB (genauer: P − Ep) kennzeichnet den Ist-Zustand der Nutzung von Wasser in Pflanzenbeständen des Bilanzgebiets, sofern Monatswerte oder Werte für noch kürzere Zeiträume verwendet werden. Für Deutschland wird KWB vom Deutschen Wetterdienst (Agrarmeteorologie, 2003) fortlaufend für alle Regionen ermittelt. Damit kann nachgewiesen werden, ob Wassermangel oder Vernässung die Ernte beeinträchtigen.

Die notwendige Entnahme Ex von Wasser aus der aquatischen Umwelt für die Land- und Forstwirtschaft entspricht Ep, abzüglich des Kreislaufanteils (Rc), einer Rückführung aus einer Wasserversorgung sowie zuzüglich der Verdunstungshöhe (V) und des Wasserverlusts durch Leckagen (L):

$$\Sigma(Ex_i) = Ep + L + V - \Sigma(Rc_i) \qquad (1.10)$$

Da keine Rückführung erfolgt, sondern das entnommene Wasser an die Atmosphäre abgegeben wird, ergibt sich aus Gleichung 1.2 folgende Wasserbilanzgleichung für die Land- und Forstwirtschaft:

$$A + S = (P - Ep) + (Z + \Sigma(Rc_i)) - L - V \qquad (1.11)$$

Ist die Bilanzgröße (P − Ep) negativ, so kann Abfluss (A) oder Speicherung (S) nur mittels ausreichender **Bewässerung** durch Zufluss (Z) oder Kreislaufanteile (Rc) erfolgen, um diesen Mangel, wie auch die Verluste durch Leckagen (L) und die Verdunstung (V) auszugleichen (s. Gl. 1.11). Bei Bewässerung ist aber ein Abfluss erforderlich, um eine **Versalzung** des Bodens zu vermeiden (Widmoser, 2001).

Einfluss von Trockenzeiten

Während einer Trockenzeit nutzen die Pflanzen die Feldkapazität (Wasservorrat des Bodens im Wurzelbereich), die während der Regenzeit wieder aufgefüllt werden muss. Bei zu langer Trockenzeit wird ein mindestens erforderlicher Wert der Feldkapazität unterschritten, der als Welkepunkt bezeichnet wird, was zum Verdorren der Pflanzen führt. Aus diesem Grund führt die Wasserbilanz in Regionen mit kurzen, mit mäßigen oder mit langen **Trockenzeiten** zu ganz unterschiedlichen Ergebnissen im Umgang mit der Wasserverfügbarkeit. In gemäßigten Zonen mit **Sommerregen**, z. B. in Deutschland, ist fast immer ausreichend Niederschlag für die landwirtschaftliche Produktion verfügbar und eine Bewässerung eher die Ausnahme. Allerdings ist in trockenen Sommern im Osten Deutschlands die KWB stark negativ, weswegen zumindest dann eine Bewässerung sinnvoll ist, um Ernteausfälle zu vermeiden. Dagegen ist in Gebieten mit langer Trockenzeit, hohem Anteil an abfließendem Starkregen und hohem Epo, z. B. in Nordafrika, ohne **Bewässerung** gar keine Landwirtschaft möglich.

Es ist sinnvoll, diese Zusammenhänge durch Vergleich einer wechselfeuchten Region mit einer **Oase** der Sahara mit ihrer traditionellen, Jahrhunderte alten Bewässerung zu veranschaulichen, um ein Verständnis für die Notwendigkeit der Bewässerung zu entwickeln, die sich aus den Erfahrungen in Regionen mit Sommerregen nicht erschließt (s. Abb. 1.1). Das Wasser der Oasen entspringt dem Abfluss umliegender Berge. Es sammelt sich aufgrund geologischer Besonderheiten in unterirdischen Becken und wird, zumindest teilweise, in der Oase als Quelle verfügbar. Die landwirtschaftliche Nutzfläche entspricht etwa 1/20 der Fläche des Einzugsgebietes. Da dessen Niederschlagshöhe in der Niederung 160 mm/a und in den umliegenden Bergen 500 mm/a beträgt, wird die Wasserverfügbarkeit der landwirtschaftlichen Nutzfläche auf etwa 5.000 mm/a geschätzt. Tatsächlich wird nur ein Teil der Wasserverfügbarkeit genutzt. (etwa 1.160 mm/a, s. u.). Der überwiegende Rest verdunstet oder fließt ab. Mit diesen Randbedingungen lässt sich die Bilanzgleichung (Gl. 1.11) anwenden. Als Ergebnis könnte eine Empfehlung resultieren, z. B. den Niederschlag der Starkregen dem **Grundwasserleiter** zuzuführen, was einer Verminderung von A im Einzugsgebiet entspräche. Oder es könnten die traditionellen Bewässerungsmethoden durch Tropfenbewässerung ersetzt werden, was der Verminderung von V und L entspräche.

Bemerkenswert ist, dass die Werte von Epo im wechselfeuchten Gebiet und in der ariden Zone nicht sehr stark voneinander abweichen (s. Abb. 1.1). Aber in der ariden Zone muss mit einer gleichmäßigen Bewässerung von rund 83 mm/Monat (1.000 mm/a) zusätzlich zum Niederschlag (160 mm/a) die stark negative klimatische Wasserbilanz ausgeglichen und zusätzlich ein Abfluss aus dem Wurzelbereich ermöglicht werden, um Versalzungen zu verhindern. In der hier als Beispiel herangezogenen Oase Figuig wird dadurch eine **Versalzung** vermieden, obwohl das Bewässerungswasser mit einer elektrischen Leitfähigkeit von 3.000 µS/cm sehr hohe Ionenkonzentrationen aufweist.

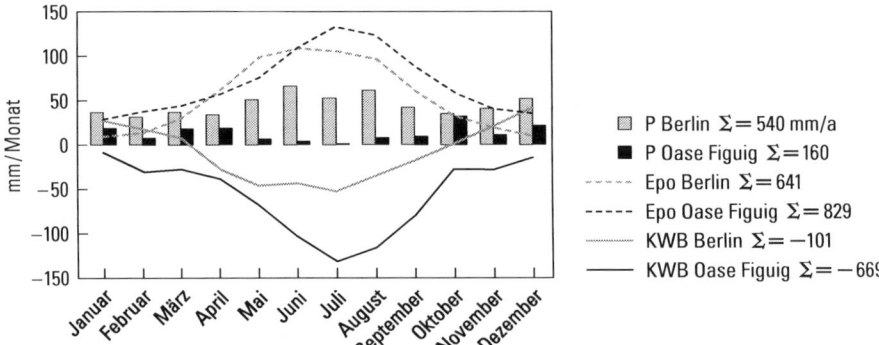

Abb. 1.1 Niederschlag (P), potentielle Evapotranspiration (Epo) und klimatische Wasserbilanz (KWB = P − Epo) für ein wechselfeuchtes Gebiet (Berlin 1971–2001, Chmielewski, 2001) und ein Trockengebiet (Nordafrika, Oase Figuig 1959, Samimi, 1991). Werte in mm/Monat, Summe Σ in mm/a.

1.3.5 Die Wasserbilanz Deutschlands

Der Wunsch nach einem Vergleich der Staaten untereinander (UNESCO, 2006) bezüglich Wasserverfügbarkeit, Bedarf und Nutzung mag es entschuldigen, dass Gebiete mit Wassermangel (in Deutschland z. B. östlich vom Harz, in dessen Regenschatten, s. Abb. 5.2) und andere mit Wasserüberschuss (Harz, Alpen) zu einem statistischen Mittelwert zusammengefasst werden. Ein Erkenntnisgewinn ist durch solche Mittelwertbildung kaum zu erwarten.

Erschwerend kommt hinzu, dass die Bezugsgrößen und die Zielvorstellungen unterschiedlich gewichtet werden. Meist wird die erneuerbare Süßwasserreserve (entspricht in etwa dem Wasserdargebot, s. Gl. 1.3) als Maßstab genommen. Das hat aber den gravierenden Nachteil, dass die Wasserentnahme der Pflanzen nicht dargestellt wird. Um diesem Mangel abzuhelfen, wird für eine **ganzheitliche Wasserbilanz Deutschlands** sowohl die Wasserverfügbarkeit (Wa, s. Gl. 1.2) als auch das Wasserdargebot (Wd, s. Gl. 1.3) und die Evapotranspiration (Ep) in Tabelle 1.2 angegeben, und in Abbildung 1.2 visualisiert. Zu beachten ist, dass die Wasserentnahme durch Pflanzen in der Landwirtschaft (Ep, 91 Mrd. m^3/a) geringer ist als der geschätzte Bedarf an **virtuellem Wasser** (120 Mrd. m^3/a, s. u, Tab. 1.3). Das lässt vermuten, dass mehr landwirtschaftliche Produkte nach Deutschland eingeführt als aus Deutschland ausgeführt werden.

Tab. 1.2 Wasserbilanz Deutschlands (1961–1990; BfG, 2003) bei einer Fläche von 357.092 km^2 und einer landwirtschaftlichen Fläche von 170.000 km^2 (17 Mio. ha).

		Werte in 10^9 m^3/a (Mrd. m^3/a)	Werte in mm/a	Werte in % der Wasserverfügbarkeit
1	Niederschlag (P)	307	859	81
2	Zufluss (Z)	71	199	19
3	Wasserverfügbarkeit (Wa, s. Gl. 1.2) in Deutschland aus Niederschlagshöhe N und Zufluss Z	378	1.058	100
4	Evapotranspiration (Ep)	190	532	50
4a	hiervon Ep in der Landwirtschaft	91	255	24
4b	Ep in der Landschaftspflege	7,5	21	2
5	zum Vergleich virtuelles Wasser 1.460 m^3/a je Person (s. Tab. 1.3)	120	336	32
6	potentielles Wasserdargebot für die Wasserversorgung (Wp = Wv − Ep)	188	526	50
7	Abfluss (A) in die Niederlande und in Küstenregionen	177[*]	495	47
7a	hiervon Rückführung nach Nutzung im Siedlungsbereich	5	14	1,3
7b	in der Industrie und beim Bergbau	8	22	2,1
7c	als Kühlwasser für Kraftwerke	23	64	6

[*] A ist um die Verdunstungsanteile der Bewässerung und der Kühlung mit Verdunstung kleiner als Wp.

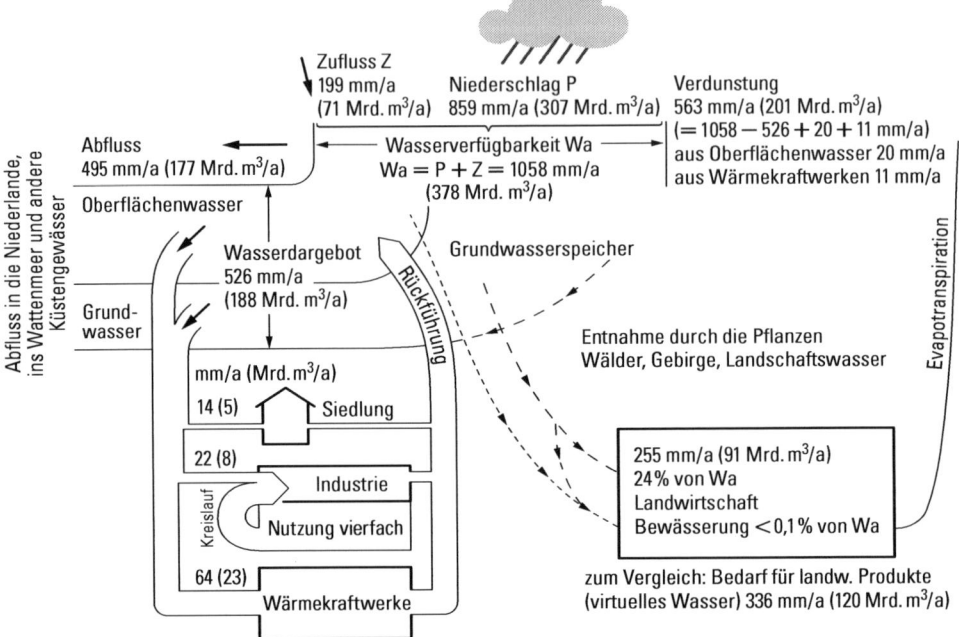

Die Größe jedes Kastens für Siedlung, Industrie, Kraftwerke bzw. Landwirtschaft entspricht der Menge des für die Nutzung entnommenen Wassers.

Abb. 1.2 Nutzung des verfügbaren Wassers von 378 Mrd. m³/a in Deutschland.

1.4 Der Wasserbedarf der Menschen

Merke:
- Ohne Wasser kein Leben.
- Wasser ist das wichtigste Lebensmittel.
- Wasser dient der Abwehr von Seuchengefahren.
- Wasser ist für die Erzeugung von Lebensmitteln unverzichtbar.

Bei der Quantifizierung der Bedeutung des Wassers für unser Leben muss zwischen dem unmittelbaren täglichen Bedarf der Menschen in ihrem Wohnumfeld und dem mittelbaren Bedarf zur Erzeugung von Produkten, insbesondere von Lebensmitteln, unterschieden werden. Die Summe des Wasserbedarfs wird als **Wasser-Fußabdruck**, als Teil des **ökologischen Fußabdrucks** eines jeden Menschen, bezeichnet.

Zum **unmittelbaren Bedarf** zählt nicht nur das **Wasser als Lebensmittel**, mit 3 L/d je Person für die Zubereitung von Speisen und Getränken, sondern darüber hinaus das Wasser zum Wäsche waschen und für die Körperreinigung oder anders formuliert, das Wasser zur **Abwehr von Seuchengefahren**. Die Mindestmenge beträgt 20 L/d je Person, die als „**Menschenrecht auf Wasser**" seit 2002 Eingang in die Charta der Vereinten Nationen gefunden haben (UNO, 2003). Diese Menge ist es, die in Katastrophenfällen möglichst bald den Menschen durch technische Hilfe zur Verfügung gestellt werden muss. 3 L/d je Person sind als Katastrophenhilfe zu wenig.

Der übliche Bedarf im Haushalt geht weit darüber hinaus. Je nach Verfügbarkeit von Wasser und regionalen Gewohnheiten schwankt er zwischen 50 und 600 L/d je Person. Im Folgenden wird ein Wert von 100 L/d verwendet, der weiter verringert werden könnte (s. Kap. 1.3.5).

Zum unmittelbaren Wasserbedarf zählt weiterhin Wasser für die Pflege der aquatischen Umwelt, etwa für Gärten, Parkanlagen, Feuchtgebiete, Moore, Flusslandschaften, bewaldete Berge usw. Hierfür wird der Begriff **Landschaftswasser** verwendet, der auch den Bedarf im urbanen Bereich einschließen soll, nicht aber den Bedarf der Land- und Forstwirtschaft (s. Kap. 1.3.4). Der Bedarf schwankt in sehr weiten Grenzen, was die Festlegung auf einen einzigen Wert erschwert. Hier wird ein Wert von 250 L/d je Person verwendet, um einen Anhaltspunkt zu geben.

Zum **mittelbaren Bedarf** zählen der Wasserbedarf der Industrie, des Bergbaus und der Kraftwerke und auch und besonders das Wasser zur Erzeugung landwirtschaftlicher Produkte. Die Quantifizierung kann einerseits vom tatsächlichen Wasserbedarf der einzelnen Branchen ausgehen, der auf die Einwohner der Region oder des Landes bezogen wird. Dies ist beim Wasserbedarf von Industrie, Bergbau und Kraftwerken üblich. Andererseits kann über den Wasserbedarf der Produkte (**Produktionswasser**) und dem Produktkonsum auf den Wasserbedarf der Menschen geschlossen werden. Dieser Weg ist bei landwirtschaftlichen Produkten zielführend, da sonst nur der Anteil der Bewässerung, nicht aber der Anteil des Regens erfasst würde. Das Produktionswasser wird seit den 1990er Jahren (Allan, 1998) als „**virtuelles Wasser**" in L/kg bezeichnet.

Virtuelles Wasser
Um auf den hohen Wasserbedarf der **Landwirtschaft** aufmerksam zu machen, auch wenn keine Bewässerung erforderlich ist, bedurfte es eines eingängigen Begriffs. Zu beachten ist eine Sinnverschiebung des Begriffes „virtuell" im Deutschen. Das englische „virtual" und „virtually" bedeutet soviel wie „tatsächlich, wirklich, so gut wie sicher", während im Deutschen der Ausdruck „virtuell" synonym für „unwirklich, bildhaft" („virtuelle Welten") gebraucht wird. Dennoch ist der Begriff dabei, sich einzubürgern.

Das Wasser für die Erzeugung landwirtschaftlicher Produkte kann über die jährliche Niederschlagshöhe oder genauer über die potentielle Evapotranspiration (Epo, s. Kap. 1.3.4) und den Ertrag je Hektar geschätzt werden. Bei mehreren Ernten pro Jahr ist der entsprechende Bruchteil des Jahreswertes von Epo einzusetzen. Bei Fleisch wird das Futter berücksichtigt. Für Fisch aus dem Meer wird kein virtuelles Wasser angegeben, weil weder Niederschlag noch Bewässerung oder Verdunstung zu berücksichtigen sind. In Tabelle 1.3 ist das virtuelle Wasser einiger landwirtschaftlicher Produkte gelistet (UNESCO, 2006; VDG, 2008).

Unstritig ist, dass durch Verlagerung der Produktion, insbesondere der von Lebensmitteln, in wasserreiche Regionen, eine beachtliche Schonung der eigenen Wasserressourcen möglich ist. Nur so kann z. B. der hohe Wasserbedarf der dicht besiedelten (urbanen) Bereiche befriedigt werden. Was für den urbanen Bereich möglich ist, gilt auch für ganze Regionen oder Länder, z. B. die Länder des Mittelmeerraumes oder des Nahen Ostens. Selbst für wasserreiche Länder wie Deutschland (s. Tab. 1.2) übersteigt der Wasserbedarf für landwirtschaftliche Produkte die Wasserverfügbarkeit der landwirtschaftlichen Flächen, was eine Folge der hohen Bevölkerungsdichte in Deutschland ist. Der nahe liegende Schluss, aus der Kenntnis des Bedarfs an virtuellem Wasser Konzepte der Produktionsverlagerung und des Handels zu entwickeln, ist nicht zielführend. Zu groß ist der Einfluss sozialer und ökonomischer Komponenten und zu groß ist das Bestreben der Staaten nach autarker Landwirtschaft und staatlicher Unabhängigkeit von Lieferländern, als dass durch vereinbarte Arbeitsteilung zwischen Regionen in der einen vermehrt und in einer anderen weniger wasserintensive landwirtschaftliche Produkte erzeugt werden. Häufig wird auf den Wassermangel einer Region wenig Rücksicht genommen, denn es werden mit der Produktionsverlagerung nur Probleme des Wassermangels von wirtschaftlich starken in weniger entwickelte Länder verlagert, was kontraproduktiv ist.

> **Merke:** „virtuelles Wasser" ist kein Konzept für einen sorgsamen Umgang mit Wasser sondern eine Metapher für den hohen Wasserbedarf in der Landwirtschaft, der in gemäßigten Klimazonen mit regelmäßigen Regen im Sommer und wenig Bedarf an Bewässerung, z. B. in Deutschland, nicht wahrgenommen wird.

Mittelbarer und unmittelbarer Wasserbedarf sind in Tabelle 1.4 beispielhaft dargestellt. Der summarische Wasserbedarf für landwirtschaftliche Produkte (virtuelles Wasser) ergibt sich aus den Verzehrgewohnheiten (VDG, 2008). Die Zahlen können von Land zu Land erheblich von den Werten der Tabelle abweichen, insbesondere bei geringem Fleischkonsum. Augenfällig ist, dass der Bedarf für landwirtschaftliche Produkte bei weitem den Bedarf anderer Bereiche übersteigt. Er beträgt mit 4.000 L/d etwa 75 % des Gesamtbedarfs, unabhängig davon, ob Regenwirtschaft oder Bewässerungswirtschaft zur Herstellung landwirtschaftlicher Produkte betrieben wird.

Tab. 1.3 Wasserbedarf einiger landwirtschaftlicher Produkte (Produktionswasser, sogenanntes „virtuelles Wasser").

Produkt	Daten aus World Water Development Report (WWDR2) (UNESCO, 2006) (L/kg)	Daten des VDG (L/kg)
Weizen	1.150	757–8.524
Mais	450	442–4.741
Kartoffeln	160	97–444
Baumwolle	–	2.200–7.700
Rindfleisch	15.977	15.455
Schweinefleisch	5.906	4.800
Geflügel	2.828	3.900
Milch	865	1.000
Meeresfisch	geschätzt 20 L/kg aus der Verarbeitung der Fische	

Tab. 1.4 Der Wasserbedarf des Menschen, gekennzeichnet durch die Zahlenfolge 3–20–400–5.500 Liter je Tag (L/d).

Kategorie des Wasserbedarfs	täglicher Bedarf je Person (L/d)	jährlicher Bedarf je Person (m³/a)	Anteil von Zeile 10 (%)	Art[1]	Verfügbar für Kreislauf
1 Wasser als Lebensmittel	3	1	0,05	u	–
2 Wasser als Lebensmittel und zur Abwehr von Seuchengefahren (Menschenrecht auf Wasser)	20	7	0,35	u	–
3 öffentliche Wasserversorgung (WV, einschließlich Menschenrecht auf Wasser)	150	55	2,7	u	ja
4 Landschaftspflege (Landschaftswasser)	250	91	4,5	u	nein
5 Zwischensumme unmittelbarer Bedarf (WV + Landschaftswasser)	**400**	**146**	**7,3**	**u**	
6 Industrie und Bergbau	265	97	4,8	m	ja (meistens)
7 Wärmekraftwerke	835	305	15,2		
8 Summe ohne Landwirtschaft	**1.500**	**548**	**27 (60²)**		
9 Wasser der Landwirtschaft, „virtuelles Wasser" (vegetarisch, mit Fisch)	4.000 (1.000)	1.460 (365)	73 (40²)	m	nein
10 Summe insgesamt (Summe vegetarisch)	**5.500 (2.500)**	**2.007 (912)**	**100 (100²)**		
11 Summe verlagerungsfähige Wassernutzung (Zeilen 6 + 7 + 9)	5.100 (2100)	1.862 (767)	93 (84²)	m	–
12 Summe kreislauffähige Wassernutzung (Zeilen 3 + 6 + 7)	1.250	456	23	–	ja

[1] Es ist zwischen unmittelbarem (u) und mittelbarem (m) Bedarf zu unterscheiden. Bei mittelbarem Wasserbedarf kann die Nutzung verlagert werden (s. Zeile 10).
[2] Anteil am Gesamtbedarf bei vegetarischer Lebensweise

1.5 Sorgsamer Umgang mit Wasser

Die Kriterien „Versorgung –Verbrauch – Entsorgung" zur Bewertung des Umgangs mit Wasser sind den Menschen seit Jahrtausenden vertraut. Sie können auch als das „römische Prinzip" der Wasserversorgung bezeichnet werden (s. Kap. 6.1): Das saubere Wasser der Quellen wurde über Aquädukte nach Rom geleitet, dort unter Aufsicht des „curator aquarum" für den Verbrauch verteilt und über die „cloaca maxima" in das Umland und ins Meer „entsorgt". Da Wasser nicht verbraucht, sondern genutzt wird und da das Abwasser nicht entsorgt wird, sondern gereinigt werden muss, um es in die Natur zurückzuführen, ist ein Paradigmenwechsel erforderlich. Die Bewertung eines nachhaltigen, sorgsamen Umgangs mit Wasser erfolgt nunmehr mit den Kriterien

- Entnahme aus der Natur,
- Nutzung mit Kreislaufanteilen,
- Reinigung,
- Rückführung in die Natur.

Zusätzlich darf von der Möglichkeit, die Wassernutzung von wasserarmen in wasserreiche Regionen zu verlagern, insbesondere zur Produktion von Lebensmitteln, nur behutsam Gebrauch gemacht werden (s. o., virtuelles Wasser).

> **Merke:** Ein sorgsamer Umgang mit Wasser setzt einen Paradigmenwechsel von „Versorgung – Verbrauch" zu „Entnahme – Nutzung" voraus. Er muss an der Funktion des Wassers ansetzen, um einerseits den Bedarf zu senken und den Kreislaufanteil zu erhöhen und um andererseits die Wirkung zu verbessern und die Verschmutzung und die damit zusammenhängenden Aufwendungen für die Reinigung gering zu halten. Der ganzheitliche Ansatz zum sorgsamen Umgang mit Wasser wird als integrierte Wasserressourcen Bewirtschaftung (engl. integrated water resource Management, IWRM) bezeichnet (s. Kap. 6.11.2)

Ein sorgsamer Umgang mit Wasser erfordert die Beseitigung von **Leckagen in Rohrsystemen** und die Verwendung von **Wasser sparenden Armaturen und Geräten** in privaten Haushalten, im industriellen Bereich und auch und besonders bei Bewässerungsanlagen. In Haushalten, die an eine Schwemmkanalisation angeschlossen sind, ist ein Optimum erreicht, wenn der Wasserbedarf etwa 100 L/d je Person beträgt (s. u.).

Von größerer Bedeutung jedoch ist eine **Verminderung der Verschmutzung** von Wasser bei dessen Nutzung, denn dadurch wird die Reinigung des Abwassers erleichtert. Beispielsweise ist Regenwassernutzung für die Spülung von Toiletten kein Beitrag zum sorgsamen Umgang mit Wasser, denn dadurch wird die Entnahme aus der Natur nicht vermindert und die Belastung der Klärwerke bleibt unverändert.

Eine zentrale Bedeutung kommt der Erhöhung der **Kreislaufanteile** zu. Eine Entwicklung, die als **Produkt integrierte Wasserbewirtschaftung** bezeichnet wird, hat zu einem erheblichen Kreislaufanteil bei Industriewasser beigetragen. Der in Tabelle 1.2 für Deutschland genannte Abwasserabfluss aus Industrie und Bergwerk von $8 \cdot 10^9$ m³/a entstammt einer Nutzung von $38 \cdot 10^9$ m/a (Statistisches Bundesamt, 2006). Damit beträgt der Kreislaufanteil $30 \cdot 10^9$ m³/a, also etwa das Vierfache der Entnahme aus der Natur, unter der Annahme, dass Verdunstungsanteile vernachlässigbar sind und der Abwasserabfluss in etwa der Entnahme entspricht.

Im **urbanen Bereich** lässt sich auch ein mäßiger Bedarf der Wasserversorgung von etwa 150 L/d je Person (s. Tab. 1.3) durch Kreisläufe in Gebäuden (Aufbereitung von sogenanntem Grauwasser, Wasser ohne Fäkalien) weiter vermindern. Doch ist an den Wasserbedarf der Schwemmkanalisation zu denken, durch die Fäkalien zum Klärwerk transportiert werden. Eine Verminderung unter 100 L/d je Person hätte einen Paradigmenwechsel zur Folge. Feststoffe und Fäkalien, deren Volumen etwa 1 L/d beträgt, müssen in Mehrkammergruben vom Abwasser getrennt werden und über die Straße zur Verwertung transportiert werden.

- Eine Verbesserung der Wasserbilanz für **landwirtschaftliche Nutzung** kann durch folgende Maßnahmen erreicht werden:
- Verkleinerung des Bewässerungsbereichs einer Fläche etwa um den Faktor 2–5, durch Tropfenbewässerung nur im unmittelbaren Bereich der Pflanzenwurzel
- Auffüllen des Grundwassers durch Fassung des Abflusses bei Starkregen im Bereich der Landwirtschaft und in der näheren Umgebung
- Erhöhung der Feldkapazität durch Beimengungen zum Boden (Humus, Lehm, künstliche Tone oder poröse, Wasser speichernde Kunststoffe)
- Auswahl geeigneter Pflanzenbestände der gleichen Frucht mit verminderter Transpiration, zur Verringerung von Ep
- Gewächshäuser aus Glas oder Folien zur Verringerung der Verdunstung und damit von Ep
- Nutzung des gereinigten Abwassers aus Siedlungen, dessen konstante Verfügbarkeit besonders im Sommer sehr wertvoll ist, in der Umgebung der Städte (urbane Landwirtschaft)
- Meerwasserentsalzung mit mehrfacher Nutzung des entsalzten Wassers
- Verlagerung eines Teils der Produktion ins Meer (z. B. Tierfutter oder Biokraftstoffe).

Eine zusammenfassende Würdigung aller Nutzungen ist notwendig. Mit dem Focus auf Nachhaltigkeit und soziale Verträglichkeit wird der ganzheitliche Ansatz als **integrierte Wasserressourcen Bewirtschaftung** (IWRM, engl. integrated water resource management) bezeichnet. Wenn auch das Konzept des IWRM sehr unbestimmt ist, so hat sich der Begriff doch als Zielvorstellung für einen sorgsamen Umgang mit der Ressource Wasser etabliert.

1.6 Angewandte Hydrogeologie

1.6.1 Grundwasser

Grundwasser ist neben Seen und Flüssen der wichtigste Ausgleichsspeicher des Regens, Quelle der Wassernutzung und maßgeblich für die Zusammensetzung des Wassers. Aus dieser Sicht werden hier Grundzüge der Hydrogeologie erläutert und auf das Grundwasser beschränkt.

Bei Grundwasser ist zwischen der Grundwasserüberdeckung mit **Kapillarsaum** sowie dem **Grundwasserleiter** mit **Grundwasseroberfläche** zu unterscheiden (Michel, 2002). Die ungesättigte Zone besteht aus dem Dreiphasensystem Gesteinspartikel + Luft + Wasser. In dieser Zone wird zwischen dem frei beweglichen, der Schwerkraft unterliegenden **Sickerwasser**, dem adhäsiv an Bodenpartikel gebundenem **Haftwasser** und dem von der Grundwasseroberfläche kapillar aufsteigenden **Kapillarwasser** (Bodensaugwasser) unterschieden. Die Gesamtheit dieser Wässer wird als **Bodenfeuchte** bezeichnet. Abbildung 1.3, verdeutlicht die Erscheinungsformen des unterirdischen Wassers.

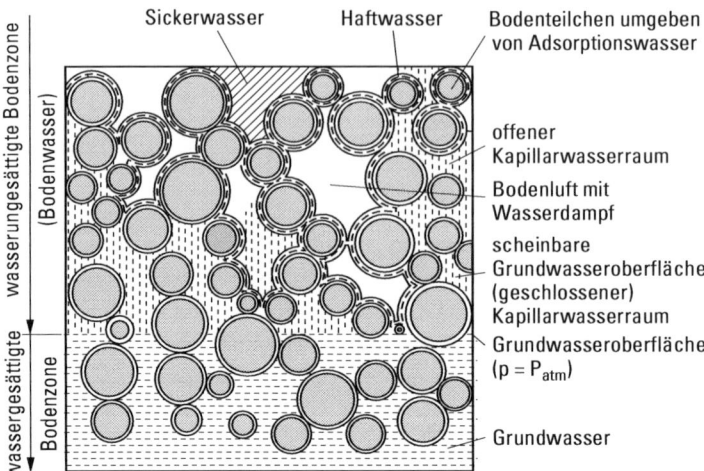

Abb. 1.3 Erscheinungsformen und Bezeichnungen des unterirdischen Wassers nach F. Zunker (Hölting, 1996).

Die **Grundwasserzone**, d. h. der Grundwasserkörper, auch Grundwasserraum genannt, beginnt dort, wo das Wasser die Hohlräume zusammenhängend ausfüllt. Der Abstand der Grundwasseroberfläche zur Erdoberfläche, der **Flurabstand**, kann zwischen wenigen Dezimetern (Flachland) und mehreren hundert Metern (Gebirge) betragen.

Je nach dem freien Porenraum, dem Hohlraumanteil, den Trennfugen und der Durchlässigkeit des Gesteins ergeben sich unterschiedliche Durchlässigkeiten für Wasser, die als Wasserleitfähigkeit oder **hydraulische Leitfähigkeit** des Bodens bzw. der Gesteine bezeichnet wird. Sie werden durch einen Koeffizienten (Durchlässigkeitsbeiwert k_f) nach der Gleichung von Darcy gekennzeichnet:

$$Q = k_f \cdot F \cdot \Delta h/l$$

$$v = k_f \cdot \Delta h/l \tag{1.12}$$

Tab. 1.5 Hydraulische Leitfähigkeit verschiedener Böden als k_f-Wert in m/s (abgeändert nach Heath, 1988).

Gestein	Durchlässigkeitsbeiwert k_f in m/s
Kies	10^{-3}–$3 \cdot 10^{-2}$
Sand grob	10^{-3}
fein	10^{-6}
schluffig	10^{-6}–10^{-4}
Geschiebemergel	10^{-12}–10^{-6}
Ton	10^{-13}–10^{-8}
Schluff, Löß	10^{-8}–10^{-5}
Kalkstein	10^{-9}
Karst, hohlraumreich	10^{-3}–10^{-1}
Sandstein	10^{-10}–10^{-5}

Der Grundwasserstrom Q in m³/s ist proportional zur Fläche F in m² des **Grundwasserleiters (GW-Leiter)** bei einem Gefälle Δh/l (dimensionsloser Gradient m/m) der Grundwasseroberfläche. Bei einem Gefälle von 1 (Δh = 1 m auf 1 m) entspricht der k_f-Wert zahlenmäßig dem Volumenstrom des Grundwassers in m³/s bzw. der Fließgeschwindigkeit v in m/s des Grundwassers. In Tabelle 1.5 sind die k_f Werte für einige durchlässige Gesteine gelistet. Praktisch undurchlässig sind unzerklüfteter Basalt und Schiefer.

Sehr häufig sind durchlässige Gesteine (GW-Leiter) und undurchlässige Gesteine (GW-Nichtleiter) geschichtet (s. Abb. 1.4). Solche Schichtungen erleichtern die Grundwassergewinnung.

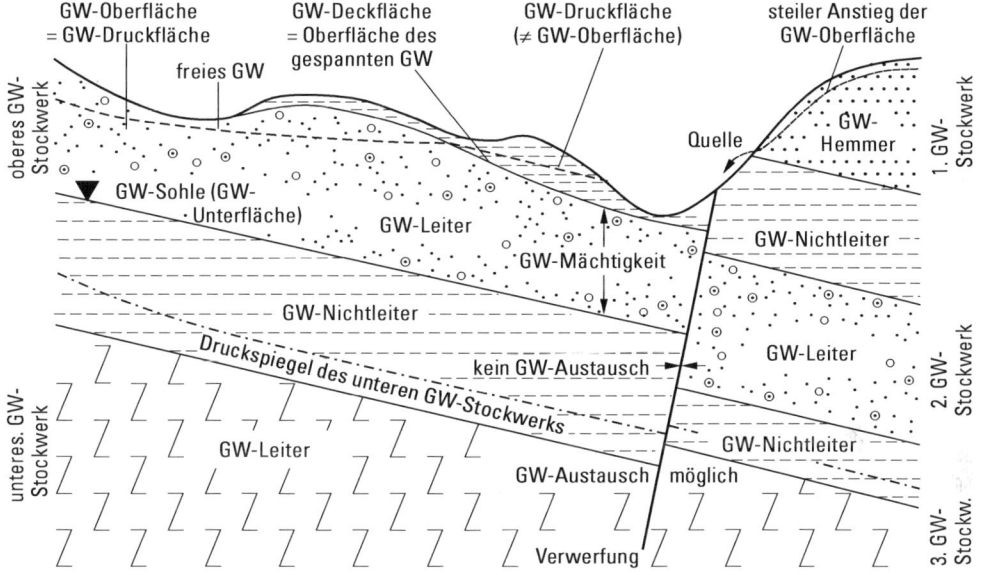

Abb. 1.4 Hydrogeologische Begriffe (nach Hölting, 1996).

Spezialfälle sind Strukturen der Erdkruste, die zum Aufstieg von **Thermalwasser** an die Erdoberfläche führen. In Gebieten mit jungem Vulkanismus befinden sich Magmaherde in relativ geringer Erdtiefe (10 km und weniger). Dadurch ist die Temperaturzunahme entsprechend höher. Solche thermischen Anomalien können bis an die Erdoberfläche reichen, z. B. im Nordteil des Oberrheingrabens, bei Stuttgart und im Hegau. Heißes Grundwasser tritt auch auf, wo in Muldenstrukturen und auf wasserwegsamen Störungszonen oberflächennahes (vadoses) Wasser in Bereiche von 3–5 km Tiefe gelangt. Es wird dort entsprechend aufgeheizt (und mineralisiert) und steigt dann wieder an anderer Stelle zur Erdoberfläche empor. Beispiele hierfür stellen die berühmten heißen Quellen von Aachen, Chaudfontaine/Belgien, Budapest/Ungarn, Pfäfers/Schweiz und Bath/Südwestengland dar. Die Entstehung von Mineralwässern verdeutlicht Abbildung 1.5.

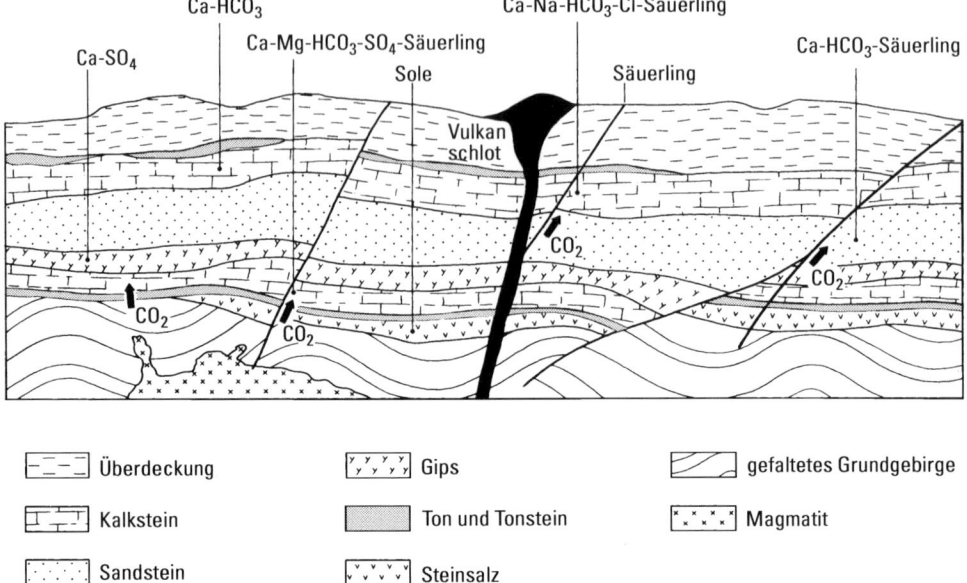

Abb. 1.5 Schematische Darstellung der Entstehung von Mineralwässern (nach Michel, 2002).

1.6.2 Alter des Wassers

Die Wasserneubildung, etwa durch Verbrennungsprozesse im Rahmen des Stoffwechsels von Organismen, ist gemessen am global vorhandenen Wasser mengenmäßig völlig unbedeutend. Deshalb ist das Alter des Wassers überall gleich. Es entspricht dem Alter der Erde. Dennoch besteht ein Interesse, festzustellen, wann zuletzt ein Wasserkörper am Wasserkreislauf beteiligt war, bzw. wie lange ein Grundwasser schon im Boden vorliegt (Grundwasseralter). Daraus wird versucht, Rückschlüsse auf anthropogene Einflüsse zu ziehen. Dabei ist aber zu bedenken, dass Kontaminationen in kluftigem Gestein sehr große Tiefen erreichen.

Es werden zwei Kategorien unterschieden:

- geologisch altes Grundwasser und
- vadoses („seichtes") Grundwasser.

Die Bestimmung hoher Grundwasseralter (Bereich von Jahrmillionen) erfolgt nach dem **Helium-Argon-Verhältnis** der im Wasser gelösten Gase. Die Methode beruht darauf, dass die Menge an Argon, das als Gas hauptsächlich aus der Luft stammt, zeitlich praktisch konstant bleibt, während Helium als radiogenes Gas in Grundwässern nach und nach angereichert wird. Je höher das Grundwasseralter ist, desto größer sollte das Verhältnis von Helium zu Argon sein (Pinneker, 1992).

Die **klassischen ^{14}C-Analysen** (über das im Grundwasser gelöste Hydrogencarbonat) dienen vor allem dazu, Grundwässer mit Altern von Jahrhunderten bis Jahrtau-

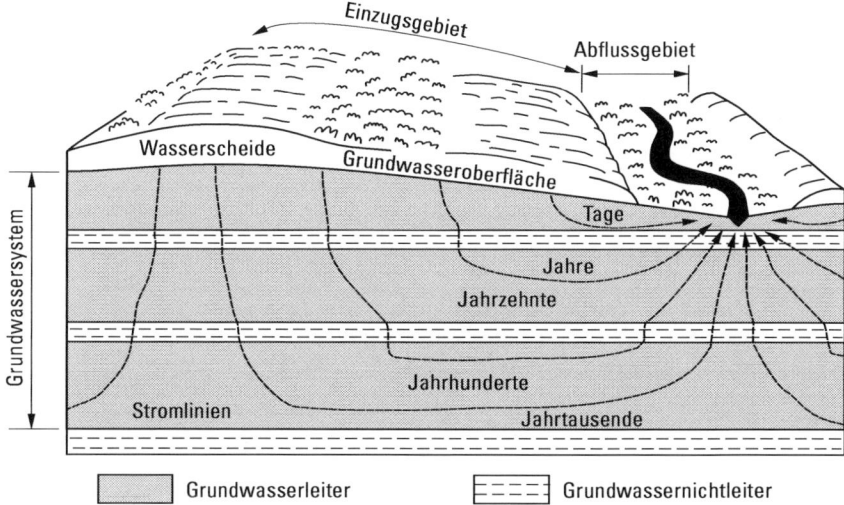

Abb. 1.6 Schema von Mischungen verschieden alter Grundwasser (nach Heath, 1988).

senden zu unterscheiden. Sie helfen darüber hinaus bei der Aufstellung von Misch-
bilanzen und bei Studien übermäßiger Grundwassernutzung. Die zugleich damit an-
fallenden Ergebnisse von δ^{13}C-Analysen haben sich bei der Bewertung von Mischungen verschieden alter Grundwasser bewährt.

Mit **Tritium-Analysen** sind mittlere Verweilzeiten von einigen Jahren bis zu etwas
mehr als einem Jahrhundert abschätzbar. Grundlage ist Tritium, das seit etwa 1963
durch Kernwaffenversuche und seit einigen Jahren vermehrt durch die Nuklearindus-
trie in die Hydrosphäre eingebracht wird.

δ^{18}O-Bestimmungen ermöglichen unter besonderen geomorphologischen und flä-
chenmäßigen Voraussetzungen Angaben von Verweilzeiten zwischen wenigen Monaten und 3–4 Jahren. Grundlage ist die Temperaturabhängigkeit und damit die jahreszeitliche Veränderung der Isotopenzusammensetzung in den Niederschlägen.

In der Praxis können sich verschieden alte Grundwasser summieren. Das Produkt
kann ein Mischwasser sein, wie Abbildung 1.6 zeigt.

1.7 Typologie des Wassers

Die Zusammensetzung von Wasser ist immer das Ergebnis des Kontakts von Regen
mit festen Stoffen. Im Grundsatz gilt dies für Dachablaufwasser in der Regentonne
genauso wie für Mineralwasser. Es werden verschiedene Wassertypen nach ihrer Herkunft unterschieden (s. Tab. 1.6). Diese Unterscheidung gibt aber, von Meerwasser abgesehen, keinen ausreichend genauen Hinweis auf die Zusammensetzung des Wassers. Dies wird am Beispiel des Grundwassers aus Sicht der Wassernutzung genauer
dargelegt.

Tab. 1.6 Typologie des Wassers.

Art des Wassers	elektrische Leitfähigkeit und weitere Merkmale	Anmerkungen
Regenwasser	<10 µS/cm	pH 5,5 (s. Kap. 2.6.4.2), saurer Regen mit pH 3,5–5,5, Kontamination häufig mit Abgasen, NH_3 und Auslaugungen der Auffangflächen
Quellwasser	häufig 100–500 µS/cm, soweit nicht durch geologische Besonderheiten höher (Mineralwasser)	in kluftigem Gestein Gefahr der Kontamination durch Sickergruben, Pestizide und Abwasser
Oberflächenwasser	meist <500 µS/cm, Talsperrenwasser um 100 µS/cm; starke Temperaturschwankung Sommer–Winter	soweit nicht umfassend geschützt (Talsperren) ist es durch Abwasser- und Abraumsalze kontaminiert
Grundwasser	meist >500 µS/cm, je nach Untergrund; geringe Temperaturschwankung	bevorzugte Ressource für die Wasserversorgung, soweit das Gewinnungsgebiet eindeutig ist und gut geschützt werden kann
Meerwasser	etwa 50.000 µS/cm 3,5 % Salzgehalt	[Ca] 0,01; [Mg] 0,05; [Na] 0,47; [Cl] 0,55 Säurekapazität bis pH 4,3 $(K_{S4,3})$ 0,003 mol/L; Summe gelöster Teile etwa 1 mol/L
Brackwasser	>2.000 µS/cm	Mischung aus Meerwasser und Grundwasser im Küstenbereich
Mineralwasser	entspricht Quell- bzw. Grundwasser	natürliches Mineralwasser ohne anthropogenen Einfluss hat z. B. geringe Nitratwerte (<5 mg/L NO_3^-)

Zunächst sei darauf hingewiesen, dass die Zusammensetzung von **Mineralwasser** das Ergebnis der Lösung von Gesteinen mit Hilfe des im Wasser gelösten Kohlenstoffdioxids ist (s. Kap. 2.6.4.4). Als zu Beginn des 19. Jahrhunderts im Berliner Bezirk Gesundbrunnen Mineralwasser künstlich durch Wasser, Kohlenstoffdioxid und gemahlenem Gestein bestimmter Gegenden hergestellt wurde (Struwe, 1828), entfachte dies eine lebhafte Diskussion darüber, ob die Natur nachgeahmt werden darf. Heute ist „natürliches Mineralwasser" eher eine Herkunftsbezeichnung als die Bezeichnung eines Wassertypus.

Für die Wassernutzung sind folgende Besonderheiten des **Grundwasserleiters** (GW-Leiter) von Bedeutung:

- GW-Leiter am Fuß von Gebirgen
- Bodenüberdeckungen der Mittelgebirge mit geringer Mächtigkeit der GW-Leiter
- GW-Leiter der Tiefebenen mit hohem Anteil an verlandeten Seen
- GW-Leiter an Flüssen mit Uferfiltration durch Feinsand oder durch grobe Sande
- Süßwasserlinsen an den Meeresküsten

Am **Fuß schneebedeckter Berge** findet sich im **Alluvialboden** meist gutes Grundwasser mit geringem Gehalt an organischem Kohlenstoff (DOC) sowie ohne Eisen und Mangan, das ohne Aufbereitung als Trinkwasser verwendet werden kann. Die geringe Besiedlung des Einzugsgebiets ermöglicht einen guten Grundwasserschutz. Das Wasser enthält wenige Ionen (sogenannte gelöste Salze) und die elektrische Leitfähigkeit ist entsprechend gering (etwa 200–500 µS/cm). Gering ist auch die Belastung mit verwertbarem organischem Kohlenstoff (sogenanntes AOC) und damit die Gefahr der Verkeimung.

Solches Wasser wird seit alters her gern für die Wasserversorgung ausgewählt (s. Zitat von Vitruv; Kap. 6.1). Wasser dieser Kategorie wurde für die Aquädukte der römischen Epoche verwendet oder, noch älter, von der **Kanat-**, Qanat- oder Foggara-Technik, die vermutlich in Persien für Teheran entwickelt wurde und später mit den Arabern nach Nordafrika, Marokko und Spanien und von dort nach Südamerika gelangte. Kanate sind unterirdische Freispiegelleitungen, die im Altertum von Hand errichtet wurden, wovon die zahlreichen Kegel an senkrechten Schächten (etwa alle 50 m entlang der Leitung) zeugen (Smith, 1978).

Weniger ergiebig sind die geringen **Bodenüberdeckungen der Mittelgebirge** mit undurchlässigem oder kluftigem Gestein, aus denen der Niederschlag schnell abfließt. Sie ermöglichen zwar Kleinanlagen, aber für größere Wasserversorgungen werden Trinkwassertalsperren oder die Entnahme aus Flüssen und Seen bevorzugt (s. Kap. 1.3.3).

In den **Tiefebenen**, deren Grundwasser durch verlandete Seen gekennzeichnet ist, kann fast überall Grundwasser gewonnen werden. Es ist durch einen erhöhten Gehalt an gelöstem organischem Kohlenstoff (DOC) sowie durch **Eisen und Mangan** aus Grundwasserleitern mit reduzierendem Redoxmilieu gekennzeichnet. Bei der Gewinnung ist die hydraulische Leitfähigkeit des Bodens zu beachten (s. Gl. 1.12). Die Vegetation darf nicht durch zu starke Grundwasserabsenkungen beeinträchtigt werden. Grundsätzlich darf nur das frei abfließende Grundwasser genutzt werden, das durch Versickerung von Regenwasser neu gebildet wird (s. Gl. 1.3). Der Schutz der Brunnen und deren Einzugsgebiete erfordert besondere Aufmerksamkeit. In den Städten des Mittelalters wurde häufig das Grundwasser durch Schachtbrunnen im Siedlungsbereich gewonnen. Entsprechend häufig war die Kontamination mit Krankheitserregern, ohne die Ursachen erkennen zu können. Die tiefe Unkenntnis führte zur Verleumdung der Brunnenvergiftung mit verheerenden Folgen für die Beschuldigten (s. Kap. 6.1). In ländlichen Gebieten, insbesondere in weniger entwickelten Ländern, ist die Kontamination der Brunnen durch Sickergruben oder Latrinen in deren Nähe immer noch häufigste Ursache für Erkrankungen.

Bei den **Grundwasserleitern an Flüssen** haben nur feinkörnige Sande die notwendige dichte mikrobielle Besiedlung für eine wirksame Uferfiltration. Besteht der Grundwasserleiter am Fluss aus Schotter, dann ist nicht mit ausreichender Reinigungswirkung der Bodenpassage zu rechnen (s. Kap. 5.4.13).

Süßwasserlinsen, also Süßwasserschichten oberhalb von Salzwasser im Grundwasser an Meeresküsten, bilden sich durch Dichteunterschiede aus. Die Mächtigkeit h_m der Süßwasserschicht wird nach folgender Gleichung aus der Dichtedifferenz zwischen Grundwasser ($\varrho_{gw} = 0{,}996$) und Meerwasser ($\varrho_s = 1{,}028$) berechnet:

$$h_m = h_{gw} \cdot \varrho_{gw}/(\varrho_s - \varrho_{gw}) \tag{1.13}$$

Zunächst ist die Mächtigkeit der Süßwasserlinse bis in die Nähe der Küstenlinie sehr groß. Bei einer Dicke der Grundwasserschicht von 2 m ($h_{gw} = 2$ m) über dem Meeresspiegel reicht die Schicht des Süßwassers bis etwa in 62 m Tiefe ($h_m = 62$ m). Sie ist aber in dieser Mächtigkeit nicht verfügbar, denn sie geht sehr schnell zurück und es kommt zu einem Einbruch salinen Wassers (Brackwasser), wenn das Grundwasser auf Meereshöhe abgesenkt wird (h_{gw} und damit $h_m = 0$).

Bei Bewertungen von **Kontaminationen** der Grundwasserleiter mit Öl oder Chemikalien sind sogenannte Fenster in der Deckschicht zu beachten. Insbesondere chlororganische Verbindungen haben die Eigenschaft, sich im unteren Bereich eines GW-Leiters zu sammeln. Sie fließen mit dem Wasser zunächst am Boden des oberen GW-Leiters bis zu einer Störung, gelangen über dieses „Fenster" in tiefe GW-Leiter und von dort zu Trinkwasserbrunnen.

1.8 Klimawandel und Wasserressourcen

> **Merke:** Nachhaltigkeit darf nicht als ein wünschenswertes Beharren auf dem Status quo missdeutet werden, denn „niemand steigt zweimal in denselben Fluss", „πάντα ῥέει" (panta rhei, Heraklit zugeschrieben, 500 v. Chr.). Bestand hat nur der Wandel.

Die offensichtliche Zunahme des langjährigen Mittels der Temperatur der Erde bedeutet, für sich genommen, keine grundsätzliche Verschlechterung der bestehenden Lebensbedingungen der Menschen auf dem „Blauen Planet" Erde. Die Lebensbedingungen in Trockengebieten, in der Oase (s. Abb. 1.1) auf einfachem und in der Metropole Dubai auf sehr hohem technischen Niveau, belegen diese These. Wenn dennoch die Wassernutzung vom Klimawandel betroffen ist, so liegt dies an folgenden Kriterien:

- Die technischen Aktivitäten der Menschheit haben unkontrollierte, negative, zunehmend globale Auswirkungen, über den begrenzten Rahmen einer Region hinaus.
- In geologischen Zeiten gerechnet ist der Temperaturanstieg rasant, was zu Anpassungskrisen führt, insbesondere bei einem Anstieg der Meereshöhe und bei Veränderungen der Küstenlinien.
- Die erforderlichen Anpassungen sind nicht mehr regional zu bewältigen, es sind internationale Konventionen erforderlich, mit allen hieraus erwachsenden Komplikationen.

Die ethischen Verpflichtungen der industrialisierten Länder als vermutliche Verursacher der (geologisch rasanten) Erderwärmung müssen berücksichtigt werden. Der verstärkte Anbau nachwachsender Rohstoffe führt zu Nutzungskonflikten wegen des erhöhten Bedarfs an Lebensmitteln für die zunehmende Weltbevölkerung.

Was sich vermutlich ändern wird, ist die Wasserverfügbarkeit in den gemäßigten Zonen, z. B. in Deutschland. Einerseits ist eine Verlängerung von **Trockenzeiten** eher wahrscheinlich, andererseits werden Starkregen und damit Hochwasser heftiger werden. Auf beides muss mit einem verbesserten Management der Wasserspeicherung geantwortet werden. Folglich sind die weiter unten erwähnten Maßnahmen nicht nur Aufgaben des Entwicklungsdienstes für die Trockengebiete der Erde, sondern auch Erfahrungen zur Zukunftssicherung im eigenen Land in Bezug auf den erwarteten Klimawandel.

Insgesamt muss dem Wasserbedarf der landwirtschaftlichen Produkte (**virtuelles Wasser**), die in einem Land, z. B. in Deutschland, konsumiert oder verarbeitet werden, größere Aufmerksamkeit gewidmet werden, wie sich aus Tabelle 1.2 ergibt. Diese Produkte werden außerhalb der urbanen Bereiche hergestellt und beanspruchen dort die Wasserverfügbarkeit. Die Konkurrenz der Städte und Regionen um Nutzungsflächen wird sich nicht nur durch den Klimawandel und die wachsende Weltbevölkerung, sondern auch in dem Maße verschärfen, wie nachwachsende Rohstoffe das für Pflanzen verfügbare Land und Wasser beanspruchen. Ansätze zur Entschärfung dieser Nutzungskonflikte sind erkennbar. Konkret bestehen folgende Möglichkeiten (s. auch Kap. 1.5):

● Verbesserung der Effizienz der Bewässerung für die Transpiration der Pflanzen und der Entwässerung zum Schutz der Böden vor Versalzung
● **Speicherung von Starkregen** in Grundwasserleitern für Zwecke der Bewässerung während der Trockenzeit
● Erhöhung der Feldkapazität des Bodens mit einem Speichermedium aus synthetischem Hydrogel, z. B. auf Polyacrylamid-Basis, damit eine Aufforstung von Wüsten in semiariden Gebieten erfolgen kann (Hüttermann und Metzger, 2004)
● erhebliche Steigerung des Anteils der Fischereierträge aus produktiven Küstenmeeren und Auftriebsgebieten mit einem komplexen Nahrungsgeflecht aus Phytoplankton, Kleinkrebsen und Massenfischen an der Deckung des Proteinbedarfs der Menschheit (derzeit etwa 20 %, Hempel, 2000);
● Verlagerung der Produktion von nachwachsenden Rohstoffen zu einem erheblichen Anteil ins Meer.

Besonderes Augenmerk ist der **Bewirtschaftung von Niederschlägen** in den Städten zu widmen. Während bisher die Aufgabe lautete, Regenwasser möglichst schnell abzuleiten, findet nun ein Paradigmenwechsel statt. Zukünftig sollte in besiedelten Bereichen der Regen dezentral so bewirtschaftet werden, z. B. zur Dachbegrünung, und im Boden versickert und gespeichert werden, als wäre die Fläche nicht bebaut und nicht versiegelt (Sieker, 2006). Unter Umständen müssten zusätzlich zur Renaturierung von Flussläufen und der Erhöhung von Dämmen auch auf privaten Grundstücken Speicher als Rückhalteraum geschaffen werden, um Hochwasserabflüsse zeitlich zu strecken.

Die öffentliche **Wasserversorgung** wird in industrialisierten Ländern mit effektiver Verwaltung auch unter geänderten Randbedingungen bei einem Klimawandel gesichert sein, weil ihr Bedarf an Wasser aus der Verfügbarkeit mit 1,3 % vergleichsweise gering ist (s. Tab. 1.2 und Abb. 1.2). Vermutlich wird sich aber das regionale Wasserdargebot (**Wasserressourcen**) in den bisher genutzten Wassergewinnungsgebieten verringern. Zur Vermeidung von Nutzungskonflikten mit der Landwirtschaft muss entweder die Fernwasserversorgung ausgebaut oder es müssen die Kreislaufanteile (s. Kap. 1.3.3, Gl. 1.7) erhöht werden oder beides. Auch ist mit **urbaner Landwirtschaft** (s. Kap. 1.3.3) ein Interessenausgleich zwischen Wasserversorgung und Landwirtschaft bei der Nutzung regionaler Wasserverfügbarkeit möglich.

In Zukunft wird die **Meerwasserentsalzung**, beginnend mit der Versorgung touristischer Zentren an der Küste, eine noch größere Rolle spielen als bisher. Hierzu passend sind neue Technologien zur Bewirtschaftung von Gewächshäusern mit gereinigtem Abwasser und erheblicher **Verminderung** des virtuellen Wassers durch Rückgewinnung des Wassers der Transpiration im Gewächshaus selbst.

> **Merke:** Viele Maßnahmen zum sorgsamen Umgang mit Wasser (z. B. Reduzierung des Bedarfs an virtuellem Wasser, Mehrfachnutzung bei Meerwasserentsalzung, Speicherung von Starkregen, sparsame Bewässerungstechniken, Biogas aus Fäkalien), die geeignet sind der zunehmenden Erderwärmung zu begegnen, sind nicht neu, aber bei einem Klimawandel muss auch in Ländern der gemäßigten Klimazone verstärkt auf sie zurückgegriffen werden. Auf jeden Fall sind die industrialisierten Länder dazu aufgerufen, die passenden Technologien zu entwickeln und zur Anwendungsreife auch für weniger entwickelte Regionen zu bringen. Dies ergibt sich aus der ethischen Verpflichtung als vermuteter Verursacher des Klimawandels.

1.9 Literatur

Agrarmeteorologie (2003) Die Klimatische Wasserbilanz im Jahr 2003 im Vergleich zu den vieljährigen Werten. Deutscher Wetterdienst, Offenbach.

Allan J. A. (1998) Virtual water: a strategic resource. Global solutions to regional deficits. Groundwater, 36(4): 545–546.

BfG Bundesanstalt für Gewässerkunde (2003): Wasserhaushaltsverfahren zur Berechnung vieljähriger Mittelwerte der tatsächlichen Verdunstung und des Gesamtabflusses. BfG-Bericht Nr. 1342, BfG, Koblenz.

Chmielewski F.-M. (2001) Jahreswitterungsbericht 2001. Agrarmeteorologie, Humboldt-Universität, Berlin.

Grünewald U. (2001) Wasserwirtschaftliche Planungen. In: Lecher K., Lühr H.-P. und Zanke U. C. E. (Hrsg.): Taschenbuch der Wasserwirtschaft, 8. Aufl., Parey Buchverlag, Berlin, 1125–1163.

Heath R. C. (1988) Einführung in die Grundwasserhydrologie. R. Oldenbourg, München.

Hempel G. (2000) Fischen und Forschen im Weltmeer. In: Elemente des Naturhaushalts I Wasser. Kunst- und Ausstellungshalle der Bundesrepublik Deutschland, Bonn, Schriftenreihe Forum Bd. 9: 690–706.

Hölting B. (1996) Hydrogeologie. Einführung in die Allgemeine und Angewandte Hydrogeologie. Enke, Stuttgart.

Hüttermann A. und Metzger J. O. (2004) Begrünt die Wüsten durch CO_2-Sequestrierung. Nachrichten aus der Chemie. 52: 1133–1138.

Kaim W. und Schwederski B. (2005) Bioanorganische Chemie. Zur Funktion chemischer Elemente in Lebensprozessen. B. G. Teubner Verlag, Wiesbaden.

Lecher K. und Kresser W. (2001) Wasserhaushalt, Gewässer, Hydrometrie. In: Lecher K., Lühr H.-P. und Zanke U. C. E. (Hrsg.) Taschenbuch der Wasserwirtschaft, 8. Aufl., Parey Buchverlag, Berlin, 47–96.

Lecher K., Lühr H.-P. und Zanke U. C. E. (Hrsg.), (2001) Taschenbuch der Wasserwirtschaft, 8. Aufl., Parey Buchverlag, Berlin.

Michel G. (2002) Hydrogeologie. In: Grohmann, A. (Hrsg.): Karl Höll – Wasser, 8. Aufl. Walter de Gruyter Verlag, Berlin.

Pinneker E. V. (1992) Lehrbuch der Hydrogeologie. Bd. 6. Das Wasser in der Litho- und Asthenosphäre – Wechselwirkung und Geschichte. Borntraeger, Berlin.

Samimi C. (1991) Die Oasenböden Figuigs unter dem Einfluss salzhaltigen Bewässerungswassers. In: Popp, H. (Hrsg.): Geographische Forschungen in der saharischen Oase Figuig. Passauer Schriften zur Geographie, Heft 10, Passavia Universitätsverlag, Passau.

Sieker F. (2006) Dezentrale Regenwasserbewirtschaftungsmaßnahmen in Siedlungsgebieten als Beitrag zur Minderung extremer Hochwasserabflüsse in beliebig großen Einzugsgebieten. GWF–Wasser/Abwasser, 147(4): 310–314.

Smith N. (1978) Mensch + Wasser, Bewässerung – Wasserversorgung: Von den Pharaonen bis Assuan. Udo Pfriemer Verlag, München.

Statistisches Bundesamt Deutschland (2006) Statistisches Jahrbuch, Kap. 12.4: Wasserversorgung und Abwasserbeseitigung. destatis.de, Statistisches Bundesamt, Wiesbaden.

Struwe (1828) Berzelius Jahresband für 1828: 207.

UNESCO (2006) Water, a shared responsibility: The United Nations world water development report 2 (WWDR2), UNESCO Publishing, Paris / Berghahn Books, Oxford, 258.

United Nations (2003) Menschenrecht auf Wasser: General Comment No. 15 of the Committee on Economic Social and Cultural Rights of November 2002: The Right to Water (arts. 11 and 12 of the International Covenant on Economic, Social and Cultural Rights).

VDG Vereinigung Deutscher Gewässerschutz e. V. (Hrsg.) (2008) Virtuelles Wasser. Schriftenreihe Bd. 73, VDG, Bonn.

Widmoser P. (2001): Be- und Entwässerung. In: Lecher K., Lühr H.-P. und Zanke U. C. E. (Hrsg.) Taschenbuch der Wasserwirtschaft, 8. Aufl., Parey Buchverlag, Berlin, 485–571.

2 Chemie des Wassers

2.1 Wasser als „Element"

Die lebensspendende und lebenserhaltende, in anderem Zusammenhang aber auch lebensbedrohende Rolle des Wassers war dem Menschen seit der Vorzeit bewusst. Ausdruck hierfür sind die Schöpfungs- und Heldenmythen verschiedener Kulturen, wie etwa das Gilgamesch-Epos (in der akkadisch-ninivitischen Fassung, ca. 1200 v. Chr.), die Schöpfungsgeschichte und die Geschichte von der Sintflut (Genesis 6,5–9,17), wie sie Eingang in die Bibel gefunden haben, oder die japanische Legende von den Gottheiten Izanagi und Izanami, die die Urinsel Onogorojima vom Urmeer schieden (aufgezeichnet in der Kojiki-Chronik, 8. Jh. n. Chr.). Das frühe Wissen um die besondere Rolle des Wassers spiegelt sich in den Religionen der Welt.

Indem im antiken Griechenland der Mythos bewusster Erkenntnis wich, begann ein Nachdenken über die Ursprünge der Welt und des Menschen. Für die milesischen Naturphilosophen Thales, Anaximander und Anaximenes (625–525 v. Chr., in Milet, Kleinasien) gab es für alles Seiende einen gemeinsamen Urgrund (archē), aus dem als Urstoff sich alles zusammensetzt und der als Ursache die erfahrbaren Veränderungen bewirkt. Diesen Urstoff identifizierte Thales mit dem Wasser, Anaximenes dagegen mit der Luft. Wir sehen hier die Anfangsgründe der **antiken Elementelehre** griechischer Prägung.

Der Elementbegriff

Nach unserer heutigen Vorstellung sind **Elemente** die mit chemischen Mitteln nicht weiter zerlegbaren Grundstoffe, aus denen alle Materie besteht. Unterschiedliche Elemente unterscheiden sich in der Ordnungszahl, das heißt in der Zahl der am Atombau beteiligten Protonen. Das Element Wasserstoff, welches im Periodischen System an erster Stelle steht, hat die Atome mit der geringsten Masse. Das schwerste bisher bestätigte Element ist dasjenige mit der Ordnungszahl 112, Copernicium. Was aber ist der Ursprung des Begriffs „Element", jenseits des lateinischen Wortes „elementum" gleicher Bedeutung? Eine bemerkenswerte – und tatsächlich auch die plausibelste – Deutung ist, das Wort „el-em-en-tum" als Verknüpfung der Buchstabenlaute LMN (bzw. λμν) aufzufassen. Dies sind die mittleren Buchstaben des lateinischen bzw. griechischen Alphabets und somit die zentralen Bausteine unserer Schrift. Für Europa und das, was wir heute als „westliches Denken" bezeichnen, war Griechenland der Wandler der aus dem Orient kommenden Wissensströme und die Wiege von Philosophie und Zivilisation. Es ist einleuchtend, eine Kongruenz zwischen Schriftsystem (mit Schrift „beschreiben" wir die Welt), Sprache und Weltanschauung zu vermuten. Tatsächlich findet sich die Vorstellung, dass die Welt aus Ursachen logisch erklärbar und aus Bausteinen folgerichtig aufgebaut sei, bereits in der frühesten griechischen Philosophie, und in diesem Denken spielt das Wasser, sei es als einziger Urstoff oder als einer der Grundbausteine, eine herausgehobene Rolle.

Nach den späteren Vorstellungen des Empedokles (etwa 492–432 v. Chr.) gibt es die vier Urbestandteile „Erde", „Wasser", „Feuer" und „Luft", die durch die Kräfte Liebe und Hass bzw. Anziehung und Abstoßung bewegt werden. Ihm folgen Platon und Platons Schüler Aristoteles (384–322 v. Chr.), in dessen Theorie neben den vier Grundsubstraten auch die vier Qualitäten warm/kalt und trocken/feucht definierenden Charakter haben. Die aristotelische Vorstellung wirkte auf spätere Konzepte bestimmend, auch während der Periode der Alchemie, bis Jan Baptista van Helmont (1580–1644, flämischer Universalgelehrter) mit quantitativen Untersuchungen die Zweifel nährte und Robert Boyle (1627–1692, irisch-engl. Naturphilosoph) und Joachim Jungius (1587–1657, dt. Philosoph und Naturforscher) im 17. Jahrhundert unabhängig voneinander den **modernen Elementbegriff** etablierten. Im Jahre 1781 erkannte Henry Cavendish (1731–1810, engl. Chemiker und Physiker) schließlich den Verbindungscharakter des Wassers und seinen Aufbau aus den Elementen Wasserstoff und Sauerstoff.

Ein in der historischen Rückschau reizvoller Kontrast zur Linearität, mit dem das Denken der griechisch geprägten Antike versuchte, aus einem oder mehreren Urgründen die Komplexität der Lebenswelt zu erklären, ist der zyklische Ansatz der **fernöstlichen**, indisch-chinesisch geprägten Welt. In der von Zōu Yǎn (andere Transkription: Tsou Yen, etwa 305–240 v. Chr.) begründeten **Zwei-Prinzipien-Lehre** von **Yin und Yang** stehen die Größen „Holz", „Feuer", „Erde", „Metall" und „Wasser" in kreisartig geschlossener Beziehung. Im Zyklus dieser Elemente spiegeln sich kosmisches, irdisches, politisches und Naturgeschehen. Sie korrelieren in diesem Sinne auch mit Mächten und Kräften des Werdens und Vergehens. Es besteht eine Art Generationenfolge: „Holz" lässt „Feuer" entstehen (Verbrennung), „Feuer" lässt „Erde" entstehen (Veraschung), „Erde" lässt „Metall" entstehen (Erzbildung), „Metall" lässt „Wasser" entstehen (Schmelze, bzw. die rituell praktizierte Kondensation von Wasserdampf an kaltem Metallspiegel), und „Wasser" lässt wiederum „Holz" entstehen (Wachstum). Den Elementen kommt nicht nur ein stofflicher, sondern auch ein prozessartiger Charakter zu. „Wasser" zum Beispiel, dem von den fünf Elementen maximales Yin (als dunkles, schweres, weibliches Prinzip) und minimales Yang (als helles, leichtes männliches Prinzip) innewohnt, ist alles, das nässt, tropft, sich einsenkt, in Fluss bringt, löst und salzig macht.

2.2 Molekularer Hintergrund

Wasser (H_2O) ist die bei weitem wichtigste binäre (aus Atomen zweier Elemente bestehende) Verbindung. Sie entsteht aus der Vereinigung der Elemente **Wasserstoff** (Elementsymbol H, grch.-lat. hydrogenium, „Wasserbildner") und **Sauerstoff** (Elementsymbol O, grch.-lat. oxygenium, „Säurebildner"). Der Grundzustand der Elemente ist jeweils das zweiatomige Molekül, H_2 bzw. O_2. Die Elementbezeichnung „oxygenium" beruht auf der historischen (2. Hälfte des 18. Jahrhunderts) und heute in dieser Ausschließlichkeit nicht mehr zutreffenden Annahme, dass Sauerstoff Bestandteil aller Substanzen sei, die man als Säuren klassifizierte. Systematische Namen für Wasser, d. h. Namen im Rahmen der wissenschaftlichen Nomenklatur, sind **Dihydrogenoxid** und **Oxidan**.

Wasser besitzt einzigartige physikalische und chemische Eigenschaften. Diese Eigenschaften bedingen seine Rolle als Träger des Lebens und machen Wasser zum Ausgangspunkt einer Vielzahl von Wechselbeziehungen, die unseren Blauen Planeten prägen. Die besonderen Eigenschaften des Wassers gründen in der Struktur des Wassermoleküls und in der Art der in ihm zwischen Sauerstoff- und Wasserstoffatomen geknüpften kovalenten Bindungen. (Eine kovalente Bindung wird durch gemeinsame Elektronen zwischen zwei Atomen bewirkt.) Die folgende Übersicht ist notwendigerweise gestrafft, um sich in den Rahmen des vorliegenden Buches zu fügen. Literaturangaben für ein vertieftes Studium von Einzelaspekten finden sich am Schluss von Kapitel 2.

2.2.1 Summenformel und Struktur des Wassermoleküls

Elementpositionen im **Periodischen System der Elemente** sind Schnittpunkte nummerierter Spalten (Haupt- und Nebengruppen bzw. Gruppen) und Zeilen (Perioden). Die Seltenen Erden und die Transurane (Lanthanoide und Actinoide) sind für den hier betrachteten Zusammenhang ohne Relevanz und bleiben daher unberücksichtigt. Das Element Wasserstoff findet sich in der 1. Hauptgruppe (bzw. der 1. Gruppe) und der 1. Periode (Ordnungszahl 1), das Element Sauerstoff in der 6. Hauptgruppe (bzw. der 16. Gruppe) und der 2. Periode (Ordnungszahl 8). Diese Positionen spiegeln die Tatsache wider, dass ein Wasserstoffatom, bezeichnet mit dem Symbol H, 1 Elektron in seiner Elektronenhülle aufweist und ein Sauerstoffatom (O) deren 8. Die **Elektronenkonfiguration** des Wasserstoffatoms im Grundzustand wird als $1s^1$ notiert, diejenige des Sauerstoffatoms als $1s^2\,2s^2\,2p^4$. Die führenden Ziffern in dieser Notation sind die Hauptquantenzahlen der Elektronenhülle, die Kleinbuchstaben sind aus der Spektroskopie abgeleitete Bezeichnungen der besetzten Atomorbitale, und die Exponenten geben die Elektronenanzahl in den jeweiligen Atomorbitalen an. Orbitale sind mathematische Konstrukte, die als bevorzugte Aufenthaltsräume für jeweils bis zu 2 Elektronen versinnbildlicht werden können. Zur Hauptquantenzahl 1 gibt es genau ein s-Orbital, zur Hauptquantenzahl 2 ein s-Orbital und drei p-Orbitale. (Zu höheren Hauptquantenzahlen gibt es s-, p- und weitere, anders zu bezeichnende Orbitale, doch kann dies für den vorliegenden Zusammenhang außer Acht gelassen werden.) Bei gegebener Elektronenkonfiguration eines Atoms bilden die Orbitale der höchsten Hauptquantenzahl den als **Valenzschale** bezeichneten Außenbereich der Elektronenhülle, und die in diesen Orbitalen befindlichen Elektronen werden folgerichtig als Valenzelektronen bezeichnet. Somit hat das Wasserstoffatom 1 Valenzelektron und das Sauerstoffatom 6 Valenzelektronen.

> **Merke:** Die Zahl der Valenzelektronen bestimmt die Wertigkeit (lat. valēre: wert sein) des betrachteten Elements bzw. Atoms. Die Wertigkeit ist gleich der Anzahl Wasserstoffatome, die mit einem Atom des betrachteten Elements eine binäre Verbindung ergeben kann. In diesem Sinne ist Wasserstoff einwertig ($H + H \rightarrow H_2$), Sauerstoff zweiwertig ($O + 2\,H \rightarrow H_2O$).

Die Verknüpfung von Atomen zu Verbindungen (wie z. B. die Bildung von Wasser (H_2O) aus 1 Atom Sauerstoff und 2 Atomen Wasserstoff im Zuge einer chemischen

Reaktion) befriedigt in der Regel das Bestreben der Atome, besonders stabile Elektronenkonfigurationen zu erlangen, wie sie in den Elektronenhüllen der diesen Atomen benachbarten Edelgase vorliegen. Wasserstoff benachbart ist Helium (Elektronenkonfiguration $1s^2$), in dessen Valenzschale sich also 2 Elektronen (und damit die für 1 Orbital maximal mögliche Anzahl) befinden. Sauerstoff benachbart ist Neon (Elektronenkonfiguration $1s^2\,2s^2\,2p^6$), dessen Valenzschale mit 8 Elektronen, verteilt auf 4 Orbitale, vollständig gefüllt ist. Aus diesen Betrachtungen ergibt sich nun konsequent, warum die Formel (genauer: **Summenformel**) für das Wassermolekül H_2O lautet, sich also bei der Bildung von Wasser aus den Elementen (chemische Reaktion) genau zwei Wasserstoffatome mit einem Sauerstoffatom unter Ausbildung zweier kovalenter Bindungen verknüpfen. Im Zuge der Reaktion steuern zwei Wasserstoffatome je 1 Valenzelektron und das Sauerstoffatom 6 Valenzelektronen bei. Dies lässt sich schematisch wie in Abb. 2.1 dargestellt beschreiben.

> **Merke:** Chemie ist in letzter Konsequenz die Beschreibung der Umordnung von Elektronen in den Valenzschalen der miteinander reagierenden Atome.

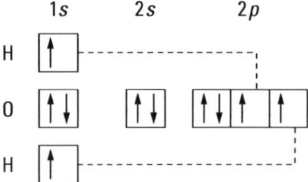

Abb. 2.1 Schema zur Bildung des Wassermoleküls aus Sauerstoff- und Wasserstoffatomen: Kombination der Valenzelektronen. Die Pfeile symbolisieren den Eigendrehimpuls (Spin) der Elektronen. In ein und demselben Orbital können sich höchstens 2 Elektronen befinden, die entgegengesetzten Spin aufweisen müssen (Spinpaarung).

Im Wassermolekül gehören die von den beiden Wasserstoffatomen eingebrachten Elektronen nun auch dem Sauerstoffatom (das damit die Konfiguration des Edelgases Neon erlangt). Die beiden zuvor halbbesetzten Atomorbitale des Sauerstoffatoms sind infolge der Anknüpfung der Wasserstoffatome mit jeweils 2 Elektronen besetzt, sodass die Wasserstoffatome jeweils die Konfiguration des Heliums erlangt haben. Die elektronischen Verhältnisse im entstandenen Wassermolekül sind jetzt folgendermaßen zu bilanzieren: Zwei durch je 2 Elektronen vermittelte kovalente Bindungen verknüpfen das Sauerstoffatom mit den beiden Wasserstoffatomen. Im Gegensatz dazu sind die restlichen 4 Elektronen am Sauerstoffatom ohne Bindungspartner; sie liegen als zwei freie Elektronenpaare vor. Freie, d. h. nicht-bindende Elektronenpaare werden oft auch als einsame Elektronenpaare bezeichnet (engl. lone pairs). Die bisher gegebene Beschreibung skizziert bereits die Grundzüge des Bindungsbildes, wie es sich für das Wassermolekül aus der **Valenzbindungstheorie (VB-Theorie)** ergibt. Im einfachsten Fall beschreibt die VB-Theorie Moleküle anhand lokalisierter, gerichteter Zweielektronenbindungen zwischen den am Molekülaufbau beteiligten Atomen. Die VB-Theorie ist der historische Vorläufer der heute für die Beschreibung der Bindungsverhältnisse in Molekülen verwendeten **Molekülorbitaltheorie (MO-Theorie)**. Hier werden für die Berechnung der Orbitale, deren Besetzung mit Elektronen den molekularen Zusammenhalt bedingt, sämtliche das Molekül aufbauende Atome berücksichtigt. Beide Theorien ergeben schlüssig die für das Wassermolekül ermittelte Struktur, deren Beschreibung wir jetzt vorweg nehmen, um dann einige Aspekte der Bindungsbilder beider Theorien zu illustrieren.

Von fundamentaler Bedeutung für die Eigenschaften des Wassers ist der gewinkelte Bau des H_2O-Moleküls. Anders ausgedrückt: **Die Anordnung der Atome HOH ist nicht linear.** Der von den beiden Verbindungslinien O−H eingeschlossene Winkel beträgt $105 \pm 0,5°$. Dieser Wert variiert leicht, je nachdem, ob wir das Wassermolekül isoliert oder von anderen Wassermolekülen umgeben betrachten. Projizieren wir das Wassermolekül so in ein Tetraeder, dass das Sauerstoffatom im Schwerpunkt liegt, zeigen die beiden O−H-Bindungen in zwei Ecken des Tetraeders, und die beiden freien Elektronenpaare weisen in Richtung der beiden verbleibenden Ecken. In einem regelmäßigen Tetraeder beträgt der von je zwei Verbindungslinien Schwerpunkt/Ecke eingeschlossene Winkel $109° 28'$ (Tetraederwinkel). Im Wassermolekül in der Gasphase ist der Winkel HOH verkleinert auf $104° 28'$ (Abb. 2.2). Die Bindungslänge O−H beträgt dann 95,72 pm ($1 \text{ pm} = 10^{-12}$ m). Das Volumen eines Wassermoleküls ist mit $0,03 \text{ nm}^3$ ($1 \text{ nm} = 10^{-9}$ m) unvorstellbar klein.

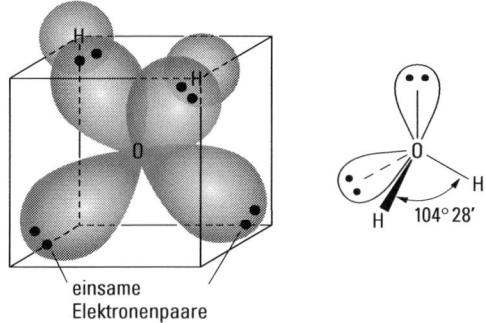

einsame
Elektronenpaare

Abb. 2.2 Zwei Darstellungen der räumlichen Anordnung der Atome und freien Elektronenpaare im H_2O-Molekül (modifiziert nach Riedel, 2010). Der angegebene Bindungswinkel ist der für die Gasphase bestimmte Wert.

Nun zum Bindungsbild der VB-Theorie. Wie erwähnt, besteht die Valenzschale des Sauerstoffatoms aus vier Orbitalen, nämlich einem 2s- und drei 2p-Orbitalen. S- und p-Orbitale unterscheiden sich in ihrer Energie. Die durch sie beschriebenen Aufenthaltsräume für jeweils bis zu 2 Elektronen sind von unterschiedlicher Gestalt. Mit Hilfe eines als Hybridisierung bezeichneten Formalismus erhält man hieraus vier energetisch gleichwertige Orbitale, die *sp^3*-**Hybridorbitale**. Denken wir uns das Sauerstoffatom als den Schwerpunkt eines Tetraeders, so weisen die sp^3-Hybridorbitale (bzw. die durch sie beschriebenen Anhäufungen der Elektronendichte) in seine vier Ecken und nehmen zueinander unter maximal möglicher gegenseitiger Abstoßung den Tetraederwinkel ein. Die Orbitale sind mit insgesamt 8 Elektronen besetzbar und stehen für die Aufnahme der Valenzelektronen des Sauerstoffatoms (6) und der Wasserstoffatome (2×1) zur Verfügung. Jeweils durch Überlappung eines sp^3-Hybridorbitals am O-Atom mit einem H-1s-Atomorbital entstehen zwei Elektronenpaarbindungen zwischen O und H; zwei Elektronendichtemaxima sind freie Elektronenpaare. Der Winkel

HOH ist gegenüber dem Tetraederwinkel verkleinert, da die beiden freien Elektronenpaare größeren Raumbedarf haben als die beiden O—H-Bindungen. Dies wird durch eine elektrostatische Überlegung plausibel: Die freien Elektronenpaare befinden sich im Anziehungsbereich nur eines Kerns. Die deshalb stärker zum O-Atom hin orientierten Elektronenwolken stoßen sich stärker ab. Im Gegensatz dazu befinden sich die beiden anderen (bindenden) Elektronenpaare im Anziehungsbereich zweier Kerne und haben deshalb vergleichsweise geringeren Raumbedarf.

Die Beschreibung der Bindungsverhältnisse bzw. der elektronischen Struktur des Wassermoleküls mit Hilfe der MO-Theorie ist abstrakter. Man gelangt letztlich zu einem als **Molekülorbital-Wechselwirkungsdiagramm (MO-Diagramm)** bezeichneten Bild (Abb. 2.3), das wir hier anschaulich interpretieren wollen. Ein *s*-Orbital ist sphärisch symmetrisch um den Atomkern angeordnet, während *p*-Orbitale als ein Dreiersatz hantelförmiger Gebilde visualisiert werden, die im Atomkern zentriert und entlang der x-, y- und z-Achse eines kartesischen Koordinatensystems räumlich gerichtet sind (p_x-, p_y- und p_z-Orbital). Orbitale sind mathematische Funktionen, die die Wellennatur der Elektronen beschreiben (Wellenfunktionen). In einem *s*-Orbital hat die zugehörige Wellenfunktion überall ein und dasselbe Vorzeichen, während in einem *p*-Orbital das Vorzeichen der Wellenfunktion in den beiden „Orbitallappen" unterschiedlich ist. Unterschiedliche Vorzeichen werden in Abb. 2.3 durch schwarze und weiße Darstellung der Orbitale bzw. Orbitallappen gekennzeichnet. Wir betrachten nun das Sauerstoffatom mit seinem 2*s*- und den drei 2*p*-Orbitalen einerseits (linke Spalte in Abb. 2.3) und die beiden getrennten, aber im H-H-Interatomabstand des H_2O-Moleküls nebeneinander positionierten Wasserstoffatome mit ihren 1*s*-Orbitalen andererseits (Atomorbital-Kombinationen des H^H-Fragments des H_2O-Moleküls, rechte Spalte in

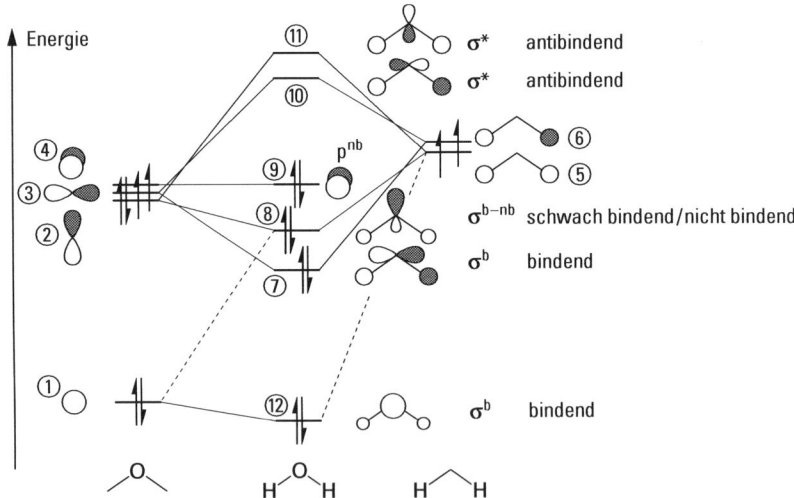

Abb. 2.3 MO-Diagramm für das H_2O-Molekül. Linke Spalte: die vier Valenzorbitale (2*s*, 3 × 2*p*) des O-Atoms in schematischer Darstellung (Orientierung im Raum, Energie); rechte Spalte: die beiden möglichen Kombinationen der H-1*s*-Atomorbitale für das H^H-Fragment des H_2O-Moleküls (Orientierung im Raum, Energie); mittlere Spalte: die aus der Linearkombination der Atomorbitale resultierenden sechs Molekülorbitale (jeweilige O/H^H-Kombination, Energie) (modifiziert nach Riedel und Janiak, 2009).

Abb. 2.3). Die in der mittleren Spalte von Abb. 2.3 dargestellten Molekülorbitale von H_2O werden nun durch einen mathematischen Formalismus erhalten, der Symmetrieaspekte und Vorzeichen der Atomorbital-Wellenfunktionen berücksichtigt und als Linearkombination von Atomorbitalen bezeichnet wird. Für eine bindende Wechselwirkung müssen Orbitale bzw. Orbitallappen gleichen Vorzeichens überlappen, während Orbitale oder Orbitallappen entgegengesetzten Vorzeichens eine als antibindend bezeichnete Wechselwirkung ergeben. Findet ein Atomorbital unter den Orbitalen der anderen das Molekül aufbauenden Atome wegen unverträglicher Symmetrie keinen Korrelationspartner, so geht es als nicht-bindendes Molekülorbital in die Betrachtung ein. Das Ergebnis dieser Verfahrensweisen wird im Folgenden erläutert.

Wir betrachten die Orbitaldarstellungen in Abb. 2.3 genauer. Die Orbitalenergie nimmt nach oben hin zu. Links sehen wir die Atomorbitale des O-Atoms, und zwar links unten das O-2s-Orbital, darüber die drei miteinander energiegleichen (allerdings aus Platzgründen in enger Staffelung übereinander dargestellten) paarweise aufeinander senkrecht stehenden O-2p-Orbitale. Die Darstellung berücksichtigt die Tatsache, dass p-Orbitale energiereicher sind als das s-Orbital derselben Hauptquantenzahl (die hier gleich 2 ist). Rechts sehen wir die beiden möglichen und miteinander energiegleichen Atomorbitalkombinationen des H^H-Fragments des Wassermoleküls: Im einen Fall haben beide H-1s-Wellenfunktionen dasselbe Vorzeichen (wobei unerheblich ist, ob das „+" oder „−" ist), im anderen Fall haben die beiden H-1s-Wellenfunktionen unterschiedliche Vorzeichen (wobei unerheblich ist, ob das „+/−" oder „−/+" ist). Sowohl s-Orbital als auch p-Orbitale des O-Atoms liegen energetisch tiefer als die Atomorbitalkombinationen des H^H-Fragments. Der Grund hierfür ist die im Vergleich zum Wasserstoffatom höhere Elektronegativität des Sauerstoffatoms.

Merke: Je höher die Elektronegativität eines Atoms, desto stärker ist es in einer Atombindung in der Lage, Bindungselektronen zu sich zu ziehen (vgl. Kap. 2.2.2).

Nur O-Atomorbitale (linke Spalte) und H^H-Fragmentorbitale (rechte Spalte) verträglicher Symmetrie sind nun in der Lage, Molekülorbitale (mittlere Spalte) hervorzubringen (Linearkombination von Atomorbitalen). Wir wollen die Molekülorbitale im Einzelnen betrachten, wobei wir uns zur sequentiellen Erläuterung der in Kreise gesetzten Ziffern in Abb. 2.3 bedienen. Diese Ziffern sind lediglich Referenznummern und haben keine weitere Bedeutung. Aus der Kombination der drei O-2p-Orbitale (②, ③, ④) und der beiden H^H-Fragmentorbitale (⑤, ⑥) gehen zwei bindende (⑦, ⑧) und zwei antibindende (⑩, ⑪) Molekülorbitale hervor. Ein Molekülorbital ⑨ ist nicht-bindend. Genauer gesagt: Die Linearkombinationen ⑦ und ⑧ haben im Bereich der O−H-Bindungsachsen s-p- und p-s-Orbitalbeiträge jeweils gleichen Vorzeichens und sind folglich bindend (die Klassifizierung „bindend" bezieht sich auf die O−H-Wechselwirkung). In den beiden Linearkombinationen ⑩ und ⑪ herrscht im Bereich der O−H-Bindungsachsen zwischen den s-p- und p-s-Orbitalbeiträgen Vorzeichenwechsel. Diese Linearkombinationen sind folglich als antibindend zu klassifizieren (wiederum bezogen auf die O−H-Wechselwirkung). Sowohl im Falle der bindenden als auch im Falle der antibindenden Linearkombinationen stammen die Atomorbital-Beiträge von den beiden in der Molekülebene liegenden Sauerstoff-p-Orbitalen (②, ③) und beiden H^H-Fragmentorbitalen (⑤, ⑥). Das dritte Sauerstoff-p-Orbital (④) ist hinsichtlich seiner Symmetrie mit beiden H^H-Fragmentorbitalen ⑤ und ⑥ unverträglich, da es senkrecht auf der Ebene des H^H-Fragments steht und schlussendlich weder ein bindender noch ein antibindender Beitrag resultiert, bzw. bindende und antibindende Anteile sich gerade kompensieren. Das *p*-Atomorbital ④ ergibt folglich ein nicht-bindendes Molekülorbital ⑨ im MO-Diagramm (es liefert hinsichtlich der O−H-Wechselwirkung weder einen bindenden noch einen antibindenden Beitrag). Betrachten wir zum Schluss das energetisch niedrigste Molekülorbital ⑫, das aus der bindenden Linearkombination des O-2*s*-Orbitals ① mit dem H^H-Fragmentorbital gleichen Vorzeichens ⑤ hervorgeht. Die zugehörige antibindende Linearkombination (① mit ⑤; unterschiedliche Vorzeichen) ist von gleicher Symmetrie wie das bindende Molekülorbital ⑧ und schwächt folglich dessen bindenden Charakter. Ohne Berücksichtigung dieser antibindenden „Einmischung" würden Molekülorbital ⑧ und Molekülorbital ⑦ ihre Positionen auf der Energieskala vertauschen.

> **Merke:** Die Linearkombination der 4 Valenzorbitale des Sauerstoffatoms mit den 2 Valenzorbitalkombinationen des H^H-Fragments (in der Summe: 6 Beiträge) ergibt für das H_2O-Molekül 2 stark bindende, 1 schwächer bindendes, 1 nicht-bindendes und 2 antibindende Molekülorbitale (in Summe: 6 Molekülorbitale). Diese werden, beim Molekülorbital niedrigster Energie (⑫) beginnend, mit 8 Valenzelektronen (O: 6; H^H: 2) besetzt. Die besetzten Molekülorbitale des Wassermoleküls sind also 2 bezüglich der O−H-Wechselwirkung stark bindende (⑫, ⑦), 1 schwach bindendes (⑧) und 1 nicht-bindendes (⑨) Molekülorbital. Das nicht-bindende Molekülorbital ⑨ ist das höchste besetzte Molekülorbital (engl.: highest occupied molecular orbital, HOMO).

Es liegen auch zwei antibindende Molekülorbitale vor (⑩, ⑪), die unbesetzt sind. Das MO-Diagramm erlaubt folgende Feststellung: Wird das Wassermolekül angeregt, wobei z. B. durch Zufuhr einer hinreichenden Menge thermischer Energie die antibindenden Orbitale ⑩ und ⑪ besetzt werden, so treiben die jetzt vorherrschenden antibindenden Wechselwirkungen das Molekül auseinander: Es zerfällt. Aus der Betrachtung des Molekülorbitals ⑪ lässt sich auch sofort auf eines der Reaktionsprodukte schließen, da das H^H-Fragment Orbitalbeiträge gleichen Vorzeichens besitzt: Die beiden Wasserstoffatome des H_2O-Moleküls finden zusammen. Als Produkt der thermischen Wasserzersetzung entsteht Wasserstoff (H_2, zusammen mit O_2; vgl. Kap. 2.2.3).

Wir vergleichen zum Abschluss unserer Betrachtungen von Bindungsbild und elektronischer Struktur das VB-Modell und das MO-Modell des Wassermoleküls:

- Gemäß VB-Bild hat das H_2O-Molekül 2 untereinander energiegleiche freie und 2 untereinander energiegleiche bindende Elektronenpaare, angeordnet um das Sauerstoffatom in Form eines leicht verzerrten Tetraeders.
- Im MO-Bild unterscheiden sich sowohl die bindenden als auch die freien Elektronenpaare hinsichtlich ihrer Orbitalzusammensetzung und ihrer Energie. Nur das energetisch höchstliegende besetzte Molekülorbital (⑨) ist vollständig nicht-bindend und damit das Analogon eines „freien" Elektronenpaares im VB-Bild. Das darunterliegende Molekülorbital (⑧) ist schwach HOH-bindend. Es hat aber auch teilweise den Charakter eines „freien" Elektronenpaars, denn infolge *sp*-Mischung weist es in der Molekülebene erhöhte Elektronendichte am Sauerstoffatom auf, die nicht in Richtung der H-Atome zeigt.

Je nach Erklärungsziel ist es legitim, die eine oder die andere Modellvorstellung, d. h. das VB-Bild oder das MO-Bild des Wassermoleküls zugrunde zu legen. Beide liefern zwar keine identischen Resultate, sind letztlich aber zueinander komplementär. Für die weitere Diskussion werden wir uns des Bildes bedienen, das dem Wassermolekül nach der VB-Theorie zukommt: Gewinkelt bzw. tetraedrisch gebaut, mit 2 lokalisierten O−H-Bindungen und 2 freien Elektronenpaaren in den Ecken eines leicht verzerrten Tetraeders. Eine Abstraktion dieses Bildes ist die in Abb. 2.4 gezeigte **Elektronenstrichschreibweise** des H_2O-Moleküls, die auch als **Lewis-Formel** bezeichnet wird (Gilbert Newton Lewis, 1875–1946; US-amer. Physikochemiker).

Abb. 2.4   Elektronenstrichschreibweise für das Wassermolekül (Lewis-Formel), in der die freien Elektronenpaare am Sauerstoffatom berücksichtigt sind und die gewinkelte Struktur der HOH-Einheit zum Ausdruck kommt.

2.2.2 Wasser als polares Molekül – Wasserstoffbrückenbindungen (H-Brücken)

Im Wassermolekül sind die bindenden Elektronen nicht gleichmäßig zwischen dem O-Atom einerseits und den H-Atomen andererseits verteilt. Die Fähigkeit von Atomen, in kovalenten Bindungen die Bindungselektronen zu sich zu ziehen, wird als **Elektronegativität** (EN) quantifiziert. Sauerstoff besitzt eine im Vergleich zu Wasserstoff erheblich größere Elektronegativität, und die O−H-Bindungen im Wassermolekül sind folglich stark polar. Am Sauerstoffatom befindet sich eine negative **Partialladung** ($2\delta-$) und an jedem Wasserstoffatom eine jeweils halb so große positive Partialladung ($\delta+$). Wegen des gewinkelten Baus des Wassermoleküls fallen die Ladungsschwerpunkte nicht zusammen. Das Molekül ist folglich ein elektrischer Dipol (Abb. 2.5).

Elektronegativität
Die Elektronegativität EN bzw. x ist eine dimensionslose Größe. Auf der auf Linus Pauling (1901–1994, US-amer. Chemiker) zurückgehenden Elektronegativitätsskala hat das elektronegativste Element Fluor willkürlich den Wert $x_F = 4{,}0$. Die Werte für Sauerstoff und Wasserstoff sind $x_O = 3{,}5$ und $x_H = 2{,}1$.

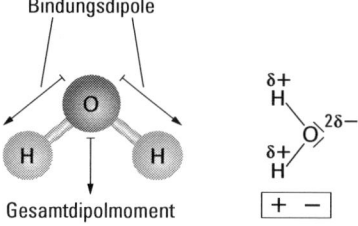

Abb. 2.5   Exakte (links) und schematische Darstellung (rechts) der Dipoleigenschaft des Wassermoleküls (rechts oben: Molekül; rechts unten: Dipol).

Ein **elektrischer Dipol** ist ein Vektor, der zwei durch einen Abstand l voneinander getrennte Ladungen, $-q$ und q, verknüpft. Der Vektor ist von der negativen zur positiven Ladung gerichtet. Sein Betrag ist ql und heißt elektrisches **Dipolmoment**. In SI-Einheiten lautet die Dimension des Dipolmoments folglich Cm (Coulomb × Meter). Dipolmomente sind messbar und werden in der Einheit Debye (D) angegeben: $1 \, D = 3{,}336 \cdot 10^{-30}$ Cm. Das Dipolmoment des Wassermoleküls beträgt in der Gasphase 1,85 D. Als stark polares Medium ist Wasser für polare Substanzen ein hervorragendes Lösemittel.

> Die **Bestimmung des Dipolmoments** erfolgt indirekt durch Messung der relativen Permittivität ε_r des Mediums (früher Dielektrizitätskonstante genannt). ε_r ist eine dimensionslose Größe und ein Maß dafür, wie weit ein zwischen zwei Ladungen gebrachtes Medium die Wechselwirkungsenergie zwischen diesen Ladungen gegenüber der Situation im Vakuum schwächt. Der Wert für Wasser ist ungewöhnlich groß: $\varepsilon_r = 78$ (bei 25 °C). Dies erklärt die ausgezeichneten Lösungseigenschaften des Wassers für polare Substanzen.

Moleküle, die wie H_2O ein permanentes Dipolmoment aufweisen, können mit Hilfe der Infrarotspektroskopie (IR-Spektroskopie) untersucht werden, die wertvolle Informationen über die Bindungsstärke zwischen Atomen und über die Molekülsymmetrie liefert. Die IR-Spektroskopie ist eine schwingungsspektroskopische Methode. Durch Einwirkung von Strahlung aus dem infraroten Bereich des elektromagnetischen Spektrums werden in den für diese Art von Spektroskopie geeigneten Molekülen periodische Bewegungen der Atome gegeneinander (Molekülschwingungen) induziert. Wird die Probe in den Strahlengang eines IR-Spektrometers gebracht und der infrarote Spektralbereich (Wellenlänge $\lambda = 2{,}5{-}25$ µm bzw. Wellenzahl (Anzahl der Wellenzüge pro Zentimeter) $\tilde{v} = 4\,000{-}400 \, \text{cm}^{-1}$) durchmustert, so ergeben sich bei denjenigen Frequenzen (bzw. Wellenlängen bzw. Wellenzahlen), wo die Strahlung in der Lage ist, Molekülschwingungen anzuregen, charakteristische Absorptionen. Die Auftragung der Absorptionsintensitäten gegen die Wellenzahl über den Spektralbereich ist das **Infrarotspektrum**. Charakteristische infrarotaktive Schwingungen des Wassermoleküls mit den entsprechenden Wellenzahlen sind in Abb. 2.6 dargestellt. Derartige Molekülschwingungen können z. B. auch mit Hilfe von Satelliten detektiert und somit das Vorkommen von Wasser im Weltraum studiert werden. Wegen des Wassergehalts der Erdatmosphäre ist Wasser im Weltraum auf diese Weise von der Erde aus nicht detektierbar.

Wir kehren zurück zum erheblichen Elektronegativitätsunterschied zwischen Sauerstoff und Wasserstoff. Wegen des stark polaren Charakters der O−H-Bindungen kann aus dem Wassermolekül relativ leicht ein Proton (H^+) abgespalten werden, wodurch ein Hydroxid-Anion (OH^-) zurückbleibt. Dies ist von grundlegender Bedeutung für Säure-Base-Reaktionen in wässriger Lösung, die in Kap. 2.4.4.2 ausführlich diskutiert werden. Für den Augenblick nutzen wir die Beobachtung, dass polare Atombindungen unter Ionenbildung spaltbar sind, um den Formalismus der **Oxidationszahl** einzuführen. Dieser Begriff ist im Rahmen des vorliegenden Buches wichtig für Oxidations- und Reduktionsvorgänge, an denen Wasser beteiligt ist und die wir in Kap. 2.5.3 erläutern.

Um die Oxidationszahl der Elemente bzw. Atome zu ermitteln, die zu einer Verbindung zusammengefügt sind, wird die Verbindung formell in Ionen aufgeteilt. Dabei

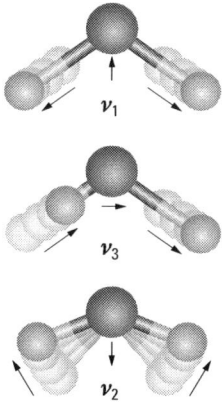

Abb. 2.6 Infrarotaktive Schwingungen des Wassermoleküls in der Gasphase und zugehörige Wellenzahl für das Isotopomer $H_2^{16}O$ (vgl. Kap. 2.2.3): ν_1, Symmetrische Streckschwingung ($3\,657\ cm^{-1}$); ν_2, Biegeschwingung ($1\,595\ cm^{-1}$); ν_3, asymmetrische Streckschwingung ($3\,756\ cm^{-1}$) (nach Chaplin, Internet-Seite „Water Structure and Science"; s. Literaturverzeichnis).

werden die Bindungselektronen vollständig dem elektronegativeren Partner zugeordnet. Die Oxidationszahl entspricht dann der jeweiligen Ionenladung. Für das H_2O-Molekül ergibt das Verfahren zwei H^+-Ionen (Protonen) und ein O^{2-}-Ion (das auch als Oxid-Ion bezeichnet wird). Die Oxidationszahl der Wasserstoffatome im H_2O-Molekül ist folglich $+1$, die des Sauerstoffatoms -2. Die Oxidationszahl einer Atomsorte kann je nach Molekül verschieden sein. Im Wasserstoffperoxidmolekül (H_2O_2), in dem die Atome eine HOOH-Kette bilden, ergibt die Aufteilung in Ionen zwei Protonen und ein O_2^{2-}-Ion. H in H_2O_2 hat also wiederum die Oxidationszahl $+1$, O aber die Oxidationszahl -1. Die Oxidationszahl der Atome in Elementmolekülen, wie z. B. H_2 oder O_2, ist definitionsgemäß null (0). Ist Wasserstoff in einer binären Verbindung der elektronegativere Partner, wie z. B. in der aus Kationen und Anionen aufgebauten (d. h. salzartigen) Verbindung Lithiumhydrid (LiH bzw. Li^+H^-), so ist seine Oxidationszahl -1.

Die im gewinkelt gebauten Wassermolekül auftretenden Partialladungen, oder mit anderen Worten das **permanente Dipolmoment** des Wassermoleküls, lassen uns ohne Weiteres einsehen, dass mehrere nebeneinander vorliegende Wassermoleküle nach den Grundsätzen der Elektrostatik aufeinander reagieren werden: Ungleichnamige Ladungen ziehen sich wechselseitig an (Coulomb-Anziehung). Dies führt dazu, dass Wassermoleküle je nach Aggregatzustand (fest, flüssig, gasförmig; vgl. Kap. 2.3.1) unterschiedlich stark miteinander in Wechselwirkung treten und sich auf diese Weise dreidimensional geordnete Strukturen ergeben (Assoziation). Eine äquivalente Aussage ist, dass Wassermoleküle umso stärker geordnete dreidimensionale Strukturen ausbilden, je niedriger ihre thermische Energie ist (vgl. die Konsequenzen, die dies für das Erhitzen des Wassers hat, s. u.): Sind in der Gasphase nur wenige Wassermoleküle miteinander in länger andauerndem Kontakt, so liegen in der flüssigen Phase bereits ausgedehnte geordnete Gebilde vor, und im Festkörper (Eis) besteht in drei Dimensionen große Regelmäßigkeit (vgl. Kap. 2.3.1). In jedem Falle richten sich die stark positiv polarisierten H-Atome eines Wassermoleküls auf die freien Elektronenpaare der stark negativ polarisierten O-Atome benachbarter Wassermoleküle aus. Diese Art der elektrostatischen Wechselwirkung wird **Wasserstoffbrückenbindung** (H-Brücke) genannt. Sie ist für Wasser in Abb. 2.7 illustriert.

Die Farbe reinen Wassers ist auf das Vorliegen von H-Brücken zurückzuführen. In einer Schichtdicke von etwa 2 m erscheint Wasser gegen einen weißen Hintergrund blassblau, ebenso wie vom Tageslicht durchschienene massive Eisformationen. Die Schwingungen der Wassermoleküle im Netzwerk der H-Brücken bewirken die Absorption eines geringen Rotanteils des Tageslichts, sodass ein bläulicher Farbeindruck entsteht. Dieser Effekt der H-Brücken, verstärkt durch Lichtstreuung an den im Wasser gelösten (aquatisierten) Ionen aus dem umgebenden Kalkstein, hat auch dem Blautopf in Blaubeuren (eine Karstquelle am Südrand der Schwäbischen Alb) seinen Namen gegeben.

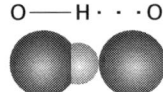

Abb. 2.7 Als punktierte Linie dargestellte Wasserstoffbrückenbindung (H-Brücke) zwischen zwei benachbarten Wassermolekülen (Ausschnitt $O-H\cdots|O$).

H-Brücken sind nicht auf Wasser beschränkt, doch sind ihre Auswirkungen auf die Stoffeigenschaften im Falle des Wassers am größten. Voraussetzung für das Auftreten von H-Brücken ist, dass Wasserstoffatome an kleine Atome stark elektronegativer Elemente geknüpft sind, die außerdem mindestens 1 freies Elektronenpaar (im Folgenden symbolisiert als Doppelpunkt) tragen. Für die Elemente der 2. Periode ist dies in den Verbindungen :NH_3 (Ammoniak), H_2O:: und HF::: (Fluorwasserstoff) der Fall, nicht jedoch in CH_4 (Methan), das über kein freies Elektronenpaar verfügt. Bei den analogen Verbindungen mit Elementen der 3. Periode (:PH_3 (Phosphan), H_2S:: (Schwefelwasserstoff) und HCl::: (Chlorwasserstoff)) ist die Neigung zur Ausbildung von H-Brücken bereits wesentlich geringer. Der Grund hierfür ist die zu den schwereren Elementen hin abnehmende Elektronegativität. Außerdem nimmt der Atomradius zu, und die freien Elektronenpaare sind weniger scharf konturiert.

Merke: Starke H-Brücken bewirken, dass Wasser bei Raumtemperatur eine Flüssigkeit ist, und sie bedingen seine hochdynamische Netzwerkstruktur (s. Kap. 2.3.1). Alle anderen Substanzen, die aus ähnlich großen und vergleichbar gebauten Molekülen bestehen, sind bei Raumtemperatur gasförmig.

Die besonderen physikalischen Eigenschaften des Wassers (z. B. sein im Vergleich zu anderen, ähnlich gebauten Verbindungen mit Abstand höchster Siedepunkt, s. Kap. 2.3.1) haben im Wesentlichen folgende Ursachen:

- Seine H-Brücken sind besonders stark (Konsequenz der hohen Elektronegativitätsdifferenz zwischen O und H).
- Das Wassermolekül ist von seiner Struktur her optimal für die Anordnung in einem durch H-Brücken geknüpften Netzwerk geeignet: Es besitzt zwei stark positiv pola-

risierte H-Atome und zwei freie Elektronenpaare, kann also gleich viele H-Brücken ausbilden, wie es von anderen Wassermolekülen empfängt (2 + 2). Dies zeigt sich z. B. in der Festkörperstruktur des Eises, in der ein Wassermolekül regulär vier nächste Nachbarn hat (Bildung von Wasserpentameren, $(H_2O)_5$; s. Kap. 2.3.1).

Um das Zustandekommen einer H-Brücke im MO-Modell zu verstehen, ist eine über das einzelne Wassermolekül hinausweisende Betrachtung erforderlich, die wir hier nicht vertiefen. Im Ergebnis ist die H-Brücke $O-H\cdots|O$ jedoch als asymmetrisch anzunehmen: Bei miteinander wechselwirkenden Wassermolekülen (in der Fest-, Flüssig- oder Gasphase) befindet sich also ein H-Atom, wenn wir gedanklich eine Momentaufnahme machen, nicht mittig zwischen zwei O-Atomen. Im zeitlichen Mittel allerdings ist die H-Brücke symmetrisch: Das H-Atom springt schnell zwischen beiden Positionen hin und her:

$$O-H\cdots|O \rightleftharpoons O|\cdots H-O.$$

Die Bindungsenergie einer H-Brücke in Wasser beträgt etwa $23\,kJ\cdot mol^{-1}$. Mit anderen Worten: Um sämtliche H-Brücken in 1 Mol Wasser zu trennen, sind ca. 23 kJ Energie erforderlich.

Wasserstoffbrückenbindungen (H-Brücken) sind von fundamentaler Bedeutung nicht nur für die Struktur des Wassers, sondern auch als strukturbestimmendes Element in **biologischen Makromolekülen** (z. B. Proteine oder Desoxyribonucleinsäure (DNA); vgl. Kap. 2.6.5), sowohl intramolekular als auch in den Wechselwirkungen dieser Moleküle mit dem Lösemittel Wasser. Weiterhin sind H-Brücken entscheidend für die Entstehung von **Gashydraten**, wie z. B. Methanhydrat (s. Kap. 2.5.5).

Vor dem Hintergrund des bereits angesprochenen stark polaren Charakters von Wasser als Lösemittel ist die Bildung von Einlagerungsverbindungen mit unpolaren Substanzen, wie z. B. Methan, ungewöhnlich und erfordert besondere Druck- und Temperaturverhältnisse. Unter herkömmlichen Bedingungen (Zimmertemperatur, Atmosphärendruck) lösen sich Substanzen umso schlechter in Wasser, je unpolarer sie sind. Unpolare Substanzen sind wasserabweisend bzw. **hydrophob**. Umgekehrt lösen sich Stoffe umso besser in Wasser, je polarer sie sind. Derartige Stoffe sind wasseranziehend (**hydrophil**). Besonders stark wasseranziehende Substanzen werden auch als hygroskopisch bezeichnet. Derartige Substanzen können z. B. in geeigneten Behältnissen (Exsikkatoren) als Trockenmittel verwendet werden (z. B. konzentrierte Schwefelsäure (H_2SO_4), wasserfreies Calciumchlorid ($CaCl_2$), Silicagel (SiO_2)).

Silicagel wird auch als Kieselgel bezeichnet. Dabei handelt es sich um hochporöses Siliciumdioxid (SiO_2), in dessen polymerer Struktur einzelne Siliciumatome noch OH-Gruppen tragen. An diese kann reversibel Wasser angelagert werden (regenerierbares Trockenmittel; vgl. auch das Stichwort Zeolithe in Kap. 2.5.5).

Moleküle, die sowohl hydrophile als auch hydrophobe Reste tragen, heißen **amphiphil**. Typische Vertreter dieser Stoffklasse sind Seifen. Eine vertiefende Darstellung der Zusammenhänge findet sich in Kap. 2.4.5.

Schließlich betrachten wir eine wichtige Konsequenz, die sich für das Wasser aus dem Vorliegen starker intermolekularer Wechselwirkungen (H-Brücken) ergibt. Bei der

Diskussion der Konsequenzen des permanenten Dipolmoments im H_2O-Molekül (s. o.) haben wir die Überlegung angestellt, dass die Ordnung der dreidimensionalen Strukturen, die miteinander in Wechselwirkung stehende Wassermoleküle ausbilden, eine Funktion der Temperatur ist. Flüssiges Wasser lässt sich über einen großen Temperaturbereich erhitzen, wobei es erst am Siedepunkt bei fortgesetzter Zufuhr von Energie vollständig in den gasförmigen Zustand übergeht. Die Zusammenhänge werden in Kap. 2.3.1 vertieft, doch leuchtet vor dem Hintergrund der bisher angestellten Überlegungen bereits ein, dass Wasser (insbesondere im flüssigen Zustand) als Wärmespeicher fungieren kann.

Die Wärmespeicher-Funktion des Wassers ist essentiell für **Wetter und Klima auf der Erde**. Im Übrigen beziehen tropische Wirbelstürme (Hurrikane, Taifune, Zyklone) aus der Wärme des Meeres am Äquator ihre Energie.

Diese Beobachtungen führen uns zum Begriff der spezifische Wärme (genauer: **spezifische Wärmekapazität**). Die spezifische Wärme eines Stoffes ist die Wärmemenge, die nötig ist, um 1 Gramm des Stoffes um 1 °C zu erwärmen. Im Falle von Wasser beträgt die Wärmekapazität bei 17 °C unter Atmosphärendruck $4{,}184\ J \cdot g^{-1} \cdot K^{-1}$.

Wir sehen, dass eine Wärmemenge von 4,184 J erforderlich ist, um 1 Gramm Wasser unter Atmosphärendruck von 17 °C auf 18 °C zu erwärmen. Im historischen Zusammenhang ist dies die Definition der heute nicht mehr zulässigen Einheit **Thermische Kalorie**. Die gleichfalls nicht mehr zulässige Einheit Internationale Kalorie (cal) wurde durch die Internationale Dampftafelkonferenz 1956 wie folgt mit dem Joule (J) verknüpft: 1 cal = 4,1868 J.

2.2.3 Thermodynamische Zusammenhänge – Isotopomere

Hier wollen wir die Bildungsreaktion des Wassers aus den Elementen sowie Reaktionen betrachten, die zu seiner Zersetzung führen (Elektrolyse, thermische Zerlegung). Komplexere Umsetzungen, an denen Wasser als Reaktionspartner beteiligt ist, werden in Kap. 2.5 behandelt. Abschließend erläutern wir unter anderem den Begriff „schweres Wasser".

Gemische von Wasserstoff und Sauerstoff können bei Zündung explosionsartig reagieren (**Knallgas**), wobei als einziges Produkt Wasser entsteht. Wird Wasserstoff mit Luft gemischt, so erfolgt eine explosionsartige Reaktion, wenn bei Atmosphärendruck der Wasserstoffanteil zwischen 6 und 67 Volumen-% liegt. Die Umsetzung ist besonders heftig, wenn 2 Volumenteile Wasserstoff mit 1 Volumenteil Sauerstoff zur Reaktion gebracht werden.

Kontrollierte Reaktionen zwischen Sauerstoff und Wasserstoff
Mischt man die strömenden Gase in einer Vorrichtung, die die Verbrennung genau im Zeitpunkt des Zusammentreffens beider Komponenten gewährleistet, so ist die Reaktion kontrollierbar, und die freiwerdende Energie kann zum autogenen Schweißen und Schneiden von Metallen genutzt werden (Daniell'scher-Hahn, Knallgas-Ge-

bläse). Auf diese Weise sind Temperaturen bis zu 3 000 °C erreichbar (2 000 °C bei Verwendung von Wasserstoff und Luft). Anders liegen die Verhältnisse bei der Vereinigung von Wasserstoff und Sauerstoff an der Oberfläche eines geeigneten Hilfsstoffes (**Katalysator**, z. B. fein verteiltes Platinmetall). Die Wasserbildung kommt dann bereits bei Raumtemperatur in Gang, und die dabei freiwerdende Energie bringt das Katalysatormetall zum Glühen, sodass sich der anströmende Wasserstoff (Überschusskomponente) entzündet und im Sauerstoff der Luft (Unterschusskomponente) kontrolliert verbrennt. Dies ist das Wirkprinzip des Döbereiner'schen Feuerzeuges (nach dem dt. Chemiker Johann Wolfgang Döbereiner, 1780–1849).

Da gleiche Volumina verschiedener Gase unter gleichen Bedingungen gleich viele Teilchen enthalten (**Satz von Avogadro**; Lorenzo Romano Amedeo Carlo Avogadro, 1776–1856; ital. Physiker und Chemiker), reagieren unter diesen Bedingungen genau 2 Moleküle Wasserstoff mit 1 Molekül Sauerstoff unter Bildung von 2 Molekülen Wasser (Gl. 2.1a). Die Notationen (g) und (l) in (Gl. 2.1a) bedeuten, dass für die Ausgangsstoffe der gasförmige und für das Produkt der flüssige Zustand (lat. liquidus) angenommen wird.

$$2\,H_2(g) + O_2(g) \rightarrow 2\,H_2O(l) \tag{2.1a}$$

Eine äquivalente Formulierung lautet:

$$H_2(g) + \tfrac{1}{2}\,O_2(g) \rightarrow H_2O(l) \tag{2.1b}$$

Gl. 2.1b ist wie folgt zu lesen: 1 mol Wasserstoff reagiert mit $\tfrac{1}{2}$ mol Sauerstoff unter Bildung von 1 mol Wasser. Bei der Erzeugung von Wasser aus den Elementen gemäß Gl. 2.1 wird außerdem ein erheblicher Energiebetrag frei. Diesen wollen wir anhand Gl. 2.1b quantifizieren (Erzeugung von genau 1 mol H_2O im flüssigen Zustand) und stellen dafür zunächst einige allgemeine Betrachtungen an.

Merke: Lagern sich Wassermoleküle aus der Gasphase (d. h. Wassermoleküle vergleichsweise hoher thermischer Energie) zu flüssigem Wasser oder gar zu Eis zusammen (also zu Wassermolekülen geringerer thermischer Energie), so wird im Verlaufe dieser Prozesse (Kondensation bzw. Gefrieren) Energie mit der Umgebung ausgetauscht. Die mit den Umkehrprozessen (Verdampfung, Verflüssigung) verknüpften Energiebeträge sind gleich groß, haben aber umgekehrtes Vorzeichen. Die korrekte Bilanzierung erfolgt mit Hilfe der den jeweiligen Prozessen zuzuordnenden Enthalpie-Beiträge (Verdampfungsenthalpie, Schmelzenthalpie, s. Kap. 2.3.1).

Bei einer chemischen Reaktion kann für jeden der Ausgangsstoffe und jedes der Produkte ein für die betreffende Komponente spezifischer Energiebetrag angesetzt werden, die jeweilige **Innere Energie** U. Die Summe der Inneren Energien der Ausgangsstoffe heiße U_1, die Summe der Inneren Energien der Produkte U_2. Dann ist die Differenz

$$\Delta U = U_2 - U_1$$

die **Reaktionsenergie** der betrachteten Reaktion. Bei vielen Reaktionen verändert sich, indem aus Reaktanden Produkte entstehen, der Raumanspruch der beteiligten Materie (Volumenänderung). Dies ist besonders dann der Fall, wenn Gase als Reaktanden und/oder Produkte beteiligt sind. Findet die Reaktion in einem offenen Gefäß statt, so lastet auf der reagierenden Materie der Atmosphärendruck. Volumenänderungen erfolgen dann unter Einwirkung des Atmosphärendrucks. Ähnlich wie bei Kolben und Zylinder einer Verbrennungskraftmaschine ist dann auch ein Energiebeitrag für die **Volumenarbeit** zu bilanzieren. Diese Volumenarbeit W ist das Produkt der Volumenänderung ΔV im Laufe der Reaktion und des Außendrucks p:

$$W = p \cdot \Delta V.$$

Will man die Energiebilanz für Reaktionen im offenen Gefäß aufstellen, so sind also Reaktionsenergie *und* Volumenarbeit zu berücksichtigen. Bilanzierung bedeutet Differenzbildung, und die korrekten Vorzeichen ergeben sich dabei aus der Konvention, die jeweiligen Werte nach der Reaktion (Index 2) und vor der Reaktion (Index 1) wie folgt miteinander zu verknüpfen: $\Delta U = U_2 - U_1$; $W = p \cdot (V_2 - V_1)$. Die Summe aus Reaktionsenergie und Volumenarbeit, $\Delta U + W$, heißt dann **Reaktionsenthalpie**. Sie wird auch als Reaktionswärme oder Wärmetönung bezeichnet und erhält das Symbol ΔH:

$$\Delta H = \Delta U + W = \Delta U + p \cdot \Delta V$$

Wir können nun zwei Fälle unterscheiden:

- Ist $\boldsymbol{\Delta H < 0}$, so gibt die Reaktion Wärmeenergie an die Umgebung ab; derartige Reaktionen heißen exotherm.
- Ist $\boldsymbol{\Delta H > 0}$, so nimmt die Reaktion von der Umgebung Wärmeenergie auf; derartige Reaktionen heißen endotherm.

Die Bildung von Wasser aus den Elementen gemäß Gl. 2.1 ist eine stark exotherme Reaktion. Die Umkehrreaktion, d. h. die Zerlegung von Wasser in die Elemente, ist eine stark endotherme Reaktion. Wir haben nun das Instrumentarium, um den Begriff der **Standardbildungsenthalpie** zu verstehen, d. h., die Energiebilanz für Gl. 2.1b aufzustellen. Die Standardbildungsenthalpie ΔH_f^0 ist derjenige ΔH-Wert, der die Bildung von 1 mol einer reinen Verbindung aus den reinen Elementen unter Standardbedingungen bilanziert. Das Symbol 0 steht für den Standardzustand, der Index f für Bildung (engl. formation). Unter Standardbedingungen (Referenzzustand) liegen sowohl die Reaktanden als auch die Produkte bei Normaldruck (101,325 kPa = 1,013 bar = 760 Torr = 1 atm) und einer Referenztemperatur vor, die in der Regel als 298 K (25 °C) angesetzt wird. Die Standardbildungsenthalpie der Elemente im Referenzzustand ist definitionsgemäß null (0). Gl. 2.1b lautet nun unter Berücksichtigung der Energiebilanz, d. h. der Standardbildungsenthalpie von Wasser

$$H_2(g) + \tfrac{1}{2}O_2(g) \rightarrow H_2O(l) \qquad \Delta H_f^0 = -286,02 \text{ kJ} \cdot \text{mol}^{-1} \qquad (2.1c)$$

Für die Wärmeumsätze bei einer über Zwischenstufen ablaufenden Reaktion besteht strenge Additivität (Gesetz der konstanten Wärmesummen, **Satz von Hess**; Germain Henri Hess, 1802–1850; schweizerisch-russ. Chemiker). Daher können wir auch für die Bildung gasförmigen Wassers, d. h. von Wasserdampf, aus den Elementen einen auf die Referenztemperatur 25 °C bezogenen Wert angeben (Gl. 2.1d).

$$H_2(g) + \tfrac{1}{2}O_2(g) \rightarrow H_2O(g) \qquad \Delta H_f^0 = -241,98 \text{ kJ} \cdot \text{mol}^{-1} \qquad (2.1d)$$

Der Betrag der an die Umgebung abgegebenen Energie ist im Falle der Bildung flüssigen Wassers größer als im Falle der Bildung von Wasserdampf, und zwar um 44,1 kJ · mol^{-1}. Dies ist die Standardverdampfungsenthalpie von Wasser bei 25 °C.

Um Wasser vollständig zu verdampfen, ist eine erhebliche Energiemenge erforderlich. Dies macht seinen Gebrauch als Lösemittel in der industriellen Produktion problematisch, sofern sich die Produkte aus wässriger Lösung nicht durch Kristallisation gewinnen lassen. Dieser Energieaspekt bleibt bei der Befürwortung von Wasser als umweltneutrales Lösemittel im Sinne einer „Grünen Chemie" oft unberücksichtigt.

Mit anderen, jedoch weniger gebräuchlichen Worten: Die Standardkondensationsenthalpie (Kondensation = Umkehrung der Verdampfung) von Wasser bei 25 °C beträgt $-44{,}1 \, kJ \cdot mol^{-1}$ (vgl. Kap. 2.3.1; Umkehrung des Vorzeichens im Vergleich zur Standardverdampfungsenthalpie). Dass der im Falle der Bildung flüssigen Wassers an die Umgebung abgegebene Energiebetrag größer ist als im Falle der Bildung von Wasserdampf, leuchtet auch deshalb ein, weil die Atmosphäre im Laufe der Bildung flüssigen Wassers gemäß Gl. 2.1c noch mehr Volumenarbeit am System verrichtet (es erfolgt eine noch stärkere Volumenverminderung) als im Laufe der Bildung von Wasserdampf (gemäß Gl. 2.1d). Folglich nimmt die Reaktionsenthalpie dem Betrag nach zu. Schließlich halten wir noch fest, dass es sich bei der Reaktionsenthalpie um eine extensive Größe handelt, die somit von der Menge an betrachteter Probe abhängt (Gegenteil: intensive Größe, z. B. Temperatur, Dichte, Druck). Folglich ist bei der Bildung von 2 mol flüssigem Wasser gemäß Gl. 2.1a der doppelte Betrag für die Reaktionsenthalpie anzusetzen.

Betrachten wir die Bildung von Wasser aus den Elementen aus atomarer Perspektive, so wird infolge der Knüpfung von zwei O−H-Atombindungen **Bindungsenergie** frei. Die freiwerdende Bindungsenergie ist der größte Einzelbeitrag zur Reaktionsenthalpie gemäß Gl. 2.1 (wir werden den Begriff im Folgenden noch näher erläutern). Zunächst sei jedoch in knapper Form der Reaktionsmechanismus skizziert, nach dem Wasser aus den Elementen entsteht. Die Reaktion verläuft als **Radikalkettenreaktion** (Radikale sind Teilchen mit ungepaarten Elektronen). Die folgenden Gleichungen beschreiben die wesentlichen Teilreaktionen (Gl. 2.2a−d). Kombinationsreaktionen von an der Reaktion beteiligten Radikalen beenden die Kettenreaktion (Kettenabbruch, z. B. Kombination eines Wasserstoffatoms mit einem Hydroxylradikal, Gl. 2.2e).

$$H_2 \quad \xrightarrow{\Delta E} \quad 2 \, H\cdot \qquad \text{(Startreaktion)} \tag{2.2a}$$

$$H\cdot + O_2 \quad \longrightarrow \quad \cdot OH + O\cdot \tag{2.2b}$$

$$O\cdot + H_2 \quad \longrightarrow \quad \cdot OH + H\cdot \tag{2.2c}$$

$$\cdot OH + H_2 \longrightarrow H_2O + H\cdot \tag{2.2d}$$

$$H\cdot + \cdot OH \longrightarrow H_2O \qquad \text{(eine der möglichen Abbruchreaktionen)} \tag{2.2e}$$

Bei der Bildung von Wasser aus den Elementen wird infolge der Knüpfung von O−H-Atombindungen Bindungsenergie frei. Umgekehrt muss, um Wasser in Wasserstoff- und Sauerstoffatome zu zerlegen, Bindungsdissoziationsenergie (oft nur Dissoziationsenergie genannt) aufgebracht werden. Laufen die Prozesse im offenen Gefäß ab, so sind die entsprechenden Enthalpien anzusetzen. Für die vollständige Dissoziation eines Mols Wasser in der Gasphase (stark endotherme Reaktion) lautet dann die Reaktionsgleichung

$$H-O-H(g) \rightarrow 2\,H(g) + O(g) \qquad \Delta H_{Diss} = 927\ kJ \cdot mol^{-1}$$

Da zwei O$-$H-Bindungen zu spalten sind, beträgt die mittlere Bindungsdissoziationsenthalpie einer O$-$H-Bindung im Wassermolekül in der Gasphase also $\Delta H_{O-H,\ Diss} = 463{,}5\ kJ \cdot mol^{-1}$. Wird zunächst eine und dann die zweite O$-$H-Bindung im Wassermolekül getrennt, so sind die zugehörigen Bindungsdissoziationsenthalpien unterschiedlich groß. Der Molekülrest OH (Hydroxyl-Radikal) ist leichter spaltbar bzw. weniger stabil als das Molekül H_2O:

$$H-O-H(g) \rightarrow H(g) + O-H(g) \qquad \Delta H_{Diss} = 499\ kJ \cdot mol^{-1}$$

$$O-H(g) \rightarrow H(g) + O(g) \qquad \Delta H_{Diss} = 428\ kJ \cdot mol^{-1}$$

In engem Zusammenhang mit diesen Betrachtungen steht die **thermische Zersetzung** des Wassers, die in Umkehrung der Bildungsgleichung (Gl. 2.1a) bei sehr hohen Temperaturen ($2\,500\ K \leq T \leq 3\,500\ K$) erfolgt:

$$2\,H_2O(l) \rightarrow 2\,H_2(g) + O_2(g) \tag{2.3}$$

Liegt der H_2O-Dampf unter 1 atm Druck vor, so sind bei $2\,500\ K$ ca. 4 %, bei $3\,500\ K$ ca. 31 % in H_2 und O_2 gespalten. Daneben liegen in variablen Anteilen die Radikale H, OH und O vor. $-$ Metallbrände erreichen derartig hohe Temperaturen. Sie müssen folglich, auch um Knallgasbildung zu vermeiden, mit anderen Löschmitteln als Wasser bekämpft werden (z. B. Sand).

Trotz ihres hohen Energiebedarfs wird diese Reaktion seit etwa 40 Jahren auch im Hinblick auf die mögliche Bereitstellung von Wasserstoff als alternativer Energieträger untersucht („Wasserstoffwirtschaft"). Dabei ist unter dem Aspekt der Nachhaltigkeit (engl. sustainability) die Nutzung von Solarenergie besonders attraktiv. Einen erheblich geringeren Energiebedarf haben indirekte Verfahren, bei denen Wasser thermisch unter Einsatz von Katalysatoren bzw. Hilfsstoffen (z. B. SO_2/I_2 oder ZnO/Zn) in die Elemente zerlegt werden kann (s. Kap. 2.5.1). Die Suche nach weiteren derartigen Verfahren, die prinzipiell auch mit Sonnenenergie betrieben werden können, ist Gegenstand aktueller Forschung. Auch durch Einwirkung von Gleichstrom lässt sich Wasser in die Elemente zerlegen (Elektrolyse, vgl. Kap. 2.5.3). Aus historischer Perspektive ist dies das Wirkprinzip des Hofmann'schen Wasserzersetzungsapparates, mit dem die Stöchiometrie der Bildungsgleichung des Wassers direkt demonstriert werden kann (nach dem dt. Chemiker August Wilhelm von Hofmann, 1818$-$1892). Für die Bereitstellung von Wasserstoff als Energieträger kommt die Elektrolyse jedoch aus wirtschaftlichen Gründen derzeit nicht in Frage (Energiebilanz).

In Wärmekraftwerken dient die Verbrennungswärme fossiler Energieträger zur Erzeugung von Wasserdampf, der eine Turbine und damit einen Generator treibt. Auch bei Einsatz der Kraft-Wärme-Kopplung (darunter versteht man die Erzeugung mechanischer bzw. elektrischer Energie bei gleichzeitiger Nutzung dabei ggf. entstehender Wärme für Heizzwecke) ist dies ein immer noch sehr verlustreicher Weg der Gewinnung elektrischer Energie (Wirkungsgrad, d. h. Verhältnis von Nutzleistung zu aufgewandter Leistung: ca. 40 %). Diese Methode ist zudem zwangsläufig mit der Emission des Treibhausgases Kohlenstoffdioxid (CO_2) verknüpft. Wasserstoff als alternativer Energieträger besitzt zwar Nachteile (u. a. geringe Energiedichte, vgl. Kap. 2.5.1), doch auch einen besonderen Vorteil: Seine Umsetzung mit Sauerstoff zu Wasser unter Freisetzung nutzbarer Energie erzeugt keine Abgase. Die Vereinigung der Elemente zur Erzeugung elektrischer Energie ist in der Wasserstoff-Sauerstoff-Brennstoffzelle realisiert (s. Kap. 2.5.2).

Nach der thermischen Zersetzung von Wasser, deren Umkehrreaktion Energiebereitstellung ermöglicht, wollen wir nun noch die Zersetzung von Wasser unter Einwirkung von **Radioaktivität**, d. h. energiereicher Strahlung, besprechen. Die entsprechenden Reaktionen sind in Anbetracht der Allgegenwart von Wasser in biologischen Systemen von besonderer Bedeutung. Unter Einwirkung radioaktiver Strahlung kann das Wassermolekül ionisiert werden, indem es ein Elektron verliert. Das dabei entstehende Kation H_2O^+ zerfällt in der Folge unter Bildung eines Protons und eines Hydroxyl-Radikals (Gl. 2.4). Anderseits kann ein durch radioaktive Strahlung aus einem Biomolekül herausgelöstes Elektron auch auf H_2O übertragen werden. Das so gebildete Anion H_2O^- ist gleichfalls instabil und zerfällt unter Bildung eines Hydroxid-Ions und eines Wasserstoffatoms (Gl. 2.5). In beiden Fällen entstehen also Teilchen mit ungepaarten Elektronen (Radikale), die hochreaktiv sind und mit Verbindungen in ihrer Umgebung schädigende Folgereaktionen eingehen können.

$$H_2O \xrightarrow[-e^-]{\text{ionisierende Strahlung}} H_2O^+ \rightarrow H^+ + \cdot OH \qquad (2.4)$$

$$H_2O \xrightarrow[+e^-]{} H_2O^- \rightarrow H\cdot + OH^- \qquad (2.5)$$

Zu Beginn des Kap. 2.2 haben wir Wasser als die wichtigste binäre Verbindung von Wasserstoff und Sauerstoff vorgestellt. Bisher haben wir Wasser (H_2O) als die Verbindung des gängigsten Isotops des Wasserstoffs (^1H, Protium) und Sauerstoff diskutiert (leichtes Wasser). (**Isotope** sind Atome desselben Elements, die sich in ihrer Neutronenzahl unterscheiden.) Wir beschließen den Abschnitt, indem wir alle natürlich vorkommenden Wasserstoff- und Sauerstoffisotope benennen (Tab. 2.1). Wasser aus natürlichen Quellen enthält alle denkbaren Kombinationen dieser Isotope mit einer durch die jeweilige Isotopenhäufigkeit bestimmten Wahrscheinlichkeit. Der Ersatz von ^1H gegen ^2D (Deuterium) oder ^3T (Tritium) hat für die entsprechenden Wasser-Isotopomere besonders markante Eigenschaftsänderungen zur Folge (Isotopeneffekt), da die Atommasse erheblich zunimmt (Verdoppelung bzw. Verdreifachung). Demgegenüber unterscheiden sich die Massen der verfügbaren Sauerstoffisotope weniger drastisch, und ihre Varianz kann unberücksichtigt bleiben. Als isotopomere Formen des Wassers zu unterscheiden sind

- HDO (halbschweres Wasser),
- D_2O (schweres Wasser) und
- T_2O (superschweres Wasser).

Einige Kenndaten sind in Tab. 2.2 angeführt. Schweres Wasser wird durch Anreicherung aus Wasser gewonnen, indem stufenweise elektrolysiert wird (vgl. Kap. 2.5.3). Infolge des Isotopeneffekts reagiert bei diesem Verfahren bevorzugt das leichte Wasser

H_2O unter Bildung von H_2 und O_2, und D_2O kann in einer Reinheit von bis zu 99,99 % isoliert werden. Schweres Wasser kann zur Synthese selektiv deuterierter Verbindungen eingesetzt werden (z. B. für die Untersuchung von Reaktionsmechanismen) und kommt wegen seiner gegenüber leichtem Wasser geringeren Neutronenabsorption als Moderator in mit nicht-angereichertem Uran betriebenen Kernkraftwerken (Schwerwasserreaktoren) zum Einsatz.

Tab. 2.1 Natürlich vorkommende Isotope von Wasserstoff und Sauerstoff.

Eigenschaften	$_1^1H$	$_1^2H$ oder D	$_1^3H$ oder T*	^{16}O	^{17}O	^{18}O
natürliche Häufigkeit (%)	99,9855	0,0145	10^{-15}	99,762	0,038	0,200
relative Atommasse	1,00783	2,01410	3,01605	15,99491	16,99913	17,99916

* T ist radioaktiv (β-Strahler), Halbwertszeit $T_{1/2} = 12{,}35$ Jahre

Tab. 2.2 Einige Kenndaten von leichtem, schwerem und superschwerem Wasser (bei Normaldruck).

Eigenschaften	H_2O	D_2O	T_2O
relative Molekülmasse	18,0151	20,0276	22,0315
maximale Dichte des flüssigen Wassers ($g \cdot cm^{-3}$)	1,0000	1,1059	1,2150
Schmelzpunkt (°C)	0	3,81	4,48
Siedepunkt (°C)	100	101,42	101,51

2.3 Physikalische Eigenschaften

Wasser ist die einzige Verbindung in der Natur, die unter Atmosphärenbedingungen in den **drei Zustandsformen** fest, flüssig und gasförmig nebeneinander vorliegt: als Eis, als flüssiges Wasser und als Wasserdampf. Im vorherigen Abschnitt haben wir die starken, gerichteten elektrostatischen Kräfte zwischen den H_2O-Molekülen (Wasserstoffbrückenbindungen bzw. H-Brücken) als Grund für die besonderen makroskopischen Eigenschaften des Wassers kennengelernt. Im Folgenden besprechen wir strukturelle Details insbesondere des Eises und flüssigen Wassers sowie das Phasendiagramm des Wassers. Wasserdampf hat eine Strukturvielfalt, auf die wir hier nicht im Einzelnen eingehen können. In Abhängigkeit von der Temperatur finden sich neben isolierten H_2O-Molekülen auch definierte Aggregate des Typs $(H_2O)_n$, $2 \leq n \leq 10$.

2.3.1 Strukturen – Dichteanomalie – Aggregatzustände – Phasendiagramm

Im **Eis** sind Wassermoleküle über Distanzen, die die molekularen Dimensionen um viele Größenordnungen überschreiten, dreidimensional periodisch geordnet (**Molekülgitter**). In der regulären Struktur des Eises (Eis-I) hat ein Wassermolekül vier tetraedrisch angeordnete nächste Nachbarn (Abb. 2.8). Zwei der vier um ein herausgegriffenes Sauerstoffatom gruppierten Wasserstoffatome sind mit diesem über kovalente Bindungen verknüpft. Die anderen beiden Wasserstoffatome gehören benachbarten Wassermolekülen an und sind mit dem betrachteten Sauerstoffatom über H-Brücken verbunden. Insgesamt resultiert ein infolge der starken intermolekularen Kräfte relativ starres Netzwerk mit großporigen hexagonalen Kanälen. Diese Anordnung bedingt im Übrigen die im Idealfall bereits mit bloßem Auge zu erkennende Sechszähligkeit von Eiskristallen bzw. Schneeflocken. Die Struktur von Eis ist druckabhängig, und es werden noch die Hochdruckformen (Hochdruckmodifikationen) Eis-II bis Eis-XII unterschieden (s. u., Phasendiagramm des Wassers in Abb. 2.10). „Modifikation" ist die allgemeine Bezeichnung für die verschiedenen festen Zustandsformen, in denen ein Stoff je nach Bedingungen (Temperatur, Druck) vorliegen kann.

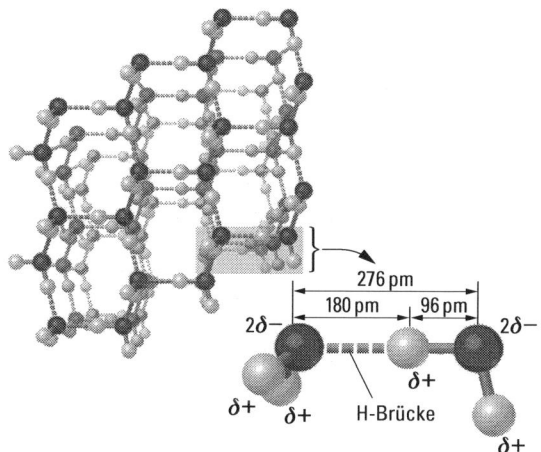

Abb. 2.8 Ausschnitt aus der Struktur von Eis (Eis-I). Abstände und Winkel sind wie folgt: $d_{O\cdots O} \approx 276$ pm; $>O\cdots O\cdots O = 104.5°$; $d_{O-H} \approx 96$ pm; $d_{H\cdots O} \approx 180$ pm; $>HOH \approx 105°$ (modifiziert nach Brown/LeMay/Bursten, 2006).

Wird der Festkörper erwärmt (Energiezufuhr), werden die Wassermoleküle auf ihren Gitterplätzen thermisch angeregt. Die Anregung führt im Molekül zu Schwingungen der Atome gegeneinander und im Festkörper zu Schwingungen der Moleküle um ihre Gitterplätze. Bei fortgesetzter Energiezufuhr verliert der Festkörper seine Fernordnung. Ein Teil der H-Brücken bricht (etwa 15 %), und das Eis **schmilzt**. Indem die reguläre Anordnung kollabiert, werden die Hohlräume der Struktur gefüllt. Es entsteht eine weniger einheitliche, aber dichtere Packung der Moleküle. Dies erklärt die höhere Dichte der Flüssigkeit am Schmelzpunkt (0 °C) gegenüber der des Festkörpers. Der Vorgang der „Verdichtung" setzt sich noch bis 4 °C (exakt: 3,98 °C) fort. Bei dieser Temperatur ist das Dichtemaximum des Wassers erreicht (1,0000 g · cm^{-3}). Danach überwiegt dann die Volumenzunahme infolge Verstärkung der Molekülbewegung. Alles Wasser unterhalb und oberhalb von 4 °C ist also weniger dicht bzw. beansprucht mehr Raum als Wasser bei 4 °C (Dichte bei 0 °C: 0,9999 g · cm^{-3}; bei 10 °C: 0,9997 g · cm^{-3}).

Dichteanomalie

Die allermeisten Substanzen (z. B. organische Lösemittel wie Benzol (C_6H_6)) haben als Feststoffe grundsätzlich eine höhere Dichte als als Flüssigkeiten. Nur wenige Substanzen fallen aus diesem Rahmen und haben unter Atmosphärendruck bei einer bestimmten Temperatur im flüssigen Zustand ihr Dichtemaximum (Dichteanomalie). Neben Wasser sind weitere Beispiele die chemischen Elemente Gallium, Silicium und Antimon. Ein verwandtes Verhalten ist die negative thermische Ausdehnung (engl. negative thermal expansion, NTE): Bestimmte Materialien ziehen sich beim Erhitzen im Festkörper stetig zusammen, wie z. B. – über den ungewöhnlich weiten Temperaturbereich zwischen 0,3 K und 1 050 K – die Verbindung Zirconiumwolframat, ZrW_2O_8.

Die **Dichteanomalie des Wassers** ist für die Natur von fundamentaler Bedeutung. Zum einen ist sie die Ursache für geologische Verwitterung (Spaltung von Gestein während Frostperioden infolge Gefrierens des in Risse eingedrungenen Wassers), zum anderen ermöglicht sie aquatischen Organismen in Seen das Überleben im Winter im Hypolimnion. Bei Abkühlung sinkt Wasser von 4 °C auf den Boden des Sees. Die einsetztende Konvektion befördert wärmeres und damit leichteres Wasser in die oberen Schichten, das dann gleichfalls abkühlt. Bei andauerndem Frost wird zunächst das exponierte Oberflächenwasser weiter abkühlen, infolge seiner geringeren Dichte aber nicht absinken. Die Eisbildung setzt auf der Seeoberfläche ein und bringt die Konvektion zum Erliegen. Wegen der isolierenden Wirkung des Eises kann die Kälte nur mehr langsam vordringen. Folglich werden – hinreichende Wassertiefe vorausgesetzt – Seen nicht bis zum Grund durchfrieren, sodass Lebewesen dort den Winter überdauern können. Wegen der gegenüber Wasser geringeren spezifischen Dichte des Eises wird auch verständlich, dass Eisberge im Wasser schwimmen. Dieser Effekt wird dadurch verstärkt, dass Eisberge gefrorenes Süßwasser sind (vgl. Kap. 2.4.6), das Meerwasser aber Salzwasser (mit höherer spezifischer Dichte als Süßwasser) ist. Etwa 1/10 eines Eisberges ragt über die Meeresfläche.

Indem Eis schmilzt und zu flüssigem Wasser wird, gewinnen die Wassermoleküle keine vollständige Unabhängigkeit voneinander. Es bestehen weiterhin H-Brücken und damit je nach Temperatur mehr oder weniger geordnete Wassermolekül-Aggregate (**Wasser-Cluster**). Die Situation ist nicht statisch, da die H-Brücken zwischen den sich gegeneinander bewegenden Wassermolekülen im Picosekundenbereich (1 ps = 10^{-12} s) brechen und sich in andere Richtung neu schließen. Vermutlich sind bei Raumtemperatur zu jedem Zeitpunkt mehr als 95 % der möglichen H-Brücken geschlossen. Die Verhältnisse sind so komplex, dass für flüssiges Wasser erst seit kurzem konkretere Strukturvorstellungen diskutiert werden. Dabei ist ein genaues Verständnis der Strukturen in flüssigem Wasser von außerordentlicher Bedeutung. Einige Beispiele sollen dies belegen:

- **Biomoleküle** (vom Insulin über Enzyme bis hin zur Erbsubstanz Desoxyribonucleinsäure, DNS bzw. engl. DNA) liegen naturgemäß in wässriger Lösung vor. Ihre Funktion wird durch das wässrige Milieu erheblich beeinflusst oder überhaupt erst ermöglicht (vgl. Carboanhydrase, Kap. 2.6.5). Insofern ist es angebracht, Wasser nicht nur als Lösemittel, sondern als **integralen Bestandteil biologischer Systeme** aufzufassen.

- Ebenso eng mit der Struktur der wässrigen Umgebung verknüpft ist die **Wirkungs-weise von Pharmaka**, was wiederum Strategien der Wirkstofffindung mitbestimmt (engl. drug design). In der bis heute andauernden Debatte über eine tatsächliche oder vermeintliche Wirksamkeit homöopathischer Präparate wird ein „(Struktur-) Gedächtnis des Wassers" diskutiert (das allerdings im Lichte der Dynamik der H-Brücken (s. o.) unmöglich erscheint).

- Und schließlich lassen sich die **Wärmeleitung** im Wasser, chemische und physikalische Vorgänge an Oberflächen oder Selbstorganisationsprozesse bei der **Mineralbildung** im Detail nur mit Hilfe leistungsfähiger Wasserstruktur-Modelle verstehen (vgl. Bildung definierter Vesikel aus Polyoxomolybdatbausteinen, Kap. 2.5.5).

Das derzeit wohl tragfähigste **Strukturmodell des Wassers** wurde 1999 von Martin F. Chaplin vorgestellt. Wasser wird hier als fluktuierendes Molekülnetz beschrieben, das aus Clustern mit lokaler Ikosaeder-Symmetrie besteht. Jeder dieser Cluster enthält im Idealfall 280 vollständig über H-Brücken verknüpfte H_2O-Moleküle. Die Cluster entstehen durch regelmäßige Anordnung identischer Untereinheiten mit je 14 Molekülen, die in drei Dimensionen, doch örtlich begrenzt, zwischen Mosaiken höherer und geringerer Dichte changieren können. Das Modell erklärt das schon früher beobachtete Vorliegen von Wasserpentameren und Wasserhexameren (($H_2O)_5$ bzw. ($H_2O)_6$) und unter anderem das Verhalten der Dichte in Abhängigkeit von der Temperatur (Dichteanomalie) und das Verhalten der Viskosität (Zähigkeit bzw. Fließfähigkeit, s. Kap. 2.3.3) in Abhängigkeit vom Druck, ebenso wie die Solvatationseigenschaften von Ionen, hydrophoben Molekülen (vgl. Kap. 2.2.2), Kohlenhydraten und Makromolekülen.

Platon und die Ikosaeder-Symmetrie

Die Ikosaeder-Symmetrie der erwähnten Wassercluster ist im Zusammenhang mit dem Elementbegriff der Antike bemerkenswert (s. Kap. 2.1). Der griechische Philosoph Platon (428–348 v. Chr.) ordnete den „Elementen" Feuer, Erde und Luft die regulären Polyeder (die „platonischen Körper") Tetraeder, Hexaeder (d. i. Würfel) und Oktaeder und dem Wasser das Ikosaeder zu. Das Weltall bzw. das später hinzugefügte fünfte Element „Äther" oder „Quintessenz" wurde mit dem fünften platonischen Körper, dem Dodekaeder, assoziiert. Das Vaisheshika, eines der klassischen Systeme der indischen Philosophie, dessen Anfänge ähnlich weit zurückreichen wie die griechische Elementenlehre, ging von Anfang an von den fünf „Elementen" Erde, Wasser, Feuer, Luft und Äther aus.

Im Folgenden erläutern wir die Begriffe Phase und Aggregatzustand, beschreiben die Vorgänge des Verdampfens und Gefrierens auf molekularer Ebene (deren Umkehrungen das Kondensieren bzw. das Schmelzen sind) und diskutieren das Phasendiagramm des Wassers.

- Der Begriff **Phase** bezeichnet im physikalisch-chemischen Sinn eine Erscheinungsform von Materie, die sowohl in ihrer chemischen Zusammensetzung als auch in ihrem physikalischen Zustand einheitlich ist. In diesem Sinne sprechen wir von der festen, der flüssigen oder der Gasphase eines Stoffes.

- Vom Begriff der Phase ist der Begriff des **Aggregatzustandes** abzugrenzen. So entsprechen verschiedene Aggregatzustände verschiedenen Phasen, doch können mehrere Phasen (wie z. B. die einzelnen Gase in einer Gasmischung) einem Aggregatzustand angehören. Im Falle des Wassers werden beide Begriffe allerdings oft nahezu synonym benutzt, sofern von reinem Wasser und nicht von Lösungen die Rede ist.

Verdampfen – Kondensieren

Betrachten wir das molekulare Geschehen an der Grenzfläche flüssig/gasförmig in einem mit Wasser gefüllten, gegen die Atmosphäre offenen Gefäß. Der über der Wasseroberfläche herrschende (Atmosphären-)Druck betrage konstant 1 atm (= 1,013 bar, vgl. Kap. 2.2.3). Verdampft Wasser aus der Flüssigkeit, gehen Wassermoleküle (als Wasserdampf) in den Gasraum oberhalb der Flüssigkeitsoberfläche über, der mit Luft (vorwiegend Stickstoff und Sauerstoff) gefüllt ist. Wegen der intermolekularen Anziehungskräfte, die im Falle des Wassers besonders stark sind (H-Brücken, s. Kap. 2.2.2), verdampft die Flüssigkeit nicht schlagartig. Im flüssigen Wasser sind die einzelnen Moleküle in ständiger Bewegung gegeneinander. Die mittlere kinetische Energie der Wassermoleküle ist umso größer, je höher die Temperatur des Wassers ist (die wir als Wärme fühlen). Einige Moleküle haben auch unterhalb des Siedepunktes bereits so viel kinetische Energie, dass sie den Teilchenverband des flüssigen Wassers verlassen und sich als Wasserdampf unter die Luft mischen können. Da auf diese Weise dem flüssigen Wasser die besonders energiereichen Wassermoleküle abhanden kommen, sinkt die mittlere kinetische Energie der in der Flüssigkeit verbleibenden Moleküle. Ohne Energie- bzw. Wärmezufuhr von außen kühlt das Wasser folglich ab.

Verdampfung von Wasser im Alltag

Die Überlegungen zur Verdampfung machen verständlich, warum **Schweiß** (der vor allem aus Wasser besteht) seine kühlende Wirkung entfaltet. Indem das Wasser zu Wasserdampf wird, nimmt es gewissermaßen die dazu nötige Verdampfungsenthalpie mit (s. u.), und zwar aus dem Wärmereservoir der Haut, d. h. letztlich des Körpers, der dadurch abgekühlt wird. Je schwüler die Luft, d. h. je höher die Luftfeuchtigkeit, desto mehr ist der Übergang von Wasser als Wasserdampf in die an sich schon wasserdampfreiche Atmosphäre erschwert: Schwitzen in schwüler Luft hat keine kühlende Wirkung. In ganz ähnlicher Weise führt die Verdampfung von Wasser durch die poröse Wand eines Tonkrugs dazu, dass der Inhalt kühlgehalten wird (**Verdampfungskühlung**). Auf diese Weise lässt sich in warmer Umgebung einfach kühles Trinkwasser bereitstellen. Eine Weiterentwicklung desselben Prinzips ist das „selbstkühlende Bierfass", das seit einigen Jahren von der Getränkeindustrie vermarktet wird. Die das Bier enthaltende Fassblase ist mit einer wassergetränkten saugfähigen Schicht (z. B. Watte) und diese mit einer thermisch isolierten Schicht aus unter Vakuum gesetztem entwässertem Zeolith (s. Kap. 2.5.5) ummantelt. Werden Zeolithschicht und Watteschicht durch Öffnen eines Ventils miteinander verbunden, sorgt das große Adsorptionsvermögen des Zeoliths gegenüber Wasserdampf dafür, dass Wasser aus der Watteschicht verdampft und auf diese Weise der Fassinhalt gekühlt wird. Allgemein kann die Verdampfung von Wasser durch Luftzug gefördert werden (da damit feuchte Luft über der Wasseroberfläche gegen trockene Luft ausgetauscht wird). Damit wird aber auch der Effekt der Kühlung verstärkt. Dies ist das Wirkprinzip des **Ventilators** und auch der Grund dafür, dass heiße Suppe durch Darüberblasen effektiv gekühlt wird. An trockener, warmer Luft verdampft Wasser besonders rasch: Dies erklärt die Effizienz des Föns.

Führen wir dem Wasser im gegen die Atmosphäre offenen Gefäß von außen Energie zu, erhöhen wir seine Temperatur und damit die mittlere kinetische Energie der Wassermoleküle. Wir verstärken die Bewegung der Moleküle gegeneinander immer mehr, bis sie am Siedepunkt (100 °C) so viel Energie haben, dass ihre gegenseitige Anziehung nicht mehr ausreicht, um sie zusammenzuhalten. Der Abstand zwischen den Wassermolekülen wird viel größer als in der flüssigen Phase, und das Wasser geht bei fortgesetzter Energiezufuhr vollständig in Wasserdampf über, der die umgebende Atmosphäre zurückdrängt. Dabei bleibt die Siedetemperatur konstant, denn die zugeführte Energie dient ausschließlich der Trennung der Wassermoleküle voneinander sowie der Leistung von Volumenarbeit gegen die Atmosphäre (s. Abb. 2.9; vgl. Erläuterung des Enthalpiebegriffs in Kap. 2.2.3). Die Wärmemenge, die für die Verdampfung von 1 mol Wasser an seinem normalen **Siedepunkt** (100 °C bei $p = 1$ atm) aufgewendet werden muss, ist die **molare Verdampfungsenthalpie** ΔH_v (100 °C). Sie beträgt 40,7 kJ·mol^{-1}. Dieser Wert ist erwartungsgemäß kleiner als der Wert bei 25 °C (44,1 kJ·mol^{-1}, s. Kap. 2.2.3). Da der Energiegehalt des Wassers mit der Temperatur zunimmt, nimmt die Verdampfungsenthalpie mit zunehmender Temperatur ab; sie erreicht bei der kritischen Temperatur (s. u.) den Wert null. Mit der molaren Verdampfungsenthalpie bei einer bestimmten Temperatur ist die **molare Kondensationsenthalpie** bei derselben Temperatur verknüpft. Sie hat denselben Betrag, aber umgekehrtes Vorzeichen und bilanziert die Energieänderung beim Kondensationsvorgang im offenen Gefäß, d. h. bei der durch Abkühlung induzierbaren Zusammenlagerung der Wassermoleküle aus dem Wasserdampf zur Flüssigkeit.

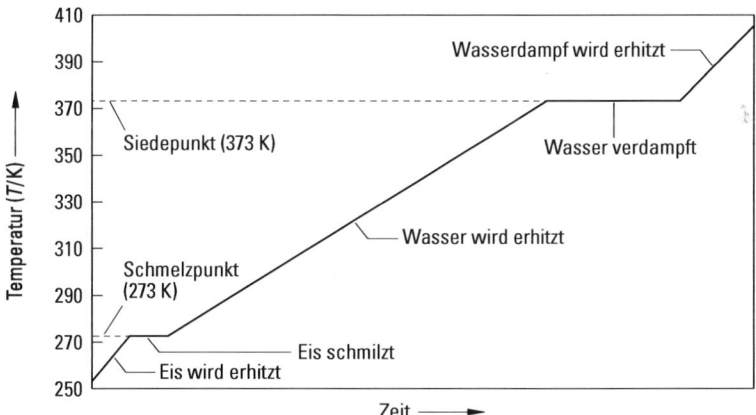

Abb. 2.9 Heizkurve für eine H_2O-Menge konstanter Masse, für den Übergang Eis → Flüssigkeit → Wasserdampf. Die Wärmezufuhr erfolgt gleichmäßig. Während der Phasenübergänge bleibt die Temperatur konstant.

Indem die Wassermoleküle aus einem offenen Gefäß verdampfen, stoßen sie gegen die Moleküle der umgebenden Luft. Eine Erhöhung des Umgebungsdrucks bedeutet im molekularen Bild, dass die Stickstoff- und Sauerstoffmoleküle dichter gedrängt sind und sie damit dem Entkommen der Wassermoleküle aus dem Verband der Flüssigkeit einen größeren Widerstand entgegensetzen. Anders ausgedrückt benötigen die Wassermoleküle eine höhere mittlere kinetische Energie, um bei geringerer freier Weglänge bis zum ersten Stoß mit einem Stickstoff- oder Sauerstoffmolekül trotzdem die Wasseroberfläche zu verlassen (und dabei die Atmosphäre zu verdrängen). Dies ist gleichbedeutend damit, dass sich bei zunehmendem Umgebungsdruck der Siedepunkt erhöht, bzw. der Siedepunkt sinkt, sobald der Umgebungsdruck vermindert wird. Gleichzeitig gilt aber auch die Aussage, dass der Druck des Wasserdampfes über siedendem Wasser (der Wasserdampfdruck oder kurz **Dampfdruck**) gerade gleich dem äußeren Umgebungsdruck ist.

Kochen und Dampfdruck
Die hier beschriebenen Gesetzmäßigkeiten liegen der Funktionsweise eines Schnellkochtopfes zugrunde. Da es sich hierbei um ein mit Ventil ausgestattetes Druckgefäß handelt, das einen Wasserdampfdruck aufzubauen erlaubt, der größer ist als der Atmosphärendruck, können für das Kochen bzw. Dämpfen von Speisen höhere Temperaturen als 100 °C genutzt werden, was die Garzeit verkürzt.

Gefrieren – Schmelzen

Betrachten wir nun den Gefriervorgang im offenen Gefäß. Indem flüssiges Wasser abkühlt, sinkt die mittlere kinetische Energie der Wassermoleküle. Bei einer bestimmten Temperatur, dem **Gefrierpunkt** (0 °C beim Druck $p = 1$ atm), sind einige der Moleküle so energiearm, dass sie von den starken zwischenmolekularen Kräften zu einem regelmäßigen Festkörper, einem Eiskristall, zusammengefügt werden können. Indem sich die energieärmsten der noch in der Flüssigkeit befindlichen Wassermoleküle an den Eiskristall anlagern und dieser wächst, nimmt die mittlere kinetische Energie der noch als flüssiges Wasser vorliegenden Moleküle zu. Um den Gefriervorgang zu vervollständigen, muss der verbleibenden Flüssigkeit fortgesetzt Wärme entzogen werden, bis alle Moleküle in das Feststoffgitter eingefügt sind. Die Temperatur des aus Wasser und Eis bestehenden Systems bleibt vom Einsetzen der Kristallisation bis zu seinem vollständigen Gefrieren konstant (vgl. Abb. 2.9; dort ist der umgekehrte Vorgang, das Schmelzen veranschaulicht). Betrachten wir 1 mol Wasser, so ist die vom Einsetzen der Kristallisation bis zum vollständigen Gefrieren zu entziehende Wärmemenge die **molare Kristallisationsenthalpie**. Die für die Umkehrung des Gefrierens anzusetzende **molare Schmelzenthalpie** ist dem Betrag nach gleich, doch hat sie umgekehrtes Vorzeichen. Sie beträgt (0 °C, 1 atm) $6{,}02$ kJ · mol^{-1} und ist damit wesentlich kleiner als die Verdampfungsenthalpie, da die Moleküle beim Schmelzen nicht gegen die zwischenmolekularen Kräfte voneinander entfernt werden müssen. Zudem ändert sich im Vergleich zur Verdampfung das Volumen nur geringfügig, sodass kaum Volumenarbeit gegen die Atmosphäre zu leisten ist.

Wir beschließen unsere Überlegungen zum Gefriervorgang im offenen Gefäß mit der Feststellung, dass auch über vollständig als Eis vorliegendem Wasser ein Dampfdruck messbar ist. Der Dampfdruck von Eis nimmt – wie bei jedem Feststoff – mit zunehmender Temperatur zu. Am Schmelzpunkt ist der Dampfdruck von Eis gleich dem Dampfdruck des flüssigen Wassers. Die Verdampfung eines Festkörpers ohne Durchlaufen einer flüssigen Phase wird **Sublimation** genannt. Dieser Effekt lässt sich im Winter beobachten, wenn Eis und Schnee auch bei langanhaltender Kälte mit Temperaturen unter 0 °C ohne aufzutauen langsam verschwinden. In der Technik macht man sich die Verdampfbarkeit von Eis bei der – wegen der tiefen Temperatur besonders produktschonenden – Entwässerung von Nahrungsmitteln durch **Gefriertrocknung** zunutze.

Phasendiagramm des Wassers

Allgemein handelt es sich beim Phasendiagramm einer homogenen Substanz (Zustandsdiagramm) um die graphische Auftragung der Zustandsgröße Druck (p) gegen die Zustandsgröße Temperatur (T). Ein solches Diagramm definiert die Bereiche von Druck und Temperatur, in denen die verschiedenen Phasen thermodynamisch stabil sind. Entlang der Trennlinien dieser Bereiche, der Phasengrenzen, stehen zwei Phasen im thermodynamischen Gleichgewicht miteinander. Dies setzt voraus, dass sich das System in einem verschlossenen Behälter befindet (geschlossenes System). Im Folgenden stellen wir das Phasendiagramm des Wassers für das Einkomponenten-System dar (Abb. 2.10). Das bedeutet, dass in den verschiedenen durch die Wertepaare (p, T) definierten Bereichen nur H_2O-Moleküle anwesend sind; insbesondere Luft ist ausgeschlossen. In Gegenwart von Luft besitzt Wasser ein geringfügig abweichendes Phasendiagramm, da Luft sich in geringer Menge in Wasser löst. Dies kann in der Praxis

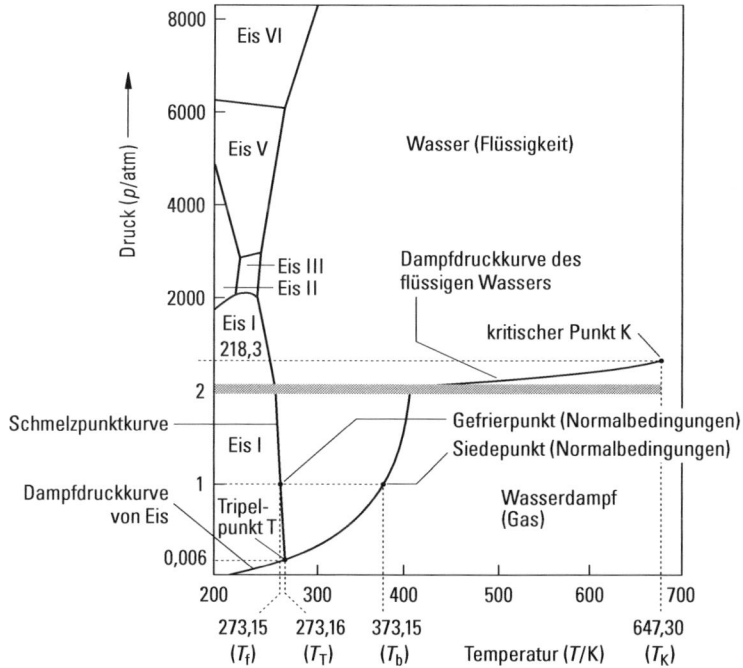

Abb. 2.10 Phasendiagramm des Wassers. Die negative Steigung der Schmelzpunktkurve ist Ausdruck der Dichteanomalie. Der Maßstab der Ordinate wechselt bei 2 bar. Das Vorliegen von Hochdruckmodifikationen des Eises (Eis-II usw.) wurde bereits angesprochen (vgl. Kap. 2.3.1). Temperatur-Bezeichnungen: T_f Gefrierpunkt; T_T Tripelpunkt; T_b Siedepunkt; T_K kritischer Punkt (modifiziert aus Atkins, 1994).

in den meisten Fällen unberücksichtigt bleiben. Der normale Schmelzpunkt (exakt 0 °C) und Siedepunkt des Wassers (exakt 100 °C), die als Fixpunkte für die Definition der Celsius-Skala dienen, sind jedoch in der Gegenwart von Luft ermittelt ($p = 1$ atm $= 1{,}013$ bar). Demgegenüber liegt im Einkomponenten-System etwa der Schmelzpunkt des Wassers bei einem Druck von 1,013 bar bei 0,0025 °C. Das gegenüber reinem Wasser veränderte Verhalten wässriger Lösungen (Gefrierpunkterniedrigung, Siedepunkterhöhung) wird im Folgenden noch erläutert (s. Kap. 2.4.6).

Aus dem Phasendiagramm des Wassers ist ablesbar, unter welchen (p, T)-Bedingungen Wasser in seinen Aggregatzuständen fest, flüssig oder gasförmig vorliegt (Abb. 2.10). Entlang der Trennlinien im Diagramm stehen die Zustände fest und flüssig, flüssig und gasförmig bzw. fest und gasförmig miteinander **im thermodynamischen Gleichgewicht**. Wir erläutern dies am Beispiel der Phasengrenze flüssig/gasförmig (entlang der anderen Phasengrenzen gelten äquivalente Überlegungen): Bei jeder Temperatur treten pro Zeiteinheit gleich viele Wassermoleküle aus der flüssigen in die Gasphase über, wie umgekehrt aus der Gasphase in die flüssige Phase zurückkehren (dynamisches Gleichgewicht, keine makroskopisch sichtbare Veränderung). Bilanzieren wir die Energie der sich abspielenden Prozesse, so muss im System pro Zeiteinheit für den Übergang flüssig/gasförmig (Verdampfung) genauso viel Energie aufgebracht werden, wie umgekehrt im Zuge des Übergangs gasförmig/flüssig (Kondensation) wieder frei wird. Die Temperatur des Gesamtsystems ändert sich nicht; das System ist äquilibriert, d. h. im Gleichgewicht. Verändern wir (durch Erwärmen oder Abkühlen) die Temperatur des Gesamtsystems, wird sich ein neues Gleichgewicht mit für die neue Temperatur typischen Transportzahlen (Zahl der pro Zeiteinheit verdampfenden bzw. in die Flüssigkeit zurückkehrenden Wassermoleküle) einstellen. Der in der Gasphase herrschende Druck heißt Dampfdruck des Wassers bei der gegebenen Temperatur. Die Kurve T-K im Phasendiagramm (Abb. 2.10) heißt folglich die **Dampfdruckkurve des flüssigen Wassers**.

Eine analoge Überlegung gilt für die Phasengrenze fest/gasförmig: Im entsprechenden Temperaturbereich gibt es zu jedem Wert von T einen charakteristischen Wasserdampfdruck über dem Eis. Dies markiert die **Dampfdruckkurve von Eis**. Der Dampfdruck des Wassers (Eis oder flüssiges Wasser) nimmt – wie der jeder anderen Substanz – mit steigender Temperatur zu, da die kleinsten Teilchen bei höherer Temperatur den attraktiven Wechselwirkungen mit ihresgleichen in der kondensierten Phase (Feststoff oder Flüssigkeit) leichter entkommen können. Entlang der **Schmelzpunktkurve** stehen Eis und flüssiges Wasser miteinander im Gleichgewicht. Die Dampfdruckkurven von Eis und flüssigem Wasser und die Schmelzpunktkurve schneiden sich im Punkt T, dem **Tripelpunkt** des Wassers. Nur unter den (p, T)-Bedingungen dieses Punktes (0,01 °C, 6,11 mbar) stehen alle drei Aggregatzustände, Eis, Wasser und Dampf, miteinander im thermodynamischen Gleichgewicht. Die bereits besprochene Dichteanomalie kommt im Phasendiagramm des Wassers darin zum Ausdruck, dass die Schmelzpunktkurve eine negative Steigung aufweist, d. h., dass der Schmelzpunkt mit zunehmendem Druck sinkt. Alternativ lässt sich dieser Sachverhalt wie folgt formulieren: Eis kann bei konstanter Temperatur durch Druckanwendung verflüssigt werden. Dies ist plausibel, da das Schmelzen – wie bei der Erläuterung der Dichteanomalie besprochen – mit einer Volumenabnahme (und folglich Dichtezunahme) verbunden ist. Bei steigendem Druck ist es daher für den Festkörper vorteilhaft, in die dichtere Flüssigkeit überzugehen.

Gletscher und Schlittschuhe

In erster Näherung liefert der hier besprochene Effekt eine Erklärung für das „Fließen" eines Gletschers und auch für das Gleiten eines Schlittschuhs: In beiden Fällen führt hoher Druck (wegen des enormen Eigengewichts des Eises bzw. des auf die schmale Kufe konzentrierten Körpergewichts) zur Ausbildung eines dem Gleiten förderlichen Flüssigkeitsfilms. Allerdings sind die Zusammenhänge möglicherweise noch subtiler: Eventuell begünstigen Unterschiede in den Wechselwirkungsenergien zwischen Wasser und Fels bzw. Schlittschuhkufe einerseits sowie Eis und Fels bzw. Schlittschuhkufe andererseits das Oberflächenschmelzen und damit die Ausbildung eines Wasserfilms auch unterhalb des normalen Schmelzpunktes.

Ein weiteres markantes Detail ist die Tatsache, dass die Dampfdruckkurve des flüssigen Wassers an einem definierten Punkt endet (**kritischer Punkt** K). Dies lässt sich folgendermaßen verstehen: Erhitzen wir das in einem geschlossenen Gefäß konstanten Volumens befindliche Wasser kontinuierlich, kann das Wasser nicht sieden (denn Sieden bedeutet Verdampfung unter Verdrängung der Atmosphäre, vgl. die Erläuterungen oben zu den Verhältnissen im offenen Gefäß). Stattdessen nehmen der Dampfdruck und die Dichte des Wasserdampfes kontinuierlich zu und, infolge der thermischen Ausdehnung, die Dichte der Flüssigkeit kontinuierlich ab. Diese Prozesse dauern bei fortgesetztem Erhitzen bis zum kritischen Punkt an, an dem die Dichte des Dampfes und der verbliebenen Flüssigkeit gleich werden und die Grenzfläche zwischen den beiden Phasen verschwindet. Die Temperatur, bei der die Phasengrenze verschwindet, heißt kritische Temperatur, und der entsprechende Dampfdruck kritischer Druck des Wassers. Bei der kritischen Temperatur des Wassers und darüber (im „überkritischen Bereich") liegt also eine einzige einheitliche Phase vor, die gelegentlich – zur Unterscheidung von der flüssigen bzw. gasförmigen Phase – als fluide Phase bezeichnet wird. (Es sei an dieser Stelle darauf hingewiesen, dass derartiges Verhalten nicht auf Wasser beschränkt ist. Kritische Temperatur und kritischer Druck sind charakteristische Stoffkonstanten jeder Flüssigkeit.) Die kritische Temperatur des Wassers ist 374,15 °C, und der dann herrschende Druck (kritischer Druck) beträgt 218,3 atm.

Überkritisches Wasser ist im Vergleich zu Wasser unterhalb des kritischen Punkts wesentlich weniger polar. Es ist in der Lage, hydrophobe Substanzen (s. Kap. 2.2.2). wie z. B. chlorierte Kohlenwasserstoffe homogen zu lösen, die dann durch Zusatz von Sauerstoff oxidativ zerstört werden können. Als Produkte der sehr schnell verlaufenden Reaktion fallen lediglich Grundchemikalien (im vorliegenden Beispiel Kohlenstoffdioxid und Salzsäure) an. Das Verfahren (engl. supercritical water oxidation, SCWO) ist besonders für die Behandlung von Problemabfällen (z. B. Dioxine, polychlorierte Biphenyle) attraktiv, doch steht seiner breiten Anwendung der hochkorrosive Charakter des Reaktionsgemisches unter überkritischen Bedingungen entgegen, sodass sich kaum Reaktormaterialien finden lassen, die über lange Zeiträume einen Routinebetrieb erlauben.

Erhöht man im betrachteten Einkomponenten-System die Temperatur und hält den Druck konstant (etwa durch Konstruktion einer beweglichen Gefäßwand, z. B. als Kombination Kolben/Zylinder), bewegt man sich im Phasendiagramm entlang einer Horizontalen nach rechts. Sei der Druck z. B. gleich 1.013 mbar, so liegt bis zum Schnittpunkt der Horizontalen mit der Schmelzpunktkurve (der den Schmelz- bzw. Gefrierpunkt markiert), ausschließlich Eis vor, rechts davon bis zum Schnittpunkt mit der Dampfdruckkurve des Wassers (der der Siede- bzw. Kondensationspunkt ist) ausschließlich flüssiges Wasser und rechts dieses Punktes ausschließlich Dampf. Erhöht man im System bei gleichbleibender Temperatur (dies erfordert Thermostatisierung) den Druck (durch Hineinfahren des Kolbens in den Zylinder), so bewegt man sich im Phasendiagramm entlang einer Vertikalen nach oben. Sei die Temperatur z. B. 0,0025 °C (vgl. die oben gegebene Erläuterung zum Schmelzpunkt im Einkomponenten-System), so liegt bei hinreichend niedrigem Druck bis zum Schnittpunkt der Vertikalen mit der Dampfdruckkurve des Eises (der den Sublimationspunkt markiert) ausschließlich Wasserdampf vor, darüber bis zum Schnittpunkt mit der Schmelzpunktkurve ausschließlich Eis, und oberhalb dieses Punktes (der den Schmelz- bzw. Gefrierpunkt markiert) ausschließlich flüssiges Wasser.

Temperaturskalen

Der Schmelzpunkt von Wasser bei normalem Luftdruck (Normaldruck: 101,325 kPa = 1,013 bar = 760 Torr = 1 atm) definiert den Nullpunkt der Celsius-Temperaturskala (0 °C). Wasser siedet unter denselben Bedingungen bei 100 °C. Die Skala geht auf den schwedischen Naturforscher Anders Celsius (1701–1744) zurück und hat heute weltweite Gültigkeit. Die Einheit der thermodynamischen Temperatur ist das Kelvin, das ursprünglich über die Celsius-Skala definiert wurde (1 K ≡ 1 °C). Die Kelvin-Skala, die von dem schottischen Mathematiker und Physiker William Thomson, 1st Baron Kelvin (1824–1907) im Jahre 1848 eingeführt wurde, hat ihren Nullpunkt am absoluten Nullpunkt der Thermodynamik (−273,15 °C). Die heute insbesondere noch in den USA gebräuchliche Fahrenheit-Skala wurde von dem aus Polnisch-Preußen stammenden Physiker und Ingenieur Daniel Gabriel Fahrenheit (1686–1736) im Jahre 1724 vorgestellt. Ihr Nullpunkt (0 °F = −17,8 °C) ist die Temperatur einer aus Eis, Wasser und Salmiak (Ammoniumchlorid (NH_4Cl)) hergestellten Kältemischung, die in einigen historischen Darstellungen auch mit der tiefsten in Danzig gemessenen Temperatur des Winters 1708/09 gleichgesetzt wird (s. auch Gefrierpunkterniedrigung, Kap. 2.4.6). Andere Temperaturskalen wie die nach Réaumur, Delisle und Rankine sind heute nur noch von historischem Interesse.

2.3.2 Oberflächenspannung des Wassers – Kapillarwirkung

In Kap. 2.2 haben wir die Struktur des Wassermoleküls erläutert und gesehen, warum diese ein permanentes Dipolmoment bedingt, das starke zwischenmolekulare Kräfte zur Folge hat (H-Brücken). Im Innern einer Ansammlung flüssigen Wassers erfahren die Wassermoleküle von allen Seiten gleiche Kräfte. Auf die an der Wasseroberfläche befindlichen Wassermoleküle wirkt jedoch eine in das Wasserinnere gerichtete Kraft (Abb. 2.11). In einem Wassertropfen führt das zum Bestreben, die Zahl der allseits von Nachbarn umgebenen Moleküle zu maximieren. Dies hat die Minimierung der Oberfläche zur Folge, und der Tropfen strebt nach Kugelform, da eine Kugel der Körper

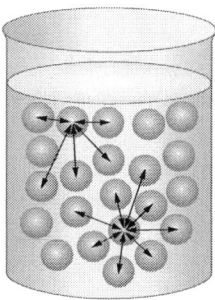

Abb. 2.11 Oberflächenspannung. Die auf Wassermoleküle an der Flüssigkeitsoberfläche wirkenden Kräfte sind in die Flüssigkeit gerichtet. Deshalb sind Wassertropfen in Abwesenheit anderer Kräfte kugelförmig (nach Brown/LeMay/Bursten, 2006).

mit dem kleinsten Verhältnis von Oberfläche zu Volumen ist. (Diese Argumentation gilt nicht nur für Wasser, sondern praktisch für alle Flüssigkeiten.) Um die Oberfläche einer Flüssigkeit um eine Flächeneinheit zu vergrößern, um also mehr kleinste Teilchen an die Oberfläche zu bringen, muss Arbeit geleistet werden. Sie wird als **Oberflächenspannung** bezeichnet. Im Falle des Wassers bedingt die Oberflächenspannung eine gewisse Belastbarkeit der Oberfläche, ohne dass die Struktur des flüssigen Wassers „reißt". So können sich etwa Insekten, z. B. Wasserläufer, auf der Wasseroberfläche fortbewegen.

Eine Konsequenz der Oberflächenspannung ist die Neigung des Wassers, in einer in Wasser tauchenden engen Röhre (Kapillare) gegenüber dem umgebenden Wasserspiegel aufzusteigen (Haarröhrchenwirkung oder **Kapillarwirkung**, lat. capillus: Haar). Die Wandung der Kapillare muss allerdings benetzbar sein, d. h. zwischen ihr und den Wassermolekülen müssen anziehende Kräfte (adhäsive Kräfte) wirken, die die zwischen den Wassermolekülen herrschenden Kräfte (Kohäsion) übertreffen. Dies ist z. B. im Falle einer Glaskapillare, eines Löschblatts oder bei röhrenartigen Pflanzenstrukturen gegeben, die an der Oberfläche Hydroxylgruppen bzw. Hydroxyl- und andere polare Gruppen aufweisen. Die sich in einer Glaskapillare ausbildende konkave Oberfläche der Wassersäule wird als **Meniskus** bezeichnet (grch. kleiner Mond). In Pflanzen bewirkt das Verdampfen des Wassers aus der Blatt- oder Nadeloberfläche bzw. sein Verbrauch im Laufe der Photosynthese einen Sog, der dem Wasser den Aufstieg aus den Wurzeln ermöglicht, befördert durch Kapillareffekt und Osmose (s. Kap. 2.4.6). Das Abreißen der Flüssigkeitssäule wird dabei durch die Kohäsion der Wassermoleküle verhindert. Der Kapillareffekt fördert auch die Aufnahme von Wasserdampf durch bestimmte poröse Adsorptionsmittel (z. B. Silicagel oder Zeolith), in deren Hohlräumen er kondensiert (Kapillarkondensation; s. Kap. 2.2.2 und 2.5.5).

2.3.3 Viskosität – Kompressibilität

Die physikalische Größe **Viskosität** beschreibt die Zähigkeit von Fluiden infolge innerer Reibung. So wird z. B. der gegenseitigen Verschiebung zweier benachbarter, nicht verwirbelter Schichten im Fluid ein Widerstand entgegengesetzt. Dies ist die

Grundlage für die Definition der dynamischen Viskosität η (Einheit: $N \cdot s \cdot m^{-2}$ oder $kg \cdot m^{-1} \cdot s^{-1}$), deren physikalischer Sinn (z. B. für Wasser) aus folgender Beziehung ersichtlich wird (Gl. 2.6):

$$F = \eta \cdot A \cdot dv/dx \tag{2.6}$$

Hierbei ist F die erforderliche Kraft (in N), um zwischen zwei Flüssigkeitsschichten mit der Berührungsfläche A (in m^2) den **Geschwindigkeitsgradienten** $G = dv/dx$ (in s^{-1}; senkrecht zur Strömungsrichtung) aufrechtzuerhalten. Für praktische Berechnungen wird die Viskosität auf die Dichte bezogen und kinematische Viskosität v genannt. Sie hat die Einheit $m^2 \cdot s^{-1}$ und ist Bezugsgröße der dimensionslosen **Reynolds-Zahl** Re, mit d als Rohrdurchmesser und c als Fließgeschwindigkeit des Wassers (Gl. 2.7; ϱ bezeichnet die Dichte des Wassers):

$$v = \eta/\varrho \quad \text{und} \quad Re = d \cdot c/v \tag{2.7}$$

Im Wasser gelöste Stoffe können einen erheblichen Einfluss auf die Viskosität haben. Langkettige Polyelektrolyte (Polymere, z. B. anionische oder kationische Polyacrylamide), die bei der Wasseraufbereitung als Flockungshilfsmittel eingesetzt werden, bewirken schon bei einer Konzentration von $0,1 \, kg \cdot m^{-3}$ eine erhebliche Zunahme der Viskosität. Dagegen erhöhen organische Polymere mit sphärischer Molekülform die Viskosität von Wasser kaum. Ionen können, je nach Art ihrer Wechselwirkung mit den H_2O-Molekülen und der Stärke der H-Brücken (s. Kap. 2.2.2), die Viskosität erhöhen oder erniedrigen.

Flüssiges Wasser ist komprimierbar. Seine Kompressibilität wird als Proportionalitätsfaktor (Einheit: bar^{-1} oder $m^2 \cdot N^{-1}$) der Druckabhängigkeit der Dichte ϱ gemessen. Der Kehrwert der Kompressibilität heißt Elastizitätsmodul, E_W. Der Elastizitätsmodul ist mit der Ausbreitungsgeschwindigkeit a von Druck- oder Schallwellen in Wasser folgendermaßen verbunden (Gl. 2.8):

$$a = (E_W/\varrho)^{1/2} \tag{2.8}$$

Mit $E_W = 2,06 \cdot 10^9 \, N \cdot m^{-2}$ und $\varrho = 1\,000 \, kg \cdot m^{-3}$ errechnet sich die für Wasser charakteristische Schallgeschwindigkeit $a = 1\,435 \, m \cdot s^{-1}$.

2.4 Wasser als Lösemittel

„Similia similibus solvuntur" – Ähnliches wird von Ähnlichem gelöst. Diese auf die Alchemisten zurückgehende allgemeine Regel für die Löslichkeit von Substanzen kann in moderner Formulierung so ausgedrückt werden: Polare Substanzen lösen sich gut in polaren Lösemitteln, unpolare Substanzen lösen sich gut in unpolaren Lösemitteln. Der gewinkelte Bau des Wassermoleküls bedingt ein großes permanentes **Dipolmoment** (vgl. Kap. 2.2.2). Dies macht Wasser zu einer stark polaren Flüssigkeit. Im Gegensatz dazu ist etwa Benzol (C_6H_6) eine unpolare Flüssigkeit, in der sich unpolare Substanzen (z. B. Fette oder Wachse) gut lösen.

2.4.1 Elektrolyte – Nichtelektrolyte – Arten von Lösungen – Gehaltsangaben – Wasserhärte

Im Zusammenhang mit wässrigen Lösungen wollen wir zunächst die Begriffe Elektrolyt und Nichtelektrolyt klären und polare, d. h. gut wasserlösliche Substanzen nach Art der in ihnen vorliegenden kleinsten Teilchen unterscheiden. **Elektrolyte** leiten den elektrischen Strom, indem Ionen transportiert werden (Leiter 2. Klasse). Dies unterscheidet Elektrolyte von Metallen, in denen Stromleitung durch Elektronen erfolgt (Leiter 1. Klasse). Salzschmelzen, aber auch wässrige Lösungen von Stoffen, die aus Ionen aufgebaut sind (z. B. Kochsalz (Natriumchlorid, Na^+Cl^-), Natriumhydroxid (Na^+OH^-)), sind folglich Elektrolyte. Elektrolyte können weiter unterschieden werden:

- **Echte Elektrolyte** sind aus Ionen aufgebaut (Salze).
- **Potentielle Elektrolyte** ergeben Ionen erst infolge Reaktion mit dem Lösemittel (in unserem Falle Wasser).

Ein Beispiel für einen potentiellen Elektrolyt ist Hydrogenchlorid, dessen stark polarisierte HCl-Moleküle in Wasser unter Bildung von Salzsäure in die aquatisierten Ionen $H^+(aq)$ und $Cl^-(aq)$ dissoziieren. (Aquatisiert heißt mit einer Hydrathülle umgeben, s. Kap. 2.4.2). **Starke Elektrolyte** dissoziieren in (wässriger) Lösung vollständig in Ionen (z. B. NaCl, NaOH, HCl); **schwache Elektrolyte** dissoziieren demgegenüber nur zum Teil (z. B. Essigsäure (CH_3COOH), Ammoniak (NH_3)). Die wichtigsten Elektrolyte sind **Säuren**, **Basen** oder **Salze**. Die Abgrenzung dieser Substanzklassen gegeneinander ist nicht scharf. So können Salze (d. h. aus Ionen aufgebaute Substanzen) auch sauer oder basisch reagieren. Der Säure-Base-Begriff wird in Kap. 2.4.4.2 eingehend erörtert.

Nichtelektrolyte sind Substanzen, die als undissoziierte Moleküle in (wässrige) Lösung gehen. Wasserlöslichkeit ist hier durch den stark polaren Charakter der Moleküle bedingt. Beispiele sind Methylalkohol (Methanol, CH_3OH) oder Ethylalkohol (Ethanol, CH_3CH_2OH), die hervorragende Wasserlöslichkeit besitzen, ja sogar mit Wasser in jedem Verhältnis mischbar sind. Weitere Beispiele sind Traubenzucker (Glucose) oder Rohrzucker (Saccharose), deren Moleküle jeweils mehrere OH-Reste (Hydroxylgruppen) aufweisen. Bei diesen Beispielen beruht die Löslichkeit auf H-Brücken, die sich zwischen den Hydroxylgruppen und H_2O ausbilden. Auch Teilchenaggregate lösen sich gut in Wasser, sofern ihre mit den Wassermolekülen in unmittelbarem Kontakt stehende äußere Hülle polare Reste aufweist. Derartige Aggregate entstehen z. B. aus amphiphilen Molekülen (vgl. Kap. 2.2.2), indem sich die unpolaren Enden in Wasser zusammenlagern (Bildung von Mizellen; oberflächenaktive Substanzen). Dies Verhalten erläutern wir in Kap. 2.4.5 noch genauer, ebenso wie das der Kolloide. Hierbei handelt es sich um Lösungen, in denen große Teilchen (Durchmesser $1-1\,000$ nm; 1 nm = 10^{-9} m) durch Anlagerung geeigneter Ionen oder Moleküle daran gehindert werden, auszuflocken.

Arten von Lösungen

Lösungen sind **homogene Gemische**. Im Sinne der in diesem Studienbuch geführten Diskussion dient Wasser als Lösemittel (Solvens). Manche Substanzen sind mit Wasser in jedem Verhältnis mischbar (s. o., Methanol oder Ethanol). In der Regel ist jedoch die in einer bestimmten Menge Solvens lösliche Menge eines Stoffes begrenzt. Der Stoff (Reinstoff) kann fest, flüssig oder gasförmig sein. Dies führt uns zum Begriff der **Löslichkeit**. Hierunter versteht man die bei gegebener Temperatur maximale Menge eines reinen Stoffes (Feststoff, Flüssigkeit oder Gas), die sich in einem nach Art und Menge festgelegten Solvens unter Bildung eines thermodynamisch stabilen Systems löst. Wird ihr über den Punkt der Sättigung hinaus weiter Substanz hinzugefügt, führt dies zur Einstellung eines dynamischen Gleichgewichts (eine Ausnahme bilden über- sättigte Lösungen, s. u.): Im Gleichgewicht geht pro Zeiteinheit ebensoviel Substanz aus der zugesetzten überschüssigen Substanz in Lösung, wie sich umgekehrt in den zu- gesetzten Substanzüberschuss abscheidet. Die so erzeugte Lösung wird als **gesättigte Lösung** bezeichnet. Handelt es sich bei der hinzugefügten Substanz um einen Feststoff, so führt dies zur Anlage eines Bodenkörpers.

Das Verhältnis zwischen der Menge eines gelösten Stoffes und der Menge Löse- mittel, in dem dieser gelöst vorliegt, heißt **Konzentration**. Verdünnte Lösungen sind Lösungen geringer Konzentration. Konzentrierte Lösungen sind Lösungen hoher Kon- zentration. Ungesättigte Lösungen einer Substanz sind bei weiterer Zugabe derselben Substanz in der Lage, diese homogen zu lösen, und zwar bis der Sättigungspunkt er- reicht ist (s. o.). In bestimmten Fällen kann der über den Sättigungspunkt hinaus an- dauernde Zusatz der Substanz (in der Regel handelt es sich um einen Feststoff) auch unter Ausbleiben eines Bodensatzes zur Bildung einer **übersättigten Lösung** führen. Derartige Lösungen sind im thermodynamischen Sinne nicht mehr stabil. Sie werden als metastabile Lösungen bezeichnet. Durch Zusatz von Kristallisationskeimen („Impf- kristalle") oder durch Schaffung von Kristallisationskeimen infolge Einwirkung einer Druckwelle auf derartige Lösungen kann die Abscheidung des über die Sättigungs- grenze hinausgehenden Stoffüberschusses induziert werden.

Handwärmekissen

Latentwärmespeicher nutzen die beim Übergang einer übersättigten Lösung bzw. me- tastabilen Schmelze in den thermodynamisch stabilen Zustand freiwerdende Wärme (Kristallisationswärme bzw. Erstarrungswärme). Ein Beispiel sind Handwärmekissen auf der Basis von Natriumacetat-Trihydrat, $(Na^+CH_3COO^-) \cdot 3\,H_2O$. Dies ist ein Feststoff, der bei Erwärmung auf 58 °C schmilzt bzw. in seinem eigenen Kristall- wasser (vgl. Kap. 2.5.5) in Lösung geht. Die Substanz kann bei Abkühlung bis weit unter ihren thermodynamischen Festpunkt bzw. Kristallisationspunkt flüssig gehalten werden ($T < 0$ °C). Das Betätigen einer Stahlfeder im Wärmekissen löst eine Druck- welle aus, die die Bildung von Kristallisationskeimen induziert. Die bei der nun einsetzenden und über einen ausgedehnten Zeitraum andauernden Wiedererstarrung freiwerdende Kristallisationswärme (die dem Betrag nach der zuvor zum Schmel- zen aufgewendeten Energie entspricht) heizt sich das Wärmekissen auf 58 °C auf, sodass es im Winter als „Taschenheizung" einsetzbar ist.

Gehaltsangaben

Der Anteil eines gelösten Stoffes an einer Lösung (sein Gehalt) kann auf verschiedene Arten angegeben werden. Vier in diesem Zusammenhang wesentliche Konzepte wer- den anhand der folgenden allgemeinen Gleichungen erläutert. Für eine umfassendere

Darstellung sei auf die am Schluss des Kapitels angegebene Literatur (Mortimer und Müller, 2007) verwiesen. Der **pH-Wert** ist eine Konvention zur Gehaltsangabe der H^+-Ionen (Protonen) bzw. Hydroxid-Ionen (OH^--Ionen) in Wasser und wird in Kap. 2.4.4.2 ausführlich besprochen.

Massenanteil $w(X) = \dfrac{m(X)}{m(\text{Lösung})}$

Die Masse des gelösten Stoffes $m(X)$ bezogen auf die Gesamtmasse m der Lösung (nicht des Lösemittels!) heißt Massenanteil $w(X)$ (w von engl. weight). Die entsprechende Angabe des gelösten Stoffes in Massenprozent ergibt sich zu $w(X) \cdot 100\,\%$. Eine wässrige Lösung mit einem Anteil von 5 % Glucose enthält 50 g Glucose und 950 g Wasser in 1 000 g Lösung. Gelegentlich werden Massenanteile auch in Promille (g/kg bzw. mg/g) oder ppm (engl. parts per million, mg/kg bzw. μg/g) oder ppb (engl. parts per billion; engl. „billion" bedeutet im Deutschen „Milliarde", μg/kg bzw. ng/g) angegeben (1 μg = 1 Mikrogramm = 10^{-6} g; 1 ng = 1 Nanogramm = 10^{-9} g).

Stoffmengenanteil $x(X) = \dfrac{n(A)}{n(A) + n(B) + n(C) + \ldots}$

Der Stoffmengenanteil $x(A)$ der Komponente A in einer die Komponenten A, B, C, ... enthaltenden Lösung wird auch Molenbruch genannt. $x(A)$ ist das Verhältnis der Stoffmenge von A (Angabe in Mol) zur Summe der Stoffmengen aller Stoffe (Angabe in Mol) in der Lösung. Der Molenbruch ist folglich eine dimensionslose Größe. Die Molenbrüche aller Komponenten einer Lösung (allgemein: eines Gemisches) addieren sich zu 1. Welches sind z. B die Stoffmengenanteile bzw. Molenbrüche in einer Mischung gleicher Massen von Wasser und Ethanol? 100 g Mischung (Lösung) enthalten 50 g Wasser und 50 g Ethanol. Daraus folgt:

$$n(H_2O) = \frac{m(H_2O)}{M_m(H_2O)} = \frac{50\,\text{g}}{18\,\text{g} \cdot \text{mol}^{-1}} = 2,78\,\text{mol}$$

$$n(CH_3CH_2OH) = \frac{m(CH_3CH_2OH)}{M_m(CH_3CH_2OH)} = \frac{50\,\text{g}}{46\,\text{g} \cdot \text{mol}^{-1}} = 1,09\,\text{mol}$$

$$x(H_2O) = \frac{n(H_2O)}{n(H_2O) + n(CH_3CH_2OH)} = \frac{2,78\,\text{mol}}{2,78\,\text{mol} + 1,09\,\text{mol}} = 0,718$$

$$x(CH_3CH_2OH) = \frac{n(CH_3CH_2OH)}{n(H_2O) + n(CH_3CH_2OH)} = \frac{1,09\,\text{mol}}{2,78\,\text{mol} + 1,09\,\text{mol}} = 0,282$$

Die beiden ermittelten Molenbrüche addieren sich zu 1.

Stoffmengenkonzentration $c(X) = \dfrac{n(X)}{V(\text{Lösung})}$

Die Stoffmengenkonzentration (kurz: „Konzentration") eines gelösten Stoffes X gibt seine Stoffmenge bezogen auf das Volumen der Lösung (nicht des Lösemittels!) an. Die Einheit ist üblicherweise Mol pro Liter, d. h. mol/L bzw. $\text{mol} \cdot \text{L}^{-1}$. (Die früher in diesem Zusammenhang verwendeten Bezeichnungen Molarität und Normalität gelten als veraltet und sollen nicht mehr verwendet werden; das Gleiche gilt für Konzentrationsangaben des Typs 0,1-molar oder 0,1 M (für $c = 0,1$ mol $\cdot$ L^{-1}), bzw. 0,1-normal oder 0,1 N oder ähnliche Notationen. Normallösungen weisen die relevante Komponente in einer Konzentration von $c = 1$ mol $\cdot$ L^{-1} auf. Wird für ihre Herstellung eine vollständig in Wasser dissoziierende Substanz verwendet, die pro Formeleinheit mehr als eines der relevanten Teilchen freisetzt, so ist von der dissoziierenden Substanz nur ein entsprechender Bruchteil einzusetzen, um die Lösung zu bereiten. Dies illustriert das folgende Beispiel: Schwefelsäure (H_2SO_4) dissoziiert in Wasser praktisch vollständig in $2\,H^+(aq)$ und $SO_4^{2-}(aq)$. Für die Herstellung einer „Normallösung" von Schwefelsäure (d. h. einer Lösung mit $c(H^+) = 1$ mol $\cdot$ L^{-1}) ist folglich nur eine Schwefelsäurekonzentration von $c(H_2SO_4) = 0,5$ mol $\cdot$ L^{-1} erforderlich. – Für exaktes Arbeiten erfordert die Angabe der Stoffmengenkonzentration auch die Angabe der Temperatur, bei der die Lösung hergestellt bzw. verwendet wird, da das Volumen einer Lösung eine temperaturabhängige Größe ist.

Molalität $b = \dfrac{\text{Anzahl mol gelöster Stoff}}{\text{kg Lösemittel}}$

Die Molalität b ist eine temperaturunabhängige Gehaltsangabe, die die Stoffmenge des gelösten Stoffes (Anzahl mol) pro Kilogramm Lösemittel benennt. Lösungen verschiedener Stoffe weisen bei gleicher Molalität alle den gleichen Stoffmengenanteil auf, haben aber in der Regel unterschiedliche Volumina.

Wasserhärte
In historischer Perspektive ist die Quantifizierung von „Wasserhärte" (z. B. in °dH, Grad deutscher Härte) die erstmalige (19. Jahrhundert) Verwendung einer Stoffmengenkonzentration. Mit „Wasserhärte" wird der Calciumgehalt des Wassers bildhaft bezeichnet, der Ursache für die Ausbildung von Carbonatablagerungen (Kesselstein) in wasserführenden Anlagen sein kann. Weil der Calciumgehalt früher mit Seifenlösung quantitativ bestimmt und damit auch der Magnesiumgehalt erfasst wurde, war es üblich, von den „Härtebildnern" Ca und Mg zu sprechen, obwohl Mg^{2+}-Ionen keine Ablagerungen bilden. Härtebildner ist nur das Ca im Wasser. Mg beeinträchtigt nicht die Nutzung des Wassers, und die Entfernung von Mg^{2+} ist kein Ziel der Wasseraufbereitung. Gleichwohl wird es z. B. beim Ionenaustausch gegen Na^+ („Enthärtung") als unvermeidliche Nebenreaktion mit entfernt. Die Einteilung „weich – mittelhart – hart" ist eine pragmatische Vereinfachung, die Wassernutzern z. B. die Einschätzung ermöglicht, wie viel Waschmittel in eine Waschmaschine dosiert werden sollte. Die Einteilung kann entweder anhand der summierten Konzentrationen von Ca^{2+} und Mg^{2+} vorgenommen werden oder anhand der elektrischen Leitfähigkeit bei 20 °C (Einheit: mS $\cdot$ m^{-1}; s. Tab. 2.3), auch wenn nicht nur Ca- und Mg-Ionen zur elektrischen Leitfähigkeit beitragen. Die **Carbonathärte** KH ist die umgangssprachliche Bezeichnung der Säurekapazität $K_{S4,3}$ des Wassers (s. Kap. 2.4.4.2). Aus der Umgangssprache sind die Begriffe „weiches" und „hartes Wasser" nicht mehr wegzudenken. Sie sollten aber als Metaphern verwendet werden. In diesem Sinne bedeutet **weiches Wasser** eine geringe Menge gelöster Stoffe im Wasser, wenig Ablagerungen beim Kochen oder Verdunsten, geringe elektrische Leitfähigkeit

und vor allem einen geringen Gehalt an Calcium- und Magnesium-Ionen. Im Gegensatz dazu bezeichnet **hartes Wasser** viel von alledem. In der heute international übliche Einheit der Stoffmengenkonzentration, $mol \cdot L^{-1}$, entspricht 1 °dH (s. Tab. 2.3) 10 $mg \cdot L^{-1}$ CaO (Molmasse $M_m = 56,1 \ g \cdot mol^{-1}$). Die äquivalente Stoffmenge Magnesiumoxid ist 7,2 $mg \cdot L^{-1}$ MgO ($M_m = 40,3 \ g \cdot mol^{-1}$). Folglich entspricht eine summierte Konzentration $c(Ca^{2+}) + c(Mg^{2+}) = 1 \ mmol \cdot L^{-1}$ unabhängig vom relativen Verhältnis Ca^{2+}/Mg^{2+} der Angabe 5,6 °dH (Umrechnungsfaktor $f = 5,6 \ °dH \cdot L \cdot mmol^{-1}$).

Tab. 2.3 Verschiedene Bezeichnungen zum Begriff Wasserhärte und jeweiliger Bezug.

Bezeichnung	Bezug	Molmasse $(g \cdot mol^{-1})$	Umrechnungsfaktor für einen Gehalt von $1 \ mmol \cdot L^{-1}$	Einheit	Bemerkung
°dH (Grad deutscher Härte)	10 $mg \cdot L^{-1}$ CaO oder 7,2 $mg \cdot L^{-1}$ MgO	56,1 40,3	5,6 °dH $\cdot$ L $\cdot mmol^{-1}$		
°fH (Grad französischer Härte)	10 $mg \cdot L^{-1}$ CaCO$_3$	100,1	10 °fH $\cdot$ L $\cdot mmol^{-1}$		
°eH (Grad englischer Härte)	1 grain (64,8 mg) CaCO$_3$ per gallon (4,546 L), etwa 14,25 $mg \cdot L^{-1}$ CaCO$_3$	100,1	7 °eH $\cdot$ L $\cdot mmol^{-1}$		
weich	Summe Ca und Mg			$mmol \cdot L^{-1}$	bis 1,5
mittel	"				1,5 bis 2,5
hart	"				über 2,5
weich	Ionen aller gelösten Salze (elektrische Leitfähigkeit)			$mS \cdot m^{-1}$ bei 20 °C (S: Siemens)	bis 30
mittel					30 bis 55
hart					über 55

2.4.2 Lösevorgang – Hydratationsenthalpie – Lösungsenthalpie – Temperatur- und Druckabhängigkeit

Wie wir bereits festgestellt haben, ist Methanol (CH_3OH bzw. H_3C-OH) ein Nichtelektrolyt (s. o.). In Wasser gehen die polaren Methanolmoleküle undissoziiert in Lösung, indem sich H-Brücken zwischen den CH_3OH- und den H_2O-Molekülen ausbilden (Abb. 2.12a). Ionenverbindungen (Salze) lösen sich in Wasser unter vollständiger Dissoziation in solvensseparierte Ionen (Abb. 2.12b). Im Innern eines Kristalls sind die auf die Ionen wirkenden elektrostatischen Kräfte, die von ihren entgegengesetzt geladenen Nachbarn ausgeübt werden, in allen Raumrichtungen gleich. Im Gegensatz dazu sind Ionen an der Kristalloberfläche unbalancierten Kräften ausgesetzt. Sie werden von Wassermolekülen angezogen (**Ion-Dipol-Anziehung**) und so aus dem Kristallverband herausgelöst. Die Ionen werden hydratisiert, d. h. sie umgeben sich mit einer Hülle

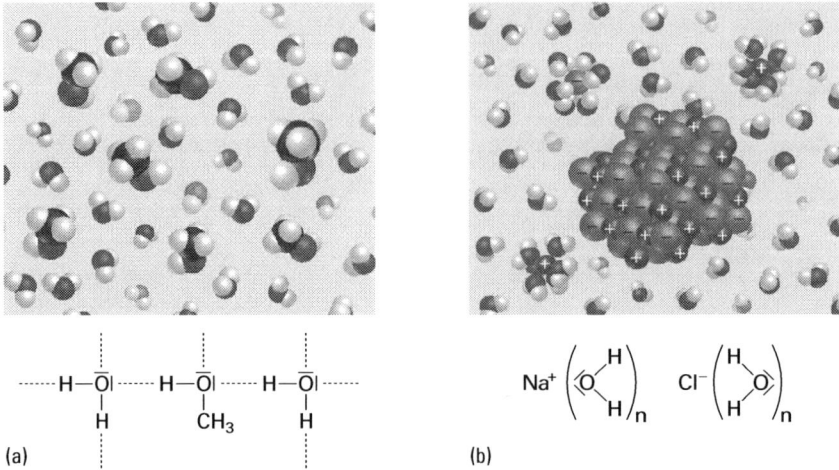

(a)   (b)

Abb. 2.12 a) Methanolmoleküle (schwarz: C; grau: O; weiß: H) sind in wässriger Lösung von H_2O-Molekülen umgeben, wobei sich H-Brücken ausbilden; b) Die Ionen eines Ionenkristalls (z. B. Na^+Cl^-) umgeben sich beim Lösen in Wasser mit einer Hydrathülle, die die erneute Assoziation der Ionen verhindert (n ist typischerweise gleich 6) (modifiziert nach Brown/LeMay/ Bursten, 2006). Die Umkehrung des Lösevorgangs (Kristallisation) setzt erst bei Überschreiten einer bestimmten Ionenkonzentration ein. In so erhaltenen Feststoffen können hydratisierte Ionen vorliegen (vgl. auch das Stichwort Kristallwasser in Kap. 2.5.5).

aus Wassermolekülen (Hydrathülle). Dabei ziehen Kationen die negativ polarisierten O-Atome der Wassermoleküle in ihrer Nachbarschaft an und Anionen deren positiv polarisierte H-Atome (vgl. Kap. 2.2.2). Die Wassermoleküle in der unmittelbaren Umgebung des Ions (1. Koordinationssphäre bzw. Hydrathülle im engeren Sinne) stehen mit weiter außen liegenden Wassermolekülen über H-Brücken in Kontakt. Die **Hydratation** der Ionen verhindert ihre erneute Zusammenlagerung zu einem Festkörper: Der Ionenkristall ist in Lösung gegangen. Festkörper, deren Bausteine durch zu starke Kräfte zusammengehalten werden, sind in Wasser unlöslich. Beispiele sind Diamant, d. h. kristalliner Kohlenstoff, in dem ein Gitter aus kovalenten $C-C$-Bindungen vorliegt, oder Aluminiumoxid (Al_2O_3), in dem die Wechselwirkungen zwischen den Al^{3+}- und O^{2-}-Ionen einen hohen kovalenten Bindungsanteil haben.

Lösevorgänge sind mit Enthalpieänderungen verbunden (im Normalfall betrachten wir die Lösevorgänge im offenen Gefäß, d. h. bei konstantem Druck; vgl. Erläuterung des Enthalpiebegriffs in Kap. 2.2.3). Werden in der Gasphase vorliegende freie Ionen (in einem hypothetischen Prozess) in Ionen überführt, die in Wasser gelöst und folglich mit einer Hydrathülle umgeben sind, so wird infolge der Coulomb-Anziehung (vgl. Kap. 2.2.2) ein Energiebetrag frei, der als **Hydratationsenthalpie**, ΔH_H, bezeichnet wird. Dieser Energiebetrag ist umso größer, je größer das Ausmaß der Hydratation ist. Maximale Hydratation besteht für Ionen in unendlich verdünnter Lösung. Die in der Literatur tabellierten Hydratationsenthalpien beziehen sich auf diesen (hypothetischen) Zustand. Für die durch die Gl. 2.9–2.13 beschriebenen Prozesse sind die Änderungen der Hydratationsenthalpie, ΔH_H, bei 25 °C angegeben. Die Werte für die Hydratation der Einzelionen können anhand thermodynamischer Kreisprozesse berechnet werden (vgl. die Bemerkung zum Satz von Hess, Kap. 2.2.3). Der Beitrag des Lithium-Kations ist besonders groß, was mit dem extremen Standardpotential für die Halbreaktion Li^+ + e^- → Li in wässriger Lösung ($-3{,}05$ V, vgl. Kap. 2.5.3) korreliert.

$$Li^+(g) \rightarrow Li^+(aq) \qquad\qquad \Delta H_H = -558 \text{ kJ} \cdot \text{mol}^{-1} \qquad (2.9)$$

$$Na^+(g) \rightarrow Na^+(aq) \qquad\qquad \Delta H_H = -444 \text{ kJ} \cdot \text{mol}^{-1} \qquad (2.10)$$

$$K^+(g) \rightarrow K^+(aq) \qquad\qquad \Delta H_H = -361 \text{ kJ} \cdot \text{mol}^{-1} \qquad (2.11)$$

$$Cl^-(g) \rightarrow Cl^-(aq) \qquad\qquad \Delta H_H = -340 \text{ kJ} \cdot \text{mol}^{-1} \qquad (2.12)$$

$$Li^+(g) + Cl^-(g) \rightarrow Li^+(aq) + Cl^-(aq) \qquad \Delta H_H = -898 \text{ kJ} \cdot \text{mol}^{-1} \qquad (2.13)$$

Die Enthalpieänderung, die mit der Auflösung eines Reinstoffes in einem Lösemittel (hier Wasser) verbunden ist, wird als **Lösungsenthalpie**, ΔH_{sol}, bezeichnet (von engl. solution). Die Lösungsenthalpie ist wie die Hydratationsenthalpie von der Konzentration der Lösung abhängig und wird üblicherweise für unendlich verdünnte Lösungen angegeben. Die Lösungsenthalpie setzt sich aus zwei Enthalpiebeiträgen zusammen: Einem, der (hypothetisch) für die Trennung der Teilchen aufzuwenden ist und einem, der (hypothetisch) bei Bildung der hydratisierten Teilchen in Lösung freigesetzt wird. Im Falle der Auflösung eines Ionenkristalls in Wasser heißen die zu berücksichtigenden Enthalpiebeiträge **Gitterenthalpie**, ΔH_L (von engl. lattice) und Hydratationsenthalpie, ΔH_H. Die Gitterenthalpie ist derjenige Energiebetrag, der bei der Zusammenlagerung der zuvor in der Gasphase unendlich weit voneinander entfernt zu denkenden Kationen und Anionen zum Kristallgitter frei wird und der für den umgekehrten Vorgang (bei unendlicher Verdünnung) folglich aufzuwenden ist. Je nach Betrag der beiden Enthalpiebeiträge können Lösevorgänge folglich exotherm oder endotherm verlaufen (Abb. 2.13).

- Im exothermen Fall gilt: $|\Delta H_H| > |\Delta H_L|$ und somit $\Delta H_{sol} < 0$.
- Im endothermen Fall gilt: $|\Delta H_H| < |\Delta H_L|$ und somit $\Delta H_{sol} > 0$.

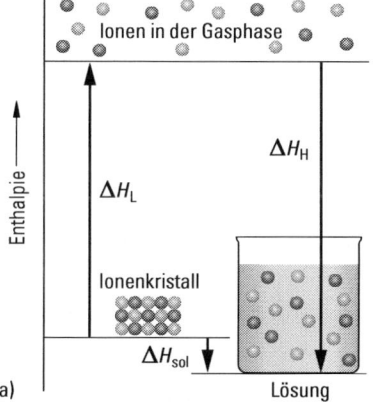 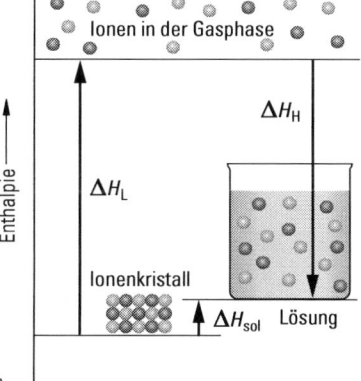

Abb. 2.13 Die Lösungsenthalpie, ΔH_{sol}, ist die Summe aus Gitterenthalpie, ΔH_L, und Hydratationsenthalpie, ΔH_H. Der Lösevorgang kann exotherm (a) oder endotherm (b) sein. Im Falle gasförmiger gelöster Stoffe ist $\Delta H_L = 0$ (modifiziert nach Atkins und Jones, 2005).

Ein Salz, das sich in Wasser mit deutlicher Erwärmung des Lösemittels auflöst, ist z. B. wasserfreies Aluminiumchlorid (Al_2Cl_3, ΔH_{sol} 25 °C $= -329 \, kJ \cdot mol^{-1}$). Ein Salz, das sich in Wasser unter Solvensabkühlung löst, ist z. B. Kaliumnitrat (KNO_3, ΔH_{sol} 25 °C $= +35 \, kJ \cdot mol^{-1}$). Da es sich bei den Beispielen um einen 2 : 3- bzw. einen 1 : 1-Elektrolyten handelt, sind die Werte nicht direkt miteinander vergleichbar. Für die Lösung nichtionischer, d. h. aus Molekülen bestehender Verbindungen, wie z. B. Rohrzucker (Saccharose) in Wasser, gelten ähnliche Überlegungen. Allerdings sind im Falle von Molekülkristallen sowohl die Gitterenergien als auch die Hydratationsenthalpien geringer. Die Lösung von Gasen in Flüssigkeiten ist in der Regel ein exothermer Vorgang, da keine Energie aufgewendet werden muss, um die Gasteilchen voneinander zu trennen ($\Delta H_L = 0$). Zudem verringert sich beim Lösen eines Gases in einer Flüssigkeit das Gesamtvolumen, d. h. es wird Volumenarbeit p $\cdot \Delta V$ in Wärme umgewandelt (vgl. Kap. 2.2.3). Voraussetzung für diese Bilanzierung ist, dass das Gas nicht mit der Flüssigkeit reagiert.

Diese Überlegungen machen es möglich, Vorhersagen über die Löslichkeit von Stoffen in Abhängigkeit von Temperatur und Druck zu treffen. Wir betrachten die gesättigte, mit einem Bodenkörper im dynamischen Gleichgewicht stehende Lösung eines Feststoffes in Wasser (vgl. Kap. 2.4.1). Ist der Lösevorgang endotherm oder exotherm, bewirkt eine von außen herbeigeführte Änderung der Temperatur der Lösung eine Störung des Gleichgewichts. Im Sinne des von Le Chatelier und Braun 1884/1888 formulierten **Prinzips des kleinsten Zwanges** weicht das System dem von außen auferlegten Zwang aus, und ein neues Gleichgewicht stellt sich ein. Ist der Lösevorgang endotherm (wie es bei den weitaus meisten Salzen der Fall ist), bewirkt Temperaturerhöhung eine Zunahme der Löslichkeit und Temperaturerniedrigung eine Verringerung der Löslichkeit. Ist der Lösevorgang exotherm (z. B. bei Lithiumchlorid (LiCl), Natriumcarbonat (Na_2CO_3), Magnesiumsulfat ($MgSO_4$)), bewirkt Temperaturerniedrigung eine Zunahme der Löslichkeit und Temperaturerhöhung deren Abnahme. Da Gase in der Regel exotherm in Lösung gehen (wir schließen Gase, wie z. B. Hydrogenchlorid, die mit Wasser reagieren, aus den hier angestellten Überlegungen aus), sinkt ihre Löslichkeit mit zunehmender Temperatur. Die Auflösung von festen oder flüssigen Stoffen geht mit vergleichsweise geringen Volumenänderungen einher, weshalb Druckänderung die Löslichkeit von Feststoffen oder Flüssigkeiten kaum beeinflusst. Demgegenüber steigt die Löslichkeit von Gasen mit zunehmendem Druck, da sich beim Lösevorgang das Volumen verringert (und das System so dem äußeren Zwang ausweichen kann). Dieses Verhalten von Gasen wird für verdünnte Lösungen quantitativ durch das 1803 formulierte **Henry-Gesetz** beschrieben (William Henry, 1775–1836, engl. Chemiker), wonach die Löslichkeit eines Gases in einer Flüssigkeit dem Partialdruck des Gases über der Flüssigkeit proportional ist (s. Lehrbücher der physikalischen Chemie). Werden unter Druck stehende Gaslösungen plötzlich entspannt, so bilden sich in der Flüssigkeit spontan Gasblasen. Dies Verhalten lässt sich leicht an einer Flasche mit kohlenstoffdioxidhaltigem Mineralwasser (oder Champagner) demonstrieren.

Taucherkrankheit
Taucher dürfen nach Tauchgängen in großer Tiefe nur langsam wieder an die Wasseroberfläche zurückkehren und müssen unterwegs Aufenthalte zur planmäßigen Dekompression einlegen. Mit zunehmender Tiefe löst sich der in der Atemluft ent-

haltene Stickstoff immer besser im Blut. Ausgasen des Stickstoffs bei zu schneller Dekompression unterbindet infolge Blasenbildung den Blutstrom in den Gefäßen. Damit kommt die Sauerstoffversorgung zum Erliegen, was zur gefürchteten und schmerzhaften, im schlimmsten Falle tödlich verlaufenden Taucherkrankheit führt (Caisson-Krankheit; engl. decompression sickness oder „the bends", wegen der beobachteten eingeschränkten Gelenkbeweglichkeit). Zur Vorbeugung erhalten in großer Tiefe arbeitende Taucher als Atemgas eine Mischung aus Sauerstoff und Helium. Helium ist wesentlich weniger im Blutplasma löslich als Stickstoff und kann wegen des kleineren Teilchendurchmessers Zellwände leichter passieren.

2.4.3 Chemisches Gleichgewicht: Eigendissoziation des Wassers – Löslichkeitsgleichgewichte – Komplexgleichgewichte

Der stark polare Charakter der $O-H$-Bindung und das Vorhandensein freier Elektronenpaare im H_2O-Molekül (vgl. Kap. 2.2.2) haben zur Folge, dass sich in reinem Wasser in geringem Umfang H^+-Ionen (Protonen) aus H_2O-Molekülen abspalten (was zur Bildung von Hydroxid-Ionen führt, OH^-) und auf andere H_2O-Moleküle übergehen (wobei Hydronium-Ionen entstehen, H_3O^+; Gl. 2.14). Diese Reaktion wird als **Eigendissoziation des Wassers** bezeichnet und ist von fundamentaler Bedeutung für die Säure-Base-Chemie in wässriger Lösung.

$$2\,H_2O \rightleftharpoons \underset{\text{Hydronium-Ion}}{H_3O^+(aq)} + \underset{\text{Hydroxid-Ion}}{OH^-(aq)} \tag{2.14}$$

Wenden wir auf diese Reaktion das **Massenwirkungsgesetz** an (1864; Cato Maximilian Guldberg, 1836–1902; Mathematiker und Chemiker; Peter Waage, 1833–1900; Chemiker; beide aus Norwegen), wonach unter Gleichgewichtsbedingungen der aus dem Produkt der Konzentrationen der Produkte und dem Produkt der Konzentrationen ihrer Ausgangsstoffe gebildete Quotient bei gegebener Temperatur eine Konstante ist (Gleichgewichtskonstante), so erhalten wir Gl. 2.15. Stöchiometrische Koeffizienten gehen ins Massenwirkungsgesetz als Potenzen ein.

$$\frac{c(H_3O^+) \cdot c(OH^-)}{c^2(H_2O)} = K \tag{2.15}$$

Da die Eigendissoziation des Wassers sehr gering ist, liegen die Hydronium- und Hydroxid-Ionen in verdünnter Lösung vor. Für eine verdünnte Lösung können wir die Konzentration des Wassers, $c(H_2O)$, als konstant ansehen und mit der Gleichgewichtskonstante K zusammenfassen, was zur neuen Konstanten K_W führt. Wir schreiben vereinfachend H^+ statt H_3O^+ und erhalten Gl. 2.16, das

Ionenprodukt des Wassers: $c(H^+) \cdot c(OH^-) = K_W$ $\tag{2.16}$

Die Eigendissoziation des Wassers nimmt mit steigender Temperatur zu. Damit ist auch das Ionenprodukt des Wassers (d. h. der Wert von K_W) temperaturabhängig, doch sind bei jeder Temperatur die Konzentrationen beider Teilchenarten jeweils gleich, da für jedes gebildete Hydronium-Ion auch ein Hydroxid-Ion entsteht. Bei 25 °C beträgt die

Konzentration von Protonen (bzw. Hydronium-Ionen) und Hydroxid-Ionen $c(H^+) = c(OH^-) = 1 \cdot 10^{-7}$ mol $\cdot$ L^{-1}, und folglich ist $K_W = c(H^+) \cdot c(OH^-) = 10^{-14}$ mol$^2 \cdot$ L^{-2}.

In Kap. 2.4.1 haben wir den Lösevorgang und das Stichwort Löslichkeit unter qualitativen Aspekten diskutiert. Mit dem Massenwirkungsgesetz verfügen wir über das Werkzeug, die Löslichkeit schwerlöslicher Feststoffe (Salze) in Wasser auch quantitativ zu erfassen. Bei derartigen Feststoffen sind die Konzentrationen der gelösten Ionen so gering (die Lösungen sind hinreichend verdünnt), dass wir mit den Konzentrationen statt der Aktivitäten (vgl. Kap. 2.4.4.1) rechnen können.

Löslichkeitsgleichgewichte

In gesättigter Lösung des schwerlöslichen Salzes Silberchlorid (AgCl) steht der aus AgCl bestehende Bodenkörper mit den in Lösung befindlichen Ag$^+$- und Cl$^-$-Ionen im dynamischen Gleichgewicht (vgl. Kap. 2.4.1). Hierfür lauten die Reaktionsgleichung und das Massenwirkungsgesetz (Gl. 2.17, 2.18):

$$AgCl(s) \xrightleftharpoons{H_2O} Ag^+(aq) + Cl^-(aq) \tag{2.17}$$

$$\frac{c(Ag^+) \cdot c(Cl^-)}{c(AgCl)} = K \tag{2.18}$$

Im reinen Feststoff ist die Konzentration konstant. Wir fassen deshalb $c(AgCl)$ und K zusammen und erhalten die neue Konstante K_L, das **Löslichkeitsprodukt** von AgCl (Gl. 2.19).

$$c(Ag^+) \cdot c(Cl^-) = K_L \tag{2.19}$$

Das Löslichkeitsprodukt ist temperaturabhängig. Bei 25 °C ist $K_L(AgCl) = 1,7 \cdot 10^{-10}$ mol$^2 \cdot$ L^{-2} (bei Verwendung relativer molarer Konzentrationen ist K dimensionslos: $K(AgCl) = 1,7 \cdot 10^{-10}$). Ein anderes schwerlösliches Salz ist Blei(II)bromid (PbBr$_2$, ein 1 : 2-Elektrolyt). Sein Löslichkeitsprodukt bei 25 °C ist $K_L(PbBr_2) = c(Pb^{2+}) \cdot c^2(Br^-) = 7,9 \cdot 10^{-5}$ mol$^3 \cdot$ L^{-3} (bzw. bei Verwendung relativer molarer Konzentrationen $K_L(PbBr_2) = 7,9 \cdot 10^{-5}$). Löslichkeitsprodukte sind in ihren Zahlenwerten nur dann direkt vergleichbar, wenn die zugehörigen Elektrolyte desselben Typs sind (z. B. 1 : 1-Elektrolyte).

Die Löslichkeit eines Feststoffes (Salzes) ist seine molare Konzentration in gesättigter Lösung. Bei 25 °C hat AgCl die Löslichkeit $1,3 \cdot 10^{-5}$ mol $\cdot$ L^{-1}. Da für jede Formeleinheit AgCl 1 Ag$^+$-Ion und 1 Cl$^-$-Ion in Lösung gehen, gilt: Löslichkeit $(AgCl) = c(Ag^+) = c(Cl^-)$ bzw. $c(Ag^+) = \sqrt{K_L(AgCl)} = \sqrt{1,7 \cdot 10^{-10}$ mol$^2 \cdot$ L$^{-2}}$ $= 1,3 \cdot 10^{-5}$ mol $\cdot$ L^{-1}.

Will man Löslichkeiten aus den tabellierten Löslichkeitsprodukten berechnen, so ist im Falle von anderen als 1 : 1-Elektrolyten Vorsicht geboten. Wir betrachten als Beispiel PbBr$_2$ (s. o.). Es gilt: Löslichkeit $(PbBr_2) = c(Pb^{2+})$ und ferner: $c(Br^-) = 2\,c(Pb^{2+})$, d. h. die Konzentration der Bromid-Ionen entspricht der doppelten Blei-Ionenkonzentration. Somit ist $K_L(PbBr_2) = c(Pb^{2+}) \cdot c^2(Br^-) = c(Pb^{2+}) \cdot 4\,c^2(Pb^{2+}) =$

$4\,c^3(Pb^{2+})$ und die Löslichkeit $(PbBr_2) = c(Pb^{2+}) = \sqrt[3]{\dfrac{K_L(PbBr_2)}{4}} = 0{,}027$ mol $\cdot$ L^{-1}.

Bei einer Molmasse $M_m(PbBr_2) = 367{,}01$ g $\cdot$ mol^{-1} entspricht dies einer Löslichkeit von 9,91 mg PbBr$_2$ pro Liter (unter Verwendung der Beziehung $M = n \cdot M_m$).

In Gegenwart eines anderen Elektrolyten kann die Löslichkeit einer Substanz größer sein als nach ihrem Löslichkeitsprodukt zu erwarten ist (**Salzeffekt**). So steigert etwa der Zusatz von Kaliumnitrat (KNO$_3$) zu einer gesättigten Lösung von Silberchlorid dessen Löslichkeit um ca. 20 %. Die K$^+$- und NO$_3^-$-Ionen schirmen die Cl$^-$- bzw. Ag$^+$-Ionen in Lösung ab, was deren Neigung vermindert, zu AgCl(s) zusammenzutreten. Stand die Lösung zuvor mit ihrem AgCl-Bodenkörper im Gleichgewicht (d. h. es löste sich pro Zeiteinheit gleich viel AgCl auf wie sich umgekehrt wieder abschied), so ist nach KNO$_3$-Zusatz der Massenstrom aus der Lösung in den Festkörper reduziert, während der Massenstrom aus dem Festkörper in die Lösung unverändert anhält. Folglich stellt sich unter Auflösung von AgCl ein neues Gleichgewicht ein.

Ein vergleichbarer Effekt tritt ein, wenn eines der Ionen des schwerlöslichen Salzes mit Wasser reagiert, wodurch sich seine Konzentration in Lösung vermindert. Folglich muss mehr Salz in Lösung gehen, damit die dem Löslichkeitsprodukt genügende Konzentration des betreffenden Ions erreicht wird. Ein Beispiel ist Calciumcarbonat (CaCO$_3$, Kalkstein). Das Carbonat-Ion reagiert mit Wasser unter Bildung von Hydrogencarbonat gemäß Gl. 2.20.

$$CO_3^{2-} + H_2O \rightleftharpoons HCO_3^- + OH^- \tag{2.20}$$

Wir können die Auflösung des Kalksteins fördern, indem wir nicht Wasser, sondern eine Säure (besser noch: eine starke Säure, d. h. einen starken Protonendonator) auf ihn einwirken lassen, d. h. den pH-Wert ändern (vgl. Kap. 2.4.4.2). Säurezusatz bewirkt die Verschiebung des Gleichgewichts nach rechts, da das Carbonat-Ion zu Hydrogencarbonat und dieses zur unbeständigen Kohlensäure (H$_2$CO$_3$) protoniert und gleichzeitig die im Gleichgewicht befindlichen Hydroxid-Ionen neutralisiert werden. Durch das Ausgasen von CO$_2$ aus der Kohlensäure kann sich kein Lösungsgleichgewicht mehr einstellen, und CaCO$_3$ geht vollständig in Lösung.

> **Merke:** Ein schwerlösliches Salz lässt sich in Lösung bringen, wenn es gelingt, eine seiner Ionensorten aus dem Lösungsgleichgewicht zu entfernen. Für die Entfernung von Ionen aus dem Gleichgewicht kommt neben der pH-Wert-Änderung (bei Carbonaten, Hydroxiden, vielen Oxiden und mäßig löslichen Sulfiden) auch die Oxidation (z. B. des S^{2-}-Ions in schwerlöslichen Sulfiden zu elementarem Schwefel durch Salpetersäure (HNO$_3$)) oder die Komplexbildung in Frage (s. u.). Schwerlösliche Sulfide sind selbst in konzentrierter Säure praktisch unlöslich (s. u.).

Kennen wir das Löslichkeitsprodukt eines schwerlöslichen Salzes, können wir Vorhersagen über den Ablauf von **Fällungsreaktionen** machen. Bei einer gesättigten Lösung von Silberchlorid in Wasser (Gl. 2.17) erhöht die Zugabe einer Lösung von Natriumchlorid die Konzentration der Chlorid-Ionen. Dem Prinzip des kleinsten Zwanges gehorchend (vgl. Kap. 2.4.2), verschiebt die Erhöhung von $c(Cl^-)$ das Gleichgewicht in Richtung auf AgCl(s). Indem Silberchlorid ausfällt, wird $c(Ag^+)$ auf den Wert verringert, der zusammen mit dem nunmehr geltenden Wert für $c(Cl^-)$ das Löslichkeitsprodukt $K_L = c(Ag^+) \cdot c(Cl^-)$ wieder erfüllt. Allgemein gilt, dass im Falle eines schwerlöslichen Salzes **gleichioniger Zusatz** (in unserem Beispiel Cl$^-$) die Löslichkeit des Salzes im Vergleich zu der in reinem Wasser absenkt. Dieser Sachverhalt wird für die qualitative und quantitative Analyse genutzt. Bei der Konzentrationsbestimmung von Lösungen durch Fällungsanalyse (**Gravimetrie**) wird durch Zusatz eines Überschusses an Fällungsreagenz (gleichioniger Zusatz) dafür gesorgt, dass das zu bestimmende Ion in Form eines geeigneten schwerlöslichen Feststoffes möglichst vollständig ausfällt.

Die Unlöslichkeit bestimmter Schwermetallsulfide (z. B. HgS, PbS, Bi_2S_3) selbst in konzentrierter Säure (s. o.) lässt umgekehrt erwarten, dass die entsprechenden Schwermetall-Ionen aus saurer Lösung in Form ihrer Sulfidniederschläge gefällt werden können. Die erzielbare Konzentration von S^{2-}-Ionen in saurer Lösung ist extrem gering, da das Gleichgewicht praktisch vollständig auf der Seite der konjugierten (s. u.) zweiprotonigen Säure, H_2S liegt (Dihydrogensulfid, Schwefelwasserstoff). Dennoch bewirkt das Einleiten des unter Normalbedingungen gasförmigen Schwefelwasserstoffs in eine Lösung etwa von Hg^{2+} oder Pb^{2+} bei pH $= 0$ die sofortige Ausfällung von Quecksilber(II)- oder Blei(II)sulfid. Die Löslichkeitsprodukte beider Verbindungen sind extrem klein. Es ist bemerkenswert, dass zwischen ihnen noch ein Unterschied von 25 Größenordnungen besteht ($K_L(HgS) = 1,6 \cdot 10^{-54}$; $K_L(PbS) = 7 \cdot 10^{-29}$).

Komplexgleichgewichte

Zur Entfernung einer Ionensorte aus dem Lösungsgleichgewicht eines Salzes (d. h., um die Auflösung des Salzes zu befördern) können wir auch den Umstand nutzen, dass Metall-Kationen Lewis-Säuren sind (Kap. 2.4.4.2). Mit geeigneten Lewis-Basen (Liganden) zur Reaktion gebracht, können unter Ausbildung kovalenter Bindungen Koordinationsverbindungen (Komplexverbindungen, Komplexe) entstehen. Die bei der Komplexbildung erzeugten kovalenten Bindungen werden auch als koordinative oder dative Bindungen bezeichnet. Die die Liganden tragenden Metall-Ionen werden Zentralionen (oder weniger exakt Zentralatome) genannt. Wir betrachten als Beispiel den Diamminsilber(I)-Komplex, der aus Silberchlorid durch Zusatz von Ammoniak entsteht und dessen Bildung die vollständige Auflösung des schwerlöslichen Salzes bewirkt.

$$Ag^+(aq) + 2\,NH_3(aq) \rightleftharpoons [Ag(NH_3)_2]^+(aq) \qquad (2.21)$$

In Gl. 2.21 ist die Bildungsreaktion des Komplexes aus Zentralion und Liganden in einem Schritt formuliert, was formal zulässig ist. Das Massenwirkungsgesetz für diese Reaktion ergibt die Komplexbildungskonstante K_K (Stabilitätskonstante; Gl. 2.22).

$$\frac{c([Ag(NH_3)_2]^+)}{c(Ag^+) \cdot c^2(NH_3)} = K_K = 1,6 \cdot 10^7 \qquad (2.22)$$

In der Praxis verläuft die Komplexbildung stufenweise. Für die Einzelschritte (Gl. 2.23, Gl. 2.25) sind je eigene Komplexbildungskonstanten zu formulieren (K_{K1}, K_{K2}; Gl. 2.24, Gl. 2.26).

$$Ag^+(aq) + NH_3(aq) \rightleftharpoons [Ag(NH_3)]^+(aq) \qquad (2.23)$$

$$\frac{c([Ag(NH_3)]^+)}{c(Ag^+) \cdot c(NH_3)} = K_{K1} \qquad (2.24)$$

$$[Ag(NH_3)]^+(aq) + NH_3(aq) \rightleftharpoons [Ag(NH_3)_2]^+(aq) \tag{2.25}$$

$$\frac{c([Ag(NH_3)_2]^+)}{c([Ag(NH_3)]^+) \cdot c(NH_3)} = K_{K2} \tag{2.26}$$

Die Komplexbildungskonstante K_K der Bruttoreaktion (Gl. 2.21) ist gleich dem Produkt der Komplexbildungskonstanten der Einzelreaktionen: $K_K = K_{K1} \cdot K_{K2}$.

Allgemein gilt: Je größer der Zahlenwert einer Komplexbildungskonstante, desto höher die Bildungstendenz des entsprechenden Komplexes bzw. die Komplexstabilität. Der Kehrwert der Komplexbildungskonstante heißt Komplexzerfallskonstante oder Dissoziationskonstante. K_D: $1/K_K = K_D$. K_D ist die Gleichgewichtskonstante der Bruttozerfallsreaktion, bei der das Zentralion in einem Schritt alle Liganden verliert. In der Praxis verläuft auch der Zerfall eines Komplexes schrittweise, und jeder Einzelschritt hat seine zugehörige Dissoziationskonstante. Bei Komplexgleichgewichten sind in der Regel die Gleichgewichtskonstanten der Einzelschritte nicht bekannt, sondern nur die Gleichgewichtskonstanten der Bruttoreaktion.

In unserem Beispiel (Gl. 2.22) ist im Anbetracht des hohen Zahlenwertes von K_K die Konzentration an freien Silberionen in Lösung, $c(Ag^+)$, außerordentlich klein. Das Löslichkeitsgleichgewicht für AgCl (Gl. 2.17) bewirkt, dass immer weiter Ag^+-Ionen in Lösung gehen, wo sie durch Komplexbildung umgehend abgefangen werden. Das in Gegenwart von Ammoniak unerfüllbare Streben des Systems $AgCl(s)/Ag^+(aq)$ + $Cl^-(aq)$ nach Gleichgewicht endet erst, wenn alles AgCl in Lösung gegangen ist. In Gegenwart von NH_3 ist das Ionenprodukt $c(Ag^+) \cdot c(Cl^-)$ kleiner als das Löslichkeitsprodukt.

Komplexbildner in der Natur

Neben Kohlenstoffdioxid (vgl. das Stichwort Tropfsteinhöhlen, Kap. 2.6.4.4) können auch andere Substanzen im Kreislauf des Wassers minerallösend wirken, so z. B. Huminsäuren, die beim Abbau organischen Materials entstehen. Sie enthalten als saure funktionelle Gruppen vor allem Carbonsäurereste (—COOH) und Catechol-Einheiten (Catechol: 1,2-Dihydroxybenzol), die gegenüber Erdalkalimetall-Ionen auch als Komplexbildner fungieren können (Catecholat-Komplexe). Huminsäuren werden bei der Wasseraufbereitung durch Adsorption an Aktivkohle oder durch Umkehrosmose abgetrennt (vgl. Kap. 2.4.6). Ein spektakuläres Beispiel für biogene (d. h. von Lebewesen erzeugte) Komplexbildner in der Hydrosphäre sind die **Siderophore**, die von bestimmten Mikroorganismen synthetisiert werden. Siderophore gehören zu den Chelatliganden (Liganden mit mehreren Donoratomen im selben Molekül, die alle zur Komplexbildung mit ein und demselben Metall-Ion eingesetzt werden können). Die so gebildeten Komplexe haben außergewöhnliche Stabilität und werden von den Mikroorganismen für die Gewinnung lebenswichtiger Kationen eingesetzt (vor allem Fe^{3+}), die unter physiologischen Bedingungen (pH 7) normalerweise schwerlöslich sind.

In einigen Fällen kann auch die oxidative Auflösung eines Metalls durch Komplexierung der bei der Oxidation entstehenden Metall-Kationen erleichtert bzw. überhaupt erst ermöglicht werden. Die extrem hohe Bildungstendenz der Dicyanidometallat(I)-Komplexe $[M(CN)_2]^-$ (M = Au, Ag) ermöglicht es, die Edelmetalle Gold und Silber unter Einsatz von Luftsauerstoff (!) als Oxidationsmittel aus dem gediegenen Zustand (Vorliegen als metallisches Element in feinverteilter Form in taubem Gestein) in wässrige Lösung zu bringen (Cyanidlaugerei, Gl. 2.27).

$$4\,\mathrm{Au}(s) + 8\,\mathrm{CN}^-(aq) + \mathrm{O}_2(g) + 2\,\mathrm{H}_2\mathrm{O}(l) \rightarrow 4[\mathrm{Au(CN)}_2]^-(aq) + 4\,\mathrm{OH}^-(aq) \qquad (2.27)$$

Die eigentliche Komplexbildung wird dabei durch die folgende Teilreaktion beschrieben (Gl. 2.28). Die zugehörige Gleichgewichtskonstante hat den Zahlenwert $2{,}0 \cdot 10^{38}$!

$$\mathrm{Au}^+(aq) + 2\,\mathrm{CN}^-(aq) \rightleftharpoons [\mathrm{Au(CN)}_2]^-(aq) \qquad (2.28)$$

Das Vorhandensein von CN^- in wässriger Lösung bewirkt, dass das an sich stark positive Redoxpotential des Redoxpaares $\mathrm{Au/Au}^+$ ($E_0 = 1{,}69$ V) abgesenkt wird (Gold also leichter oxidiert werden kann), sodass Sauerstoff in basischer Lösung ein hinreichend starkes Oxidationsmittel ist (vgl. Kap. 2.5.3). Aus der Lösung wird Au durch Reduktion mit Zink-Pulver gewonnen (Zementation). Die Cyanidlaugerei erfordert wegen der Giftigkeit ihrer Abwässer und dem damit verbundenen Umweltrisiko einen hohen Sicherheitsstandard.

2.4.4 Ionen im Wasser, pH-Wert, Leitfähigkeit

2.4.4.1 Ionenstärke und Aktivitätskoeffizient

Jeder in Wasser gelöste Stoff beeinflusst die chemischen Gleichgewichte anderer gelöster Stoffe. Im Falle verdünnter Lösungen macht sich dies insbesondere für Ionen, d. h. geladene Teilchen, bemerkbar. Aufgrund seiner Ladung ist jedes Ion in Wasser von einem elektrischen Feld umgeben, das die Bewegung anderer Ionen behindert. Die qualitative Aussage der chemischen Gleichgewichte wird dadurch nicht beeinträchtigt. Allerdings führt die numerische Auswertung der Gleichungen zu Ungenauigkeiten, die umso gravierender werden, je höher die Konzentration der Ionen in Wasser und je höher die Ladung der Ionen ist, die am chemischen Gleichgewicht beteiligt sind.

> **Merke:** Die gegenseitige Beeinflussung der Ionen in wässriger Lösung beeinträchtigt nicht die qualitative Aussage der Modellvorstellungen zum chemischen Gleichgewicht. Erst wenn die quantitative, numerische Auswertung angestrebt wird, müssen sogenannte **Aktivitätskoeffizienten** f berücksichtigt werden, um die Ungenauigkeit der Berechnung gering zu halten. Für verdünnte Elektrolyte gilt, dass die Aktivität eines Ions *kleiner* ist als seine Konzentration (Stoffmengenkonzentration, s. Kap. 2.4.1):
>
> $$a(\mathrm{Ion}) = c(\mathrm{Ion}) \cdot f \quad \text{mit} \quad f < 1.$$

Die Aktivitätskoeffizienten werden nach Modellvorstellungen berechnet oder können im Einzelfall durch Messung direkt bestimmt werden. Als Modell für verdünnte Elektrolyte mit Konzentrationen bis etwa $c = 1\ \mathrm{mol} \cdot \mathrm{L}^{-1}$ (dies entspricht etwa der Salzkonzentration im Meerwasser) hat sich die Debye-Hückel-Theorie bewährt (Peter Joseph William Debye, 1884–1966, niederl. Physiker und Chemiker; Erich Armand Arthur Joseph Hückel, 1896–1980, dt. Physiker und Chemiker). Die Theorie geht davon aus, dass in wässriger Lösung jedes Ion infolge Coulomb-Anziehung von einer Ionenwolke entgegengesetzter Ladung umgeben ist, deren elektrisches Feld überwunden werden muss, um eine Bewegung des betrachteten Ions hin zu einem Reaktionspartner zu ermöglichen. Die Rolle, die eine Ionensorte für das Reaktionsgeschehen in Lösung spielt (quantifizierbar als sogenannte wirksame Konzentration bzw. **Aktivität**), ist infolge gehinderter Beweglichkeit also geringer, als nach Maßgabe ihrer molaren Konzentration (Stoffmengenkonzentration) zu erwarten wäre. Eine äquivalente Aussage ist, dass in Wirklichkeit mehr Ionen in Lösung sind als nach den chemischen Gleichgewichten zu erwarten wäre. Sowohl die Ladung der umgebenden Ionen als auch die Ladung des betrachteten Ions selbst gehen quadratisch in den Ausdruck ein, der die Behinderung der Ionenbeweglichkeit quantifiziert. Ausgehend von vereinfachenden Annahmen werden folgende Ergebnisse erzielt:

Das Quadrat der Ladungen der Ionen in Wasser wird nach einer bestimmten Formel zur sogenannten **Ionenstärke** I (Einheit: $mol \cdot L^{-1}$) summiert. Der Aktivitätskoeffizient f des betrachteten Ions ist eine Funktion dieser Ionenstärke.

Speziell bei natürlichen Wässern des Ca-HCO_3-Typs (die Calcium- und Hydrogencarbonat-Ionen in etwa äquivalenten Konzentrationen enthalten) besteht eine gute lineare Beziehung zwischen der Ionenstärke I und der elektrischen Leitfähigkeit κ (Einheit: $mS \cdot m^{-1}$; S: Siemens), die eine einfache Bestimmung von I erlaubt (s. Kap. 2.4.4.3).

Der Logarithmus des Aktivitätskoeffizienten f eines Ions beliebiger Ladung, $\lg f$, kann als ein um das Ladungsquadrat z^2 Vervielfachtes von $\lg f_1$ für einfach geladene Ionen aufgefasst werden.

Für ein chemisches Gleichgewicht lässt sich ein mittlerer Aktivitätskoeffizient ermitteln, der sich in guter Näherung als Produkt der Bilanz der Ladungsquadrate (Δz^2) der an der Reaktion beteiligten Ionen und $\lg f_1$ ergibt. Da der pH-Wert die Aktivität der H^+-Ionen direkt quantifiziert (s. u.), wird für diese Ionen kein Beitrag zu Δz^2 berücksichtigt.

Dies führt zu folgenden Gleichungen (Gl. 2.29–2.31):

$$I = 0,5 \, \Sigma \, [c_i(\text{Ion } i) \cdot z_i^2]) \tag{2.29}$$

Näherungsweise gilt für natürliche Wässer des Ca-HCO_3-Typs (s. o.):
$I \approx \kappa_{25}/6050$ (I in $mol \cdot L^{-1}$ und elektrische Leitfähigkeit κ_{25} in $mS \cdot m^{-1}$ bei 25 °C)

$$\lg f = z^2 \lg f_1 = -z^2 \cdot [0,5 \cdot I^{0,5}/(1 + I^{0,5})] \tag{2.30}$$

$$pK' = pK + \Delta z^2 \lg f_1 \tag{2.31}$$

Beispiel: Bei 25 °C wird für ein Wasser eine elektrische Leitfähigkeit von $\kappa = 61$ mS $\cdot m^{-1}$ ermittelt. Die Ionenstärke beträgt $I = 61/6050 = 0,01$ mol $\cdot L^{-1}$; daraus errechnet sich $\lg f_1 = -0,04$.

Für das Gleichgewicht (s. Kap. 2.6.4.1)

$$CO_2(aq) \rightleftharpoons HCO_3^- + H^+$$

ist $\Delta z^2 = +1$ (berechnet als Summe der Ladungsquadrate auf der rechten Seite minus Summe der Ladungsquadrate auf der linken Seite; H^+ bleibt unberücksichtigt). Mithin ist $pK_1' = pK_1 + \lg f_1 = 6,36 - 0,04 = 6,32$.

Für das Gleichgewicht

$$HCO_3^- \rightleftharpoons CO_3^{2-} + H^+$$

ist $\Delta z^2 = +4 - 1 = +3$ und $pK_2' = pK_2 + 3 \lg f_1 = 10,34 - 0,12 = 10,22$.

Für das Gleichgewicht

$$CaCO_3(s) \rightleftharpoons Ca^{2+} + CO_3^{2-}$$

ist $\Delta z^2 = +4 + 4 = +8$, und $pK_c' = pK_c + 8 \lg f_1 = 8,50 - 0,32 = 8,18$.

Meerwasser hat eine Ionenstärke von $I = 0,7$ mol $\cdot$ L^{-1} bei einer elektrischen Leitfähigkeit von $\kappa \approx 5000$ mS $\cdot$ m^{-1}. Hier gilt die Näherung für I und κ_{25} nicht, weil es sich nicht um ein Wasser des Ca-HCO$_3$-Typs handelt. Für Meerwasser mit $I = 0,7$ mol $\cdot$ L^{-1} wird ein Aktivitätskoeffizient für einwertige Ionen von $\lg f_1 = -[0,5 \cdot I^{0,5}/(1 + I^{0,5})] = -0,23$ berechnet. Mithin gilt:

$$pK_1' = 6,36 - 0,23 = 6,13$$

$$pK_2' = 10,34 - 0,69 = 9,65$$

$$pK_c' = 8,50 - 1,84 = 6,66$$

2.4.4.2 Säuren und Basen, pH-Wert, pH-Wert-Pufferung

Als Folge der H-Brücken in Wasser (s. Kap. 2.2.2) werden Hydronium-Ionen (H_3O^+) und Hydroxid-Ionen (OH^-) schnell gebildet und ebenso schnell wieder abgebaut, was eine mittlere Konzentration dieser Ionen von je 10^{-7} mol $\cdot$ L^{-1} zur Folge hat. Formal werden Bildung und Abbau beider Ionen in reinem Wasser als Eigendissoziation des Wassers zusammengefasst (vgl. Kap. 2.4.3). Wegen der bestehenden hohen Dynamik ist folgendes chemisches Gleichgewicht anwendbar (s. auch Gl. 2.14):

$$2\,H_2O \rightleftharpoons H_3O^+ (aq) \qquad + OH^- (aq)$$
$$\text{Hydronium-Ion} \qquad \text{Hydroxid-Ion}$$

Für eine verdünnte Lösung können wir die Konzentration des Wassers, $c(H_2O)$, als konstant ansehen und mit der Gleichgewichtskonstante K zusammenfassen. Dies führt bei Verwendung der Aktivitäten a (s. Kap. 2.4.4.1) an Stelle der Konzentrationen c zur Konstanten K_W. Wir schreiben vereinfachend H$^+$ statt H_3O^+ und erhalten Gl. 2.32 (vgl. Gl. 2.16), das

Ionenprodukt des Wassers: $a(H^+) \cdot a(OH^-) = K_W$ (2.32)

(unter Verwendung der Ionenaktivitäten)

Stoffe, die als Ionen in wässrige Lösung gehen, haben Einfluss auf die H-Brücken. Im Ergebnis kann sich die mittlere Konzentration an Hydronium-Ionen ändern. Wird sie im Vergleich zu reinem Wasser größer, so bezeichnet man den in Wasser gebrachten Stoff als **Säure,** wird sie kleiner, so bezeichnet man den in Wasser gebrachten Stoff als **Base.** Stoffe, die die mittlere Konzentration an Hydronium-Ionen nicht verändern, reagieren **neutral** (pH 7, s. u.). Umgekehrt wird die Konzentration der Hydroxid-Ionen durch eine Säure im Vergleich zu reinem Wasser vermindert bzw. durch eine Base erhöht, da das Ionenprodukt des Wassers (Gl. 2.32) unter allen Umständen konstant bleibt mit $K_W = a(H^+) \cdot a(OH^-)$, z. B. 10^{-14} bei 25°C.

Säure-Base-Theorien

Eine erste moderne, inzwischen jedoch überholte Säure-Base-Systematik geht auf Svante August **Arrhenius** (1859–1927, schwedischer Physiker und Chemiker) zurück (1884). Danach sind solche Verbindungen Säuren, die in wässriger Lösung Wasserstoff-Ionen (Protonen, H^+) freisetzen; Basen setzen Hydroxid-Ionen (OH^-) frei. Die heute allgemein gebräuchlichen Säure-Base-Theorien stammen von Johannes Nicolaus **Brønsted** (1879–1947, dänischer Chemiker) und Thomas Martin **Lowry** (1874–1936, englischer Physikochemiker; Formulierung der Theorie 1923) bzw. Gilbert Newton **Lewis** (1875–1946, US-amer. Physikochemiker; Formulierung der Theorie ebenfalls 1923) und sind nicht auf wässrige Lösungen beschränkt. Die Theorie von Lewis ist überdies unabhängig vom Proton, H^+. Nach Brønsted und Lowry wirken Teilchen (dies müssen keine Verbindungen sein und können auch Ionen sein) als Säuren, wenn sie **Protonendonatoren** sind, d. h. H^+-Ionen abgeben; als Basen wirken Teilchen, die als **Protonenakzeptoren** fungieren, d. h. H^+-Ionen aufnehmen. Lewis definiert Säuren als **Elektronenpaarakzeptoren** und Basen als **Elektronenpaardonatoren**. Die Theorie von Lewis schließt die Theorie von Brønsted/Lowry mit ein (jedoch nicht umgekehrt): Der Inbegriff saurer Wirkung nach Brønsted/Lowry, das H^+-Ion, ist nach Lewis selbst eine Säure, kann also als Elektronenpaarakzeptor fungieren (Beispiel: das aus HCl bei Auflösung in Wasser abgespaltene Proton). Ein Teilchen, das nach Brønsted/Lowry als Base fungiert, also ein H^+-Ion aufnimmt, muss diesem ein freies Elektronenpaar zur Verfügung stellen, sich also als Elektronenpaardonator betätigen. Es ist damit auch im Sinne der Lewis'schen Definition eine Base.

pH-Wert

Um den Umgang mit sehr kleinen Zahlen und unhandlichen Zehnerpotenzen zu vermeiden, wird als einfache, dimensionslose Maßzahl für die Aktivität von Protonen (und damit für den sauren oder basischen Charakter einer Lösung) der **pH-Wert** verwendet (von lat. pondus hydrogenii oder potentia hydrogenii, sinngemäß „Wasserstoffionen-Gewicht").

> **Merke:** Der pH-Wert ist eine vereinbarte Bezeichnung für den negativen Zehnerlogarithmus der H^+-Ionenaktivität in einer wässrigen Lösung:
>
> $pH = -\lg \{a(H^+)\}$.
>
> Entsprechend kann der negative Zehnerlogarithmus der OH^--Ionenaktivität als pOH-Wert und der negative Zehnerlogarithmus des Ionenprodukts des Wassers als pK_W-Wert bezeichnet werden:
>
> $pOH = -\lg \{a(OH^-)\}$;
>
> $pK_W = -\lg K_W$.

Für reines Wasser bei 25 °C gilt: $pH = 7$. Reines Wasser und Lösungen mit einem pH-Wert von 7 heißen **neutral**. Für **saure Lösungen** gilt: $pH < 7$. Für **basische Lö-**

sungen gilt: pH > 7. Mit Logarithmen ausgedrückt, lautet das Ionenprodukt des Wassers folglich:

$$pH + pOH = pK_W \text{ (z. B. bei 25 °C: pH + pOH = 14)} \qquad (2.33)$$

Die **Messung des pH-Wertes** erfolgt fast ausschließlich elektrochemisch, und zwar mit Hilfe der Glaselektrode (Einstabmesskette) unter Anwendung der Nernst'schen Gleichung (s. Kap. 2.5.3). Alternativ kann die pH-Wert-Bestimmung grundsätzlich auch photometrisch unter Einsatz von pH-Farbindikatoren (s. u.) erfolgen. Werden in der analytischen Chemie normalerweise Konzentrationen und Aktivitätskoeffizienten ermittelt, mit deren Hilfe dann die Aktivität berechnet wird (s. Kap. 2.4.4.1), so misst die Glaselektrode die Aktivität $a(H^+)$ unmittelbar, d. h. ohne den Umweg über die Bestimmung von $c(H^+)$.

Das Messprinzip ist Folgendes: Eine in der Einstabmesskette enthaltene wässrige Lösung, die einen konstanten pH-Wert besitzt, ist durch eine Glasmembran von der Analytlösung getrennt (s. Abb. 2.14). In beide Lösungen tauchen Elektroden konstanten Potentials ein (sogenannte Elektroden zweiter Art, z. B. Ag/AgCl in einer KCl-Lösung der Konzentration $c(KCl) = 3,5 \text{ mol} \cdot L^{-1}$). Der gemessene Potentialanstieg dieser elektrochemischen Kette (bezogen auf ein beliebiges, zunächst unbekanntes Anfangspotential E_1, das durch die Kalibrierung eliminert wird) ist proportional dem pH-Wert der Analytlösung, wobei gilt: $E = E_1 + S \cdot pH$. Die Steigung S hat etwa den Wert, der sich aus dem Quotienten RT/F ergibt (s. Kap. 2.5.3), also etwa 59 mV pro pH-Einheit. Die Glaselektrode wird mit Standard-pH-Lösungen unter Verwendung einer sogenannten Zwei-Punkt-Methode kalibriert: Für die erste Einstellung wird eine Lösung verwendet, deren pH-Wert dem konstanten pH-Wert der Lösung in der Einstabmesskette entspricht. Damit gilt: $E = (E_1 + S \cdot pH_{innen}) - (E_1 + S \cdot pH_{außen})$, wodurch E_1 herausfällt und die Anzeige des Messgerätes auf 0 gesetzt werden kann. Mit einer zweiten Standard-pH-Lösung wird die Steigung ermittelt und am Gerät so eingestellt, dass die Anzeige mit dem pH-Wert dieses zweiten Standards übereinstimmt. Das Diffusionspotential, das durch den Konzentrationsgradienten zwischen der Analytlösung und der KCl-Lösung der Bezugselektrode verursacht ist, sowie weitere gerätespezifische Parameter werden durch diese zweite Kalibrierung eliminiert. Es ist darauf zu achten, dass Elektroden mit möglichst konstantem Diffusionspotential verwendet werden. Das ist der Fall, wenn zwischen einer bewegten und ruhenden Glaselektrode in einer wässrigen Probe die pH-Anzeige um nicht mehr als etwa 0,05 pH-Einheiten schwankt.

Konjugierte Säure-Base-Paare, Säurestärke, pK-Wert

Als Beispiel für die Beeinflussung des pH-Wertes durch in Wasser gelöste Stoffe wählen wir die drei Salze Natriumchlorid, Eisen(III)chlorid und Natriumphosphat aus.

- **Natriumchlorid** verändert den pH-Wert von reinem Wasser kaum messbar, es reagiert neutral.
- **Eisen(III)chlorid** senkt den pH-Wert stark. Da wir aus der Reaktion des Natriumchlorids wissen, dass das Chlorid-Ion den pH-Wert nicht beeinflusst, muss es sich

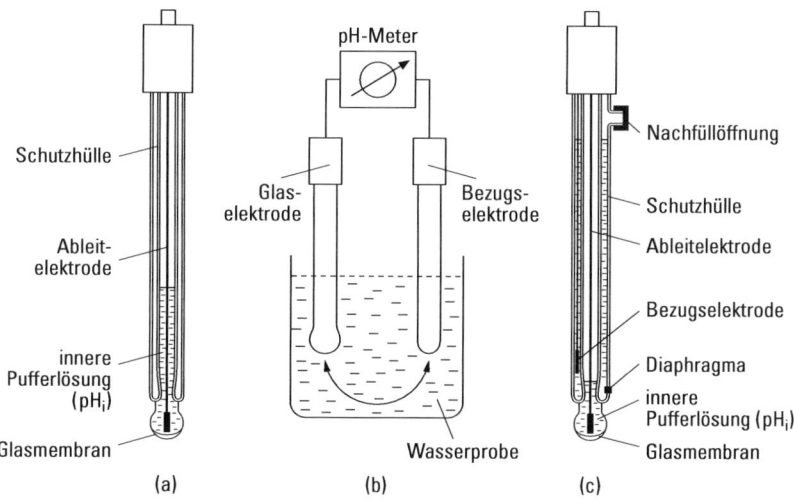

Abb. 2.14 a) Glaselektrode; b) Messprinzip; c) Einstabmesskette (Glaselektrode mit Bezugs-elektrode).

im Analogieschluss beim Fe^{3+}-Ion, genauer bei der Kationensäure $[Fe(H_2O)_6]^{3+}$, um eine starke Säure handeln, die zur konjugierten schwachen Base $[Fe(H_2O)_5OH]^{2+}$ reagiert.

- **Natriumphosphat** erhöht den pH-Wert stark. Hier können wir aus dem Verhalten des Natriumchlorids gegenüber Wasser schließen, dass das PO_4^{3-}-Ion die starke Base ist. Aus ihr entsteht durch Aufnahme eines Protons die konjugierte schwache Säure Hydrogenphosphat.

Ionen sind in wässriger Lösung von einer Hydrathülle umgeben, die an das Ion gebunden ist (Aquakomplexe, vgl. Kap. 2.5.5). Kationen hoher Ladungsdichte (Fe^{3+}, Al^{3+}) können ihre Hydrathülle so stark polarisieren, dass aus ihr Protonen abgespalten werden (**Kationensäuren**; vgl. die Funktionsweise des Zink-Enzyms Carboanhydrase, Kap. 2.6.5). Die Ligandenzahl ist meist 6, wie bei den Hexaaqua-Komplexen $[Fe(H_2O)_6]^{3+}$ und $[Al(H_2O)_6]^{3+}$. Bei Erhöhung des pH-Wertes (s. Kap. 2.6.2.2), z. B. durch Zugabe von NaOH, entstehen z. B. aus dem Hexaaqua-Aluminium-Ion nacheinander die Ionen $[Al(H_2O)_5OH]^{2+}$, $[Al(H_2O)_4(OH)_2]^+$, die ungeladene Spezies $[Al(H_2O)_3(OH)_3]$ und schließlich das Anion $[Al(H_2O)_2(OH)_4]^-$. Grundsätzlich könnten auch Aquakomplexe des fünfwertigen Phosphors formuliert werden, denen aber infolge der hohen Ladung des Zentralions keine reale Bedeutung zukommt. Die stattdessen vorliegenden Spezies sind H_3PO_4 und die davon ableitbaren Säurereste.

Stoffe in Wasser, die sich in einer Gleichgewichtsreaktion durch Protonenabgabe bzw. -aufnahme ineinander umwandeln, werden **konjugierte** (oder korrespondierende) **Säure-Base-Paare** genannt. Es stehen stets zwei derartige Paare miteinander im Gleichgewicht. Beispielsweise tritt Wasser in Gl. 2.14 sowohl als Säure als auch als Base auf. Derartige Substanzen werden als **amphoter** (oder amphiprotisch) bezeichnet.

$$H_2O \;+\; H_2O \;\;\rightleftharpoons\;\; H_3O^+(aq) + OH^-(aq)$$

Säure 1   Base 2   Säure 2   Base 1

konjugiert

konjugiert

(2.34)

> **Merke:**
> - Je stärker eine Säure, desto schwächer ihre konjugierte Base.
> - Je stärker eine Base, desto schwächer ihre konjugierte Säure.
> - Bei Säure-Base-Reaktionen setzen sich stets die stärkere Säure und Base zur schwächeren konjugierten Base und Säure um.

Der Begriff des konjugierten Säure-Base-Paares eröffnet eine elegante Möglichkeit, Säure-Base-Reaktionen vereinheitlichend zu beschreiben und einen quantitativen Ausdruck für die Stärke einer Säure (und damit implizit auch ihrer konjugierten Base) zu erhalten. Bei Wechselwirkung einer Säure mit Wasser werden H^+-Ionen freigesetzt; bei Wechselwirkung einer Base mit Wasser werden H^+-Ionen gebunden. Beide Reaktionstypen werden einheitlich notiert, und zwar so, dass auf der linken Seite der Gleichung die Säure und auf der rechten Seite die konjugierte Base und das Proton stehen. Wir erhalten einen allgemeingültigen Ansatz für das Massenwirkungsgesetz und den pH-Wert (Gl. 2.35):

$$A \rightleftharpoons B + H^+ \qquad \frac{a(H^+) \cdot a(B)}{a(A)} = K \qquad pH = pK - \lg \frac{a(A)}{a(B)} \qquad (2.35)$$

Dies ist eine allgemeine Form der **Henderson-Hasselbalch-Gleichung**, die eine Beziehung herstellt zwischen dem pH-Wert einer Lösung und dem Stoffmengenverhältnis (bzw. dem Verhältnis der Aktivitäten) von in Lösung vorliegender Säure A und konjugierter Base B. Der Nutzen dieser Gleichung liegt insbesondere in der quantitativen Beschreibung der Säurestärke.

Ob eine Substanz in Wasser als Säure oder Base wirkt, lässt sich nicht ohne weiteres aus ihrer Summenformel oder der Teilchenart erschließen (Anion, Kation oder Neutralteilchen). Insbesondere besitzen auch Salze (d. h. ionisch aufgebaute Substanzen) prinzipiell Säure- oder Basecharakter. Wie weit dieser jedoch gegenüber Wasser, das seinerseits als Säure oder Base fungiert, zum Tragen kommt und dessen Eigendissoziation beeinflusst, hängt von der **Säurestärke** der beteiligen Ionen im Sinne der vereinheitlichend formulierten Gl. 2.35 ab. Je nachdem, welcher der Einflüsse überwiegt, können Salze sauer, basisch oder neutral reagieren.

> **Merke:** Das Maß für die Stärke der Säure eines konjugierten Säure-Base-Paares ist ihr **pK-Wert**. Auch die Stärke von Basen ist über den pK-Wert der jeweiligen konjugierten Säure quantitativ fassbar. Es ist pH = pK, wenn $a(B) = a(A)$ ist. Dies ist die einfachste Form der Bestimmung der Gleichgewichtskonstante eines konjugierten Säure-Base-Paares.

Es ist eine prinzipielle Eigenart des chemischen Gleichgewichts, dass **kein** Reaktionspartner die tatsächliche Konzentration null erreichen kann (dies würde den Ansatz des Massenwirkungsgesetzes unmöglich machen, da eine Division durch Null nicht definiert ist). Dies gilt auch für starke Säuren und starke Basen. Folglich sind z. B. bei Zugabe von HCl bzw. NaOH zu reinem Wasser das undissoziierte HCl-Molekül bzw. die undissoziierte Einheit NaOH im Wasser immer, wenn auch in extrem kleiner Konzentration, vorhanden.

> **Merke:** Das Wesen des chemischen Gleichgewichts lässt es nicht zu, dass irgendein Reaktionspartner die Konzentration null erreicht! Konzentrationen der beteiligten Spezies können beliebig klein werden, aber nicht null.

Tab. 2.4 Dissoziationskonstanten einiger Säuren und Basen in Wasser (nach Stumm und Morgan, 1981). Für die Definition von Δz^2 s. Kap. 2.4.4.1.

		pK	Δz^2
starke Säuren	Perchlorsäure $HClO_4/ClO_4^-$	-7	$+1$
(konjugiert mit sehr	Salzsäure HCl/Cl^-	-3	$+1$
schwachen Basen)	Schwefelsäure H_2SO_4/HSO_4^-	-3	$+1$
	Salpetersäure HNO_3/NO_3^-	-1	$+1$
	Hydronium-Ion H_3O^+/H_2O	0	0
	Phosphorsäure $H_3PO_4/H_2PO_4^-$	$2,1$	$+1$
	Hexaqua-Eisen(III)-Ion $[Fe(H_2O)_6]^{3+}/[Fe(H_2O)_5(OH)]^{2+}$	$2,2$	-5
schwache Säuren und	Essigsäure CH_3COOH/CH_3COO^-	$4,7$	$+1$
schwache Basen	Hexaqua-Aluminium(III)-Ion	$4,9$	-5
	gelöstes Kohlenstoffdioxid, $CO_2(aq)$	$6,3$	$+1$
	Dihydrogensulfid H_2S/HS^-	$7,1$	$+1$
	Dihydrogenphosphat $H_2PO_4^-/HPO_4^{2-}$	$7,2$	$+3$
	Hypochlorige Säure $HOCl/OCl^-$	$7,6$	$+1$
	Hydrogencyanid HCN/CN^-	$9,2$	$+1$
	Ammonium-Ion NH_4^+/NH_3	$9,3$	-1
sehr schwache Säuren	Hydrogencarbonat HCO_3^-/CO_3^{2-}	$10,3$	$+3$
(konjugiert mit starken Basen)	Hydrogenphosphat HPO_4^{2-}/PO_4^{3-}	$12,3$	$+5$
	Silicat $SiO(OH)_3^-/SiO_2(OH)_2^{2-}$	$12,6$	$+3$
	Hydrogensulfid HS^-/S^{2-}	14	$+3$
	Wasser H_2O/OH^-	14	0

$$pK' = pK + \Delta z^2 \cdot \lg f_1$$

pH-Abhängigkeit der Anteile von Säure und Base in konjugierten Säure-Base-Paaren

Die Säure-Base-Gleichung (Henderson-Hasselbalch-Gleichung) lässt sich in allgemeiner Form graphisch darstellen, wenn an Stelle der absoluten Konzentration einer Säure bzw. ihrer konjugierten Base deren Anteil an der Summe verwendet wird. Diese Summe (**Summenparameter**) wird als Gesamtmenge A + B bezeichnet (gemeint sind A, B in Gl. 2.35) und z. B. als A_T oder B_T notiert. Es sind aber auch andere spezialisierte Notationen üblich, z. B. DIC (engl. dissolved inorganic carbon) für die Summe aus CO_2, Kohlensäure und deren Anionen oder $PO_{4,T}$ für die Summe aus Phosphorsäure und deren Anionen. Entsprechend kennzeichnet Fe_T bzw. Al_T die Summe der Hydroxidokomplexe des Aluminiums bzw. des Eisens, die eine Kette konjugierter Säure-Base-Paare bilden.

Den einfachsten Fall stellt eine **einbasige Säure** dar, auf die unmittelbar Gl. 2.35 angewendet werden kann (Annahme: $c(X) \approx a(X)$):

$$c(A_T) = c(A) + c(B).$$

Gesucht werden die Anteile $\alpha = c(A)/c(A_T)$ und $\beta = c(B)/c(A_T)$. Der Kehrwert der beiden gesuchten Größen ist zugänglich mit

$$c(A_T)/c(A) = 1/\alpha = 1 + c(B)/c(A) = 1 + K/a(H^+)$$

und daraus folgt, soweit der Summand 1 vernachlässigt werden kann:

$$\lg \alpha = pK - pH \quad \text{und entsprechend} \quad \lg \beta = -pK + pH. \tag{2.36}$$

Eine **zweibasige Säure** lässt sich als Kopplung zweier einbasiger Säuren darstellen, wie am Beispiel der Kohlensäure gezeigt wird.

Wir bezeichnen die Summe aus gelöstem CO_2 sowie Kohlensäure und ihren Anionen als $c(DIC)$, wobei gelöstes CO_2 und H_2CO_3 zu $CO_2(aq)$ (s. Kap. 2.6.4.1) zusammengefasst werden (Gl. 2.37):

$$c(DIC) = c(CO_2(aq)) + c(HCO_3^-) + c(CO_3^{2-}) \tag{2.37}$$

Für die zum System der Kohlensäure gehörenden Spezies sind folgende Gleichgewichte anzusetzen (Gl. 2.38, 2.39; s. Kap. 2.6.4.1):

$$CO_2(aq) \rightleftharpoons HCO_3^- + H^+ \quad \text{mit} \quad pK_1 = 3{,}51 - \lg(1/700) = 3{,}51 + 2{,}85$$
$$= 6{,}36 \text{ bei } 25\,°C \tag{2.38}$$

$$HCO_3^- \rightleftharpoons CO_3^{2-} + H^+ \quad \text{mit} \quad pK_2 = 10{,}34 \text{ bei } 25\,°C \tag{2.39}$$

Wird in der gleichen Weise verfahren wie bei einbasigen Säuren (s. Gl. 2.36), d. h. wird $c(DIC)$ auf die Konzentration der jeweiligen Spezies bezogen, so resultieren drei Gleichungen mit dem Kehrwert der relativen Konzentrationen der Spezies, die nur vom pH-Wert abhängig sind. Die Konzentrationen der jeweils anderen Spezies werden mit Hilfe der H^+-Ionen-Aktivität und der Konstanten der Einzelgleichgewichte, K_1' und K_2', ausgedrückt (Gl. 2.40):

$$1/\alpha = c(DIC)/c(CO_2(aq)) = \mathbf{1} + [K_1'/a(H^+)] + [K_1' \cdot K_2'/a(H^+)^2]$$

$$1/\beta = c(DIC)/c(HCO_3^-) = [a(H^+)/K_1'] + \mathbf{1} + [K_2'/a(H^+)]$$

$$1/\gamma = c(DIC)/c(CO_3^{2-}) = [a(H^+)^2/(K_1' \cdot K_2')] + [a(H^+)/K_2'] + \mathbf{1} \tag{2.40}$$

Die graphische Darstellung der drei Funktionen mit $K_1' = K_1$ und $K_2' = K_2$ (also ohne Berücksichtigung der Aktivitätskoeffizienten) zeigt Abb. 2.15 in doppelt logarithmischer und in halblogarithmischer Form. Wichtig ist, dass die sehr kleinen Konzentrationen des CO_3^{2-}-Ions bei pH < 9 nur in der doppelt logarithmischen Darstellung korrekt abgelesen werden können. Zur Ergänzung ist in Abb. 2.15 die Titrationskurve in

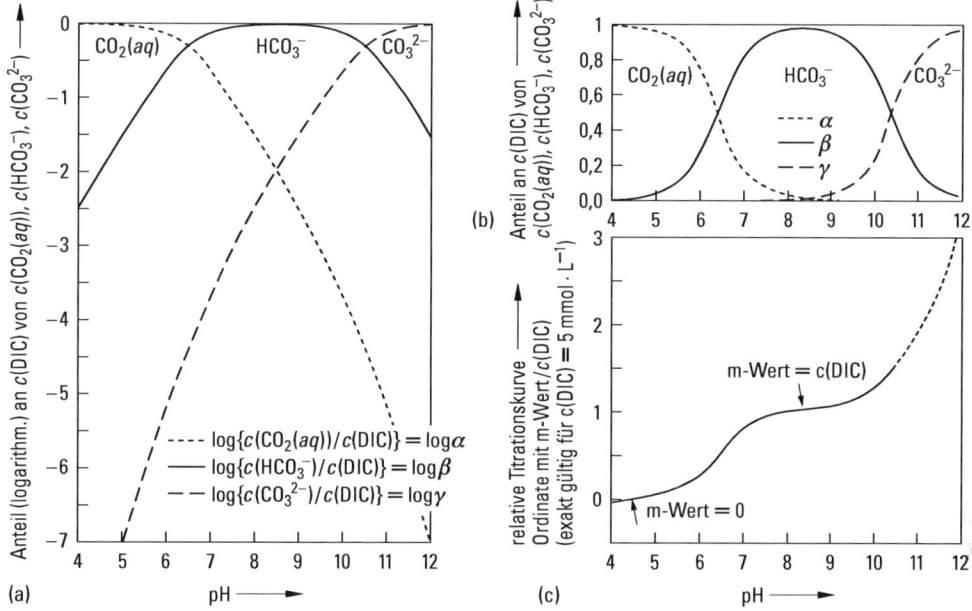

Abb. 2.15 Anteil der Konzentrationen der Spezies der Kohlensäure (CO_2, HCO_3^- und CO_3^{2-}) an c(DIC) (DIC: engl. dissolved inorganic carbon) in Abhängigkeit vom pH-Wert bei 25 °C; a: doppelt logarithmische Darstellung; b: halblogarithmische Darstellung. c: Allgemeine Titrationskurve, die die pH-Pufferung veranschaulicht (s. Text).

allgemeiner Form (d. h., in erster Näherung unabhängig vom Wert für c(DIC)) gezeigt. Dabei ist entlang der Ordinate der relative Titrationswert abgetragen, d. h. der auf c(DIC) bezogene m-Wert (also m-Wert/c(DIC)). Diese Kurve veranschaulicht die pH-Wert-Pufferung (s. u.). Der pH-Wert mit m = 0 (pH 4,3 bei c(DIC) = 5 mmol · L^{-1}) entspricht dem pH-Wert einer Kohlenstoffdioxid-Lösung mit c(HCO_3^-) = 1 % von c(DIC) und ist der Endpunkt der Bestimmung der Säurekapazität eines Wassers (s. u.).

Als Beispiel für eine dreibasige Säure wählen wir die Phosphorsäure mit ihren Anionen. Die drei pK-Werte sind Tab. 2.4 zu entnehmen. Aus dem Gesamtphosphat

$$c(PO_{4,T}) = c(H_3PO_4) + c(H_2PO_4^-) + c(HPO_4^{2-}) + c(PO_4^{3-})$$

und den Gleichgewichten der zum System der Phosphorsäure gehörenden Spezies folgt die Graphik der Abb. 2.16.

pH-Wert-Pufferung: Säure- und Basekapazität von Wasser, m- und p-Wert

Die **Säurekapazität** von reinem Wasser, so auch von Regenwasser in Reinluftgebieten, ist sehr gering. Dies bedeutet, dass durch Zusatz geringer Mengen Säure zum Wasser dessen pH-Wert stark abgesenkt werden kann. Die Zugabe von 10^{-5} mol · L^{-1} HCl zu reinem Wasser hat einen pH-Wert von 5 zur Folge, die Zugabe von 10^{-4} mol · L^{-1} einen pH-Wert von 4, die Zugabe von 10^{-3} mol · L^{-1} (1 mmol · L^{-1}) einen pH-Wert von 3 usw.

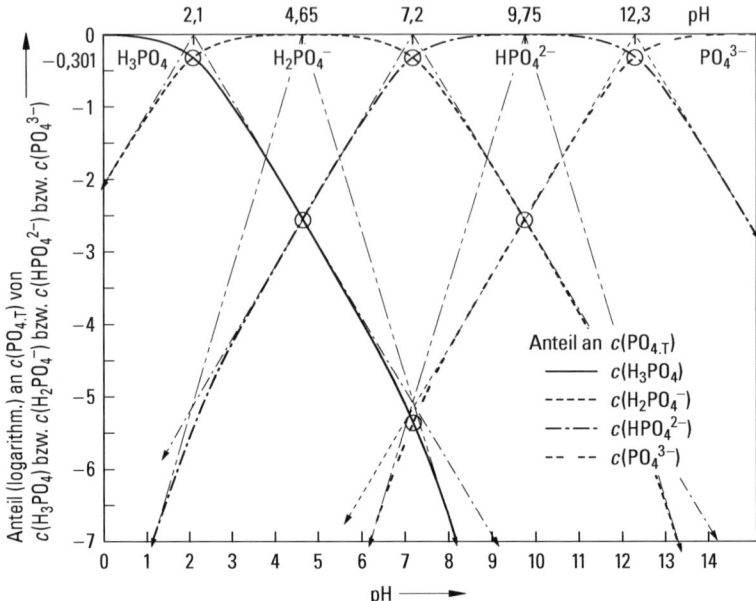

Abb. 2.16 Anteile der Spezies am Gesamtphosphat (Konzentrationsangabe) in Abhängigkeit vom pH-Wert in doppelt logarithmischer Darstellung. Die Zeichnung kann mit einfachen Methoden ohne Rechenaufwand konstruiert werden.

Genau so verhält es sich mit der **Basekapazität**. Die Zugabe von nur 10^{-3} mol $\cdot$ L^{-1} (1 mmol $\cdot$ L^{-1}) NaOH zum Wasser erhöht dessen pH-Wert auf pH 11.

> **Merke:** Säure- und Basekapazität eines Wassers werden unter dem Begriff **pH-Wert-Pufferung** zusammengefasst. Bei den meisten Wässern wird die pH-Wert-Pufferung durch seinen Gehalt an HCO$_3^-$-Ionen (maßgeblich für die Säurekapazität bis pH 4,3: $K_{S4,3}$; s. u.) und gelöstem Kohlenstoffdioxid (maßgeblich für die Basekapaziät bis pH 8,2: $K_{B8,2}$; s. u.) bestimmt. Andere schwache Säuren und Basen (z. B. Silicate, Borate, Phosphate, Amine) sind meist nur in so geringer Konzentration vorhanden, dass sie die pH-Wert-Pufferung des Wassers kaum beeinflussen.

Im Gegensatz zu reinem Wasser oder Regenwasser haben Wässer aus Grundwasserleitern oder Mineralwässer eine ausgeprägte Säurekapazität. Die Zugabe von z. B. 10^{-3} mol $\cdot$ L^{-1} (1 mmol $\cdot$ L^{-1}) HCl bewirkt nur eine geringe Absenkung des pH-Wertes, etwa auf pH 6,5. Das Ausmaß der Absenkung hängt von dem Gehalt an schwachen Basen im Wasser ab, im Wesentlichen dem Gehalt an HCO$_3^-$-Ionen. Die Basekapazität ist nicht so stark ausgeprägt. 1 mmol $\cdot$ L^{-1} NaOH können, je nach dem CO$_2$-Gehalt des Wassers, einen pH-Anstieg auf pH 9 und höher zur Folge haben.

Säure- und Basekapaziät eines Wassers gehören zu den Standardparametern einer Wasseranalyse. Für die Standardisierung muss durch Konvention vereinbart werden, bis zu welchem End-pH-Wert die Zugabe von starker Säure (meist HCl) oder starker Base (meist NaOH) zu erfolgen hat. Eine Antwort hierauf gibt Abb. 2.15:

- Für die Bestimmung der Säurekapazität eines Wassers wird durch Konvention der pH-Wert 4,3 ausgewählt, weil bei diesem pH-Wert nur noch 1 % von DIC als HCO_3^--Ionen vorliegt (s. Abb. 2.15). Das Ergebnis wird als $K_{S4,3}$ bezeichnet und in $mmol \cdot L^{-1}$ angegeben.

- Für die Bestimmung der Basekapazität eines Wassers wird durch Konvention der pH-Wert 8,2 ausgewählt, weil bei diesem pH-Wert $c(CO_2(aq)) = c(CO_3^{2-})$ ist. Das Ergebnis wird als $K_{B8,2}$ bezeichnet und in $mmol \cdot L^{-1}$ angegeben. Liegt der pH-Wert des Wassers über 8,2, so wird eine Säurekapazität bis pH 8,2 gemessen und wahlweise entweder als $K_{S8,2}$ oder als $K_{B8,2}$ mit negativem Vorzeichen ($K_{B8,2} < 0$ bei pH > 8,2) angegeben.

Da die Analyse der Säure- und Basekapazität eines Wassers zu den Standardbestimmungen gehört und Werte für diese Parameter für fast jedes Wasser vorliegen, liegt es nahe, hieraus Rückschlüsse auf die Konzentrationen der Ionen zu ziehen, die diesen Parametern zugrunde liegen. Dies ist möglich unter der Voraussetzung, dass die konjugierten Säure-Base-Paare, die für die Säure- bzw. Basekapazität eines Wassers maßgeblich sind, bekannt sind.

Tatsächlich wird in den meisten natürlichen Wässern die pH-Wert-Pufferung durch Kohlensäure und ihre Anionen bestimmt. Die durch sie bewirkte Pufferkapazität, nämlich die Bilanz der erforderlichen Protonen (**Protonenbilanz**), um im Wasser den pH-Wert reiner Kohlenstoffdioxidlösung bei unveränderter Temperatur und Ionenstärke einzustellen (pH-Bereich um 4,3), wird als **m-Wert** bezeichnet (abgeleitet aus Methylorange, s. u.). Bei pH 4,3 gilt: $c(H^+) = 0{,}05 \ mmol \cdot L^{-1}$, sodass sich folgender Zusammenhang ergibt:

$$m\text{-Wert} = c(HCO_3^-) + 2\,c(CO_3^{2-}) + c(OH^-) - c(H^+)$$
$$\approx K_{S4,3} - 0{,}05 \ (\text{in } mmol \cdot L^{-1}) \tag{2.41}$$

In Abb. 2.15c ist in allgemeiner Form die Abhängigkeit des m-Wertes vom pH-Wert dargestellt („Titrationskurve").

Die Protonenbilanz für die Einstellung des pH-Wertes einer Hydrogencarbonatlösung (pH-Bereich um 8,2) wird als **p-Wert** bezeichnet (abgeleitet von Phenolphthalein, s. u.):

$$p\text{-Wert} = c(CO_3^{2-}) + c(OH^-) - c(CO_2(aq)) - c(H^+)$$
$$\approx -K_{B8,2} \ (\text{in } mmol \cdot L^{-1}) \tag{2.42}$$

Die Differenz aus m- und p-Wert ist identisch gleich der Konzentration von DIC:

$$m\text{-Wert} - p\text{-Wert} = c(CO_2(aq)) + c(HCO_3^-) + c(CO_3^{2-}) = c(DIC) \tag{2.43}$$

Für sehr genaue Berechnungen muss geprüft werden, ob auch Silicate, Borate sowie der geringe Anteil der Spezies $CaHCO_3^+$, $CaCO_3(aq)$, $MgHCO_3^+$ und gelöste Carbonatkomplexe, wie z. B. $CuCO_3(aq)$ (s. Kap. 2.6.2.3), bei den Protonenbilanzen zu berücksichtigen sind. Der Komplex $Ca(HCO_3)_2$ ist auf jeden Fall in vernachlässigbar geringer Menge im Wasser enthalten. Bisher konnte er nicht analytisch nachgewiesen werden. Deswegen ist die vielfach veröffentlichte Vermutung, dass Kalk mit Kohlensäure zu der als **Carbonathärte** bezeichneten Spezies $Ca(HCO_3)_2$ reagiere, unzutreffend (s. Kap. 2.6.4.4). Der Begriff Carbonathärte hat sich aber umgangssprachlich als Synonym für die Säurekapazität des Wassers gehalten.

Bestimmung der Säure- oder Basekapazität des Wassers mit Farbindikatoren

pH-Farbindikatoren (Säure-Base-Indikatoren, Neutralisationsindikatoren) sind organische Farbstoffe, deren Struktur und Farbigkeit pH-abhängig sind. Die Farbigkeit beruht auf der Existenz eines delokalisierten π-Elektronensystems, dessen Absorptionseigenschaften gegenüber dem sichtbaren Licht sich bei Protonierung bzw. Deprotonierung verändern. pH-Farbindikatoren sind selber konjugierte Säure-Base-Paare mit einem bestimmten pK-Wert. Der Farbumschlag erfolgt im pH-Bereich, der dem pK-Wert des Indikators entspricht. Eine erste Farbtönung wird wahrnehmbar, sobald sich der pH-Wert der Lösung dem pK-Wert des Indikators nähert. Die auf optischer Kontrolle mit dem menschlichen Auge beruhende Beurteilung des pH-Endpunktes der Bestimmung der Säure- bzw. Basekapazität (Maßanalyse, Säure-Base-Titration) ist mit einem prinzipiellen subjektiven Fehler behaftet und im Übrigen auch von der Menge des dem Analyten zugesetzten Indikators abhängig. Demgegenüber ergibt die **photometrische Bestimmung** der Farbintensität genauere Resultate. Sie ist für **pH-Messungen** jeweils im Bereich um den pK-Wert des Farbindikators geeignet.

Nur Verbindungen hoher Farbintensität kommen in Frage, da der Zusatz größerer Mengen Indikator das zu titrierende System stören würde. Diese Vorgabe wird von Methylorange für den pH-Endpunkt 4,3 und von Phenolphthalein für den pH-Endpunkt 8,2 erfüllt. Methylorange (4-(Dimethylamino)-azobenzol-4′-sulfonsäure, Natrium-Salz) ist ein zweifarbiger Indikator (pK(Methylorange) = 3,7; vgl. das Stichwort m-Wert, s. o.). Sein Umschlagsbereich liegt zwischen pH 3,1 und pH 4,4. Die bei pH < 3,1 vorliegende Form ist rot, die bei pH > 4,4 vorliegende Form orange. Phenophtalein (3,3-Bis(4-hydroxyphenyl)-1(3H)-isobenzofuranon) ist ein einfarbiger Indikator (pK (Phenolphthalein) = 9,3; vgl. das Stichwort p-Wert, s. o.). Sein Umschlagsbereich liegt zwischen pH 8,0 und pH 10,0. Die bei pH < 8,0 vorliegende Form ist farblos, die bei pH > 10,0 vorliegende Form rot.

Strukturen und Säure-Base-Verhalten beider Indikatoren sind in Gl. 2.44 (Methylorange) und Gl. 2.45 (Phenolphthalein) illustriert (unter Berücksichtigung sogenannter mesomerer Grenzstrukturen, verknüpft mit dem Symbol ↔).

Methylorange (Anion des Natrium-Salzes)

orange

rot

(2.44)

Phenolphthalein

farblos

Phenolphthalein-Dianion

rot

$$(2.45)$$

Bedeutung der Pufferwirkung in Biologie, Geologie und Technik
Im gesunden Menschen hält ein Gemisch mehrerer Puffersysteme den pH-Wert des Blutes im Bereich zwischen 7,35 und 7,45. Am wichtigsten ist hier der über die Atmung gesteuerte Kohlensäure/Hydrogencarbonat-Puffer, H_2CO_3/HCO_3^- (bzw. $CO_2(aq)/HCO_3^-$), doch spielen auch das System Dihydrogenphosphat/Hydrogenphosphat ($H_2PO_4^-/HPO_4^{2-}$) und die Pufferwirkung des Hämoglobins sowie des Enzyms Carboanhydrase (vgl. Kap. 2.6.5) eine wesentliche Rolle. Liegt der pH-Wert des Blutes infolge einer Fehlfunktion der diversen Rückkopplungsmechanismen außerhalb des normalen Bereichs, so hat dies Krankheitswert (Alkalose bzw. Acidose). – Hydrogencarbonat und Silicate (Mineralien auf Kieselsäurebasis, vgl. Kap. 2.5.4) sind wichtige Komponenten eines komplexen Puffersystems, das den pH-Wert der Ozeane bei etwa 8,4 konstant hält und auf diese Weise die CO_2-Konzentration in Atmosphäre und Biosphäre steuert. Verwandte Puffersysteme helfen, den pH-Wert von Böden zu regulieren. So hält das Kohlensäure/Hydrogencarbonat/Carbonat-System den pH-Wert von Kalkböden bei neutral bis leicht basisch, während die aluminiumhaltigen Feldspäte (Silicate) in einem pH-Bereich zwischen 5 und 6,5 puffern (vgl. auch das Stichwort Kationensäure, s. o.). – In der Technik kommen Pufferlösungen z. B. bei der Gerberei, der Färberei und bei galvanischen Prozessen sowie der Herstellung fotographischen Materials auf Silberbromid-Basis zum Einsatz.

2.4.4.3 Elektrische Leitfähigkeit

Die elektrische Leitfähigkeit κ_{25} wird auf 25 °C bezogen und in S (Siemens) angegeben. Da die Geometrie der Messzelle (Abstand dividiert durch Wirkfläche: m/m^2) zu berücksichtigen ist, ist die Einheit $S \cdot m^{-1}$. Üblich sind die Angaben $mS \cdot m^{-1}$ oder $\mu S \cdot cm^{-1}$ ($1\,mS \cdot m^{-1} = 10\,\mu S \cdot cm^{-1}$) unter Umrechnung auf den Wert bei 25 °C. Reines Wasser leitet (mangels ionisierter Teilchen) den elektrischen Strom schlecht. Seine elektrische Leitfähigkeit beträgt $0,1\,mS \cdot m^{-1}$. Die Leitfähigkeit natürlicher Wässer beträgt dagegen mindestens $5\,mS \cdot m^{-1}$ (Talsperrenwasser) und reicht bis zu $3\,000\,mS \cdot m^{-1}$ (Meerwasser). Sie wird ausschließlich von der Beweglichkeit und der Art der im Wasser gelösten Ionen bestimmt und ist somit abhängig von deren Größe, deren Ladung z sowie von der Viskosität des Fluids (vgl. Kap. 2.3.3). Diese Einflussgrößen werden auf die Äquivalentkonzentration der Ionen in $mol \cdot m^{-3}$ bezogen und als Äquivalentleitfähigkeit Λ mit der Einheit $(mS \cdot m^{-1})/(mol \cdot m^{-3})$ zusammengefasst. Die Äquivalentleitfähigkeit der Ionen steigt mit zunehmender Temperatur entsprechend der Abnahme der dynamischen Viskosität des Wassers, weil die Ionen beweglicher werden. Die Änderung beträgt etwa 1,5–2 % je Grad Celsius bzw. Kelvin. Daher muss stets die Temperatur angegeben werden, auf die sich der Zahlenwert der elektrischen Leitfähigkeit bezieht. Die Leitfähigkeit von OH^-- bzw. H_3O^+-Ionen ist um ein Vielfaches größer als die der übrigen Ionen. Eine anschauliche Erklärung liefert der **Leitungsmechanismus nach Grotthuß**, bei dem in einer Anordnung von H_2O-Molekülen die Ladung nicht durch Ionentransport, sondern durch „Umklappen" von H-Brücken übertragen wird (Freiherr Christian Johann Dietrich Theodor von Grotthuß, 1785–1822; dt. Physiker). Heutige Modelle interpretieren die durch H^+ vermittelte elektrische Leitung als schnelles Hüpfen von Protonen unter räumlicher Umordnung von $H_9O_4^+$-Einheiten (d. h., von 3 H_2O-Molekülen umgebene H_3O^+-Ionen).

κ_{25} wird nach folgender Gleichung berechnet (Gl. 2.46):

$$\kappa_{25} = \Sigma(c_i \cdot \Lambda_i \cdot z_i) \cdot f_{el} \tag{2.46}$$

κ_{25}: elektrische Leitfähigkeit bezogen auf 25 °C in $mS \cdot m^{-1}$ (1 $mS \cdot m^{-1}$ = 10 µS $\cdot cm^{-1}$);

c_i: Konzentration der Ionenart i in $mol \cdot m^{-3}$;
z_i: Wertigkeit der Ionenart i;
Λ_i: Äquivalentleitfähigkeit der Ionenart i in $mS \cdot m^2 \cdot mol^{-1}$;
f_{el}: Leitfähigkeitskoeffizient zur Berücksichtigung der gegenseitigen Behinderung der Ionen.

Die Zu- oder Abnahme der elektrischen Leitfähigkeit von Wasser zeigt Änderungen der Ionenkonzentrationen im Wasser an, z. B. eine drohende Versalzung des Grundwassers in Meeresnähe. Sie ist ein guter Kontrollwert für die Vollständigkeit der Analyse, insbesondere wenn Leitfähigkeitsänderungen in Abhängigkeit von Änderungen der Ionenkonzentrationen für ein bestimmtes Wasser exakt dokumentiert sind.

2.4.5 Tenside – Kolloide – Sol-Gel-Prozess

Wirkstoffe, die in Wasser gelöst seine Oberflächenspannung (vgl. Kap. 2.3.2) vermindern, werden als **oberflächenaktive Substanzen**, **Tenside** (lat. tendere: ausdehnen, spannen) oder **Detergenzien** (lat. dētergēre: abwischen, reinigen) bezeichnet (engl. surface-active agent oder surfactant). Sie dienen vor allem als Wasch- und Reinigungsmittel, können im nicht-wässrigen Milieu aber auch als Hilfsstoffe zur Erzielung bestimmter Konsistenzen eingesetzt werden (z. B. in der Lebensmittel- und Kosmetikindustrie). Oberflächenaktive Substanzen bestehen aus einem hydrophoben (wasserabstoßenden) und einem hydrophilen (wasseranziehenden) Teil. Wir verdeutlichen dies an **Seifen**, den Natrium- oder Kaliumsalzen höherer Fettsäuren ($RCOO^- M^+$; M = Na, K). In Seifen bildet eine Kohlenwasserstoffkette mit 10–18 Kohlenstoffatomen den hydrophoben Teil R, an den die Carboxylat-Funktion ($-COO^-$) als hydrophile Gruppe geknüpft ist (z. B. Natriumstearat, Abb. 2.17). Da die hydrophoben Molekülenden mit Wasser nicht mischbar sind, werden die Teilchen sich an der Wasseroberfläche zunächst unter Ausbildung eines dünnen Films (Monolage) anordnen. Die mit diesem Film in Kontakt stehenden Wassermoleküle erfahren eine erheblich kleinere in die Flüssigkeit gerich-

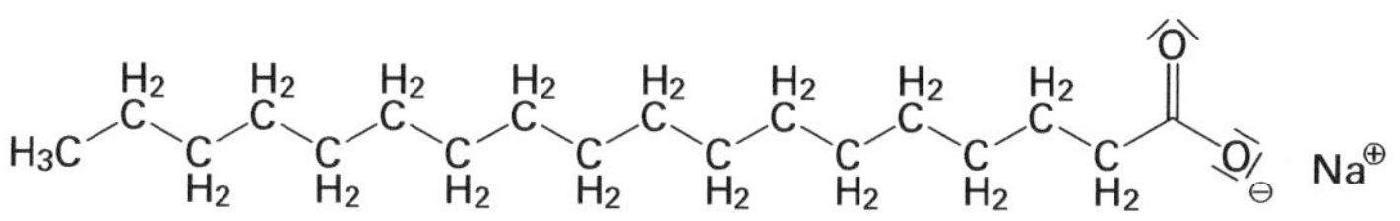

Abb. 2.17 Oberflächenaktive Substanzen: Natriumstearat, das Natriumsalz der Stearinsäure.

tete Kraft, und die Oberflächenspannung ist entsprechend herabgesetzt (Abb. 2.18a; vgl. Abb. 2.11): Ein Tropfen reinen Wassers, mit einem Tensid benetzt, zerfließt. Oberhalb einer kritischen Konzentration können die Tensidteilchen auch unter Zusammenlagerung der hydrophoben Reste zu allseits von Wasser umgebenen kugelförmigen Aggregaten assoziieren, die **Mizellen** genannt werden (Abb. 2.18b). Die Waschwirkung

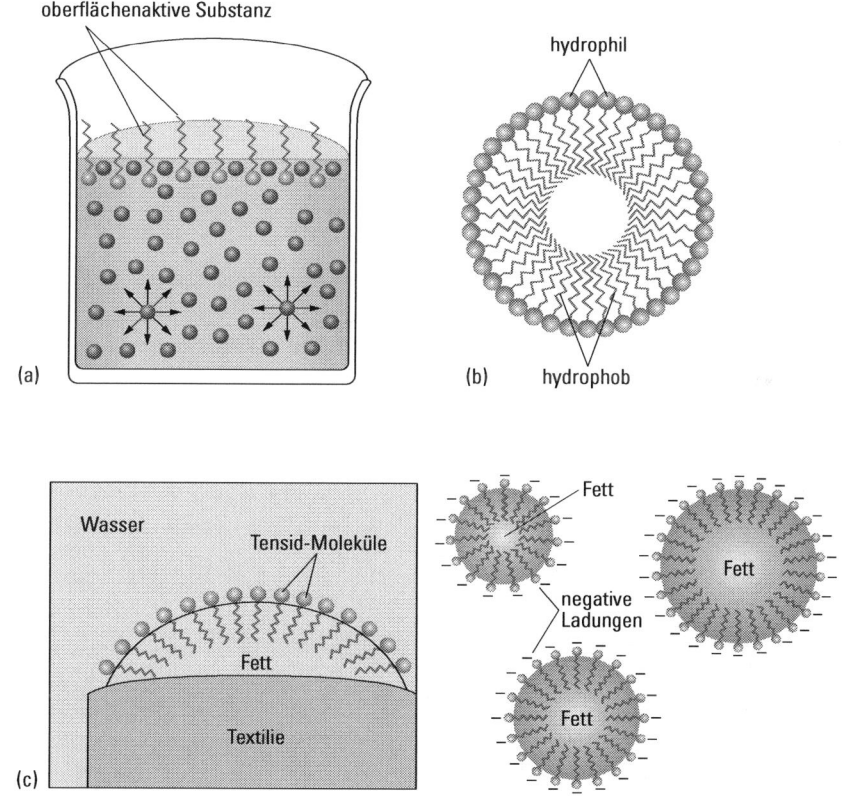

Abb. 2.18 Oberflächenaktive Substanzen: a) Moleküle einer oberflächenaktiven Substanz verändern die Kräfteverhältnisse zwischen Flüssigkeitsteilchen an der Oberfläche und verringern so die Oberflächenspannung; b) Eine Mizelle im Querschnitt: Die hydrophilen Kopfgruppen der Tensidmoleküle bilden die Mizelloberfläche, während die hydrophoben Reste ins Innere zeigen; c) Die Anlagerung von Tensidmolekülen an ein Fetteilchen auf einer Textiloberfläche; Solubilisierung von Fetteilchen mit eingebetteten Tensidmolekülen infolge Abstoßung der gleichnamigen Oberflächenladungen (modifiziert nach Snyder, 1995).

beruht im Wesentlichen auf der Adsorption der hydrophoben Reste des Tensids an die Fett- und Schmutzteilchen, die dadurch benetzt, in Lösung gebracht und abgespült werden können (Abb. 2.18c). In Wasser haben Mizellen für hydrophobe Substanzen eine solubilisierende Funktion. Seifen haben gegenüber anderen Detergenzien den Nachteil, dass sie mit „hartem" Wasser (das einen hohen Anteil der Erdalkalimetall-Ionen Ca^{2+} und Mg^{2+} enthält; vgl. das Stichwort Wasserhärte in Kap. 2.4.1) unlösliche Ausflockungen (Kalkseifen) bilden, die die Waschwirkung zunichtemachen.

Mizellen in Wasser stellen eine spezielle Form eines kolloiddispersen Systems dar (grch. kolla: Leim; lat. dispergare: ausstreuen, zerstreuen). Weitere Bezeichnungen sind kolloidale Lösung oder **Kolloid**. Derartige Lösungen enthalten Aggregate aus je 10^3–10^9 Atomen, die – bei Annahme kugelförmiger Gestalt – einen Durchmesser von 1 nm bis 1 μm haben (1 nm $= 10^{-9}$ m; 1 μm $= 10^{-6}$ m). Damit nehmen Kolloide eine Zwischenstellung ein zwischen echten Lösungen (molekulardisperse Systeme, z. B. Glucose in Wasser) und grobdispersen Systemen (z. B. Sandaufschlämmung in Wasser). Kolloide können nach ihren physikalischen Eigenschaften in drei große Gruppen eingeteilt werden:

- Dispersionskolloide,
- Assoziationskolloide
- Molekülkolloide.

Jede kompakte Substanz kann durch geeignete Zerteilungsmethoden in den Zustand eines Dispersionskolloids gebracht werden, dessen Teilchen aber ohne geeignete Gegenmaßnahmen (wie z. B. die gleichsinnige elektrische Aufladung) zum spontanen Zusammenschluss neigen (Teilchenvergröberung, Koagulation). Mizellen, die sich oberhalb einer kritischen Konzentration bei Auflösung eines molekulardispersen grenzflächenaktiven Stoffes in Wasser spontan bilden, sind ein Beispiel für ein Assoziationskolloid. Im Unterschied zu Dispersionskolloiden sind Assoziationskolloide gegen Teilchenvergröberung stabil, d. h. es erfolgt kein spontaner Zusammenschluss der Aggregate. Molekülkolloide bestehen aus Einzelmolekülen jeweils kolloider Dimension (z. B. Lösungen von Proteinen).

> **Merke:** Kolloide Systeme spielen in biologischen Prozessen und bei Naturprodukten eine bedeutende Rolle. Beispiele sind Blut, Latex, Leime (Ursprung der Bezeichnung Kolloid, s. o.), Milch, Butter und Mayonnaise.

Die Begriffe **Schaum**, **Emulsion** und **Suspension** sind im wässrigen System von Bedeutung (jedoch nicht auf das wässrige System beschränkt) und bezeichnen spezielle Arten disperser Systeme. **Disperse Systeme** bestehen allgemein aus mindestens zwei Phasen (Definition s. Kap. 2.3.1), von denen die eine, disperse Phase oder Dispersum genannt, in der anderen, dem Dispersionsmittel (Dispergens), fein verteilt ist. Sowohl disperse Phase als auch Dispersionsmittel können dabei fest, flüssig oder gasförmig sein. Verwendet man die Größe der Teilchen in der dispersen Phase als Klassifikationsmerkmal, lassen sich grobdisperse, kolloiddisperse und molekulardisperse Systeme unterscheiden. Tab. 2.5 zeigt die möglichen Kombinationen der Aggregatzustände von Dispersionsmittel und dispergierter Substanz für den Fall, dass mindestens eine der beiden Phasen als Flüssigkeit vorliegt (bzw. Wasser ist).

Tab. 2.5 Disperse Systeme unter Beteiligung von Wasser.

Dispersionsmittel	dispergierte Substanz	Bezeichnung	Beispiele
gasförmig	flüssig	Aerosol (bezeichnet auch die Kombination gasförmig/fest, Beispiel: Rauch)	Nebel
flüssig	gasförmig	Schaum	Seifenschaum
flüssig	flüssig	Emulsion	Milch
flüssig	fest	Suspension, Sol	Aufschlämmung von Sand in Wasser, kolloide Gold- oder Schwefellösung
fest	flüssig	feste Emulsion	Kristallmasse mit Mutterlauge

In der Verfahrenstechnik kann die Verhinderung der Schaumbildung von großer Bedeutung für die Verarbeitbarkeit von Substanzen sein. Im Falle von Wasser als Dispersionsmittel kommen z. B. Kombinationen bestimmter Siliconöle mit Kieselgel (SiO_2) zum Einsatz. Eine Emulsion ist ein kolloiddisperses System, bei dem eine Flüssigkeit innerhalb einer nicht mit ihr mischbaren anderen vorliegt. In diesem Sinne ist Milch eine Öl-in-Wasser-Emulsion (Öl als disperse Phase). Umgekehrt ist auch die Dispergierung von Wasser in Öl bei Zusatz geeigneter Hilfsstoffe möglich. Stoffe, die ein Zusammentreten der dispergierten Tröpfchen einer Emulsion verhindern, werden als **Emulgatoren** bezeichnet. Zu diesem Zweck geeignete oberflächenaktive Substanzen sind z. B. Salze höherer Fettsäuren oder Lecithine.

Sol ist die spezielle Bezeichnung für eine kolloide Lösung (s. Tab. 2.5). Demgegenüber bezeichnet der Begriff Gel ein disperses System, bei dem die dispersen Bestandteile netz- oder wabenartig im Dispersionsmittel angeordnet und z. T. an den Berührungspunkten miteinander verknüpft sind. Das Dispersionsmittel ist durch Kapillarkräfte locker ans Fasergeflecht gebunden. Der **Sol-Gel-Prozess** ist ein wichtiges Verfahren der modernen Materialsynthese im wässrigen Medium, bei dem aus molekularen Vorstufen (Prekursoren) durch Hydrolyse- und Kondensationsreaktionen (s. Kap. 2.5.4) zunächst ein kolloiddisperses System (Sol) erzeugt wird, dessen Teilchen sich dann zu Gelen mit je nach Reaktionsbedingungen verschiedener dreidimensionaler Netzstruktur zusammenlagern können. Die Trocknung ergibt Xerogele (grch. xeros: trocken). Aus Siliciumprekursoren des Typs $Si(OR)_4$ (R = Methyl, Ethyl, Isopropyl) sind so z. B. poröse Siliciumdioxid-Schichten zugänglich, die für bestimmte Anwendungen maßgeschneidert werden können (z. B. Entspiegelung von Solarkollektoren).

2.4.6 Kolligative Eigenschaften: Dampfdrucksenkung – Siedepunkterhöhung – Gefrierpunkterniedrigung – Osmose

Die folgenden Überlegungen gelten im Prinzip für alle Arten von Lösemitteln, doch beziehen wir sie im Rahmen dieses Buches ausschließlich auf das Lösemittel Wasser. Wir erläutern auf mikroskopisch-molekularer Ebene, wie die Anwesenheit eines homogen gelösten nichtflüchtigen Stoffes den Dampfdruck des Wassers über der Lösung senkt, den Siede- und Gefrierpunkt des Wassers verändert und zum Aufbau eines osmotischen Drucks führen kann.

Wir betrachten die Verhältnisse in verdünnter Lösung, da dann die gelösten Teilchen infolge großer räumlicher Trennung einen möglichst geringen Einfluss aufeinander ausüben. Dies kommt den (hypothetischen) Verhältnissen in idealer Lösung nahe, in der die Teilchen des gelösten Stoffes bei jeder Konzentration voneinander unabhängig sind. Nichtflüchtigkeit des gelösten Stoffes bedeutet, dass sein Dampfdruck null ist. Der Gasraum über der Lösung enthält folglich nur Wassermoleküle (neben den Gasteilchen der Luft, wenn sich die Lösung im offenen Gefäß befindet). Außerdem soll gelten, dass sich der gelöste Stoff im festen Lösemittel (gefrorenem Wasser, d. h. Eis) nicht löst. Meerwasser (eine wässrige Salzlösung) zeigt dieses Verhalten beispielhaft: Aus ihm entstandenes Eis (Packeis, Eisberge) ist erstarrtes Süßwasser.

Unter den genannten Randbedingungen ist das bemerkenswerte experimentelle Resultat, dass die Lösungseigenschaften (Dampfdruck, Siede- und Gefrierpunkt des Lösemittels, osmotischer Druck) lediglich von der **Anzahl gelöster kleinster Teilchen** abhängen, nicht aber von deren chemischer Identität. Die Eigenschaften werden also vom „Kollektiv" der Teilchen bestimmt und daher als **kolligative Eigenschaften** bezeichnet (lat. colligare: zusammenbringen, sammeln). Dies bedeutet, dass es (im Idealfall) unerheblich ist, ob wir die Lösung eines Elektrolyten (z. B. Natriumchlorid (NaCl) oder Calciumchlorid ($CaCl_2$)) oder eines Nichtelektrolyten (z. B. Glucose) betrachten (vgl. Kap. 2.4.1), sofern wir im Falle des Elektrolyten die Anzahl gelöster Kationen und Anionen (z. B. $Na^+ + Cl^-$; $Ca^{2+} + 2\,Cl^-$) summieren. Bevor wir die physikalischen Hintergründe klären, können wir bereits festhalten: Für verdünnte Lösungen, z. B. von Natriumchlorid (2 Teilchen pro Formeleinheit), Calciumchlorid (3 Teilchen pro Formeleinheit) und Glucose (1 Teilchen pro Formeleinheit), erwarten wir das gleiche kolligative Verhalten, wenn sich ihre Stoffmengenkonzentrationen c (vgl. Kap. 2.4.1) verhalten wie $3:2:6$.

Für die weitere Argumentation ist es hilfreich, noch einmal die Beschreibung der Gleichgewichte zu rekapitulieren, die für Wassermoleküle in siedendem bzw. gefrierendem reinem Wasser an der Grenzfläche zwischen Flüssig- und Gasphase bzw. Fest- und Flüssigphase herrschen (Kap. 2.3.1). Dem stellen wir die Verhältnisse in verdünnter wässriger Lösung (z. B. von Glucose) im offenen Gefäß gegenüber (Abb. 2.19a). An der Grenzfläche der Lösung zur Gasphase befinden sich – wie in der gesamten homogenen Lösung – neben Wassermolekülen auch die kleinsten Teilchen des gelösten Stoffes. Während manche H_2O-Moleküle ungehindert in die Gasphase übertreten können, stoßen andere mit den gelösten Teilchen zusammen und werden in die Flüssigkeit zurückgelenkt. Demgegenüber ist der Rückstrom einmal in die Gasphase entkommener Lösemittelteilchen in die Flüssigkeit ungehindert, da sich die Teilchen an jedem Punkt der Flüssigkeitsoberfläche anlagern können. Gegenüber den Verhältnissen in reinem Wasser bewirkt die Auflösung eines nichtflüchtigen Stoffes also das **Absinken des Dampfdruckes** auf einen neuen Gleichgewichtswert. Folglich muss, um die Lösung (d. h. das Lösemittel) zum Sieden zu bringen (seinen Dampfdruck auf den umgebenden Luftdruck zu steigern), mehr Energie zugeführt werden als im Falle reinen Wassers. Der **Siedepunkt einer wässrigen Lösung** (genauer: die Temperatur, bei der das Wasser in einer wässrigen Lösung zu sieden beginnt) liegt höher als der reinen Wassers.

Bei gegebener Temperatur T ist der Dampfdruck p des Wassers in einer Lösung gleich dem Produkt aus Molenbruch (andere Bezeichnung: Stoffmengenanteil, vgl. Kap. 2.4.1) des Wassers in der Lösung und Dampfdruck p^* von reinem Wasser bei derselben Temperatur (**Raoult'sches Gesetz**; François-Marie Raoult, 1830–1901; frz. Chemiker und Physiker):

$$p = x(H_2O) \cdot p^*$$ (2.47)

In wässriger Lösung gilt: $x(H_2O) + x(\text{gelöster Stoff}) = 1$ und somit $x(H_2O) < 1$. (Für reines Wassers gilt: $x(H_2O) = 1$ und folglich $p = p^*$.) Es ist keine prinzipielle Voraussetzung für die Gültigkeit des Raoult'schen Gesetzes, dass das Lösemittel Wasser ist.

Das Verfahren der **Destillation** erlaubt die Abtrennung des Lösemittels vom gelösten nichtflüchtigen Stoff (vgl. Kap. 2.4.7). In einer geeigneten Vorrichtung (Destillationsapparatur) wird das Lösemittel abgesiedet und der Lösemitteldampf räumlich getrennt rekondensiert (lat. dēstillare: herabträufeln). Indem Lösemittel verdampft, nimmt die Konzentration der verbleibenden Lösung kontinuierlich zu, weshalb in einer gegen den Atmosphärendruck offenen Apparatur (d. h. bei konstantem Umgebungsdruck) die Siedetemperatur des Lösemittels bis zur vollständigen Verdampfung stetig steigt.

Betrachten wir nun den Fall einer gefrierenden wässrigen Lösung (d. h. des gefrierenden Lösemittels Wasser; der gelöste Stoff sei im festen Lösemittel unlöslich, s. o.). Um einen Eiskristall bilden zu können, müssen sich Wassermoleküle hinreichend geringer kinetischer Energie unter Aussonderung der gelösten Substanz zusammenfinden. Die Anlagerung von Wassermolekülen aus der Lösung an den Kristall wird durch die gelösten Teilchen behindert. Demgegenüber können Wassermoleküle den gebildeten Feststoff (der aus reinem H_2O besteht) ohne Weiteres verlassen, auch wenn sich an seiner Oberfläche Teilchen des gelösten Stoffes befinden (Abb. 2.19b). Die Zumischung eines nichtflüchtigen Stoffes zu einer Eis/Wasser-Mischung bewirkt also, dass pro Zeiteinheit mehr Lösemittelmoleküle den Festkörper verlassen, als sich umgekehrt an ihm abscheiden: Das Eis schmilzt. Um das Gefrieren des Lösemittels voranzutreiben, d. h. das Gleichgewicht zwischen in Lösung gehenden und sich aus der Lösung an den Feststoff anlagernden Lösemittelteilchen wiederherzustellen, muss mehr Energie entzogen werden als im Falle reinen Wassers. Der **Gefrierpunkt der Lösung** (genauer: die Temperatur, bei der das Wasser in einer wässrigen Lösung zu frieren beginnt) liegt also tiefer als der reinen Wassers. Da nur das Lösemittel erstarrt und der gelöste Stoff in

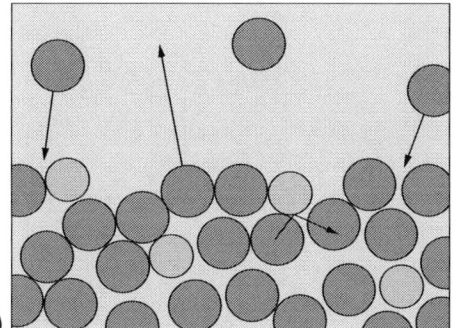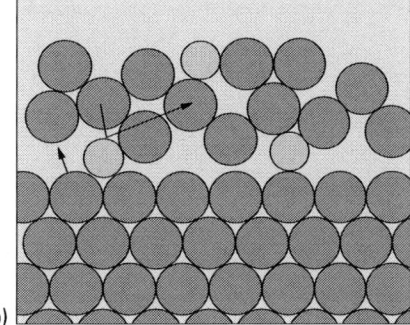

(a)   (b)

Abb. 2.19 a) Siedepunkterhöhung: Ein nichtflüchtiger gelöster Stoff (hellgrau) behindert den Übertritt von Lösemittelteilchen (dunkelgrau) in die Gasphase, nicht aber deren Rückkehr in die Lösung; b) Gefrierpunkterniedrigung: Ein nichtflüchtiger gelöster Stoff behindert die Anlagerung von Lösemittelteilchen an das gefrorene reine Lösemittel, nicht aber deren Rückkehr in die Lösung (aus Atkins und Beran, 1992).

Lösung bleibt, nimmt, indem das Ausfrieren des Lösemittels fortschreitet, die Konzentration der verbleibenden Lösung immer mehr zu, was den Gefrierpunkt des Lösemittels immer weiter absenkt, bis schließlich alles Lösemittel gefroren ist. Dies erklärt, warum Lösungen über einen Temperaturbereich erstarren und keinen definierten Festpunkt haben.

Auftausalz, Frostschutz und Kältemischungen

Die Gefrierpunkterniedrigung hat zur Folge, dass Lösungen über einen größeren Temperaturbereich (insbesondere bei tiefen Temperaturen) in flüssiger Form vorliegen als das reine Lösemittel. Dies erklärt die eistauende Wirkung von Streusalz im Winter. Streusalz (Auftausalz) ist im wesentlichen Natriumchlorid (NaCl). Sein Einsatzbereich liegt in der Praxis zwischen 0 °C und etwa −10 °C. Bei tieferen Temperaturen (bis etwa −20 °C) können andere Salze (z. B. Calciumchlorid (CaCl$_2$)) verwendet werden.

Die Gefrierpunkterniedrigung spielt auch für die Bereitung von Kältemischungen eine Rolle. Zweckmäßig mischt man hierfür Eis mit einem Salz, das sich in Wasser endotherm löst (s. Kap. 2.4.2), was die weitere Temperaturabsenkung des Schmelzwassers bewirkt. Durch die Kombination etwa von Eis und Calciumchlorid-Hexahydrat (CaCl$_2 \cdot 6\,H_2O$) lässt sich auf diese Weise eine Temperatur von bis zu −55 °C erreichen.

Wenn sich im Winter der Einsatz von Auftausalz aus Gründen des Korrosionsschutzes verbietet (z. B. bei der Flugzeugenteisung oder im Kühlkreislauf eines Verbrennungsmotors), verwendet man organische Substanzen als Frostschutzmittel, wie z. B. den Dialkohol Ethylenglykol (HO−CH$_2$CH$_2$−OH). Hier beruht die Auftauwirkung allerdings weniger auf dem kolligativen Effekt als vielmehr auf der Tatsache, dass das dem Wasser in erheblicher Menge zugesetzte Frostschutzmittel die Bildung von Eiskristallen aus dem in vergleichsweise geringer Menge vorhandenem Wasser verhindert.

In der Tierwelt ermöglichen spezielle Frostschutz-Proteine das Überleben unter Extrembedingungen. Ein eindrucksvolles Beispiel sind die Antarktisfische (*Notothenioidei*), von denen einige Arten im Südpolarmeer Temperaturen bis −1,8 °C überstehen.

Diese elementaren, rein qualitativen Überlegungen machen Siedepunkterhöhung und Gefrierpunkterniedrigung von Lösungen plausibel. Die physiko-chemisch fundierte Argumentation, die kolligative Eigenschaften quantitativ beschreibt, kann hier nicht vertieft werden. Sie geht vom Begriff der Entropie aus, die als „Maß für den Ordnungszustand" eines Systems aufgefasst werden kann. Doch auch das verwendete einfache Bild lässt eine umso größere Siedepunkterhöhung bzw. Gefrierpunkterniedrigung erwarten, je größer die Anzahl der gelösten Teilchen ist. Die quantitative Korrelation, auf die wir hier nicht weiter eingehen, ist möglich und Grundlage einer Methode zur **Molmassenbestimmung** unbekannter Substanzen (Ebullioskopie bzw. Kryoskopie).

Polywasser

Mitte der 1960er Jahre erregten Forscher in der UdSSR mit der Beschreibung einer „neu entdeckten Form des Wassers" Aufsehen, das gegenüber „normalem Wasser" u. a. einen erheblich höheren Siedepunkt, einen niedrigeren Schmelzpunkt und eine deutlich höhere Dichte aufweisen sollte. Hergestellt wurde das Material, indem reines, herkömmliches Wasser wiederholt durch sehr feine, frisch gefertigte Glaskapillaren gezogen oder in diese kondensiert wurde. Die Befunde lösten international erhebliches Aufsehen in den Medien und einen Forschungsboom aus. Zwischen 1966 und 1973 erschienen über 500 wissenschaftliche Veröffentlichungen über diese eigenartige Zustandsform des Wassers. Sie wurde u. a. als Polywasser, anomales Wasser, Orthowasser, superdichtes Wasser oder Wasser-X bezeichnet und zwischenzeitlich für ein Polymerisationsprodukt herkömmlichen Wassers gehalten, bis sich nach vielfältigen Forschungsanstrengungen die Erkenntnis durchsetzte, dass es sich hierbei um wässrige Lösungen variabler Anteile kolloidaler Kieselsäure (SiO_2) und verschiedener durch Korrosion aus den Glaskapillaren herausgelöster Salze handelte – ein spektakuläres Beispiel für den kolligativen Effekt.

Das kolligative Verhalten wässriger Lösungen ist für Pflanzen und für andere Lebewesen essentiell, da es den Wasserhaushalt der Zellen reguliert und so auch den Stofftransport im Organismus steuert. Der zugrunde liegende Effekt wird als **Osmose** bezeichnet (grch. osmos: Schieben, Stoßen). Dabei handelt es sich um das Wandern von Wassermolekülen (d. h. Diffusion des Lösemittels) aus einer Lösung geringerer Konzentration durch eine spezielle Trennwand (auch als **Membran** oder Diaphragma bezeichnet) in eine Lösung höherer Konzentration. Die Membran gestattet im Grenzfall nur den Wassermolekülen den Durchtritt, nicht aber den Teilchen der gelösten Stoffe. Eine Membran, für die diese Forderung (weitgehend) erfüllt ist, heißt semipermeabel oder selektiv permeabel. Indem die Wassermoleküle in die konzentriertere Lösung wandern, gelangen sie in einen Bereich höherer Unordnung bzw. Entropie (vgl. die oben gemachte Bemerkung zur quantitativen Erfassung kolligativer Eigenschaften). Befindet sich die höher konzentrierte Lösung in einem nach allen Seiten abgegrenzten Raum, so bewirkt die Diffusion des Lösemittels in diesen Raum hinein den Aufbau eines hydrostatischen Drucks, der solange anwächst, bis er das Verdünnungsbestreben der konzentrierten Lösung (den **osmotischen Druck**, unter dem die Lösemittelteilchen durch die Membran hereindiffundieren) balanciert. Dies lässt sich mit Hilfe der in Abb. 2.20 gezeigten Versuchsanordnung demonstrieren. In ihr sind reines Wasser und eine Zuckerlösung durch eine semipermeable Membran (z. B. Celluloseacetat) getrennt. Aus dem reinen Wasser diffundieren so lange H_2O-Moleküle durch die Membran in die Zuckerlösung, bis der hydrostatische Druck der sich aufbauenden Flüssigkeitssäule

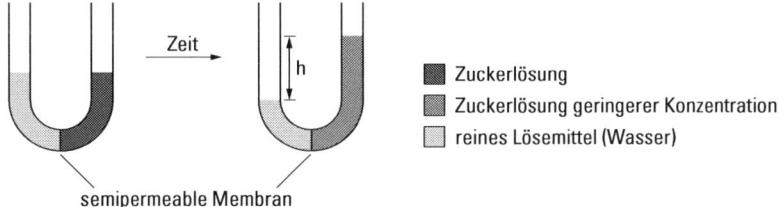

Abb. 2.20 Osmose: Die Niveaudifferenz im U-Rohr rechts wird durch den osmotischen Druck Π verursacht, der den hydrostatischen Druck p der Flüssigkeitssäule der Höhe h balanciert. Es gilt: $p = \varrho \cdot g \cdot h$ (ϱ: Dichte der Lösung nach Einstellung der Niveaudifferenz; g: Erdbeschleunigung, $9{,}81 \ \mathrm{m \, s^{-2}}$).

die weitere Verdünnung der Zuckerlösung stoppt. Im dann erreichten Gleichgewichtszustand diffundieren pro Zeiteinheit gleich viele Wassermoleküle unter dem Einfluss des osmotischen Drucks in die Zuckerlösung wie unter dem Einfluss des hydrostatischen Drucks aus der Lösung heraus. Diese Gegebenheiten beschreibt die **van't Hoff-Gleichung** (1887; Jacobus Henricus van't Hoff, 1852–1911; niederländischer Chemiker), nach der das Produkt aus osmotischem Druck Π und Volumen V der Lösung gleich ist dem Produkt aus der Stoffmenge n des gelösten Stoffs, der idealen Gaskonstante R (8,314 J·mol^{-1}·K^{-1}) und der Temperatur T in Kelvin:

$$\Pi \cdot V = n \cdot R \cdot T \tag{2.48}$$

Der durch diese Gleichung hergestellte Zusammenhang mit der Stoffmenge n lässt sich für die **Molmassenbestimmung** nutzen, indem man bei gegebener Temperatur T den osmotischen Druck Π einer Lösung bekannten Volumens V misst, die eine bekannte Einwaage m des Stoffes unbekannter Molmasse M_m enthält (Osmometrie unter Verwendung der Beziehung $n = m/M_m$).

Hinreichende mechanische Stabilität der Membran vorausgesetzt, lässt sich durch Ausüben eines Drucks auf die Flüssigkeitssäule, der größer ist als der osmotische Druck, Wasser auch aus der Lösung in den Bereich des reinen Wassers zwingen. Dieses Verfahren heißt **Umkehrosmose** (engl. reverse osmosis) und wird in großem Maßstab z. B. für die Trinkwassergewinnung aus Meerwasser genutzt.

Osmose und Osmoregulation
Zellmembranen sind selektiv permeabel und gestatten Wasser und kleinen Molekülen sowie Ionen unter weitgehender Abstreifung der Hydrathülle den Durchtritt („Ionenkanäle"), nicht aber Makromolekülen wie z. B. Enzymen und Proteinen. Für Lebensprozesse ist die Aufrechterhaltung eines bestimmten Innendrucks (Turgor) in Zellen entscheidend (Osmoregulation). Wird die Wasserzufuhr unterbrochen, so schrumpfen die Zellen (Beispiel: Verwelken einer Pflanze). Auch die Funktionsfähigkeit roter Blutkörperchen wird durch Osmoregulation mit der sie umgebenden Lösung, dem Blutplasma, gewährleistet. Bei Einbringen in Lösungen geringerer Konzentration oder in destilliertes Wasser diffundiert Wasser in die roten Blutkörperchen und lässt sie platzen. In zu konzentrierter Lösung führt Wasserverlust aus den roten Blutkörperchen zu deren Schrumpfung. Lösungen, die den gleichen osmotischen Druck erzeugen wie ein Vergleichsmedium heißen **isotonisch** (z. B. physiologische Kochsalzlösung); Lösungen, die einen höheren bzw. geringeren osmotischen Druck erzeugen, heißen hypertonisch bzw. hypotonisch.

2.4.7 Dampfdruck homogener Gemische zweier Flüssigkeiten – Fraktionierte Destillation

In Kap. 2.4.6 haben wir den Einfluss eines nichtflüchtigen homogen gelösten Stoffes auf das Siedeverhalten des Wassers in der Lösung untersucht. Wir diskutieren nun das Siedeverhalten homogener Gemische zweier Substanzen, die beide flüchtig sind. Im Falle solcher Lösungen finden sich im überstehenden Gasraum Moleküle beider Komponenten. Die relative Flüchtigkeit der Komponenten (gegeben durch die jeweilige

Siedetemperatur) bestimmt die Zusammensetzung des Dampfes. Wir erläutern für ideale Gemische zweier flüchtiger Flüssigkeiten die thermische Stofftrennung durch fraktionierte Destillation. Danach sind wir in der Lage, von der Idealität abweichendes Verhalten binärer Gemische zu verstehen und diskutieren als Beispiele die Lösungen Wasser/Ethanol und Wasser/Hydrogenchlorid. Für eine vertiefende Darstellung der Zusammenhänge wird auf die Lehrbücher der physikalischen Chemie verwiesen.

Wir betrachten zunächst die **ideale Lösung** (homogenes Gemisch) zweier Flüssigkeiten A und B bei gegebener Temperatur T. Ideales Verhalten bedeutet, dass sich der Dampfdruck p über der Lösung additiv aus den Partialdrücken $p(A)$ und $p(B)$ beider Komponenten zusammensetzt (Gl. 2.49) und beide Partialdrücke jeweils dem Raoult'schen Gesetz gehorchen (Gl. 2.50, 2.51; vgl. Kap. 2.4.6; $x(A)$ und $x(B)$ bezeichnen die Molenbrüche der Komponenten A und B und $p^*(A)$ und $p^*(B)$ die Dampfdrücke der jeweiligen reinen Flüssigkeit). Als Partialdruck einer Komponente wird der Druck bezeichnet, den die Komponente ausüben würde, wenn sie unter ansonsten identischen Bedingungen allein vorläge. Unter den genannten Randbedingungen gehorcht der Gesamtdampfdruck über der Lösung für jedes Mischungsverhältnis A/B der durch die folgenden Gleichungen und in Abb. 2.21 graphisch dargestellten Gesetzmäßigkeit. (Wir stellen bei dieser Gelegenheit fest, dass Gl. 2.47 in Kap. 2.4.6 einen Spezialfall beschreibt, in dem gilt: $p^*(B) = p(B) = 0$.)

$$p = p(A) + p(B) \tag{2.49}$$

$$p(A) = x(A) \cdot p^*(A) \tag{2.50}$$

$$p(B) = x(B) \cdot p^*(B) \tag{2.51}$$

Erhitzen wir das Flüssigkeitsgemisch, beginnt es zu sieden, sobald der Gesamtdampfdruck des Gemisches dem Umgebungsdruck (Atmosphärendruck bei Erhitzen im offenen Gefäß) entspricht. Da die flüchtigere Komponente leichter in die Gasphase übertritt, wird ihr relativer Anteil im Dampf über der Lösung größer sein als in der

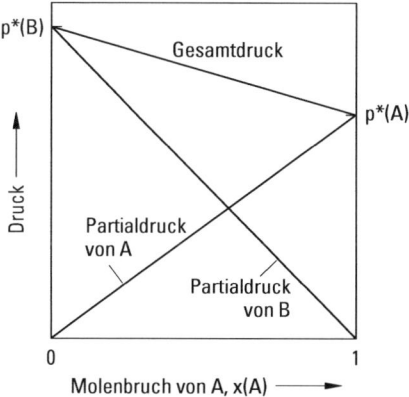

Abb. 2.21 Ideale Lösung zweier flüchtiger Flüssigkeiten A und B: Gesamtdampfdruck und Partialdampfdrücke in Abhängigkeit vom Mischungsverhältnis. Nahezu ideales Verhalten bei allen Mischungsverhältnissen zeigt z. B. ein Gemisch aus Isobutanol (2-Methyl-1-propanol, $CH_3CH(CH_3)CH_2OH$; Komponente A; Sdp. 108,5 °C) und Isopropanol (2-Propanol, $CH_3CH(OH)CH_3$; Komponente B; Sdp. 82,3 °C).

Lösung. Kondensiert dieser Dampf, wird eine geringere Temperatur ausreichen, um das Kondensat erneut zum Sieden zu bringen (da ein höherer Anteil der flüchtigen Komponente einem geringeren Siedepunkt entspricht). Diese Überlegung ist für alle möglichen Zusammensetzungen des Gemisches zwischen den beiden Extremen der reinen Komponente A und der reinen Komponente B gleichermaßen gültig, sodass wir das in Abb. 2.22 gezeigte Diagramm konstruieren können. Entlang der Ordinate ist die Siedetemperatur aufgetragen, entlang der Abszisse der Molenbruch der Komponente B bzw. der Komponente A (für jede Zusammensetzung ergibt die Addition des jeweiligen Paars von Molenbrüchen 1, vgl. Kap. 2.4.1). Links ist die Siedetemperatur der reinen Komponente A aufgetragen ($x(A) = 1$, $x(B) = 0$), rechts die (in unserem Beispiel niedrigere) Siedetemperatur der reinen Komponente B ($x(B) = 1$, $x(A) = 0$).

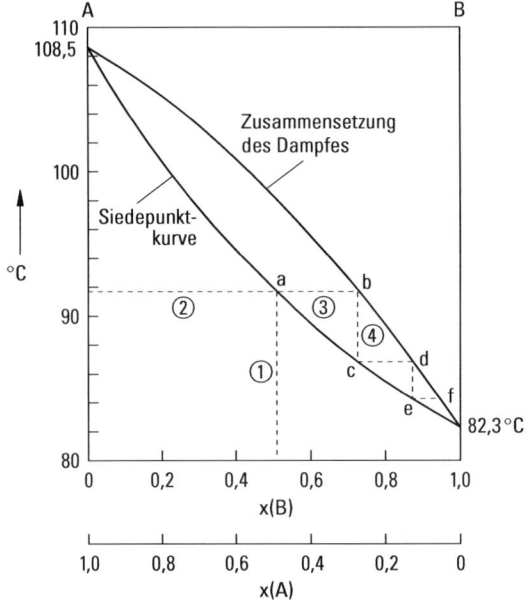

Abb. 2.22 Siedetemperatur eines Gemisches aus Isobutanol (Komponente A) und Isopropanol (Komponente B) in Abhängigkeit vom Mischungsverhältnis und jeweilige Zusammensetzung der Gasphase (vgl. Bildunterschrift zu Abb. 2.21).

Die untere Kurve in Abb. 2.22 (**Siedepunktkurve**) stellt die Siedetemperaturen des Gemisches in Abhängigkeit von der jeweiligen Zusammensetzung dar. Die obere Kurve zeigt die **Zusammensetzung des Dampfes**, der am jeweiligen Siedepunkt mit dem zugehörigen Flüssigkeitsgemisch im Gleichgewicht steht. Wir betrachten als Beispiel ein Gemisch gleicher Anteile der Komponenten A und B (Hilfslinie ①). Seine Siedetemperatur finden wir in Abb. 2.22 durch Aufsuchen des Punktes a auf der Siedepunktkurve und Ablesung (Hilfslinie ②) an der Ordinate. Die Zusammensetzung des Dampfes bei dieser Temperatur ergibt sich durch Aufsuchen des Punktes b (entlang der waagerechten Hilfslinie ③) auf der zugehörigen Kurve. Kondensiert der Dampf zur Flüssigkeit, so hat diese dieselbe Zusammensetzung (Hilfslinie ④, Punkt c), aber – erwartungsgemäß, da mit der flüchtigeren Komponente angereichert – eine niedrigere

Siedetemperatur. Die vielmalige Wiederholung dieses Siede-Kondensations-Prozesses bei stetig abnehmender Siedetemperatur (entlang eines Temperaturgradienten, markiert durch die Punkte d, e, f, ...) führt schließlich zur (fast) reinen Komponente B, die – in einer geeignet konstruierten Apparatur – räumlich von der (fast) rein zurückbleibenden Komponente A getrennt aufgefangen werden kann. (Die vollständige Trennung beider Komponenten ließe sich theoretisch durch unendlich wiederholte Iteration erzielen.) Ein derartiger Trennungsprozess, der durch kontinuierliche Redestillation die Gewinnung beider Komponenten eines Zweikomponentengemisches in (jeweils fast) reiner Form erlaubt, heißt **fraktionierte Destillation** oder Rektifikation. Die Trennvorrichtung, die die Einstellung des erforderlichen Temperaturgradienten ermöglicht, wird als Fraktionier- oder Rektifikationskolonne bezeichnet.

Die fraktionierte Destillation erlaubt die (fast) vollständige Auftrennung eines Gemisches zweier flüchtiger Flüssigkeiten in die Komponenten nur für den Fall, dass jede Komponente für sich ebenso wie die Mischung das Raoult'sche Gesetz befolgt. Dies trifft z. B. für ein Ethanol/Wasser-Gemisch oder ein HCl/Wasser-Gemisch nicht zu. Im Falle einer **Mischung aus Ethanol und Wasser** sind für jedes Mischungsverhältnis die Partialdrücke beider Komponenten und der Gesamtdampfdruck größer, als es das Raoult'sche Gesetz vorhersagt. Der Grund hierfür ist, dass im Gemisch die H_2O- und Ethanolmoleküle schwächer miteinander wechselwirken als jede Molekülsorte mit ihresgleichen in den jeweils reinen Flüssigkeiten. Die Gesamtdampfdruck-Kurve (die im idealen Fall linear ist, vgl. Abb. 2.21) weist nunmehr für ein bestimmtes Mischungsverhältnis ein Maximum und die Siedepunktkurve folglich ein Minimum auf. An diesem Punkt, der mit 78,2 °C unter den Siedetemperaturen beider Reinstoffe liegt (Ethanol: 78,5 °C; Wasser: 100 °C), haben Flüssigkeit und Dampf die gleiche Zusammensetzung (Wasseranteil: 4,4 Gewichtsprozent). Sobald bei der Destillation entlang der Fraktionierkolonne diese Zusammensetzung erreicht ist (was unabhängig vom ursprünglichen Mischungsverhältnis der Komponenten geschieht), kann der Destillationsprozess die beiden Flüssigkeiten nicht weiter trennen. Als Kondensat erhalten wir das Gemisch dieser Zusammensetzung.

Eine **Lösung von HCl in Wasser** zeigt verwandtes Verhalten, jedoch unter umgekehrten Vorzeichen. Hier sind für jedes Mischungsverhältnis die Partialdrücke beider Komponenten und der Gesamtdampfdruck kleiner, als es dem Raoult'schen Gesetz entspricht. Der Grund hierfür ist, dass die beiden Komponenten HCl und H_2O stark miteinander wechselwirken (es kommt zur Dissoziation des potentiellen Elektrolyten HCl in Wasser, vgl. Kap. 2.4.1). Die Gesamtdampfdruck-Kurve hat bei einem bestimmten Mischungsverhältnis ein Minimum und die Siedepunktkurve folglich ein Maximum. An diesem Punkt, der mit 108,6 °C über den Siedetemperaturen beider Reinstoffe liegt (HCl: −83,7 °C; Wasser: 100 °C), haben Flüssigkeit und Dampf die gleiche Zusammensetzung (Wasseranteil: 79,8 Gewichtsprozent). Kocht man eine wässrige HCl-Lösung beliebiger Zusammensetzung hinreichend lange unter Verdampfung im offenen Gefäß, so nähert sich das Stoffgemisch in der zurückbleibenden Lösung immer mehr diesem Mischungsverhältnis.

Eine Mischung zweier Flüssigkeiten, die ohne Änderung der Zusammensetzung siedet (also so in die Gasphase übergeht, dass das Mischungsverhältnis beider Komponenten im Dampf dem in Lösung entspricht), wird als **Azeotrop** bezeichnet (grch. sinngemäß für „ohne Veränderung siedend"). Das Gemisch Ethanol/Wasser bildet ein Azeotrop mit Dampfdruckmaximum/Siedepunktminimum (positives Azeotrop), das

Gemisch HCl/Wasser ein Azeotrop mit Dampfdruckminimum/Siedepunktmaximum (negatives Azeotrop). Bei der fraktionierten Destillation eines Gemisches zweier Flüssigkeiten, die bei einem bestimmten Mischungsverhältnis ein positives Azeotrop bilden, kann eine der beiden Komponenten in (fast) reiner Form zurückbleiben (z. B. Wasser im Falle eines Gemisches aus viel Wasser und wenig Ethanol), die andere Komponente destilliert jedoch stets als das azeotrope Gemisch. Nur durch Veränderung der Destillationsbedingungen (Anwendung eines Über- oder Unterdrucks; Beimischung einer zusätzlichen Komponente, im Falle von Ethanol/Wasser z. B. Benzol) oder durch den Zusatz weiterer Hilfsstoffe (zur Bindung der Gemischkomponente Wasser z. B. Zusatz eines Salzes, das einen Aquakomplex ergibt, oder von Molekularsieb; vgl. Kap. 2.5.5) können azeotrope Gemische vollständig in die Komponenten zerlegt werden.

2.5 Chemische Reaktionen des Wassers

In diesem Abschnitt wollen wir einige wichtige Zusammenhänge beleuchten, in denen Wasser über seine Autoprotolyse hinaus (s. Kap. 2.4.4: Ionen im Wasser) die Rolle eines Reaktionspartners spielt. Wir gliedern die Darstellung im Wesentlichen nach Reaktionstypen:

- **Thermo- bzw. photochemische Verfahren** zur Wasserspaltung in die Elemente (für die direkte thermische und die elektrolytische Wasserzerlegung sei auf Kap. 2.2.3 verwiesen)
- **Redoxchemie** des Wassers gegenüber Nichtmetallen und Metallen (z. B. die Gewinnung von „Wassergas" oder das Rosten von Eisen) sowie einige fundamentale Aspekte der **Elektrochemie** in wässriger Lösung. Redoxprozesse sind Reaktionen, bei denen zwischen den Reaktionspartnern Elektronen ausgetauscht werden.
- Umsetzungen, in deren Verlauf unter Entstehung von Wasser neue Bindungen geknüpft oder solche Bindungen in Gegenwart von Wasser wieder gespalten werden können (**Kondensation bzw. Dehydratation, Hydrolyse**)
- Übersicht über Substanzen, die Wasser in unterschiedlicher Form gebunden enthalten (u. a. **Koordinationschemie**).

Der vorliegende Abschnitt beleuchtet die „Chemie des Wassers" wahlweise unter „anorganisch-chemischem" und „organisch-chemischem" Blickwinkel. Einige Beispiele für die vielfältigen Funktionen des Wassers in Lebensprozessen sind in Kap. 2.6.5 dargestellt.

2.5.1 Thermochemische und photokatalytische Wasserspaltung

In Kap. 2.2.3 haben wir bereits darauf hingewiesen, dass effizienten Reaktionen zur Zerlegung von Wasser in die Elemente große Bedeutung zukommt. Vor dem Hintergrund, dass die Reserven der fossilen Energieträger Kohle, Erdgas und Erdöl schwinden, erlaubt die Wasserspaltung im Idealfall die kostengünstige Bereitstellung von Wasserstoff als erneuerbarer Energieträger in großer Menge. Würde dieser zum Betrieb von Brennstoffzellen eingesetzt (s. Kap. 2.5.2), könnten klimaschädliche Emissionen vermieden werden. Mit Wasserstoff betriebene Verbrennungskraftmaschinen haben einen erheblich geringeren Stickoxidausstoß als herkömmliche, mit fossilen Brennstoffen betriebene Motoren.

> **Merke:** Bei der Diskussion einer auf H_2 als alternativem Energieträger gründenden „Wasserstoffwirtschaft" sollte nicht übersehen werden, dass mit der Nutzung von Wasserstoff als Brennstoff auch Probleme verbunden sind. Diese betreffen vor allem seine (bezogen auf das Volumen des Gases oder der Flüssigkeit) geringe Energiedichte, die Ineffizienz der Energiewandlung bei H_2-Herstellung und -Einsatz, den apparativen und infrastrukturellen Aufwand der H_2-Speicherung (die technisch noch nicht ausgereift ist, z. B. Druckspeicherung, Flüssigspeicherung, Speicherung unter Bildung von Metallhydriden, Einlagerung in Hochoberflächenmaterialien) und seine Flüchtigkeit. Möglicherweise induziert H_2, da es der Gravitation leicht entkommt, ozonschädliche Reaktionen in der Stratosphäre. Die Gültigkeit eines derartigen Szenarios ist allerdings in jüngerer Zeit wieder in Frage gestellt worden (Warwick et al., 2004).

Für eine wirtschaftliche Gewinnung von Wasserstoff kommt die direkte thermische oder elektrolytische Wasserspaltung (s. Kap. 2.2.3) nicht in Frage, da beide Verfahren außerordentlich energieintensiv sind. Mögliche Alternativen (die allerdings noch in keinem Fall im großen Maßstab in die Praxis umgesetzt sind) stellen Prozesse dar, die dank des Einsatzes chemischer Hilfsstoffe bei wesentlich niedrigeren Temperaturen geführt werden können (thermochemische Verfahren). Ein Beispiel ist das **Schwefelsäure-Iod-Verfahren** (engl. sulfur-iodine process, S-I cycle), durch das sich Wasser unter Reaktionsbeteiligung von Schwefeldioxid und Iod letztlich zu 50 % in die Elemente zerlegen lässt (Gl. 2.52a–c).

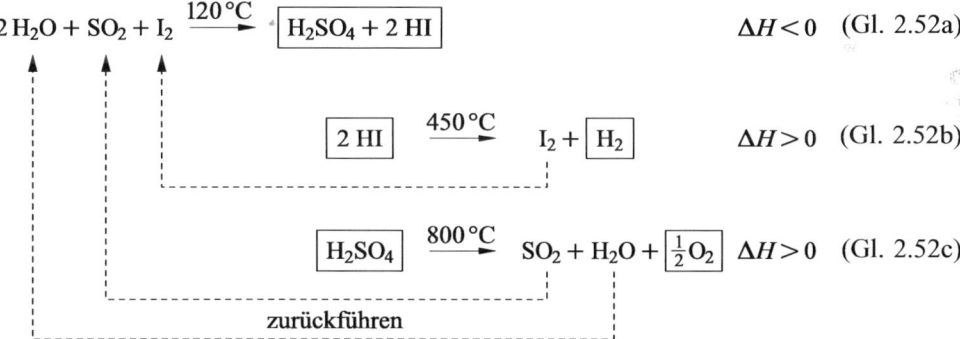

$$2\,H_2O + SO_2 + I_2 \xrightarrow{120\,°C} \boxed{H_2SO_4 + 2\,HI} \qquad \Delta H < 0 \quad \text{(Gl. 2.52a)}$$

$$\boxed{2\,HI} \xrightarrow{450\,°C} I_2 + \boxed{H_2} \qquad \Delta H > 0 \quad \text{(Gl. 2.52b)}$$

$$\boxed{H_2SO_4} \xrightarrow{800\,°C} SO_2 + H_2O + \boxed{\tfrac{1}{2}O_2} \quad \Delta H > 0 \quad \text{(Gl. 2.52c)}$$

zurückführen

Die Vereinigung von Wasser mit SO_2 und I_2 (Gl. 2.52a) verläuft exotherm (Erläuterung dieses Begriffes in Kap. 2.2.3). Die freiwerdende Energie kann zum Vorwärmen der Reaktionsprodukte Schwefelsäure und Iodwasserstoff verwendet werden, deren anschließende thermische Zersetzung (bei gegenüber der Direktspaltung von Wasser deutlich niedrigeren Temperaturen) in voneinander getrennten Teilen der Apparatur Sauerstoff und Wasserstoff ergibt (Gl. 2.52b, c). Die Durchmischung beider Gase (Knallgasbildung, s. Kap. 2.2.3) wird so vermieden. Die sonstigen Reaktionsprodukte werden zurückgeführt und erneut eingesetzt. Das größte Problem bei der Durchführung dieses an sich eleganten und im Kreis führbaren Prozesses liegt in der Korrosivität der eingesetzten Reagenzien, die bisher nur mit erheblichem Materialaufwand beherrschbar ist. Auch andere Verfahren zur thermochemischen Wasserspaltung befinden sich in unterschiedlichen Stadien der Entwicklung. Sie nutzen Metalloxide (M = Zn, Fe, Ce; z. B. das **Solzinc-Verfahren**) oder -halogenide (M = Cu: engl. copper-chlorine cycle) oder beruhen zum Teil auf Elektrolyse (z. B. engl. hybrid-sulfur-cycle, HyS). Einige der thermischen Teilprozesse können mit Solarenergie betrieben werden.

Eine besonders elegante Methode zur Gewinnung von H_2 und O_2 wäre die **photokatalytische Wasserspaltung** (engl. photocatalytic water splitting) unter Einsatz von Sonnenlicht, z. B. im Sinne einer „künstlichen Photosynthese" (vgl. Kap. 2.6.5). Auch in diese Richtung werden derzeit erhebliche Forschungsanstrengungen unternommen, doch hat noch kein Verfahren breite Anwendung erlangt. Zum Einsatz kommen halbleitende Materialien, wie z. B. mit Platin dotiertes Titandioxid (TiO_2 : Pt) oder mit Lanthan dotiertes Natriumtantalat ($NaTaO_3$: La), deren elektronische Struktur bei Lichteinwirkung den Aufbau eines für die Spaltungsreaktion hinreichenden Potentials erlaubt. Durch Lichtanregung ins Leitungsband des Halbleiters angehobene Elektronen reduzieren die Protonen des Wassers zu H_2, während die im Valenzband verbleibenden Elektronenlücken („Löcher") die Oxidation von O^{2-} zu O_2 bewirken (Abb. 2.23). Die Bandlücke muss in der Theorie mindestens der Potentialdifferenz beider Reaktionen entsprechen ($\Delta E = 1{,}23$ V, vgl. Kap. 2.5.3).

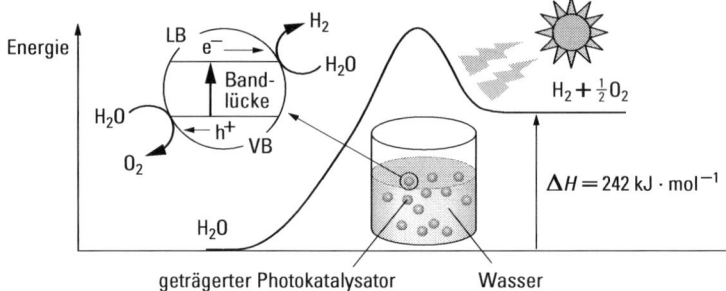

Abb. 2.23 Wasserspaltung an einem Photohalbleiter unter Einsatz von Sonnenlicht. Die Vergrößerung zeigt die Bandstruktur in einem Katalysatorkorn und die Bildung eines Elektronen/ Loch-Paares (h^+/e^-) infolge Lichtanregung (VB: Valenzband, LB: Leitungsband) (modifiziert nach Kudo und Miseki, 2009).

2.5.2 Brennstoffzelle

Durch Einwirkung von Gleichstrom lässt sich Wasser in die Elemente zerlegen (Elektrolyse, vgl. Kap. 2.5.3). Aus der Umkehrung dieses Prozesses, d. h. der kontrollierten Vereinigung von H_2 und O_2, lässt sich elektrische Energie gewinnen. Die hierfür erforderliche Apparatur wird als **Wasserstoff-Sauerstoff-Brennstoffzelle** bezeichnet.

Die Anfänge der Wasserstoff-Sauerstoff-Brennstoffzelle reichen bis in das Jahr 1839 zurück, als Christian Friedrich Schönbein (1799–1868, dt.-schweizerischer Chemiker) erstmals das Wirkprinzip publizierte und William Groves (1811–1896; brit. Jurist und Naturwissenschaftler) die technische Umsetzung präsentierte. Besonders bemerkenswert ist in diesem Zusammenhang auch ein Roman von Jules Verne (L'île mysterieuse (Die geheimnisvolle Insel), 1874), in dem eine zukünftige Wasserstoff-wirtschaft skizziert wird. Mit Blick auf den Ersatz fossiler Brennstoffe heißt es dort: „L'eau est le charbon de l'avenir. – Das Wasser ist die Kohle der Zukunft." Brenn-stoffzellen werden gegenwärtig zur Bereitstellung elektrischer Energie unter speziel-len Bedingungen eingesetzt (Raumfahrt, U-Boote). Zur Ermöglichung ihres routi-nemäßigen Einsatzes in der Automobiltechnik wird erheblicher Forschungsaufwand betrieben.

Bei der Brennstoffzelle handelt es sich um ein galvanisches Element (vgl. Kap. 2.5.3), welches die Verbrennungsenergie geeigneter Betriebsstoffe (neben Wasserstoff (H_2) z. B. auch Methan (CH_4) oder Methanol (CH_3OH), alle jeweils in Reaktion mit Sauer-stoff (O_2) als Oxidationsmittel) direkt und kontinuierlich in elektrische Energie um-wandelt. Gegenwärtig erzielbare Wirkungsgrade betragen je nach Funktionsweise be-reits bis zu 65 %.

In einer Brennstoffzelle sind Elektroden durch eine Membran oder einen Feststoff-Ionenleiter voneinander getrennt (Abb. 2.24). Für die Wasserstoff-Sauerstoff-Brennstoff-zelle sind mehrere Betriebsarten zu unterscheiden (eine Auswahl zeigt Tab. 2.6). Die Gesamtreaktion ist in jedem Falle die Vereinigung von gasförmigem Wasserstoff mit gasförmigem Sauerstoff zu Wasser (je nach Betriebstemperatur flüssig bzw. gasförmig, s. Gl. 2.53):

$$H_2(g) + \tfrac{1}{2}O_2(g) \rightarrow H_2O(l) \text{ bzw. } (g) \qquad (2.53)$$

Die erzielbare Spannung bei Stromentnahme liegt je nach Randbedingungen zwischen 0,5 V und 1 V.

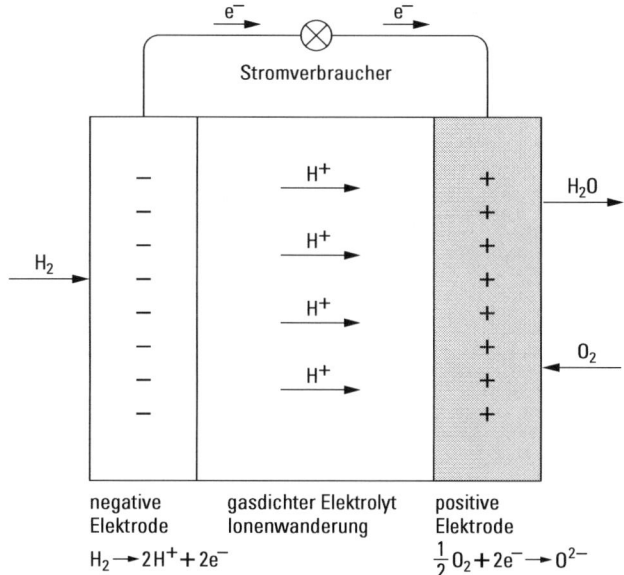

Abb. 2.24 Schematischer Aufbau einer Wasserstoff-Sauerstoff-Brennstoffzelle (Riedel, 2008).

Tab. 2.6 Betriebsarten der Wasserstoff-Sauerstoff-Brennstoffzelle (Auswahl).

Betriebsart	Elektroden-material	Elektrolyt bzw. Membran	Betriebs-temperatur (°C)	Anodenreaktion (Oxidation)/ Kathodenreaktion (Reduktion)
AFC[1], alkalische Brennstoffzelle	poröser Kohlenstoff	wässrige Natrium-hydroxid- oder Kalium-hydroxidlösung (NaOH bzw. KOH); Ladungs-träger: OH^-	80–100	$H_2(g) + 2\,OH^- \rightarrow 2\,H_2O + 2\,e^-$ $2\,e^- + \frac{1}{2}O_2(g) + H_2O \rightarrow 2\,OH^-$
PEMFC/PEFC[2], Polymer-elektrolyt-membran-Brennstoffzelle, Protonen-austausch-membran-Brennstoffzelle	Platin	Perfluoralkylether-membran mit Sulfonsäure-Gruppen, $R\text{-}SO_3^- H^+$ (Nafion-Membran); Ladungsträger: H^+	80	$H_2(g) \rightarrow 2\,H^+ + 2\,e^-$ $2\,e^- + 2\,H^+ + \frac{1}{2}O_2(g) \rightarrow H_2O$
SOFC[3], Festelektrolyt-Brennstoffzelle	Anode: Ni-Gemenge mit Yttrium-dotiertem ZrO_2; Kathode: Strontium-dotiertes Lanthan-Manganat	Yttrium-dotiertes Zirkoniumdioxid (YSZ)[4]: $Zr_{1-x}Y_xO_{2-x/2}$; Ladungsträger: O^{2-}-Ionen	800–1000	$H_2(g) + O^{2-} \rightarrow H_2O + 2\,e^-$ $2\,e^- + \frac{1}{2}O_2(g) \rightarrow O^{2-}$

[1] AFC: engl. alkaline fuel cell; [2] PEMFC: engl. polymer electrolyte membrane fuel cell, proton exchange membrane fuel cell, PEFC: engl. polymer electrolyte fuel cell; [3] SOFC: engl. solid oxide fuel cell; [4] YSZ: engl. yttrium-stabilized zirconia

Dabei wird Wasserstoff an der Anode zu Protonen (H^+) oxidiert. Elektronen fließen durch den Verbraucher zur Kathode, wo Sauerstoff zu Hydroxid- oder Oxid-Ionen reduziert wird (OH^- bzw. O^{2-}; O jeweils in der Oxidationsstufe -2). Der Ladungsausgleich zwischen Anode und Kathode erfolgt durch Hydroxid-Ionen, die durch den Elektrolyten wandern (alkalische Brennstoffzelle) bzw. Protonen, die die Membran durchdringen (Protonenaustauschmembran-Brennstoffzelle) bzw. Oxid-Ionen, die durch den festen Metalloxid-Elektrolyten diffundieren (Festelektrolyt-Brennstoffzelle). Die Protonenaustauschmembran ist ein gasdichter, nicht-elektronenleitender Kunststoff, in dem perfluorierte Alkyletherketten mit Sulfonsäuregruppen ($R\text{-}SO_3^- H^+$) vorliegen, deren Protonen beweglich sind. Als Festelektrolyt kommt Zirkoniumdioxid (ZrO_2) zum Einsatz, das mit Yttriumoxid (Y_2O_3) dotiert ist und folglich bewegliche O^{2-}-Fehlstellen aufweist. Werden im Zirkoniumdioxid-Gitter zwei Einheiten ZrO_2 ($\widehat{=} Zr_2O_4$) durch Y_2O_3 substituiert, so muss zur Wahrung der Elektroneutralität die vierte Oxidionen-Position unbesetzt bleiben ($Zr_2O_4 \widehat{=} Y_2O_3\square$; $\square$ = Fehlstelle).

2.5.3 Redoxchemie des Wassers – Elektrochemie in wässriger Lösung – Korrosion

Nichtmetalle oder Metalle können, sofern sie hinreichende Reduktionskraft besitzen, die Protonen des Wassers zu Wasserstoff reduzieren. Eine alternative Formulierung ist, dass die Substanzen ein hinreichend negatives Standardpotential haben müssen (s. u.). Aus den reagierenden Nichtmetallen entstehen dabei in zumeist endothermer Reaktion kovalente Oxide, aus den Metallen in exothermer Reaktion salzartige Oxide oder Hydroxide.

Die großtechnische Darstellung von Wasserstoff (etwa zur anschließenden Synthese von Ammoniak (NH_3)) nutzt derzeit Verfahren, die letztlich Kohlenstoff als Reduktionsmittel einsetzen (Gl. 2.54–2.57). Bei der Umsetzung von Wasserdampf mit Koks (das Produkt des Erhitzens von Steinkohle unter Luftausschluss) entsteht eine Mischung aus Kohlenmonoxid und Wasserstoff, die als **Wassergas** bezeichnet wird (Gl. 2.54). Die Reaktion ist endotherm; die Energie wird aus der Verbrennung eines Teils des Kokses gewonnen, indem dieser abwechselnd mit Luft und Wasserdampf angeblasen wird. Dabei heizt sich das Koksbett periodisch auf und kühlt sich wieder ab (abwechselndes „Heißblasen" und „Kaltblasen").

$$H_2O(g) + C(s) \xrightarrow{\sim 1000\,°C} \underbrace{H_2(g) + CO(g)}_{\text{Wassergas}} \qquad \Delta H = 131\,\text{kJ} \cdot \text{mol}^{-1} \qquad (2.54)$$

Ein weiteres in großer Menge verfügbares Reduktionsmittel sind kurzkettige Kohlenwasserstoffe, insbesondere Methan (CH_4) aus Erdgas. Die Umsetzung mit Wasserdampf an einem Nickelkatalysator bei ca. 900 °C ergibt ein Gemisch aus 1 Teil Kohlenmonoxid und 3 Teilen Wasserstoff („Synthesegas"). Dieser Prozess wird als **Dampfreformierung** (engl. steam reforming) bezeichnet (Gl. 2.55).

Auch andere organische Verbindungen können in ähnlicher Weise mit Wasserdampf umgesetzt werden. Beim „steam reforming" von Methanol an einem geeigneten Mischkatalysator entstehen im wesentlichen Wasserstoff und Kohlenstoffdioxid (Gl. 2.56; ein immer auch entstehender Anteil Kohlenmonoxid ist in der idealisierten Gleichung nicht berücksichtigt).

$$CH_4(g) + H_2O(g) \xrightarrow[\sim 900\,°C]{\text{Nickelkat.}} \underbrace{CO(g) + 3\,H_2(g)}_{\text{Synthesegas}} \qquad \Delta H = 206\,\text{kJ} \cdot \text{mol}^{-1} \qquad (2.55)$$

$$H_3COH(g) + H_2O(g) \xrightarrow{Cu/ZnO/Al_2O_3,\ 270\,°C} 3\,H_2(g) + CO_2(g) \qquad (2.56)$$

Bei Wassergas- oder Synthesegas-Erzeugung angefallenes CO lässt sich durch die **Kohlenoxid-Konvertierung** abtrennen (engl. water gas shift reaction), die weiteren Wasserstoff produziert und leicht exotherm ist (Gl. 2.57). Folglich würde das sich hierbei einstellende chemische Gleichgewicht mit zunehmender Temperatur auf die Seite der Ausgangsstoffe verschoben (Prinzip des kleinsten Zwanges, s. Kap. 2.4.2). Daher arbeitet man bei möglichst niedriger Temperatur (um 400 °C) unter Einsatz eines Katalysators (Fe_3O_4 (Magnetit) oder Co_3O_4). Entstandenes CO_2 wird mit Wasser ausgewaschen und verbliebene Spuren von CO und CO_2 anschließend bei tiefer Temperatur ausgefroren. Der so erhaltene Wasserstoff ist für die meisten Anwendungen hinreichend rein.

$$CO(g) + H_2O(g) \rightleftharpoons CO_2(g) + H_2(g) \qquad \Delta H = -41 \text{ kJ} \cdot \text{mol}^{-1} \qquad (2.57)$$

Um hochreinen Wasserstoff herzustellen, bedient man sich der **Elektrolyse** von Wasser (Gl. 2.58, vgl. auch die folgende Diskussion). Bei dieser Wasserzersetzung durch Gleichstrom (Elektrolysespannung: 1,23 V) entsteht an der Kathode H_2 (Reduktion von H^+), an der Anode O_2 (Oxidation von O^{2-}).

$$H_2O(l) \rightarrow H_2(g) + \tfrac{1}{2}O_2(g) \qquad \Delta H = +242 \text{ kJ} \cdot \text{mol}^{-1} \qquad (2.58)$$

Wasserstoff entsteht auch, wenn geeignete Metalle mit Wasser (oder mit Säuren, d. h. Protonendonatoren; s. Kap. 2.4.4.2) umgesetzt werden. Die Voraussetzung hierfür ist ein hinreichend negatives Standardpotential des Metalls. Das Konzept des Standardpotentials und einige Grundlagen der Elektrochemie in wässriger Lösung wollen wir im Folgenden skizzieren (ausführlich erklärt werden die Zusammenhänge in den Lehrbüchern der Anorganischen Chemie).

O−H-Bindungen sind im Wassermolekül infolge des erheblichen Unterschiedes der Elektronegativitäten von Sauerstoff und Wasserstoff stark polarisiert (Kap. 2.2.2). Dieser Umstand und die Verfügbarkeit freier Elektronenpaare am Sauerstoff-Atom bedingen die Neigung des Wassers zur **Autoprotolyse**

$$H_2O(aq) \rightleftharpoons H^+(aq) + OH^-(aq),$$

die eine Voraussetzung für die Chemie wässriger Säuren und Basen ist (Protonendonatoren bzw. Protonenakzeptoren; s. Kap. 2.4.4.2). Wegen dieser Eigenschaften ist Wasser auch das bei weitem wichtigste Lösemittel in der Elektrochemie. Dieser Zweig der Chemie befasst sich mit der Nutzung chemischer Reaktionen zur Erzeugung elektrischen Stroms (z. B. in Brennstoffzellen, vgl. Kap. 2.5.2 sowie die folgende Diskussion), mit der relativen Stärke von Oxidations- und Reduktionsmitteln (Elektronenübertragungs- bzw. Redoxreaktionen, z. B. Korrosion von Metallen) und der Nutzung elektrischen Stroms für chemische Umsetzungen (Elektrolyse, z. B. Wasserspaltung in die Elemente).

Die **Rolle des Wassers als Lösemittel bei elektrochemischen Reaktionen** ist von seiner Rolle als Redoxreagenz kaum zu trennen. Unter bestimmten Voraussetzungen fungiert es selber als Elektronenakzeptor oder Elektronendonator:

- **Wasser als Elektronenakzeptor:** Hier wirken die Protonen (H^+-Ionen) des Wassers gegenüber einem geeigneten Reagenz als Oxidationsmittel, werden also selber reduziert (Elektronenaufnahme; Produkt: Wasserstoff, H_2). Dies führt zum Aufbau eines Überschusses an Hydroxid-Ionen, und die Lösung wird basisch.
- **Wasser als Elektronendonator:** Hier wirken die im Wasser formal vorhandenen Oxid-Anionen (O^{2-}-Ionen) gegenüber einem geeigneten Reagenz als Reduktionsmittel, werden also selber oxidiert (Elektronenabgabe; Produkt: Sauerstoff, O_2). Dies führt zum Aufbau eines Überschusses an Protonen, der saure Charakter der Lösung nimmt zu.

Ein Beispiel für die Oxidationswirkung der Protonen des Wassers (Wasser fungiert als Elektronenakzeptor) ist die Reaktion von Wasser mit einem Alkalimetall, z. B. Natrium

(s. u., Gl. 2.59). Ein Beispiel für die Reduktionswirkung der formal in Wasser vorliegenden O^{2-}-Ionen (Wasser fungiert als Elektronendonator) ist die Sauerstoff-Entwicklung am Tetramangancluster (engl. oxygen evolving complex, OEC) des Photosystems II grüner Pflanzen. Der sich dabei aufbauende Protonengradient dient zur Erzeugung des chemischen Energiespeichers ATP (Adenosintriphosphat) (vgl. Photosynthese, Kap. 2.6.5).

Betrachten wir nun die Reaktion des Alkalimetalls Natrium mit Wasser, die Wasserstoff und Natriumhydroxid (Natronlauge) ergibt (Gl. 2.59): Natriumatome werden zu Natrium-Ionen oxidiert, Protonen des Wassers zu Wasserstoff reduziert. Zur Verdeutlichung des Geschehens sind in der Gleichung über den Elementsymbolen jeweils die zugehörigen Oxidationszahlen angegeben (vgl. Kap. 2.2.2). Die Tatsache, dass Natrium-Kationen und Hydroxid-Anionen mit einer Hydrathülle umgeben vorliegen (vgl. Kap. 2.4.2), wird mit der Notation (aq) verdeutlicht.

$$\overset{0}{2\,Na}(s) + \overset{+1\,-2}{2\,H_2O}(l) \rightarrow \overset{0}{H_2}(g) + \overset{+1}{2\,Na^+}(aq) + \overset{-2\,+1}{2\,OH^-}(aq) \qquad (2.59)$$

Für den Zweck der weiteren Diskussion zergliedern wir diese Redoxreaktion formal in zwei Halbreaktionen, nämlich die Oxidation des Natriums (Gl. 2.60) und die Reduktion der Protonen des Wassers (Gl. 2.61).

$$2\,Na(s) \qquad\qquad \rightarrow 2\,Na^+(aq) + 2\,e^- \qquad (2.60)$$

$$2\,H^+(aq) + 2\,e^- \rightarrow H_2(g) \qquad (2.61)$$

Es gibt auch Metalle, die in Wasser (oder Protonensäuren) prinzipiell nicht unter Freisetzung von Wasserstoff oxidiert werden können. Silber (Ag) z. B. kann durch keine Veränderung der Reaktionsbedingungen dazu gebracht werden, die Protonen des Wassers zu H_2 zu reduzieren, selber also in die oxidierte Form (Ag^+) überzugehen. (s. auch Stichworte Passivierung und Korrosion, s. u.). Wenn in wässriger Lösung jedoch Ag^+-Ionen vorliegen (z. B. aus einem geeigneten Silbersalz), dann kann man Wasserstoff als Reduktionsmittel verwenden, das dabei selber unter Bildung von Protonen oxidiert wird. Die Einleitung eines H_2-Stroms in die wässrige Lösung bewirkt die Fällung von feinverteiltem metallischem Silber. Die entsprechenden Halbreaktionen lauten (Gl. 2.62, 2.63):

$$H_2(g) \qquad\qquad \rightarrow 2\,H^+(aq) + 2\,e^- \qquad (2.62)$$

$$2\,Ag^+(aq) + 2\,e^- \rightarrow 2\,Ag(s) \qquad (2.63)$$

Andere Metall-Ionen (z. B. Cu^{2+}, Pt^{2+}) reagieren in analoger Weise und können mit Wasserstoff zum jeweiligen Metall reduziert werden. Eine vollständige Reaktionsgleichung (Beispiel: $CuCl_2$) ist in Gl. 2.64 formuliert. Da die Umsetzung im Sinne der Gleichung spontan von links nach rechts verläuft, wird im Übrigen auch deutlich, dass Salzsäure (HCl), die bei der Reaktion entsteht, nicht in der Lage wäre, Kupfer in umgekehrter Reaktion oxidierend zu lösen.

$$Cu^{2+}(aq) + 2\,Cl^-(aq) + H_2(g) \rightarrow Cu(s) + 2\,H^+(aq) + 2\,Cl^-(aq) \qquad (2.64)$$

Merke: Oxidation und Reduktion sind in Redoxprozessen untrennbar miteinander verbunden.

Für den Zweck unserer Diskussion zerlegen wir in wässriger Lösung ablaufende Redoxprozesse formal in Halbreaktionen, die jeweils die

- **Elektronenaufnahme (Reduktion)**
  und die
- **Elektronenabgabe (Oxidation)**

beschreiben. Ferner ziehen wir aus dem Redoxverhalten der Kombination H^+/H_2 folgende verallgemeinernde Schlussfolgerung (die in den meisten Fällen gilt): Eine bestimmte Halbreaktion kann, je nachdem mit welcher anderen sie kombiniert wird, in die Richtung verlaufen, in der sie Elektronen verbraucht (also eine Reduktion darstellt) oder in die umgekehrte Richtung, bei der sie Elektronen liefert (also eine Oxidationsreaktion ist). Die Halbreaktionen sind daher Gleichgewichtsreaktionen, die je nach Pendant in die eine oder andere Richtung ablaufen können (Gl. 2.65):

$$\text{oxidierte Form (Ox)} + z\,e^- \rightleftharpoons \text{reduzierte Form (Red)} \tag{2.65}$$

Oxidierte Form und reduzierte Form einer Halbreaktion bilden ein **korrespondierendes Redoxpaar**. An jeder Redoxreaktion sind zwei Redoxpaare beteiligt. Die Zahl der bei der einen Halbreaktion verfügbar werdenden Elektronen entspricht der Zahl der in der anderen Halbreaktion aufgenommenen Elektronen (Gl. 2.66–2.68).

$$\text{Redoxpaar 1} \qquad \text{Ox1} + z\,e^- \underset{\text{Oxidation}}{\overset{\text{Reduktion}}{\rightleftharpoons}} \text{Red1} \tag{2.66}$$

$$\text{Redoxpaar 2} \qquad \text{Ox2} + z\,e^- \underset{\text{Oxidation}}{\overset{\text{Reduktion}}{\rightleftharpoons}} \text{Red2} \tag{2.67}$$

$$\textbf{Redoxreaktion} \qquad \text{Ox1} + \text{Red2} \rightleftharpoons \text{Red1} + \text{Ox2} \tag{2.68}$$

Wie können wir feststellen, ob eine Halbreaktion Elektronen liefern wird, die in einer anderen Halbreaktion reduzierend wirken können (sodass die Kombination der beiden Halbreaktionen einen real ablaufenden Redoxprozess abbildet)? Das Kriterium ist das **Standardpotential** $E°$ der jeweiligen Halbreaktion bzw. des jeweiligen Redoxpaares (Standardbedingungen: 25 °C, gelöste Stoffe sind anwesend mit der Aktivität 1 oder näherungsweise (Annahme einer idealen Lösung) mit der Konzentration $c = 1\ \text{mol} \cdot \text{L}^{-1}$ (s. Kap. 2.4.1 und 2.4.4.1), gasförmige Komponenten unter dem Druck $p = 1{,}013$ bar).

Merke: Das Standardpotential beschreibt die Tendenz eines Redoxpaares, gegenüber einem Referenzpaar als Elektronendonator oder als Elektronenakzeptor zu wirken. Verbindliche Referenz ist das Redoxpaar:

$$2\,H^+ + 2\,e^- \rightleftharpoons H_2$$

Sein Standardpotential ist definitionsgemäß $E° = 0$ V. Halbreaktionen, die bei Kombination mit diesem Redoxpaar im Sinne einer Oxidation ablaufen (also Elektronen liefern und so H^+ reduzieren), haben ein Standardpotential $E° < 0$ V (negatives Vorzeichen). Demgegenüber haben Halbreaktionen, die bei entsprechender Kombination im Sinne einer Reduktion ablaufen (also die aus der Oxidation von H_2 zu H^+ stammenden Elektronen verbrauchen), ein Normalpotential $E° > 0$ V (positives Vorzeichen).

Je negativer das Potential einer Halbreaktion, desto stärker ist die reduzierende Wirkung der reduzierten Form des Redoxpaares; je positiver das Potential einer Halbreaktion, desto stärker ist die oxidierende Wirkung der oxidierten Form des Redoxpaares. Nach diesen Kriterien können wir die Redoxpaare nun in eine Reihenfolge bringen (eine kleine Auswahl zeigt Tab. 2.7): In der dort gewählten Anordnung nimmt von oben nach unten die Tendenz der Elektronenabgabe der reduzierten Form mit jedem Eintrag ab und die Tendenz der Elektronenaufnahme der oxidierten Form von Redoxpaar zu Redoxpaar zu. Folglich ist der erste Eintrag in der Tabelle das Redoxpaar mit dem negativsten Standardpotential und der letzte Eintrag das Redoxpaar mit dem positivsten Standardpotential. Die Tabelle heißt **Elektrochemische Spannungsreihe**. Das Standardpotential wird konventionsgemäß für den Reduktionsprozess notiert (Reaktionsablauf von links nach rechts), weshalb man auch von Reduktionspotentialen spricht. Als Bezugspunkt (Referenzelektrode) für die Messung von Standardpotentialen dient die **Standard-Wasserstoffelektrode** (engl. standard hydrogen electrode, SHE). Protonenaktivität und Wasserstoffdruck in dieser Apparatur entsprechen den Standardbedingungen: $a(H^+) = 1$ [näherungsweise: $c(H^+) = 1 \, mol \cdot L^{-1}$]; $p(H_2) = 1,013$ bar. Der Standard-Wasserstoffelektrode wird nach allgemeiner Übereinkunft ein Potential von

Tab. 2.7 Die elektrochemische Spannungsreihe (Halbreaktionen; Auswahl; Standardpotentiale bei 25 °C).

oxidierte Form	übergehende Elektronen		reduzierte Form	$E°/V$
		stark reduzierend		
Li^+	+	e^-	Li	$-3,05$
K^+	+	e^-	K	$-2,93$
Ca^{2+}	+	$2\,e^-$	Ca	$-2,89$
Na^+	+	e^-	Na	$-2,71$
Mg^{2+}	+	$2\,e^-$	Mg	$-2,36$
Al^{3+}	+	$3\,e^-$	Al	$-1,66$
$\mathbf{2\,H_2O}$	+	$\mathbf{2\,e^-}$	$\mathbf{H_2 + 2\,OH^-}$	$-0,83;$ bei pH 7: $-0,41$
Zn^{2+}	+	$2\,e^-$	Zn	$-0,76$
Fe^{2+}	+	$2\,e^-$	Fe	$-0,44$
Pb^{2+}	+	$2\,e^-$	Pb	$-0,13$
$\mathbf{2\,H^+}$	+	$\mathbf{2\,e^-}$	$\mathbf{H_2}$	**0 (per Definition);** bei pH 7: $-0,41$
Cu^{2+}	+	$2\,e^-$	Cu	$+0,34$
$\mathbf{O_2 + 2\,H_2O}$	+	$\mathbf{4\,e^-}$	$\mathbf{4\,OH^-}$	$+0,40;$ bei pH 7: $+0,82$
Fe^{3+}	+	e^-	Fe^{2+}	$+0,77$
Ag^+	+	e^-	Ag	$+0,80$
$\mathbf{O_2 + 4\,H^+}$	+	$\mathbf{4\,e^-}$	$\mathbf{2\,H_2O}$	$+1,23;$ bei pH 7: $+0,82$
Cl_2	+	$2\,e^-$	$2\,Cl^-$	$+1,36$
$MnO_4^- + 8\,H^+$	+	$5\,e^-$	$Mn^{2+} + 4\,H_2O$	$+1,51$
F_2	+	$2\,e^-$	$2\,F^-$	$+2,87$
		stark oxidierend		

0 V zugewiesen. Potentiale von Halbreaktionen, bei denen H_2 oder O_2 umgesetzt wird (in Tab. 2.7 fett markiert), sind pH-abhängig, da diese Reaktionen im wässrigen Milieu H^+- oder OH^--Ionen erzeugen bzw. verbrauchen. Die Tabelle enthält neben den Standardpotentialen dieser Reaktionen auch die Potentialwerte bei pH 7. Die Berechnung dieser Werte wird im Folgenden noch erläutert.

Wie ein Blick auf die in der Tabelle zusammengestellte Auswahl an Redoxpaaren zeigt, werden Redoxreaktionen sowohl von Metallen (Metall-Ionen) als auch von Nichtmetallen (ionischen Nichtmetallspezies) berücksichtigt. Metalle mit negativem Standardpotential werden als unedel bezeichnet, solche mit positivem Standardpotential sind **Edelmetalle**. Nur unedle Metalle lösen sich in Säuren (auch Wasser ist eine solche, vgl. Kap. 2.4.4.2) unter Wasserstoffentwicklung (vgl. allerdings Passivierung, s. u.). Aus der Reihung der Halbreaktionen lässt sich auch noch eine andere Schlussfolgerung ziehen: Bei Kombination zweier geeigneter Redoxpaare in einer geeigneten Apparatur sollte eine elektrische Spannung erzeugbar sein, die der Potentialdifferenz der beiden Halbreaktionen entspricht. Dies ist das Funktionsprinzip eines **Galvanischen Elements**. Die Redoxpaare sind in zwei räumlich getrennten Kompartimenten (Halbzellen) untergebracht, zwischen denen Ionen (nicht aber Elektronen) über eine besondere Vorrichtung (die mit Elektrolyt gefüllt ist, z. B. eine Salzbrücke) ausgetauscht werden können. Schließt man den Stromkreis, indem man die Pole des Galvanischen Elements mit einem Verbraucher (z. B. einer Glühbirne) verbindet, fließen Elektronen aus der Halbzelle, deren Halbreaktion im Sinne einer Oxidation verläuft, über den Verbraucher in die andere Halbzelle, deren Halbreaktion eine Reduktion darstellt. Ein Beispiel ist die **Alkalische Brennstoffzelle** (vgl. Kap. 2.5.2). In der einfachen Ausführung wird Wasserstoffgas („Brennstoff") über eine Elektrode geleitet, Sauerstoffgas über die andere; der Elektrolyt ist eine wässrige Kaliumhydroxidlösung. Elektronenquelle ist die Wasserstoff-Oxidation (Gl. 2.69; der Schauplatz der Oxidation wird als Anode bezeichnet; da wir die Gleichung gegenüber Tab. 2.7 invertiert haben, kehrt sich das Vorzeichen des Potentials um), Elektronensenke ist die Sauerstoff-Reduktion (Gl. 2.70; der Ort, an dem die Reduktion stattfindet, heißt Kathode). In der Summe erzeugt die Brennstoffzelle Wasser (Gl. 2.71) und stellt eine Spannung von 1,23 V bereit. Diesen Wert erhalten wir durch Addition der beiden Standard-Potentiale (vgl. die entsprechenden Eintragungen der Spannungsreihe, Tab. 2.7; $E°$ ist eine intensive Größe (s. Kap. 2.2.3), bleibt also bei Verdoppelung der Stoffmengen der Anodenreaktion invariant).

- **Anodenreaktion** (gegenüber Tab. 2.7 invertiert):

$$H_2(g) + 2\,OH^-(aq) \rightarrow 2\,H_2O(l) + 2\,e^- \mid \cdot 2 \qquad\qquad E° = +0,83\,V \quad (2.69)$$

- **Kathodenreaktion**:

$$O_2(g) + 2\,H_2O(l) + 4\,e^- \rightarrow 4\,OH^-(aq) \qquad\qquad E° = +0,40\,V \quad (2.70)$$

- **Gesamtreaktion**:

$$2\,H_2(g) + O_2(g) \rightarrow 2\,H_2O(l) \qquad \Delta E = E°_{Kathode} + E°_{Anode} = 1,23\,V \quad (2.71)$$

Wir sehen jetzt, was wir bei der Besprechung der Wasserspaltung (photokatalytisch bzw. durch Elektrolyse, s. Kap. 2.2.3 und 2.5.1) vorweg genommen haben: Die Wasserspaltung ist die Umkehrung von Gl. 2.71 und erfordert eine die Reaktion von außen erzwingende Elektrolysespannung von (mindestens) 1,23 V.

Elektrische Organe

Der Zitteraal (*Electrophorus electricus*) lähmt seine Beute durch Stromstoß. Die dafür erforderliche Spannung baut er in einem elektrischen Organ auf, das aus biologisch-elektrochemischen Zellen besteht, die über den Stoffwechsel betrieben werden. Jede dieser natürlichen Brennstoffzellen stellt eine Spannung von ca. 0,15 V bereit. Der Kopf des Aals fungiert als Kathode, der Schwanz als Anode. Die Potentialdifferenz, die ein Aal auf diese Weise entlang seines Körpers von ca. 1 m Länge aufbauen kann, beträgt bis zu 500 V. Zitterwelse (*Malapteruridae*) sind umgekehrt gepolt.

Wir wollen nun die Potentialwerte bei pH 7 für die Redoxhalbreaktionen in Tab. 2.7 erläutern, bei denen H_2 oder O_2 umgesetzt wird. Für die beiden Reaktionen, die für das saure Milieu formuliert sind, bei denen also H^+-Ionen entstehen bzw. verbraucht werden, lässt sich eine Formel ableiten, in die der pH-Wert eingeht. Eine analoge Argumentation gilt für die beiden anderen Reaktionen, die für das basische Milieu formuliert sind, bei denen also OH^--Ionen entstehen bzw. verbraucht werden. Hier muss die Berechnung allerdings indirekt über den pOH-Wert erfolgen (vgl. Kap. 2.4.4.2). Bei der Umsetzung von H_2 im sauren bzw. im basischen Milieu divergieren die zugehörigen Standardpotentiale (0 V (per Definition) bzw. −0,83 V), steigen bzw. sinken aber auf denselben Wert (−0,41 V), wenn der pH-Wert auf 7 erhöht bzw. erniedrigt wird. Eine analoge Argumentation gilt für die Verhältnisse bei der Umsetzung von O_2, wo die Extrema des Potentials +1,23 V (sauer) bzw. +0,40 V (basisch) und der Wert bei pH 7 +0,82 V betragen.

Allgemein kann aus dem Standardpotential $E°$ einer Halbreaktion das Redoxpotential E für andere Konzentrationsverhältnisse von oxidierter und reduzierter Form (Ox bzw. Red, vgl. z. B. Gl. 2.66) berechnet werden, und zwar mit Hilfe der **Nernst'schen Gleichung** (Walter Hermann Nernst, 1864–1941; dt. Physiker):

$$E = E° + \frac{RT}{zF} \ln \frac{c(\text{Ox})}{c(\text{Red})} \tag{2.72}$$

Es bedeuten: R allgemeine Gaskonstante ($8,314 \, J \cdot K^{-1} \cdot mol^{-1}$); T Temperatur (K); F Faraday-Konstante ($96487 \, A \cdot s \cdot mol^{-1}$; entspricht der elektrischen Ladung von 1 mol e^-); z Zahl der bei der Halbreaktion auftretenden Elektronen. $c(\text{Ox})$, $c(\text{Red})$ bezeichnen die Konzentrationen der reduzierten Form bzw. der oxidierten Form, und zwar jeweils bezogen auf die Standardkonzentration $1 \, mol \cdot L^{-1}$. Es sind also in die Nernst'sche Gleichung nur die Zahlenwerte der Konzentrationen einzusetzen. Bei nicht-idealen Lösungen ist statt der Konzentration die Aktivität zu setzen (vgl. Kap. 2.4.4.1).

Aus der Nernst'schen Gleichung lassen sich für die pH-Abhängigkeit der Redoxsysteme, in denen H_2 oxidiert bzw. O_2 reduziert wird, folgende Beziehungen ableiten:

- Für das Potential der Halbreaktion $2\,H^+ + 2\,e^- \rightleftharpoons H_2$:

$$E = -0,059 \, V \cdot pH; \tag{2.73}$$

Daraus folgt für pH 0: $E = 0$ V; für pH 7: $E = -0,41$ V; für pH 14: $E = -0,83$ V.

- Für das Potential der Halbreaktion $O_2 + 4\,H^+ + 4\,e^- \rightleftharpoons 2\,H_2O$:

$$E = E° - 0,059 \, V \cdot pH \quad (E° = +1,23 \, V) \tag{2.74}$$

Daraus folgt für pH 0: $E = +1,23$ V; für pH 7: $E = +0,82$ V; für pH 14: $E = +0,40$ V.

In wässriger Lösung sind nur solche korrespondierenden Redoxpaare stabil (exakt: thermodynamisch stabil), deren Potential E der Bedingung $-0,83$ V $\leq E \leq +1,23$ V genügt. Andernfalls tritt Zersetzung des Wassers ein. Allerdings kann in bestimmten Fällen die Zersetzung des Wassers ausbleiben, obwohl sie an sich thermodynamisch begünstigt ist (kinetische Reaktionshemmung, d. h. Absenkung der Reaktionsgeschwindigkeit auf null). Wir dürfen aus der beobachteten Inertheit eines Metalls gegen Wasser oder Säuren daher nicht schließen, dass es prinzipiell nicht zur Reduktion der Protonen des Wassers in der Lage sei.

- Aluminium z. B. ($E° = -1,66$ V) wird von Wasser bei pH 7 nicht gelöst, wohl aber von Säuren oder Basen (s. Kap. 2.4.4.2).
- Eisen ($E°[Fe^{2+}/Fe] = -0,44$ V) reagiert nicht mit konzentrierter Schwefelsäure.

In beiden Fällen liegen die Gründe für die unter bestimmten Bedingungen beobachtete Inertheit gegen Oxidation durch H^+ in der Ausbildung einer das Metall schützenden Oxidschicht. Dieser Effekt wird als **Passivierung** bezeichnet. Werden die Bedingungen verändert (Ansäuern oder Erhöhung des pH-Wertes des Wassers im Falle von Al_2O_3, Verdünnen der Schwefelsäure), hält die Passivierungsschicht dem oxidierenden Angriff der Protonen nicht mehr stand, und das Metall geht in kationischer Form in die wässrige Lösung, wobei Wasserstoff entsteht. Die Besonderheit im Falle des Aluminiums ist, dass es im basischen Milieu unter Bildung des Tetrahydroxidoaluminat(III)-Komplexes in Lösung geht (Gl. 2.75). Da es sich auch in Säuren löst (unter Bildung des Hexaaqua-Aluminium(III)-Komplexes, Gl. 2.76), ist Aluminium – anders als Eisen – amphoter (vgl. Kap. 2.4.4.2).

$$2\,Al(s) + 2\,\textbf{OH}^-(aq) + 6\,H_2O(l) \rightarrow 2\,[Al(OH)_4]^-(aq) \qquad + 3\,H_2(g) \qquad (2.75)$$
$$\text{Tetrahydroxidoaluminat(III)}$$

$$2\,Al(s) + 6\,\textbf{H}^+(aq) \rightarrow 2\,Al^{3+}(aq) + 3\,H_2(g) \qquad \text{bzw.}$$
$$2\,Al(s) + 6\,H_3O^+(aq) + 6\,H_2O(l) \rightarrow 2\,[Al(H_2O)_6]^{3+}(aq) \qquad + 3\,H_2(g) \qquad (2.76)$$
$$\text{Hexaaqua-Aluminium(III)}$$

Sonderfall Lithium

Der Begriff Elektronegativität beschreibt die Fähigkeit eines Elements, in einer chemischen Verbindung Bindungselektronen anzuziehen (s. Kap. 2.2.2). Das im Periodischen System oben rechts eingeordnete Element Fluor (2. Periode, 17. Gruppe bzw. 7. Hauptgruppe) ist von allen das elektronegativste, und Sauerstoff (2. Periode, 16. Gruppe bzw. 6. Hauptgruppe) steht ihm nur wenig nach. Die Elemente mit der geringsten Neigung, Bindungselektronen an sich zu ziehen, finden sich im Periodischen System links unten. Das elektropositivste der stabilen (nicht radioaktiven) Elemente ist das Alkalimetall Cäsium (6. Periode, 1. Gruppe bzw. Hauptgruppe). Es überrascht daher, dass das Element Lithium (2. Periode, 1. Gruppe) das negativste Standardpotential aller Alkalimetalle hat ($-3,05$ V, s. Tab. 2.7), also in der betrachteten Reaktion mit Wasser auf dessen Protonen offensichtlich einen größeren „Reduktionsdruck" ausübt als alle anderen Alkalimetalle, insbesondere Cäsium. Was ist hierfür der Grund? Lithiumatome erhalten bei Kontakt mit Wasser neben ihrer an sich bereits hohen Neigung, dessen Protonen zu reduzieren und dabei in Li^+-Ionen überzugehen, gewissermaßen einen Bonus: Es kann sich der energetisch besonders begünstigte Tetraaqua-Lithium(I)-Komplex $[Li(H_2O)_4]^+$ bilden, was das Bestreben der Lithiumatome, Elektronen abzugeben, weiter erhöht, das Redoxpotential also zu einem noch negativeren Wert verschiebt. Warum ist das Lithium-Ion besonders bestrebt, in wässriger Lösung auf diese Weise mit den stark negativ polarisierten Sauerstoffatomen der H_2O-Moleküle in Wechselwirkung zu treten? Warum also ist die Hydratationsenthalpie der Reaktion so hoch? Wegen seines geringen Ionenradius ist Li^+ ein Kation hoher Ladungsdichte (z. B. im Vergleich mit den anderen Alkalimetall-Ionen, die alle deutlich größere Ionenradien, aber stets nur eine positive Ladung aufweisen). Hohe Ladungsdichte und gute räumliche Passung der Paarung Li^+/H_2O bedingen somit die besondere Stabilität (und damit hohe Bildungstendenz) des Aquakomplexes. Die Ladungsdichte des Li^+-Ions ist allerdings nicht so hoch, dass der Aquakomplex als Kationensäure reagieren könnte (vgl. Fe^{3+} und Al^{3+}, Kap. 2.4.4.2).

Bei der **Metallkorrosion** wird z. B. Eisen durch sauerstoffhaltiges Wasser oxidiert. Wie wir bei der Diskussion der Elektrochemischen Spannungsreihe (Tab. 2.7) festgestellt haben, kann prinzipiell jede Halbreaktion mit negativerem Redoxpotential gegenüber einer Halbreaktion mit positiverem Redoxpotential als Elektronenquelle dienen, also im Sinne einer Oxidation verlaufen. Das Potential des Redoxpaares Fe^{2+}/Fe ist $E° = -0,44$ V. Das Potential reinen Wassers bei pH 7 (Redoxpaar H_2O/H_2, OH^- bzw. H^+/H_2) ist $E = -0,41$ V und damit nur geringfügig positiver. Daher besteht für Eisen in reinem Wasser nur eine sehr geringe Neigung zur Oxidation, und Wasserrohre (die sauerstofffreies Wasser transportieren) können aus Eisen hergestellt werden. Wird das Eisen allerdings feuchter Luft und damit einer Lösung von Sauerstoff in Wasser ausgesetzt, so ist das Redoxpaar O_2, H_2O/OH^- (bzw. O_2, H^+/H_2O) zu berücksichtigen. Das zugehörige Potential bei pH 7 ist $E = +0,82$ V und liegt damit deutlich über dem Potential des Redoxpaares Fe^{2+}/Fe ($-0,44$ V) und auch noch über dem Potential des Redoxpaares Fe^{3+}/Fe^{2+} ($+0,77$ V). Sauerstoff kann also zusammen mit Wasser Eisen zur zweiwertigen Stufe (Fe^{2+}) und anschließend zur dreiwertigen Stufe (Fe^{3+}) oxidieren, die im Rost vorliegt. Rost ist aquatisiertes Eisenoxid; entwässert hat dies die Formel Fe_2O_3 (Eisen(III)-Oxid bzw. als Mineral, Hämatit).

Rost und Rostschutz

Ein Wassertropfen an Luft auf einer Eisenoberfläche, unter dem das Metall rostet, kann als der Elektrolyt eines winzigen Galvanischen Elements (s. o.) aufgefasst werden. Am Rande des Tropfens ist Sauerstoff in räumlicher Nähe zum Metall gelöst und kann das Metall oxidieren. Die Elektronen, die dem Metall auf diese Weise entzogen werden, werden aus dem Bereich der Metalloberfläche in der Mitte des Tropfens, der mit sauerstoffarmem Wasser in Kontakt ist, nach außen nachgeliefert. Dafür geht Eisen in der Mitte des Tropfens als Fe^{2+} in Lösung und diffundiert in das umgebende Wasser. In der äußeren, sauerstoffreichen Grenzschicht des Tropfens erfolgt dann die Weiteroxidation zu Fe^{3+}. Fe^{3+} bildet zunächst den Hexaaqua-Komplex $[Fe(H_2O)_6]^{3+}$, der jedoch aufgrund der hohen Ladungsdichte des Eisen(III)-Ions als Protonendonator fungiert (vgl. die Erläuterung des Begriffs Kationensäure in Kap. 2.4.4.2): Auf diese Weise fällt Eisen(III)-Hydroxid und schließlich hydratisiertes Eisen(III)-Oxid aus. Das Material ist braun, hat die allgemeine Formel $Fe_2O_3 \cdot x\,H_2O$

und wird als Rost bezeichnet (vgl. Rostpustel in Wasserrohren, s. Kap. 5.10). Weil das Wasser gelöste Ionen enthält, nimmt seine elektrische Leitfähigkeit zu, und der Prozess des Verrostens wird beschleunigt. Dies ist der Grund für die hochkorrosive Wirkung von Streusalz auf Werkstücke aus Eisen (z. B. Autokarosserien) im Winter. Das Rosten des Eisens kann durch Aufbringung einer Schutzschicht (z. B. eines Anstrichs) verhindert werden, da so der Kontakt von Luft und Wasser mit dem Metall unterbunden wird. Ein wirkungsvollerer Korrosionsschutz besteht in der Beschichtung des Eisens mit einem Metall, das ein negativeres Standardpotential aufweist, wie dies z. B. beim Verzinken der Fall ist. Nach Verletzung der Schutzschicht bewahrt das stärker reduzierende Zink das Eisen durch Elektronenzufuhr vor der Oxidation, wird dabei also an seiner statt oxidiert. Gleichzeitig bildet sich eine das Zink gegen weitere Oxidation passivierende Schutzschicht aus Zinkoxid ZnO (vgl. Passivierung im Zusammenhang mit Al, s. o.). Für große Werkstücke, bei denen z. B. das Verzinken nicht praktikabel ist (wie etwa Rohrleitungen aus Eisen in feuchtem, sauerstoffhaltigem Erdreich), bedient man sich des kathodischen Korrosionsschutzes: Ein mit einer Schutzschicht versehener Metallblock aus Zink oder Magnesium wird im Erdboden leitend mit dem Eisenrohr verbunden und dient als sogenannte Opferanode (wird also, indem er die Korrosion des Eisens durch Elektronenlieferung verhindert, selbst oxidiert; der Schauplatz der Oxidation wird im elektrochemischen Zusammenhang stets als Anode bezeichnet, s. o.). Der kathodische Korrosionsschutz erfordert die regelmäßige Erneuerung der Opferanode, was jedoch wesentlich kostengünstiger ist als die Erneuerung der durch Korrosion beschädigten Rohrleitung.

2.5.4 Kondensations- und Hydrolysereaktionen

Allgemein gesprochen ist eine Kondensationsreaktion die kovalente Verknüpfung der funktionellen Gruppen zweier molekularer Einheiten, bei der ein kleines Molekül abgespalten wird. In vielen Fällen ist dieses kleine Molekül Wasser, und die Reaktion ist dann genau genommen als **Dehydratation** (oder Dehydratisierung) zu bezeichnen. Allerdings wird hierfür oft der allgemeine Begriff Kondensation verwendet (zu unterscheiden vom gleichfalls als Kondensation bezeichneten Phänomen der Verdichtung von Wasserdampf zur Flüssigkeit, s. Kap. 2.3.1). Kondensationen im Sinne von Bindungsknüpfungen können zwischen zwei funktionellen Gruppen innerhalb desselben Moleküls erfolgen (intramolekular) oder zwei Moleküle zu einem größeren vereinen (intermolekulare Kondensation). Die miteinander reagierenden Moleküle können gleicher Art oder verschieden sein. Auch Polymere können so entstehen, wobei wiederum identische oder unterschiedliche Molekülbausteine (Monomere) miteinander kondensieren können. Der Variation bei diesem als **Polykondensation** bezeichneten Reaktionstyp sind praktisch keine Grenzen gesetzt.

Die Umkehrung der Kondensationsreaktion heißt Solvolyse oder für den Fall, dass das die Bindung spaltende Reagenz Wasser ist, **Hydrolyse**. Dabei zerfällt das die Bindungsspaltung induzierende kleine Molekül selber in zwei Teile (im Falle des Wassers formal in ein Proton, H^+, und ein Hydroxid-Ion, OH^-), die, ihrer Polarität entsprechend, mit den Bruchstücken des größeren Moleküls kombinieren. Die Spaltung eines durch Dehydratation entstandenen Polymers in Monomere wird auch als Totalhydrolyse (oder im Falle von Polypeptiden als Proteolyse oder Verdau) bezeichnet. In bestimmten Fällen sind Hydrolysereaktionen in neutralem Wasser unmessbar langsam. Sie können jedoch durch Protonen oder Hydroxid-Ionen katalysiert werden (vgl. Carboanhydrase, Kap. 2.6.5).

> **Merke:** Bei Dehydratation und Hydrolyse handelt es sich grundsätzlich nicht um Redoxreaktionen.

Wasser ist zur Hydrolyse befähigt, da es eine **Lewis-Base** (Elektronenpaardonator, vgl. Kap. 2.4.4.2) ist: Es kann eines seiner freien Elektronenpaare an eine **Lewis-Säure** (Elektronenpaar-Akzeptor) anlagern und so die hydrolytische Bindungsspaltung einleiten. Ein Beispiel für ein anorganisches Molekül, das in dieser Weise reagiert, ist Phosphorpentachlorid PCl_5 (Gl. 2.77); die Produkte sind Phosphorsäure und Salzsäure.

$$PCl_5(s) + 4\,H_2O(l) \rightarrow H_3PO_4(aq) + 5\,HCl(aq) \tag{2.77}$$

Die Reaktion von Wasser mit Chlor Cl_2 (Gl. 2.78), in der Wasser eines der Cl-Atome aus dem Cl_2-Molekül verdrängt, ist im strengen Sinne keine Hydrolyse, sondern eine Redoxreaktion. Die Oxidationszahl des Cl-Atoms in der so entstandenen hypochlorigen Säure (HOCl) ist $+1$. Aus diesem Grunde ist Hypochlorit ein starkes Oxidationsmittel (stärker noch als Cl_2, in dem Cl die Oxidationszahl 0 hat), das zur Desinfektion von Wasser (Trinkwasser-Chlorung zur oxidierenden Zerstörung von Keimen) genutzt werden kann (vgl. Kap. 2.6.2.4). Bei der Redoxreaktion von Cl_2 mit Wasser (Produkte: hypochlorige Säure und Salzsäure) handelt es sich in allgemeiner Terminologie um eine **Disproportionierungsreaktion**. Bei einer derartigen Reaktion nimmt die Oxidationsstufe eines Elements sowohl zu als auch ab, indem aus einem Ausgangsstoff zwei verschiedene Produkte entstehen, die das Element in unterschiedlichen Oxidationsstufen enthalten.

$$\overset{0\quad\ 0}{Cl-Cl}(g) + \overset{+1\ -2}{H_2O}(l) \rightarrow \overset{+1\ -2+1}{Cl-OH}(aq) \quad + \overset{+1-1}{HCl}(aq) \tag{2.78}$$
Chlor   hypochlorige Säure

Der Begriff Hydrolyse wird auch für Reaktionen von Salzen verwendet, bei denen Proton und Hydroxid-Ion eines Wassermoleküls mit Anion (Lewis-Base) bzw. Kation (Lewis-Säure) des Salzes zusammengehen. Als Totalhydrolyse bezeichnet man in diesem Zusammenhang die vollständige Protonierung mehrwertiger Anionen zum Neutralteilchen bei gleichzeitiger Entstehung des reinen (keine Anionen des ursprünglichen Salzes mehr enthaltenden) Metallhydroxids. Ein Beispiel ist die Totalhydrolyse von Aluminiumsulfid, welches wegen seiner Hydrolyseneigung folglich nur unter wasserfreien Bedingungen hergestellt werden kann. Reaktionsprodukte sind Aluminiumhydroxid und Schwefelwasserstoff (Gl. 2.79). Das hypothetische Produkt der partiellen Hydrolyse, Aluminiumhydrogensulfid ($Al(SH)_3$), ist nicht zugänglich.

$$Al_2S_3 + 6\,H_2O \xrightarrow{\text{Totalhydrolyse}} 2\,Al(OH)_3 + 3\,H_2S \tag{2.79}$$

Tab. 2.8 Ausgangsstoffe und Produkte einiger Kondensationsreaktionen der anorganischen, organischen und Biochemie.

R−XH bzw. Monomer	HO−A bzw. Monomer	R−X−A bzw. Polymer in allgemeiner Bezeichnung
H_2SO_4 (d. i. [$S(=O)_2(OH)_2$]) Schwefelsäure	H_2SO_4	$H_2S_2O_7$ Dischwefelsäure oder Pyroschwefelsäure
HPO_4^{2-} (d. i. [$P(=O)(O^-)_2(OH)$] bzw. H^+/PO_4^{3-}) Hydrogenphosphat	HPO_4^{2-}	$P_2O_7^{4-}$ Diphosphat (vgl. die protonengetriebene Kondensation von Adenosindiphosphat (ADP) und anorganischem Phosphat (PO_4^{3-}) zu Adenosintriphosphat (ATP) (Kap. 2.6.5)
RSi−OH (Kieselsäure)	HO−SiR (Kieselsäure)	Silicate (Mineralklasse)
$Fe(OH)_3$ Eisenhydroxid	$Fe(OH)_3$	vollständig entwässert: Fe_2O_3, Hämatit (Eisenmineral)

X in R−XH (s. oben)	A in HO−A (s. oben)	Produkt
O Alkohol Monosaccharid (1 ×)	**R (organischer Rest)** Alkohol Monosaccharid (1 ×)	Ether Disaccharid (z. B. Rohrzucker als Kondensationsprodukt zweier verschiedener Monosaccharide)
(n ×)	(n ×)	Polysaccharid (z. B. Stärke als Polykondensationsprodukt einer Sorte Monosaccharid)
O Alkohol Glycerin (Trialkohol) Ethylenglykol (Dialkohol) (n ×)	**C(=O)R** Carbonsäure Fettsäuren (3 ×) Terephthalsäure (Dicarbonsäure) (n ×)	Ester Fette Polyethylenterephthalat (PET; Kunststoff)
NH Aminosäure	**C(=O)R** Aminosäure	Peptide (Proteine)
Hexamethylendiamin	Adipinsäure (Dicarbonsäure)	Nylon-6,6 (Polyamid-Kunststoff)
C(=O)O Carbonsäure (z. B. Essigsäure, $H_3C−C(=O)OH$)	**C(=O)R** Carbonsäure (z. B. Essigsäure, $H_3C−C(=O)OH$)	Säureanhydrid (z. B. Essigsäureanhydrid, $H_3C−C(=O)−O−C(=O)−CH_3$

Eine allgemeine Darstellung von Dehydratation und Hydrolyse gibt Gl. 2.80 zusammen mit den Eintragungen in Tab. 2.8. Viele Reaktionen der anorganischen, organischen und Biochemie folgen diesem Muster, und viele Materialien (u. a. anorganische, organische und Biopolymere) sind Kondensationsprodukte (rechte Spalte in Tab. 2.8).

$$R-XH + HO-A \underset{\text{Hydrolyse}}{\overset{\substack{\text{Kondensation}\\ \text{(Dehydratation)}}}{\rightleftharpoons}} R-X-A + H_2O \tag{2.80}$$

2.5.5 Kristallwasser, Aquakomplexe und feste Hydrate

Wir schließen diesen Abschnitt mit einem kurzen ordnenden Blick auf die Vielfalt von Verbindungen, in denen H_2O-Moleküle auf die eine oder andere Weise als Bindungspartner fungieren. Die Verbindungen sind

- wasserunlöslich (z. B. bestimmte Mineralien),
- wasserlöslich (z. B. kristallisierte Aquakomplexe oder „Nanokapseln" auf Polyoxomolybdat-Basis, die definierte Wasservolumina umhüllen)
- oder nur unter Druck beständige Feststoffe, in denen kleine Atome oder Moleküle (z. B. Argon (Ar) oder Methan (CH_4); „Gäste") in die Hohlräume eines porösen Gitters aus Wassermolekülen („Wirtsgitter") eingebaut sind (z. B. Gashydrate, vgl. Kap. 2.2.2).

Die im Folgenden vorgenommene grobe Einteilung bringt einige repräsentative Beispiele und orientiert sich an der Art der Wechselwirkung, die zwischen H_2O und den anderen Bausteinen der Struktur besteht.

H_2O als Bindungspartner in einem kationischen Komplex, Aquakomplexe

Einige derartige Komplexe haben wir bereits kennengelernt, so etwa Hexaaqua-Aluminium(III) oder Tetraaqua-Lithium(I) in Kap. 2.5.3. Das Salz $[Co(H_2O)_6]Cl_2$ ist rosa, kann jedoch leicht zu $CoCl_2$ (blau) entwässert werden. Dies ist das Wirkprinzip von „Wetterbildern" oder „Wettermännchen", die eine umso intensivere blaue Farbe zeigen, je geringer die Luftfeuchtigkeit und damit die Regenwahrscheinlichkeit sind. H_2O kann aber auch neben anderen Bindungspartnern (Liganden) in einem Komplexkation gebunden sein. Ein bemerkenswertes Beispiel dieser Art ist die Serie der komplexen Chrom(III)-Salze $[Cr(OH_2)_6]Cl_3$, $[Cr(OH_2)_5Cl]Cl_2 \cdot H_2O$ und $[Cr(OH_2)_4Cl_2]Cl \cdot 2\,H_2O$, die dieselbe Summenformel, aber unterschiedliche Konstitution ihrer Komplexkationen aufweisen. Derartige Verbindungen heißen **Hydratisomere**. In der vorliegenden Serie fungieren 6 bzw. 5 bzw. 4 H_2O-Moleküle als am Metall-Ion gebundene **Aqualiganden** (Koordinationswasser); im Festkörper liegen 0 bzw. 1 bzw. 2 H_2O-Moleküle im Kristallgitter lokalisiert als **Kristallwasser** vor (Strukturwasser). Die Salze haben unterschiedliche Farbigkeit (violett, hellgrün, dunkelgrün). In Wasser gehen pro Formeleinheit im ersten Fall 1 Kation und 3 Anionen in Lösung, im zweiten Fall 1 Kation und 2 Anionen und im dritten Fall 1 Kation und 1 Anion. Die Kationen dissoziieren dabei nicht, sodass die Salze z. B. anhand der elektrischen Leitfähigkeit ihrer Lösungen unterschieden werden können. – Aqualiganden und Kristallwasser werden manchmal unter dem Begriff **Hydratwasser** zusammengefasst. Im vollständig entwässerten Zustand werden die entsprechenden Salze als **Anhydrate** bezeichnet. Anhydrate sind meist stark hygroskopisch und werden in einigen Fällen (z. B. Natriumsulfat (Na_2SO_4)) als Trockenmittel für Gase oder Lösemittel eingesetzt. Einen Spezialfall von Aquakomplexen stellen Salze mit den wohldefinierten Kationen $[H_5O_2]^+$, $[H_7O_3]^+$ und $[H_9O_4]^+$ dar, deren Strukturen genau ermittelt sind. Hier ist das Zentralion ein Proton H^+, die Kationen haben also die allgemeine Konstitution $[H(OH_2)_n]^+$ (n = 2 ... 4).

Magnetresonanztomographie
Die Magnetresonanztomographie (MRT; engl. magnetic resonance imaging, MRI) ist ein modernes Verfahren der medizinischen Bildgebung, bei dem die Protonen des Körperwassers und des Gewebes mittels Kernresonanzspektrokopie vermessen werden (^{1}H-NMR-Spektroskopie). In diesem Zusammenhang finden spezielle Aquakomplexe des Seltenerdmetalls Gadolinium (Gd) Anwendung als Kontrastmittel (s. Abb. 2.25). Wichtig ist die effiziente Komplexierung des Metall-Ions, da freies Gd(III) im Körper toxisch ist. Allerdings ist beispielsweise der Gd(DTPA)-Komplex nicht biologisch abbaubar und damit eine Belastung für die aquatische Umwelt. Das leicht nachweisbare Gadolinium kann daher als Indikator für mangelnde Barrieren im Wasserkreislauf dienen. – Das Gd(III)-Ion verfügt über sieben ungepaarte Elektronen und ist damit stark paramagnetisch. Diese Eigenschaft ermöglicht es den Protonen in den Wassermolekülen, die mit dem Kontrastmittel in Kontakt stehen, schneller zu relaxieren, d. h. schneller wieder aufnahmebereit für die vom Spektrometer eingestrahlte Energie zu werden. Körperbereiche, in denen sich das Kontrastmittel anreichert, erscheinen daher in entsprechend ausgewerteten Bildern heller, wodurch Details besser voneinander unterschieden werden können.

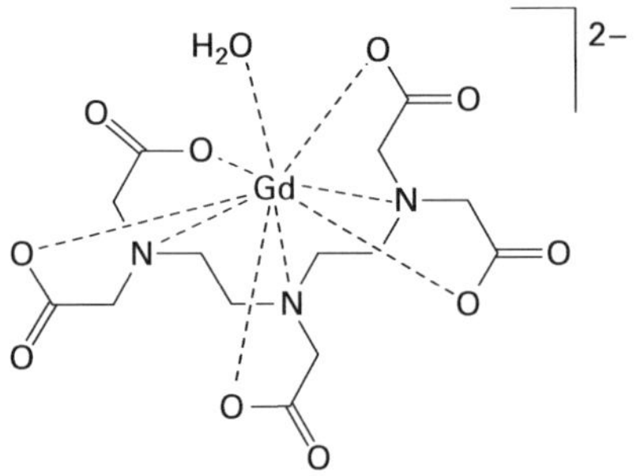

Abb. 2.25 Gadolinium(III)-Aquakomplex mit spezialisiertem polyfunktionellen Liganden zur Anwendung als Kontrastmittel in der Magnetresonanztomographie (MRT). Präparat: $(NH_2R_2)_2$ $[Gd(DTPA)(H_2O)]$ (Gadopentetat-Dimeglumin (Freiname) bzw. Magnevist, Fa. Bayer Schering Pharma; DTPA = Diethylentriaminpentaacetat).

H$_2$O, das im Festkörper durch H-Brücken an Oxoanionen geknüpft ist

Ein wichtiger Vertreter ist Kupfer(II)sulfat-Pentahydrat, $CuSO_4 \cdot 5\,H_2O$. Aus dem Festkörper können vier der fünf Äquivalente Wasser relativ leicht, das fünfte erst unter zwingenden Bedingungen ($T > 250\,°C$ im Vakuum) entfernt werden. In der Kristallstruktur ist jedes Cu(II)-Ion M oktaedrisch im Sinne einer MA_2B_4-Koordination von je einem Sulfat-O-Atom zweier SO_4^{2-}-Ionen (A) und den O-Atomen von vier Aqualiganden (B) umgeben. Die Liganden A stehen sich diametral gegenüber. Das fünfte

Molekül H_2O ist nicht an Cu(II) gebunden, sondern bildet über H-Brücken Verknüpfungen zu den nächsten Formeleinheiten im Feststoffgitter, wirkt also als „Kleber" für die dreidimensionale Struktur.

Von erheblicher Bedeutung als Baustoff ist **Gips** ($CaSO_4 \cdot 2 H_2O$, Calciumsulfat-Dihydrat). Durch Erhitzen auf 110 °C („Brennen") entsteht unter teilweisem Verlust des Hydratwassers gebrannter Gips ($CaSO_4 \cdot \frac{1}{2} H_2O$, Calciumsulfat-Hemihydrat, Bassanit; Handelsbezeichnung: Halbhydrat). Mit Wasser versetzt, nimmt Halbhydrat unter Rückbildung des Dihydrates Wasser auf und härtet aus („Abbinden"). Im Hemihydrat ist das Wasser in Strukturkanälen, im Dihydrat in Schichten angeordnet, wobei jeweils H-Brücken zu den Sauerstoffatomen der Sulfationen bestehen. Wasserfreies Calciumsulfat ($CaSO_4$, durch Brennen von Gips bei $T > 300$ °C) wird als **Anhydrit** bezeichnet (zu unterscheiden von Säureanhydrid (Kap. 2.5.4) und Anhydrat (s. o.)). Wird Gips zu hoch erhitzt ($T = 900$ °C), verliert er die Fähigkeit, mit Wasser abzubinden („totgebrannter Gips", Analin).

Wassermoleküle im kristallinen Feststoffgitter als „Größenausgleich" zwischen Kationen und Anionen

Die Bildung kristalliner Strukturen ist bei bestimmten Radiusverhältnissen von Kation und Anion besonders günstig. Das Radiusverhältnis kann durch Hydratation des Kations oder des Anions „optimiert" werden, und in den Hohlräumen des so entstehenden Kristallgitters können sich weitere H_2O-Moleküle einlagern (**Salzhydrate**). So kristallisieren z. B. die Alkalichloride KCl, RbCl und CsCl stets wasserfrei, Lithiumchlorid jedoch bildet Hydrate mit 1, 2, 3 oder 5 Molekülen Hydratwasser je Formeleinheit (vgl. die hohe Hydratationsenthalpie von Li^+ und das extreme Redoxpotentials des Paares Li/Li^+, Kap. 2.5.3).

Wasser in Zeolithen

Silicatmineralien weisen von Hydroxylgruppen gesäumte Hohlräume auf, die je nach Strukturtyp und Umgebungsbedingungen mit variablen Anteilen Wasser gefüllt sein können (vgl. Kapillarkondensation, Kap. 2.3.2, und Silicate, Tab. 2.8). Als Beispiel können die Tone angeführt werden, die zur Klasse der Schichtsilicate gehören. Ein weiteres Beispiel mit besonders großem Strukturreichtum sind die Zeolithe, bei denen es sich um kristalline mikroporöse Alumosilicate handelt. In die Poren aufgenommenes Wasser wird bei Erhitzen wieder abgeben, ohne dass sich die Gerüststruktur verändert. Zeolithe können mit maßgeschneiderter Struktur auch künstlich hergestellt werden. Sie dienen als Ionenaustauscher, Heterogenkatalysatoren, Katalysatorträger oder Molekularsiebe (Trockenmittel). Beispiel eines Molekularsiebes (etwa für die Trocknung von organischen Lösemitteln) ist der Zeolith ZSM-5 mit der Zusammensetzung $Na_3[(AlO_2)_3(SiO_2)_{93}] \cdot x H_2O$.

„Wasser hoher Dichte" und „Wasser geringer Dichte" in porösen anorganischen Nanokapseln

Wie wir bereits gesehen haben, ist die Entwicklung von Strukturmodellen für Wasser im flüssigen Zustand mit besonderen Schwierigkeiten behaftet (s. Kap. 2.3.1). Für biologische Szenarien (z. B. die Proteinfaltung) wird Wasser als Gemisch zweier verschiedener Zustandsformen diskutiert. Nach dieser Hypothese besteht Wasser aus „niederdichten" und „hochdichten" Mikrodomänen, die im raschen Austausch miteinander stehen (high density water, HDW; low density water, LDW). Die Mikrodomänen unterscheiden sich hinsichtlich der Stärke ihrer H-Brücken und folglich auch markant in ihren physikalischen und chemischen Eigenschaften. In anorganischen Hohlraumstrukturen konnte derartiges Verhalten des Wassers in jüngster Zeit erstmals mittels Röntgenstrukturanalyse nachgewiesen werden. „Nanokapseln" auf Polymolybdatbasis inkorporieren jeweils aus exakt $100\,H_2O$-Molekülen bestehende Wasseraggregate, deren Struktur bzw. Dichte sich jedoch je nach Art der sich in den Kapselporen zusätzlich befindenden Anionen unterscheidet (Mitra et al., 2009).

Clathrate (vgl. Kap. 2.2.2)

Einschlussverbindungen, in denen Gast-Atome oder Gast-Moleküle in eine käfigartige Struktur aus Wassermolekülen eingelagert sind, werden als Clathrate oder auch Gashydrate bezeichnet. Die Gerüststrukturen der Zusammensetzung $(H_2O)_n$ können einheitliche oder unterschiedlich große Hohlräume enthalten, in die eine oder mehrere Sorten von Gästen G eingelagert werden können. Typische Stöchiometrien sind:

- $4\,G \cdot 23\,H_2O$ (G = Ar, Kr, CH_4, H_2S)
- $4\,G \cdot 29\,H_2O$ (G = Cl_2)
- $G \cdot 17\,H_2O$ (G = $CHCl_3$ [Chloroform])
- $G \cdot 2\,G' \cdot 17\,H_2O$ (G = $CHCl_3$, $G' = H_2S$).

Methanclathrat in der Tiefsee: Dieser Feststoff (Zusammensetzung: $4\,CH_4 \cdot 23\,H_2O$) entsteht unter hohen Drücken, wie sie etwa in der Tiefsee vorherrschen. In einem Gerüst aus durch H-Brücken assoziierten H_2O-Molekülen, dessen Poren noch größer sind als die in flüssigem Wasser oder Eis, sind in regelmäßiger Anordnung Methanmoleküle eingelagert. Das Gerüst ist nur im richtigen stöchiometrischen Verhältnis beider Komponenten und in definierten Temperatur- und Druckbereichen stabil. Es zerfällt unter Abgabe von Methan, wenn z. B. bei Standardtemperatur (25 °C) der Druck entspannt wird. Die als Gashydrat in den Tiefen der Ozeane und in den Permafrostregionen der Erde gebundene Methanmenge wird auf etliche Billionen Tonnen geschätzt.

2.6 Das Wassermolekül als Funktionseinheit in der Umwelt

2.6.1 Speziation – Gekoppelte Gleichgewichte

In der klassischen Anorganischen Chemie werden die Eigenschaften der in Wasser gelösten Stoffe meist unter eindeutigen Bedingungen, d. h. durch gezielte Einbringung jeweils nur eines oder einiger weniger Stoffe in reines Wasser, beschrieben und verständlich gemacht. Die bisher gebrachten Beispiele belegen dies: Es wurde stets nur eine Säure oder eine Base, ein Salz, eine reduzierende oder oxidierende Verbindung in Wasser gelöst und das Ergebnis diskutiert. Im Unterschied dazu sind in natürlichen Wässern eine Vielzahl von Ionen und Stoffen gelöst, deren Konzentrationen sich nicht unabhängig voneinander entwickeln können. Es muss deshalb eine in der klassischen Anorganischen Chemie unübliche, für die Wasserchemie aber typische Betrachtungsweise gewählt werden, die Einblicke in die vielschichtige Zusammensetzung und manchmal überraschenden Eigenschaften natürlicher Wässer ermöglicht.

Das Grundgerüst liefern die chemischen Gleichgewichte, doch sind mehrere Gleichgewichte gleichzeitig anzuwenden, die nicht voneinander unabhängig sind, weswegen der Begriff **„gekoppelte Gleichgewichte"** angemessen ist. Vereinfachungen sind unumgänglich, und im Einzelfall kommt es darauf an, welche Analysendaten zur Verfügung stehen und wie die Fragestellung lautet. Manchmal entwickeln sich in der Praxis Begrifflichkeiten, die aus sich heraus erklärt werden, aber bei konsequenter Anwendung der chemischen Gleichgewichte eine Sinnverschiebung erfahren. Hierzu gehören die Begriffe „Wasserhärte", „Carbonathärte" und „gebundenes Chlor". Häufig bleibt nichts anderes übrig, als in zwei komplementären Systemen zu denken: einerseits die Begriffe aus der Umgangssprache der Praxis zu verwenden und andererseits nicht auf eine genaue chemische Beschreibung zu verzichten. Bewährt haben sich in diesem Zusammenhang die Begriffe Spezies bzw. Speziierung oder **Speziation** (engl.: species, speciation), insbesondere bei Stoffen, die durch den Einfluss der H_2O-Moleküle in ihrer Natur verändert werden.

Merke: Speziation bedeutet die Herausbildung unterschiedlicher Erscheinungsformen (Spezies) einer chemischen Verbindung (z. B. $H_2O/H_3O^+/OH^-$; CH_3COOH/CH_3COO^-; Salze, die sich in aquatisierte Ionen auflösen) oder eines Elements (z. B. Fe^{2+}/Fe^{3+} oder $Ag^+/[Ag(NH_3)_2]^+$) in Abhängigkeit von den Randbedingungen der Gleichgewichtseinstellung in wässriger Lösung. Mitunter wird auch der je nach Bedingungen sich einstellende Gleichgewichtszustand selbst so bezeichnet. Die wichtigsten Einflussgrößen für ineinander umwandelbare Spezies sind pH-Wert, Redoxpotential und die Verfügbarkeit von Komplexbildnern.

2.6.2 Summenparameter und Spezies (vgl. Kap. 2.4.4.2)

Auch wenn mit den Konzentrationen der Spezies gerechnet werden muss, um die Eigenschaften des gegebenen Wassers exakt zu beschreiben, so ist doch die analytische Erfassung der Konzentrationen aufwändig und meistens nicht möglich. Stattdessen gelingt es, Spezieskonzentrationen mit Hilfe der chemischen Gleichgewichte über **Summenparameter** zu bestimmen. Grundlage ist eine **Massenbilanz**. Summenparameter sind Konzentrationsangaben. Sie stehen für die Summe der Konzentrationen einer Stammverbindung und aller maßgeblichen Spezies, die aus ihr hervorgehen können. Sofern Spezies übersehen oder falsch berücksichtigt wurden, ist die Massenbilanz ungenau. Die Methode hängt damit von der Vollständigkeit ab, mit der Spezies erkannt werden, deren Konzentrationen im Wasser für die Summe relevant sind. Dies soll an einigen Beispielen erläutert werden. Für die graphische Darstellung werden von Fall zu Fall unterschiedliche Methoden verwendet:

- **Lineare Darstellung**, soweit nur begrenzte Konzentrationsbereiche interessieren.
- **Halblogarithmische Darstellung**, soweit eine Abhängigkeit vom pH-Wert besteht, denn der pH-Wert ist ein vertrauter logarithmischer Zahlenwert einer Konzentration; es wäre unsinnig, ihn in eine nicht-logarithmische Maßzahl einer Konzentration zurückzurechnen.
- **Doppeltlogarithmische Darstellung**, soweit eine Abhängigkeit vom pH-Wert besteht und große Konzentrationsbereiche der Spezies interessieren. Diese Form ist gewöhnungsbedürftig, aber sehr leistungsfähig, da sie Aussagen für extrem geringe und extrem hohe Konzentrationen in einem Graphen zu vereinen erlaubt.

2.6.2.1 Bezeichnungen für Summenparameter

Obwohl bei der Wasseranalyse vorwiegend Summenparameter und nur in wenigen Fällen die maßgeblichen Spezies bestimmt werden, gibt es keinerlei Nomenklatur für Summenparameter. Ihre Bezeichnungen entwickeln sich aus dem Sprachgebrauch und der angewendeten Analyse. In der internationalen Literatur gibt es daher für dieselben Summenparameter höchst unterschiedliche Bezeichnungen. Beispiele sind:

- **Ionen im Wasser:** Üblich ist die Bestimmung der Summe der Spezies, wobei die Angabe Ca die Summe aller Ca-Spezies und Ca^{2+} die tatsächlich vorhandenen Calcium-Ionen bezeichnet. Entsprechend ist $c(Ca)$ die Konzentration der Summe und $c(Ca^{2+})$ die Konzentration des Ions.
- **Phosphate, Gesamtphosphat und Gesamt-P:** Die Summe der vier Spezies der Phosphorsäure wird als Phosphat mit dem Index T bezeichnet ($PO_{4,T}$). Werden bei der Analyse die anorganischen Polyphosphate, die organischen P-Verbindungen (wie Phosphorsäureester und Phosphonate) sowie die an Trübstoffen adsorbierten Phosphate (partikuläres P) erfasst, so wird von Gesamt-P (P_T) gesprochen.
- **CO_2, Kohlensäure und deren Anionen:** Die Summe wird als DIC (engl. dissolved inorganic carbon) bezeichnet, zur Unterscheidung von der Summe der gelösten organischen C-Verbindungen (DOC, engl. dissolved organic carbon), wie z. B. Kohlenwasserstoffe (HKW), Huminstoffe u. a. Für DIC ist in der Literatur auch die Bezeichnung C_T üblich, auch wenn dies die Summe von DIC, DOC und partikulärem C (z. B. Kolloide) sein könnte. Üblich war auch die Bezeichnung Q_C (quantum C) für DIC. Die Bezeichnungen TIC und TOC sind für totales anorganisches bzw. organisches C, also gelöste und partikuläre Stoffe im Wasser, üblich.
- **Chlor:** Es gibt keine direkte Methode, Chlor im Wasser nachzuweisen. Die Bestimmung erfolgt indirekt durch titrimetrische Reduktion mit Thiosulfat ($S_2O_3^{2-}$) oder durch Messung des Depolarisationsstroms in einer elektrochemischen Messanordnung mit konstantem Potential. Beide Methoden weisen im Wasser gelöste oxidierende Stoffe nach (neben Chlor auch Chlordioxid und Chloramine), sind also keineswegs spezifisch für Chlor. Durch Zusatz von Kaliumiodid (KI) werden schwächer als Chlor oxidierend wirkende Stoffe (z. B. Chloramine) erfasst. So hat es sich eingebürgert, das Ergebnis der direkten Titration mit Thiosulfat als „freies Chlor", das Ergebnis nach Zusatz von Kaliumiodid als „Gesamtchlor" und die Differenz als „gebundenes Chlor" zu bezeichnen. Diese Zuordnung des Messergebnisses zu einem Stoff oder einer Reihe von Stoffen im Wasser ist willkürlich und beweist nicht das Vorhandensein einer bestimmten Spezies. Neben dem Analysenergebnis sind weitere

Angaben erforderlich, um die Vermutung, es handle sich um Chlor (oder Chlordioxid) im Wasser zu untermauern. Beispielsweise kann eine Mischung aus Natriumchlorit ($NaClO_2$) und Wasserstoffperoxid nicht als Chlordioxidlösung bezeichnet werden, nur weil mit der unspezifischen Redoxtitration oxidierbare Stoffe im Wasser nachgewiesen wurden.

- **Trihalogenmethane:** Durch Gaschromatographie werden die Chlor- und Brommethane getrennt nachgewiesen. Es besteht aber Bedarf, die vier Verbindungen (Trichlormethan, Bromdichlormethan, Dibromchlormethan und Tribrommethan), die bei der Chlorung von Wasser entstehen, sofern es gelöste organische Verbindungen enthält, in einem Parameter als Trihalogenmethan zusammenzufassen. Problematisch wird es, wenn an Stelle der Stoffmenge (mol) die Masse jeder Verbindung zur Summe addiert wird. Da es auf die Stoffmenge und nicht auf die Masse ankommt, werden die Brommethane über die molare Masse auf Trichlormethan umgerechnet – eine recht umständliche, aber dem Verständnis des Laien geschuldete Methode.

2.6.2.2 Säure-Base-Spezies mit schwer löslichem Bodenkörper am Beispiel des Fe(III) und Al

Zu den Säure-Base-Systemen mit mehr als 3 abspaltbaren Protonen zählen die Aqua-Komplexe z. B. des Aluminiums oder des Eisens. Die Besonderheit hierbei ist, dass die Konzentration einer Spezies konstant durch das Gleichgewicht mit dem Bodenkörper vorgegeben ist. Das Fe^{3+}-Ion (exakt: der Hexaaquaeisen(III)-Komplex $[Fe(H_2O)_6]^{3+}$ als Kationensäure) ist mit einem pK-Wert von 2,2 mit der Säurestärke der Phosphorsäure vergleichbar. Dies bedeutet, dass bei pH $= 2,2$ das Ion $Fe(OH)^{2+}$ (bzw. $[Fe(H_2O)_5(OH)]^{2+}$) in derselben Konzentration wie Fe^{3+} vorliegt. Bei steigendem pH-Wert treten weitere Hydroxidokomplexe des Eisens hinzu, wobei eine Eigenart der Eisenspezies zu beobachten ist, nämlich die spontane **Kondensation** (vgl. Kap. 2.5.4) zu mehrkernigen Spezies (Gl. 2.81).

$$n\ HO-Fe^{III}-OH \rightleftharpoons HO[-Fe^{III}-O]_nH + (n-1)\ H_2O \qquad (2.81)$$

Diese Eigenschaft, die auch bei Aluminium(III)-Spezies zu beobachten ist, hat für die Praxis der Wasseraufbereitung große Bedeutung. Einerseits entstehen mehrkernige Kationen hoher Ladungsdichte, die als **Flockungsmittel** dienen (s. Kap. 5.4.3), andererseits ist die Kondensation nicht auf gleichartige Spezies beschränkt. Sie tritt auch mit anderen Spezies auf, sofern diese OH-Gruppen aufweisen, was die hohe Affinität zu $CuOH^+$ und $HO-P(O)_2OH^-$ ($\equiv H_2PO_4^-$) erklärt. Bei der schnellen Zumischung von $FeCl_3$- oder $AlCl_3$-Lösungen in das zu behandelnde Wasser ist die Konzentration aktiver Fe$-$OH- bzw. Al$-$OH-Gruppen so groß, dass Phosphat effektiv entfernt wird, wenn es nicht als PO_4^{3-}-Ion, sondern als $HO-P(O)_2OH^-$-Ion vorliegt, was bei pH ≤ 6 der Fall ist.

Analytisch wird die Gesamtsumme der Fe(III)- bzw. der Al-Spezies bestimmt, die als Fe(III)$_T$ bzw. Al$_T$ bezeichnet werden soll (da für Eisen grundsätzlich auch die Oxidationsstufe +II gängig ist, nicht jedoch für Aluminium, wird für Eisen die dreiwertige Stufe explizit benannt). Graphisch kann die Konzentration der einzelnen Spezies in Abhängigkeit vom pH-Wert auf unterschiedliche Weise dargestellt werden: Entweder halblogarithmisch als Anteil der verschiedenen Spezies an der Gesamtsumme oder aber, ausgehend von der Löslichkeit des Hydroxids, doppeltlogarithmisch als Verteilung der einzelnen Spezies, mit Angabe der sich daraus ergebenden Gesamtsumme als dick ausgezogene Hüllkurve (s. Abb. 2.26 für Al bzw. Fe). Zu beachten ist der enge pH-Bereich bei pH $\approx$ 6,7 mit geringer Löslichkeit von Al, das ab pH > 8 in nennenswerter Menge als Aluminat-Anion ([Al(OH)$_4$]$^-$, Tetrahydroxidodaluminat, s. o.) in Lösung geht. Dagegen ist die Löslichkeit von α-FeOOH insgesamt um den Faktor $10^{3,5}$ geringer und der durch geringe Löslichkeit gekennzeichnete pH-Bereich deutlich breiter. Ferrat (exakt: [Fe(OH)$_4$]$^-$, Tetrahydroxidoferrat) spielt, wenn überhaupt, erst ab pH > 10 eine Rolle. Mit 10^{-10} mol $\cdot$ L^{-1} für gelöstes Fe(OH)$_3$(aq) wurde eine sehr geringe Löslichkeit des α-FeOOH angenommen, wenngleich sich auch noch geringere Werte begründen lassen (Stumm und Morgan, 1981).

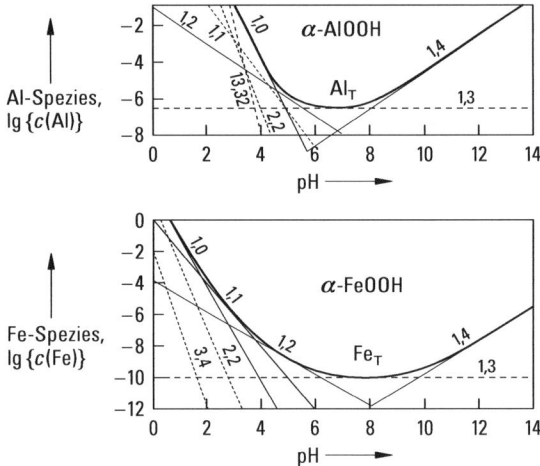

Abb. 2.26 Spezies von Fe^{III} und Al^{III} in Wasser bei Sättigung mit dem Oxid α-FeOOH bzw. α-AlOOH, in Abhängigkeit vom pH-Wert. Die Notation kennzeichnet die Nuklearität (Anzahl der Metall-Ionen) und der Hydroxido-Liganden (OH$^-$-Gruppen) in einer Spezies. Beispiel Eisen(III): Die Notation 3,4 bezeichnet die dreikernige Spezies [Fe$_3$(OH)$_4$]$^{5+}$; Beispiel Aluminium(III): Die Notation 13,32 bezeichnet die 13-kernige Spezies [Al$_{13}$(OH)$_{32}$]$^{7+}$ usw.

2.6.2.3 Metall-Carbonat-Komplexe am Beispiel des Kupfers

Stabile Hydrogencarbonat- und Carbonatkomplexe bilden sich zwar nicht mit den Ionen der Erdalkalimetalle Calcium und Magnesium, wohl aber mit den Ionen vieler Schwermetalle, wie Blei, Zink, Kupfer, Uran u. a. Derartige Komplexe sind sowohl bei der Auswahl der Verfahren der Wasseraufbereitung als auch für die Erklärung der Korrosion metallischer Werkstoffe von Bedeutung. Darüber hinaus haben sie physiologische Bedeutung, weil das Pankreas (Bauchspeicheldrüse) den pH-Wert des Magens (pH $\approx$ 1,5) im weiteren Verdauungstrakt mit Hydrogencarbonat auf pH 7 bis 8 puffert (vgl. Kap. 2.4.4.2). Die Resorption der Schwermetalle im Darm wird durch die Bildung von Hydrogencarbonat- und Carbonatkomplexen wesentlich beeinflusst.

Welchen Anteil diese Komplexe an der Gesamtkonzentration von Schwermetallen haben, wird am Beispiel des Kupfers erläutert (Uran und Uranentfernung s. Kap. 3.3.3).

Bei **Kupfer** interessieren die Spezies, die sich beim Kontakt von Wasser mit metallischem Kupfer (Rohre, Regenrinnen, Dächer) bilden können. Die Summe ihrer Konzentrationen erlaubt es, den Kupfergehalt des Wassers zu berechnen und zu erklären. Die Berechnung hat als Grundlage die Sättigungskonzentration einer schwerlöslichen Kupferverbindung. Hierauf aufbauend werden die sich bildenden übrigen Spezies berechnet, die sich im Gleichgewicht mit der schwer löslichen Spezies befinden.

Auf Kupfer bildet sich bei der Korrosion in Wasser eine Deckschicht aus, die häufig aus Cuprit $Cu(OH)_2$ oder Tenorit (CuO) und seltener aus Malachit $Cu_2(OH)_2CO_3$ besteht (s. Kap. 5.10). Für Abb. 2.27 wurde die Löslichkeit von $Cu(OH)_2$ in Modellwasser mit einem Gehalt an anorganischem Kohlenstoff (DIC) von $8 \text{ mmol} \cdot L^{-1}$ verwendet. Die Spezies wurden unter Annahme von Gleichgewichtsreaktionen mit im Wasser gelöstem undissoziiertem Kupfer(II)hydroxid, $Cu(OH)_2^0$, berechnet (Konzentration: $0,05 \text{ μmol} \cdot L^{-1}$; da die Verbindung undissoziiert vorliegt, ist ihre Konzentration pH-Wert-unabhängig). Die Abbildung zeigt, dass bei pH > 7 die Carbonatkomplexe des Kupfers maßgeblich für den Kupfergehalt des Wassers sind.

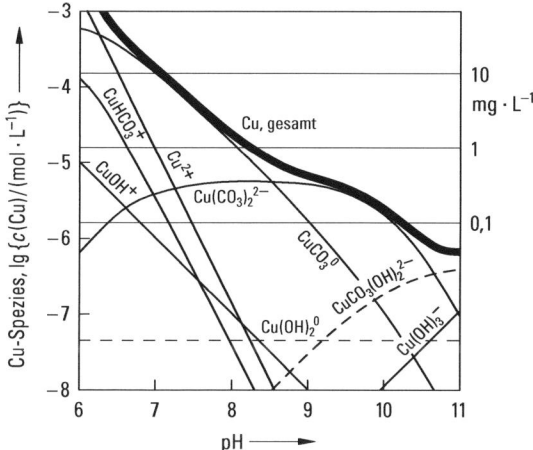

Abb. 2.27 Kupfergehalt in Wasser mit $8 \text{ mmol} \cdot L^{-1}$ DIC (engl. dissolved inorganic carbon), in Kontakt mit dem Werkstoff Kupfer unter einer Deckschicht aus $Cu(OH)_2$ (Schock und Lytle, 1995).

2.6.2.4 Toxische und weniger toxische Spezies des Chlors in Wasser

Nach heutiger Auffassung ist die desinfizierende Wirkung von Chlor nicht dem gelösten Chlorgas, sondern den besonderen Eigenschaften der aus Cl_2 entstehenden hypochlorigen Säure HOCl zuzuschreiben (Gl. 2.82; vgl. Kap. 2.5.4).

$$Cl_2 + H_2O \rightleftharpoons HCl + HOCl$$

$$HOCl \rightleftharpoons OCl^- + H^+; \ pK = 7,6 \tag{2.82}$$

Messungen zur Abtötung von Bakterien im kontrollierten Laborversuch ergeben eine pH-Abhängigkeit, wonach jenseits von pH 7,6 die Wirksamkeit des Chlors mit steigendem pH-Wert immer mehr abnimmt. Der pK-Wert von HOCl ist 7,6; aus der pH-Abhängigkeit leitet sich deshalb die Vermutung ab, dass HOCl (und nicht primär das Hypochlorit-Anion OCl^-) die desinfizierende Spezies ist.

> **Merke:** Von zwei Spezies (Neutralteilchen bzw. Ion) eines toxischen Stoffes ist die Neutralspezies toxisch, das Ion jedoch weit weniger. Das erklärt die **Zunahme der Fischtoxizität von Ammoniak** bei pH > 9,3 (pK 9,3), denn bei pH < 9,3 liegt überwiegend das weniger toxische Ammonium-Ion (NH_4^+) vor. Cyanid wird bei pH < 10 (pK 9,2) toxisch, wenn sich merklich Blausäure HCN bildet. So wird auch die **Abnahme der Desinfektionswirkung** von Chlor, genauer von hypochloriger Säure HOCl (pK 7,5), bei pH > 7,5 plausibel, weil dann das Hypochlorit-Ion die dominierende Spezies ist.

Es gibt keine direkte Methode, HOCl im Wasser nachzuweisen. Die Bestimmung erfolgt indirekt durch titrimetrische Reduktion mit Thiosulfat ($S_2O_3^{2-}$) oder durch Messung des Depolarisationsstroms in einer elektrochemischen Messanordnung mit konstantem Potential. Beide Methoden weisen im Wasser gelöste oxidierende Stoffe nach, unter anderem auch HOCl, sind also keineswegs spezifisch für HOCl.

HOCl entsteht nicht nur aus in Wasser gelöstem Chlorgas, sondern auch aus Chlorbleichlauge (NaOCl), Chlorkalk (Gemisch aus Ca(OCl)$_2$ und Ca(OH)$_2$) und Calciumhypochlorit (Ca(OCl)$_2$). Außerdem wirken einige Chlorstickstoff-Verbindungen, sogenannte **Chloramine**, desinfizierend, wobei die Abspaltung von HOCl maßgeblich ist.

Der Abspaltung von HOCl aus Chloraminen liegt ein chemisches Gleichgewicht zugrunde. Dies erklärt, warum einige Chloramine um ein Vielfaches weniger desinfizierend wirken als Chlor, andere hingegen gleich wirksam sind. Bei Monochloramin (ClNH$_2$) wird eine um den Faktor 20 geringere Desinfektionswirkung angenommen als bei HOCl, d. h. erst $2 \, mg \cdot L^{-1}$ Cl$_2$ aus Chloramin zeigen die gleiche Desinfektionsleistung wie $0,1 \, mg \cdot L^{-1}$ Cl$_2$ aus Chlorgas oder Hypochloritlösungen. Dichlorisocyanursäure (1,3-Dichlor-1,3,5-triazinan-2,4,6-trion, C$_3$HCl$_2$N$_3$O$_3$) hat die gleiche Wirkung wie Chlorgas (s. Abb. 2.28). Die Desinfektionswirkung lässt aber nach, wenn der Gehalt an Cyanursäure (1,3,5-Triazin-2,4,6-triol, C$_3$H$_3$N$_3$O$_3$) im Wasser zunimmt, weil dadurch die Abspaltung von HOCl zurückgedrängt wird. **Cyanursäure** ist allerdings das Produkt der Hydrolyse von Dichlorisocyanursäure in Wasser. Aus diesem Grunde muss mit zunehmender Konzentration des Hydrolyseprodukts im Wasser die Dosierung der Dichlorisocyanursäure immer weiter erhöht werden, um gleichbleibende Desinfektionswirkung zu erzielen. Dichlorisocyanursäure lässt sich lagern und zu Tabletten verarbeiten. Die Substanz findet daher neben Calciumhypochlorit Anwendung für die Desinfektion des Wassers privater Schwimmbäder und in Tablettenform als Desinfektionsmittel für den Notfall.

Die Tatsache, dass chemisch reines Wasser (das gleichwohl Krankheitserreger enthalten kann) bereits mit $0,03 \, mg \cdot L^{-1}$ Cl$_2$, nämlich mit etwa $0,4 \, \mu mol \cdot L^{-1}$ HOCl desinfiziert werden kann, zeigt die Wirksamkeit dieser Spezies. Sie ist aber auch Beleg

Dichlorisocyanursäure
1,3-Dichlor-1,3,5-triazinan-2,4,6-trion

Cyanursäure
1,3,5-Triazin-2,4,6-triol

Abb. 2.28 Dichlorisocyanursäure und ihr Hydrolyseprodukt Cyanursäure.

dafür, dass Stoffe im Wasser, die mit Chlor reagieren, mit der Desinfektion konkurrieren. Da der direkte Nachweis der HOCl-Spezies nicht möglich ist, muss indirekt nachgewiesen werden können, ob solche Konkurrenzreaktionen auszuschließen sind oder ob die Desinfektion beeinträchtigt wird, ohne im Einzelfall mikrobiologische Untersuchungen durchführen zu müssen. Ein hierfür geeigneter Indikator ist die **Redoxspannung** des Wassers an einer Platinelektrode gegen eine Bezugselektrode. Bei den herrschenden extrem geringen Chlorkonzentrationen im Wasser handelt es sich um ein Mischpotential zwischen dem Redoxpaar Cl_2/Cl^- (Normalpotential $E^\circ = 1{,}36$ V; vgl. Kap. 2.5.3) und den reduzierenden Stoffen, keineswegs aber um das Potential einer reversiblen chemischen Reaktion an der Elektrode. Deswegen wird von Redoxspannung und nicht von Redoxpotential gesprochen. Die besten Erfahrungen mit diesem Indikator liegen aus Schwimmbädern mit guter Aufbereitung vor. Es zeigt sich (Carlson und Hässelbarth, 1968), dass bei einer im Wasser an Platin gemessenen Redoxspannung von mindestens 600 mV gegen eine Kalomel-Bezugselektrode (bzw. 650 mV gegen Ag/AgCl; ca. 850 mV gegen eine Normal-Wasserstoffelektrode) die **Desinfektion** mit Chlor schnell verläuft, unabhängig davon, ob ein Chlorgehalt von 0,1 oder 1 $mg \cdot L^{-1}$ gemessen wurde (dies entspricht unter praktischen Bedingungen einer sehr geringen bzw. einer erhöhten Chlorkonzentration). Damit werden alle Überlegungen fragwürdig, wonach hinreichende Desinfektion eines Wassers ausschließlich mit Chlor in einer jeweils festzusetzenden Konzentration möglich sein soll; es müssen stets auch die Konkurrenzreaktionen mit reduzierenden Stoffen im Wasser berücksichtigt werden. Da mit Monochloramin bestenfalls eine Redoxspannung gegen Ag/AgCl von 450 mV erzielt werden kann, ist die Wirksamkeit der Desinfektion mit Chloramin grundsätzlich in Frage gestellt.

2.6.3 Gleichgewichtskonstanten und Konzentrationsquotienten

Chemische Gleichgewichte werden durch einen Quotienten beschrieben, dessen dimensionsloser Zahlenwert als Gleichgewichtskonstante bezeichnet wird (vgl. Kap. 2.4.3). Wenn wir nicht genau wissen, ob der Gleichgewichtszustand erreicht wird (dies ist z. B. bei Ionenaustausch an einem Austauscherharz der Fall), so ist statt von einem chemischen Gleichgewicht von einem **stationären Zustand** zu sprechen, auch wenn sich während der Beobachtung die Konzentrationen der Ionen im Wasser und im Harz kaum noch messbar verändern. Darf unter solchen Bedingungen mit Gleichgewichtskonstanten gerechnet werden? Im Prinzip ja, doch ist die Ungenauigkeit der Ergebnisse zu berücksichtigen. Es sollte dann von **Konzentrationsquotienten** und nicht von Gleichgewichtskonstanten die Rede sein.

> **Merke:** Auch wenn ein Gleichgewichtszustand nicht erreicht wird, sondern allenfalls ein stationärer Zustand mit zeitlich kaum wahrnehmbaren Konzentrationsänderungen der Reaktionspartner, können die für Gleichgewichtskonstanten typischen Gleichungen angewendet werden. Diese heißen dann Konzentrationsquotienten. Aber auch für die Verteilung eines Stoffes zwischen Wasser und einer festen, flüssigen (hydrophobe Lösemittel) oder gasförmigen Phase eines anderen Stoffes können die Prinzipien der chemischen Gleichgewichte angewendet werden, sowohl bei physikalischen Vorgängen, wie z. B. der Adsorption von Kohlenwasserstoffen an Aktivkohle, als auch bei chemischen Reaktionen, wie z. B. der Absorption von Phosphat-Ionen an festem Eisenoxid.

Um die Ungenauigkeit der Ergebnisse gering zu halten, müssen die Arbeitsbedingungen, unter denen Konzentrationsquotienten bestimmt wurden, genau angegeben werden. Konzentrationsquotienten sind streng genommen nur unter den Bedingungen ihrer Bestimmung gültig, während Gleichgewichtskonstanten universell gültig sind. Anwendungsbeispiele sind insbesondere die Konzentrationsquotienten aus adsorbierter Stoffmenge bzw. Menge der Ionen an Adsorberharz, Aktivkohle oder Ionenaustauscher einerseits und der Stoffmenge bzw. Menge der Ionen in Lösung andererseits. Hierfür sind unterschiedliche Bezeichnungen üblich, am häufigsten **Verteilungskoeffizienten** oder **Sorptionsisothermen** (s. Kap. 3.4.2). Jedenfalls handelt es sich nicht um Gleichgewichtskonstanten im Sinne der Thermodynamik. Gleichwohl sind sie für Bemessungen von Anlagen und Zusätzen zur Behandlung wässriger Lösungen unerlässlich. Ein Beispiel für gekoppelte Konzentrationsquotienten ist die Bestimmung des Trennfaktors (Separation S) zwischen zwei Ionen an einem Austauscherharz. Zunächst werden getrennt die Verteilungskoeffizienten des Ions A (V_A) und des Ions B (V_B) bestimmt, das heißt die Kapazität des Ionenaustauscherharzes für das Ion A (bzw. B) in Abhängigkeit von der Konzentration von A (bzw. B) im Wasser. Der Quotient aus V_A und V_B ergibt den Trennfaktor $S_{A,B}$, wenn beide Ionen A und B im Wasser vorliegen oder wenn das Harz mit Ion A beladen ist und Ion B aus dem Wasser aufnimmt: $S_{A,B} = V_A/V_B$.

Im Sinne der gekoppelten Gleichgewichte lässt sich der Trennfaktor von Ion A zu einem weiteren Ion C berechnen, wenn die Trennfaktoren von A zu B und von B zu C bekannt sind: $S_{A,C} = S_{A,B}/S_{B,C}$. Der Trennfaktor ist das Verhältnis der äquivalenten Konzentrationen (d. h. Konzentration geteilt durch Ionenladung) zweier Ionen im Austauscherharz bezogen auf das Verhältnis im Wasser. Trennfaktoren dienen der Modellierung des Austauschverhaltens verschiedener Ionen in einer mit Ionenaustauscherharz gefüllten Säule (Helfferich und Klein, 1970). Aus dem Trennfaktor lässt sich im einfachsten Fall, wenn die Ionen A und B gleiche Ionenladung z haben, der Selektionskoeffizient K berechnen (Gl. 2.83). K muss jedoch meist empirisch ermittelt werden (s. Kap. 5.4.10).

$$K = (S_{A,B})^z \tag{2.83}$$

2.6.4 CO$_2$, Kohlensäure und Carbonate

Je mehr wir uns mit den Eigenschaften von Kohlenstoffdioxid in der Atmosphäre und im Wasser befassen, desto größer wird die Faszination, die von seinen komplexen Einflüssen auf die Umwelt ausgeht. Woran liegt das? Als vorherrschendes Thema wird zurzeit der von CO_2 in der Erdatmosphäre hervorgerufene **Treibhauseffekt** diskutiert. CO_2 absorbiert langwelliges Licht (im infraroten Spektralbereich; Wellenlänge $\lambda = 1330$ nm), was für die CO_2-Analytik mittels IR-Spektroskopie ausgenutzt wird (vgl. Kap. 2.2.2). Kurzwellige Sonnenstrahlung verliert auf der Erdoberfläche einen Teil ihrer Energie. Ins All wird längerwellige Strahlung reflektiert, die jedoch von den CO_2-Molekülen in der Atmosphäre teilweise absorbiert wird. Wäre dies nicht der Fall, so würde die Erdoberfläche auf etwa $-18\,°C$ abkühlen; ein gewisses Ausmaß des Treibhauseffektes ist also insbesondere für menschliches Leben auf der Erde unverzichtbar. Erwünscht ist aber, dass der stationäre Zustand zwischen Sonnenstrahlung und Abstrahlung (die sogenannte Strahlungsbilanz) genau die Temperatur auf der Erde ergibt, wie sie seit einigen tausend Jahren vorherrscht (s. Kap. 1.8).

Für **Photosynthese** und die stille Verbrennung organischer Materie (Atmung der Aerobier) ist CO_2 unverzichtbar. Dies ist die Grundlage der Nutzung von Sonnenenergie in Blaualgen und grünen Pflanzen (Wasserspaltung, O_2-Produktion) und der Produktion von Kohlehydraten, d. h. Lebensmitteln (vgl. Kap. 2.6.5). Die Feststellung „Ohne Wasser kein Leben" ist zu ergänzen durch die Feststellung „Auch ohne CO_2 kein Leben".

Im **Mineralreich** ist CO_2 direkt an der pH-Pufferung und an der Verwitterung von Mineralien beteiligt. Detaillierte Berechnungen sind mit speziellen Rechenprogrammen möglich. Ionen in wässriger Lösung (z. B. in natürlichen Oberflächenwässern) treten miteinander in Wechselwirkung (Komplexbildung), können an Grenzflächen adsorbieren oder als Niederschlag ausfallen (Abb. 2.29). Die Speziation eines Systems im Gleichgewicht unter Berücksichtigung derartiger Randbedingungen ist in der Regel mathematisch fassbar und kann am Computer mit Hilfe spezialisierter Software-Pakete modelliert werden (z. B. MINEQL+; Schecher und McAvoy, 1998). Auf diese Weise ergibt sich eine Art thermodynamische Momentaufnahme des Systems. Das Reaktionsgefüge wird zu diesem Zweck als Tableau dargestellt. Das heißt, seine stöchiometrischen Koeffizienten werden in einer Matrix erfasst, deren Spalten die Einzelkomponenten und deren Zeilen die jeweiligen Spezies enthalten (vgl. Kap. 2.6.1). Auf diese Weise wird das Gefüge gekoppelter Gleichgewichte formal in Einzelreaktionen zergliedert, deren Gleichgewichtskonstanten in einer separaten Spalte der jeweils betrachteten Spezies zugeordnet werden. Je nach Erfordernis kann der pH-Wert vorgegeben oder vom Programm berechnet werden. CO_2 in gegen die Atmosphäre offenen Systemen wird über die Angabe seines Partialdrucks, $p(CO_2)$, berücksichtigt. Oxidierende Bedingungen werden z. B. durch Setzen eines Wertes für gelöstes O_2 (DO, engl. dissolved oxygen) eingestellt und die relevanten Spezies automatisch den Randbedingungen angepasst.

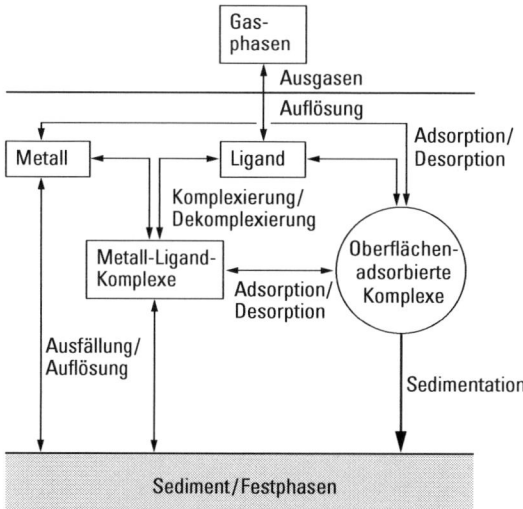

Abb. 2.29 Zusammenhänge der Speziation in wässriger Lösung (modifiziert nach Schecher und McAvoy, 1998).

Im Rahmen dieses Buches beschränken wir uns auf Beispiele, die relativ leicht darzustellen sind und dennoch einen Einblick in die Wirkung der Kohlensäure in der Umwelt vermitteln: Die Hydratation des Kohlenstoffdioxids, den pH-Wert offener Gewässer und von Meerwasser sowie die Calcit-Auflösung bzw. die Reaktion von Kalk mit Kohlensäure in Wasser.

2.6.4.1 Hydratation des Kohlenstoffdoxids

Der Einfluss der Kohlensäure und ihrer Anionen auf die pH-Wert-Pufferung wurde in Kapitel 2.4.4.2 besprochen. Hier wird eine besondere Eigenschaft des in Wasser gelösten Kohlenstoffdioxids hervorgehoben, die nicht übersehen werden darf.

Durch **Hydratation** (vgl. Kap. 2.4.2), d. h. Umsetzung von physikalisch gelöstem CO_2 mit Wasser (Gl. 2.84), entsteht Kohlensäure, H_2CO_3 (Kohlensäure im eigentlichen Sinne, obgleich auch CO_2-haltiges Wasser oder sogar CO_2 allein bisweilen als Kohlensäure bezeichnet wird):

$$CO_2 + H_2O \rightleftharpoons H_2CO_3 \quad \text{mit} \quad c(H_2CO_3)/c(CO_2) = K_0 = 1/700 \qquad (2.84)$$

Diese Reaktion verläuft verhältnismäßig langsam. Die Geschwindigkeitskonstante der Bildung von Kohlensäure beträgt nur $k = d\{c(H_2CO_3)\}/dt = 0{,}03 \text{ s}^{-1}$ (Sigg und Stumm, 1989). Dagegen verläuft der Zerfall von Kohlensäure zu (physikalisch) gelöstem CO_2 und Wasser 700-mal schneller. Die Hydratationskonstante ist somit $K_0 = 1/700$. Das heißt, in Wasser ist die Konzentration des physikalisch gelösten CO_2 immer um den Faktor 700 größer als die Konzentration der Kohlensäure oder, mit anderen Worten: Was als Kohlensäure bezeichnet wird, ist in der Hauptsache physikalisch gelöstes CO_2. – Von den vier Spezies CO_2, H_2CO_3, HCO_3^- (Hydrogencarbonat) und CO_3^{2-} (Carbonat) lässt sich nur das in Wasser gelöste CO_2 direkt bestimmen, z. B. durch Ausgasung im Umlauf und Bestimmung des CO_2-Partialdrucks in der Gasphase mittels IR-Spektroskopie oder durch pH-Messung in einer in den Gasumlauf eingesetzten Gaswaschflasche mit bekanntem HCO_3^--Gehalt. Die Gehaltsbestimmung der beiden Ionen HCO_3^- und CO_3^{2-} könnte prinzipiell mittels Ionenchromatographie erfolgen, doch findet auf der Chromatographiesäule eine pH-Verschiebung statt, mit dem Ergebnis, dass sich die Konzentrationen von HCO_3^- und CO_3^{2-} gegeneinander verschieben, wenn auch die Summe konstant bleibt.

Als praktikable Methode verbleibt die Bestimmung der Summe der vier Spezies durch Ansäuern der Wasserprobe und quantitative Bestimmung des ausgegasten CO_2 mittels IR-Spektroskopie. Wir bezeichnen die Summe als $c(DIC)$ (s. Kap. 2.4.4.2, 2.6.2.1), wobei gelöstes CO_2 und H_2CO_3 zu $CO_2(aq)$ zusammengefasst werden (Gl. 2.85):

$$c(DIC) = c(CO_2(aq)) + c(HCO_3^-) + c(CO_3^{2-}) \qquad (2.85)$$

Für die zum System der Kohlensäure gehörenden Spezies sind folgende Gleichgewichte anzusetzen (Gl. 2.86, 2.87):

$$CO_2(aq) \rightleftharpoons HCO_3^- + H^+ \quad \text{mit} \quad pK_1 = 3{,}51 - \lg(1/700) = 3{,}51 + 2{,}85$$
$$= 6{,}36 \text{ bei } 25\,°C \qquad (2.86)$$

$$HCO_3^- \rightleftharpoons CO_3^{2-} + H^+ \quad \text{mit} \quad pK_2 = 10{,}34 \text{ bei } 25\,°C \qquad (2.87)$$

In der Praxis hat dieses Verhalten des gelösten Kohlenstoffdioxids große Bedeutung. Wird z. B. NaOH zu Wasser dosiert, um den pH-Wert zu erhöhen, so wird an der Dosierstelle eine starke pH-Wert-Erhöhung und entsprechend eine Ausfällung von Calcit bewirkt, denn die eigentliche Kohlensäure wird augenblicklich umgesetzt, und erst allmählich bildet sie sich entsprechend den Gleichgewichtsbedingungen aus dem gelösten Kohlenstoffdioxid nach. Im lebenden Organismus (z. B. in der Lunge) bewirkt ein Enzym, die Carboanhydrase (s. Kap. 2.6.5), die beschleunigte Gleichgewichtseinstellung und damit die Stabilisierung des pH-Wertes.

2.6.4.2 Offene Gewässer, pH-Wert von Regenwasser und von Meerwasser

In allen offenen Gewässern besteht ein Gleichgewicht zwischen gelöstem CO_2 und dem Partialdruck von CO_2 (0,316 mbar) in der Atmosphäre. Dies hat zur Folge, dass sich bei 25 °C eine Konzentration $c(CO_2(aq)) = 0{,}0107\,\text{mmol}\cdot\text{L}^{-1}$ (bzw. 0,017 mmol·L^{-1} bei 10 °C) einstellt, unabhängig vom pH-Wert des Wassers.

Die übrigen Spezies, nämlich $c(CO_3^{2-})$ und $c(HCO_3^-)$, stehen im Gleichgewicht mit $c(CO_2(aq))$. Dies erlaubt die Berechnung des pH-Wertes von offenen Gewässern:

- Regenwasser ohne Säurekapazität (und entionisiertes Wasser im Labor) hat einen pH-Wert, bei dem die Gleichgewichtsbedingung (Protonenbilanz) $c(H^+) = c(HCO_3^-)$ erfüllt ist. Mit Hilfe der Henderson-Hasselbalch-Gleichung (s. Kap. 2.4.4.2) wird für $(CO_2(aq)) = 0{,}0107\,\text{mmol}\cdot\text{L}^{-1}$ ein pH-Wert von rund 5,7 berechnet:

$$a(H^+) \cdot c(HCO_3^-)/c(CO_2(aq)) = K_1$$

  In logarithmischer Form folgt mit $a(H^+) = c(HCO_3^-)$:

$$pH = \tfrac{1}{2}(pK_1 - \lg\{c(CO_2(aq))\}).$$

  Wenn gilt: $c(CO_2(aq)) = 1{,}07 \cdot 10^{-5}\,\text{mol}\cdot\text{L}^{-1}$,
  dann ist pH $= \tfrac{1}{2}(6{,}36 + 4{,}97) = 5{,}67$.
  Von **saurem Regenwasser** kann demnach erst bei Unterschreitung von pH 5,7 gesprochen werden.

- Flusswasser kann nur dann einen pH-Wert < 7 aufweisen, wenn es nur wenig gepuffert ist (geringe Säurekapazität). Daran ist zu denken, wenn z. B. in einem Aquarium Flusswasser mit geringem pH-Wert imitiert werden soll.
  Bei Algenblüte in einem offenem Gewässer wird bei Inversionswetterlagen, während derer ein CO_2-Nachschub aus der Atmosphäre unterbleibt, alles DIC des Wassers von den Algen aufgebraucht, mit dem Ergebnis, dass die Säurekapazität ausschließlich von OH^--Ionen gestellt wird und der pH-Wert sich hieraus ergibt, z. B. pH 11 bei einer Säurekapazität von $10^{-3}\,\text{mol}\cdot\text{L}^{-1}$ (1 mmol·L^{-1}).

- Meerwasser hat eine Säurekapazität von 2,3 mmol·L^{-1}. Wird der Aktivitätskoeffizient für eine Ionenstärke von $I = 0{,}7\,\text{mol}\cdot\text{L}^{-1}$ berücksichtigt (s. Kap. 2.4.4.1), so lässt sich der pH-Wert von Meerwasser als 8,4 berechnen. Eine Erhöhung des CO_2-Partialdrucks in der Atmosphäre hat eine entsprechende Erhöhung von $c(CO_2(aq))$ und damit eine Absenkung des pH-Wertes zur Folge. Verdoppelt sich z. B. der CO_2-Partialdruck, sinkt der pH-Wert um den Betrag von $\lg 2 = 0{,}301$, also um 0,3 Einheiten. Im Beispiel sinkt daher der pH-Wert des Meerwassers von 8,4 auf 8,1. Einen weit größeren Einfluss auf $c(CO_2(aq))$ und damit auf den pH-Wert von Meerwasser hat allerdings der aerobe Abbau organischen Materials in tiefen Meeresschichten, z. B. durch die Nutzung des Meeres für Lebensmittelproduktion.

2.6.4.3 Calcit-Auflösung und Calcit-Abscheidung

Calcit-Ablagerungen sind ein besonderes Phänomen der Wassernutzung, auf das näher eingegangen werden soll. Für Calciumcarbonat, $CaCO_3$, gibt es neben Calcit noch die Kristallmodifikationen Aragonit und Vaterit. In der Praxis wird in den weitaus meisten Fällen die Modifikation des Marmors, nämlich Calcit, beobachtet. Deswegen haben die Begriffe Calcit-Sättigung, Calcit-Lösevermögen und Calcit-Ablagerung Eingang in die Fachsprache gefunden. Umgangssprachlich werden die Begriffe Kalkablagerung oder Härtebildung und Kalk-Kohlensäure-Gleichgewicht verwendet. Zu beachten ist, dass Magnesium-Ionen nicht an Ablagerungen beteiligt sind, da Magnesiumsalze gut löslich sind. Der Tradition folgend, ist es umgangssprachlich vertretbar, Magnesium als Teil der Härte (kein Härtebildner) zu bezeichnen (s. Kap. 2.4.1). Im Kontext der chemischen Gleichgewichte aber gibt es hierfür keinen Anlass.

Wir gehen vom Löslichkeitsprodukt für Calcit aus (Gl. 2.88):

$$CaCO_3(s) \rightleftharpoons Ca^{2+} + CO_3^{2-} \quad \text{mit} \quad pK_c = 8{,}50 \text{ bei } 25\,°C \tag{2.88}$$

Wir nehmen an, dass es sich um ein sehr hartes Wasser handelt (mit einer Ca^{2+}-Ionenkonzentration von 4 mmol·L^{-1} oder $10^{-2,4}$ mol·L^{-1}; vgl. Kap. 2.4.1). Dann ist eine Carbonat-Ionenkonzentration von nur $10^{-6,08}$ mol·L^{-1} bzw. 0,00083 mmol·L^{-1} erforderlich, um Calcit-Sättigung zu erreichen. Hat dieses Wasser einen DIC-Wert von 10 mmol·L^{-1}, so beträgt der erforderliche Anteil an CO_3^{2-} nur $\gamma = c(CO_3^{2-})/c(DIC)$ = $8{,}3 \cdot 10^{-5}$. Der doppeltlogarithmischen Darstellung in Kap. 2.4.4.2 (Abb. 2.15; die halblogarithmische Darstellung ist hierzu ungeeignet) ist zu entnehmen, dass dieser CO_3^{2-}-Anteil bei pH 6,8 erreicht ist. Somit ist dieser pH-Wert in erster Näherung der pH-Wert der Calcit-Sättigung (pH_C) für dieses Wasser. Die Überschlagsrechnung dient der Erläuterung des Prinzips und vernachlässigt die Aktivitätskoeffizienten. Für eine exakte Berechnung ist die Berücksichtigung sowohl der Aktivitätskoeffizienten als auch der Temperaturabhängigkeit allerdings Voraussetzung.

An Stelle der Berechnung im Einzelfall kann eine Tabelle treten, wobei zu überlegen ist, welche der gängigen **Parameter** heranzuziehen sind. Im Alltag der Wasseruntersuchung sind dies die Größen Calciumgehalt (oft einfach als Ca bezeichnet, vgl. Kap. 2.6.2.1) und die Säurekapazität bis pH 4,3 ($K_{S4,3}$) (vgl. Kap. 2.4.4.2). Der Parameter $K_{S4,3}$ hat gegenüber dem Parameter DIC den Vorteil, dass er unabhängig von der CO_2-Konzentration des Wassers ist. Mithin ist der pH-Wert der Calcit-Sättigung, pH_C, der mit dem Wertepaar Ca und $K_{S4,3}$ bestimmt wird, zugleich der Soll-pH-Wert einer Einstellung der Calcitsättigung (s. Kap. 5.4.9) durch CO_2-Ausgasung (mitunter auch als **Kalk-Kohlensäure-Gleichgewicht** bezeichnet, s. u.). Typische Wertepaare von Ca und $K_{S4,3}$ sind in Tab. 2.9 zusammengefasst. Auch die pH-Werte für ein **Calcit-Lösevermögen** von 5 mg·L^{-1} $CaCO_3$ sind angegeben. Dies hat unmittelbaren Bezug zur Praxis, denn ein Calcit-Lösevermögen bis zu diesem Wert gilt als tolerierbar, um Wasser sicher durch Betonrohre oder durch bestehende **Asbestzementrohre** leiten zu können (s. Kap. 5.10). Auffällig ist, dass dies Lösevermögen im Falle harten Wassers schon bei geringsten Unterschreitungen des pH_C-Wertes (es genügen bereits 0,2 pH-Einheiten) erreicht wird. Bei Werten oberhalb pH 7,9 ist das Calcit-Lösevermögen nicht höher als 5 mg $\cdot$ L^{-1}.

Die Berechnungen des pH-Wertes, bei dem Calcit-Sättigung vorliegt, gelten für die bei der Wasserversorgung übliche Temperatur $\theta = 10\,°C$ ($pH_{C,10}$). Die Umrechnung auf andere Temperaturen θ erfolgt nach einer teilweise empirischen Formel, welche die Temperaturabhängigkeiten der Dissoziationskonstante der Kohlensäure und der Löslichkeitskonstante des Calcits zusammenfasst (Gl. 2.89):

$$pH_{C,\theta} = pH_{C,10} - 0{,}015 \cdot (\theta - 10) \qquad (2.89)$$

In die Tabellenwerte sind die Aktivitätskoeffizienten einbezogen. Einer weiteren Korrektur bedarf es erst, wenn außer Ca^{2+} und HCO_3^- auch andere Ionen in erheblicher Menge vorliegen, wie z. B. im Falle des Meerwassers.

Das Gleichgewicht der Calcit-Sättigung ist nicht annähernd so dynamisch wie die Säure-Base-Gleichgewichte. Sowohl die Auflösung von Kalkgestein in Wasser mit $pH < pH_C$ als auch die Ablagerung aus übersättigtem Wasser sind gehemmt. Bei natürlichen Wässern in geschlossenen Rohrleitungen tritt normalerweise keine Calcit-Ablagerung ein, auch wenn Calcit-Übersättigung vorliegt. Die entsprechenden Bedingungen liegen vor, wenn z. B. im Sinne von Tab. 2.9 der pH-Wert des Wassers höher ist als der berechnete pH_C-Wert der Calcit-Sättigung.

Die Hemmung der Ablagerung hat zwei Ursachen. Zum einen müssen Kristallkeime vorhanden sein, an die sich Carbonat- und Calcium-Ionen unter Bildung eines Kristallgitters anlagern können. Diese Anlagerung ist sehr empfindlich gegen Störungen. Zum anderen hat die Ablagerung der Base CO_3^{2-} (dies erfordert die Freisetzung aller zuvor eventuell gebundenen Protonen) zur Folge, dass im unmittelbarem Bereich der Ablagerung der pH-Wert stark abfällt, was die Auflösung des gerade erst gebildeten Kristallgitters zur Folge hat. Diese kinetische Hemmung kann nur durch starke Turbulenzen, entsprechend geringe Dicke der Diffusionsgrenzschichten und somit raschen Ausgleich der Konzentrationen und des pH-Wertes an der Grenze zum Kristallgitter behoben werden.

In der Praxis der Wassernutzung ist die Hemmung der Kalkablagerung sehr willkommen, und es ist zu erläutern, was die Hemmung fördert und was sie aufhebt. Ablagerungen bilden sich bevorzugt aus stark erwärmtem Wasser, ab etwa 70 °C, an festen Wänden im Bereich starker Strömung, etwa an Rohrkrümmern. An **Wärmetauschern** bilden sich Ablagerungen, wenn die Wärmeübertragung auf kleiner Fläche mit sehr hohem Temperaturgradienten erfolgen soll. In der Praxis hat sich eine Vergrößerung der Heizfläche und damit eine Begrenzung der Wärmeübertragung auf weniger als 10 W $\cdot$ cm^{-2} als guter Kompromiss zur Vermeidung störender Kalkablagerungen erwiesen. An Dosierstellen zur pH-Wert-Erhöhung mittels Natronlauge darf keine hohe Turbulenz herrschen. Am besten wird NaOH mit enthärtetem Wasser vorverdünnt und mittig in ein langes gerades Rohr dosiert. An der Dosierstelle herrscht eine sehr starke pH-Wert-Erhöhung mit erheblicher Überschreitung des pH_C. Erst nach etwa 2 s Fließzeit des Wassers nach der Dosierstelle geht der pH-Wert auf den durch die NaOH-Dosierung angestrebten Wert zurück. Dies ist der sehr schnellen Dissoziation von H_2CO_3 zu CO_3^{2-} und der langsamen Hydratation von CO_2 zu H_2CO_3 geschuldet (s. Gl. 2.84).

Lagern sich Hemmstoffe an die Kristallkeime an (**Inhibitoren der Kristallisation**), so wird die Entstehung von Ablagerungen wirksam verzögert. Als Inhibitoren dienen

Polyphosphate, Phosphonate, Huminstoffe und Silicate (in dieser Reihenfolge abnehmende Wirksamkeit). Je reiner das Wasser ist, d. h. je weniger Inhibitoren es enthält, desto eher können sich Ablagerungen bilden. Eine Hemmung der Ablagerung durch den Einsatz von **Magnetfeldern** ist dagegen nicht durch Fakten untermauert. Eher handelt es sich um Geräte, die Turbulenzen an der Einengung aufbauen oder durch Elektrolyse und die damit einhergehende lokale pH-Wert-Erhöhung Kristallkeime im fließenden Wasser erzeugen, die zu nicht weiter störenden Partikeln wachsen. Damit werden die Calcit-Übersättigung im Wasser und folglich Ablagerungen an den Rohrwänden vermindert. Die Zugabe von **Kristallkeimen** in Form von feinem Sand in einem Wirbelbett ist bei der Wasseraufbereitung zur Enthärtung des Wassers üblich. Man kann verfolgen, wie der Umfang der Sandkörner durch die Anlagerung von Calcit wächst (s. Kap. 5.4.9).

Tab. 2.9 pH-Wert des Wassers bei Calcit-Sättigung bei 10 °C ($pH_{C,10}$) in Abhängigkeit vom Calciumgehalt und von $K_{S4,3}$ (kursiv sind die jeweiligen pH-Werte eingetragen, bei denen noch ein Calcit-Lösevermögen von 5 mg $\cdot$ L^{-1} CaCO$_3$ besteht). Für den genauen Anwendungsbereich der Tabelle in Bezug auf Fremdsalze (z. B. Meerwasser) s. DIN 38404-10.

Ca^{2+} mg$\cdot$L^{-1}	Ca^{2+} mmol$\cdot$L^{-1}	$K_{S4,3}$ in mmol $\cdot$ L^{-1}						
		0,25	0,5	1	1,5	3	6	8
10	0,25	9,65	9,18	8,84				
		7,40	*7,67*	*7,89*				
20	0,5	9,23	8,88	8,54	8,36			
		7,23	*7,53*	*7,75*	*7,82*			
40	1	9,00	8,61	8,27	8,08	7,80		
		7,15	*7,45*	*7,64*	*7,68*	*7,62*		
60	1,5	8,85	8,46	8,12	7,93	7,64		
		7,11	*7,41*	*7,58*	*7,60*	*7,50*		
100	2,5	8,67	8,28	7,94	7,76	7,45	7,17	7,06
		7,08	*7,35*	*7,49*	*7,48*	*7,35*	*7,13*	*7,03*
160	4		7,79	7,60	7,29	7,00	6,89
			7,40	*7,37*	*7,21*	*6,97*	*6,87*
200	5			7,53	7,22	6,92	6,81
				7,32	*7,14*	*6,90*	*6,79*

2.6.4.4 Kalk und Kohlensäure

Es ist auffällig, dass Grundwässer mehr Ionen enthalten (Messgröße: elektrische Leitfähigkeit) als Oberflächenwässer. Umgangssprachlich werden Grundwässer als „hart" und Oberflächenwässer als „weich" bezeichnet (vgl. das Stichwort Wasserhärte, Kap. 2.4.1). Ursache hierfür ist das gelöste Kohlenstoffdioxid im Grundwasser, das zur Auflösung von Mineralien beiträgt. Es stammt in nur geringem Umfang aus dem CO$_2$ der Luft, denn im Kontakt mit der Luft gibt Grundwasser CO$_2$ ab. Eine größere Rolle dürfte aus dem aeroben Abbau von Pflanzenresten im Boden stammendes CO_2 und, in tieferen Bodenschichten, CO_2 vulkanischen Ursprungs spielen. Zur Beschreibung der Auflösung von Calcit (umgangssprachlich als Kalk bezeichnet) durch CO_2 im wässrigen Medium kann folgende Gleichung herangezogen werden:

$$CaCO_3(s) + CO_2(aq) \rightleftharpoons Ca^{2+} + 2\,HCO_3^-$$

$$c(Ca^{2+}) \cdot c(HCO_3^-)^2/c(CO_2(aq)) = K \tag{2.90}$$

Das Massenwirkungsgesetz zu dieser Gleichung wird als **„Kalk-Kohlensäure-Gleichgewicht"** bezeichnet. Es besagt, dass Kohlensäure nicht vollständig, sondern nur bis zu einer dem Gleichgewicht entsprechenden Restkonzentration umgesetzt wird. Zur Prüfung, ob das Gleichgewicht erreicht ist oder ob mit der vorhandenen CO_2-Konzentration noch weiteres Calcit in Lösung gehen kann, sind Messwerte der drei Parameter $CO_2(aq)$, Ca^{2+} und HCO_3^- erforderlich. Nachteilig an dieser Methode ist, dass Wässer mit Calcit-Sättigung und einem pH-Wert über 8,2 nicht erfasst werden, weil die Basekapazität des Wassers bis pH 8,2 (s. Kap. 2.4.4.2) als Gehalt an Kohlensäure interpretiert wird. Zu beachten ist, dass die Gleichung nicht die Vorgänge an der Calcit-Oberfläche beschreibt, denn dort kommt es auf die CO_3^{2-}-Ionen an. Erst mit der nachrangigen Reaktion der CO_3^{2-}-Ionen mit $CO_2(aq)$ zu HCO_3^- entsteht die Gleichung des Kalk-Kohlensäure-Gleichgewichts als gekoppeltes Gleichgewicht. Dennoch ist dies eine Alternative zur Bestimmung der Calcit-Sättigung gemäß Tabelle 2.9 mit den drei Parametern pH, Ca^{2+} und $K_{S4,3}$.

Gl. 2.90 bietet die Möglichkeit, **Mengenbilanzen** anzuwenden. Demnach kann nur soviel Calcit in Lösung gehen, wie Kohlensäure im Wasser verfügbar ist. Vereinfachend, insbesondere bei hohen CO_2-Konzentrationen im Wasser, kommt es auf die verbleibende Restkonzentration von CO_2 im chemischen Gleichgewicht nicht an. Umgekehrt wird soviel Calcit aus dem Wasser ausgeschieden, wie CO_2 an die Luft abgegeben wird. Dies ist z. B. die Erklärung, warum einerseits Tropfsteinhöhlen in Kalkgestein entstehen, und wieso andererseits in den alten römischen Wasserleitungen Calcit („Aquäduktmarmor") ausgeschieden wurde.

Ein besonderes Phänomen ist die Höhlenbildung durch die lösende Wirkung von Mischwasser aus zwei unterirdischen Wasserflüssen, die beide Calcit-gesättigt sind. Voraussetzung ist, dass das eine Wasser schwach gepuffert ist, also eine nur geringe Säurekapazität $K_{S4,3}$ aufweist (z. B. Ca und $K_{S4,3}$ je 0,25 mmol·L^{-1} bei pH 9,65, s. Tab. 2.9), und das andere Wasser mit hoher Säurekapazität $K_{S4,3}$ gut gepuffert ist (z. B. Ca = 4 mmol·L^{-1} und $K_{S4,3}$ = 6 mmol·L^{-1} bei pH 7,0). Bei einer Mischung im Verhältnis 4:1 ergibt sich ein Wasser mit Ca = 1 mmol·L^{-1} und $K_{S4,3}$ = 1,4 mmol·L^{-1}, das einen pH-Wert von etwa 8 haben sollte (s. Tab. 2.9), dessen pH-Wert aber wegen der guten Pufferung des zweiten Wassers nur etwa 7,5 erreicht, also weit unterhalb des pH-Wertes der Calcit-Sättigung bleibt.

> **Merke: Mischwasser** aus einem schwach gepufferten Wasser (z. B. aus Talsperren) und einem gut gepufferten Grundwasser ist Calcit-lösend, selbst wenn beide Wässer Calcit-gesättigt sind, weil der pH-Wert des gut gepufferten Wassers stärker ins Gewicht fällt und damit der pH-Wert des Mischwassers nicht den pH_C (pH-Wert der Calcit-Sättigung) erreicht.

Tropfsteinhöhlen und Aquäduktmarmor

Kohlenstoffdioxid im Wasser löst Calciumcarbonat. Ist genügend CO_2 vorhanden, hinterlässt das Wasser im Kalkstein Kavernen (z. B. Tropfsteinhöhlen) und ist so die Ursache der Karstbildung. Karst ist die vom Namen für die Hochfläche nordöstlich von Triest (Italien/Slowenien/Kroatien) abgeleitete geologische Bezeichnung für durch Lösungs- und Verwitterungsprozesse geprägte Landschaften. In den Höhlen gibt das Wasser CO_2 an die Umgebungsluft ab und wird so Calcit-abscheidend: Es bilden sich Tropfsteine (Stalaktiten und Stalagmiten). – In offenen Gerinnen führt die Ausgasung von CO_2 und die damit einhergehende pH-Wert-Erhöhung häufig zu einer Überschreitung des pH_C-Wertes. Infolgedessen bilden sich allmählich Calcit-Ablagerungen. Ein historisches Beispiel hierfür sind die Ablagerungen in römischen Aquädukten, wie z. B. der sogenannte **Aquäduktmarmor** der Eifelwasserleitung.

2.6.5 Wasser in der Biosphäre: Photosynthese – Atmung – Carboanhydrase

Cyanobakterien, Algen und höhere Pflanzen betreiben **Photosynthes**e. Bei diesem vom Sonnenlicht getriebenen Prozess wird Wasser zu Sauerstoff oxidiert und mit den so gewonnenen Reduktionsäquivalenten (d. h. mit den dadurch verfügbaren Elektronen) Kohlenstoffdioxid in reduzierte Kohlenstoffverbindungen umgewandelt (Zucker bzw. Kohlenhydrate, „$[C(H_2O)]_n$"). Aerobier (in einer Luftatmosphäre existierende Organismen) nutzen den durch Photosynthese erzeugten Sauerstoff für die Atmung. Im Zuge der **Sauerstoffatmung** wird als Nahrung aufgenommene reduzierte Materie (z. B. Kohlenhydrate) oxidiert („kalte Verbrennung" unter Gewinnung chemisch speicherbarer Energie) und in Kohlenstoffdioxid und Wasser zurückverwandelt. Wasser ist also der Elektronenlieferant der Photosynthese, und Sauerstoff der Elektronenakzeptor bei der Atmung, wobei wiederum Wasser entsteht (Gl. 2.91).

$$H_2O + CO_2 \underset{\text{Atmung}}{\overset{\text{Photosynthese}}{\rightleftharpoons}} \frac{1}{n}(CH_2O)_n + O_2 \tag{2.91}$$

Für eine umfassende Darstellung dieser effizient katalysierten Fundamentalprozesse des Lebens wird auf die Lehrbücher der Biochemie verwiesen. Wir begnügen uns mit einer Übersicht über die Einzelschritte und betrachten lediglich einige das Wasser betreffende Aspekte genauer, zunächst bei der Photosynthese und dann bei der Atmung.

Das komplexe Geschehen der **Photosynthese** (Abb. 2.30) kann in vier Elementarschritte gegliedert werden, die in der Thylakoidmembran des grünen Blattes räumlich voneinander getrennt stattfinden:

- **Energieaufnahme** (Lichtabsorption)
- **gerichtete Energieübertragung** (Excitonen-Transport)
- **Ladungstrennung** (Aufbau eines elektrischen Potentials)
- **Wasseroxidation**.

Energieaufnahme: Die Absorption des Sonnenlichts bewirkt die Photoanregung organischer Farbstoffe (von denen ein prominenter Vertreter das „Blattgrün" bzw. Chloro-

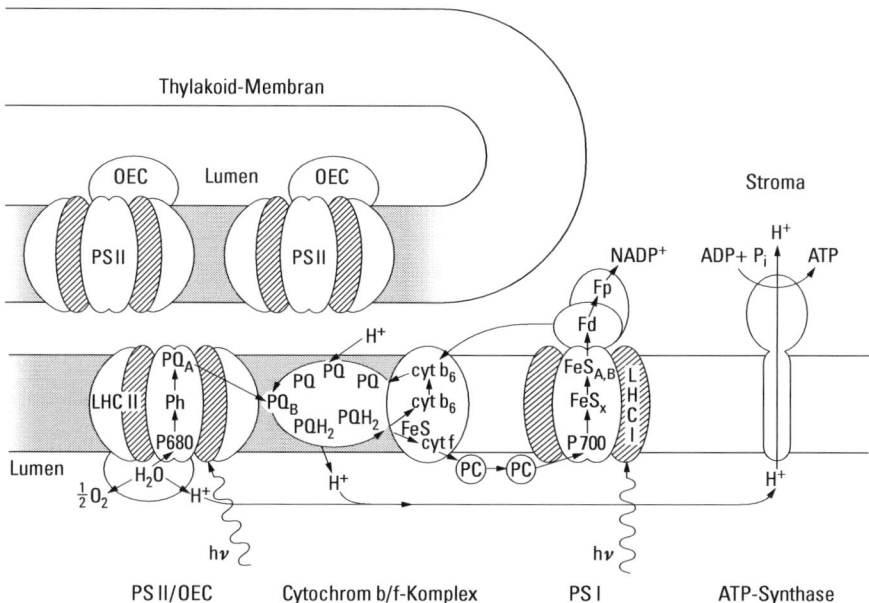

Abb. 2.30 Photosynthese in Pflanzen: Schematische Darstellung von Schlüsselprozessen in der Thylakoidmembran der Chloroplasten. Chloroplasten sind Zellorganellen des grünen Blattes. Die Einzelschritte der Ladungstrennung und Elektronenübertragung sind nicht gezeigt (PS I bzw. P700: Photosystem I; PS II bzw. P680: Photosystem II; OEC: Tetramangan-Cluster, an dem die Wasseroxidation erfolgt [engl. oxygen evolving complex]; LHC: Lichtsammelkomplex [engl. light harvesting complex]; Ph, PQ, cyt, PC, FeS_x, Fd, Fp: Elektronenüberträger (nach Anderson und Andersson, 1988; mit Genehmigung von Elsevier).

phyll ist). Um das diffuse Sonnenlicht effektiv zu nutzen, erfolgt die Anregung in spezialisierten Lichtsammelkomplexen (engl. light harvesting complex, LHC).

Gerichtete Energieübertragung: Die Energie wird dann mit staunenswerter Effizienz zielgenau und weitgehend verlustfrei zu den eigentlichen Reaktionszentren transportiert. Dies geschieht über eine Kette verschiedener Blattfarbstoffe (Antennenpigmente; z. B. α-Carotin), die sich in ihrer jeweiligen Emissions- und Absorptionscharakteristik optimal „überlappen", sodass angeregte Zustände (Excitonen) wellenartig und räumlich gerichtet weitergeleitet werden können (vektorieller Excitonen-Transport).

Ladungstrennung: Gelangt ein derartiges Energiepaket in ein Reaktionszentrum (engl. reaction center, RC), entstehen räumlich separiert eine elektronenreiche (durch Übernahme eines Elektrons reduzierte) und eine elektronenarme (durch Abgabe eines Elektrons oxidierte) Komponente. In der Thylakoidmembran grüner Pflanzen sind zwei verschiedene Reaktionszentren hintereinandergeschaltet:

- Das **Photosystem I** ist eine lichtgetriebene Elektronenpumpe, die hilft, das elektronenreiche Coenzym Nicotinsäureamid-Adenindinucleotid-Phosphat NADPH (s. u.) durch Reduktion seiner oxidierten Form bereitzustellen.
- Das **Photosystem II** ist eine lichtgetriebene Elektronenpumpe mit der Aufgabe, die durch Wasseroxidation gewonnenen Elektronen in Richtung Photosystem I zu transportieren.

Beide Reaktionszentren verfügen über eigene Lichtsammelkomplexe. Der Elektronen-
fluss zwischen Photosystem II und Photosystem I folgt einem Potentialgefälle und verläuft über eine Vielzahl redoxaktiver Zentren in der Membran. Diese bilden eine Elektronentransferkette. Einige der Kettenglieder sind Metallkomplexe (Eisen, Kupfer).
Die am Photosystem I ankommenden Elektronen dienen letztlich der Reduktion von
Kohlenstoffdioxid unter Aufbau von Glucose (im Calvin-Zyklus). Als Elektronenüberträger für diese von einem spezialisierten Enzymkomplex katalysierte Reduktion fungiert NADP, das dabei zwischen einer reduzierten Form (abgekürzt NADPH) und einer
oxidierten Form (abgekürzt $NADP^+$) im Kreis geführt wird. Derartige niedermolekulare „Elektronenfähren" werden allgemein als Redox-Coenzyme bezeichnet.

Wasseroxidation: Schauplatz der Wasseroxidation ist ein 4 Mangan-Ionen (sowie
je ein redoxinaktives Calcium- und Chlorid-Ion) enthaltender Komplex (engl. oxygen
evolving complex, OEC), an dem je 2 Moleküle Wasser schrittweise in Disauerstoff,
4 Protonen und 4 Elektronen zerlegt werden (Gl. 2.92).

$$2\,H_2O \rightarrow O_2 + 4\,H^+ + 4\,e^- \tag{2.92}$$

Bemerkenswert an dieser Reaktion ist unter anderem, dass Protonen und Elektronen
voneinander getrennt abgeleitet werden (Vermeidung der H_2-Bildung). Der so entstehende Protonengradient dient zudem der Synthese von Adenosintriphosphat ATP aus
Adenosindiphosphat ADP und anorganischem Phosphat, indem er das Gleichgewicht
der Phosphatkondensation (vgl. Tab. 2.8) auf die Seite des Kondensationsproduktes verschiebt (Enzym: ATP-Synthase). In der neu geknüpften Phosphatbindung ist chemische
Energie gespeichert, die durch hydrolytische Spaltung wieder freigesetzt und so anderen
Stoffwechselprozessen zur Verfügung gestellt werden kann (Abb. 2.31). Die Struktur
des vierkernigen Mangankomplexes ist ebenso wie seine Wechselwirkung mit H_2O
noch nicht eindeutig geklärt. Dem Thema gelten erhebliche Forschungsanstrengungen
auf der Suche nach effizienten Methoden zur Zerlegung von Wasser in die Elemente,
um Wasserstoff künftig preiswert und in großer Menge als Energieträger zur Verfügung stellen zu können (vgl. Kap. 2.5.1).

Wie Gl. 2.91 zeigt, stellt die Sauerstoffatmung die Umkehrung der Photosynthese-
reaktion dar: Kohlenhydrate werden zu CO_2 oxidiert; als Akzeptor der Elektronen fungiert letztlich O_2, das dabei zu Wasser reduziert wird (Abb. 2.32).

Der aus der Nahrung bezogene Elektronenstrom betreibt den **Zitronensäurezyklus**,
in dessen Verlauf u. a. das Dicarbonsäure-Dianion Succinat zu Fumarat oxidiert wird
(dies stellt ein Elektronenreservoir bereit) und außerdem der Elektronenüberträger Ni-
kotinsäureamid-Adenindinukleotid in seiner reduzierten Form entsteht. Diese wird als
NADH abgekürzt (oxidierte Form: NAD^+). NADH/NAD^+ ist ein dem System NADPH/
$NADP^+$ strukturell eng verwandtes Redox-Coenzym (s. o., Photosynthese). Im Zuge
der Atmung wird NADH wieder oxidiert. Die aus dieser Oxidation stammenden Elektronen werden an einer, die Elektronen aus der Oxidation Succinat zu Fumarat an einer
anderen Stelle in die Mitochondrienmembran eingespeist. Der Elektronenstrom fließt
dann innerhalb der Membran über mehrere spezialisierte Redoxzentren, darunter Metallkomplexe (Eisen, Kupfer). Diese Elektronentransferkette wird als **Atmungskette**
bezeichnet. Sie unterscheidet sich in ihrem Aufbau grundsätzlich von derjenigen der
Photosynthese. An drei Stellen der Kette werden Protonen von der Membraninnensei-
te auf die Außenseite gepumpt (Aufbau eines Protonengradienten). Dies erfordert die
sorgfältige räumliche Trennung von Protonen- und Elektronenstrom (Vermeidung der

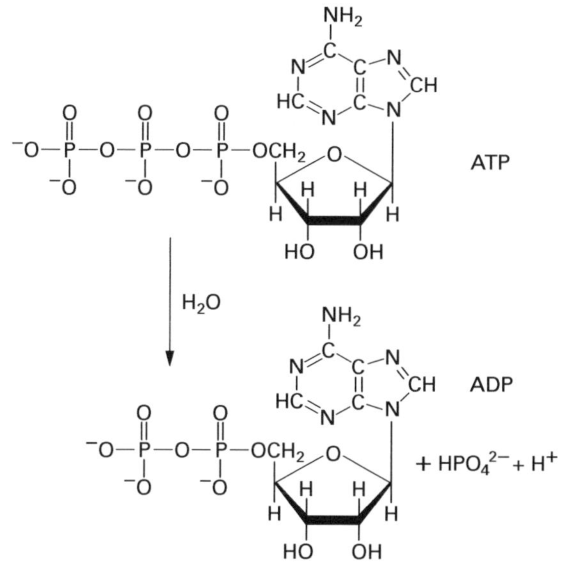

Abb. 2.31 Die Strukturen von Adenosindiphosphat (ADP) und Adenosintriphosphat (ATP). Die Hydrolyse der terminalen Phosphatester-Funktion des ATP liefert etwa $30\,kJ \cdot mol^{-1}$ Energie (vgl. Tab. 2.8).

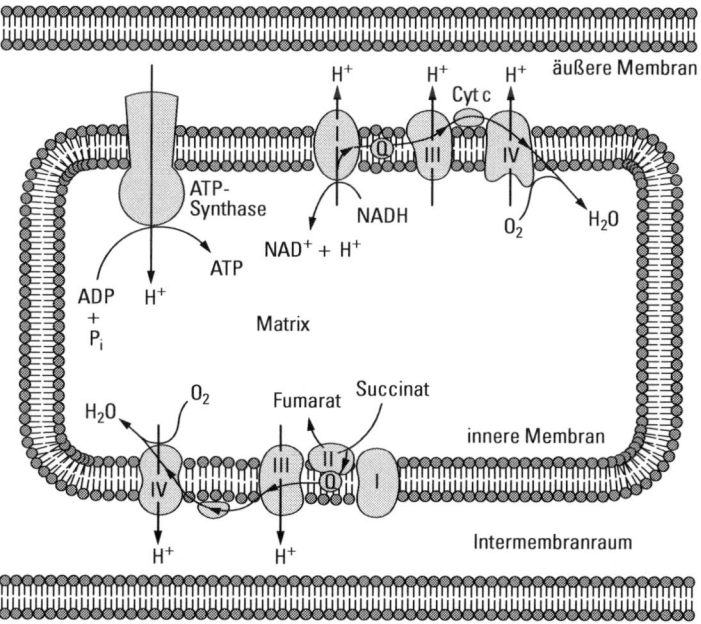

Abb. 2.32 Die Atmungskette. Schematische Darstellung einiger Schlüsselprozesse in der Mitochondrienmembran. Einzelschritte der Elektronenübertragung sind nicht gezeigt. Komplex IV bezeichnet die Cytocrom c-Oxidase (s. Text).

H$_2$-Bildung), was den hochkomplexen Bau der beteiligten Enzyme erklärt. Der Rückstrom der Protonen betreibt ein Enzymkomplex (ATP-Synthase), der aus ADP und anorganischem Phosphat den Energiespeicher ATP erzeugt. Dieser Vorgang wird als oxidative Phosphorylierung bezeichnet. Ziel des Elektronenstroms in der Mitochondrienmembran ist die Cytochrom c-Oxidase, ein Kupfer-, Eisen-, Zink- und Magnesium-Ionen enthaltender Metalloenzymkomplex (Komplex IV in Abb. 2.32). Er überträgt Elektronen zusammen mit Protonen schrittweise auf Sauerstoff, wobei das Kupfer- und das Eisen-Ion eine kooperierende Redoxeinheit darstellen. Der derzeit plausibelste Reaktionsweg postuliert die Oxidationsstufen Cu$^{I/II}$ und Fe$^{II/III/IV}$ sowie Peroxid (O$_2^{2-}$), Hydroperoxid (OOH$^-$), eine Oxoferryl-Einheit (Fe^{IV}=O) und Hydroxid (OH$^-$) als Intermediate der O$_2$-Reduktion. In Summe entstehen auf diese Weise aus 1 Molekül Disauerstoff 2 Moleküle Wasser (Gl. 2.93).

$$O_2 + 4\,e^- + 4\,H^+ \rightarrow 2\,H_2O \qquad (2.93)$$

> **Merke:** Sauerstoff ist der finale Elektronenakzeptor der Atmungskette und wird unter Zutritt von Protonen zu Wasser reduziert. Entlang der Atmungskette wird die Energie der Nahrung in den chemischen Energiespeicher ATP umgewandelt. Die aus der ATP-Hydrolyse gewinnbare Energie betreibt die Körpervorgänge (z. B. Muskelkontraktion).

Bei Photosynthese und Atmung fungiert das Wassermolekül also als Reagenz in enzymkatalysierten Redoxprozessen. Andere Metalloenzyme sind dagegen z. B. in der Lage, es für Hydrolysereaktionen zu aktivieren. Wir betrachten in diesem Zusammenhang ein Zink-abhängiges Enzym, die Carboanhydrase. Das Enzym kommt in einer Reihe von Varianten vor, die untereinander jeweils gleichartige Reaktivität zeigen. (Strukturaspekte erläutern wir im Folgenden beispielhaft anhand der Carboanhydrase I des Menschen.) **Carboanhydrasen** finden sich in Tieren, Bakterien und Grünalgen. Sie beschleunigen die Gleichgewichtseinstellung bei der CO$_2$-Hydrolyse (Gl. 2.94) um einen Faktor von bis zu 10^7 gegenüber der unkatalysierten Reaktion.

$$H_2O + CO_2 \rightleftharpoons HCO_3^- + H^+ \qquad (2.94)$$

Diese Reaktion dient der effizienten pH-Pufferung (vgl. Kap. 2.4.4.2), z. B. in den Nieren. Sie ist außerdem für alle unter CO$_2$-Beteiligung verlaufenden Umsetzungen von erheblicher Bedeutung, wie z. B. für die Photosynthese (Bereitstellung von CO$_2$ in homogener Lösung und damit Vermeidung einer langsamen Reaktion an der Grenzfläche zwischen Flüssigkeit und Gas), für die Atmung (schnelle Abführung von CO$_2$) und für den Aufbau carbonathaltiger Strukturen (wie etwa Muschel- oder Eierschalen). Das Wirkprinzip der Carboanhydrasen ist die Bereitstellung von Hydroxid-Ionen bei physiologischen pH-Werten (um pH 7). Wie ist dies möglich? Das Zn^{2+}-Ion ist in einem von der Polypeptidkette gebildeten Hohlraum an 3 einzähnige N-Liganden gebunden (die Imidazol-Seitenketten dreier Histidin-Einheiten an drei verschiedenen Positionen im Protein). Vierter Bindungspartner ist ein über das Sauerstoffatom angeknüpftes H$_2$O-Molekül. Der N$_3$O-Donorsatz ist tetraedrisch um das Zink-Ion angeordnet. Infolge Koordination an das Dikation nimmt die Acidität des Wassermoleküls deutlich zu (vgl. Tab. 2.4; in der Bindungstasche des Enzyms sinkt der pK_s-Wert auf etwa 6) (vgl. den Begriff Kationensäure in Kap. 2.4.4.2).

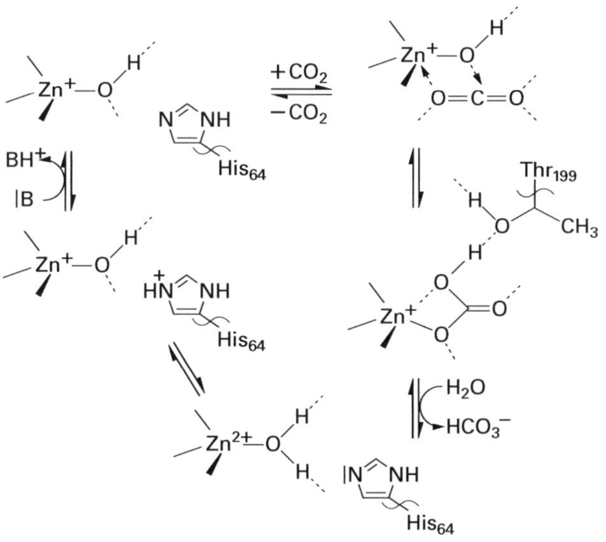

Abb. 2.33 CO_2-Hydrolyse in Carboanhydrasen (aus Kaim und Schwederski, 2004).

Das koordinierte Wassermolekül verliert ein Proton an einen strategisch in seiner Nähe positionierten basischen Rest (Abb. 2.33); die so entstandene Zn−OH-Einheit ist in der Enzymtasche vor Kondensation geschützt (ohne diesen Schutz käme es unter Wasserabspaltung zur Bildung der Struktureinheit Zn−O−Zn und höher kondensierter Produkte, vgl. Tab. 2.8). Wie in Abb. 2.33 gezeigt, ist Zn^{II}−OH nun in der Lage, auf dem Wege einer Zweipunkt-Wechselwirkung das Hydroxid-Ion effizient auf CO_2 zu übertragen. Das dabei entstehende Metall-koordinierte Hydrogencarbonat-Ion (HCO_3^-) wird in der Folge durch ein neu hinzutretendes H_2O-Molekül verdrängt, und der Zyklus kann von neuem durchlaufen werden.

Abb. 2.34 Struktur der menschlichen Carboanhydrase I unter Berücksichtigung der Wassermoleküle innerhalb und außerhalb des Proteingerüsts, die ein definiertes H-Brücken-Netzwerk aufspannen (nach Vedani/Huhta/Jacober, 1989).

Merke: In der Biosphäre ist Wasser nicht nur Lösemittel, sondern vielmehr integraler Bestandteil biologischer Systeme. Dies belegt das Beispiel der Carboanhydrasen, für deren Struktur und Funktion das durch H-Brücken gebundene Wasser innerhalb und außerhalb des Enzyms essentiell ist (Abb. 2.34). Das so geknüpfte H-Brücken-Netzwerk dient in hocheffizienter Weise dem Protonentransport (vgl. das Stichwort Grotthuß'scher Leitungsmechanismus, Kap. 2.4.4.3).

2.7 Literatur

Anderson J. M. und Andersson B. (1988): The dynamic photosynthetic membrane and regulation of solar energy conversion. Trends Biochem. Sci. 13(9): 351–355.

Atkins P. W. (1994): Physical Chemistry. Oxford University Press, Oxford, Melbourne, Tokyo, 5. Auflage.

Atkins P. W. und Beran J. A. (1992): General Chemistry. Scientific Amer. Inc., New York, 2. Auflage.

Atkins P. W. und Jones L. L. (2005): Chemical Principles – The Quest for Insight. W. H. Freeman, New York, 3. Auflage.

Brown T. L., LeMay H. E., Bursten B. E (2006): Chemie – Die zentrale Wissenschaft. Pearson Studium, München, 10. Auflage.

Carlson S. und Hässelbarth U. (1968): Die Erfassung der desinfizierenden Wirkung gechlorter Schwimmbadewässer durch Bestimmung des Redoxpotentials. Arch. Hyg. Bakt. 52: 306–320.

Chaplin M. F. (1999): A proposal for the structuring of water. Biophys. Chem. 83(3): 211–221; siehe auch: „Water Structure and Science", http://www1.lsbu.ac.uk/water/sitemap.html [aufgerufen März 2011]

Helfferich F. G. und Klein G. (1970): Multicomponent Chromatography, Theory of Interference. Dekker, New York.

Kaim W. und Schwederski B. (2004): Bioanorganische Chemie, Vieweg + Teubner, Wiesbaden, 4. Auflage.

Kudo A. and Miseki Y. (2009): Heterogeneous photocatalyst materials for water splitting. Chem. Soc. Rev. 38: 253–278; Abbildung mit Genehmigung der Royal Society of Chemistry.

Mitra T., Miró P., Tomsa A.-R., Merca A., Bögge H., Avalos J. B., Poblet J. M., Bo C., Müller A. (2009): Gated and differently functionalized (new) porous capsules direct encapsulates' structures: Higher and lower density water. Chemistry 15(8): 1844–1852.

Mortimer C. E. und Müller U. (2007): Chemie: Das Basiswissen der Chemie. Georg Thieme Verlag KG, Stuttgart, 9. Auflage.

Riedel E. (2010): Allgemeine und anorganische Chemie. De Gruyter, Berlin, New York, 10. Auflage.

Riedel E. und Janiak C. (2009): Übungsbuch Allgemeine und Anorganische Chemie. De Gruyter, Berlin, New York.

Schecher W. D. und McAvoy D. C. (1998): MINEQL+ A Chemical Equilibrium Modeling System: Version 4.0 for Windows, Benutzerhandbuch. Environmental Research Software, Hallowell, Maine (USA); www.mineql.com.

Schock M. R. und Lytle D. A. (1995): Effect of pH, DIC, Orthophosphate and Sulfate on Drinking Water Cuprosolvency. Document EPA/600/R-95/085, US EPA, Cincinnati, Ohio.

Sigg L. und Stumm W. (1996): Aquatische Chemie. vdf Hochschulverlag an der ETH Zürich und B. G. Teubner, Stuttgart.

C. H. Snyder (1995): The Extraordinary Chemistry of Ordinary Things. John Wiley & Sons, New York, 2. Auflage.

Stumm W. und Morgan J. J. (1981): Aquatic Chemistry, John Wiley & Sons, New York, 2. Auflage.

Vedani A., Huhta D. W., Jacober S. P. (1989): Metal Coordination, H-Bond Network Formation, and Protein-Solvent Interactions in Native and Complexed Human Carbonic Anhydrase I: A Molecular Mechanics Study. J. Am. Chem. Soc. 111(11), 4075–4081.

Warwick N. J., Bekki S., Nisbet E. G. und Pyle J. A. (2004): Impact of a hydrogen economy on the stratosphere and troposphere studied in a 2-D model, Geophys. Res. Lett. 31: L05107.

3 Stoffe in Wasser

3.1 Grundzüge der Analytik und Qualitätssicherung

Die Beschreibung der Wasserqualität erfordert eine analytische Quantifizierung der vorkommenden Wasserinhaltsstoffe, die auf abgesicherten Bestimmungsmethoden beruht. Die rein qualitative Analyse wird hier nur selten eingesetzt, da die Informationen daraus nur eingeschränkt zur Bewertung beitragen. Die **qualitative Untersuchung** einer Wasserprobe beinhaltet dabei vor allem die sogenannten **organoleptischen Parameter**:

- Klarheit bzw. Trübung
- Farbe und Farbstärke
- Geruch
- Geschmack (bei Trinkwasser)

Die **quantitative Wasseranalyse** umfasst weitaus mehr Parameter und gibt die Ergebnisse der Bestimmungen entweder als chemische Konzentration in der Einheit mmol/L oder als Massenkonzentration in der Einheit mg/L an. Anders als in der allgemeinen Analytik wird dabei oft nur die Massenkonzentration aufgeführt und verwendet.

> **Merke:** Die Angaben als Massenkonzentration können im Einzelfall problematisch sein, wenn der Bezug zum Stoff nicht eindeutig ist. So kann man z. B. Nitrat als mg/L Nitrat angeben, jedoch auch als mg/L Nitrat-N (z. B. in der Abwasseranalytik). Der Umrechnungsfaktor ist hier 4,429 von N auf Nitrat (62/14). Damit verbunden ist der häufige Irrtum, dass ein Nitratgrenzwert im Trinkwasser von 50 mg/L in Deutschland viel höher sei, als der 10 mg/L Nitrat-N-Grenzwert, der z. B. in den USA gilt. Aus letzterem Wert ergibt sich ein Nitratwert von 44,3 mg/L, der in etwa den in Deutschland geltenden 50 mg/L entspricht.

3.1.1 Klassische Methoden der Wasseranalytik

Für einige Hauptinhaltsstoffe von Wässern stehen klassische und einfach durchführbare Bestimmungsmethoden zur Verfügung.

Gravimetrie

- Bestimmung der **abfiltrierbaren Feststoffe** (AFS) nach Trocknung bei 105 °C (mg/L Trockensubstanz (TS)).
- Durch Glühen der AFS verbleibt der **Glührückstand** als Maß für die anorganischen AFS und der **Glühverlust** für die organischen Anteile der AFS.

- Das Eindampfen der filtrierten Wasserprobe liefert den **Abdampfrückstand** als Gewichtssumme der verbleibenden Salze und Organika (mg/L). Der Abdampfrückstand korreliert gut mit der elektrischen Leitfähigkeit, die leichter und schneller zu bestimmen ist.

Titrationen

- Die **komplexometrische Titration** von Calcium und Magnesium liefert die Gehalte der Härte (s. Kap. 3.2.3) in mmol/L.
- Die **Säure-Base-Titrationen** bis zu vorgegebenen pH-Werten (4,3 und 8,2) ergeben die Säure- und Basekapazitäten eines Wassers, die zur Bestimmung von gelöstem CO_2, Hydrogencarbonat sowie Carbonat und damit auch zur Summe der Kohlensäurespezies (C_T-Wert) in mmol/L führen.
- Die **Sauerstoffbestimmung nach Winkler** beruht auf einer jodometrischen Titration, wobei zunächst der gelöste Sauerstoff im Alkalischen Mn^{2+} zu höherwertigen Mn-Oxiden oxidiert, die im Sauren dann aus Jodid das elementare Jod bilden, welches wiederum mit einer Thiosulfatlösung titriert wird.

Photometrische Methoden

- Die **Trübung** eines Wassers wird durch die Messung der Schwächung des Durchlichts oder über die Streulichtmessung erfasst. Die Messwerte beschreiben die optischen Folgen von Kolloiden und suspendierten Stoffen (s. Kap. 3.2.2) und werden über eine Eichung mit einem Standardkolloid als NTU (engl. normal turbidity units) angegeben.
- Die **Farbmessung** erfolgt an der filtrierten Probe bei 436 nm und detektiert vor allem die gelb färbenden Inhaltsstoffe (z. B. Huminsäuren, s. Kap. 3.2.4).
- Im UV-Bereich wird häufig bei 254 nm der Hg-Linie mit Hilfe von Spektralphotometern gemessen, wobei die aromatischen organischen Stoffe die Lichtabsorption verursachen. Die Angabe erfolgt als **spektraler Absorptionskoeffizient, SAK$_{254nm}$**, mit Bezug auf eine Küvettenlänge von 1 m mit der Einheit m^{-1}. Der SAK$_{254nm}$ korreliert oft recht gut mit dem gelösten organischen Kohlenstoff, DOC (engl. dissolved organic carbon, s. Kap. 3.1.3).
- Durch vorgeschaltete spezifische **Farbreaktionen** lassen sich viele Wasserinhaltsstoffe ab 0,01 mg/L spektralphotometrisch bei bestimmten Wellenlängen bestimmen, z. B. Ammonium (über die Neßler-Reaktion), Eisen, Mangan, Nitrit, Phosphat.

Elektrochemische Messmethoden

- Die Messung des pH-Wertes erfolgt weitgehend mit der **pH-Glaselektrode**, wobei die H^+-Konzentration in der Wasserprobe ein elektrisches Potential in mV liefert. Das Potential entsteht durch spezifische Austauschreaktionen an einem quellfähigen Spezialglas. Die Elektrode enthält eine Bezugselektrode und wird mit Pufferlösungen bekannter pH-Werte geeicht.
- Die **elektrische Leitfähigkeit** ist der reziproke Wert des Widerstands eines Wassers zwischen zwei inerten Elektroden, an denen eine Spannung angelegt wird. Die deutsche Einheit ist dazu S/m (Siemens/Meter) bzw. mS/m oder µS/cm. Die elektrische

Leitfähigkeit beruht auf dem Ladungstransport durch die gelösten Ionen, sie korreliert daher recht gut mit dem Salzgehalt (Abdampfrückstand, s. o.).

- Mittels **Sauerstoffelektroden** (bei denen unterschiedliche Messprinzipien zur Anwendung kommen) kann der Sauerstoffgehalt gemessen werden. Diese können alternativ zur Methode nach Winkler (s. o.) verwendet werden.
- Die **Temperatur** wird oft mit einem empfindlichen Thermoelement bestimmt, das in die oben aufgeführten Elektroden integriert ist und simultan den Wert liefert.

3.1.2 Messmethoden für anorganische Stoffe

Atomspektrometrie

Hier sind folgende Grundmethoden zu unterscheiden:

- **Flammenphotometrie** für Alkali- und Erdalkali-Ionen, die in einer Flamme angeregt werden und spezifische Wellenlängen emittieren, wobei die Intensität gemessen wird.
- **Atomabsorptionsspektrometrie** (AAS) für viele Schwermetalle und Metalloide im Spurenbereich (bis unter 1 µg/L). Hierbei werden die Zielstoffe geeignet atomisiert (in einer Flamme, in einem geheizten Graphitrohr, als gasförmige Hydride). In diesem Zustand wird die Absorption von Licht gemessen, das aus für die jeweiligen Elemente spezifischen Lampen stammt.
- **Atomemissionsspektrometrie** (AES), bei dem die Atomisierung und die Ionisation der Zielstoffe über ein induktiv gekoppeltes Plasma (ICP) erfolgen. Bei ca. 7.000 °C emittieren die Stoffe Licht, welches sehr genau aufgelöst gemessen wird (optische Emissionsspektrometrie, OES). Alternativ kann ein Massenspektrometer die ionisierten Atome erfassen, wobei auch die Isotope gemessen werden können.

Ionenchromatographie

Die **Ionenchromatographie** (IC) kann Anionen und Kationen jeweils mit einer eigenen flüssigchromatographischen Methode erfassen, wobei die Auftrennung in einer gepackten Säule (mit speziellen Ionenaustauschmaterialien) unter höherem Druck (engl. high pressure liquid chromatography, HPLC) und die Detektion über die elektrische Leitfähigkeit erfolgt.

3.1.3 Messmethoden für organische Stoffe (Summenparameter)

Summarische organische Parameter

Die sehr hohe Strukturvielfalt organischer Stoffe in Wässern lässt eine Bestimmung der Einzelstoffe nur mit hohem Aufwand zu (s. Kap. 3.1.4). Daher wird häufig die Gesamtkonzentration (deren Bestimmung für viele Zwecke ausreicht) ungelöster und gelöster organischer Stoffe summarisch über direkte oder indirekte Strukturen und Eigenschaften erfasst. Die wichtigsten **Summenparameter** sind hierbei:

- Der totale organische Kohlenstoff (**TOC,** engl. total organic carbon) beruht auf der vollständigen Oxidation (thermisch oder mittels UV-Lampen) der vorhandenen Organika (gelöst und ungelöst) zu Kohlenstoffdioxid, das dann gasförmig mit einem Infrarotspektrometer erfasst wird.

- Der gelöste organische Kohlenstoff (**DOC,** engl. dissolved organic carbon) wird in der über eine Membran filtrierten Wasserprobe (Ausschlussgrenze $> 0,45\ \mu m$) wie der TOC bestimmt.
- Der chemische Sauerstoffbedarf (**CSB**) gibt die Menge an Sauerstoff an, die für die Totaloxidation ungelöster und gelöster organischer Stoffe verbraucht wird. Allerdings wird hierbei Kaliumdichromat als Oxidationsmittel eingesetzt und der Verbrauch an Dichromat in Sauerstoff umgerechnet. Diese Methode dominiert in der Abwasseranalytik, da sie apparativ weniger aufwändig ist als TOC/DOC-Bestimmungen.
- Der biologische Sauerstoffbedarf (**BSB**) misst die durch mikrobielle Aktivität in einer bestimmten Zeit (oft in 5 Tagen) bei 20 °C verbrauchte Sauerstoffmenge (BSB_5), wenn leicht verwertbare organische Stoffe abgebaut werden. Der BSB ist für die Kontrolle der biologischen Kläranlagen von hoher Bedeutung, aber auch für die Belastung von Fließgewässern mit abbaubaren Stoffen.

3.1.4 Analytik organischer Einzelstoffe

Der qualitative und quantitative Nachweis von Spurenstoffen, die aus unterschiedlichen Quellen und über unterschiedliche Eintragspfade in das Wasser gelangen, ist seit vielen Jahren eine bedeutende Disziplin im Bereich der Umweltforschung. Wenn die Rede von Spurenstoffen ist, dann spricht man in der Regel von Konzentrationen, die im Bereich von wenigen ng/L bis zu mehreren µg/L liegen. Man könnte meinen, dass solch geringe Konzentrationen nicht relevant sind, da es zahlreiche andere Wasserinhaltsstoffe gibt, die in wesentlich höheren Konzentrationen vorliegen. Hinzu kommt noch, dass die Analytik dieser Stoffe sehr aufwändig ist und teure Geräte eingesetzt werden müssen. Ein anderes Bild bezüglich der Bedeutung ergibt sich, wenn anstelle der Konzentration die Teilchenzahl dieser Spurenstoffe betrachtet wird. Werden z. B. 10 g Zucker im Tegeler See, einem Gewässer in Berlin mit einer Oberfläche von 4,1 km^2 und einer durchschnittlichen Tiefe von 5 m gelöst, dann beträgt die Zuckerkonzentration 488 ng/L, oder $2,7 \cdot 10^{-10}$ mol/L, was einer Anzahl von $1,63 \cdot 10^{14}$ Molekülen/L entspricht. Die Anzahl der Teilchen pro Liter ist enorm hoch und eine Aufnahme durch Organismen oder Menschen nicht unwahrscheinlich. Aufgrund der geringen Konzentration der Spurenstoffe können diese Substanzen nur in seltenen Fällen direkt in den Proben nachgewiesen werden. Vor der eigentlichen Analytik steht in der Regel eine Anreicherung der Spurenstoffe, gefolgt von einer chromatographischen Trennung der komplexen Extrakte mit massenspektrometrischer Detektion.

Anreicherung

Für die Anreicherung von organischen Stoffen gibt es diverse Möglichkeiten. Die Anreicherung bzw. Extraktion basiert immer auf einem Phasenübergang. Der **Phasenübergang flüssig-fest** (Festphasenextraktion, SPE, engl. solid phase extraction) ist für die Analytik von Spurenstoffen in Wasser die Methode der Wahl. Die im Wasser gelösten Bestandteile werden an einem Feststoff adsorbiert, anschließend mit einem organischen Lösungsmittel eluiert und weiter konzentriert. Auf dem Markt gibt es eine große

Anzahl an SPE-Materialen, so dass entsprechend der Eigenschaften und der Polarität der Zielanalyten ein Material ausgewählt werden kann. Für die Quantifizierung von Spurenstoffen muss eine SPE-Methode entwickelt und validiert werden (s. Kap. 3.1.5), was bedeutet, dass die Wiederfindungsraten für alle zu untersuchenden Matrices (z. B. Kläranlagenablauf, Oberflächenwasser, Trinkwasser) bestimmt werden müssen.

Chromatographie: Grundlagen

Das Endprodukt der Extraktion einer Probe ist ein komplexer Extrakt, der eine hohe Anzahl von organischen Verbindungen enthält. Um bestimmte Verbindungen in diesem Extrakt bestimmen zu können, muss der Extrakt weiter aufgetrennt werden, damit die Substanzen nachgewiesen und quantifiziert werden können. Die Auftrennung eines solchen Extraktes erreicht man durch die Chromatographie. Die Chromatographie ist ein physikalisch-chemisches Verfahren zur Trennung eines Stoffgemisches zwischen zwei miteinander nicht mischbaren Phasen. Bei den Phasen handelt es sich um eine mobile und um eine stationäre Phase. Der Extrakt wird in die **mobile Phase** gegeben. Die dann folgende Trennung beruht auf der unterschiedlichen Wanderungsgeschwindigkeit verschiedener Stoffe in der mobilen Phase entlang einer Trennstrecke auf Grund unterschiedlicher Verweilzeiten an der **stationären Phase**. Die Vorgänge der Chromatographie lassen sich durch die kinetische Theorie bzw. das **Trennstufenmodell** und die dynamische Theorie beschreiben. Bei der kinetischen Theorie wird die Trennstrecke in Trennböden unterteilt. Bei gegebener Trennstrecke gilt: Je mehr Trennböden bzw. je kleiner die Trennstufenhöhe, desto besser ist die Trennleistung.

$$N = L/H$$

(N = Trennstufenzahl, L = Länge der Trennstrecke, H = Trennstufenhöhe).

Die Trennstufenhöhe wird durch die van-Deemter-Gleichung beschrieben. Die van-Deemter-Gleichung kommt aus der dynamischen Theorie, die die physikalischen Vorgänge beim Transport einer Substanz in einer mobilen Phase entlang einer stationären Phase beschreibt. Berücksichtigt werden hier die Dispersion (A), die longitudinale Dispersion (B) und der Massenübergang (mobile/stationäre Phase, C) sowie die Strömungsgeschwindigkeit (u).

Van-Deemter-Gleichung: $H = A + B/u + C \cdot u$

H ist die Trennstufenhöhe. Die Gleichung ist auch als **HETP-Gleichung** bekannt (engl. high equivalent to a theoretical plate). Die Abhängigkeit der Trennstufenhöhe lässt sich graphisch darstellen (Abb. 3.1): Für jedes Trennsystem gibt es eine optimale Strömungsgeschwindigkeit, bei der die Trennstufenhöhe ein Minimum hat.

Merke: Die gängige hier verwendete Darstellung der van-Deemter-Gleichung gilt für Trennmaterialien, die bis vor kurzem standardmäßig eingesetzt wurden. Im Bereich der Flüssigkeitschromatographie (s. u.) wurde in neuerer Zeit aber wesentlich feinporigeres Trennmaterial entwickelt. Für diese neuen Materialien sieht das van-Deemter-Diagramm anders aus. Die HETP-Kurve verschiebt sich nach rechts, was bedeutet, dass der Einsatz von sehr kleinem Trennmaterial (1,2 μm) eine höhere Strömungsgeschwindigkeit erfordert, um eine kleine Trennstufenhöhe zu erreichen.

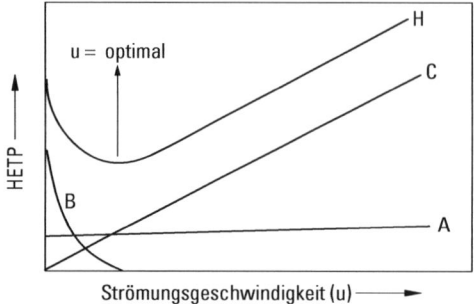

Abb. 3.1 Bestimmung der optimalen Strömungsgeschwindigkeit nach der van-Deemter-Gleichung. (C: Massenübergang mobile/stationäre Phase; H: Trennstufenhöhe; A: Dispersion; B: longitudinale Dispersion).

Flüssigkeitschromatographie (LC) und Gaschromatographie (GC)

Die Flüssigkeitschromatographie (LC) bzw. high performance liquid chromatography (HPLC) sowie die Gaschromatographie (GC) sind die beiden chromatographischen Methoden, die in den Bereichen Umwelt- und Wasserforschung eingesetzt werden. Bei der LC ist die mobile Phase flüssig und bei der GC gasförmig. In der LC werden in der Regel feste stationäre Phasen eingesetzt (3–10 μm, heute ab 1,2 μm) und bei der GC feste wie auch flüssige Phasen. Die GC nutzt für die Analytik von organischen Substanzen Kapillarsäulen, die bis zu 100 m lang sind und Trennstufenzahlen von bis zu 100.000 erreichen. Die GC ist wohl das beste Trennsystem, das derzeit existiert. Allerdings ist die GC auf die Analyse von Substanzen, die thermisch ohne Zersetzung in die Gasphase überführt werden können, beschränkt. Dieser Anforderung entsprechen nur relativ unpolare Substanzen. Notwendig ist diese Voraussetzung, weil eine gasförmige mobile Phase die Substanzen durch die Trennsäule transportiert. Auf die GC soll hier nicht weiter eingegangen werden, da die Spurenstoffe im Wasser eher polar sind und so meist nur mit der LC analysierbar sind.

Eine LC besteht aus

- einem **Degaser**, damit ein Ausgasen der mobilen Phase in der Säule oder im Detektor nicht die Trennung beeinflusst bzw. das Grundrauschen erhöht oder eine Drift erzeugt wird,
- einer **Pumpe**, in der Regel einer Gradientenpumpe, so dass zeitabhängige Lösungsmittelgemische als mobile Phase nutzbar sind,
- einem **Autosampler**,
- einem **Säulenofen** und
- einem **Detektor**.

Die Probenaufgabe (10–50 μL) erfolgt ohne Anwendung von Druck über den Autosampler mit einem 6-Wege-Ventil. Folgende Detektoren kommen zum Einsatz:

- Refraktionsindex-Detektor
- UV-Detektor
- Photodiodenarray-Detektor
- Fluoreszenz-Detektor
- Massenspektrometer

Der Refraktionsindex-Detektor (RI) ist ein universeller Detektor, der aber nicht sonderlich empfindlich ist. Der UV-Detektor und der Photodiodenarray-Detektor sind einsetzbar, wenn die Analyten UV-aktiv sind. Mit dem Photodiodenarray-Detektor können auch die UV-Absorptionsspektren der eluierenden Verbindungen aufgenommen werden. Der Fluoreszenz-Detektor ist sehr empfindlich, setzt aber voraus, dass die Verbindungen fluoreszieren. Ein weiterer wichtiger Detektor ist das **Massenspektrometer**. Die Kopplung von LC und Massenspektrometer ist für den Nachweis von organischen Spurenstoffen in Wasser die Methode der Wahl. Die Detektion ist stoffspezifisch und sehr empfindlich.

Massenspektrometrie (MS) und Kopplung LC-MS bzw. GC-MS

Die Massenspektrometrie ist ein Verfahren zur Detektion und Trennung von chemischen Verbindungen (oder Elementen) nach ihrem Verhältnis von Masse zu Ladung (m/z). Aus dieser Definition ergibt sich als Grundvoraussetzung für den Einsatz der MS, dass die Analyten ionisierbar sein müssen. Da die geladenen Analyten in der Regel sehr instabil sind, muss der Massenanalysator unter Hochvakuum stehen, damit sie nicht durch Zusammenstoß zerstört werden. Ein Massenspektrometer hat folgenden generellen Aufbau:

- Ionenquelle
- Massenanalysator
- Detektor

Sowohl für die Ionisierung (Elektronenstoß-(engl. electronic impact)-Ionisierung (EI), chemische Ionisierung (CI), Atmospheric pressure chemical ionization (APCI), Elektronenspray-Ionisierung (ESI), Matrix-assisted laser desorption/ionization (MALDI), Felddesorption (FD), Fast atomic bombardment (FAB)) wie auch für den Massenanalysator (Sektorfeld, Quadrupol, Flugzeit, Ionenfallen) gibt es unterschiedliche Techniken. Bei der **Kopplung LC-MS** erfolgt die Ionisierung unter atmosphärischem Druck durch ESI oder durch die APCI. In beiden Fällen kann die Ionisierung positiv und negativ erfolgen. Die Art der Ionisierung (positiv oder negativ) kann basierend auf der Struktur vorhergesagt werden, ansonsten wird sie vorher durch Testmessungen bestimmt. Bei den geladenen Analytionen handelt es sich um die Molekülionen, die ein Proton aufgenommen haben und so positiv geladen sind $[M + H]^+$, oder um die Molekülionen, die ein Proton abgegeben haben und eine negative Ladung tragen $[M - H]^-$. Die Ionisierung bei der LC-MS Kopplung ist von zahlreichen physikalischen Parametern abhängig. Die Probenmatrix sowie Inhaltsstoffe der mobilen Phase beeinflussen die Ionisierung bzw. die Ionisierungsausbeute erheblich. Für die Quantifizierung mittels LC-MS muss aus diesen Gründen immer mit einer internen Kalibrierung oder mit internen Standards (deuterierte Substanz) gearbeitet werden. Nach der Ionisierung werden die geladenen Teilchen in das Massenspektrometer transferiert.

Im Unterschied zur Kopplung LC-MS erfolgt die Ionisierung bei der **Kopplung GC-MS** unter Hochvakuum. Aus dieser Tatsache ergeben sich auch Gründe, warum die GC-MS in mancher Hinsicht die bessere Methode ist: Die Trennstufenzahl ist wesentlich höher als im Fall der LC (s. o.) und die Ionisierung im Hochvakuum ist verlässlich reproduzierbar, so dass basierend auf Spektrenbibliotheken unbekannte Verbindungen identifiziert werden können. Aufgrund der hohen Reproduzierbarkeit der Ionisierung ist auch die Quantifizierung einfacher.

Die Trennung nach der Masse bzw. nach dem Verhältnis von Masse zu Ladung (m/z) erfolgt im Massenspektrometer. Als Massenspektrometer wird für die Quantifizierung üblicherweise ein Quadrupol-Massenspektrometer genutzt. Dieses Gerät besteht aus vier parallel angeordneten Metallstäben, an denen eine Gleichspannung angelegt wird. Bei einer vorgegebenen definierten Spannung können nur Teilchen mit einem bestimmten m/z-Wert den Detektor erreichen. Die anliegende Gleichspannung kann aber auch sehr schnell variiert werden (hochfrequentes Wechselfeld), so dass schnell nacheinander Teilchen mit unterschiedlichem m/z-Verhältnis den Detektor erreichen können. Die Kombination LC-MS liefert so ein Chromatogramm, in dem die Intensität der Signale gegen die Retentionszeit aufgetragen ist (TIC, engl. total ion chromatogram). Die jeweils in Abhängigkeit des elektrischen Feldes durchgelassenen m/z-Werte können berechnet werden. Da diese Rechnung jedoch sehr kompliziert ist, werden die m/z-Werte durch eine Kalibrierung bestimmt. Die hohe Empfindlichkeit von LC-MS wird durch die Kopplung von zwei Quadrupolen erreicht. Es werden dann nicht mehr die intakten Molekülionen detektiert, sondern Fragmente bzw. Bruchstücke der Verbindung. Die Fragmente werden in einer Kollisionszelle u. a. durch Beschuss mit Argon erzeugt. Dieser Aufnahmemodus ist unter dem Namen „multi reaction monitoring" (MRM) bekannt. Beim MRM ist der erste Quadrupol statisch, d. h. nur das Molekülionen bzw. ein m/z-Verhältnis kann den Massenfilter passieren. In der dann folgenden Kollisionszelle wird das Molekülion fragmentiert. Der folgende zweite Quadrupol arbeitet auch statisch und lässt nur ein oder mehrere gebildete Fragmente zum Detektor. Die statischen Zustände können zu definierten Zeiten, in Abhängigkeit der Retentionszeit der Analyten, geändert werden.

> **Merke:** Die Standardmethode zur Analyse von einzelnen nichtflüchtigen Spurenstoffen im Wasser ist eine Kombination aus Flüssigkeitschromatographie und Massenspektrometrie (LC-MS-Kopplung).

3.1.5 Qualitätssicherung in der Wasseranalytik

Die sichere und richtige Analyse von Wasserinhaltsstoffen ist aus rechtlicher Sicht eine wichtige Aufgabe der Wasserchemie und der Wasserlaboratorien. Viele gesetzliche **Grenzwerte** für Stoffe erfordern eine justiziable Analytik, d. h. die gerichtsfeste Bestimmungen der Parameter. Bei Verletzungen der gesetzlichen Parameter drohen Ordnungs- und Strafverfahren, weshalb die Gültigkeit der analytischen Methoden in der Fachwelt zweifelsfrei sein muss (s. Kap. 6). Eine Besonderheit der Wasseranalytik betrifft die nicht vorhersehbare Vielzahl der anorganischen und organischen, gelösten und ungelösten Stoffe in sehr unterschiedlichen Konzentrationsbereichen in den realen Proben sowie die dadurch möglichen Interferenzen (**Matrixeffekte**) auf die Messergebnisse.

Zu den wichtigsten Schritten für eine zuverlässige Wasseranalytik gehören:

- die reproduzierbare **Probenahme** ohne Stoffverluste oder Stoffveränderungen,
- die **Konservierung und Stabilisierung** der Wasserproben,

- die **Vorbehandlung** der Wasserproben, z. B. mittels Filtration zur Abtrennung ungelöster Stoffe mittels Membranen der Porenweite von 0,45 μm,
- die eigentliche **Bestimmungsmethode**, die nach standardisierten und genormten Prozeduren abläuft,
- die quantitative **Auswertung** der primären Messwerte im Blick auf Nachweisgrenzen, Bestimmungsgrenzen und Messfehler.

Die Standardisierung der einzelnen Schritte ist eine wesentliche Aufgabe der Fachleute, die zu genormten Verfahren führt. Diese Normverfahren werden auf verschiedenen Ebenen erstellt:

Die **International Standard Organization** (ISO) entwickelt und erlässt die übergreifenden internationalen Analyseverfahren. Das **Center for European Normalization** (CEN) erledigt diese Aufgaben für Europa. In Deutschland wird die Normung vom DIN (**Deutsches Institut für Normung**) und der Wasserchemischen Gesellschaft, eine Fachgruppe der Gesellschaft Deutscher Chemiker, übernommen. Diese Gesellschaft befasst sich seit ca. 80 Jahren damit und gibt die **Deutschen Einheitsverfahren der Wasser- und Schlammuntersuchung** (DEV) in einer Ringbuchsammlung in Kooperation mit anderen Institutionen heraus.

Die neuen Normen werden als Entwürfe zuerst der Fachwelt bekannt gemacht. Diese Entwürfe werden durch besondere Arbeitsgruppen erstellt. Nach der umfangreichen Testung der Entwürfe im Rahmen von sogenannten **Ringversuchen** (gleiche Wasserproben für alle Teilnehmer) und der folgenden Auswertung wird dann, bei guten Resultaten, das jeweilige Standardverfahren angenommen und publiziert. Die Messverfahren werden nach Bedarf überarbeitet oder auch ersetzt. Die internationale Normung bei ISO und CEN wurde in den letzten Jahrzehnten immer wichtiger, so dass ca. 80–90 % der in Deutschland verwendeten Einheitsverfahren mit den internationalen Verfahren identisch sind.

Neben der Normung der analytischen Verfahren wurde ein System der Akkreditierung qualifizierter Laboratorien entwickelt, meistens auf Ebene der Bundesländer (die für den Wasserhaushalt in Deutschland zuständig sind). Die daran interessierten Laboratorien unterziehen sich einer Prüfprozedur im Hinblick auf die gesamten Stufen der Wasseranalytik und können damit als anerkannte Laboratorien Wasseruntersuchungen für die Überwachungsbehörden durchführen. Die **Akkreditierung** hat eine begrenzte Gültigkeit und einen eingeschränkten Anwendungsbereich und muss daher immer wiederholt werden, um den Status zu erhalten.

3.2 Natürliche Hauptinhaltsstoffe in Wässern

Reines Wasser kommt in der Natur sehr selten vor, vielmehr führt jeder Kontakt von Wassermolekülen mit Gasen und Feststoffen zu einem Stoffeintrag mit verschiedenen Folgen für die Wasserqualität. Der Eintrag findet stoffabhängig in verschiedenen Kompartimenten des Wassers statt, so gelangen z. B. Minerale über Auswaschung des Bodens ins Grundwasser. Abbildung 3.2 gibt einen Überblick über die wichtigsten Vorgänge im Wasserkreislauf, die für unterschiedliche Wasserinhaltsstoffe in verschiedenen Konzentrationen verantwortlich sind. Als **Hauptinhaltsstoffe** werden hier diejenigen

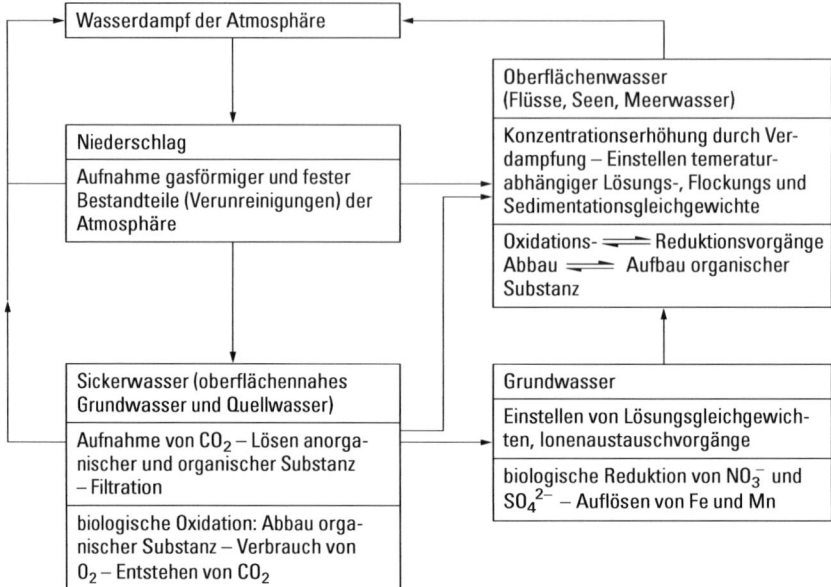

Abb. 3.2 Vorgänge innerhalb des natürlichen Wasserkreislaufes (Sontheimer et al., 1980).

Tab. 3.1 Übersicht über die wichtigsten Inhaltsstoffe natürlicher Wässer (Sontheimer et al., 1980).

Suspendierte Stoffe	Kolloidale Stoffe	Molekular gelöste Stoffe			
		Nicht-elektrolyte	Kationen	Anionen	Herkunft
Tone Sand sonstige Silikate und Mineralstoffe	Kieselsäure und Silikate, Metall-Hydroxo-Verbindungen (von Fe, Al, Mn)	Kieselsäure $(SiO_2 \cdot H_2O)$	Na^+, Mg^{2+} K^+, Fe^{2+} Ca^{2+}, Mn^{2+}	Cl^-, NO_3^- HCO_3^-, CO_3^{2-} SO_4^{2-}, HPO_4^{2-} $H_2PO_4^-, J^-$ F^-, Br^-	mineralhaltige Böden und Gesteine (Auflösung und Abscheidung fester Stoffe)
organische Stoffe	Huminstoffe, sonstige organische Stoffe	CO_2, NH_3 H_2S, CH_4, O_2 Huminstoffe sonstige organische Verbindungen	NH_4^+ H_3O^+	HCO_3^- NO_2^- NO_3^- HS^-	organische Bodenbestand-teile, Tätigkeit von Mikro-organismen Photosynthese
		N_2 O_2 CO_2	H_3O^+ (Na^+, Ca^{2+}, Mg^{2+})	HCO_3^- CO_3^{2-} (Cl^-)	Atmosphäre aus mariner Gischt
Algen Bakterien Protozoen	Bakterien, Viren				lebende Organismen

betrachtet, die eine Massenkonzentration von 1 mg/L überschreiten, obwohl es sich – verglichen mit wässrigen Lösungen im klassischen Sinne – um recht geringe Konzentrationen handelt. Eine Obergrenze der Stoffgehalte liegt bei den **Sättigungskonzentrationen** von einfachen Salzen, wie NaCl, die bei ca. 250 g/L liegt. Solche gesättigte Lösungen sind in ariden Regionen (z. B. in Salzseen) oder in Tiefengrundwasser in Kontakt mit Salzlagerstätten zu finden.

Die Vielfalt der natürlichen Inhaltsstoffe geht aus der Tabelle 3.1 hervor, in der eine Einteilung der Stoffe nach Größe erfolgt und ihre Hauptherkunft angegeben ist. Es sind auch Substanzen aufgeführt, die meist in Konzentrationen unter 1 mg/L gefunden werden, wie Bromid, Jodid oder Nitrit, andere sind nur in bestimmten Wasserkompartimenten zu erwarten (z. B. Eisen, Mangan und Sulfid unter reduzierenden Bedingungen).

3.2.1 Gase

Die wichtigsten Gase in natürlichen Wässern sind:

- O_2: herausragende Bedeutung für Redoxprozesse und biologische Prozesse
- CO_2: Gehalt in der Humusschicht 100–400 mg/L (Bildung bei aerobem Abbau)
- CH_4: „Erdgas" aus anaeroben Abbauprozessen
- H_2S: aus Faulprozessen (anaerob) durch Sulfatreduktion
- N_2: geringe Bedeutung, nur bei biologischer N_2-Fixierung, Produkt der Denitrifikation

Lösung von Gasen

Die Gaslöslichkeit wird mit dem **Henry-Dalton-Gesetz** beschrieben:

$$c_{i,W} = K_{H,i} \cdot p_i$$

($c_{i,w}$: Konzentration von Stoff i im Wasser in mol/L; p_i: Partialdruck von i im Gas; $K_{H,i}$: Henry-Konstante von i in mol/L · bar)

Beispiel: Luft (10 °C)

$p_{O2} = 0,21$ bar $\qquad c_{O2} = 11,27$ mg/L

$p_{N2} = 0,78$ bar $\qquad c_{N2} = 17,63$ mg/L

$p_{CO2} = 0,0003$ bar $\qquad c_{CO2} = 0,70$ mg/L

Die Temperaturabhängigkeit der Henry-Konstanten ist erheblich und besonders wichtig bei Sauerstoff, weil dieses Gas in der Biologie eine zentrale Rolle spielt:

20 °C: $c_{O2} = 9,08$ mg/L

30 °C: $c_{O2} = 7,53$ mg/L

3.2.2 Ungelöste Stoffe

Die Partikeldurchmesser (d) der ungelösten Wasserinhaltsstoffe in aquatischen Systemen können einen weiten Bereich umfassen, sie reichen von ca. 10 nm bis zu einigen Zentimetern. Die ungelösten Stoffe werden in suspendierte und kolloidale Stoffe eingeteilt.

- **Suspendierte Stoffe (d > 1 μm)**
  Es handelt sich um absetzbare Stoffe, die unter dem Lichtmikroskop noch sichtbar sind. Sie lassen sich in anorganische und organische Stoffe auftrennen (Glührückstand und Glühverlust, s. Kap. 3.1.1). In Oberflächenwässern bestehen sie aus Tonmineralien, Feinsand, Pflanzenresten, Humuspartikel und Mikroorganismen (s. Kap. 4). Suspendierte Stoffe streuen wie Kolloide das Licht und erzeugen so eine Trübung des Wassers (s. Kap. 3.1.1).
- **Kolloidale Stoffe, Kolloide (10 nm < d < 1 μm)**
  Sie sind nicht absetzbar und nicht unter dem Lichtmikroskop erkennbar. Allerdings können sie als Lichtpunkte bei dunklem Hintergrund erkannt werden (Streulicht). Es handelt sich oft um Huminstoffe (s. Kap. 3.2.4) in Grund- und Oberflächenwässern, Kieselsäure, Fe/Al-Hydroxide, Viren. Sie sind gleichsinnig geladen und damit gegen eine Zusammenlagerung geschützt.

> **Merke:** Die suspendierten und kolloidalen Stoffe sind von erheblicher Bedeutung für die Wasserqualität, weil darunter auch die Mikroorganismen fallen, die z. T. als Krankheitserreger (s. Kap. 4) wirksam werden (Viren, Bakterien, Dauerstadien von Parasiten). Trinkwasser muss deshalb weitgehend trübstofffrei sein. Weiterhin bilden die suspendierten Stoffe Sedimente in Gewässern und tragen die adsorbierten Schadstoffe, wie Schwermetalle und hydrophobe organische Substanzen.

3.2.3 Gelöste anorganische Stoffe

Kationen (Auswahl)

- **Natrium** (Na^+) entstammt als Verwitterungsprodukt den Gesteinen, den Aerosolen des Meeres oder der Lösung von Salzlagern. Die Salze weisen eine hohe Wasserlöslichkeit auf. Die Gehalte in natürlichem Süßwasser sind typischerweise <30 mg/L, im Meerwasser dagegen liegen sie bei ca. 10 g/L.
- **Kalium** (K^+) ist ebenfalls ein Verwitterungsprodukt der Gesteine (Kalifeldspat), mit gut löslichen Salzen und einer hohen Bedeutung als Pflanzennährstoff. Die Gehalte in Süßwasser sind <10 mg/L, in Meerwasser: ≈ 400 mg/L.
- **Eisen/Mangan** (Fe^{2+}/Mn^{2+}): Beide Ionen stammen aus der Reduktion oxidischer Mineralien in O_2-freien Grundwässern, Hämatit (Fe_2O_3), Magnetit (Fe_3O_4),
  Beispiele für stattfindende Reduktionen sind:

$$Fe_2O_3 + 3\,H_2O + 2\,e^- \rightarrow 2\,Fe^{2+} + 6\,OH^-$$

$$MnO_2 + 2\,H_2O + 2\,e^- \rightarrow Mn^{2+} + 4\,OH^-$$

Die Reduktionspartner für diese Redoxreaktionen sind organische Stoffe (abbaubare Anteile der Huminstoffe). Bei Belüftung des reduzierten Wassers kommt es zur Rückreaktion (aerobe Oxidation) mit Fällung als unlösliche Hydroxide:

$$Fe^{2+} + O_2 + 2\,H_2O \rightarrow Fe^{3+} + 4\,OH^- \quad (\rightarrow Fe(OH)_3 \downarrow)$$

$$Mn^{2+} + O_2 + 2\,H_2O \rightarrow Mn^{4+} + 4\,OH^- \quad (\rightarrow Mn(OH)_4 \downarrow \text{ Braunstein})$$

Diese Reaktionen sind in der Natur bei Grundwasseraustritten in Oberflächenwasser und in der Grundwasseraufbereitung zur Enteisenung und Entmanganung wichtig.

- **Ammonium** (NH_4^+) liegt üblicherweise nur in geringen Gehalten in O_2-haltigen natürlichen Wässern vor ($< 0,5$ mg/L), wo es aus dem Abbau von organischen Stickstoffverbindungen stammt. In reduzierten Grundwässern ist es stabil und kann höhere Konzentrationen erreichen (> 20 mg/L).
- **Calcium/Magnesium** (Ca^{2+}/Mg^{2+}) als „**Härte**" des Wassers

Bildung der „Härte" des Wassers

Als Härte eines Wassers wird die Summe der im Wasser gelösten Ca^{2+}- und Mg^{2+}-Ionen (andere zweiwertige Ionen sind ohne wesentlichen Beitrag) bezeichnet (s. Kap. 2.4.1).

Nach dem Waschmittelgesetz werden verschiedene Härtebereich (s. Tab. 3.2) für die Dosierung von Vollwaschmitteln definiert:

Tab. 3.2 Härtebereiche für die Dosierung von Vollwaschmitteln (WRMG, 2007).

Härtebereich	Gesamthärte (mmol/L)	°dH
1	bis 8,4	bis 1,5
2	8,4–14,0	1,5–2,5
3	über 14	über 2,5

°dH = Grade Deutscher Härte

Herkunft und Reaktionen von Calcium und Magnedium

- Entstehung der Säurekapazität („Carbonathärte" „temporäre Härte"):

$$CO_2 + H_2O \qquad \rightleftharpoons H^+ + HCO_3^-$$
$$H^+ + CaCO_3 \qquad \rightleftharpoons Ca^{2+} + HCO_3^-$$
$$\overline{\Sigma \quad CO_2 + H_2O + CaCO_3 \rightleftharpoons \mathbf{Ca^{2+}} + 2\,HCO_3^-}$$

- Entstehung „permanenter Härte":

$$CaSO_4 \rightleftharpoons \mathbf{Ca^{2+}} + SO_4^{2-}$$

- Chemische Verwitterung von Tonmineralien:

$$CO_2 + \text{Tonmineralien} \rightleftharpoons Ca^{2+}, Mg^{2+}$$

- Entfernen der Carbonathärte durch Kochen:

$$Ca^{2+} + 2\,HCO_3^- \rightleftharpoons CO_2 + H_2O + CaCO_3\downarrow$$

- Bildung unlöslicher Kalkseifen:

$$Ca^{2+}/Mg^{2+} + 2\,C_{17}H_{35}COO^-Na^+ \rightarrow (C_{17}H_{35}COO^-)_2Ca^{2+}/Mg^{2+}$$
$$\qquad\qquad\qquad \text{Seife} \qquad\qquad\qquad \text{schwerlösliche Kalkseife}$$
$$\qquad\qquad\qquad\qquad\qquad\qquad\qquad \text{(nicht waschaktiv, Ablagerungen)}$$

- Lineare Alkyl-Sulfonate (LAS) als Detergentien (heute):

  $R\text{-}SO_3^-\ Na^+$ keine Fällung mit Ca^{2+}

Anionen (Auswahl)

- **Anionen der Kohlensäure** (HCO_3^-/CO_3^{2-}): Sie entstammen vorwiegend aus kalkhaltigen Gesteinen ($CaCO_3$), wo sie durch die Kohlensäure aufgelöst werden. Sie bilden das **Puffersystem der Kohlensäure**, das das wichtigste pH-Puffersystem der Wässer darstellt.

  In Abhängigkeit vom pH-Wert lassen sich folgende **Puffergleichungen** aufstellen:

  1. $pH < 8,2 \qquad pH = pK_{S,1} + \lg \dfrac{[CO_2]}{[HCO_3^-]}$

  2. $pH > 8,2 \qquad pH = pK_{S,2} + \lg \dfrac{[HCO_3^-]}{[CO_3^{2-}]}$

- **Chlorid** (Cl^-): Chlorid ist oft das Anion des Natriums und stammt daher aus den gleichen Quellen. In natürlichem Süßwasser sind <50 mg/L, im Meerwasser dagegen ca. 19 g/L enthalten (Totes Meer: 200 g/L).
- **Sulfat** (SO_4^{2-}): Sulfat entstammt aus Gipslagerstätten, da $CaSO_4 \cdot 2\,H_2O$ recht gut wasserlöslich ist (ca. 2,5 g/L), und aus der Oxidation sulfidischer Mineralien mit Sauerstoff oder Nitrat.

3.2.4 Natürliche organische Stoffe (engl.: natural organic matter, NOM)

Natürliche organische Stoffe umfassen unter anderem die klassischen biochemischen Stoffe, wie Proteine, Aminosäuren, Lipide (Fette, Öle, Kohlenwasserstoffe), Kohlenhydrate (Zucker, Stärke, Cellulose). Diese spielen allerdings wegen der guten Abbaubarkeit kaum eine Rolle in Gewässern. Wichtigste Stoffvertreter dort sind die **Humin- und Fulvinsäuren**. Humin- und Fulvinsäuren sind die Endprodukte des biologischen Abbaus von pflanzlicher Biomasse und gelangen durch Auslaugungen aus den Humusanteilen der Böden in das Wasser.

Die operative Einteilung des Gesamtgehalts an organischen Verbindungen im Wasser in

- DOC (engl. dissolved organic carbon)
- POC (engl. particulate organic carbon)

ist operationell bedingt. Die Messung der organischen Verbindungen erfolgt durch ihre Oxidation und anschließende Detektion des entstehenden CO_2. Typische DOC-Gehalte für verschiedene Gewässer sind:

- Grundwässer: 0,1–5 mg/L DOC (z. B. Berlin: 3–5 mg/L)
- Oberflächenwässer: bis 10 mg/L DOC
- Moorwasser: bis 100 mg/L DOC

Die chemischen Strukturen der organischen Bestandteile von Wässern sind außerordentlich komplex und auf molekularer Ebene kaum bekannt. Die Molekulargewichte liegen in einem weiten Bereich von 250–100.000 g/mol. Die Eigenschaften werden wesentlich durch funktionelle Gruppen (z. B. Carboxylgruppen, phenolische Gruppen, Carbonylgruppen) und durch zusätzliche aromatische/aliphatische Anteile bestimmt.

- **Fulvinsäuren** sind alkalilöslich, aber nicht durch Säure fällbar. Sie weisen verglichen mit Huminsäuren ein niedrigeres Molekulargewicht (250–5.000 g/mol) und einen höheren Gehalt an funktionellen Gruppen auf und enthalten bis zu 30 % Polysaccharidbausteine. Sie besitzen weniger aromatische Komponenten als Huminsäuren und zeigen deshalb eine geringere gelb-braune Färbung.

- **Huminsäuren** sind verglichen mit Fulvinsäuren schwerer wasserlöslich, fällbar durch Säure und weisen höhere Molekulargewichte (5.000–100.000 g/mol) auf. Sie enthalten mehr aromatische Anteile und sind farbiger. Sie können schwerlösliche Verbindungen mit Calcium, Magnesium, Eisen und Aluminium bilden.

Abbildung 3.3 zeigt ein Modell für Huminstoffe aus der Literatur. In diesem Modell sind die wichtigsten molekularen Bausteine wiedergegeben, ebenso ist die in der Natur vorkommende Komplexierung von Metall-Ionen (Fe, Al) dargestellt.

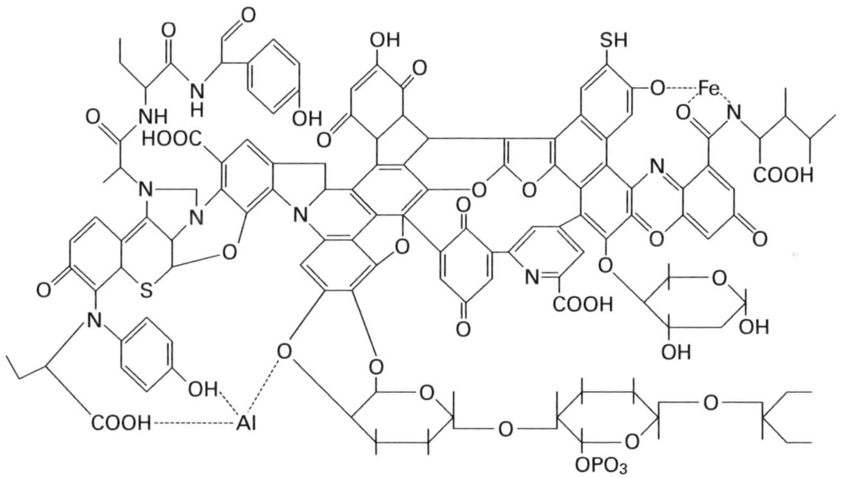

Abb. 3.3 Modell der Struktur eines Huminstoffes (nach Kickuth, 1972).

Die Bedeutung der Huminstoffe für die Gewässer beruht auf folgenden Aspekten:

- Anlagerung von und an anderen Stoffen (z. B. Schwermetalle, polyzyklische aromatische Kohlenwasserstoffe (PAK), Pestizide)
- Kationenaustauscherfunktion, spezifisch für Erdalkalimetall-Ionen
- Komplexbildung von Schwermetallen (z. B. mit Fe, Al, Mn, Cu, Zn, Hg, Cd, Pb)

Die Probleme für die Trinkwasserversorgung und -aufbereitung beruhen auf folgenden Eigenschaften:

- gelbliche Färbung (alter Name: „**Gelbstoffe**")
- Geruchs- und Geschmacksbeeinträchtigung

- Störung von Wasseraufbereitungsprozessen
- abbaubare Anteile verursachen Wiederverkeimung im Netz
- höherer Oxidationsmittelbedarf bei Ozonung und Desinfektion
- Vorläufersubstanz für halogenierte Desinfektionsnebenprodukte bei der Chlorung (z. B. Trihalogenmethane (THM), AOX)
- Konkurrenz mit zu entfernenden Stoffen bei der Aktivkohlefiltration

> **Merke:** In der Natur vorkommendes Wasser enthält eine Vielzahl von Inhaltsstoffen. Man unterscheidet nach gelösten und ungelösten (suspendierte oder kolloidale Stoffe) Bestandteilen mit anorganischem oder organischem Charakter. Zu den gelösten anorganischen Stoffen gehören Gase und verschiedene Ionen. Ca^{2+}-Ionen spielen als „Härtebildner" eine zentrale Rolle für die Wassernutzung. Zu den ungelösten Stoffen zählen auch Mikroorganismen und Viren. Die meisten löslichen natürlichen organischen Kohlenstoffverbindungen (NOM) werden schnell abgebaut, übrig bleiben Humin- und Fulvinsäuren. Huminsäuren sind als Störfaktor, u. a. durch ihre Farbe und ihren Geruch sowie durch ihr Wiederverkeimungspotential, bei der Wasseraufbereitung von Bedeutung.

3.3 Natürliche und anthropogene anorganische Spurenstoffe

Natürliche und vom Menschen beeinflusste Wässer können, abhängig von den geochemischen Bedingungen oder den Belastungsquellen, neben den Hauptinhaltsstoffen auch eine Reihe von **anorganischen Spurenstoffen** enthalten. Hier sollen beispielhaft fünf Stoffvertreter genauer behandelt werden, die relativ oft gefunden werden und zum Teil eine erhebliche gesundheitliche Relevanz für die Trinkwassernutzung aufweisen. Neben dieser Auswahl ist auf weitere Stoffe hinzuweisen, die entweder mit Grenzwerten belegt sind oder als problematisch eingestuft werden:

- Aluminium
- Mangan
- Eisen
- Antimon
- Blei
- Selen
- Cadmium
- Quecksilber
- Barium
- Strontium.

Aluminium, Mangan und Eisen sind in diesem Kontext bekannte Grundwasserinhaltsstoffe aufgrund der Versauerung (Al) und der Reduktionsvorgänge (Mn, Fe). Sie lassen sich einfach über entsprechende Aufbereitungsverfahren entfernen. Blei tritt vor allem als Folge der immer noch vorhandenen Hauswasserleitungen aus Blei auf, die in absehbarer Zeit ausgetauscht werden müssen. Antimon, Selen, Barium und Strontium sind natürlichen Quellen zuzuordnen, während Cadmium und Quecksilber typische und historisch wichtige Kontaminationen aus industriellen Verfahren und Produkten sind.

Merke: Anorganische Spurenstoffe können wegen ihrer gesundheitlichen Relevanz die Nutzung von Grund- und Oberflächenwässern als Trinkwasser einschränken.

3.3.1 Nickel

Vorkommen

Nickel kommt in **natürlichen Böden als Spurenelement** vor. Durch Verbrennungsprozesse wird zusätzlich Nickel auf dem Luftweg über **Depositionen** in den Boden eingetragen. Dort wird es vorwiegend von den Oxiden des Eisens, Aluminiums und Mangans sowie von Tonmineralien adsorptiv gebunden. Wie bei vielen anderen Schwermetallen besteht eine starke Abhängigkeit der Mobilität von der Bodenreaktion. Im sauren wie im reduzierenden Milieu nimmt die Mobilität zu. Als pH-Grenzwert für die Mobilisierung von Nickel in Böden wird ein Wert von $\leq 5,5$ genannt, für die Bodenlösung werden Nickelkonzentrationen von $10-90$ µg/L angegeben.

In höheren Gehalten tritt Nickel in reduziertem Milieu oft vergesellschaftet mit anderen Schwermetallen in Eisen-, Mangan- und Buntmetallerzen, wie Eisensulfid, auf. Werden beispielsweise durch Bergbauarbeiten diese Böden in Halden belüftet, wird durch die Oxidation von Pyrit neben anderen Effekten, wie der Versauerung, auch Nickel freigesetzt.

In Oberflächenwässern kann Nickel bei fehlender oder unzureichender Abwasserbehandlung insbesondere in Gebieten mit galvanischer Industrie in für das Trinkwasser bedeutsamen Konzentrationen auftreten. Diese Kontaminationsquelle ist aber in Deutschland aufgrund der industriellen Abwasserreinigung nicht (mehr) relevant (DVGW, 2009).

Bindungsformen und Freisetzung

Nickel tritt in Rohwässern für die Trinkwasserbehandlung in gelöster Form als **zweiwertiges Kation** auf. In Oberflächenwässern und insbesondere in Flusswässern mit einem gewissen Anteil an gereinigten Abwässern kann das Nickel an Komplexbildner, wie z. B. EDTA (Ethylendiamintetraacetat) oder NTA (Nitriloacetat), gebunden vorliegen. Eine Entfernung des Nickels ohne eine Zerstörung dieser sehr stabilen **Komplexe** ist dann nicht möglich. Ein Weg der Freisetzung von Nickel im Vorfeld der Rohwassergewinnung ist die Versauerung des Grundwassers, die eine Desorption der Schwermetall-Kationen von Tonmineral- und Eisenhydroxidoberflächen bewirkt. Auslöser sind saurer Regen sowie den Boden bei der Umsetzung versauernde Substanzen, wie z. B. Stickoxide oder Ammonium.

In tieferen Aquiferen führt der Zustrom sauerstoff- und nitratreichen Grundwassers – oft verstärkt durch die Wassergewinnung aus den tieferen Grundwasserstockwerken – zu einer Schwermetallfreisetzung. Pyrite werden vorwiegend durch Nitrat oxidiert und Schwermetalle aus dem Kristallgitter der Sulfidminerale werden freigesetzt. Folgereaktionen, wie die Oxidation und Fällung des freigesetzten Eisens, versauern das Wasser und führen so zur Lösung von Carbonatmineralen, woraus eine weitere **Schwerme-**

tallmobilisation resultiert. So können maximale Nickelkonzentrationen von mehreren Hundert Mikrogramm pro Liter erreicht werden.

Hohe Schwermetallkonzentrationen stellen im tieferen Grundwasser ein zunehmendes Problem dar, weil viele Wasserversorgungsunternehmen tiefe Grundwasserressourcen nutzen, um den hohen Nitratkonzentrationen des oberflächennahen Grundwassers auszuweichen. Es ist immer dann ratsam, die Nickelkonzentrationen in den Grund- und Rohwässern genauer zu beobachten, wenn pH-Werte unter 6,0 und hohe Sulfatkonzentrationen vorliegen (DVGW, 2009).

Gesundheitliche Bedeutung

Während die Inhalation stark nickelhaltiger Stäube eine eindeutige karzinogene Wirkung auf Nasen-, Nasennebenhöhlen- und Lungengewebe hat, gibt es bisher keine gesicherten Erkenntnisse, dass oral oder dermal aufgenommene Nickelverbindungen aus Trinkwasser akut oder chronisch, kanzerogen oder mutagen wirken. Allerdings ist Nickel ein häufig nachgewiesenes **Kontaktallergen**. Bestehende Kontaktallergien, die durch kontinuierliche Hautexpositionen ausgelöst werden (Modeschmuck, Metallteile an Kleidungsstücken), können möglicherweise durch die orale Aufnahme löslicher Nickelverbindungen wieder aufleben oder sich verschlimmern.

Grenzwerte
In der EU-Richtlinie 98/93/EG über die Qualität von Wasser für den menschlichen Gebrauch und in deren Umsetzung zur TrinkwV 2001 wurde der Grenzwert für Nickel auf 20 µg/L festgelegt. Die WHO hat 2005 auf Grund neuer Erkenntnissen für Nickel in der überarbeiteten Version der „Guidelines for Drinking-water Quality" einen neuen Richtwert von 70 µg/L definiert (WHO, 2005).

3.3.2 Arsen

Vorkommen

Als **ubiquitär** verteiltes Element tritt Arsen in vielen Trinkwasserressourcen der Erde auf. Arsen ist **ein häufiges Begleitelement** in der Erdkruste und findet sich insbesondere in sulfidischen Erzen, wie Pyrit und Arsenopyrit. Durch natürliche Verwitterungs-, Lösungs- und Transportvorgänge sowie nach sekundärer Ausfällung kann es sich in Böden, Sedimenten und Sedimentgesteinen anreichern. Der durchschnittliche Gehalt in der Erdkruste wird mit 2 mg/kg geschätzt, wobei Werte zwischen 0 und 35.000 mg/kg ermittelt wurden. Obwohl die geogene Herkunft dominiert, können auch anthropogen verursachte Emissionen zu lokal erheblichen Arsenkontaminationen führen. Beispiele hierfür sind Emissionen aus arsenhaltigen Abraumhalden von Hüttenbetrieben, industriellen Altlasten oder Kontaminationen durch die ehemals zulässige Anwendung arsenhaltiger Pestizide (WHO, 2001).

Die Mobilisierung und der Übertritt des Arsens vom Untergrund in die wässrige Phase werden maßgeblich durch das Redoxpotential und den pH-Wert im Untergrund beeinflusst. Unter oxidierenden und leicht reduzierenden Bedingungen ist es mäßig mobil, im stark reduzierenden Milieu hingegen als Sulfid festgelegt (Heinrichs und Udluft,

1993). In Oberflächengewässern liegt die Arsenkonzentration meist unter 10 µg/L, ebenso in gering belasteten Grundwässern. Durch den Kontakt mit arsenhaltigem Aquifergestein können in Grundwässern jedoch sehr viel höhere Werte erreicht werden. Analysen von Brunnenwässern ergaben beispielsweise in Bangladesch, Indien oder den USA Konzentrationen von zum Teil über 1000 µg/L (WHO, 2001). In Deutschland kommen Grundwässer mit geringen geogen bedingten Arsengehalten unter 10 µg/L relativ häufig vor. Regional begrenzt finden sich insbesondere in Kluftgrundwasserleitern des Buntsandsteins und des Sandsteinkeupers auch höhere Konzentrationen, die meist zwischen 10 und 250 µg/L liegen.

Arsen in wässriger Lösung

Arsen liegt im Grundwasser normalerweise in den Oxidationsstufen +III und +V als hydrolysierte Formen der arsenigen Säure und der Arsensäure vor. Ein Salz der arsenigen Säure wird als Arsenit oder **Arsenat(III)** bezeichnet. Bei **Arsenat(V)** handelt es sich um ein Salz der Arsensäure.

In dem trinkwasserrelevanten pH-Bereich von 6–9,5 dominieren unter oxidierenden Bedingungen die Formen der Arsensäure $H_2AsO_4^-$ und $HAsO_4^{2-}$, während im reduktiven Bereich die ungeladene arsenige Säure H_3AsO_3 vorherrscht, häufig in Begleitung von gelöstem Eisen(II) und Mangan(II) (Heinrichs und Udluft, 1993). Es treten jedoch auch beide Arsenformen gleichzeitig auf. Bei Anwesenheit von Schwefelwasserstoff können sich lösliche Arsensulfid-Komplexe bilden.

Auf Grund seiner Ladungsneutralität ist das dreiwertige Arsen mit allen bekannten Aufbereitungsverfahren schlechter entfernbar als das fünfwertige, welches hauptsächlich als ein- oder zweifach geladenes Anion vorkommt. Darüber hinaus ist Arsenat(III) toxischer als Arsenat(V). Aus diesen Gründen ist vor der Entfernung von Arsenat(III) normalerweise eine Oxidation zu Arsenat(V) erforderlich.

Gesundheitliche Bedeutung

Die Arsenzufuhr über das Trinkwasser kann einen erheblichen Beitrag zur Gesamtdosis des von der Bevölkerung aufgenommenen Arsens leisten. Wird eine Tageszufuhr von etwa 200 µg anorganischen Arsens über einen längeren Zeitraum hinweg überschritten, wirkt es beim Menschen chronisch toxisch und kann zu einer Reihe von Krankheiten führen, wobei **Hautschäden** besonders typisch sind. Arsen ist darüber hinaus als Verursacher verschiedener Krebsarten, u. a. **Haut- und Lungenkrebs**, bekannt. Diese Erkenntnisse sowie neuere Expositions- und Risikoabschätzungen führten im Jahr 1993 zur Senkung des bis dahin geltenden Richtwertes der WHO für Arsen in Trinkwasser von 50 µg/L auf einen vorläufigen Richtwert von 10 µg/L. Auch die USA, die EU sowie eine Reihe weiterer Länder passen mittlerweile ihre Trinkwasserstandards mit Übergangsfristen an den Richtwert der WHO an. Weltweit betrachtet ist die Arsenkontamination von Trinkwasser jedoch nach wie vor ein Problem ersten Ranges, von dem mehrere 10 Millionen Menschen betroffen sind (WHO, 2001).

Die Toxizität der verschiedenen anorganischen und organischen Arsenspezies, die je nach Art, Dauer und Höhe der Exposition akute oder chronische Auswirkungen hat, wurde in diversen medizinischen Studien bestätigt, ebenso die Wirkung als ein systemisch wirkendes Karzinogen für Haut-, Harnblasen-, Leber- und Lungengewebe, auch wenn die Diskussion über die Wirkmechanismen und über den Verlauf der Dosis-Wirkungs-Kurve noch kontrovers geführt wird.

Grenzwerte
Für Trinkwasser gilt für Arsen in Deutschland seit dem 01.01.1996 ein Grenzwert von 10 µg/L (TrinkwV, 2001). Damit war Deutschland das erste Land mit diesem niedrigen Grenzwert, der dann in Folge von anderen Ländern der EU und der WHO übernommen wurde.

3.3.3 Uran

Vorkommen

Uran kommt **ubiquitär** in der Natur vor und ist auf der Erde häufiger anzutreffen als Gold oder Silber. In der Erdkruste beträgt der durchschnittliche Urangehalt ca. 2,9 mg/kg und kann in den oberen Bodenschichten bis auf ca. 6 mg/kg ansteigen. Es ist somit nicht verwunderlich, dass geogenes Uran in der Hydrosphäre ebenfalls allgegenwärtig ist. Im Meerwasser beträgt die durchschnittliche Urankonzentration ca. 3,3 µg/L und liegt somit höher als im Oberflächenwasser, in dem es im Allgemeinen in Konzentrationen von 0,01 bis maximal 3 µg/L vorkommt. Dies bedeutet, dass Uran im Meer angereichert wird. In Grundwässern liegt Uran in einem sehr weiten Konzentrationsbereich von weniger als 0,01 µg/L bis über 100 µg/L vor. Hohe Urankonzentrationen treten vergleichsweise selten auf. In einer im Jahre 2003 deutschlandweit durchgeführten Messkampagne wiesen von 3.317 untersuchten Wasserproben lediglich 1,7 % der Proben Konzentrationen von über 9 µg/L Uran auf (DVGW, 2009).

Hinsichtlich der Festlegung eines Urangrenzwertes für Trinkwasser stufte man bis vor wenigen Jahren die Bedeutung der Radiotoxizität des Urans höher ein als die der Chemotoxizität.

Bindungsformen des Urans

Natürliches Uran setzt sich aus den **drei Isotopen** ^{234}U (0,71 %), ^{235}U (0,0057 %) und ^{238}U (99,29 %) zusammen. Die natürlichen Isotope des Urans weisen Halbwertzeiten zwischen $2,555 \cdot 10^5$ und $4,5 \cdot 10^9$ Jahren auf. Aufgrund dieser geringen Aktivität besitzt Uran eine vergleichsweise geringe radiotoxikologische Wirkung.

Uran kommt in der Natur in über 200 verschiedenen Mineralien vor, wobei es üblicherweise in den Valenzen +4 und +6 auftritt. Das wirtschaftlich wichtigste Mineral ist mit Abstand Uraninit (UO_2, Pechblende). Erhöhte Urankonzentrationen im Grundwasser sind ein Resultat des Wechselspiels von Auflösung uranhaltiger Mineralien und Wiederausfällungen von Uranyl-Komplexen aufgrund sich ändernder Milieubedingungen (Redoxpotential, pH-Wert). Während Uran im reduzierenden Milieu weitgehend immobil ist, wird es unter aeroben Bedingungen wieder mobilisiert, wobei hohe Hydrogencarbonatkonzentrationen für die Rücklösungsprozesse unterstützend wirken.

In der wässrigen Phase liegt Uran nicht als freies Kation, sondern stets **komplexiert** vor, wobei das Uranyl-Kation (UO_2^{2+}) eine zentrale Rolle spielt. Die Art der Komplexbildung wird von der Wasserbeschaffenheit und den Wasserinhaltsstoffen bestimmt. In sauerstoffhaltigen Wässern mit hoher Hydrogencarbonatkonzentration liegt Uran in Form von Uranylcarbonato-Komplexen vor. Die chemische Speziation hängt im Wesentlichen vom pH-Wert ab (s. Abb. 3.4). In Deutschland weist der größte Teil der Grundwässer mit mehr als 20 µg/L Uran eine Säurekapazität bis pH 4,3 bzw. eine Hydrogencarbonatkonzentration von mehr als 4–5 mmol/L auf. In Abhängigkeit der im Wasser vorliegenden Liganden, wie z. B. Sulfat oder Phosphat, bildet Uran aber auch andere Komplexe. In Wässern mit einem hohen Huminstoffgehalt kann das Uran zu einem nicht unerheblichen Anteil organisch gebunden vorliegen.

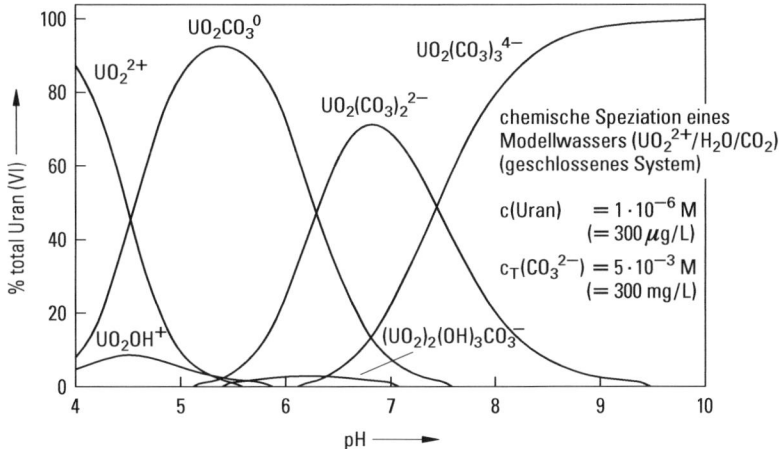

Abb. 3.4 Chemische Speziation eines uranhaltigen Modellwassers.

Gesundheitliche Bedeutung

Uran ist ein Schwermetall und wirkt als solches, ähnlich wie Blei oder Cadmium, u. a., **nierentoxisch**.

Grenzwerte
Erst im Jahre 2004 publizierte die WHO einen Trinkwasserleitwert von 15 µg/L Uran, der auf der Chemotoxizität beruht (WHO, 2003). In der aktuellen Fassung der Trinkwasserverordnung (TrinkwV, 2001) ist kein Grenzwert für Uran aufgeführt. Das Umweltbundesamt, Fachgebiet Toxikologie des Trink- und Badebeckenwassers, schlug in einer im Jahre 2005 publizierten Veröffentlichung einen gesundheitlichen Leitwert von 10 µg/L Uran für Trinkwasser vor. Dieser Leitwert gilt für alle Bevölkerungsgruppen, Säuglinge eingeschlossen, und bietet lebenslange gesundheitliche Sicherheit vor möglichen Schädigungen der Niere durch Uran. Für eine Übergangszeit von zehn Jahren können nach dieser Veröffentlichung Urankonzentrationen bis 20 µg/L toleriert werden. Die kommende TrinkwV wird einen Grenzwert von 10 µg/L vorsehen.

3.3.4 Fluorid

Vorkommen

In der Natur tritt Fluorid nur in Form von Verbindungen auf, die überwiegend in Gesteinen zu finden sind. Seine Häufigkeit in der Erdrinde beträgt ca. 0,025–0,1 Gewichtsprozente, wie auch in den Sedimentgesteinen, die durch Verwitterung fluoridhaltiger Mineralien entstanden sind. In weniger durch fluoridhaltiges Gestein beeinflussten Gewässern liegen die Fluoridgehalte meist zwischen 0,01 und 0,3 mg/L, während Meerwasser deutlich mehr Fluorid enthält, ca. 1–1,4 mg/L. In einigen Teilen der Erde sind allerdings hohe Fluoridgehalte in Grundwässern zu finden, bei denen bis zu 25 mg/L beobachtet werden. Aber auch in Mineralwässern kommen vereinzelt hohe Gehalte bis zu mehreren mg/L vor.

Bindungsformen

Fluorid tritt in wässriger Lösung nur als einwertiges Anion auf. Komplexe in Lösung sind nicht bekannt. An festen Oberflächen mit positiver Feststoffladung kann es über einen Ionenaustausch gebunden werden, allerdings ist es gegenüber den anderen Hauptionen des Wassers deutlich benachteiligt. Eine besondere Bindung wird mit Aluminium-Ionen und Aluminiumoxiden bzw. –hydroxiden beobachtet, die auch zur einzigen spezifischen Entfernungstechnik genutzt wird. Aktiviertes Aluminiumoxid ist in granulierter Form für die selektive Fluoridentfernung einsetzbar, allerdings mit relativ geringen Standzeiten der Adsorber und entsprechend hohen Kosten. Die Fluoridentfernung ist daher vor allem in der Mineralwasseraufbereitung zu finden.

Bedeutung des Fluorids

Fluorid ist einer der seltenen Fälle, wo bei niedrigen Konzentrationen positive gesundheitliche Auswirkungen vorliegen, bei hohen dagegen schädliche. Als günstige Fluoridkonzentrationen im Trinkwasser werden 0,7–1,2 mg/L genannt, wobei vor allem eine Schutzwirkung bei Karies im jugendlichen Gebiss zu nennen ist (Höring, 2003). Die Löslichkeit des Zahnschmelzes wird verringert und ein schneller Wiederaufbau der notwendigen Deckschichten verbessert. Bei höheren Fluoridgehalten im Trinkwasser kann es zur chronischen Dentalfluorose kommen, die sich an der Bildung eines gefleckten Zahnschmelzes zeigt. Weiterhin wird von der Osteosklerose berichtet, die auf Veränderungen am Skelett beruht und erhebliche Bewegungseinschränkungen zur Folge haben kann.

Die meist geringen natürlichen Fluoridgehalte der Trinkwässer lassen sich durch die Dosierung von Fluoridsalz zwar in den gesundheitlich günstigen Bereich anheben (Trinkwasserfluoridierung), jedoch ist diese Zugabe international umstritten und in Deutschland nicht zulässig, weil es andere Vorsorgemöglichkeiten zur Kariesbekämpfung gibt (z. B. Zahnhygiene oder Fluorid in der Zahnpasta).

3.3.5 Radon

Vorkommen

Radon ist ein wasserlösliches Edelgas und entsteht beim α-Zerfall des Radiumisotops Ra 226. Vorherrschend ist das Isotop Rn 222, das in Grundwässern auftritt. Es liegt dann in einer ca. tausendfach höheren Konzentration als Ra 226 vor. Das Gas Radon diffundiert durch poröse Bodenkörper und gelangt in die nahe gelegenen Grundwasserleiter. Es wurden lokal hohe Radonkonzentrationen bis 1.500 Bq/L gefunden. In Oberflächengewässern ist es aufgrund der hohen Flüchtigkeit und der kurzen Halbwertzeit von 3–8 Tagen meist nicht zu finden (Aurand und Rühle, 2003).

Bindungsform in wässriger Lösung

Radon ist als Edelgas zu keinerlei Verbindungen in Wasser fähig. Seine Flüchtigkeit ist hoch, so dass es leicht aus der Wasserphase ausgetrieben werden kann. Deshalb werden, neben der Adsorption an Aktivkohle, Belüftungsverfahren zu seiner Entfernung verwendet (Haberer, 1989).

Bedeutung

Die gesundheitliche Bedeutung des Radons 226 liegt vor allem in der Radiotoxizität als α-Strahler. Die inhalative Aufnahme des Gases gilt als problematisch, nicht aber der Konsum des radonhaltigen Wassers. Grenzwerte für Radon in Trinkwasser sind daher nicht zu finden. In der TrinkwV von 2001 werden bei den Anforderungen bezüglich der Radioaktivität mit einer Gesamtrichtdosis von 0,1 mSv/a Radon und Radonzerfallsprodukte davon ausgenommen.

> **Merke:** Anorganische Spurenstoffe können sowohl durch natürliche Bedingungen im Untergrund (geogene Herkunft) als auch durch menschliche Aktivitäten (anthropogen, z. B. über Abwässer oder Korrosion) in den Wasserkreislauf gelangen. Wichtige Vertreter der anorganischen Spurenstoffe für die Wasseraufbereitung sind die Schwermetalle, aber auch andere Metalle, Anionen oder radioaktive Substanzen zählen dazu. Für viele dieser Stoffe gibt es Grenzwerte im Trink- oder Abwasser, da sie oft akut oder chronisch toxisch sind (z. B. Blei, Arsen, Nickel). Für die Wasseraufbereitung spielt die Form (Spezies), in der die anorganischen Stoffe vorliegen, eine große Rolle: pH-Wert, Oxidationsstufe und die Anwesenheit von Komplexbildnern oder Liganden sind wichtige Faktoren, die die Speziation beeinflussen.

3.4 Anthropogene organische Spurenstoffe

3.4.1 Überblick

Die menschlichen Aktivitäten aller Art sind ohne die Verwendung zahlreicher synthetischer und natürlicher Stoffe nicht möglich. Ihre Herstellung, ihr zweckgerichteter

Einsatz und ihr Fortbestand nach Nutzung sind Teil des Wirtschaftslebens und des erreichten Lebensstandards. Gegenwärtig sind mehr als 50 Millionen Substanzen bekannt, und ihre Zahl erhöht sich täglich. Nur ein kleiner Bruchteil davon ist im Handel. Dies sind aber immer noch ca. 150.000 Stoffe mit einer Gesamtproduktionsmenge von ca. 300 Millionen Tonnen. Summiert man alle nachgewiesenen, menschengemachten (anthropogenen) Stoffe in Wasser aller Art, dürften es deutlich über 1.000 verschiedene Stoffe sein. Im Regelfall kommen diese Stoffe nicht gleichzeitig vor, und ihre Konzentrationen sind oft relativ gering („Spurenstoffe"). Der Konzentrationsbereich dieser **Spurenstoffe** umfasst ca. 1 ng/L bis ca. 1.000 µg/L. Sie kommen in behandelten Abwässern, in beeinflussten Gewässern bis hin ins Trinkwasser vor. Auf diesem Weg nehmen die Konzentrationen allerdings aufgrund von Verdünnung und gewässerinternem Abbau der Stoffe deutlich ab.

Neben den Spurenstoffen treten in allen Wässern die **natürlichen organischen Stoffe** (engl. natural organic matter, NOM; s. Kap. 3.2.4) auf, die über den DOC-Gehalt (s. Kap. 3.1.3) gemessen werden. Dieser beträgt in gereinigten Abwässern ca. 6–15 mg/L, in Gewässern ca. 2–8 mg/L und in Trink- und Grundwässern ca. 1–5 mg/L. Damit sind die natürlichen Organika den Hauptinhaltsstoffen zuzurechnen.

Trotz ihrer geringen Konzentrationen sind die organischen Spurenstoffe von wesentlicher Relevanz für die Wasserbeurteilung. Zahlreiche gesetzliche Regelungen enthalten neben Richtlinien für problematische Schwermetalle Richt- und **Grenzwerte** für organische Einzelstoffe oder auch von Gruppen von Einzelstoffen, um Schädigungen der aquatischen Ökosysteme oder des Menschen zu vermeiden (s. Tab. 3.3). Bis auf wenige Ausnahmen ist bei den organischen Spurenstoffen mit Grenzwerten von einer langzeitigen, chronischen Wirkung auszugehen, nicht dagegen von akut toxischen Effekten.

Tab. 3.3 Beispiele für Grenzwerte organischer Stoffe in Trinkwasser und Abwasser.

Grenzwert für	Stoff/Stoffgruppe	Grenzwert [mg/L]
Trinkwasser (TrinkwV, 2001)	Trihalogenmethane	0,05 (Summe)
	1,2-Dichlorethan	0,003
	Benzol	0,001
	Pflanzenschutzmittel	0,0001 (Einzelstoff) bzw. 0,0005 (Summe)
	Polyzyklische aromatische Kohlenwasserstoffe (PAK)	0,0001 (Summe)
	Benzo(a)pyren	0,00001
Abwasser (AbwV, 2004)	Benzol und Derivate	0,05 (für Halbleiterherstellung)
	Hexachlorbenzol	0,003 (für Nichteisenmetallherstellung)
	Dioxine und Furane	0,0000003 (für Rauchgaswäsche bei der Abfallverbrennung)

Für den Weg in das Wasser lassen sich folgende Ursachenfelder erkennen:

- Herstellung und Weiterverarbeitung/Verteilung
- Verwendung in offenen Systemen
- Unvollständige Entsorgung mit Freisetzungspotentialen

Bis vor ca. 20 Jahren wurde die **Stoffherstellung** in der chemischen Industrie als Hauptquelle für die Kontamination mit Spurenstoffen gesehen, was heute durch die Maßnahmen des produkt- und produktionsintegrierten Umweltschutzes (PIUS) nicht mehr zutrifft. Vielmehr ist die sachgerechte (auch die unsachgerechte) **Stoffverwendung** als Kernproblem zu bewerten. Beispiele sind die Pflanzenbehandlungs- und Schädlingsbekämpfungsmittel (PBSM) der Landwirtschaft oder alle Arzneimittel, die eine positive Wirkung für den Bestimmungszweck erfüllen, teilweise aber zu Belastungen der Grund- und Oberflächengewässer führen.

Stoffe und Stoffklassen

Organische Stoffe mit aquatischer Relevanz lassen sich nach unterschiedlichen Kriterien einteilen:

Nach gemeinsamen chemischen Strukturen (Beispiele hierfür sind):
- aromatische und aliphatische Mineralöle
- chlorierte (halogenierte) Aliphaten und Aromaten
- organische Sulfonsäuren
- Triazine
- organische Stickstoffverbindungen

Nach Wirkungs- und Anwendungsspektrum (Beispiele hierfür sind):
- Wasch- und Reinigungsmittel
- Pflanzenbehandlungs- und Schädlingsbekämpfungsmittel (Pestizide und Biozide)
- Humanarzneimittel mit vielen Unterklassen
- Tierarzneimittel
- Röntgenkontrastmittel
- Komplexbildner
- Brandschutzmittel
- künstliche Süßstoffe
- industrielle Zwischenprodukte
- Beschichtungsmittel für Oberflächen aller Art

Abbau- und Nebenprodukte (Metabolite)

Durch physiko-chemische und mikrobiologische Prozesse können organische Stoffe transformiert werden, wodurch neue, oft kaum bekannte Metabolite entstehen. Die Analytik der Metabolite ist aufwändig und es sind durchaus mehrere Transformationsprodukte aus einem Urstoff zu erwarten. Ein Beispiel ist die Bildung von Desethyl- und Desisopropyl-Atrazin aus dem seit 1991 verbotenen Herbizid Atrazin. Dieser Vertreter der Triazin-Gruppe war für die häufigsten Befunde an Pflanzenbehandlungs- und Schädlingsbekämpfungsmitteln in Grundwässern um 1990 verantwortlich. Hierbei lagen die Konzentrationen der genannten Metabolite oft über denen des Ausgangsstoffs Atrazin. Die häufige Bildung von Metaboliten aus den gut bekannten Muttersubstanzen erschwert die Stoffbewertung im Blick auf Ökosystem und Mensch erheblich und erfordert einen hohen Prüfungsaufwand bei Zulassung und in der Überwachung der Gewässer.

3.4.2 Organische Spurenstoffe im Wasserkreislauf

Die große Bandbreite organischer Stoffe führt zu erheblichen Unterschieden in ihren Eigenschaften und damit zu einer großen Variabilität in ihrem Verhalten im natürlichen und künstlichen Wasserkreislauf. Die wichtigsten Stoffeigenschaften in wässrigen Lösungen sind:

- Flüchtigkeit bzw. Nichtflüchtigkeit
- Polarität und Wasserlöslichkeit
- biologische Abbaubarkeit bzw. Persistenz
- chemische und photochemische Transformationen
- Adsorbierbarkeit an festen Oberflächen

Flüchtigkeit

Zur Beschreibung der Flüchtigkeit sind der Henry-Koeffizient K_H und der stark temperaturabhängige Dampfdruck eines Stoffes notwendig. Das **Henry-Dalton-Gesetz** lautet in einer seiner Definitionen:

$$p_i = K_{H,i} \cdot C_{i,w}$$

($C_{i,w}$: Konzentration des Stoffes i in Wasser (mol/L);
$K_{H,i}$: Henry-Koeffizient (L $\cdot$ atm/mol); p_i: Partialdruck des Stoffs (atm))

In dieser Definition sind flüchtige Stoffe durch hohe $K_{H,i}$-Werte von $1-10^4$ L $\cdot$ atm/ mol gekennzeichnet, nichtflüchtige Stoffe haben sehr niedrige (oft nicht messbare) Henrykoeffizienten im Bereich unter 10^{-4} L atm/mol (s. Tab. 3.4).

Tab. 3.4 Auswahl von organischen Stoffen mit ihren Henry-Koeffizienten.

Stoff/Stoffgruppe	Henry-Koeffizient $K_{H,i}$ [L $\cdot$ atm/mol]
halogenierte C1- und C2-Kohlenwasserstoffe	$1-100$
Trichlorethylen	17
aliphatische Kohlenwasserstoffe	$10-10.000$
Hexan	1.000
Benzol	6
Chlorbenzol	3,3
polyzyklische aromatische Kohlenwasserstoffe (PAK)	$0,0002-1$
Benzo(a)pyren	0,0005
polychlorierte Biphenyle (PCB)	$0,01-1$

Bei $K_{H,i}$-Werten unter 0,01 ist der Übergang aus der Wasser- in die Gasphase unter gewässertypischen Bedingungen (auch in der Aufbereitung) nicht mehr signifikant.

Der **Sättigungsdampfdruck** von unpolaren organischen Stoffen in reiner Phase (flüssig oder fest) ist bei Umweltbedingungen deutlich von der Temperatur abhängig und umfasst einen weiten Bereich von $10^{-18}-1$ atm.

Beispiele für flüchtige gewässerrelevante Stoffe sind:

- niedermolekulare Aliphaten und Aromaten der Mineralöle (z. B. Methan, Propan, Benzol)

- chlorierte Kohlenwasserstoffe (CKW, mit ein bis vier C-Atomen, z. B. Tri- und Tetrachlorethen)
- chlorierte Aromaten (z. B. Chlorbenzol, Chlortoluol)

Die **Ausgasung** findet in erheblichem Ausmaß in den Oberflächengewässern statt, so dass dort die aquatischen Konzentrationen recht gering sind. Im Grundwasser wird dagegen die Bodenluft der ungesättigten Bodenzone mit den Stoffen angereichert. Dabei steigt der Partialdruck p_i bis zum Sättigungsdampfdruck, wodurch die Wasserkonzentration aber kaum abnimmt. Daher treten Kontaminationen mit flüchtigen, nicht-abbaubaren Stoffen vor allem in diesem Wasserkompartiment auf. So sind Tausende von Fällen von Belastungen des Grundwassers mit Tri- und Tetrachlorethen in Deutschland bekannt geworden. Beide Stoffe waren und sind vielseitig verwendete Lösungs- und Reinigungsmittel, die in der Vergangenheit jedoch nicht in geschlossenen Systemen eingesetzt wurden.

Polarität und Wasserlöslichkeit

Die Polarität organischer Stoffe bzw. deren Unpolarität wird oft mit dem **Verteilungskoeffizienten** K_{ow} des Stoffes zwischen n-Octanol und Wasser beschrieben. Die Wahl von n-Octanol als Modellstoff ergibt sich aus der Überlegung, die Aufnahme der Stoffe in die Lipide der Zellmembranen und im Fettgewebe als wichtigen Biokonzentrationsmechanismus zu beschreiben. n-Octanol weist ähnliche Eigenschaften wie diese biologischen Materialien auf. Der K_{ow}-Wert ist daher durch folgenden Quotienten definiert:

$$K_{ow} = c_{i,\text{n-oct.}}/c_{i,\text{wasser}}$$

Hohe K_{ow}-Werte beschreiben gut fettlösliche (lipophile bzw. hydrophobe) und unpolare Stoffe, niedrige Werte die schlecht fettlöslichen (lipophoben bzw. hydrophilen) und polaren Stoffe. Hierbei ist zu beachten, dass dies für nichtionische organische Stoffe gilt. Wenn diese jedoch durch Dissoziationsvorgänge geladen auftreten können, ist der pH-Wert von großem Einfluss auf den K_{ow}-Wert. Ionische Substanzen weisen durch die Hydratation einen wesentlich kleineren K_{ow}-Wert als ihr ungeladenes Analog auf. Die Tabelle 3.5 zeigt eine Auswahl von Substanzen für einen weiten Datenbereich.

Tab. 3.5 Octanol-Wasser-Verteilungskoeffizienten für eine Auswahl relevanter aquatischer Spurenstoffe.

Stoff/Stoffgruppe	Octanol-Wasser-Verteilungskoeffizient [log K_{OW}]
aliphatische Kohlenwasserstoffe	3,5–9
polyzyklische aromatische Kohlenwasserstoffe (PAK)	3–7
halogenierte C1- und C2-Kohlenwasserstoffe	1–3
Dioxin (2378-TCDD)	6,8
Dichlordiphenyltrichlorethan (DDT)	6,2
Atrazin	2,6
Diclofenac	0,65
Sulfamethoxazol	0,48
Iopromid	0
Ethylendiamintetraessigsäure (EDTA)	−3,9

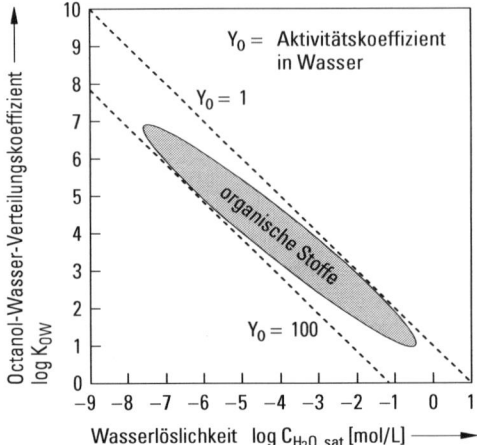

Abb. 3.5 Beziehung zwischen Octanol-Wasser-Verteilungskoeffizient und Wasserlöslichkeit. Der Aktivitätskoeffizient Y_0 beschreibt die Abweichung von einer idealen Lösung ($Y_0 = 1$).

Die **Adsorption** der Spurenstoffe an festen Phasen wird u. a. durch den K_{ow}-Wert bestimmt, insbesondere bei organischen Feststoffen in Gewässern, Sedimenten, Boden und Grundwasserleitern sowie in der Abwasserreinigung. Polare Stoffe zeigen eine erhebliche Tendenz, in der Wasserphase zu verbleiben, d. h. im Wasserkreislauf aufzutreten. Unpolare Vertreter finden sich eher feststoffgebunden wieder und verhalten sich daher wie die Feststoffe. Typisch sind bei unpolaren Stoffen Anreicherungen in Sedimenten, im Klärschlamm oder in biologischem Material (Biota), wodurch ihre Reichweite im Wasserkreislauf geringer ist als die der polaren Stoffvertreter.

Die **Wasserlöslichkeit** ist direkt invers abhängig vom K_{ow}-Wert, d. h. niedrige K_{ow}-Werte gehen einher mit einer guten Wasserlöslichkeit. Diese Beziehung der beiden Eigenschaftsgrößen ist in Abbildung 3.5 ersichtlich.

> **Merke:** Im Blick auf das Verhalten in der aquatischen Umwelt sind Polarität und Wasserlöslichkeit von höchster Bedeutung, da gut wasserlösliche Stoffe wesentlich eher im Wasserkörper verbleiben als die schlecht wasserlöslichen, unpolaren Vertreter.

Biologische Abbaubarkeit

Die biologische Abbaubarkeit organischer Stoffe beruht auf diversen mikrobiologischen Transformations- und Abbauwegen, die in aquatischen Systemen prinzipiell möglich sind:

- **Transformationen** wie Hydrolysen
- **Oxidationsreaktionen** mit Sauerstoff, Nitrat oder Fe- und Mn-Oxiden
- **Reduktionsreaktionen** im anoxischen oder anaeroben Milieu

Diese Reaktionen hängen von einer Vielzahl von stofflichen und mikrobiologischen Randparametern (z. B. Startkonzentration, Temperatur, Adaption der Biomasse, Dauer des Abbauversuchs, Redoxbedingungen, Primärsubstratgehalt, Nährstoffversorgung) ab, so dass die biologische Abbaubarkeit immer auch eine Funktion der Versuchsbedingungen ist. Eine Aussage über die Persistenz bzw. Abbaubarkeit ohne Angabe der jeweiligen Bedingungen ist daher wenig informativ, gerade bei den organischen Spurenstoffen.

Für den Fall einer adaptierten Biozönose und typische aquatische Bedingungen lassen sich die in der Tabelle 3.6 aufgelisteten Werte für die Abbaubarkeit ausgewählter Spurenstoffe unter unterschiedlichen Redoxbedingungen einer Uferfiltration oder Bodenpassage angeben.

Tab. 3.6 Biologische Abbaubarkeit ausgewählter organischer Spurenstoffe bei unterschiedlichen Redoxbedingungen in Bodenpassagen.

Gute Abbaubarkeit (Abbau > 75 % für alle Redox-bedingungen)	Redoxabhängiger Abbau		Persistente Stoffe (Abbau < 30 %)	Stoffe mit Abbautrends (nicht-quantifizierbar)
	(besser unter aeroben Bedingungen)	(besser unter anoxischen Bedingungen)		
Clarithromycin	1,7 NDSA[2]	AOI[1]	1,5 NDSA[2]	Bentazon
Dehydro-erythromycin	2,7 NDSA[2]	Carbamazepin	EDTA	Bezafibrat
Iopromid	Clofibrinsäure	Sulfamethoxazol	Methyl-tert-butylether (MTBE)	Indometacin
Roxithromycin	Clindamycin		Primidon	Sulfadimidin
Trimethoprim	Diclofenac			
	Phenazon			
	Propyphenazon			

[1] AOI: adsorbierbares organisches Jod, [2] 1,7 NDSA/2,7 NDSA/1,5 NDSA: Stellungsisomere der Naphthalindisulfonsäure

In biologischen Kläranlagen mit ihren hohen Zulaufkonzentrationen an leicht abbaubaren Stoffen und unterschiedlichen Schlammaltern ist zu erwarten, dass der Abbau (der dort vor allem aerob verläuft) eingeschränkt ist. In natürlichen Systemen, wie dem Untergrund oder im Gewässerufer in Verbindung mit der Uferfiltration, liegen dagegen oft günstige Bedingungen vor, so dass dort in den verfügbaren langen Verweilzeiten von einigen Tagen bis einigen Monaten viele der bisher gefundenen Stoffe mikrobiell transformiert werden. Vollständig persistente Stoffe mit hoher Polarität verbleiben dabei im Wasser, wie z. B. der Komplexbildner EDTA oder das ionische Röntgenkontrastmittel Amidotrizoesäure. Diese Reststoffe sind dann für die Trinkwasserversorgung relevant und erfordern eine Bewertung und gegebenenfalls eine gezielte Entfernung, z. B. mit Aktivkohle.

Chemische und photochemische Transformationen

Rein chemische Umsetzungen bei organischen Spurenstoffen sind vor allem Hydrolysereaktionen, die bei halogenierten Substanzen zum Ersatz eines Halogens, wie Chlor, durch eine OH-Gruppe führen. Organische Ester zeigen ebenfalls charakteristische chemische Hydrolysereaktionen mit einer Spaltung der Esterbindung und Bildung der entsprechenden Säuren. Allerdings ist dies auf relativ wenige Stoffe beschränkt, und die Geschwindigkeiten der Hydrolyse sind oft gering.

Die photochemischen Reaktionen beruhen auf direkten oder indirekten Reaktionswegen. In **direkten Photoreaktionen** absorbiert die Zielsubstanz Licht einer passenden Wellenlänge (Absorptionsspektrum). Dabei wird die Substanz angeregt und es können danach sehr unterschiedliche Reaktionen ablaufen. Beispiele hierfür sind der photochemische Abbau von Chlorphenolen oder des Eisen-III-EDTA-Komplexes.

Indirekte Photoreaktionen bedingen die Bildung oxidativer Spezies (Photooxidantien) durch vorgeschaltete Reaktionen von Wasserinhaltsstoffen, z. B. mit natürlichen organischen Stoffen (NOM). Reaktive Spezies sind Singulett-Sauerstoff ($^1O_2$), das Superoxid-Anion (O_2^-), Wasserstoffperoxid (H_2O_2), Ozon (O_3), Hydroperoxyl (HO_2) und das sehr reaktive und unselektive Hydroxylradikal (OH). Einige dieser Oxidantien dienen auch in der Wasseraufbereitung zur oxidativen Transformation organischer Stoffe.

Adsorption und Absorption mit festen Stoffen

Organische Stoffe können an allen Arten von festen Stoffen adsorptiv angelagert werden, wobei die Eigenschaften der Feststoffoberfläche und die des Stoffes entscheidend sind. Aus Stoffmischungen heraus kommt es dabei zu einer konkurrierenden **Adsorption** mit Verdrängungseffekten. Daneben können besonders niedermolekulare und unpolare Stoffe auch in die Matrix des Feststoffes (z. B. bei Chlorkohlenwasserstoffen und organischen Feststoffen, wie Bodenhumus) aufgenommen werden, d. h. es ist eine Art Lösung im Feststoff und Verteilung in die Matrix hinein zu beobachten. Dieser Prozess wird als **Absorption** bezeichnet. Im Gegensatz zur Adsorption spielt die Oberfläche keine Rolle und es gibt keine Konkurrenz bei Stoffgemischen.

Die Verteilung zwischen dem Stoff i in der Lösung und am Feststoff wird oft mit einfachen Beziehungen beschrieben, die für konstante Temperaturen gelten und daher als **Sorptionsisothermen** bezeichnet werden.

Lineare Isotherme

$$q_i = K_{d,i} \cdot c_i$$

(q_i: Beladung des Feststoffs mit Stoff i (mg/g);
$K_{d,i}$: Sorptionskoeffizient (L/g); c_i: Konzentration des Stoffs i (mg/L))

Diese linearen Isothermen werden in der Adsorption dann beobachtet, wenn die Konzentration des Stoffes i sehr gering ist und sie sind gültig für den Mechanismus der Absorption des Stoffs i in Feststoffen. Weil beim letzteren Vorgang der organische Kohlenstoffgehalt des Feststoffes f_{oc} (in %) eine sehr wichtige Einflussgröße ist, wird hierbei der $K_{d,i}$-Wert oft auf diesen bezogen und es resultiert folgende Beziehung:

$$K_{oc,i} = K_{d,i}/f_{oc}$$

($K_{oc,i}$: Sorptions-, bzw. Verteilungskoeffizient für Stoff i bezogen
auf den organischen Kohlenstoffgehalt f_{oc})

Der $K_{oc,i}$-Wert ist dabei häufig auch direkt mit dem Octanol-Wasser-Koeffizienten K_{ow} als Maß für die Polarität eines Stoffes korreliert.

Langmuir-Isotherme

Die Langmuir-Isotherme beschreibt die reversible Adsorption eines einzelnen Stoffes an einer gut definierten Oberfläche ohne Poren und geht von einer maximalen Beladung aus, die durch eine monomolekulare Schicht des Stoffs gebildet wird.

$$q = q_m \cdot \frac{K_L \cdot c}{1 + K_L \cdot c}$$

(K_L: Langmuir-Konstante (L/mg))

In niederen Konzentrationsbereich geht die Langmuir-Isotherme in eine lineare Isotherme über, im hohen Konzentrationsbereich in eine waagrechte Linie mit der Maximalbeladung q_{max}.

Freundlich-Isotherme

Die Freundlich-Isotherme ist eine rein empirische Beziehung, die sich aber für viele **Adsorptionsprozesse** an weniger definierten und porösen Oberflächen (wie Aktivkohle) bewährt hat:

$$q = K_F \cdot c^n$$

(K_F: Freundlich-Konstante ($mg \cdot g^{-1} \cdot l^{-n} \cdot mg^n$))

Nach diesem Ansatz gibt es keine maximale Beladung, sondern diese steigt auch bei hohen Konzentrationen immer weiter an. Gut adsorbierbare Stoffe zeichnen sich hier durch n-Werte unter 0,5 aus.

In Abbildung 3.6 sind die drei Isothermen in ihren charakteristischen Verläufen vergleichend dargestellt.

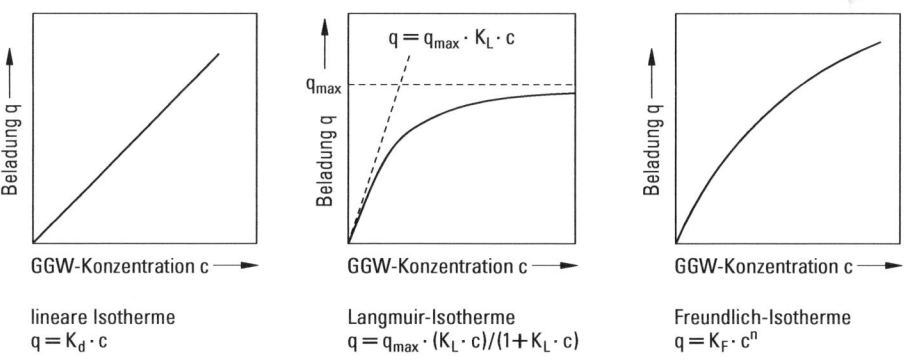

Abb. 3.6 Vergleichende Darstellung der drei Isothermengleichungen für die Anlagerung von Stoffen an Oberflächen (GGW = Gleichgewicht der Adsorption).

In vielen realen Fällen mit konkurrierender Adsorption sind die drei oben genannten Gleichungen nicht mehr anwendbar, hierzu sind komplexere Ansätze und Modelle erforderlich, die weitere Anpassungsparameter enthalten.

In der Abwasserreinigung, in Gewässern und in der Trinkwasseraufbereitung spielen Sorptionsvorgänge bei unpolaren Substanzen, die vorzugsweise an unpolaren Feststoffen angelagert werden, eine wesentliche Rolle. Nach einer Auswertung zahlreicher Daten ist festzustellen, dass insbesondere Stoffe mit Octanol-Wasser-Koeffizienten K_{ow} über 10^3 zur Adsorption an Klärschlamm und an Feststoffen neigen und damit aus der Wasserphase entfernt werden. Sie reichern sich dann allerdings im Schlamm und in Sedimenten sowie in Biomassen an. Bei polaren Substanzen (z. B. viele Pharmaka) mit K_{ow}-Werten unter 10^3 ist die Adsorption zu vernachlässigen. Die **Adsorption** an Aktivkohle kann aufgrund der enormen Oberfläche in ihren Poren jedoch immer noch technisch genutzt werden, so dass auch eher polare Stoffe in der Wasserreinigung entfernbar sind.

> **Merke:** Anthropogene organische Spurenstoffe sind mittlerweile durch moderne Analytik (s. Kap. 3.1.4) in allen Teilen des Wasserkreislaufs nachweisbar, oft jedoch nur in sehr geringen Konzentrationen („Spurenbereich" = ng/L – µg/L). Zu den für die Wasserbewertung relevanten organischen Spurenstoffen zählen u. a. Pestizide, Human- und Veterinärpharmazeutika, Haushaltschemikalien, Komplexbildner und industrielle Chemikalien. Aufgrund ihrer human- oder ökotoxikologischen Wirkung existieren für einige dieser Stoffe oder Stoffgruppen Grenzwerte in Trink- oder Abwasser. Für das Verhalten der Stoffe in der Umwelt und während der Wasseraufbereitung sind ihre Stoffeigenschaften in wässriger Lösung wichtig, darunter Flüchtigkeit, Polarität bzw. Wasserlöslichkeit, biologische Abbaubarkeit, Adsorbierbarkeit an Oberflächen oder mögliche chemische und photochemische Transformationen. Neben den Originalsubstanzen sind auch mögliche Abbauprodukte (Metabolite) für die Bewertung eines Stoffes von Bedeutung.

3.5 Literatur

AbwV (2004): Verordnung über Anforderungen an das Einleiten von Abwasser in Gewässer (Abwasserverordnung) vom 17. Juni 2004. Bundesgesetzblatt Jahrgang 2004 Teil I: 1108–1184, Bonn.

Aurand, K. und Rühle, H. (2003): Radioaktive Stoffe und die Trinkwasserverordnung. Die Trinkwasserverordnung 4. Auflage, Erich-Schmidt-Verlag, Berlin.

DVGW (2009): Arbeitsblatt W 249: Entfernung von Arsen, Nickel und Uran bei der Wasseraufbereitung, (in Druck).

Haberer K. (1989): Entfernung von Radionukliden bei der Trinkwasseraufbereitung. DVGW-Schriftenreihe Wasser, Bd. 62, DVGW Bonn.

Hein H. und Kunze W. (2004): Umweltanalytik mit Spektrometrie und Chromatographie, Wiley-VCH, ISBN 3-527-30780-X.

Heinrichs G. und Udluft P. (1993): Die geochemische Herkunft von Arsen, in M. Jekel (Ed.), Arsen in der Trinkwasserversorgung. DVGW-Schriftenreihe Wasser, Deutscher Verein des Gas- und Wasserfachs e.V., Eschborn, 31–42.

Höll K. (2009): Wasser – Nutzung im Kreislauf. Hygiene, Analyse und Bewertung; Hrsg. Grohmann, A.; 8. Auflage.

Höring H. (2003): Vorkommen im Wasser und die gesundheitliche Bedeutung von Fluorid im Trinkwasser. Die Trinkwasserverordnung, 4. Auflage, Erich Schmidt Verlag, Berlin.

Hütter L. A. (1994): Wasser und Wasseruntersuchung – Methodik, Theorie und Praxis chemischer, chemisch-physikalischer, biologischer und bakteriologischer Untersuchungsverfahren. Frankfurt: Verlag Salle und Sauerländer.

Katalyse e.V. (1990): Das Wasserbuch. Köln: Verlag Kiepenheuer und Witsch.

Kickuth R. (1972): Huminstoffe – ihre Chemie und Ökochemie. Chemie für Labor und Betrieb 23, 11:481–486.

Kölle W. (2004): Wasseranalysen – richtig beurteilt – Grundlagen, Parameter, Wassertypen, Inhaltsstoffe, Grenzwerte nach Trinkwasserverordnung und EU-Trinkwasserrichtlinie. Weinheim: Wiley-VCH.

Schwedt G. (2001): Analytische Chemie – Grundlagen, Methoden und Praxis, Georg Thieme Verlag, ISBN 3-13-100661-7.

Sontheimer H., Spindler P. und Rohmann U. (1980): Wasserchemie für Ingenieure. Frankfurt: ZfGW-Verlag.

TrinkwV (2001): Verordnung zur Novellierung der Trinkwasserverordnung vom 21. Mai 2001. Bundesgesetzblatt Jahrgang 2001 Teil I Nr, 24, 28. Mai 2001, Bonn.

WHO (2001): United Nations Synthesis Report on Arsenic in Drinking-water, World Health Organization.

WHO (2003): Guidelines for Drinking-water Quality, 3. Edition, World Health Organization.

WHO (2005): Guidelines for Drinking-water Quality: Nickel in Drinking Water, WHO/SDE/WSH/05.08/55, World Health Organization.

Worch E. (1997): Wasser und Wasserinhaltsstoffe – eine Einführung in die Hydrochemie. Stuttgart/Leipzig: Teubner Verlag.

WRMG (2007): Wasch- und Reinigungsmittelgesetz. Gesetz über die Umweltverträglichkeit von Wasch- und Reinigungsmitteln vom 29. April 2007, Bundesgesetzblatt I Nr. 17 vom 4. 5. 2007.

4 Wasser als Lebensraum

Wasser ist, soweit wir wissen, eine der entscheidenden Voraussetzungen und Grundlagen für die Entwicklung von Leben. Alle Lebewesen auf der Erde sind für ihre Aktivität und Vermehrung auf Wasser angewiesen, auch wenn manche Organismen lange Zeiträume ohne Wasser in Form von inaktiven Überdauerungsstadien überleben können. Jedes System, in dem Wasser in flüssiger Form verfügbar ist, wird von Lebewesen besiedelt, wobei **Prokaryoten** (Bakterien und Archaeen) die weitaus breiteste ökologische Potenz hinsichtlich verschiedener abiotischer Faktoren aufweisen. Sobald freies, flüssiges Wasser vorhanden ist, können sich Prokaryoten entwickeln, selbst unter aus menschlicher Sicht extremsten Bedingungen. Die Variationsbreite der verschiedenen Faktoren, bei denen unterschiedliche Mikroorganismen wachsen können, sei an einigen Beispielen vorgestellt:

- Temperatur: -4 bis ca. $130\,°C$,
- pH-Wert: 0 bis 14,
- Salzgehalt: destilliertes Wasser bis gesättigte Salzlösungen.

Die Bezeichnung „extreme" Umweltbedingung ist mit Vorsicht zu verwenden, da sie meist die anthropozentrische Perspektive darstellt. Für Bakterien oder Archaeen, die in einer heißen Quelle bei einem pH-Wert von 1 leben und wachsen, sind diese Bedingungen „normal". Überträgt man Mikroorganismen aus einem solchen Habitat in ein Gewässer mit pH 7 und einer Temperatur von $20\,°C$, werden sie schnell inaktiv und gehen entweder in Überdauerungsstadien über oder sterben mit der Zeit.

Viele Bakterien aus dem menschlichen Umfeld, seien es **Krankheitserreger**, **Symbionten** oder **Kommensalen**, können unter ähnlichen Bedingungen wachsen, die auch für Menschen gute Lebensmöglichkeiten bieten. Die optimale Wachstumstemperatur liegt oft um $36\,°C$. Allerdings können sich viele dieser Bakterien durch Veränderung ihrer Morphologie und Physiologie an andere Bedingungen anpassen und dann zumindest überleben, gegebenenfalls sich sogar vermehren. Diese Fähigkeit ist in der Praxis besonders bei der Untersuchung von Krankheitserregern und Indikatororganismen relevant, die aus dem Körper in die Umwelt entlassen werden. Während man lange Zeit annahm, dass diese Organismen außerhalb des Körpers nicht oder kaum überleben können, kristallisierte sich in den letzten Jahren heraus, dass sich diese Bakterien unter bestimmten Voraussetzungen an die Bedingungen natürlicher Habitate anpassen können. Dabei spielt oft die enge Assoziation mit anderen Mikroorganismen eine unterstützende Rolle.

Neben **natürlichen Habitaten** repräsentieren auch **technische Anlagen**, in denen Wasser genutzt wird oder die zur Aufbereitung und zum Transport von Wasser dienen, aus Sicht der Biologie eine Vielzahl unterschiedlicher Lebensräume. Bei gleichen Umweltbedingungen spielt es für die Bakterien keine Rolle, ob sie sich in einem See oder einem Trinkwasserreservoir befinden. Es werden sich die unter diesen Bedingungen am besten angepassten Lebensgemeinschaften entwickeln. Meist sind die Lebensgemeinschaften in den natürlichen Ökosystemen aber komplexer, da in technischen Systemen in der Regel viele der höheren Organismen fehlen.

> **Merke:** Überall, wo Wasser verfügbar ist, können Mikroorganismen leben. Dabei spielt es keine Rolle, ob es sich um natürliche oder technische Systeme handelt.

4.1 Anpassungen an den Lebensraum Wasser

Wie oben erwähnt, bedeutet die Besiedlung von aquatischen Lebensräumen immer auch eine Herausforderung für den Organismus, sich an die jeweils gegebenen Randbedingungen anzupassen. Im Folgenden werden einige wichtige Strategien der Anpassung von Organismen an den Lebensraum Wasser mit besonderem Schwerpunkt auf Mikroorganismen vorgestellt. In allen natürlichen und technischen aquatischen Lebensräumen können prinzipiell zwei unterschiedliche Kompartimente unterschieden werden, für deren Besiedlung unterschiedliche Anpassungsstrategien entwickelt wurden:

- die **Wasserphase (Freiwasser)**
- die **Grenzflächen in Kontakt mit Wasser** (s. Kap. 4.1.1)

Unter Grenzflächen sind dabei zum einen alle festen Oberflächen in Kontakt mit Wasser zu verstehen, aber auch die Grenzfläche zur Luft an der Wasseroberfläche. Die biologischen Strukturen, die sich aufgrund des Wachstums an den Grenzflächen aufbauen, werden als **Biofilme** bezeichnet (s. Kap. 4.1.1). Sowohl im Freiwasser als auch an Grenzflächen können sich je nach äußeren Bedingungen Bakterien entwickeln. Auch in technischen Systemen finden wir diese beiden grundsätzlich unterschiedlichen Habitate.

In allen Wassersystemen stehen Wasserphase und Biofilme in einem engen **dynamischen Austausch**. Der Austausch zwischen diesen beiden Habitaten erfolgt einerseits durch die Anheftung von Zellen aus der Wasserphase und zum anderen durch Bildung und Freisetzung von Schwärmerzellen in den Biofilmen, sowie auch durch mechanische Ablösung. Die Bedingungen an Grenzflächen und im Freiwasser unterscheiden sich auch im gleichen Wassersystem drastisch, z. B. hinsichtlich der Verfügbarkeit von organischen Nährstoffen. Daher werden sich die Organismen unterschiedlich anpassen und – selbst wenn sie zur gleichen Art gehören – in den beiden Kompartimenten unterschiedliche physiologische und auch morphologische Eigenschaften haben.

Im Freiwasser ist schnelles Wachstum nur bei hohen Nährstoffkonzentrationen möglich (s. Kap. 4.2). Zum Überleben bei niedrigen Nährstoffkonzentrationen oder anderen ungünstigen Umweltbedingungen haben Bakterien verschiedene Strategien entwickelt. Dazu gehört die Ausbildung von **Sporen** (s. Kap. 4.1.3) und die Bildung von sogenannten **VBNC-Zellen** (engl. viable but non-culturable). Diese Zellen sind aktiv und teilungsfähig, sind aber – zumindest auf den Standardnährmedien – nicht kultivierbar (s. Kap. 4.1.3).

In Biofilmen ist ein Wachstum auch bei sehr niedrigen Nährstoffkonzentrationen möglich, da die Bakterien angeheftet sind und Nährstoffe im Biofilm konzentriert werden (s. Kap. 4.1.1; 4.2). Biofilme können je nach Nährstoffangebot und Umweltbedingungen sehr unterschiedlich aufgebaut sein. Die Spannbreite reicht von dünnen Biofilmen mit einzelnen angehefteten Zellen bis hin zu dicken, komplexen Biofilmen, die auch Protisten (einzellige Eukaryoten), wie Amöben, als Lebensraum dienen und durch Gradientenbildung viele unterschiedliche Habitate schaffen (s. Kap. 4.1.1). In den Biofilmen findet eine enge Kooperation zwischen den Mikroorganismen statt. Auch in Biofilmen findet man VBNC-Zellen.

Durch Untersuchung dieser unterschiedlichen Habitate mit neuen mikroskopischen und molekularbiologischen Verfahren wird deutlich, dass die Diversität der im Wasser vorkommenden Bakterien – auch und gerade in technischen Systemen – weitaus höher ist als bisher angenommen (s. Kap. 4.1.2).

> **Merke:** In allen aquatischen Lebensräumen gibt es zwei prinzipiell unterschiedliche Lebensräume, für deren Besiedlung unterschiedliche Anpassungsstrategien entwickelt wurden: die Wasserphase und die Biofilme. Als Biofilme werden Lebensgemeinschaften an Oberflächen bezeichnet.

4.1.1 Biofilme

Wie sich in den letzten 10–20 Jahren gezeigt hat, haben die Grenzflächen als Lebensraum eine immense Bedeutung, insbesondere in oligosaproben Wassersystemen. In den Anfängen der biologischen und besonders auch mikroskopischen Untersuchung von Wassersystemen betrachtete man vor allem die höheren Organismen, die sich an Oberflächen (Grenzflächen) ansiedelten und sprach von Aufwuchs. Dieser **Aufwuchs** setzt sich aus komplexen Gemeinschaften von Protisten, Algen und niederen Tieren zusammen. Zwar hatte man in diesen Untersuchungen auch schon vereinzelt Bakterien beobachtet, besonders die großen und auffälligen Arten, ihnen jedoch keine allzu große Bedeutung beigemessen. Erst in den letzten drei Jahrzehnten wurde immer deutlicher, dass Oberflächen besiedelnde Lebensgemeinschaften zu einem wesentlichen Teil aus Bakterien bestehen und diese die Zusammensetzung und Struktur der Biozönose entscheidend prägen. Heute hat sich zur Bezeichnung von Lebensgemeinschaften an Oberflächen der Begriff **Biofilm** durchgesetzt, der alle vorkommenden Organismengruppen umfasst. Die Bakterien spielen vor allem als Primärbesiedler von neuen oder von durch Weidegänger gereinigten Oberflächen eine entscheidende Rolle.

Der Biofilmkreislauf

Die Besiedlung durch Bakterien beginnt schon Minuten nachdem die Oberfläche im Wassersystem exponiert wurde (s. Abb. 4.1). Zuvor lagern sich bereits organische Moleküle aus dem Wasser auf der Oberfläche ab und bilden einen mehr oder weniger homogenen Film (**preconditioning film**). Nachdem die **ersten Bakterien** sich auf diesem Film festgesetzt haben, fangen sie einerseits an, die absorbierten organischen Verbindungen zu verwerten, andererseits scheiden sie selbst organische Verbindungen aus, die eine bessere Verankerung und Einbettung der Zellen ermöglichen. Diese organischen Schichten, die die Bakterien umgeben (Schleime), werden als **extrazelluläre polymere Substanzen (EPS)** bezeichnet. Sie bestehen überwiegend aus Polysacchariden sowie variierenden Anteilen von Proteinen, Lipiden und DNA (Flemming und Wingender,

2002; Böckelmann et al., 2000). Eine Besiedlung mit **eukaryotischen Protisten** und **Metazoen** erfolgt meist etwas zeitverzögert gegenüber der Besiedlung mit Bakterien.

Die weitere Entwicklung eines Biofilms ist ein hochdynamischer Prozess. Die Lebensgemeinschaft des Biofilms reagiert auf die jeweiligen Bedingungen und passt sich entsprechend an. Je nach Verfügbarkeit von Nährstoffen können dünne oder dicke Biofilme entstehen. Je nach der Menge von eingelagerten anorganischen Bestandteilen treten Biofilme auf, die weich und organisch dominiert sind, bis hin zu solchen, die harte Krusten bilden (s. u. und Abb. 4.2).

Die Bakterien und sonstigen Mikroorganismen sind keineswegs irreversibel an die Oberfläche gebunden, selbst wenn größere Mengen an EPS um die Bakterien abgelagert wurden. Bakterien können durch Ausscheidung entsprechender Enzyme die EPS verdauen und sich dann aktiv von der Oberfläche ablösen (**Schwärmerbildung**). Diese Bakterien können dann neue Oberflächen erreichen und besiedeln. Damit schließt sich der **Biofilmkreislauf** (s. Abb. 4.1). Für viele Bakterien sind die Anheftung an und die Ablösung von Oberflächen Teile eines Lebenszyklus. Dabei können sich die Zellen in Biofilmen und im Freiwasser sowohl physiologisch als auch morphologisch unterscheiden.

Aufgrund der komplexen Struktur von Biofilmen, und zwar sowohl hinsichtlich der räumlichen Struktur als auch der Artenzusammensetzung, bilden sich Gradienten und **Mikrohabitate** aus. In diesen diversen Zonen finden Bakterien Nischen, in denen sie überdauern oder eventuell sogar wachsen können, selbst wenn die Bedingungen im Freiwasser sehr ungünstig sind. Beispiele hierfür sind sauerstofffreie Zonen im Innern eines Biofilm, die das Überleben und die Vermehrung auch von strikt anaeroben Bakterien, wie Sulfatreduzierer, ermöglichen, die dann in einem Leitungsrohr mit aeroben Trinkwasser an der Rohroberfläche wachsen und an Korrosionsprozessen beteiligt sein können.

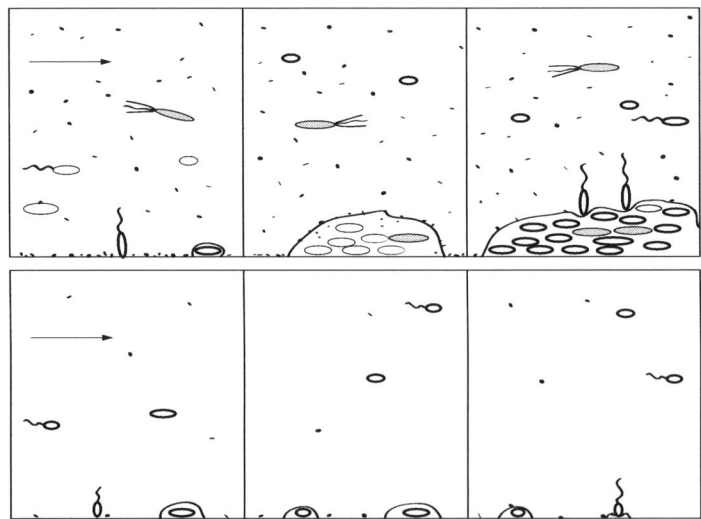

Abb. 4.1 Entstehung eines Biofilm. In der oberen Sequenz ist die Bildung eines Biofilms bei Verfügbarkeit hoher Nährstoffkonzentrationen dargestellt, darnter die Situation bei geringer Nährstoffkonzentration.

Sowohl die Integration von Bakterien in einen bestehenden Biofilm als auch die Freisetzung aus einem Biofilm sind Prozesse, die sehr schnell ablaufen können und einen dynamischen Austausch zwischen der Wasserphase und den oberflächenassoziierten Gemeinschaften ermöglichen. Neben diesem aktiven Austausch spielt insbesondere in technischen Systemen auch die **mechanische Ablösung** von größeren Biofilmteilen durch z. B. Strömungs- oder Druckänderungen, sowie durch Kollision mit Partikeln eine Rolle. Diese Prozesse sind von großer praktischer Bedeutung, wenn das Überleben von hygienisch relevanten Mikroorganismen in Trink-, Brauch- und Prozesswasser untersucht wird. Viele Krankheitserreger können in Biofilmen besser überleben als im Freiwasser (s. Kap. 4.3.3), manche können sogar in Biofilmen wachsen (s. Kap. 4.3.4). Auch *Escherichia coli*, ein fäkaler Indikator mit einer wichtigen Rolle bei der Überwachung von Gewässern, ist in der Lage, entgegen früheren Einschätzungen, sich in – dicke – Biofilme zu integrieren und zu wachsen (Szewzyk et al., 1994). Dadurch wird der Nachweis von hygienisch relevanten Organismen erschwert, da nicht nur die Wasserphase, sondern auch die Biofilme untersucht werden müssen, wenn eine sichere Aussage über das Vorkommen dieser Organismen gemacht werden soll.

Ein Biofilm ist kein statisches Gebilde, sondern ist ständig in Entwicklung. Deswegen ist der Begriff der „Reifung" eines Biofilms missverständlich. Mit dieser Bezeichnung wird die Entwicklung einer Biofilmgesellschaft ausgehend von einer unbesiedelten sauberen Oberfläche hin zu einem imaginären Klimaxstadium verstanden. Allerdings ist ein stabiles Klimaxstadium nur dann zu erwarten, wenn die Bedingungen in dem jeweiligen Habitat konstant sind. Sobald Veränderungen auftreten, sei es im DOC, im pH-Wert, im Sauerstoffgehalt, in der Verfügbarkeit von Stickstoff, Phosphor und anderen wichtigen Elementen oder bei anderen biotischen oder abiotischen Faktoren, wird der Biofilm (die Biofilmgemeinschaft) darauf reagieren. Diese Reaktion kann eine Veränderung der Aktivität der Zellen bis hin zu drastischen Veränderungen der räumlichen Struktur des Biofilms darstellen, z. B. durch massive Freisetzung von Zellen ins Freiwasser. Die wichtigsten Faktoren, die die Biofilmbildung und -struktur beeinflussen sind:

- **Nährstoffe:** Dabei spielen sowohl organischen Nährstoffe als auch anorganische Nährstoffe, wie Phosphat oder Nitrat, eine Rolle. Je mehr Nährstoffe vorhanden sind, desto dicker wird der sich bildende Biofilm sein. Um unerwünscht dicke Biofilme in Trinkwassersystemen zu verhindern, sollte der AOC (s. Kap. 4.1.3) möglichst niedrig sein. Für das Risiko der Vermehrung von Enterobakterien in Trinkwasser wird in USA ein Grenzwert von 50 µg Acetat/L angegeben.
- **Art der Grenzfläche/Oberfläche:** Sowohl die räumliche Struktur als auch die Materialeigenschaften der Oberfläche können die Biofilmbildung beeinflussen. So werden z. B. raue Oberflächen besser besiedelt als glatte Oberflächen. Eine wichtige Rolle spielt die Abgabe von Nährstoffen aus dem Material. Dies kann sowohl bei natürlich vorkommenden Materialien (z. B. Blätter) als auch in technischen Systemen (z. B Plastikmaterialien mit viel Weichmacher) eine Rolle spielen.
- **Vorkommen von Räubern:** Durch den Fraßdruck und die beim Auftreten von großen Weidegängern, wie z. B. Schnecken, zu beobachtende Reduktion an Biomasse und mechanischer Störung des Biofilms wird die Dicke und die räumliche Struktur des Biofilms mitbestimmt.

- **Strömung und Hydrodynamik:** Die Strömungsart (laminar, turbulent) und die Strömungsstärke beeinflussen die Dicke und Struktur des Biofilms. Starke Strömungen führen zu vergleichsweise dünnen, aber sehr stabilen Biofilmen. Starke Schwankungen können zum Abreißen von Teilen des Biofilms führen. Dieses Phänomen kann z. B. bei Druckschwankungen im Trinkwasserleitungsnetz auftreten.
- **Vorhandensein von Metallverbindungen:** Im Wasser gelöste Metalle können durch Bakterien auf Oberflächen abgelagert werden. Dabei entstehen dicke krustenartige Biofilme mit einem hohen Anteil an anorganischen Bestandteilen. Auch durch Korrosion können Metalle in die Biofilme eingelagert werden.
- **Desinfektionsmaßnahmen:** Für technische Systeme wurde gezeigt, dass bei einer dauerhaften Chlorung des Wassersystems dünnere, weniger aktive Biofilme entstehen als ohne Chlorung. Höhere Chlorkonzentrationen (0,3 mg/L) hatten dabei einen stärkeren Effekt als niedrigere (<0,05 mg/L) Konzentrationen. Auch hohe Temperaturen um 60 °C im Leitungsnetz erschweren die Biofilmbildung.

Die Kombination dieser und weiterer Faktoren, wie Temperatur, pH und Redoxpotential, bestimmt, welcher Biofilmtyp sich im Einzelfall aufbaut.

> **Merke:** Biofilme sind – v. a. bei Nährstofflimitierung – die natürliche Lebensform von Mikroorganismen. Auf allen Oberflächen in Kontakt mit Wasser entwickeln sich Biofilme. Dabei lagern sich zunächst organische Moleküle aus dem Wasser auf der Oberfläche ab (preconditioning film). Danach erst siedeln sich Bakterien an und scheiden organische Verbindungen (Schleime, EPS) aus, die eine bessere Verankerung und Einbettung der Zellen ermöglichen. Je nach Bedingungen können sich dann auch höhere Organismen (einzellige Eukaryoten oder Metazoen) festsetzen. Biofilme sind komplexe Strukturen, in denen sich z. B. Nähr- und Sauerstoffgradienten bilden. Dadurch entstehen Lebensräume für eine Vielzahl unterschiedlicher Mikroorganismen. Auch Krankheitserreger können in Biofilmen Unterschlupf finden und dort für längere Zeit überleben oder sogar wachsen. Die Biofilmbildung ist ein dynamischer Prozess. Zwischen dem Biofilm und dem Freiwasser findet ein steter Austausch statt. So können sich Bakterien über Schwärmerzellen aktiv aus dem Biofilm in die Wasserphase begeben und dann wieder neue Oberflächen besiedeln.

Biofilmtypen

Die **Verfügbarkeit von Nährstoffen** ist der bestimmende Faktor für das Ausmaß des Wachstums im Biofilm. Dabei können die Nährstoffe von dem besiedelten Material oder aus der Wasserphase kommen. Die Bandbreite der Biofilmbildung reicht von dünnen, aus einzelnen Zellen bestehenden Biofilmen bei sehr geringen Nährstoffkonzentrationen bis hin zu dicken, mehrschichtigen, komplex aufgebauten Biofilmen bei hohen Nährstoffkonzentrationen (s. Abb. 4.2). Neben der Nährstoffkonzentration beeinflusst die Art der **verfügbaren Elektronenakzeptoren** (Sauerstoff, Nitrat, Sulfat) die Menge an Biomasse, die sich an der Oberfläche entwickelt. Je weniger Energie aus der Atmung mit dem jeweiligen Elektronenakzeptor bzw. der Gärung gewonnen werden kann, umso geringer ist auch die Biomasseakkumulation bzw. umso länger dauert es, bis ein „reifer" Biofilm entstanden ist. Andere Faktoren, wie Licht, Ionen- und Metall-Ionenkonzentration, können die Zusammensetzung der sich entwickelnden Biofilmgemeinschaft ebenfalls stark beeinflussen.

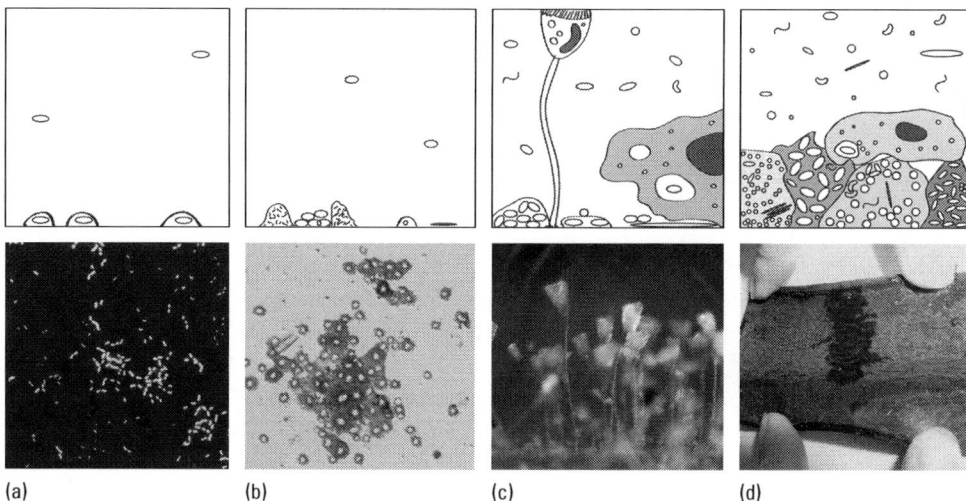

(a)   (b)   (c)   (d)

Abb. 4.2 Biofilmtypen. Von links nach rechts werden unterschiedliche Typen von Biofilmen dargestellt, jeweils oben in einer Schemazeichnung und darunter beispielhaft in einer Mikrofotografie. (a) Trinkwasserbiofilm: dünn, einzelne Zellen; (b) Biofilm aus einem Fluss mit mineralischen Ablagerungen durch Eisenbakterien; (c) Biofilm aus einem Fluss, mittlere Nährstoffverfügbarkeit, dickerer Biofilm aus vielen Arten und Protozoen; (d) sehr dicker Biofilm auf einem Schlauchmaterial wachsend, das viele Nährstoffe abgibt.

Neben **Prokaryoten** kommen in Biofilmen auch in unterschiedlicher Menge Eukaryoten vor. Die am häufigsten zu beobachtenden Eukaryoten sind **Protisten** (alle einzelligen Eukaryoten), **Rotatorien** (Rädertierchen) und **Insektenlarven**. Daneben können weitere Gruppen von Metazoen auftreten, die Bestandteil der Nahrungsketten der Biofilme sind oder sich als Filtrierer von planktischen Bestandteilen des strömenden Wassers ernähren. Die verschiedenen Eukaryoten in Biofilmen spielen als **Weidegänger** eine entscheidende Rolle für die Struktur eines Biofilms. Durch den Fraßdruck und die ständig nachwachsenden oder sich festsetzenden Bakterien entwickelt sich ein Biofilm ständig weiter und ist ein hochdynamisches System. Ein Klimaxstadium („reifer" Biofilm) ist nur unter konstanten Bedingungen des jeweiligen Gewässers zu erwarten. In realen Wassersystemen (natürliche und technische Systeme) werden sich die räumliche Struktur und die Artenzusammensetzung in Abhängigkeit von den Umgebungsparametern (z. B. jahreszeitliche Schwankungen) ständig verändern.

Viele Biofilme bestehen nicht nur aus organischer Biomasse, sondern können auch anorganische Komponenten in teilweise hohen Konzentrationen enthalten. Die größte praktische Relevanz hat die **Ablagerung von oxidierten Eisen- und Manganverbindungen** durch Bakterien in natürlichen und technischen Wassersystemen, was als Verockerung bezeichnet wird (s. Abb. 4.3). Die Eisen- und Mangan-ablagernden Bakterien kommen immer dann vor, wenn reduzierte Eisen- und/oder Manganverbindungen in Zonen transportiert werden, wo Sauerstoff oder andere Elektronenakzeptoren (Nitrat, Sulfat) vorhanden sind. In Gegenwart von Licht ist auch eine anoxygene Photosynthese mit reduziertem Eisen als Elektronendonator möglich. Als Folge der mikrobiellen Aktivität und unter bestimmten Bedingungen auch chemischer Oxidation kommt es zur Ablagerung der oxidierten Eisen- und Manganverbindungen (**Verockerung**). Dieser Prozess kann zu erheblichen Problemen führen, z. B. bei der Förderung von Grundwasser, wenn es zur Verblockung von Brunnen aufgrund der Verockerung kommt, oder bei der Gewinnung von Brauchwasser. Auch in Wasserverteilungssystemen können entsprechende Bakterien aktiv Eisen aus dem Freiwasser ablagern und so zu einer kontinuierlichen Verengung des Rohrlumens führen (s. Abb. 4.3).

Diese **Eisenbakterien** können im Zuge der Wasseraufbereitung aber auch eingesetzt werden, um im Rohwasser enthaltene Eisen- und Manganverbindungen zu entfernen und in entsprechenden Reaktoren (Enteisenungsfilter) abzulagern. Die Eisenbakterien, die für diese Prozesse verantwortlich sind, wurden bisher nur unzureichend untersucht. Die bisherigen Untersuchungen umfassten meist mikroskopische Methoden zur Identifikationen. Nur wenige der mikroskopisch beschriebenen Arten sind bisher kultiviert und näher physiologisch charakterisiert worden, so vor allem Vertreter der Gattungen *Leptothrix*, *Pedomicrobium*, *Hyphomicrobium*, *Gallionella* und *Pseudomonas*. Bei vielen Gattungen, die nur aufgrund mikroskopischer Untersuchungen beschrieben wurden, wie z. B. *Siderocapsa*, *Sideromonas*, *Naumaniella*, *Mycothrix*, ist bisher keine Kultivierung gelungen, bzw. der Nachweis, dass ein bestimmtes Bakterienisolat unter natürlichen Bedingungen eine typische Struktur ausbildet, wurde noch nicht erbracht.

Neben den mengenmäßig bedeutsamen Ablagerungen von Eisen- und Manganverbindungen, können in natürlichen Gewässern aber auch andere anorganische Partikel in einen Biofilm integriert werden. Dies betrifft zum Beispiel mit der Strömung mitgeführte Mineralpartikel, z. B. Quarzkörner, die dann im Biofilm festgelegt werden. Auf diese Art und Weise tragen Biofilme auch zur Stabilisierung von Sedimenten in Fließgewässern und stehenden Gewässern bei.

> **Merke:** Biofilme weisen je nach Umweltbedingungen eine ganz unterschiedliche Dicke und Struktur auf. Bei sehr geringen Nährstoffkonzentrationen bilden sich dünne Biofilme mit einzelnen Zellen; bei hohen Nährstoffkonzentrationen können derart dicke Biofilme entstehen, dass sie mit bloßem Auge als „Schleimschicht" sichtbar sind. Auch anorganische Bestandteile, wie Eisen- oder Manganoxide sowie Mineralpartikel, können im Biofilm integriert sein.

Der Vorteil des Lebens im Biofilm

Das Leben an einer Grenzfläche hat im Vergleich zur planktischen Lebensweise deutliche Vorteile, insbesondere unter limitierenden Bedingungen. Da planktisch lebende Bakterien mit dem Wasser verdriftet werden, und daher über längere Zeiträume von demselben Wasser umgeben sind, werden limitierende Bedingungen schnell relevant, da neue Substrate nur über Diffusion zu den Zellen gelangen. Bakterien, die sich an einer Oberfläche festgesetzt haben, werden durch das vorbeiströmende Wasser ständig mit neuen Substraten versorgt. Da zusätzlich organische Verbindungen an Grenzflächen leicht absorbiert werden (**Antenneneffekt**), steht den Mikroorganismen eine zusätzliche Quelle an organischen Nährstoffen zur Verfügung. Darüber hinaus ergibt sich durch die Einbettung der Zellen in eine komplexe Matrix aus EPS und gegebenenfalls eingelagerten anorganischen Substanzen ein gewisser Schutz gegenüber der Wirkung toxi-

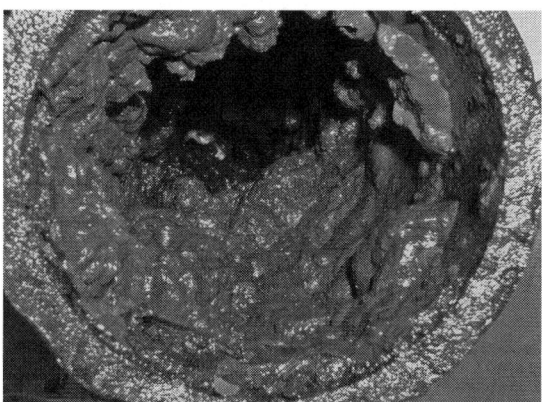

Abb. 4.3 Trinkwasserrohr mit Verockerung. Das gusseiserne Rohr war über 80 Jahre in Benutzung und während dieser Zeit erfolgte eine fortlaufende Ablagerung von oxidierten Eisenverbindungen. Für einen Großteil der Ablagerungen sind Eisenbakterien verantwortlich. Das Rohr selbst ist nicht geschädigt, d. h. die Ablagerungen sind kein Zeichen für Korrosion an diesem Rohrstück.

scher Substanzen, aber auch gegenüber Räubern sowie parasitären Bakterien und Viren. Die EPS wirken vor allem als Diffusionsbarriere für große Moleküle (z. B. bestimmte Antibiotika) und als Migrationsbarriere für Viren. Sind in die EPS anorganische Komponenten eingelagert, wie z. B. Quarzkörner oder Eisen- und/oder Manganoxide, kann der **Schutzeffekt** noch weitergehend sein. Die durch anorganische Verbindungen zusätzlich stabilisierten Schleime stellen einen mechanischen Schutz dar. Insbesondere für die Eisen- und Manganoxide wird vermutet, dass sie auch als Schutz vor oxidierenden Substanzen, wie zum Beispiel vor oxidierenden Desinfektionsmittel vom Typ des Chlors oder des Wasserstoffperoxids, wirken (s. Kap. 4.5).

Biofilme stellen ein besonders begünstigtes Habitat dar, bei denen es aufgrund von Gradientenbildungen zur **Ausbildung von Mikrohabitaten** innerhalb des Films kommen kann, wo möglicherweise völlig andere Bedingungen herrschen als im fließenden Wasser. Damit wird Organismen ein Überleben oder sogar ein Wachstum ermöglicht, die unter den gegebenen großräumigen Bedingungen nicht existieren könnten. Für große Trinkwasserverteilungssysteme wurde beispielsweise nachgewiesen, dass in Biofilmen auf den Leitungsrohren selbst Sulfatreduzierer überleben können (Bade et al., 2000). Bei Verfügbarkeit entsprechender Elektronendonatoren (organische oder anorganische Verbindungen, wie Ammonium) können ausgedehnte anaerobe Zonen entstehen, die anaeroben Bakterien Wachstum und Überleben ermöglichen, aber auch aeroben Organismen Nischen bieten, wo sie vor oxidierenden Verbindungen aus dem fließenden Wasser geschützt sind.

Ein weiterer besonderer Effekt, der das Leben in Biofilmen beeinflusst, kommt aufgrund der dort oft erreichten hohen Zelldichten zustande. Durch den engen Kontakt der Zellen miteinander ist ein Austausch von genetischem Material durch Konjugation und in geringerem Umfang auch durch Transformation möglich. Auf diese Weise können Biofilme zu einem **Hotspot des Gentransfers** werden. Dies bedeutet aus Sicht der Bakterien den Austausch von möglicherweise sehr nützlicher genetischer Information, z. B. zum Abbau von bisher nicht verwertbaren Kohlenstoffquellen oder Schutzmechanismen gegen Antibiotika. Der Austausch von Resistenzgenen gegen Antibiotika (z. B. in Kläranlagen) ist aus Sicht des Menschen problematisch, da so multiresistente Stämme von Krankheitserregern entstehen können.

> **Merke:** Das Leben im Biofilm hat viele Vorteile. Nährstoffe sammeln sich an der Oberfläche, und es findet ein enger Austausch zwischen den Mikroorganismen statt. Die Schleimsubstanzen (EPS) bieten Schutz gegen Desinfektionsmittel und Antibiotika. Weiterhin entstehen durch die Gradientenbildung viele Nischen für Bakterien, die im Freiwasser nicht überleben könnten (z. B. anaerobe Bakterien).

Praktische Bedeutung von Biofilmen

In natürlichen aquatischen Biotopen stellen die Biofilme sicher die häufigste Lebensform der meisten Mikroorganismen dar. In technischen Systemen werden Biofilme zum Teil gezielt eingesetzt, um bestimmte Aufgaben z. B. in der Abwasserreinigung zu erfüllen (s. Kap. 4.4). Auf der anderen Seite bilden sich in technischen Wassersystemen auch oft unerwünschte Biofilme, die dann negative Auswirkungen haben.

Unerwünschte Biofilme werden meist unter der Bezeichnung **Biofouling** zusammengefasst. Solches Biofouling ist aus vielen Bereichen der Technik bekannt, wo mit Wasser gearbeitet wird. Die bekanntesten Beispiele sind Biofilme auf Wärmetauschern und in Kühltürmen, die Belagsbildung auf Schiffsrümpfen sowie die Verblockung von Membranen. Dabei treten insbesondere folgende Probleme auf:

- **Verminderter Wärmeübergang:** Durch die Biofilme wird die Wärmeübertragung behindert, dadurch kommt es zu einer drastischen Verringerung der Effizienz, z. B. in Wärmeaustauschern oder Kühltürmen.
- **Erhöhte Reibungsverluste:** Biofilme können zu einer raueren Oberflächenstruktur führen und damit zu einem erhöhten Widerstand bei Transportvorgängen, z. B. in Rohrleitungen oder an Schiffen. Bei Rohrleitungen kommt es zusätzlich zu einer Lumenverengung, wodurch es zu weiteren Energieverlusten beim Transport kommt.
- **Erhöhte Filtrationswiderstände:** Durch die Bildung von Biofilmen auf Membranen wird mehr Energie für Filtrationsvorgänge benötigt, z. B. bei der Umkehrosmose. Auch die Ausbildung der Schmutzdecke bei der Langsamsandfiltration ist unter anderem auf die Ausbildung von Biofilmen zurückzuführen, wobei die Schmutzdecke zwar zu einem reduzierten Durchfluss führt, aber in dieser Zone auch ein intensiver und erwünschter Abbau stattfindet.
- **Materialzerstörung:** Biofilm-induzierte **Korrosion** von Metallen spielt eine wichtige Rolle bei Metallleitungen und anderen Metallkonstruktionen in Kontakt mit Wasser. Verschiedene Formen der Korrosion werden mit der Aktivität von Bakterien, insbesondere anaeroben Bakterien, in Verbindung gebracht. Beispiele für mikrobiell induzierte Korrosion (engl. microbially induced corrosion = MIC) sind die Leckagen an Erdölpipelines, die durch die Aktivität von sulfatreduzierenden Bakterien, die in den dünnen Wasserfilmen an der Rohrinnenseite wachsen, verursacht werden. Auch andere Materialien können durch **Biodeterioration** zerstört werden. So können Plastikmaterialien durch den Abbau von Weichmachern in Biofilmen brüchig werden und zerbrechen. Biofilme bilden sich auch beim Transport von Ab-

wasser in den Kanalisationssystemen oberhalb der Wasserlinie (Sielhaut). In diesen speziellen Biofilmen können die im Abwasser gebildeten reduzierten Verbindungen, wie Ammoniak und Schwefelwasserstoff, oxidiert werden und die entstehenden Säuren können bei ungeeigneten Leitungsmaterialien zu Biodeterioration führen.

- **Eintrag von pathogenen Mikroorganismen:** In dicken Biofilmen können pathogene Mikroorganismen für sie ungünstige Umweltbedingungen besser überleben. Einige Pathogene, wie Legionellen, *Pseudomonas aeruginosa* oder Umweltmykobakterien, können sich sogar in Biofilmen vermehren (s. Kap. 4.3.4). Dicke Biofilme sind damit ein Reservoir und ein Habitat für Pathogene. Unter bestimmten Bedingungen werden diese Pathogene dann aus dem Biofilm wieder freigesetzt und können das System kontaminieren. Daher sollten Untersuchungen zu hygienisch relevanten Organismen nicht nur auf die Wasserphase beschränkt bleiben, sondern das Wassersystem muss als komplettes Ökosystem betrachtet werden.

- **Verminderung der Produktqualität:** Durch Eintrag von Mikroorganismen aus dem Biofilm in das (wässrige) Produkt bei Transportvorgängen kann es zu einer Verschlechterung der Qualität kommen. In Trinkwasserleitungsnetzen tritt dieses Problem, das man dann Wiederverkeimung nennt, auf, wenn es durch hohe Nährstoffgehalte des Wassers oder der Oberflächenmaterialien zu einem starken Biofilmwachstum kommt. Dann besteht auch die Gefahr des Eintrags pathogener Mikroorganismen (s. o.).

Das Biofouling in technischen Anlagen ist wirtschaftlich ein großes Problem, da erhebliche Kosten für Reinigungsmaßnahmen aufgebracht werden müssen. Unerwünschte Biofilme lassen sich am effektivsten mechanisch entfernen. Da dies aus technischen oder Kostengründen oft nicht möglich ist, werden zur Bekämpfung des Biofoulings häufig Biozide und sonstige toxische Komponenten verwendet. Dies sind meist nur begrenzt wirksame und darüber hinaus auch oft die Umwelt belastende Maßnahmen.

Gezielter Einsatz von Biofilmen

Da die Bakterien, wie in den vorigen Kapiteln beschrieben, in Biofilmen günstigere Bedingungen vorfinden als im Freiwasser, gegen diverse Stressfaktoren besser geschützt sind und oft aktiver sind als im planktischen Zustand, lässt sich diese Lebensweise auch für den Menschen sinnvoll nutzen.

Sowohl bei der **Aufbereitung von Trinkwasser** als auch bei der **Abwasserreinigung** werden Bakterien in Biofilmen gezielt eingesetzt, um Nährstoffe zu reduzieren und Schadstoffe abzubauen (s. Kap. 4.4). Der große Vorteil der in Biofilmen fixierten Mikroorganismen besteht darin, dass auch langsam wachsende Mikroorganismen an den Umsetzungsprozessen beteiligt sind, da sie nicht, wie in flüssigen Systemen, ausgewaschen werden. Manche dieser langsam wachsenden Bakterien haben spezielle Eigenschaften, die für die Reinigungsleistung wichtig sind, wie z. B. nitrifizierende Bakterien (s. Kap. 4.4).

Wichtige Reinigungsstufen, bei denen Biofilme eine große Rolle spielen, sind im Trinkwasserbereich Sandfilter und Untergrundpassagen und im Abwasserbereich Tropfkörper, getauchte Filter, Schwebebettreaktoren und (bewachsene) Bodenfilter (s. Kap. 4.4).

> **Merke:** Unerwünschte Biofilme in technischen Systemen werden als Biofouling bezeichnet. Sie führen zu verminderter Wärmeübertragung, erhöhten Filtrations- und Reibungswiderständen, Materialzerstörung und Verschlechterung der Produktqualität. Biofilme werden in technischen Systemen bei der Abwasserreinigung und der Aufbereitung von Trinkwasser, aber auch bewusst zur Reduktion von Nährstoffen und Krankheitserregern eingesetzt.

4.1.2 Diversität der Mikroorganismen im Wasser

Während der letzten 20–30 Jahre ist es in der Mikrobiologie zu einem dramatischen Paradigmenwechsel im Hinblick auf Zellzahl, Diversität und Aktivität von Mikroorganismen in allen untersuchten Habitaten gekommen. Für viele Jahrzehnte war die **Kultivierung** auf verschiedenen (Standard)Medien die entscheidende Bestimmungsmethode der in einer Wasserprobe vorhandenen Bakterien. Die Zahl der auf den Nährmedien gebildeten Kolonien (Keimzahl, Koloniezahl angegeben als Kolonie-bildende Einheiten (KBE)) galt als ein Maß für die in der Probe vorkommenden, lebenden Bakterien. Der Begriff **Koloniezahl** wird bei der Untersuchung von Trinkwasser für die Anzahl der Kolonien auf einem bestimmten Nähragar (nach der TrinkwV oder DIN EN ISO 6022, s. Tab. 4.6) verwendet. Auch die Untersuchungen zur Taxonomie und Diversität der Mikroorganismen orientierten sich an den kultivierten Organismen. Die Einführung neuer Nachweismethoden auf der Basis von **Fluoreszenzfarbstoffen** oder **molekularbiologischen Methoden** zeigt jedoch, dass mit der Kultivierung nur ein kleiner Ausschnitt der vorhandenen Bakterien erfasst werden kann. Dies trifft auch auf die im Wasser lebenden oder überlebenden Krankheitserreger zu. Aus Tradition und Gründen der Praktikabilität beruhen die meisten Nachweisverfahren in diesem Bereich noch auf der Kultivierung der Mikroorganismen. Es sind jedoch Bestrebungen im Gange modernere Nachweisverfahren einzusetzen, die auch nicht-kultivierbare Zellen erfassen können.

Gesamtzellzahl durch Fluoreszenzfarbstoffe

Fluoreszenzfarbstoffe, wie Acridinorange oder DAPI (4′,6-diamido-2-phenylindol), lagern sich in die DNA ein und färben daher alle Zellen, die intakte DNA enthalten. Im Fluoreszenzmikroskop kann man dann die angefärbten Zellen erkennen und zählen. Durch die Anfärbung der Mikroorganismen in einer Wasserprobe können alle Zellen mit intakter DNA erfasst werden, unabhängig davon, ob sie kultivierbar sind oder nicht. Die so erhaltene Anzahl von Bakterien wird als **Gesamtzellzahl** bezeichnet, im Unterschied zur der durch die Kultivierung erhaltenen Koloniezahl oder Keimzahl. Beim Vergleich der über eine Kultivierung ermittelten Zellzahlen mit direkten Auszählungen von Bakterien im Mikroskop nach einer Anfärbung ergeben sich teilweise große Unterschiede. Durch direkte Auszählung werden typischerweise 1–4 Zehnerpotenzen mehr Bakterien nachgewiesen als mit der Kultivierung. Durch Wahl unterschiedlicher Kulturmedien können aus der gleichen Wasserprobe jeweils unterschiedliche Organismen isoliert werden, aber die durch Kultivierung ermittelte Zellzahl bleibt auch bei Verwendung diverser Nährmedien immer deutlich geringer als die Gesamtzellzahl.

Die größten Unterschiede, d. h. die meisten **nicht-kultivierbaren Bakterien**, werden in Habitaten gefunden, in denen wenig Nährstoffe vorliegen oder andere Stressfaktoren wirken (s. Kap. 4.2). So hat die geringe Zahl kultivierbarer Bakterien in Trinkwasser und Grundwasser zu der irrigen Annahme geführt, diese Wässer seien weitgehend keimfrei. In Habitaten mit großem Nährstoffangebot und aktiv wachsenden Bakterien sind die Unterschiede zwischen Gesamtzellzahl und Anzahl an kultivierbaren Bakterien geringer. Entsprechend bewegt sich die Spannbreite kultivierbarer Zellen zwischen 0,001 und 10 % der Gesamtzellzahl.

Bei der mikroskopischen Auszählung der Bakterien fiel aber nicht nur die größere Anzahl an Zellen auf, sondern man entdeckte auch **neue Zellformen**, die bisher bei den kultivierbaren Bakterien nicht vertreten waren. Dies war ein erster Hinweis darauf, dass es noch unentdeckte Bakterien gibt oder dass bekannte Bakterien in natürlichen Habitaten andere Formen bilden als in Laborkulturen. Dies konnte mit molekularbiologischen Methoden bestätigt werden (s. u.).

Molekularbiologische Charakterisierung

Durch Einführung molekularbiologischer Methoden, mit deren Hilfe – meist auf der Basis der **16S rDNA** (Bereich der DNA, der Information für die 16 S ribosomale RNA trägt) – die Diversität einer Population analysiert werden kann, ergaben sich ähnlich dramatische Veränderungen unserer Vorstellung der mikrobiellen Welt wie bei der mikroskopischen Zellzahlbestimmung. Es zeigte sich, dass die Diversität der Organismen in den unterschiedlichen Wassersystemen sehr viel höher lag, als aufgrund der Kultivierung erwartet worden war. Viele Organismen, deren Anwesenheit nun aufgrund ihrer genetischen Signaturen ermittelt wurde, waren bisher noch nie kultiviert worden. Dabei handelt es sich zum einen um Bakterienarten, für die bis heute keine geeigneten Kultivierungsmethoden gefunden wurden, die also zumindest mit unseren heutigen Methoden prinzipiell nicht kultivierbar sind. Zum anderen zählen Bakterienarten dazu, die zwar prinzipiell kultiviert werden können, von denen sich aber bestimmte Zellen so an das Wasserhabitat angepasst haben, dass sie mit gängigen Methoden nicht mehr kultivierbar sind.

Die Problematik lässt sich gut am Beispiel typischer Trinkwasserbakterien verdeutlichen. Obwohl Trinkwasser schon seit über 100 Jahren mikrobiologisch untersucht und hygienisch überwacht wird, zeigten molekularbiologische Methoden auch hier Organismengruppen an, die bisher nicht kultiviert oder nicht beachtet wurden. Nachdem die Präsenz dieser Organismengruppen bekannt und molekularbiologische Methoden (z. B. engl. fluorescent in situ hybridization, **FISH**) verfügbar waren, gelang es auch diese Organismen auf Standardkulturmedien nachzuweisen. Allerdings waren nicht alle Zellen einer Art kultivierbar. Daher traten die Kolonien dieser neuen Organismen nur vereinzelt auf und waren damit im Verhältnis zu ihrem eigentlichen Anteil an der Population im Wasser stark unterrepräsentiert. Dies triff beispielsweise auf Bakterien der weit verbreiteten Gattung *Aquabacterium* zu, die in Biofilmen, nicht nur in Trinkwasser, nachgewiesen wurden (Kalmbach et al., 1999). Vertreter der Gattung *Aquabacterium* können nach ihrer Isolierung problemlos im Labor kultiviert werden, trotzdem ist ein kultureller Nachweis auch mit optimierten Medien direkt aus dem natürlichen Habitat schwierig. Die Aquabakterien waren in der natürlichen Population zum großen Teil aktiv und konnten *in situ* Substrat aufnehmen und zum Wachstum nutzen, aber nur wenige der Zellen (<1 % der Population) wuchsen auf den Kulturmedien an. Offensichtlich war die Population, obwohl es sich um Zellen einer Art handelt, nicht einheitlich, sondern verschiedene **Subpopulationen** waren unterschiedlich differenziert (Kalmbach et al., 1997). Diese Differenzierung von Zellen einer Art in verschiedene Subpopulationen ist, so weit man heute weiß, ein wesentlicher Teil der Anpassung an die unterschiedlichen Bedingungen in natürlichen Lebensräumen.

> **Merke:** Im Wasser leben weitaus mehr Bakterien, als durch Kultivierung (Koloniezahl) nachgewiesen werden kann. Sie können durch Anfärbung mit DNA-Fluoreszenzfarbstoffen unter dem Mikroskop sichtbar gemacht werden und werden in ihrer Gesamtheit als Gesamtzellzahl bezeichnet. Lebende, aber nicht-kultivierbare Bakterien nennt man VBNC-Zellen (engl. viable but not culturable). Je nach Habitat werden mit der Kultivierung nur 0,001–10 % der Gesamtzellzahl erfasst. Trinkwasser enthält typischerweise eine Gesamtzellzahl von 10^4–10^5 Zellen/mL. Auch Krankheitserreger können VBNC-Zellen bilden und sind dann nicht mehr durch Kultivierung nachweisbar, obwohl sie noch infektiös sein können.

4.1.3 Differenzierungen von Bakterien: Überdauerungsstadien, Kultivierbarkeit und VBNC

Eine vegetative (wachsende) Zelle hat die Möglichkeit sich durch Aktivierung verschiedener genetischer Programme über **Sigmafaktoren** und wahrscheinlich weitere Regulatoren an unterschiedlichste Bedingungen in der Umwelt anzupassen (s. Abb. 4.4).

Die am besten untersuchte und bekannteste Differenzierung von Bakterien stellt die Ausbildung von **Sporen** dar. Diese Überdauerungsstadien werden unter ungünstigen Lebensbedingungen gebildet und ermöglichen ein Überleben von Jahren bis Jahrzehnten in einem inaktiven Stadium. Sobald die Sporen in eine Umgebung mit günstigen Bedingungen gelangen, keimen diese und entwickeln sich zu vegetativen Zellen.

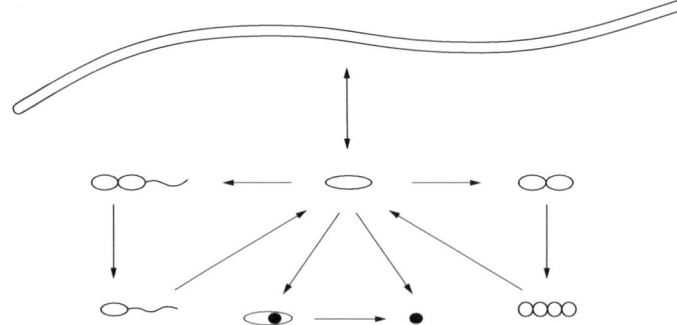

Abb. 4.4 Bakterienzellen können sich in unterschiedlicher Weise differenzieren und dadurch an die jeweiligen Umweltbedingungen anpassen. Ausgehend von einer wachsenden Zelle in der Mitte ist nach rechts und oben die Differenzierung bei oligotrophen Bedingungen dargestellt (Vergrößerung des Oberfläche/Volumen-Verhältnisses). Nach links ist die Ausbildung von Schwärmerzellen und nach unten die Bildung von Sporen zu erkennen.

In den letzten Jahrzehnten wurden weitere Beispiele für die Anpassung von Bakterien an sich verändernde Umweltbedingungen bekannt und näher untersucht. Dazu gehört die Anpassung an extreme Substratlimitierung. Viele Bakterien reagieren auf diese Limitierung mit einer Veränderung des Verhältnisses von Oberfläche zu Volumen zugunsten der Oberfläche. Dies kann durch Bildung kleiner kugeliger Zellen (durch Reduktionsteilungen) oder durch diverse Ausstülpungen der Zellmembran erfolgen. Die Möglichkeit der **Reduktion der Zellgröße** führt dazu, dass in nährstoffarmen Habitaten die Zellen in der Regel sehr klein sind und nur wenige Ribosomen enthalten, da nur eine eingeschränkte Proteinbiosynthese durchgeführt wird. Dieser Befund ist typisch für sehr gut aufbereitetes Trinkwasser, das nur noch äußerst geringe Mengen an verwertbarem DOC (AOC – engl. assimilable organic carbon) enthält. Selbst an Oberflächen werden bei diesen oligosaproben Bedingungen die meisten Zellen in der kleinen Form vorliegen und nur wenige werden die für wachsende Zellen typische große Form einnehmen. Die Vergrößerung der Zelloberfläche durch Ausbildung von **Ausstülpungen** kann bei dem gestielten Bakterium *Caulobacter* gut beobachtet werden. Bei diesem Bakterium ist die Länge des Stiels umgekehrt proportional zur Konzentration des im Wasser vorhandenen Phosphats. Sobald die Verfügbarkeit von (organischen) Nährstoffen ansteigt, können die Bakterien wieder in die größere, vegetative Form übergehen und wachsen. In Habitaten mit hohen Nährstoffkonzentrationen, wie z. B. im Abwasser oder auch auf Materialien in Trinkwasserleitungen, die viele Nährstoffe abgeben, sind viele große Zellen ohne Ausstülpungen zu beobachten.

Als weitere Differenzierung kann die Ausbildung von beweglichen **Schwärmerzellen** beobachtet werden. Diese Zellen ermöglichen es Populationen in Biofilmen, dynamisch auf Änderungen der Umgebungsbedingungen zu reagieren und eine Oberfläche wieder zu verlassen. Die Bildung von Schwärmerzellen kann entweder durch direkte Ausbildung einer Geißel und Ablösung der entsprechenden Zelle erfolgen, oder eine festsitzende Zelle bildet durch polares Wachstum eine neue begeißelte Tochterzelle, die sich dann von der Oberfläche löst und neue Habitate besiedeln kann.

Die schon im vorigen Kapitel erwähnte Differenzierung in kultivierbare und nicht-kultivierbare Zellen einer Art ist auch für Pathogene relevant. Die ersten Nachweise für diese Differenzierung gelangen am Beispiel von Vibrionen. Sowohl für *Vibrio cholerae* als auch *Vibrio vulnificus* konnte gezeigt werden, dass ein großer Teil einer Population dieser Arten unter Freilandbedingungen in ein Stadium übergeht, in dem die Zellen sehr wohl leben und infektiös sind, aber mit den üblichen Standardkulturmethoden nicht mehr erfasst werden (**VBNC**, engl. viable but non culturable). Entsprechende Befunde wurden in der Folge für Salmonellen, Legionellen und später für viele weitere hygienisch relevante Organismen erbracht. Als Auslöser für die Differenzierung in den VBNC-Zustand konnten für verschiedene Organismen unterschiedliche Stressfaktoren, z. B. Substratlimitierung oder niedrige Temperaturen, identifiziert werden. Aus Sicht der mikrobiellen Ökologie handelt es sich dabei vor allem um eine Anpassung der Bakterien an Bedingungen, wie sie in vielen natürlichen Gewässern herrschen. Für die hygienische Überwachung von Trinkwasser und Badewasser ergibt sich aus den Befunden die Problematik, dass wahrscheinlich ein erheblicher Anteil der im Wasser vorkommenden Organismen mit den etablierten Methoden nicht erfasst wird. Folglich sind dringend vergleichende Untersuchungen mit klassischen und modernen Methoden und vor allem daraus abgeleitete Risikoabschätzungen nötig. Wie problematisch diese Befunde für die Praxis sein können, wird auch aus der Tatsache ersichtlich, dass in der deutschen Trinkwasserverordnung von 1999 gefordert wird, Trinkwasser müsse frei von Krankheitserregern sein – eine Forderung die aus Sicht der modernen Mikrobiologie nicht zu halten ist (s. Kap. 4.6).

Das Wachstum an Oberflächen hat zur Folge, dass die angehefteten Bakterien eine Polarität zwischen der der Oberfläche und der dem Wasser zugewandten Seite aufweisen. Dies führt bei verschiedenen Arten zu **polarem Wachstum**, was bedeutet, dass die Bakterien nur an einem Pol Tochterzellen bilden. Die Konsequenz ist in diesem Fall eine Differenzierung in eine festsitzende, alternde Zelle und jeweils neu gebildete Schwärmerzellen. Außerdem kann es im Zuge des polaren Wachstums zur Entwicklung filamentöser Strukturen kommen, was zu Wachstumsformen führt, die stark an Pilzhyphen erinnern. Solche **Filamente** können, ähnlich wie bei Pilzen, die Funktion der Substrataufnahme und des Substrattransportes übernehmen und stellen eine besondere morphologische Anpassung an das Leben in nährstoffarmen Habitaten an Oberflächen dar (s. Abb. 4.4).

> **Merke:** Bakterien können sich aktiv an wechselnde Umweltbedingungen anpassen. Das bekannteste Beispiel dafür ist die Bildung von Sporen, welche ungünstige Lebensbedingungen überdauern können. Es gibt darüber hinaus aber noch weitere Formen der Differenzierung, wie die Bildung von Schwärmerzellen, VBNC-Zellen, Filamenten und gestielten Zellen.

4.2 Lebensräume gegliedert nach Substratverfügbarkeit

Die Substratverfügbarkeit ist ein ausschlaggebender Faktor bei der Besiedlung von Räumen durch Mikroorganismen. Die Art und Konzentration der verfügbaren Substrate bestimmt die Menge und Diversität der vorkommenden Organismen. Dies betrifft gleichermaßen natürliche wie technische Systeme. Die Einteilung der Gewässer und Wassersysteme erfolgt nach der Verfügbarkeit von zum einen anorganischen Substraten und zum anderen organischen Kohlenstoffquellen. In diesem Zusammenhang wird von Trophie gesprochen wenn das Wachstumspotential von autotrophen Primärproduzenten (meist Phytoplankton) gemeint ist und von Saprobie wenn das Wachstum heterotropher Organismen betrachtet wird.

Trophie

Daher bezieht sich der Begriff **Trophie** primär auf die für Primärproduzenten wichtigsten limitierenden Faktoren, nämlich insbesondere auf die Verfügbarkeit von **Phosphor** (P), aber auch auf die von **Stickstoff** und unter bestimmten Bedingungen auf die von Eisen und Silizium. Zur Erfassung des Trophiegrades eines Gewässers werden daher hauptsächlich drei Parameter verwendet: die Gesamt-P-Konzentration, die Chlorophyll-a-Konzentration und die Sichttiefe. In Tabelle 4.1 sind die Trophiegrade von Seen nach Vollenweider und Kerekes (1982) dargestellt, die eine einfache und schnelle Beurteilung erlaubt. Die Tabelle vermittelt aber eine Eindeutigkeit, die so in der Praxis oft nicht gegeben ist. So kann ein See trotz hoher Gesamt-P-Konzentration eine ge-

Tab. 4.1 Trophiegrade nach Vollenweider und Kerekes (1982) – feste Einteilung.

Trophiegrad	Gesamt-P Jahresmittel [µg/L]	Chlorophyll-α Jahresmittel [µg/L]	Chlorophyll-α Jahresmaximum [µg/L]	Sichttiefe Jahresmittel [m]	Sichttiefe Jahresminimum [m]
ultraoligotroph	≤4	≤1	≤2,5	≤12	≤6
oligotroph	≤10	≤2,5	≤8	≤6	≤3
mesotroph	10–35	2,5–8	8–25	6–3	3–1,5
eutroph	35–100	8–25	25–75	3–1,5	1,5–0,7
hypertroph	≥100	≥25	≥75	≥1,5	≥0,7

ringe Phytoplanktonkonzentration d. h. eine hohe Sichttiefe haben, wenn z. B. viel Zooplankton vorhanden ist, das sich von Phytoplankton ernährt oder wenn Makrophyten (größere Pflanzen) wachsen, die viel Phosphor binden. Eine realistischere Einschätzung ergibt sich aus Abbildung 4.5, bei der die Wahrscheinlichkeit dargestellt ist, mit der ein See aufgrund seiner Sichttiefe sowie den Konzentrationen an Gesamt-P und Chlorophyll-*a* in einen dieser Trophiegrade fällt.

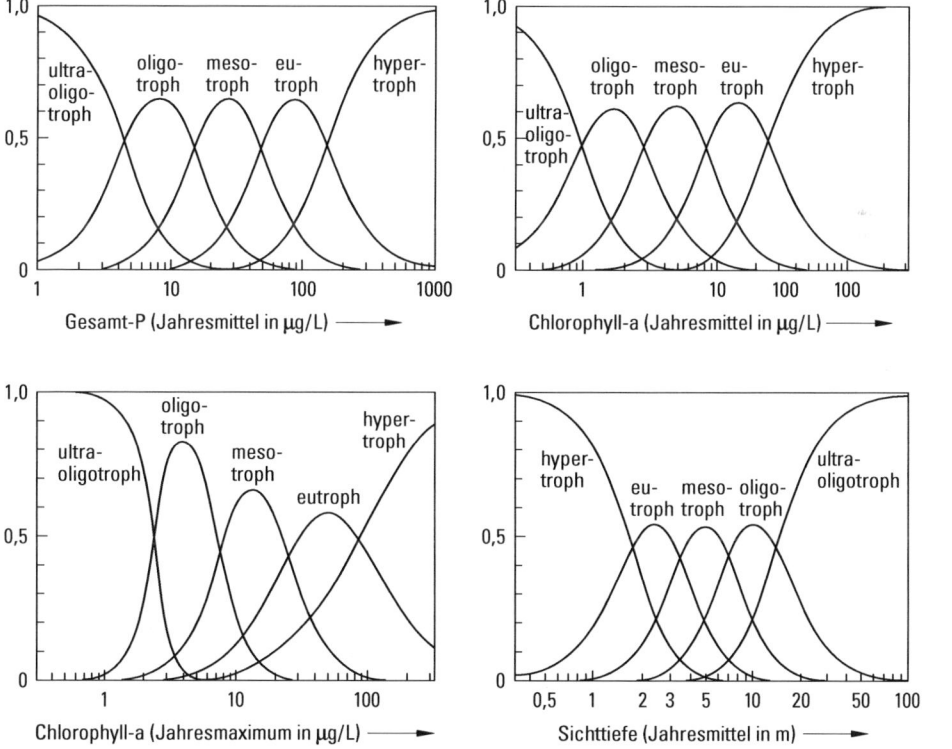

Abb. 4.5 Wahrscheinlichkeit (zwischen 0 und 1) eines Trophiegrades je nach Jahresmittelwerten für die Konzentration an Gesamt-P bzw. Chlorophyll-α, für die Sichttiefe und für das Jahresmaximum an Chlorophyll-α (Vollenweider und Kerekes, 1982).

Tab 4.2 Trophiestufen für natürliche Seen (nach LAWA, 1998).

Trophiegrad	Beschreibung
oligotroph	Produktion schwach auf Grund geringer Verfügbarkeit der Nährstoffe; Phytoplanktonentwicklung ganzjährig gering; Sichttiefe hoch durch geringe Planktondichte; Sauerstoffkonzentration des Tiefenwassers am Ende der Stagnationsperiode über 4 mg/L O_2.
mesotroph	Produktion höher als beim oligotrophen Gewässer auf Grund höherer Verfügbarkeit der Nährstoffe; Phytoplanktonentwicklung mäßig bei großer Artenvielfalt mit Maximum im Frühjahr; mittlere Sichttiefen; häufig metalimnisches O_2-Minimum, im Hypolimnion kann Sauerstoffmangel auftreten.
eutroph	Produktion hoch auf Grund guter Verfügbarkeit der Nährstoffe; Phytoplanktonentwicklung hoch, deswegen Sichttiefe gering; Algenblüten möglich; oberste Wasserschicht durch Assimilationstätigkeit der Algen zeitweise mit Sauerstoff übersättigt; gegen Ende des Sommers regelmäßig starker Sauerstoffmangel im Tiefenwasser. Diese Stufe wird aus wasserwirtschaftlichen Gründen weiter unterteilt in eutroph 1 und eutroph 2.
polytroph	Produktion sehr hoch auf Grund sehr hoher Nährstoffkonzentrationen; Produktion zeitweilig daher nicht Nährstoff(P)-limitiert; mehrfach im Jahr auftretende Algenmassenentwicklungen, im Sommer oft Cyanobakterien (Blaualgen) dominierend; Sichttiefe daher oft sehr gering (zeitweilig unter 1 m), Sauerstoffschwund und nachfolgende Schwefelwasserstoff-Bildung im Hypolimnion spätestens ab Mitte des Sommers. Diese Stufe wird weiter unterteilt in polytroph 1 und polytroph 2. Der Zustand polytroph 2 (hoch-polytroph) kommt unter naturnahen Bedingungen wahrscheinlich nicht vor.
hypertroph	Nährstoffverfügbarkeit ganzjährig sehr hoch; Planktonproduktion nicht Nährstoff(P)-limitiert; ganzjährig andauernde, die Gewässerfarbe bestimmende Algenmassenentwicklungen; Sichttiefe daher stets sehr gering (nur ausnahmsweise über 1 m); in geschichteten Seen starkes Sauerstoffdefizit im Tiefenwasser zu allen Jahreszeiten. Bereits wenige Wochen nach Beginn der sommerlichen Schichtung ist der Sauerstoff im Hypolimnion vollständig aufgezehrt. Der Zustand hypertroph kommt unter naturnahen Bedingungen nicht vor.

Hypertrophe Seen (s. Tab. 4.2) kommen unter natürlichen Bedingungen selten vor. Auch wenn Seen typischerweise zu Beginn ihrer Entwicklung meist oligotroph sind, können sie im weiteren Verlauf unterschiedlich schnell eutrophieren und verlanden. Die Geschwindigkeit dieser Prozesse hängt von verschiedenen Faktoren ab, wie der Tiefe des Sees und dem Eintrag von anorganischen Nährstoffen (Phosphor, Stickstoff, Eisen). Der Trophiegrad eines Gewässers eignet sich daher nicht per se zur Beurteilung eines anthropogenen Einflusses auf das Gewässer. Dieser kann nur quantifiziert werden, wenn man den aktuellen Zustand mit dem vergleicht, der sich unter natürlichen Bedingungen aufgrund der hydromorphologischen Gegebenheiten einstellen würde (s. u., EU-Wasserrahmenrichtlinie).

In Flüssen spielte lange Zeit die Einleitung von Abwässern und damit die Belastung mit organischen Verunreinigungen die größte Rolle (s. u., Saprobie). Mit Verbesserung der Abwasserreinigung tritt auch hier die Belastung mit anorganischen Substraten in den Vordergrund. Zur Charakterisierung von Flüssen hinsichtlich der Phytoplankton-konzentration wurde eine Klassifizierung in Gütestufen basierend auf der Chlorophyll-a-Konzentration und dem Sauerstoffgehalt entwickelt (s. Tab. 4.3)

Tab. 4.3 Charakterisierung der Gewässergüteklassen planktondominierter Fließgewässer (aus Schmitt, 1998).

Parameter	Güteklasse		
	II	II–III	III
Chlorophyll-α (μg/L) Mittelwert, Median	20–50	50–100	>100
Chlorophyll-α (μg/L) Maximum[a], 90-Perzentil	<120	120–180	>180
Sauerstoff[b] (mg/L) Tagesminimum als 90 Perzentil	>4	>2	>1

[a] Maximum von zwei aufeinanderfolgenden Messungen bei 14-täglichen Messungen überschreiten diesen Wert. [b] auf der Basis kontinuierlicher Messungen in Gewässergütemessstationen

Limitierungen durch Phosphor und Stickstoff beeinflussen aber nicht nur autotrophe, sondern in gewissem Umfang auch heterotrophe Organismen. Sie treten in natürlichen Gewässern genauso auf wie in technischen Anlagen (s. Kap. 4.2.1).

> **Merke:** Bei der Einteilung von Gewässern (meist Seen) in Trophiestufen wird das Wachstumspotential von autotrophen Primärproduzenten (meist Phytoplankton) be-rücksichtigt. Zur Erfassung des Trophiegrades werden daher hauptsächlich drei Parameter verwendet: die Gesamt-P-Konzentration, die Chlorophyll-α-Konzentration und die Sichttiefe.

Saprobie

Die **Saprobie** betrifft das Vorhandensein abbaubarer organischer Verbindungen. In der klassischen Definition von Saprobie, die sich hauptsächlich auf die Kontamination von Flüssen mit häuslichen Abwässern bezog, wurden vorrangig leicht **abbaubare orga-nische Verbindungen** und die Folgen für ein Gewässer, wenn diese Verbindungen in höheren Konzentrationen vorlagen (z. B. Sauerstoffzehrung), betrachtet.

Die heute etablierten und standardisierten Verfahren zur Bestimmung des Saprobie-grades eines Gewässers berücksichtigen primär die Indikatororganismen, die die Ver-fügbarkeit von Sauerstoff und Redoxzustände und damit die Verfügbarkeit leicht ab-baubarer organischer Verbindungen und Ammonium anzeigen. Für die Erfassung und Darstellung der Gewässergüte von Flüssen wurde in Deutschland 1976 eine sieben-stufige Klassifikation von oligosaprob (unbelastet) bis polysaprob (übermäßige Ver-schmutzung) eingeführt, die in den Gewässergütekarten mit den Signalfarben Blau-Grün-Gelb-Rot dargestellt wird (s. Tab. 4.4).

Diese klassische Gewässergüteeinteilung nach Saprobie hat mehrere Limitierungen. Zum einen spielen mit der heute etablierten Klärtechnik die leicht abbaubaren Ver-unreinigungen in den Industriestaaten nicht mehr die entscheidende Rolle. Stattdessen

Tab. 4.4 Die Klassen des Saprobiensystems (nach LAWA, 1996).

Gewässer-Güteklasse/Farbe	Saprobiebereich/Saprobien-Indexbereich	Grad der Belastung mit leicht abbaubaren organischen Stoffen	Kurze Definition der Gewässergüteklasse
I dunkelblau	oligosaprob 1 bis <1,5	unbelastet bis sehr gering belastet	reines, stets annähernd sauerstoffgesättigtes, nährstoffarmes Wasser; geringer Bakteriengehalt; mäßig dicht besiedelt vorwiegend Algen, Moose, Strudelwürmer, Insektenlarven; sofern sommerkühl, Laichgewässer für Salmoniden.
I–II hellblau	oligosaprob bis β-mesosaprob 1,5 bis <1,8	gering belastet	geringe anorganische Nährstoffzufuhr und organische Belastung ohne nennenswerte Sauerstoffzufuhr; dicht und meist in großer Artenvielfalt besiedelt; sofern sommerkühl, Salmonidengewässer.
II dunkelgrün	β-mesosaprob 1,8 bis <2,3	mäßig belastet	mäßige Verunreinigung und gute Sauerstoffversorgung; sehr große Artenvielfalt/Individuendichte (Algen, Schnecken, Kleinkrebse, Insektenlarven); Wasserpflanzenbestände können größere Flächen bedecken; artenreiche Fischgewässer.
II–III gelbgrün	β-mesosaprob bis α-mesosaprob 2,3 bis <2,7	kritisch belastet	kritischer Zustand durch Belastung mit organischen, sauerstoffzehrenden Stoffen; Fischsterben infolge Sauerstoffmangels möglich; Rückgang der Artenzahl bei Makroorganismen; Massenentwicklung gewisser Arten; häufig größere flächendeckende Bestände aus fädigen Algen
III gelb	α-mesosaprob 2,7 bis <3,2	stark verschmutzt	starke organische/sauerstoffzehrende Verschmutzung; oft niedriger Sauerstoffgehalt; örtlich Faulschlammablagerungen; Kolonien fadenförmiger Abwasserbakterien/festsitzender Wimpertierchen übertreffen Vorkommen von höheren Pflanzen/Algen; bisweilen massenhaftes Vorkommen weniger gegen Sauerstoffmangel unempfindliche tierische Makroorganismen (Egel, Wasserasseln); periodisches Fischsterben
III–IV orange	α-mesosaprob bis polysaprob 3,2 bis <3,5	sehr stark verschmutzt	weitgehend eingeschränkte Lebensbedingungen, sehr starke Verschmutzung, mit organischen, sauerstoffzehrenden Stoffen, Verstärkung toxischer Einflüsse; zeitweilig totaler Sauerstoffschwund; Trübung durch Abwasserschwebstoffe; ausgedehnte Faulschlammablagerungen; dichte Besiedlung durch Wimperntierchen, rote Zuckmückenlarven, Schlammröhrenwürmer, Rückgang fadenförmiger Abwasserbakterien, Fische selten und nicht auf Dauer
IV rot	polysaprob 3,5 bis 4	übermäßig verschmutzt	übermäßige Verschmutzung durch organische sauerstoffzehrende Abwässer; vorherrschende Fäulnisprozesse; langfristig sehr niedrige Sauerstoffkonzentrationen oder ganz fehlend; Besiedlung vorwiegend durch Bakterien Geißeltierchen, frei lebende Wimperntierchen; Fische fehlen; bei starker toxischer Belastung biologische Verödung

müssen anorganische Nährstoffe (s. o., Trophie) sowie eine Vielzahl von schwer abbaubaren, oft in geringen Konzentrationen vorliegenden Stoffen betrachtet werden, die durch das Saprobiensystem nicht angezeigt werden. Aufgrund der schlechten Abbaubarkeit reicht für die Beseitigung dieser Substanzen (z. B. viele Arzneimittel) die Verweilzeit in einer Kläranlage nicht aus. Die Stoffe werden in die Vorfluter freigesetzt, wo sie zum Teil über Jahre verbleiben können, bis sie durch chemische und/oder biologische Prozesse eliminiert werden. Zum anderen gibt es Gewässer, die aufgrund ihrer hydromorphologischen Eigenschaften keine Indikatororganismen der oligotrophen Stufe beherbergen (z. B. große, langsam fließende Flachlandflüsse mit Sandbett) und/oder natürlicherweise eine verstärkte Primärproduktion besitzen (Autosaprobie). Auch das Saprobiensystem eignet sich nicht per se zur Bestimmung des natürlichen Zustandes (der nicht immer oligosaprob ist) und zum Nachweis anthropogener Belastungen (die nicht immer sauerstoffzehrend sind). Außerdem werden andere anthropogenen Einflüsse, wie Flussbegradigungen oder Stauwerke, die einen großen Einfluss auf die Lebensgemeinschaften im Fluss haben, nicht berücksichtigt.

> **Merke:** Der Saprobiegrad bezieht sich klassischerweise auf die Kontamination vor allem von Flüssen mit häuslichen Abwässern und das Wachstum heterotropher Organismen. Daher werden vorrangig leicht abbaubare organische Verbindungen und die Folgen für ein Gewässer, wenn diese Verbindungen in höheren Konzentrationen vorliegen (z. B. Sauerstoffzehrung), betrachtet. Die Einteilung erfolgt durch Untersuchung von Indikatororganismen, die typischerweise bei hoher oder niedriger Substratkonzentration bzw. niedriger und hoher Sauerstoffkonzentration vorkommen.

EU Wasserrahmenrichtlinie (WRRL)

Ziel der WRRL (2000/60/EG) ist der Erhalt oder das Wiederherstellen eines guten ökologischen Zustands sowohl der oberirdischen Gewässer (Flüsse, Seen, Übergangsgewässer, Hoheitsgewässer) als auch des Grundwassers.

Aufgrund der dargestellten Limitierungen, die sich bei einer Gewässergüteklassifizierung mit Hilfe der Trophie oder Saprobie ergeben, werden dabei keine absoluten Qualitätsziele aufgestellt. Der **Ist-Zustand** eines Gewässers wird vielmehr durch den Vergleich mit dem potentiell natürlichen Zustand des Gewässers – **Leitbild** genannt – beurteilt. Ein sehr guter ökologischer Zustand besteht dann, wenn keine oder nur geringfügige anthropogene Änderungen in den biologischen, physiko-chemischen und hydromorphologischen Eigenschaften des Gewässers nachzuweisen sind. Als Beurteilungsparameter werden biologische Parameter (Phytoplankton, Großalgen, Angiospermen, Makrophyten/Phytobenthos, Makrozoobenthos, Fischfauna), physiko-chemische Parameter (Sichttiefe, Temperatur, Sauerstoff, Chlorid, pH-Wert, Gesamt-P, Gesamt-N, spezifische Schadstoffe) sowie hydromorphologische Parameter (Wasserhaushalt, Durchgängigkeit, Morphologie) herangezogen. Außerdem bezieht sich die Gewässerbewirtschaftung nach der WRRL auf Flussgebietseinheiten auch über Ländergrenzen hinweg. Für alle Flussgebietseinheiten müssen die Mitgliedstaaten Bewirtschaftungspläne und Maßnahmeprogramme zur Umsetzung der Anforderungen in der WRRL entwickeln. In Deutschland betrifft das zehn Flussgebietseinheiten: Rhein, Donau, Maas, Ems, Weser, Elbe, Eider, Oder, Schlei/Trave, Warnow/Peene.

Bis 2015 sollen alle Gewässer einen guten chemischen und ökologischen Zustand haben und das Grundwasser darüber hinaus einen guten mengenmäßigen Zustand erreichen. Obwohl Deutschland im Gewässerschutz in den letzten Jahrzehnten viel erreicht hat, werden Fristenverlängerungen zur Zielerreichung bei ca. 80 % der Oberflächengewässer und bei ca. 40 % der Grundwasserkörper notwendig werden. Hauptursache für die Zielverfehlung bei Oberflächengewässern ist der schlechte ökologische Zustand durch die starke Verbauung der Gewässer mit Dämmen, Wehren und Uferbefestigungen sowie die Nährstoffbelastung, während ca. 90 % dieser Gewässer bereits 2010 einen guten oder sehr guten chemischen Zustand erreicht haben. Bei Grundwasser liegt zu 95 % ein mengenmäßig guter Zustand aber nur zu knapp 65 % ein guter chemischer Zustand vor. Hauptbelastungen sind Nitrat und in geringerem Umfang Pflanzenschutzmittel.

Hygienische versus ökologische Qualität

Aus dem ökologischen Zustand eines Gewässers kann nur bedingt eine Aussage zum hygienischen Zustand getroffen werden. Sicher werden Gewässer mit einer schlechten ökologischen Qualität, die meist durch Abwasser- bzw. Regenwassereinleitungen oder Abschwemmungen aus der Landwirtschaft bedingt ist, auch eine schlechte hygienische Qualität haben. Umgekehrt kann aber aus einer guten ökologischen Qualität nicht geschlossen werden, dass das Gewässer hygienisch einwandfrei und z. B. als Badegewässer geeignet ist. In einer aktuellen Studie zur hygienischen Gewässerqualität von neun kleineren Flüssen in der Steiermark in Österreich, die alle mindestens die Gewässergüteklasse II erreicht hatten, zeigte sich, dass keiner dieser Flüsse zuverlässig den Anforderungen an Badegewässer entsprach. Bereits wenige Einleitungen von kleinen Kläranlagen oder Regenwasserüberläufen, die nur wenig zur Nährstofffracht beitragen, reichen aus, damit die hygienische Qualität sich drastisch verschlechtert. Auch größere Ansammlungen von Wildtieren (Rotwild, Vögel, Wildrinder) können zu einer Verschlechterung der hygienischen Qualität beitragen, ohne die ökologische Qualität messbar zu beeinflussen. So wird z. B. im Yellowstone Nationalpark in den USA vor dem Trinken von Wasser aus den Flüssen des Parks wegen Kontamination mit Giardien und Cryptosporidien gewarnt.

> **Merke:** Ein Gewässer mit guter ökologischer Qualität hat nicht immer auch eine hygienisch gute Qualität. So sind viele Flüsse mit guter ökologischer Qualität nicht als Badegewässer geeignet.

Mikroorganismen finden sich in allen natürlichen und anthropogen beeinflussten Wassersystemen. Ihre Anzahl und Lebensweise ist aber durch die Verfügbarkeit der Nährstoffe und auch durch die hydromorphologischen Gegebenheiten im Wassersystem stark beeinflusst. Im Folgenden werden typische Lebensräume für Mikroorganismen hinsichtlich der Verfügbarkeit von Nährstoffen vorgestellt. Mit steigenden Nährstoffkonzentrationen findet man

- eine höhere Konzentration an Mikroorganismen,
- einen höheren Anteil an kultivierbaren Bakterien,
- eine Verlagerung des Wachstums von Biofilmen auch ins Freiwasser und
- zunächst eine Zunahme, dann aber eine Abnahme der Diversität.

4.2.1 Lebensräume mit geringer Substratverfügbarkeit

Natürliche Habitate:
- geschütztes Grundwasser
- geschütztes Quellwasser
- Oberlauf von Flüssen und Seen ohne anthropogene oder landwirtschaftliche Beeinflussung

Technische Habitate:
- destilliertes/demineralisiertes Wasser
- Trinkwasser

In aquatischen Habitaten mit extrem oder sehr niedrigen Konzentrationen an organischen Nährstoffen (**xenosaprob/oligosaprob**, s. Kap. 4.2) können eine Vielzahl von speziell angepassten Mikroorganismen leben, überleben und zum Teil auch wachsen. Diese Spezialisten können zahlreiche Substrate verwerten, die jeweils nur in geringsten Konzentrationen vorliegen. Inzwischen konnte auch für viele hygienisch relevante Bakterien gezeigt werden, dass sie in sehr nährstoffarmem Wasser nicht notwendigerweise absterben, sondern durch Anpassung unter diesen Bedingungen überleben. Dazu gehören die Ausbildung von **Sporen** oder anderen **Überdauerungsstadien** (Zysten, Oozysten) sowie die Bildung von **kleinen Zellen und VBNC-Stadien** (s. Kap. 4.1.3). Der Anteil kultivierbarer Bakterien ist in solchen Systemen sehr gering und beträgt typischerweise 0,001–0,1 %. In einigen Fällen werden spezielle Anpassungsmechanismen entwickelt, mit denen diese Bakterien sogar wachsen können, insbesondere in Gemeinschaft mit anderen Wasserbakterien in Biofilmen.

Biofilme sind in solchen Habitaten die typische Lebensform, da sie den Mikroorganismen Überlebensvorteile bieten. Zum einen bewirken die Oberflächen eine Substratanreicherung (**Antenneneffekt**), zum anderen auch Schutz vor Auswaschung. Höhere Organismen sind in diesen nährstoffarmen Habitaten hauptsächlich durch Weidegänger an Oberflächen (z. B. Insektenlarven, Plattwürmer) und festsitzende Filtrierer (z. B. Simuliiden-Larven oder die Larven der Köcherfliegengattung *Hydropsyche*, die ein Fangnetz bauen, vertreten.

Nicht nur die starke Limitierung der organischen Nährstoffe, sondern auch eine Limitierung der anorganischen Nährstoffe kann in solchen Systemen eine Rolle spielen. So können Organismen in sehr sauberem Wasser, z. B. Trinkwasser oder Reinstwasser, auch durch die Verfügbarkeit von Phosphor und Stickstoff limitiert sein. Ein klassisches Beispiel ist *Caulobacter*, ein gestieltes und dadurch leicht erkennbares Bakterium, welches lange Zeit als typisch für extrem nährstoffarme Wässer galt. Allerdings bildet dieses Bakterium nur in diesen phosphatarmen Wässern seine typische Morphologie, die Länge des Stiels ist nämlich umgekehrt proportional zur Konzentration an Phosphat. In phosphatreichen Wässern, z. B. Abwasser, ist der Stiel kaum zu erkennen. Daher ist das Bakterium hier auch nicht aufgrund seiner Morphologie, sondern nur mit molekularbiologischen Methoden nachweisbar.

Bei der **Trinkwasseraufbereitung** wird angestrebt, dass das fertige Trinkwasser möglichst wenig Nährstoffe enthält, d. h. oligosaprobe/oligotrophe Bedingungen erreicht werden (s. Kap. 4.4). Qualitativ besonders hochwertiges Wasser wird im medizinischen Bereich und in der Reinstraumtechnik eingesetzt. In all diesen Fällen sollen möglichst ungünstige Wachstumsbedingungen geschaffen werden, damit sich die Qualität des Wassers während des Transports und der Lagerung möglichst wenig ändert. Organische Nährstoffe im Trinkwasser stammen zum einen noch aus dem Rohwasser, da eine komplette Entfernung während der Aufbereitung im Wasserwerk zu teuer wäre, und zum anderen aus den diversen Materialien, die in Kontakt mit dem Wasser treten.

Viele Wasserwerke nutzen Oberflächenwasser aus Seen oder Flüssen als Rohwasser zur Trinkwasserbereitung. Durch die unterschiedlichen Qualitäten dieser Gewässer sind die Anforderungen an die Aufbereitungstechnologien zum Teil sehr erheblich (s. Kap. 5). Trotz guter Aufbereitung werden aber immer organische Verbindungen ins Trinkwasserverteilungssystem gelangen und dort von Mikroorganismen mehr oder weniger schnell verwertet werden. Besonders wenn es zur Einleitung von Abwasser in das Oberflächengewässer kommt bzw. wenn Massenentwicklungen von Organismen auftreten (z. B. Algenblüten), kann der Gehalt an leicht verwertbaren organischen Stoffen sehr hoch sein. Eine der Hauptaufgaben der Wasserwerke besteht darin, diese leicht verwertbaren Komponenten zu entfernen und das Wasser dadurch biologisch zu „stabilisieren", also ein Wachstum von Organismen im fertigen Trinkwasser weitgehend zu unterbinden. Bei Nutzung von Grundwasser zur Trinkwassergewinnung ist die Menge an (leicht abbaubaren) organischen Verbindungen in der Regel sehr gering und erfordert daher weniger Aufbereitungsschritte. Das fertige Trinkwasser sollte so oligosaprob wie möglich sein. Damit spielen natürlich alle Einträge von organischem Material, die während der Verteilung des Trinkwassers vorkommen, eine entscheidende Rolle.

Durch Einsatz verschiedenster Materialien zum Transport und zur Speicherung des Wassers entstehen unterschiedliche lokale Bedingungen. Die wichtigste Materialeigenschaft, die sich direkt auf die Lebensbedingungen im jeweiligen Bereich des Systems auswirkt, ist die Art und Menge abgegebener organischer Verbindungen. Diese Verbindungen können entweder nur direkt an der Oberfläche verfügbar sein, wie beispielsweise schwer lösliche Komponenten, wie Paraffine, oder als lösliche Verbindung im gesamten Wasserkörper verteilt vorliegen.

In Systemen, die nicht durch organische Nährstoffe, sondern durch anorganische Nährstoffe limitiert sind, wird eine Erhöhung des Phosphorgehalts z. B. durch Zusatz von Korrosionsinhibitoren (Monophosphate) in Trinkwassersystemen zu einem massiven Zuwachs heterotropher Bakterien führen, bis andere Faktoren (Verfügbarkeit von Organik) das Wachstum wieder limitieren.

4.2.2 Lebensräume mit mittlerer Substratverfügbarkeit

Natürliche Habitate:
- viele Flüsse und Seen mit geringer-mittlerer Verschmutzung

Technische Habitate:
- diverse Brauchwassersysteme
- Trinkwasserhausinstallationen, wenn ungeeignetes Leitungsmaterial verwendet wird

Sobald es zu Abwasser- bzw. Regenwassereinleitungen oder Abschwemmungen aus landwirtschaftlich genutzten Gebieten in Flüsse oder Seen kommt, nimmt der Nährstoffgehalt zu. Mittlere Nährstoffgehalte erlauben autotrophes und heterotrophes Wachstum, ohne dass dabei eine massive Eutrophierung auftritt (kein oder nur wenig Faulschlamm in den Gewässern). Die Nahrungsketten beinhalten in den aeroben Zonen vermehrt auch höhere Organismen (Weidegänger und Räuber).

Ähnliche Verhältnisse finden sich in Brauchwassersystemen mit erhöhtem DOC-Gehalt oder in **Trinkwasserhausinstallationen,** wenn durch **ungeeignete Materialien** Nährstoffe in das Wasser abgegeben werden. Je nach Art und Konzentration der abgegebenen Nährstoffe reichen wenige Meter ungeeignete Materialien aus, um ein deutliches Wachstum von Bakterien in Biofilmen auf den Rohrleitungen und selbst in freiem Wasser zu ermöglichen. Dies kann dazu führen, dass das Wasser keine Trinkwasserqualität mehr besitzt.

4.2.3 Lebensräume mit hoher Substratverfügbarkeit

Natürliche Habitate:
- stark verschmutzte Seen und Flüsse

Technische Habitate:
- Abwasser
- Klärschlamm
- diverse Brauchwässer

Große Mengen an organischen Nährstoffen führen in natürlichen Gewässern zu starkem heterotrophen Wachstum mit **Sauerstoffzehrung**, **Ablagerung von Biomasse im Sediment** und der Bildung von **anaerobem Faulschlamm** als Folgen. Die Aktivität anaerober Bakterien bewirkt im Sediment die Freisetzung von Schwefelwasserstoff, Methan und Ammonium. In den sauerstofffreien oder -armen Zonen kommen nur kurze Nahrungsketten vor (Bakterien und Protisten), während höhere Organismen nur durch wenige Arten vertreten sind (Chironomiden, Tubifex). Durch die hohe Substratkonzentration entwickeln sich hohe Zelldichten an Bakterien, die Nahrung für zahlreiche sich von Bakterien ernährende Protisten sind. Besonders zahlreich vertreten sind Amöben, Flagellaten und einige Ciliatenarten.

Bei der **technischen Abwasserreinigung** treten durch hohe Nährstoffkonzentrationen vergleichbare Bedingungen auf. Die starke Sauerstoffzehrung beim Abbau der organischen Nährstoffe wird aber durch Belüftungsmaßnahmen kompensiert, so dass es in den Belebungsbecken nicht zu anaeroben Bedingungen kommt. Die hohen Bakterienkonzentrationen führen auch hier zu einem starken Wachstum an unterschiedlichen Protisten und anderen Organismen, die sich von Bakterien ernähren (s. Kap. 4.4).

Merke: Mikroorganismen finden sich in allen Wassersystemen. Ihre Anzahl und Lebensweise wird stark durch die Verfügbarkeit der Nährstoffe und auch durch die hydrodynamischen Gegebenheiten im Wassersystem beeinflusst. Dabei spielt es für die Mikroorganismen keine Rolle, ob es sich um natürliche oder technische Wassersysteme handelt.

4.3 Mikrobiologisch-hygienische Aspekte

Über den Wasserpfad können eine Vielzahl von **Krankheitserreger** auf den Menschen übertragen werden. Menschen können sich beim Baden in natürlichen Gewässern, beim Baden in Schwimmbecken oder Kleinbadeteichen sowie beim Trinken von Wasser infizieren und erkranken. Woher kommen die Krankheitserreger im Wasser? Sie stammen zum einen aus menschlichen und tierischen Fäkalien, die mit Abwasser oder von landwirtschaftlichen Flächen ins Wasser gelangen (s. Kap. 4.3.3). Auch die Badenden selbst können zu einem Eintrag von Krankheitserregern in Badewasser beitragen. Zum anderen gibt es Krankheitserreger, deren natürlicher Lebensraum das Wasser ist und die sich unter für sie günstigen Umweltbedingungen im Wasser vermehren können (s. Kap. 4.3.4).

Die klassischen Krankheitserreger, wie *Salmonella* Typhi oder *Vibrio cholerae* O1 spielen in Mitteleuropa kaum mehr eine Rolle (s. Kap. 4.3.1), während in den letzten Jahrzehnten viele neue Krankheitserreger, die über das Wasser übertragen werden können, aufgetaucht sind (s. Kap. 4.3.2).

Die Trinkwassergewinnung und -aufbereitung ist durch ihr multiples Barrierensystem (s. Kap. 4.4) darauf ausgelegt das Vorkommen von Krankheitserregern im fertigen Trinkwasser zu minimieren. Auch die Aufbereitung und Desinfektion in Schwimm- und Badebecken (s. Kap. 4.5) dient der Entfernung und Abtötung von möglicherweise vorkommenden Krankheitserregern. In Kleinbadeteichen geschieht die Entfernung von Krankheitserregern durch rein biologische Prozesse, die langsamer ablaufen als eine Desinfektion. Daher ist das Infektionsrisiko in Kleinbadeteichen höher als in desinfizierten Schwimm- und Badebecken. In Flüssen und Seen, die nicht nur zum Baden da sind, sondern vielfältigen Nutzungen ausgesetzt sind, muss immer mit dem Vorkommen von Krankheitserregern gerechnet werden. Maßnahmen zum Schutz der Gewässer vor Abwassereinleitungen und Abschwemmungen aus landwirtschaftlich genutzten Flächen vermindern das Risiko des Vorkommens von Krankheitserregern in Badegewässern.

4.3.1 Die klassischen Seuchen

Die klassischen über das Trinkwasser durch fäkale Verunreinigung übertragbaren Seuchen wie **Typhus**, **Ruhr** und **Cholera** haben in Mitteleuropa ihre Schrecken verloren (s. auch „Brunnenvergiftung" Kap. 6.1). Durch wissenschaftliche Untersuchungen der Krankheitsausbrüche – beginnend mit den Choleraepidemien in London 1854 und in Hamburg 1892 bis zu den Typhusepidemien Mitte des letzten Jahrhunderts – wurden die wichtigen Erkenntnisse gewonnen, die zu einer Trennung von Abwasser und Trinkwasser, zu einer verbesserten Trinkwasseraufbereitung mit multiplen Barrieren und ggf. mit Desinfektion sowie zu einer sicheren Trinkwasserverteilung geführt haben. Eine wesentliche Vorrausetzung waren die mikrobiologischen Arbeiten von Louis Pasteur (1822–1895) und Robert Koch (1843–1910) als wissenschaftliche Grundlage der modernen Hygiene.

Im Jahr 1883 wurde von Koch der Choleraerreger als „Komma-Bazillus" erstmals beschrieben. Zuvor beherrschte die Überzeugung, dass schlechte Ausdünstungen als

Miasma (μίασμα = Befleckung, Besudelung) wirken (**Miasmatheorie**), das medizinische Denken (Winkle, 1997). Zwar hatte bereits Terrentius Varro (116–27 v. Chr.) bezüglich der Malaria vermutet, dass „sich in den Sümpfen kleine Tierchen, unsichtbar dem Auge, die Krankheiten verursachen, entwickeln„ doch waren die umfangreichen medizinischen Schriften des römischen Arztes Galen (Claudius Galenus, 129–199 n. Chr.), darunter die Spekulationen über das Miasma und die irrigen Annahmen über die zentrifugale Blutbewegung, noch bis ins 19. Jahrhundert maßgeblich für medizinische Auffassungen. Im Gegensatz dazu unterschied der Veroneser Arzt Fracastoro (1478–1553) in seiner Veröffentlichung „De contagionibus et contagiosis morbis ert eorum curatione" Infektionen, die durch Kontakt mit verunreinigten Gegenständen und auf Distanz verursacht werden.

Der Stand der Diskussion über Miasma und **Kontagium** in der Mitte des 19. Jahrhunderts erschließt sich aus einem Vergleich der Publikationen des Londoner Arztes John Snow (1813–1858) und des Statistikers William Farr (1807–1883) (Eyler, 2001). Beide verwenden statistische Erhebungen der **Choleraepidemien 1849 und 1854 in London**, um die Ursachen zu ergründen. Snow war von einem Kontagium überzeugt und fand unter anderem in einer topographischen Besonderheit im Elendsviertel Soho den Beweis seiner Annahme. Er erkannte durch akribische Recherchen, dass bei einem Choleraausbruch in London im Sommer 1854, bei dem innerhalb weniger Tage etwa 500 Menschen an Cholera starben, die meisten Erkrankten im Bereich der Straßenkreuzung Broad Street/Cambridgestreet wohnten. In der Broad Street stand eine stark frequentierte Straßenpumpe, an der sich die Bewohner mit Trinkwasser versorgten. Die Schließung der Pumpe durch Entfernung des Pumpschwengels führte zur Beendigung des Ausbruchs.

Farr als Leiter des General Register Office unterstützte Snow mit Daten, fand selbst aber eine strenge Korrelation zwischen Todesfällen und der Tiefe der Brunnen in London: je tiefer die Brunnen, desto weniger Tote im Umkreis des Brunnens. Das bestärkte ihn in der Ansicht, dass die Ansteckung durch ein Ferment über die Luft erfolgte. Erst bei einer weiteren **Choleraepidemie, 1866 in London**, ermöglichte ihm seine exakte epidemiologische Statistik den Nachweis, dass Trinkwasser verantwortlich für diese Seuche war. Tatsächlich bezog die East London Water Company verbotenerweise Wasser aus einem Reservoir, in das Abwasser eingeleitet wurde. Damit unterstrich Farr die Bedeutung der epidemiologischen Statistik für die Auffindung der Ursachen von Krankheiten. Trotz unterschiedlicher Ansätze kamen damit Snow und Farr durch wissenschaftliche Beobachtungen zu dem gleichen Schluss, dass die Cholera durch verunreinigtes Trinkwasser übertragen wird, viele Jahre bevor der Erreger der Cholera durch Robert Koch entdeckt und beschrieben wurde.

Ähnlich wie Snow, aber als strikter Vertreter der Miasmatheorie, die er zu einer Boden-Grundwassertheorie weiterentwickelte, ging Max von Pettenkofer (1818–1901) in **München** vor. Er verglich anlässlich der **Choleraepidemie 1854** die betroffenen Bereiche Münchens mit denen früherer Ereignisse und gelangte zu dem Schluss, dass die unhygienischen Verhältnisse in den Armenvierteln und das sich im Boden stauende Abwasser für den Ausbruch der Seuche verantwortlich waren. Folgerichtig setzte er sich für Abwasserableitungen und Sanierung der Wohngebiete ein, konnte aber der These, dass sich die Seuche über das Trinkwasser verbreitet und dass die „Komma-Bazillen" (*Vibrio cholerae*) infektiös wirken, wie Robert Koch nachwies, nichts abgewinnen. In einem berühmt gewordenen Selbstversuch 1892 mit einer Kultur mit „Komma-Bazillen" versuchte er die These der Infektiosität von Bazillen zu widerlegen. Er erkrankte nur schwach, übersah aber, dass er infolge einer Erkrankung an Cholera im Jahr 1854 immun war.

Bei der **Choleraepidemie in Hamburg 1892**, der innerhalb von drei Monaten mehr als 8.500 Bewohner zum Opfer fielen, wurde durch Robert Koch aufgedeckt, dass die Sterblichkeit in den armen Bezirken besonders hoch war, in denen das Wasser ungefiltert aus der Elbe als Trinkwasser verwendet wurde. In Hamburg war eine zentrale Filtrationsanlage zur Trinkwassergewinnung nicht für notwendig erachtet worden, da das Wasser zwei Kilometer oberhalb der Stadt aus der Elbe entnommen wurde. Diese Entnahmestelle wurde jedoch bei Flut regelmäßig mit verschmutztem Hafenwasser überschwemmt. In der Nachbarstadt Altona, die ihr Wasser unterhalb der Stadt Hamburg entnahm, hatte man bereits 1859 eine Sandfiltrationsanlage errichtet und als Folge gab es dort nur sehr wenige Cholerafälle. Dies zeigte deutlich die Notwendigkeit einer Aufbereitung, ggf. mit Desinfektion, bei der Trinkwasserproduktion aus fäkal kontaminiertem Rohwasser (s. Kap. 4.4, 4.5). Später bemerkte Robert Koch, dass „unser bester Bundesgenosse die Cholera war" (Winkle, 1997), was sich sicherlich darauf bezog, dass durch die Choleraepidemien die Einsicht der Verantwortlichen in Bezug auf angemessene Investitionen für die Siedlungshygiene stieg.

Bei dem **Typhusausbruch in Pforzheim 1919**, bei dem 4.000 Menschen erkrankten und 335 starben, wurde der Zusammenhang zwischen Wasserverunreinigung und Erkrankungsausbruch eindeutig nachgewiesen. Auf einem gefrorenen Feld waren Fäkalien zur Düngung ausgebracht und dadurch die Trinkwasserressource verunreinigt worden. Dies zeigte die Notwendigkeit von Maßnahmen zum Schutz der Trinkwasserressource vor Verunreinigungen (u. a. Trinkwasserschutzgebiete).

Die Typhus und Cholera auslösenden Bakterien *Salmonella* **Typhi** und *Salmonella* **Paratyphi** (Bei *Salmonella* Typhi/Paratyphi handelt es sich um eine Serovarbezeichnungen, die ausgeschrieben „*Salmonella enterica* Subspezies *enterica* Serovar Typhi/Paratyphi" lauten. Daher werden „Typhi/Paratyphi" nicht kursiv geschrieben.) sowie *Vibrio cholerae* O1 (mit zwei Biotypen: klassisch und El Tor) und O 139 (bisher nur in Asien) führen bei gesunden Personen erst bei hohen Dosen ($10^3 - 10^7$ Zellen) zu einer Infektion. Solch hohe Konzentrationen werden durch den Schutz der multiplen Barrieren bei der Trinkwasserproduktion in Mitteleuropa nicht mehr erreicht. Auch in Badegewässern ist durch die verbesserte Abwasserklärung und die Maßnahmen zum Gewässerschutz nicht mehr mit derartigen Konzentrationen an den klassischen Seuchenerregern zu rechnen.

In **Ländern mit niedrigem Hygienestandard** sind diese klassischen Seuchen aber immer noch eine Gefahr. So trat 1996 in Tadschikistan eine Typhusepidemie mit ca. 7.500 Fällen auf. Ursachen waren eine Kontamination der Trinkwasserressourcen durch Abwasser nach Starkregenfällen und eine unzureichende Aufbereitung des Trinkwassers. Südamerika war bis 1991 frei von Cholera. 1991 gelangte die Cholera über den Pazifik nach Peru und löste eine große Epidemie mit mehr als 300.000 Erkrankten und ca. 3.000 Toten aus, die sich über ganz Südamerika ausbreitete. Ein Grund für die Ausbreitung der Cholera war, dass in den schnell wachsenden Küstenstädten in Peru, wie z. B. in Lima, in den Jahren vor dem Ausbruch die Infrastruktur zur Abwasserbeseitigung und Trinkwasserverteilung vernachlässigt worden war. Der Wasserdruck im Trinkwassernetz war nicht konstant, so dass Abwasser durch Rohrbrüche eindringen konnte, und die Chlorung wurde nicht konsequent und in hinreichenden Konzentrationen durchgeführt. In den Jahren 2008/2009 gab es in Zimbabwe den tödlichsten Choleraausbruch in Afrika seit 15 Jahren mit ca. 100.000 Erkrankten und über 4.000 Toten, der sich auch auf andere Länder in Afrika ausbreitete. Aufgrund des katastrophalen Zustands der öffentlichen Wasserversorgung und des Gesundheitsdienstes konnte die Cholera sich sehr schnell ausbreiten und forderte ungewöhnlich viele Todesopfer.

Aber auch in **Katastrophenfällen** beim Zusammenbruch der öffentlichen Wasserversorgung oder anderen Ereignissen, die zu einem massiven Eintrag von Abwasser ins Trinkwasser führen, kann es zum Ausbruch dieser klassischen Seuchen kommen. So wurden in den USA beim Wirbelsturm Katrina im Jahr 2005 vier Cholerafälle gemeldet.

> **Merke:** Die klassischen, über das Trinkwasser durch fäkale Verunreinigung übertragbaren Seuchen, wie Typhus, Ruhr und Cholera, haben in Mitteleuropa ihre Schrecken verloren. In Ländern mit niedrigem Hygienestandard oder in Katastrophenfällen sind diese klassischen Seuchen aber immer noch eine Gefahr.

4.3.2 Neue wasserbürtige Krankheitserreger

In den letzten Jahrzehnten sind viele neue Krankheitserreger als Probleme in Trink- und Badewasser aufgetaucht (s. Tab. 4.5). Darunter befinden sich zum einen **neue Krankheitserreger aus fäkalen Quellen** (s. Kap. 4.3.3), wie *Campylobacter jejuni*, pathogene *Escherichia coli*, *Yersinia enterocolitica*, neue Enteroviren, wie Rotaviren, Caliciviren und Astroviren, sowie die Parasiten *Giardia duodenalis*, *Cryptosporidium* spp., Mikrosporidien u. a.. Mit Ausnahme der Viren haben alle neuen fäkalen Krankheitserreger ein Tierreservoir, von dem sie direkt oder über die Umwelt auf den Menschen übertragen werden. Zum anderen handelt es sich um **Umweltbakterien** (s. Kap. 4.3.4), die natürlicherweise im Wasser vorkommen und erst seit kurzem **als Krankheitserreger** auftreten. Dazu gehören *Legionella* spp., *Aeromonas* spp., *Mycobacterium* spp. und *Pseudomonas aeruginosa*. Der Begriff „neu" im Zusammenhang mit diesen Krankheitserregern ist natürlich relativ, da einige inzwischen bereits seit 50 Jahren bekannt sind. Er soll aber diese Krankheitserreger von den Erregern der klassischen „alten" Seuchen, wie Typhus und Cholera, abheben.

Mit wenigen Ausnahmen sind diese neuen Krankheitserreger **nicht wirklich neu entstanden**, sondern wurden aus unterschiedlichen Gründen nicht als Krankheitserreger erkannt oder traten erst durch eine Veränderung der äußeren Umstände als Krankheitserreger in Erscheinung. Viele dieser Krankheitserreger haben nachgewiesenermaßen bereits Jahre vor ihrer Entdeckung zu Erkrankungen geführt. Sie wurden aber nicht identifiziert, da erst später geeignete Nachweisverfahren zur Verfügung standen. Dies trifft beispielsweise für Viren und einige Parasiten, aber auch für Legionellen zu. Von anderen neuen Krankheitserregern war zwar bereits seit langem bekannt, dass sie prinzipiell Erkrankungen hervorrufen können, sie waren aber nicht als über das Wasser übertragbare Krankheitserreger erkannt worden. So trat *Campylobacter jejuni* zunächst nur als seltener opportunistischer Krankheitserreger, der Blutvergiftungen hervorrufen kann, in Erscheinung. Erst in den 1970ger Jahren wurde er als Durchfallerreger und

Tab. 4.5 Herkunft und Minimale Infektionsdosis der wichtigsten klassischen und neuen Krankheitserreger. ID 1, ID 50: Dosis, die benötigt wird um 1 % bzw. 50 % der exponierten Personen zu infizieren.

Name	Reservoir	Infektionsdosis[1]		Faktoren, die dazu beitragen, dass relevante Konzentrationen im Wasser erreicht werden
		ID 50	ID 1[2]	
Klassische Krankheitserreger				
Salmonella Typhi	Mensch	hoch 10^5-10^6	263	massive fäkale Verunreinigung
Vibrio cholerae klassisch	Mensch (Umwelt)	hoch 10^7-10^8	1.428	massive fäkale Verunreinigung
Shigella spp.	Mensch	niedrig 10^2-10^3	20–100	fäkale Verunreinigung
Neue fäkale Krankheitserreger				
Enterale Viren:		niedrig		fäkale Verunreinigung
Adenoviren	Mensch	?		
Enteroviren (z. B. Echoviren)	Mensch	10^2-10^3	0,6	
Hepatitis A	Mensch	10^2		
Hepatitis E	Mensch (Tier)	10^2		
Noroviren	Mensch	10^1		
Rotaviren	Mensch (Tier)	10^1	0,03	
Bakterien:		niedrig		fäkale Verunreinigung
Campylobacter jejuni	Mensch, Tier	10^2	1,4	
EHEC	Mensch, Tier	10^2		
Yersinia enterocolitica	Mensch, Tier	?		
Protisten:		niedrig		fäkale Verunreinigung
Cryptosporidium parvum	Mensch, Tier	10^1-10^2 Oozysten		
Giardia duodenalis	Mensch, Tier	10^1 Zysten	0,5	
Neue, im Wassersystem wachsende Krankheitserreger				
Legionellen	Umwelt	unbekannt		Temperatur, Nährstoffe, Biofilme
Pseudomonas aeruginosa	Umwelt	unbekannt		(Temperatur), Nährstoffe, Biofilme
Aeromonaden	Umwelt	unbekannt		(Temperatur), Nährstoffe, *Biofilme*
Umweltmykobakterien	Umwelt	unbekannt		Biofilme
freilebende Amöben	Umwelt	unbekannt		Temperatur, Nährstoffe, Biofilme

[1] Die Angaben zur Infektionsdosis geben eine Größenordnung an und sollten nicht als absolute Zahlen betrachtet werden. In den meisten Fällen beruhen die Abschätzungen nur auf 1–2 Studien mit eingeschränktem Probandenkollektiv. Die Infektionsdosis ist insbesondere abhängig vom Immunstatus der Exponierten (so erhöht sich die ID 50 auf 2.000 *Cryptosporidium*-Oozysten in Personen mit Antikörpern gegen *Cryptosporidium*; immunsupprimierte Personen und teilweise auch Kinder sind dagegen sehr sensitiv) und vom physiologischen Zustand der Krankheitserreger (*Vibrio cholerae* frisch aus dem Stuhl hat eine niedrigere ID 50 als derselbe Stamm nach Aufenthalt in der Umwelt).
[2] berechnet von Rose und Gerba (1991)

noch später als Krankheitserreger im Wasser erkannt. Cryptosporidien wurden bereits 1907 als Organismen und 1955 als Krankheitserreger bei Tieren beschrieben, aber erst 20 Jahre später als Krankheitserreger beim Menschen.

Andere neue Krankheitserreger finden durch die verbesserten sanitären Verhältnisse gute Wachstumsbedingungen in unseren Gebäuden. Der zunehmende Gebrauch von warmem Wasser führt zu geeigneten Habitaten für Legionellen in **Warmwasserspeicher und -leitungen**. Dort können sich Legionellen in enger Vergesellschaftung mit anderen Wassermikroorganismen (s. Kap. 4.3.4) zu hohen Konzentrationen vermehren und Infektionen auslösen. Auch *Pseudomonas aeruginosa* und Umweltmykobakterien können in Biofilmen in den Hausinstallationen wachsen und bei empfindlichen Personen Infektionen hervorrufen.

Ein weiterer Grund für das Auftreten neuer Krankheitserreger ist die zunehmende Zahl von **infektionsanfälligen Person**en in der Gesellschaft. Dies betrifft zum einen immungeschwächte Personen, wie AIDS Patienten oder Patienten mit Chemotherapie, zum anderen ältere Personen, deren Immunsystem nicht mehr so aktiv ist wie bei gesunden jüngeren Personen. Diese Personengruppen sind gegenüber Krankheitserregern anfällig, die bei gesunden Erwachsenen gar nicht auftreten oder nur leichte Symptome hervorrufen. So werden Infektionen mit Umweltmykobakterien fast ausschließlich bei immungeschwächten Patienten nachgewiesen. Auch schwere Infektionen mit *Pseudomonas aeruginosa* wurden vor allem bei Personen mit Vorerkrankungen, wie Diabetes oder zystische Fibrose, beschrieben. Infektionen mit Legionellen treten bevorzugt bei älteren und immungeschwächten Personen auf, wobei Rauchen einen zusätzlichen Risikofaktor darstellt.

Nur ganz wenige der neuen Krankheitserreger sind wirklich kürzlich neu entstanden. Dazu zählen Bakterien, die **neue Antibiotikaresistenzen** oder **Virulenzfaktoren** erhalten haben. Ein berühmtes Beispiel hierfür sind die enterohämorrhagischen *Escherichia coli* (EHEC, s. Kap. 4.4, pathogene *Escherichia coli*), bei denen vermutet wird, dass sie durch horizontalen Gentransfer neue Virulenzgene aufgenommen haben und dadurch zu neuen potenten Krankheitserregern geworden sind.

> **Merke:** In den letzten Jahrzehnten sind viele neue Krankheitserreger als Probleme in Trink- und Badewasser aufgetaucht. Darunter befinden sich zum einen neue Krankheitserreger aus fäkalen Quellen, die – mit Ausnahme der Viren – ein Tierreservoir haben, von dem sie direkt oder über die Umwelt auf den Menschen übertragen werden. Zum anderen handelt es sich um Umweltbakterien, die natürlicherweise im Wasser vorkommen und sich unter bestimmten Bedingungen stark vermehren können. Mit wenigen Ausnahmen sind diese Krankheitserreger nicht wirklich neu entstanden, sondern wurden aus unterschiedlichen Gründen nicht als Krankheitserreger erkannt oder traten erst durch eine Veränderung der äußeren Umstände als Krankheitserreger in Erscheinung.

4.3.3 Neue Krankheitserreger mit fäkalem Ursprung

Fast alle neuen parasitären und bakteriellen Krankheitserreger sind **Zoonoseerreger**, die vom Tier auf den Menschen übertragen werden. Im Gegensatz zu den klassischen Zoonoseerregern lösen die neuen Krankheitserreger aber bei den infizierten Tieren oft keine Erkrankungen aus. Daher können auch augenscheinlich gesunde Tiere diese Bakterien und Parasiten ausscheiden. Viren sind dagegen wirtsspezifisch und kommen fast ausschließlich beim Menschen vor. Nur für wenige Viren (z. B. Hepatitis E Virus, Rotaviren) gibt es Hinweise auf eine Übertragung über Tiere. Daher ist bei der Beurteilung von fäkalen Verunreinigungen bei Viren hauptsächlich der Abwasserpfad, bei Bakterien und Parasiten zusätzlich die Verunreinigung durch Nutztiere zu beachten.

Krankheitserreger mit fäkalem Ursprung leben und wachsen im Körper von Menschen und Tieren. In der Umwelt können die obligaten Parasiten, wie Viren oder Cryptosporidien, nicht wachsen, aber zum Teil Monate und Jahre überleben. Die bakteriellen Krankheitserreger mit fäkalem Ursprung können sich in Reinkultur im Wasser ebenfalls nicht vermehren, viele von ihnen bilden aber unter ungünstigen Umweltbedingungen spezielle Zellen aus, die zwar leben, aber nicht mehr kultivierbar sind. Diese VBNC-Stadien (s. Kap. 4.1.3) können sehr lange in der Umwelt überleben und dabei, wie es bei manchen Arten nachgewiesen wurde, weiterhin infektiös für den Menschen sein. Biofilme (s. Kap. 4.1.1) spielen für das Überleben der fäkalen Krankheitserreger eine wichtige Rolle; unter günstigen Bedingungen wurde sogar ein Wachstum von bakteriellen Krankheitserregern in Biofilmen nachgewiesen.

Im Vergleich mit den klassischen Seuchenerregern (s. Kap. 4.3.1) haben viele der neuen Krankheitserreger eine niedrige Infektionsdosis (s. Tab. 4.5). Dadurch können auch geringe Verunreinigungen des Wassersystems zu Ausbrüchen führen und nicht erst ein massiver Abwassereinfluss, wie bei den klassischen Seuchenerregern.

> **Merke:** Zu den neuen fäkalen Krankheitserregern gehören enterale Viren, Bakterien (*Campylobacter, Arcobacter*, pathogene *Escherichia coli, Yersinia enterocolitica, Helicobacter pylori*) und Protisten, auch Parasiten genannt (insbesondere *Cryptosporidium, Giardia*). Diese neuen Krankheitserreger können sich normalerweise in der Umwelt nicht vermehren, sie können aber teilweise lange in ihr überleben. Zu den Überlebensstrategien zählen die Ausbildung von Dauerstadien (z. B. Oozysten bei Cryptosporidien und Zysten bei Giardien) und die Bildung von VBNC-Zellen bei Bakterien. Für viele dieser Krankheitserreger konnte gezeigt werden, dass ihnen Biofilme besonders gute Überlebensbedingungen bieten. Im Gegensatz zu den klassischen Seuchenerregern haben viele der neuen Krankheitserreger eine niedrige Infektionsdosis und – mit Ausnahme der meisten Viren – ein Tierreservoir (Zoonoseerreger).

Enterale Viren (Darmviren)

Viren sind winzig kleine (Durchmesser 25–300 nm), obligat intrazelluläre Parasiten, die sich außerhalb ihrer Wirtszellen nicht vermehren können. Sie bestehen aus einer Proteinhülle, dem sogenannten Kapsid, das die Erbinformation in Form von RNA oder DNA umschließt. Einige Viren haben zusätzlich eine Membranhülle aus Lipiden und Glykoproteinen. Diese sogenannten **behüllten Viren** sind weniger resistent gegenüber Umwelteinflüssen als Viren ohne Hülle **(unbehüllte Viren)**, da die Membranhülle empfindlich ist und z. B. durch fettlösende Substanzen zerstört werden kann. Die meisten enteralen Viren sind unbehüllte Viren und damit relativ umweltresistent. Zu den enteralen Viren gehören die klassischen Krankheitserreger, wie Polioviren (Kinderlähmung) und Hepatitis A Viren (Gelbsucht). In den letzten Jahrzehnten wurden neue Nachweisverfahren für Viren entwickelt und damit ein erweitertes Spektrum von Virusarten entdeckt, die auch über das Wasser übertragen werden können. Zu diesen neu entdeckten Viren gehören ein neues Hepatitis Virus (Hepatitis E Virus) sowie einige Viren, die Durchfallerkrankungen auslösen, wie Noroviren, Rotaviren, enterale Adenoviren und Coronaviren. Außerdem wurden neue Viren beschrieben, die u. a. Atemwegerkrankungen und Hirnhautentzündungen auslösen können, dazu gehören Echoviren und Coxsackieviren.

Viren werden in hohen Konzentrationen von infizierten Personen in die **Umwelt** entlassen. Stuhlproben von infizierten Patienten können z. B. $10^8 - 10^{12}$ Rotaviren/g enthalten. Je nach Anzahl infizierter Personen im Einzugsgebiet finden sich Viren dann in teilweise hohen Konzentrationen im Abwasser und in fäkal belastetem Oberflächenwasser. Bei hohem Abwasseranteil sind in deutschen Flüssen **Viruskonzentrationen** zwischen 10 und 200 Viren/L und in gering belasteten Gewässern zwischen <1 und 10 Viren/L nachgewiesen worden. Diese Konzentrationsangaben müssen aber mit Vorsicht interpretiert werden, da aus methodischen Gründen nicht alle Viren erfasst werden und bei der Virusanreicherung mit niedrigen Wiederfindungsraten von oft nur 10 % gerechnet werden muss. Die tatsächlichen Konzentrationen liegen daher sicher höher. Enteroviren, wie z. B. Coxsackieviren oder Echoviren, treten vor allem in der warmen Jahreszeit auf; Noroviren dagegen in den Wintermonaten. Es kommt also, in Abhängigkeit von der Virusart, zu **starken jahreszeitlichen Schwankungen** der Viruskonzentrationen im Oberflächenwasser. Im Gegensatz zu Noroviren und Enteroviren sind Adenoviren ganzjährig in fäkal belasteten Oberflächengewässern nachweisbar. Sie können deshalb als sogenannte „Indikatorviren" für fäkale Verunreinigungen verwendet werden (s. Kap. 4.3.6).

Viren können monatelang in der Umwelt überdauern. Bei höheren Temperaturen und starker Sonneneinstrahlung werden sie schneller reduziert als in kalter, dunkler Umgebung, wie z. B. im Grundwasser. Enterale Viren wurden in Biofilmen in Trinkwasserleitungen nachgewiesen.

Bereits seit langer Zeit sind **Hepatitis A Virus Epidemien durch Trinkwasser** bekannt. In neuerer Zeit sind auch große Krankheitsausbrüche durch das neu erkannte **Hepatitis E Viren** verursacht worden. Oft sind bei diesen Epidemien Tausende von Menschen betroffen. Bei einem Ausbruch mit Hepatitis A in Dehli in Indien erkrankten 1955 ca. 1 Million Menschen und ein Ausbruch mit Hepatitis E führte 1991 in Kanpur zu über 79.000 Erkrankten. Ursache der Ausbrüche ist oft eine unzureichende Aufbereitung des Trinkwassers mit nachfolgender Desinfektion, wodurch zwar die Indikatorbakterien, nicht aber die chlorresistenteren Viren abgetötet wurden (s. Kap. 4.5). In West- und Mitteleuropa spielen die Hepatitisviren durch die verbesserten hygienischen Verhältnisse eine untergeordnete Rolle.

In Europa traten in den letzten Jahren **trinkwasserbedingte Ausbrüche mit Noroviren**, **Enteroviren** (insbesondere Echoviren und Coxsackieviren) auf. Ursachen waren **Abwasserkontaminationen** ins Trinkwasser sowie **Fehler bei der Trinkwasseraufbereitung** insbesondere durch Chlorung ohne ausreichende Aufbereitung. (s. Kap. 4.5). In Finnland gab es dadurch 1998 einen Ausbruch mit Noroviren mit ca. 3.000 Erkrankten. In Deutschland wurde im Oktober 2003 aus Sachsen über einen wasserassoziierten Norovirusausbruch mit 88 Erkrankten berichtet. Ursache war eine nicht zulässige Querverbindung zwischen verunreinigtem Zisternenwasser und Trinkwasser.

Im Juni/Juli 2009 gab es in einer kleinen Stadt in Italien einen Ausbruch mit viralen Durchfallerkrankungen durch Rotaviren, Noroviren, Enteroviren und Astroviren mit 269 Erkrankten. Enteroviren und Noroviren konnten im Trinkwasser nachgewiesen werden. Wie es zu der Kontamination mit Abwasser kommen konnte, ist nicht klar; eindeutig war aber die Aufbereitung und Chlorung unzureichend. Das Wasser aus dem Gardasee wird gechlort und über Sandfilter filtriert. Vor dem Sandfilter betrug die Chlorkonzentration zur Zeit des Ausbruchs 0,4 mg/L, danach nur noch 0,08 mg/L.

Durch fäkale Verunreinigungen über Abwasser oder durch die Badegäste selbst können Viren auch in Badegewässer eingetragen werden. Man vermutet, dass die meisten in epidemiologischen Studien nach dem Baden beobachteten Durchfallerkrankungen durch Viren verursacht werden.

Zum **Nachweis von Viren** müssen große Wasservolumina untersucht werden, da Viren bereits in sehr geringen Konzentrationen Erkrankungen auslösen können. Zur Aufkonzentrierung von Viren aus Wasserproben gibt es unterschiedliche Verfahren, wie die Filtration über Glaswolle oder elektropositive Filter, sowie bei kleineren Volumina von 1–10 L die direkte Ultrazentrifugation oder Ausfällungen. Der Nachweis der Viren im Konzentrat erfolgt über Zellkultur (nur für wenige Viren verfügbar) oder über molekularbiologische Verfahren (Polymerasekettenreaktion, engl. polymerase chain reaction, PCR). Die internationale Norm DIN EN 14486 gibt Hinweise zum Nachweis humaner Enteroviren mit dem Monolayer-Plaque-Verfahren (s. Tab. 4.6).

> **Merke:** Enterale Viren werden von infizierten Personen in hoher Konzentration mit dem Stuhl in die Umwelt entlassen. Da es sich bei enteralen Viren meist um unbehüllte Viren handelt, sind sie relativ umweltresistent. Zu den epidemiologisch weltweit bedeutsamen enteralen Viren gehören Hepatitis A und Hepatitis E Viren. In West- und Mitteleuropa spielen die Hepatitisviren durch die verbesserten hygienischen Verhältnisse eine untergeordnete Rolle. **Durch Fehler bei der Trinkwasseraufbereitung**, insbesondere durch Chlorung ohne ausreichende Aufbereitung, sowie bei Abwasserkontamination ins Trinkwasser, ist es in neuerer Zeit in Europa zu trinkwasserbedingten Infektionen mit Enteroviren und Noroviren gekommen. Viren verursachen häufig schon in geringer Konzentration Erkrankungen. Deswegen müssen die Nachweisverfahren (Zellkultur, molekularbiologische Methoden) sehr sensitiv sein.

Cryptosporidium spp. und *Giardia duodenalis* (*Giardia lamblia*, *Giardia intestinalis*)

Obwohl die Erstbeschreibung dieser Protisten bereits mehr als 100 Jahre zurück liegt, wurden sie erst in den 50er Jahren des letzten Jahrhunderts als Krankheitserreger bei Tieren und erst in den 70er und 80er Jahren als Krankheitserreger beim Menschen erkannt. Beide Protisten sind obligate Parasiten, die sich nur in ihrem jeweiligen Wirt vermehren können.

Die Taxonomie der **Gattung *Giardia*** ist nicht eindeutig geklärt. Anhand morphologischer Merkmale wurden drei Morphotypen beschrieben, darunter *Giardia duodenalis* (synonyme Namen: *Giardia lamblia*, *Giardia intestinalis*). *Giardia duodenalis* infiziert Menschen und eine Vielzahl von Tieren. Molekularbiologische Untersuchungen haben gezeigt, dass es mehrere Genotypen mit unterschiedlichem Wirtsspektrum gibt. Das infektiöse Stadium von *Giardia cluodenalis* ist eine Zyste mit einem Durchmesser von 8–15 µm und einer stabilen äußeren Hülle. Die **Zyste** ist ein Überdauerungsstadium des Parasiten und wird vom Wirt mit dem Kot ausgeschieden.

Die meisten beschriebenen *Cryptosporidium*-Infektionen wurden durch **„Cryptosporidium parvum"** ausgelöst. „*Cryptosporidium parvum*" infiziert Menschen und Nutztiere – insbesondere junge Tiere wie Kälber. Insgesamt wurde „*Cryptosporidium parvum*" in 40 Wirbeltieren nachgewiesen, u. a. in Hunden, Katzen und Vögeln. Bereits seit längerer Zeit war bekannt, dass es mehrere Genotypen mit unterschiedlichem Wirtsspektrum gibt. Die bisherige Art „*Cryptosporidium parvum*" wurde daher vor einigen Jahren in zwei Arten aufgeteilt: *Cryptosporidium hominis*, die fast ausschließlich den Menschen befällt und die zoonotische Art *Cryptosporidium parvum*, die bei Menschen und Tieren vorkommt. Auch Cryptosporidien mit anderen Hauptwirten können in Menschen Infektionen auslösen, wie *Cryptosporidium meleagridis* (Truthahn), *Cryptosporidium felis* (Katze) oder *Cryptosporidium muris* (Maus); bei immungeschwächten Personen auch noch einige weitere Arten. Bei gesunden Personen verläuft die Infektion oft ohne Symptome oder mit leichten Durchfällen. Bei Kleinkindern, immungeschwächten Personen oder Personen mit Vorerkrankungen können durch *Cryptosporidium parvum* und *Cryptosporidium hominis* jedoch schwere, teils tödlich verlaufende Durchfallerkrankungen ausgelöst werden. Cryptosporidien wurden bisher zu den Coccidien gestellt (neuere molekularbiologische Untersuchungen zeigen eher eine Verwandtschaft zu den Gregarinen) und haben einen sehr komplexen Lebenszyklus, bei dem durch den Wirt ein stabiles Überdauerungsstadium, die sogenannten Oozysten, mit dem Kot ausgeschieden wird. Die **Oozysten** besitzen einen Durchmesser von 4–6 µm.

Durch Studien mit Freiwilligen konnte gezeigt werden, dass die **Infektionsdosis** beider Parasiten sehr gering ist (s. Tab. 4.5). Zysten und Oozysten werden in hohen Konzentrationen mit dem Kot von infizierten Menschen und Tieren in die **Umwelt** entlassen. Hochrechnungen haben ergeben, dass ein infizierter Patient $1,44 \cdot 10^{10}$ *Giardia*-Zysten pro Tag ausscheidet und im Kot von infizierten Kälbern wurden Konzentrationen von 10^7 Oozysten/g nachgewiesen. Zysten und Oozysten sind sehr resistent gegenüber negativen Umwelteinflüssen und können für Wochen und Monate in der Umwelt überleben. Im Abwasser werden oft hohe Konzentrationen gefunden (10^4–10^5/100 L), aber es treten große saisonale und regionale Schwankungen auf. Auch in Oberflächengewässern werden Zysten und Oozysten regelmäßig nachgewiesen (1–100.000/100 L), insbesondere wenn die Gewässer durch Abwasser oder Abschwemmungen aus landwirtschaftlichen Flächen verunreinigt wurden. In Ländern mit geringerem Hygienestandard sind die Konzentrationen höher, während z. B. in Deutschland meist nur Konzentrationen von ca. 1–50/100 L nachgewiesen werden. Hohe Konzentrationen treten insbesondere in Zusammenhang mit starken Regenfällen auf. Giardien-Zysten und Cryptosporidien-Oozysten können auch in nicht ausreichend geschütztem Grundwasser vorkommen. Daher ist der Schutz der Trinkwasserressourcen und der Badegewässer vor Verunreinigungen aus Abwässern und Tierhaltung eine wichtige Voraussetzung zur Vermeidung von Infektionen mit Giardien und Cryptosporidien.

Cryptosporidien-Oozysten und Giardien-Zysten sind in **Trinkwasser**proben in Konzentrationen von 0,5–20/100 L nachgewiesen worden, ohne dass es zu bemerkbaren Infektionen in der mit diesem Trinkwasser versorgten Bevölkerung gekommen wäre. Vor dem Hintergrund der niedrigen Infektionsdosis dieser Parasiten ist dies ein überraschender Befund. Eine Erklärung ist, dass nicht alle der mikroskopisch nachgewiesenen Zysten und Oozysten infektiös waren und dass auch *Cryptosporidium*-Arten anderer Wirte, die Menschen nicht infizieren, z. B. *Cryptosporidium bailey* (Huhn) oder *Cryptosporidium nasorum* (Fisch), mitgezählt wurden. Darüber hinaus ist es möglich, dass bei niedrigen Konzentrationen eine unbemerkte Durchseuchung der betroffenen Bevölkerung stattfindet. Die dabei auftretenden Einzelerkrankungen werden aber aufgrund unzureichender epidemiologischer Erfassung nicht in einen Zusammenhang gestellt. So wurde in einer retrospektiven Studie nachgewiesen, dass bereits mehr als ein Jahr vor dem Cryptosporidien-Ausbruch in Milwaukee (s. u.), wasserbürtige Cryptosporidien-Infektionen aufgetreten waren. Es wird aber auch diskutiert, dass eine längerfristige Exposition gegenüber geringen Konzentrationen zu einer laufenden Immunisierung der betroffenen Bevölkerung führt und dadurch schwerere Erkrankungen vermieden werden.

Ausbrüche mit Wasser als Infektionsquelle wurden sowohl für Giardien als auch für Cryptosporidien beschrieben. Zwischen 1992 und 1995 wurde „*Cryptosporidium parvum*" als Erreger aller 15 nachgewiesenen Epidemien im Trinkwasser aus der öffentlichen Wasserversorgung und in Schwimm- und Badebecken in England und Wales identifiziert. *Giardia duodenalis* war für 20 % der in den USA registrierten trinkwasserbürtigen Ausbrüche in den Jahren 1978–1980 verantwortlich. Bei trinkwasserassoziierten Ausbrüchen mit „*Cryptosporidium parvum*" wurden im Trinkwasser Konzentrationen von 2–7.700 Oozysten gefunden. Der größte beobachtete Ausbruch geschah 1993 in Milwaukee mit ca. 403.000 Erkrankten. Die meisten Infektionsausbrüche ereigneten sich im Zusammenhang mit Oberflächenwasser oder nicht geschütztem Grundwasser als Rohwasser und einer ungenügenden Aufbereitung. Oft wurde das Wasser nicht aufbereitet, sondern nur desinfiziert. Diese Maßnahme ist bei den **chlorresistenten Zysten** und insbesondere bei den **extrem chlorresistenten Oozysten** (s. Kap. 4.5) als alleinige Behandlung nicht ausreichend. Die Abtötung des chlorsensitiven Indikators *Escherichia coli* täuscht eine falsche Sicherheit vor (s. Kap. 4.3.6, 4.5). Optimal funktionierende Filtrationsprozesse können Zysten und Oozysten effektiv aus dem Rohwasser entfernen. Giardien-Zysten werden durch Flockung und Filtration und insbesondere durch Langsamsandfiltration um bis zu sechs Logarithmus-Stufen reduziert. die kleineren Cryptosporidien-Oozysten sind schwieriger zu entfernen und lassen sich durch Flockung und Filtration um zwei bis drei Logarithmus-Stufen und durch Langsamsandfiltration um bis zu vier Logarithmus-Stufen reduzieren (s. Kap. 4.4). Trotzdem sind auch bei Trinkwasserversorgungen, die eine Filtrationsstufe besitzen, Ausbrüche aufgetreten, wenn die Filtrationsstufen nicht für die Abscheidung von Partikeln optimiert oder wenn die Filter zeitweise überlastet waren, z. B. bei hoher Trübung nach Starkregenereignissen. In England wurde für Wasserversorgungen, die aufgrund einer Risikoabschätzung problematisch erscheinen, die Pflicht zur kontinuierlichen Überwachung auf *Cryptosporidium*-Oozysten mit einem Maßnahmenwert von einer Oozyste/10 L Trinkwasser eingeführt.

Beispiele für Ursachen von Epidemien, die durch Giardien und Cryptosporidien im Trinkwasser ausgelöst werden, sind:

- Abwasserkontamination von Brunnen
- Kontamination der Trinkwasserressource oder des Trinkwassers mit Rindergülle oder Rinderfaeces

- heftige Regenfälle und keine Aufbereitung des Trinkwassers mit Filtration, sondern nur Desinfektion
- mangelhafte Aufbereitung des Trinkwassers, z. B. ungenügende Filterleistung oder Rückführung des Filterrückspülwassers ins Rohwasser

Durch die Unterscheidung der Arten *Cryptosporidium parvum* und *Cryptosporidium hominis* erhält man Hinweise, ob die Quelle des Ausbruchs eher tierische oder menschliche Fäkalien sind. Dabei muss man allerdings beachten, dass *Cryptosporidium parvum* auch von Mensch zu Mensch übertragen werden kann. So trat in England im Jahr 2000 ein Ausbruch mit *Cryptosporidium parvum* in einem Schwimmbad auf. Wasserbürtige Ausbrüche mit *Cryptosporidium parvum* sind außer in Trink- und Schwimmbeckenwasser auch in Badegewässern und in einem Springbrunnen in einem Zoo aufgetreten.

Über die Überlebensbedingungen von *Giardia*-Zysten und *Cryptosporidium*-Oozysten im Trinkwasserleitungssystem ist wenig bekannt. Das mehrere Wochen lange Auftreten von Infektionen mit Cryptosporidien nach einem Ausbruch deutet darauf hin, dass infektiöse Oozysten im Leitungsnetz überleben können. Dabei spielen **Biofilme** (s. Kap. 4.1.1) als geschütztes „Versteck" eine Rolle.

Zum **Nachweis** von Giardia-Zysten und *Cryptosporidium*-Oozysten wurde die internationale Norm ISO 15553 erarbeitet (s. Tab. 4.6).

Merke: Die Protistengattungen *Cryptosporidium* und *Giardia* sind obligate Parasiten, die beide humanpathogene Arten (z. B. *Giardia duodenalis*, *Cryptosporidium parvum*) enthalten. Die sehr umwelt- und chlorresistenten Dauerstadien (Zysten bei *Giardia* und Oozysten bei *Cryptosporidium*) werden in hoher Konzentration mit dem Kot ausgeschieden. Ausbrüche mit Trinkwasser als Infektionsquelle kommen bei ungenügender oder fehlender Aufbereitung, insbesondere bei anschließender Chlorung, vor. Durch die Chlorung werden die Indikatorbakterien, wie *Escherichia coli* abgetötet, nicht aber die chlorresistenten Zysten und Oozysten und das Wasser erscheint hygienisch einwandfrei. Der wichtigste Schritt zur Entfernung der Zysten und Oozysten ist eine gut funktionierende Filtrationsstufe.

Campylobacter und *Arcobacter*

Campylobacter fetus, *Campylobacter jejuni* und *Campylobacter coli* wurden in den Jahren 1919–1948 zunächst alle als Krankheitserreger bei Tieren beschrieben. Als Krankheitserreger bei Menschen wurden sie erst in den 1970er Jahren erkannt. Es handelt sich um gram-negative Bakterien, die gebogene Stäbchen bilden und mikroaerophil sind. Beim Menschen werden in Deutschland die meisten Infektionen (ca. 90 %) durch *Campylobacter jejuni*, gefolgt von *Campylobacter coli* (ca. 8 %) und *Campylobacter lari* (ca. 2 %) ausgelöst. Inzwischen sind *Campylobacter* in Deutschland zusammen mit den Salmonellen die **wichtigsten durch Lebensmittel** – insbesondere Geflügelprodukte und rohe Milch – **übertragenen Durchfallerreger**. In den Jahren 2007 und 2008 wurden in Deutschland je ca. 65.000 *Campylobacter*-Erkrankungen und je ca. 50.000 Fälle von Salmonellose gemeldet. In Entwicklungsländern werden 80 % der Durchfallerkrankungen durch *Campylobacter* ausgelöst. Wie viele der neuen Krankheitserreger haben sie eine niedrige Infektionsdosis (s. Tab. 4.5).

In die **Umwelt** gelangen *Campylobacter* hauptsächlich über **Ausscheidungen von Vögeln** – sowohl von Wildvögeln als auch von Geflügel. Sie kommen aber auch in anderen warmblütigen Tieren, wie Rinder, Schweine, Hunde und Katzen, vor. *Campylobacter* können in hohen Konzentrationen im Abwasser auftreten ($10^3 - 10^5$ KBE/ 100 mL) und finden sich in der Umwelt insbesondere in Oberflächengewässern, die durch Abwasser aus Geflügelzuchten oder durch Kot von Vögeln verunreinigt wurden. In solchen Gewässern können Konzentrationen von $10^2 - 10^4$ KBE/100 mL erreicht werden; in allen anderen Gewässern liegt die Konzentration meist unter 10 KBE/100 mL. In seltenen Fällen konnten *Campylobacter* auch in nicht ausreichend geschütztem Grundwasser nachgewiesen werden, das z. B. durch Kot von einer Kuhherde verunreinigt wurde. *Campylobacter*-Arten können über den Wasserpfad Tiere infizieren. So wurde nachgewiesen, dass eine Herde Kühe über kontaminiertes Oberflächenwasser mit *Campylobacter jejuni* infiziert wurde.

Es wurden mehrere trinkwasserbürtige Ausbrüche mit *Campylobacter* beschrieben. In den nordeuropäischen Ländern gilt *Campylobacter* als der wichtigste über das **Trinkwasser** übertragbare Krankheitserreger. Zwischen 1992 und 1996 ereigneten sich in Schweden sechs Ausbrüche mit ca. 6.000 Erkrankten. Aber auch in England und Wales waren *Campylobacter* in den Jahren 1992 – 1995 für die meisten Ausbrüche bei privaten Wasserversorgungen verantwortlich. Hauptursachen für die Ausbrüche waren die Verwendung von Oberflächenwasser als Rohwasser ohne Desinfektion und die nachträgliche Verunreinigung von Trinkwasser in offenen Reservoiren. *Campylobacter* können auch in Ausbruchsituationen nur selten aus der durch epidemiologische Untersuchungen identifizierten verantwortlichen Wasserversorgung isoliert werden.

Im Gegensatz zu anderen neuen Krankheitserregern, wie Cryptosporidien oder einige Viren, sind *Campylobacter* **sensitiv gegenüber Chlor und Ozon** und können mit einer normalen Trinkwasserchlorung sicher abgetötet werden. Filtrationsstufen sind dagegen oft unzureichend für den Rückhalt von *Campylobacter*. Die Bakterien wurden nach Flockungsfiltration oder Aktivkohlefiltration im Wasser nachgewiesen. Auch über Oberflächenwasser können sich Menschen infizieren. So führte das Trinken von Wasser beim Spielen bei sechs Kindern zu einer *Campylobacter*-Infektion.

Campylobacter überleben in Reinkulturen im Labor nur für wenige Stunden bei hohen Temperaturen (37 °C) und einige Tage bei niedrigen Temperaturen (4 °C). Es wurde gezeigt, dass *Campylobacter* nicht-kultivierbare, aber lebende **VBNC-Stadien** ausbilden können (s. Kap. 4.1.3) und dass sie bei Vorhandensein anderer Mikroorganismen und insbesondere in **Biofilmen** (s. Kap. 4.1.1) länger überleben können. Da *Campylobacter* eine mikroaerophile Lebensweise haben, bieten die Biofilme durch Nischen mit geringem Redoxpotential wahrscheinlich einen guten Schutz gegen zu hohe Sauerstoffkonzentrationen.

Zum Nachweis von *Campylobacter* gibt es die Norm ISO 17995 (s. Tab. 4.6).

Außer den typischen *Campylobacter*-Arten wurden in den 1980er und 1990er Jahren *Campylobacter*-ähnliche, aerotolerante Organismen beschrieben – ***Arcobacter*** spp. – die ebenfalls pathogenes Potential besitzen (insbesondere *Arcobacter butzleri*) und viel häufiger als *Campylobacter* in Trinkwassersystemen nachgewiesen werden. Während einer zweijährigen Studie in Deutschland zur Effizienz der Trinkwasseraufbereitung wurden sechs Stämme von *Campylobacter jejuni* und *Campylobacter coli* aber 100 Stämme von *Arcobacter butzleri* aus den unterschiedlichen Aufbereitungsstufen isoliert. Ob *Arcobacter butzleri* eine Bedeutung als wasserbürtiger Durchfallerreger zukommt, ist noch nicht klar.

> **Merke:** *Campylobacter* – insbesondere *Campylobacter jejuni* – zählen in Deutschland zu den wichtigsten, durch Lebensmittel übertragenen Durchfallerregern. Die Bakterien gelangen meist über Ausscheidungen von Vögeln in die Umwelt. Es sind v. a. aus Nordeuropa zahlreiche Ausbrüche durch Trinkwasser bekannt. Im Wasser sind sie nicht lange überlebensfähig, wohl aber in Biofilmen und sie können VBNC-Stadien ausbilden. *Campylobacter* sind sensitiv gegenüber Chlor und Ozon, werden durch Filtrationsprozesse aber oft nur ungenügend aus dem Wasser entfernt.

Pathogene *Escherichia coli*

Das gram-negative, stäbchenförmige Bakterium *Escherichia coli* ist ein natürlicher Bewohner im Darm von Menschen und warmblütigen Tieren und wird daher als Indikator für fäkale Verunreinigungen im Wasser herangezogen (s. Kap. 4.3.6). In den letzten Jahrzehnten wurden aber immer mehr **pathogene Stämme** von *Escherichia coli* entdeckt, darunter enteropathogene *Escherichia coli* (EPEC), enterohämorrhagische *Escherichia coli* (EHEC), enteroinvasive *Escherichia coli* (EIEC), enterotoxische *Escherichia coli* (ETEC), enteroaggregative *Escherichia coli* (EAEC) und diffus adhärente *Escherichia coli* (DAEC).

Die **EHEC** sind seit den 1980er Jahren als Krankheitserreger beim Menschen bekannt. Sie sind eine Untergruppe der sogenannten Verotoxin-produzierenden *Escherichia coli* (VTEC) bzw. Shigatoxin-produzierenden *Escherichia coli* (STEC), die in der Lage sind beim Menschen Durchfallerkrankungen auszulösen. Bei 10–20 % der Erkrankten entwickelt sich ein schwerer Verlauf mit hämorrhagischer Kolitis und blutigem Durchfall. Insbesondere bei Kindern kann die Erkrankung außerdem mit schweren Komplikationen, wie dem hämolytisch urämischen Symptom (HUS) einhergehen, die in ca. 5 % der Fälle tödlich enden. Häufig werden Erkrankungen durch *Escherichia coli* O157:H7 ausgelöst, aber auch ca. 100 andere Serogruppen, wie O26:H11 oder O103:H2, produzieren das Shigatoxin und können beim Menschen Erkrankungen auslösen. Die minimale Infektionsdosis ist sehr gering (s. Tab. 4.5). EHEC sind Zoonoseerreger und kommen vor allem in Rindern, aber auch in anderen Wiederkäuern, wie Schafen und Ziegen, vor. Eine Übertragung erfolgt durch direkten Tierkontakt oder durch kontaminierte Lebensmittel, wie Rindfleisch, Rohmilch und Käse, aber auch durch roh verzehrtes Gemüse. Ein großer Ausbruch fand 1996 in Japan statt, bei dem ca. 11.000 Personen erkrankten. Ursache waren Pflanzensprossen, die mit kontaminiertem Wasser kultiviert worden waren. Dabei konnte auch nachgewiesen werden, dass die EHEC in die Pflanzen eingedrungen waren und durch Waschen nicht mehr entfernt werden konnten.

Bisher ist zur Verbreitung von EHEC in der **Umwelt** nur wenig bekannt, da es aus methodischen Gründen nur vereinzelte Untersuchungen zum Vorkommen von EHEC im Wasser gibt. Von ihren physiologischen Eigenschaften her kann für die EHEC ein hohes Überlebenspotential in der Umwelt angenommen werden. In Laborexperimenten konnten EHEC zwischen 8 °C und 48 °C wachsen. Außerdem waren sie sehr säureresistent; sie überlebten bei einem pH von 2,5 und wuchsen bei Voranpassung selbst noch bei einem pH von 4. Diese Säureresistenz trägt sicher auch zu der niedrigen minimalen Infektionsdosis bei. In Käse oder Apfelmost überlebten EHEC 1–2 Monate, in Wasser mehrere Wochen.

Epidemiologische Studien bei EHEC-Ausbrüchen deuten auf Badegewässer, Brunnenwasser, **Trinkwasser** oder Planschbecken als Infektionsquelle hin. EHEC konnten aber aus diesen Wässern nicht isoliert werden. Nur bei einem großen Ausbruch 1992 in Südafrika, bei dem tausende Personen erkrankten, die Oberflächenwasser oder Brunnenwasser getrunken hatten, das mit Kuhkot verunreinigt war, konnten EHEC in 18,4 % der Wasserproben nachgewiesen werden. Ein weiterer großer Ausbruch ereignete sich im Jahr 2000 in Walkerton in Amerika, bei dem über Trinkwasser mehr als 1.000 Personen erkrankten und sechs starben. Durch genaue Untersuchungen konnten bei den Erkrankten sowohl EHEC als auch *Campylobacter*-Infektionen nachgewiesen werden.

In einer Studie in Bayern wurden EHEC bei Ortswasserversorgungen und Einzelwasserversorgungen in ca. 3 % bzw. 8 % der Proben mit positivem *Escherichia coli* Befund nachgewiesen. Auch in Oberflächengewässern und Abwasser wurden EHEC vereinzelt nachgewiesen.

Zum Vorkommen und Überleben von EHEC im Trinkwasser ist wenig bekannt. Erste Untersuchungen zeigen ein Überleben in Wasser für drei Wochen. Für bestimmte andere Stämme von *Escherichia coli* konnte ein Überleben selbst in destilliertem Wasser und ein Wachstum in Trinkwasser, insbesondere in Biofilmen, nachgewiesen werden. Daher wird angenommen, dass Biofilme auch beim Überleben pathogener *Escherichia coli* eine große Rolle spielen. Erste Untersuchungen zeigen, dass EHEC genauso chlorempfindlich wie apathogene *Escherichia coli* sind (s. Kap. 4.5).

Beim kulturellen **Nachweis** von EHEC muss beachtet werden, dass *Escherichia coli* O157 : H7 Stämme (mit wenigen Ausnahmen) im Gegensatz zu den klassischen *Escherichia coli* Stämmen kein Sorbit verwerten können und keine β-Glukuronidase besitzen. Diese EHEC werden daher mit den üblichen Nachweisverfahren für *Escherichia coli* nicht erfasst. Da *Escherichia coli* in Wasserproben immer in um mehrere Zehnerpotenzen höheren Konzentrationen vorkommen als die EHEC, ist ein Nachweis der EHEC durch Kultivierung insgesamt nicht zielführend. Deshalb wurden PCR-Verfahren entwickelt, die EHEC nach einer Voranreicherung über die Virulenzfaktoren (Shigatoxine) nachweisen.

Im Gegensatz zu den EHEC haben die **EPEC, EIEC** und **EAEC** eine sehr hohe Infektionsdosis (10^6–10^9). Für EPEC gibt es bisher keine Hinweise auf eine Übertragung durch Wasser; für EIEC und EAEC ist jeweils nur ein Ausbruch durch stark fäkal belastetes Wasser beschrieben. Für **ETEC** wurden dagegen viele Ausbrüche durch fäkal kontaminiertes, ungenügend gechlortes Trinkwasser, u. a. auf Kreuzfahrtschiffen, beschrieben.

Merke: Das Bakterium *Escherichia coli* gehört beim Menschen und bei warmblütigen Tieren zur normalen Darmflora und wird daher auch als Indikatorkeim zur Detektion fäkaler Verunreinigungen verwendet. Erst in den letzten Jahrzehnten wurden verschiedene pathogene *Escherichia coli* Stämme identifiziert. Von diesen Stämmen ist EHEC (enterohämorrhagische *Escherichia coli*) der bedeutendste. Anders als bei den anderen pathogenen Stämme ist die Infektionsdosis bei EHEC gering. Pathogene Stämme werden mit molekularbiologischen Verfahren (PCR) detektiert. EHEC sind genauso chlorempfindlich wie apathogene *Escherichia coli*.

Yersinia enterocolitica

Yersinia enterocolitica ist ein gram-negatives, kokkoides bis längliches Stäbchenbakterium und wurde 1943 zum ersten Mal beschrieben. Nur bestimmte Stämme (überwiegend aus den Serogruppen O : 3, O : 8, O : 9, O : 5,27) tragen Virulenzfaktoren und sind pathogen für Menschen. Sie lösen insbesondere bei Kindern Durchfallerkrankungen, aber auch extraintestinale Erkrankungen, wie Hirnhautentzündung, aus. *Yersinia enterocolitica* kommt vor allem bei warmblütigen Haus- und Wildtieren vor, wurde aber auch bei Fischen und Reptilien nachgewiesen.

Über das Vorkommen von pathogenen Stämmen von *Yersinia enterocolitica* in der **Umwelt** ist nur wenig bekannt. Sie wurden vereinzelt in Abwasser und in fäkal kontaminiertem Oberflächenwasser nachgewiesen. Die meisten aus der Umwelt isolierten Stämme gehören zu den apathogenen Serogruppen von *Yersinia enterocolitica* oder zu anderen, nicht als pathogen angesehenen *Yersinia*-Arten wie *Yersinia intermedia* oder *Yersinia frederiksenii*. Yersinien können bei sehr niedrigen Temperaturen (4 °C) wachsen und wahrscheinlich lange in der Umwelt überleben. Darüber gibt es jedoch wenige gesicherte Erkenntnisse. Aus Laborexperimenten werden Überlebenszeiten in unterschiedlichen Wasserproben von einer bis zu 25 Wochen beschrieben.

Pathogene Stämme von *Yersinia enterocolitica* wurden nur vereinzelt aus **Trinkwasser** isoliert, deren Vorkommen deutet auf eine fäkale Kontamination hin. Ausbrüche über das Trinkwasser sind nur wenige bekannt. Nicht-pathogene Serogruppen von *Yersinia enterocolitica* und andere *Yersinia*-Arten, wie *Yersinia intermedia,* werden dagegen immer wieder im Trinkwasser nachgewiesen. Die epidemiologische Relevanz der nicht-pathogenen Serogruppen ist nicht klar, da neuerdings auch klinische Isolate von *Yersinia enterocolitica* aufgetreten sind, die keine der klassischen Virulenzfaktoren besitzen und dennoch Erkrankungen auslösen können. *Yersinia enterocolitica* ist ähnlich empfindlich gegenüber Desinfektionsmittel wie *Escherichia coli.*

> **Merke:** Nur bestimmte Stämme von *Yersinia enterocolitica* tragen Virulenzfaktoren und sind pathogen für Menschen. Sie können durch fäkale Verunreinigungen ins Trinkwasser gelangen. Ausbrüche über das Trinkwasser sind nur wenige bekannt.

Entamoeba histolytica und weitere Protisten

Neben den Cryptosporidien und Giardien gibt es noch eine Reihe anderer einzelliger Protisten, die als obligate Parasiten den Menschen befallen können und über die Umwelt übertragen werden.

Schon seit langer Zeit bekannt ist ***Entamoeba histolytica***, der Erreger der Amöbenruhr. *Entamoeba histolytica* kommt zwar weltweit vor, Erkrankungen treten aber vor allem in Entwicklungsländern in tropischen und subtropischen Regionen auf. *Entamoeba histolytica* löst akute und chronische Durchfallerkrankungen aus, die auch zu Leberschäden führen können. Die Zahl der weltweit Erkrankten wird zwischen 50 Millionen bis mehrere hundert Millionen Menschen mit ca. 100.000 Todesfällen geschätzt. Molekularbiologische Untersuchungen haben gezeigt, dass sich hinter der Bezeichnung *Entamoeba histolytica* eigentlich zwei Arten verbergen: eine pathogene, die weiterhin die Bezeichnung *Entamoeba histolytica* trägt und eine apathogene, die *Entamoeba dis-*

par genannt wurde. Außer mit molekularbiologischen Methoden lassen sich die beiden Arten aber nicht unterscheiden, was die Untersuchungen der Übertragung und Ausbreitung dieser Protisten erschwert. In einer Studie auf den Philippinen konnte gezeigt werden, dass sehr viele Personen mit der apathogenen Art *Entamoeba dispar* kolonisiert und nur wenige tatsächlich mit *Entamoeba histolytica* infiziert waren. Mit dem Stuhl werden infektiöse **Zysten** (10–15 µm) ausgeschieden, die sehr **umweltresistent** sind und für Wochen oder Monate überleben können. Die Verwendung von Fäkalien oder Abwasser zur Düngung von Feldern ist ein wichtiger Übertragungsweg. Auch über fäkal belastetes Trink- und Badewasser können infektiöse Zysten, die sehr **chlorresistent** sind, übertragen werden.

Der einzellige Protist ***Toxoplasma gondii*** ist der Erreger der Toxoplasmose, einer der weltweit häufigsten parasitären Zoonosen. *Toxoplasma gondii* hat einen sehr komplexen Lebenszyklus, bei dem unterschiedliche infektiöse Stadien gebildet werden. Der vollständige Lebenszyklus wurde erst in den 1970er Jahren aufgedeckt. Eine Infektion kann über die vom Endwirt Katze ausgeschiedenen Oozysten oder über die im Zwischenwirt (Schwein, Schaf, Ziege, Wildtiere, Geflügel) gebildeten Zysten bei Fleischverzehr erfolgen. Die mit dem **Kot** der **Katze** in die **Umwelt** gelangenden **Oozysten** (12 × 11 µm) können im Boden und Wasser bei niedrigen Temperaturen jahrelang überleben. Bei gesunden Personen verläuft die Infektion meist asymptomatisch oder es treten leichte grippeartige Symptome auf. Bei immunsupprimierten Personen kann es dagegen zu schwerwiegenden Erkrankungen, wie Hirnhautentzündung, kommen und eine Infektion in der Schwangerschaft kann zur Schädigung des Fetus führen.

In seltenen Fällen traten Infektionen über das **Trinkwasser** auf. Bisher wurden Ausbrüche aus Indien und aus Kanada berichtet. Da es noch keine Methode gibt, um *Toxoplasma gondii* im Wasser nachzuweisen, beruhen diese Fallbeschreibungen auf epidemiologischen Zusammenhängen. In Kanada erkrankten 1995 über 100 Personen. Wie die Verunreinigung des Trinkwassers erfolgte, ist unklar. Es wird vermutet, dass ein Zufluss zum Trinkwasserreservoir mit Kot von Hauskatzen oder Wildkatzen verunreinigt wurde. Die Oozysten sind gegenüber vielen Desinfektionsmitteln resistent.

> **Merke:** *Entamoeba histolytica*, der Erreger der Amöbenruhr, wird durch fäkal belastete Abwässer übertragen. Die infektiösen Zysten sind sehr umwelt- und chlorresistent. Erkrankungen treten vor allem in Entwicklungsländern in tropischen und subtropischen Regionen auf. *Toxoplasma gondii*, der Erreger der Toxoplasmose, ist einer der weltweit häufigsten parasitären Zoonoseerreger. Durch den Endwirt Katze werden sehr umweltresistente Oozysten ausgeschieden, mit denen sich der Mensch infizieren kann. Infektionen über das Trinkwasser sind sehr selten.

Mikrosporidien sind sehr kleine (0,5 µm × 1,2 µm) sporenbildende Eukaryoten, die als obligat intrazelluläre Parasiten in Wirbeltieren und anderen Tieren leben. Sie stehen phylogenetisch den Pilzen am nächsten und wurden erst mit dem Aufkommen der AIDS-Erkrankungen als Krankheitserreger bei immungeschwächten Menschen erkannt. Sie sind damit typische neue Krankheitserreger. Mehrere Gattungen der Mikrosporidien können den Menschen befallen, darunter *Encephalitozoon*, *Nosema* und *Enterozytozoon*. Bei AIDS Patienten treten vor allem zwei Arten, *Enterozytozoon bieneusi* und *Encephalitozoon intestinalis,* auf, die Durchfall und Erkrankungen der Gallenwege auslösen.

Zum Vorkommen und Verhalten dieser Parasiten in der **Umwelt** ist nur wenig bekannt. Die **Sporen** sind **umweltresistent** und können über Tage und Wochen im Wasser überleben. Die mikroskopische Nachweismethode, mit der die Mikrosporidien in Patienten detektiert werden, ist für die Umwelt nicht geeignet, da hier sehr viele Mikrosporidien, die z. B. Fische befallen, aber für den Menschen nicht pathogen sind, vorkommen. Mit Hilfe einer neu entwickelten PCR-Methode, die vier wichtige humanpathogene Arten erfasst, wurden Mikrosporidien in Wasserproben (geklärtes Abwasser, Oberflächenwasser, Grundwasser) nachgewiesen. Dieser Nachweis zeigt, dass eine Übertragung über das Wasser möglich ist. In einer epidemiologischen Studie wurde ein Zusammenhang zwischen der Infektion mit *Encephalitozoon intestinalis* und der Verwendung von Brunnenwasser und Grundwasser gefunden. Über das Verhalten dieser Parasiten in der **Trinkwasseraufbereitung** oder bei Desinfektionsprozessen gibt es keine gesicherten Informationen. Erste Untersuchungen zeigen, dass die Sporen weniger chlorresistent als Cryptosporidien-Oozysten sind. Es wird aber vermutet, dass die sehr kleinen Sporen (1–5 µm) bei Filtrationsprozessen nur schwer zurückgehalten werden. In Frankreich gab es 1995 einen trinkwasserbürtigen Ausbruch mit ca. 200 Erkrankten durch *Enterozytozoon bieneusi*.

Weitere intestinale Protisten, deren Bedeutung als über das Wasser übertragbare Krankheitserreger unklar ist, sind *Cyclospora, Isospora,* und *Sarcocystis*.

> **Merke:** Mikrosporidien sind sehr kleine, sporenbildende Eukaryoten, die als obligat intrazelluläre Parasiten in Wirbeltieren und anderen Tieren leben. Humanpathogene Arten werden in Abwasser und Oberflächenwasser gefunden. Ihre Bedeutung als über das Wasser übertragbare Krankheitserreger ist unklar.

Helicobacter pylori

Das spiralförmige Bakterium wurde erst in den 1980er Jahren als Ursache von Gastritis beim Menschen erkannt. Mehr als die Hälfte aller Menschen ist mit diesem Bakterium infiziert. Die Übertragung geschieht bereits im Kindesalter, z. B. von der Mutter. Meist verläuft die Infektion ohne Symptome, aber in ca. 10 % der Fälle kommt es zu einer chronischen Entzündung der Magenschleimhaut. Es wird geschätzt, dass weltweit jährlich ca. 500.000 Todesfälle auf **Magenkarzinome verursacht durch Infektionen mit** *Helicobacter pylori* zurückzuführen sind. Der menschliche Magen ist das einzige bekannte Reservoir für dieses Bakterium.

Über das Überleben und Verhalten des Bakteriums in der **Umwelt** ist nur wenig bekannt. *Helicobacter pylori* kann unter ungünstigen Bedingungen kokkoide, lebende aber nicht-kultivierbare **VBNC-Stadien** (s. Kap. 4.1.3) bilden, die im Wasser für Monate überleben können. In einer Laboruntersuchung zeigte sich, dass die spiralförmigen Bakterien in 4 °C kaltem Wasser nach sieben Tagen in eine kokkoide, nicht-kultivierbare Form übergingen. Ob diese VBNC-Stadien noch in der Lage sind, beim Menschen Infektionen auszulösen, ist umstritten. In Tierversuchen wurde aber nachgewiesen, dass VBNC-Stadien die Darmmukosa sogar besser besiedeln können als die spiralförmigen Stadien. *Helicobacter pylori* kann aber auch VBNC-Stadien ohne Übergang in die kokkoide Form bilden. Es gibt nur wenige Untersuchungen zum Überleben von *Helicobacter pylori* in der Umwelt, die alle zeigen, dass dieses Bakterium schlechter überlebt als *Escherichia coli*. In Biofilmkulturen im Labor konnte aber *Helicobacter pylori* auch acht Tage nach Zugabe noch isoliert werden. Es wurde auch gezeigt, dass *Helicobacter pylori* an der Wasseroberfläche Biofilme ausbilden und darin für längere Zeit überleben kann.

Die genauen Übertragungswege von *Helicobacter pylori* sind noch nicht bekannt. Das Bakterium wird von infizierten Personen mit dem Stuhl ausgeschieden. Ob eine Übertragung von *Helicobacter* über verunreinigtes Trinkwasser erfolgt, ist noch nicht geklärt. Epidemiologische Hinweise auf eine Übertragung kommen vor allem aus Entwicklungsländern. Die Prävalenz von *Helicobacter*-Infektionen ist weltweit dort am höchsten, wo kein sauberes Trinkwasser zur Verfügung steht.

Bisher ist es nicht gelungen, *Helicobacter pylori* aus Wasserproben zu kultivieren. Mit Hilfe von fluoreszierenden Antikörpern und der PCR wurde *Helicobacter* in Abwasser und **Trinkwasser** nachgewiesen. Da der PCR-Nachweis nicht nur *Helicobacter pylori* erfasst, sondern auch *Helicobacter heilmannii* und andere, möglicherweise noch nicht bekannte *Helicobacter*-Arten im Wasser vorhanden sein könnten, ist dies jedoch noch kein Beweis für das Vorkommen von pathogenen *Helicobacter pylori* im Abwasser und Trinkwasser. Aufgrund von möglichen Kreuzreaktionen ist auch ein Nachweis mit Antikörpern in Umweltproben nicht schlüssig.

Helicobacter pylori ist etwas weniger sensitiv gegenüber Chlor und Ozon als *Escherichia coli*, kann aber trotzdem durch eine übliche Trinkwasserchlorung abgetötet werden.

> **Merke:** *Helicobacter pylori* ist beim Menschen für eine chronische Reizung der Magenschleimhaut verantwortlich, die über ein Magenkarzinom zum Tode führen kann. Über die Fähigkeit des Bakteriums in der Umwelt zu überleben, ist nur wenig bekannt. Eine Übertragung durch ungenügend aufbereitetes Trinkwasser ist wahrscheinlich, aber noch nicht bewiesen. Einen sicheren Nachweis für pathogene *Helicobacter pylori* im Trinkwasser gibt es derzeit nicht.

Leptospiren

Leptospiren sind dünne, schraubig gewundene, bewegliche Bakterien (Spirochäten). Es gibt apathogene sogenannte Wasserleptospiren, die in der Umwelt leben, und eine pathogene Art, *Leptospira interrogans*, mit vielen Serogruppen und Serovaren, die die Leptospirose auslöst. Das Krankheitsbild reicht von grippeähnlichen Symptomen bis zur tödlich verlaufenden Sepsis. Die Leptospirose kommt vor allem in tropischen und subtropischen Ländern vor. In Deutschland werden pro Jahr 20–60 Erkrankungsfälle gemeldet. Pathogene Leptospiren befallen wild lebende Tiere und Haustiere, vermehren sich hauptsächlich in den Nieren und werden mit dem Urin in die **Umwelt** entlassen. Dabei können die Tiere hohe Anzahlen an Leptospiren ausscheiden, ohne selbst erkrankt zu sein. Als Hauptreservoir in Deutschland gelten Ratten und Mäuse. Es können aber auch Hunde, Füchse, Schweine, Rinder und Igel betroffen sein. Leptospiren können im Wasser nur wenige Tage, aber in mit Urin verseuchtem Boden für mehrere Monate überleben. Eine Infektion des Menschen geschieht durch Hautkontakt mit infiziertem Urin. Dies kann typischerweise beim Baden in Gewässern oder Aufenthalt am Ufer eines Gewässers, das mit Urin infizierter Tiere (z. B. Ratten) kontaminiert ist, erfolgen. So erkrankten im Jahr 2006 zwei Sportler nach einem Triathlon an Leptospirose. Es ist aber auch ein Ausbruch von Leptospirose in Italien mit 33 Erkrankten und einem Todesfall über das **Trinkwasser** beschrieben worden. Als Ursache wird ein toter Igel in der Quellfassung vermutet. In dem Quellwasser wurden auch fäkale coliforme Bakterien (140 KBE/100 mL) nachgewiesen.

> **Merke:** Das Hauptreservoir für pathogene Leptospiren (*Leptospira interrogans*) sind Ratten und Mäuse. Leptospiren werden mit dem Urin ausgeschieden. Sie überleben in Wasser nur wenige Tage, in mit Urin verseuchtem Boden aber für mehrere Monate. Eine Infektion des Menschen geschieht typischerweise am Ufer von Badegewässern.

Das Auftreten immer neuer Krankheitserreger mit fäkalem Ursprung und unerwarteten Eigenschaften in den letzten Jahrzehnten zeigt deutlich, dass auch eine noch so gute konventionelle Aufbereitung des Rohwassers zu Trinkwasser allein den Verbraucher nicht ausreichend schützen kann. Ganz wichtig im Sinne des Multibarrierensystems (s. Kap. 5.4) ist der **Ressourcenschutz**, durch den die fäkale Verunreinigung des Rohwassers minimiert wird. Muss in Wassermangelgebieten kontaminiertes Oberflächenwasser oder gar Abwasser zur Produktion von Trinkwasser verwendet werden, sind eine sehr komplexe Aufbereitung mit mehreren Filtrationsstufen, u. a. über Membranen, sowie Desinfektionsmaßnahmen notwendig. In Deutschland steht durch den aktiven Ressourcenschutz ausreichend geschütztes Grund- und Oberflächenwasser zur Verfügung, so dass solche extrem aufwendigen Aufbereitungen nicht notwendig sind. Bei einer Vernachlässigung des Ressourcenschutzes besteht aber die Gefahr, dass die Aufbereitung dann nicht mehr ausreichend ist.

> **Merke:** In den letzten Jahrzehnten sind immer wieder neue Krankheitserreger mit fäkalem Ursprung und unerwarteten Eigenschaften aufgetreten. Dies macht deutlich, dass die konventionelle Aufbereitung des Rohwassers zu Trinkwasser nur in Kombination mit dem Ressourcenschutz, durch den die fäkale Verunreinigung des Rohwassers minimiert wird (multiples Barrierensystem), einen ausreichenden Schutz für den Verbraucher bietet.

4.3.4 Neue, im Wassersystem wachsende Krankheitserreger

Einige der neuen Krankheitserreger kommen natürlicherweise in der Umwelt vor und gelangen aus dem Rohwasser über die Aufbereitung in geringen Konzentrationen in das Trinkwasser. Unter günstigen Bedingungen können sie sich in der natürlichen Umwelt, im Trinkwasserleitungsnetz oder im Schwimm- und Badebeckenwasserkreislauf vermehren. Dabei spielen andere Wasserbakterien, insbesondere in Biofilmen, eine große unterstützende Rolle. Zu diesen neuen Krankheitserregern gehören Legionellen, Aeromonaden, Umweltmykobakterien und *Pseudomonas aeruginosa*. Eine Infektion findet bei diesen Krankheitserregern nur über die Umwelt statt; eine Übertragung von Mensch zu Mensch gibt es nicht. Diese Bakterien werden nicht durch das Indikatorsystem für fäkale Verschmutzung (*Escherichia coli*, intestinale Enterokokken) angezeigt (s. Kap. 4.3.5, 4.3.6), da ihr Vorkommen von anderen Faktoren, wie Temperatur und Nährstoffverfügbarkeit, abhängig ist. Eine Erhöhung der Koloniezahl (s. Kap. 4.3.7) ist oft ein erster Hinweis auf Probleme mit Nährstoffen oder Temperatur im Leitungsnetz, muss aber nicht mit dem Auftreten dieser neuen Krankheitserreger korrelieren.

> **Merke:** Zu den neuen, im Wasser wachsenden bakteriellen Krankheitserregern gehören Legionellen, Aeromonaden, Umweltmykobakterien, Vibrionen sowie *Pseudomonas aeruginosa*. Außerdem können sich auch einige freilebende Amöben (*Naegleria*, *Acanthamoeba*) im Wasser vermehren und Erkrankungen beim Menschen hervorrufen. Die neuen bakteriellen Krankheitserreger werden durch erhöhte Nährstoffkonzentrationen und erhöhte Temperaturen im Wachstum gefördert. Unter günstigen Bedingungen können sie sowohl in der Umwelt als auch in technischen Systemen wachsen. Oft finden sie in Biofilmen und/oder in Kooperation mit anderen Mikroorganismen geeignete Wachstumsbedingungen. Ihr vermehrtes Vorkommen im Trinkwasser ist ein Hinweis auf schlechte Aufbereitung und/oder schlechte Transport- und Lagerungsbedingungen.

Legionellen

Legionellen sind gram-negative, aerobe, nicht-sporenbildende Stäbchenbakterien. Die erste Legionellenart, *Legionella pneumophila*, wurde 1976 entdeckt, als bei einem Treffen amerikanischer Legionäre – daher der Name! – in einem Hotel in Philadelphia über 200 Personen an einer Lungenentzündung erkrankten und 34 starben. Erst nach Monaten konnte der Erreger dieses Ausbruchs identifiziert werden, da das neu entdeckte Bakterium nicht auf den üblichen Nährmedien wuchs. Es wurde später als *Legionella pneumophila* bezeichnet. Inzwischen sind über 40 neue Legionellenarten mit mehr als 60 Serogruppen beschrieben worden. *Legionella pneumophila* Serogruppe 1 ist für die meisten Erkrankungen verantwortlich, aber auch *Legionella pneumophila* mit den Serogruppen 4 und 6 sowie einige andere Legionellenarten, wie *Legionella micdadei* und *Legionella bozemanii*, können beim Menschen Erkrankungen auslösen. Wahrscheinlich sind alle Legionellen als potentiell pathogen anzusehen.

Legionellen können zwei unterschiedliche Arten von Erkrankungen hervorrufen. Zum einen eine schwere Lungenentzündung – nach dem ersten Ausbruch auch **Legionärskrankheit** genannt –, die unbehandelt in 5–15 % der Fälle zum Tode führt. Zum anderen eine mildere Verlaufsform, das **Pontiac-Fieber**, die mit grippeähnlichen Symptomen einhergeht. Risikofaktoren für eine Infektion mit Legionellen sind Alter >50 Jahre, Immunschwäche und Rauchen. Männer sind häufiger betroffen als Frauen. Die Übertragung von Legionellen geschieht normalerweise durch Einatmen von kleinen Wassertröpfchen (Aerosole), die Legionellen enthalten; bei schwer kranken Patienten auch durch Aspiration von Legionellen-haltigem Wasser. Das Trinken von Legionellen-haltigem Wasser führt nicht zur Infektion. Daher werden insbesondere Aerosol-produzierende technische Einrichtungen – wie Duschen, Wasserhähne, Warmsprudelbecken, raumlufttechnische Anlagen – mit Legionelleninfektionen in Verbindung gebracht. In Deutschland wird die Zahl der durch Legionellen außerhalb des Krankenhauses ausgelösten Lungenentzündungen auf 15.000–30.000 pro Jahr geschätzt.

Legionellen sind natürliche Bewohner des Süßwassers und des Bodens. Im Salzwasser wurden sie bisher nur vereinzelt nachgewiesen. In der **Umwelt** kommen Legionellen nur in geringen Konzentrationen vor, da die Wachstumsbedingungen, insbesondere hinsichtlich der Temperatur, nicht gegeben sind. Durch Laborexperimente wurde gezeigt, dass Legionellen sich zwischen 20 °C und 46 °C vermehren können. Die optimale Wachstumstemperatur liegt bei 36 °C. Die Konzentration von Legionellen in der Umwelt ist daher meist nicht ausreichend, um eine Infektionen auszulösen. Eine Ausnahme bilden warme Quellen, in denen Legionellen zu hohen Konzentrationen anwachsen und bei den Badenden Erkrankungen auslösen können.

Legionellen werden aus der Umwelt in geringen Konzentrationen ins **Trinkwasser** eingetragen, wo sie sich unter günstigen Bedingungen im Warm- und Kaltwassersystem vermehren können. Die wichtigsten Faktoren für ein Wachstum von Legionellen sind Temperatur und Nährstoffe. Die höchsten Legionellenkonzentrationen werden bei Wassertemperaturen zwischen 30 °C und 40 °C gefunden. Temperaturen >50 °C führen zu einem Rückgang der Legionellenkonzentration. Bei Temperaturen >60 °C sterben Legionellen innerhalb von Minuten, bei >70 °C innerhalb von Sekunden ab. Nährstoffe können entweder über das Wasser eingetragen werden oder aus ungeeigneten Materialien, die Stoffe an das Trinkwasser abgeben. Die meisten Nährstoffe können von Legionellen nicht direkt verwertet werden. Eine erhöhte Nährstoffkonzentration führt aber zum Wachstum von Umweltbakterien, die das Wachstum von Legionellen, insbesondere in **Biofilme**n, fördern können. Legionellen sind in der Lage auch **intrazellulär in Amöben**, wie *Acanthamoeba*, *Hartmaniella*, *Vahlkampfia* und *Naegleria*, sowie in anderen Protisten, wie Ziliaten der *Tetrahymena*-Gruppe, zu wachsen. Untersuchungen haben gezeigt, dass die Legionellen, die sich in Amöbenzysten befinden, vor sehr hohen Chlorkonzentrationen bis zu 50 mg/L geschützt sind. Legionellen können in sterilem Trinkwasser zwar über Monate überleben, aber nicht wachsen, da sie auf andere Umweltbakterien bzw. Amöben zum Wachstum angewiesen sind. Sie werden daher als typische Biofilmorganismen angesehen. Legionellen treten vermehrt in großen, weit verzweigten Leitungsnetzen, wie in Krankenhäusern, sowie in Rückkühlwerken von Klimaanlagen auf, da es dort zu Stagnationszonen mit Biofilmbildung und Erwärmung des Wassers kommen kann. In kleinen Leitungsnetzen, wie sie in Einfamilienhäusern üblich sind, findet Legionellenwachstum seltener statt. Bei einem aktuellen Legionelloseausbruch – dem bisher größten in Deutschland – sind im Januar 2010 in Ulm und Neu-Ulm 64 Personen an einer schweren Lungenentzündung erkrankt und fünf gestorben. Ursache war ein Rückkühlwerk.

Zur Vermeidung des Wachstums von Legionellen muss Kaltwasser unterhalb einer Temperatur von 20 °C und Warmwasser oberhalb einer Temperatur von 55 °C gehalten werden. Stagnationsbereiche müssen vermieden werden. Außerdem sollten nur Materialien verwendet werden, die für den Einsatz im Trinkwasserbereich mikrobiologisch geprüft und zugelassen sind, um eine starke Biofilmbildung durch Nährstoffabgabe aus ungeeigneten Materialien zu vermeiden. Warmwasserspeicher sollten sauber gehalten und bei 60 °C betrieben oder zumindest regelmäßig auf 60 °C aufgeheizt werden. Insbesondere in Krankenhäusern mit immungeschwächten oder älteren Patienten muss darauf geachtet werden, dass es nicht zum Wachstum von Legionellen kommt. Für die Sanierung von Leitungssystemen mit Legionellenwachstum müssen meist mehrere Maßnahmen in Kombination angewendet werden. Dazu gehören bautechnische und betriebstechnische Maßnahmen (Abtrennung von Stichleitungen, Reinigung des Warmwasserspeichers, Entfernung ungeeigneten Materials, Optimierung der Warmwasserzirkulation) sowie physikalische (thermisch, UV) oder chemische Desinfektionsmaßnahmen. Alleinige Desinfektionsmaßnahmen sind nicht nachhaltig wirksam und daher nicht empfehlenswert. Auch Rückkühlwerke müssen nach den Regeln der Technik betrieben und regelmäßig gewartet werden, um Legionellenwachstum zu verhindern.

Hinweise zum Bau und Betrieb von Hausinstallationen zur Vermeidung von Legionellenwachstum sowie zur Sanierung von Systemen gibt das DVGW-Arbeitsblatt W 551 (2004). Für den Betrieb von Schwimm- und Badebecken gibt es entsprechende Hinweise in der DIN 19643. Für Rückkühlwerke von Klimaanlagen gibt die VDI Richtlinie 6022 (2006) Hinweise zu Bau und Wartung. Eine neue Richtlinie für alle Rückkühlwerke (VDI 2047 Blatt 2) wird erarbeitet.

Zum Nachweis von Legionellen gibt es die internationale Norm ISO 11731 mit allgemeinen Informationen. Für den Nachweis in Trinkwasser sowie in Schwimm- und Badebeckenwasser gibt es die internationale Norm ISO 11731-2 sowie zwei Empfehlungen des Umweltbundesamtes (2000, 2006).

> **Merke:** Legionellen können zwei unterschiedliche Erkrankungen beim Menschen auslösen – die teilweise tödlich verlaufende Legionärskrankheit und das grippeähnliche Pontiac-Fieber. Legionellen sind natürliche Bewohner von Süßwasser und Böden. Sie werden aus der Umwelt in geringen Konzentrationen ins **Trinkwasser** eingetragen. Unter günstigen Bedingungen (Biofilme, Amöben, Temperatur zwischen 20 und 46 °C) vermehren sie sich im Warm- und Kaltwassersystem. Zur Vermeidung von Legionellen sollte deshalb Warmwasser heiß (>55 °C) und Kaltwasser kalt (<20 °C) sein. Die Infektion erfolgt über das Einatmen bakterienhaltiger Aerosole, z. B. beim Duschen.

Pseudomonas aeruginosa

Im Gegensatz zu den Legionellen ist das gram-negative Bakterium *Pseudomonas aeruginosa* bereits seit langem bekannt. Da es auf vielen Nährmedien wachsen kann und auffällige, grün leuchtende Pigmente bildet, wurde es als eines der ersten Bakterien überhaupt beschrieben. Es gehört zu einer Gruppe von gram-negativen Bakterien, die als „Nonfermenter" bezeichnet werden, da sie Kohlenhydrate nicht fermentativ abbauen können. Bis in die 1950er Jahre wurden diesem Bakterium aber nur wenige Infektionen zugerechnet. Heute ist *Pseudomonas aeruginosa* einer der häufigsten isolierten Krankheitserreger bei nosokomialen Infektionen. Auch andere Vertreter der Nonfermenter, wie *Xanthomonas*, *Burkholderia* und *Alcaligenes,* wurden als Erreger nosokomialer Infektionen erkannt. *Pseudomonas aeruginosa* ist ein opportunistischer Krankheitserreger, der vorwiegend bei abwehrgeschwächten (Chemotherapie, Antibiotikatherapie) oder vorgeschädigten Patienten (Harnweginfektionen mit Katheder, Verbrennungen) Infektionen verursacht. Aus Krankenhäusern wurde von mehreren Ausbrüchen berichtet. Die Behandlung von Infektionen mit *Pseudomonas aeruginosa* wird durch vermehrt auftretende, antibiotikaresistente Stämme erschwert. Eine Sepsis durch *Pseudomonas aeruginosa* endet oft tödlich. Die molekularbiologische Typisierung von Stämmen in Patienten und im Wasser hat klar gezeigt, dass das Wasser eine Infektionsquelle darstellt. *Pseudomonas aeruginosa* wurde aber auch auf medizinischen Instrumenten und in Desinfektionslösungen nachgewiesen. Außerdem besiedelt *Pseudomonas aeruginosa* die Atemwege von Patienten mit zystischer Fibrose und löst eine Entzündung der Atemwege (Tracheobronchitis) aus, die sehr schwer zu behandeln ist. Das Trinken von Wasser mit *Pseudomonas aeruginosa* führt normalerweise nicht zu einer Infektion. Gesunde Personen werden meist nicht infiziert oder es treten nur milde Symptome, wie Mittelohrentzündung und Dermatitis, nach dem Schwimmen oder Tauchen in Wasser mit erhöhter Konzentration an *Pseudomonas aeruginosa* auf.

In der **Umwelt** kommt *Pseudomonas aeruginosa* vor allem in Oberflächenwasser mit fäkaler Verunreinigung sowie im Boden vor. *Pseudomonas aeruginosa* wird von 2–3 % der gesunden Bevölkerung mit dem Stuhl ausgeschieden. In gut geschütztem Grundwasser kommt *Pseudomonas aeruginosa* nicht vor und nur selten in sauberem Oberflächenwasser. Trotz des häufig existierenden Zusammenhangs zwischen dem Vorkommen von *Pseudomonas aeruginosa* und fäkaler Verunreinigung eignet sich dieses Bakterium nicht als Fäkalindikator, da es nicht immer in Abwasser vorkommt und auch in nicht fäkal belasteten, aber nährstoffreichen Gewässern wachsen kann.

Das Vorkommen von *Pseudomonas aeruginosa* in **Trinkwasser**systemen deutet auf eine schlechte Wasserqualität mit hohen Nährstoffgehalten, Stagnationszonen oder erhöhten Temperaturen im Kaltwassersystem hin. Die Bakterien bilden schützende Schleimsubstanzen und sind typische **Biofilmorganismen** (s. Kap. 4.1.1). Sie wachsen oft auf ungeeigneten Materialien, wie bestimmten Gummidichtungen oder Plastikschläuchen und in Duschköpfen, die Nährstoffe abgeben. In Schwimm- und Badebecken deutet das Vorkommen von *Pseudomonas aeruginosa* im Wasser ebenfalls auf die Verwendung von ungeeigneten Materialien, sowie auf schlecht gebaute oder betriebene Filterstufen hin. Bei erhöhten Nährstoffkonzentrationen in Kleinbadeteichen treten z. T. hohe Konzentrationen von *Pseudomonas aeruginosa* auf.

Durch das gut geschützte Wachstum in Biofilmen mit der Bildung von Schleimsubstanzen ist die Bekämpfung von *Pseudomonas aeruginosa* in Wassersystemen sehr schwierig. Wie bei den Legionellen ist oft nur eine Kombination unterschiedlicher baulicher und betriebstechnischer Maßnahmen erfolgreich. Chemische Desinfektionsmaßnahmen sind meist nur kurzfristig wirksam, da sie nicht alle Bakterien im Biofilm erreichen. Aus einem Krankenhaus wird berichtet, dass erst durch den Austausch von ungeeigneten Dichtungsmaterialien das Wachstum von *Pseudomonas aeruginosa* verhindert wurde. Bei Schwimm- und Badebecken muss zur Vermeidung des Wachstums von *Pseudomonas aeruginosa* ungeeignetes Material ebenfalls entfernt werden und der Bau und Betrieb der Filterstufe optimiert werden. In Kleinbadeteichen muss der Gehalt an Nährstoffen reduziert werden.

Zum Nachweis von *Pseudomonas aeruginosa* in Trinkwasser und anderen sauberen Wässern gibt es die Norm DIN EN ISO 16266. Wichtig zur Abgrenzung zu der ähnlichen, aber nicht-pathogenen Art *Pseudomonas fluorescens* ist die Fähigkeit von *Pseudomonas aeruginosa* bei 41 °C zu wachsen.

Merke: *Pseudomonas aeruginosa* ist ein opportunistischer Krankheitserreger, der im Krankenhaus bei abwehrgeschwächten oder durch andere Infektionen (Wund- oder Harnweginfektionen) vorgeschädigten Patienten Erkrankungen auslöst. Das Bakterium kommt in fäkal belasteten oder sonstigen nährstoffreichen Gewässern vor und gelangt in geringen Konzentrationen ins Trinkwasser. In technischen Anlagen findet man es oft in Biofilmen, z. B auf ungeeigneten Dichtungsmaterialen. Als Biofilmorganismus und Schleimbildner ist *Pseudomonas aeruginosa* in technischen Wasseranlagen schwer zu bekämpfen.

Aeromonaden

Aeromonaden sind gram-negative, nicht-sporenbildende, fakultativ anaerobe Stäbchenbakterien. Sie sind schon lange als Wasserbakterien bekannt und wurden bereits vor mehr als 100 Jahren als Krankheitserreger „*Bacillus hydrophilus*" (*Aeromonas hydrophila*) bei Tieren beschrieben. Erst in den 1960er Jahren zeigte sich aber durch epidemiologische und klinische Studien ihr Potential als Krankheitserreger beim Menschen. Sie können schwere Durchfallerkrankungen, Wundinfektionen und Blutvergiftungen hervorrufen. Die meisten Durchfallerkrankungen werden bei kleinen Kindern (<5 Jahre) und in älteren Personen (>70 Jahre) ausgelöst. In den Niederlanden wurden Aeromonaden in 1,6 % der Stühle bei Durchfallerkrankungen nachgewiesen. Bei immungeschwächten Personen können auch disseminierte (viele Organe betreffende) Erkrankungen ausgelöst werden. Humanpathogene Bedeutung haben vor allem die Arten *Aeromonas hydrophila* und *Aeromonas sobria*, aber auch *Aeromonas caviae*, *Aeromonas veronii*, *Aeromonas schubertii* und *Aeromonas enteropathogenes*. Der wichtigste Virulenzfaktor für Aeromonaden, die Durchfälle auslösen, ist das Enterotoxin Aerolysin. Ein weiteres wichtiges Pathogenitätsmerkmal ist die Fähigkeit zur Adhäsion an menschliche Zellen als Voraussetzung zur Besiedlung des Menschen. Durch einen Adhäsionstest können pathogene, hochadhäsive Stämme von apathogenen, wenig adhäsiven Stämmen unterschieden werden.

Im Gegensatz zu den klassischen Durchfallerregern, die über Fäkalien in das Wasser gelangen, sind Aeromonaden natürlich vorkommende **Umwelt**bakterien, die im Süßwasser, im Meerwasser und im Boden weit verbreitet sind. Sie treten in hohen Konzentrationen im ungeklärten und geklärten Abwasser auf ($10^6 - 10^7$ KBE/mL bzw. $10^3 - 10^5$ KBE/mL). Wenn genügend Nährstoffe vorhanden sind, können viele Aeromonaden in der Umwelt auch bei niedrigen Temperaturen ab 4 °C wachsen. Das Vorkommen von Aeromonaden zeigt daher nicht unbedingt eine fäkale Belastung, sondern eher eine hohe Nährstoffkonzentration an. In eutrophen Badegewässern oder in Flüssen kann ihre Konzentration im Sommer 10.000 KBE/mL erreichen. In Trinkwassertalsperren wurden Konzentrationen von 10 – 100 KBE/100 mL nachgewiesen. Am häufigsten werden *Aeromonas hydrophila und Aeromonas caviae* gefunden. In gut geschütztem Grundwasser kommen sie normalerweise nicht vor. Nur wenige der aus der Umwelt isolierten Aeromonaden sind humanpathogen und haben die Fähigkeit zur Zelladhäsion. In Oberflächenwasser wurde gezeigt, dass ihr Anteil an der Gesamtpopulation der Aeromonaden bei 1 – 10 % liegt.

Aeromonaden gelangen in geringen Konzentrationen über die Aufbereitung ins **Trinkwasser**. Da sie bereits bei niedrigen Temperaturen und bei sehr geringen Nährstoffkonzentrationen (im Bereich von 1 µg/L) wachsen, kann es im Leitungsnetz leicht zu einer Vermehrung kommen. Das Wachstum wird begünstigt durch hohe Nährstoffkonzentrationen, erhöhte Temperatur und lange Aufenthaltszeiten und ist damit ein Indikator für die Wasserqualität. In einer Studie in den Niederlanden wurden Aeromonaden je nach Trinkwasserqualität in Konzentrationen zwischen 1 und 10.000 KBE/100 mL gefunden. Das Vorkommen der Aeromonaden verhielt sich dabei proportional zum **Biofilmbildungspotential** des Trinkwassers. In den Niederlanden wurden Aeromonaden daher als **Indikator für das Wiederverkeimungspotential** im Trinkwasser mit einem Richtwert von 200 KBE/100 mL eingeführt. Damit wird auch die Exposition mit pathogenen Aeromonaden über das Trinkwasser begrenzt. Welche Rolle das Trinkwasser bei der Übertragung von pathogenen Aeromonaden spielt, ist noch nicht vollständig geklärt. In einigen Studien wurden pathogene Aeromonaden im Trinkwasser nachgewiesen und eine Korrelation zwischen der Konzentration der Aeromonaden und der Anzahl der Durchfallerkrankungen durch Aeromonaden bestätigt. In anderen Studien konnte durch molekularbiologische Charakterisierung gezeigt werden, dass sich Patientenstämme und die aus dem Trinkwasser isolierten Stämme unterscheiden.

Aeromonaden treten regelmäßig im Trinkwasser auf und ihr Vorkommen deutet weder auf eine fäkale Verunreinigung noch auf Fehler beim Bau und Betrieb der Trinkwasseraufbereitung oder -verteilung hin. Hohe Konzentrationen an Aeromonaden sind aber ein Hinweis auf zu hohe Nährstoffkonzentrationen im Wasser mit der Gefahr der Wiederverkeimung und einer erhöhten Biofilmbildung sowie der Übertragung pathogener Aeromonaden. Durch eine verbesserte Aufbereitung mit weitestgehender Entfernung der organischen Fracht kann die Qualität des Trinkwassers verbessert und das Wachstum der Aeromonaden minimiert werden. Obwohl Aeromonaden empfindlicher auf Desinfektionsmittel reagieren als *Escherichia coli*, sind Desinfektionsmaßnahmen zur Reduktion der Konzentration der Aeromonaden im Leitungsnetz nicht effektiv, da diese in Biofilmen vor der Wirkung des Desinfektionsmittels geschützt sind. In einer Untersuchung genügten 0,6 mg/L Chloramin nicht, um die Aeromonaden im Biofilm abzutöten.

> **Merke:** Humanpathogene Aeromonaden (vor allem *Aeromonas hydrophila* und *Aeromonas sobria*) rufen u. a. schwere Durchfallerkrankungen – bei immungeschwächten Menschen auch disseminierte Erkrankungen – hervor. Aeromonaden sind natürlich vorkommende Umweltbakterien, die sich in nährstoffreichen und damit auch in fäkal belasteten Gewässern gut vermehren. Sie gelangen über die Aufbereitung in geringen Konzentrationen ins Trinkwasser. Hohe Aeromonadenkonzentrationen im Trinkwasser sind mit hohen Nährstoffkonzentrationen korreliert und weisen auf die Gefahr einer Wiederverkeimung und einer Biofilmbildung hin. Ob pathogene Aeromonaden über Trinkwasser übertragen werden, ist noch nicht abschließend geklärt.

Umweltmykobakterien

Mykobakterien sind aerobe, nicht-sporenbildende Stäbchen, die sich aufgrund ihrer speziellen Zellwand durch eine besondere Färbemethode (Ziehl-Neelson-Färbung) als „säurefeste Stäbchen" anfärben lassen. Bei den Mykobakterien unterscheidet man zwei Gruppen. Zum einen gibt es die klassischen Krankheitserreger *Mycobacterium tuberculosis*, *Mycobacterium africanum*, *Mycobacterium bovis* und *Mycobacterium leprae*, die sich nur in Tieren und Menschen vermehren und nicht über das Wasser übertragen werden. Zum anderen wurden in den letzten Jahrzehnten immer neue Arten von sogenannten „atypischen Mykobakterien" entdeckt, die natürlicherweise in der Umwelt im Wasser oder im Boden vorkommen. Diese Mykobakterien werden auch MOTT (engl. mycobacteria other than tuberculosis) oder Umweltmykobakterien genannt. Inzwischen sind ca. 90 Arten von Mykobakterien beschrieben. Manche Arten von Umweltmykobakterien, wie *Mycobacterium gordonae*, *Mycobacterium terrae* oder *Mycobacterium vaccae,* werden als nicht pathogen angesehen, da sie bisher nicht oder nur extrem selten

Infektionen ausgelöst haben. Andere Arten, wie *Mycobacterium avium, Mycobacterium intracellulare, Mycobacterium kansasii, Mycobacterium chelonae* und *Mycobacterium fortuitum*, sind opportunistische Krankheitserreger, die Infektionen der Atemwege, des Magen-Darm-Traktes, der Haut und der Lymphknoten sowie disseminierte (viele Organe des Körpers erfassende) Infektionen auslösen können. Dabei kann die Infektiosität zwischen verschiedenen Stämmen der gleichen Art sehr unterschiedlich sein. Von vielen der neu entdeckten Arten ist das Infektionspotential noch nicht bekannt. Infektionen mit Umweltmykobakterien treten im Allgemeinen selten auf und nur in Personen mit geschwächtem Immunsystem. In AIDS-Patienten sind aber Infektionen mit *Mycobacterium avium* eine häufige Todesursache.

Umweltmykobakterien kommen weit verbreitet in der **Umwelt** im Boden und im Wasser vor. Ihr Vorkommen ist unabhängig von einer fäkalen Verschmutzung. Der Boden wird von vielen Autoren als das eigentliche natürliche Habitat der Umweltmykobakterien angesehen, da dort eine große Artenvielfalt auftritt. Durch direkte Färbungen wurden $10^2 - 10^5$ Mykobakterien als säurefeste Stäbchen pro g Boden nachgewiesen. Dabei ist aber zu bedenken, dass es sich dabei möglicherweise nicht ausschließlich um Vertreter der Mykobakterien handelt, sondern auch andere, bisher unbekannte säurefeste Bakterien in der Umwelt auftreten könnten. Auch in Oberflächengewässern und im Grundwasser sind Umweltmykobakterien weit verbreitet. Erste Untersuchungen deuten darauf hin, dass auch Meerwasser ein Habitat für Umweltmykobakterien darstellt. Im Abwasser und im Klärschlamm wurden ebenfalls hohe Konzentrationen an säurefesten Stäbchen nachgewiesen.

Mykobakterien treten auch in allen technischen Wassersystemen im Zusammenhang mit der **Trinkwasser**aufbereitung und -verteilung auf. Ihr Vorkommen deutet dabei nicht auf eine fäkale Verschmutzung oder ein technisches Versagen bei Bau und Betrieb der Anlagen hin. Das Vorkommen von Umweltmykobakterien korreliert nicht mit anderen mikrobiologischen oder chemisch-physikalischen Faktoren im Wassernetz. In einigen Studien wurde zwar eine Korrelation zwischen dem Vorkommen von Umweltmykobakterien und hohem Nährstoffgehalt, hoher Trübung oder Abstand zum Wasserwerk gefunden; in anderen Studien konnte dies aber nicht bestätigt werden. Für manche Mykobakterien, wie *Mycobacterium xenopi* oder *Mycobacterium kansasii*, muss das Trinkwasser sogar als natürliches Habitat angesehen werden, da sie bisher nur dort nachgewiesen wurden. Während der Trinkwasseraufbereitung wird die Konzentration der Umweltmykobakterien um ca. 99 % reduziert; im Leitungsnetz steigt die Konzentration aber wieder an. Das Artenspektrum vor der Aufbereitung unterscheidet sich meist deutlich von dem Artenspektrum im Leitungsnetz. Dies deutet auf ein Wachstum von bestimmten Umweltmykobakterien im Trinkwasser hin. Dabei spielen, wie bei den Legionellen, **Biofilme** und die Interaktion mit anderen Mikroorganismen eine wichtige Rolle (s. Kap. 4.1.1). Umweltmykobakterien können Biofilme bilden und werden oft in Biofilmen im Leitungsnetz nachgewiesen. Auch an der Grenzfläche zwischen Wasser und Luft entstehen Biofilme, in denen Umweltmykobakterien in der Natur in hohen Konzentrationen nachgewiesen wurden. Außerdem können Umweltmykobakterien wie Legionellen intrazellulär in Protisten und in enger Assoziation mit Amöben wachsen. Zellen von *Mycobacterium avium*, die **intrazellulär in Amöben** wuchsen, waren vor Desinfektionsmitteln geschützt und zeigten in Zelltests verglichen mit Zellen der gleichen Art, die in Nährmedium gewachsen waren, eine erhöhte Infektiosität.

Da das Trinkwasser auch bei ordnungsgemäßer Aufbereitung und Verteilung ein natürliches Habitat der Umweltmykobakterien darstellt, ist es nicht sinnvoll, Maßnahmen zur Entfernung dieser Bakterien aus dem Leitungsnetz zu ergreifen. Desinfektionsversuche waren daher auch nur wenig effektiv. Chlor und Chlordioxid sind in den üblicherweise verwendeten Konzentrationen nicht wirksam. Ozon war zwar kurzfristig wirksam, führte aber anschließend zu einer starken Wiederbesiedlung durch Umweltmykobakterien. Der Schutz vor Infektionen muss bei den empfindlichen Bevölkerungsgruppen, wie AIDS-Patienten, durch andere Maßnahmen sichergestellt werden.

> **Merke:** Neben den klassischen, obligat parasitären Mykobakterien – u. a *Mycobacterium tuberculosis, Mycobacterium leprae* – kennt man heute auch sogenannte atypische Mykobakterien (MOTT), mit verschiedenen Arten mit humanpathogenem Potential. Meist sind aber nur immungeschwächte Personen (z. B. AIDS-Patienten) betroffen. Diese Umweltbakterien kommen weit verbreitet, unabhängig von fäkaler Verunreinigung im Boden und Wasser vor. Ihr Vorkommen im Trinkwasser korreliert nicht mit einem erhöhten Nährstoffgehalt oder anderen mikrobiologischen bzw. physiko-chemischen Parametern. Für manche Arten gilt das Trinkwasser als natürliches Habitat.

Freilebende Amöben

Amöben spielen im Wasser nicht nur als Wirt für Krankheitserreger, wie z. B. für Legionellen oder Mykobakterien, eine Rolle (s. o., Legionellen, Mykobakterien), es gibt auch Arten, die selber für den Menschen pathogen sind. Dazu zählen die Acanthamöben und *Naegleria fowleri*.

Naegleria fowleri ist weltweit verbreitet und kann in Ausnahmefällen eine tödlich verlaufende Hirnhautentzündung auch bei gesunden Personen auslösen. Die amöboiden Trophozoiten (10–15 μm) leben in feuchten Böden, in Sedimenten und im Wasser. Unter ungünstigen **Umwelt**bedingungen können sie Zysten bilden (10–18 μm im Durchmesser), die in der Umwelt Monate bis Jahre überleben können. *Naegleria fowleri* ist thermophil und vermehrt sich im Wasser bei Temperaturen zwischen 23 °C und 35 °C. In kaltem Wasser können die Trophozoiten dagegen nur wenige Stunden überleben. Bei einer Untersuchung von **Seen** in Florida wurde *Naegleria fowleri* in fast der Hälfte der Gewässer, insbesondere im Sediment, nachgewiesen.

Die Infektion erfolgt durch Einatmen von Trophozoiten oder Zysten. Infektionen treten nach Schwimmen, Baden oder Tauchen in warmem Wasser auf, z. B. in beheizten Schwimmbädern und warmen Quellen sowie in erwärmten Seen im Sommer oder ganzjährig in wärmeren Klimaten. Daher wird empfohlen, dass das Wasser in Kleinbadeteichen nicht über 23 °C ansteigen soll.

Acanthamöben sind potentiell pathogene Amöben, die beim Menschen u. a. Hirnhautentzündungen (v. a. *Acanthamoeba culbertsoni*) auslösen können. Bei Kontaktlinsenträgern treten auch Hornhautentzündungen (v. a. *Acanthamoeba castellanii*, *Acanthamoeba polyphaga*) auf. Acanthamöben sind in natürlichen und technischen Warm- und Kaltwassersystemen weit verbreitet. Unter ungünstigen Umweltbedingungen können sie 8–30 μm große Zysten bilden, die sehr umweltresistent sind.

Acanthamöben gelangen in geringen Konzentrationen über die Aufbereitung auch in die Trinkwasserleitungen. Sie können sich in **Biofilmen** ansiedeln, wo sie sich von

Bakterien ernähren und sich insbesondere bei hohen Nährstoffgehalten und erwärmtem Wasser in der Hausinstallation auch vermehren können.

Daneben treten aber auch andere Amöben im Wasser auf. Im Warmwassersystem wurden hauptsächlich Amöben der Gattungen *Hartmaniella*, *Saccamoeba* und *Vahlkampfia* aber auch Acanthamöben mit intrazellulären Legionellen nachgewiesen. **Amöbenzysten** sind sehr **resistent gegenüber Chlor** in Konzentrationen bis zu 50 mg/L. Dadurch werden intrazellulär in den Amöben lebende Krankheitserreger, wie Legionellen oder Mykobakterien, ebenfalls vor der Wirkung des Chlors geschützt.

> **Merke:** Für den Menschen sind freilebende Amöben als Wirt für Krankheitserreger (Legionellen, Mykobakterien) und als eigenständige pathogene Organismen bedeutsam. Humanpathogen sind u. a. Acanthamöben (Hirnhaut-, Hornhautentzündungen) und *Naegleria fowleri* (Hirnhautentzündungen). Sie bilden Zysten, die widrige Umweltbedingungen überdauern können.

Schimmelpilze

Schimmelpilze sind keine taxonomisch einheitliche Gruppe. Unter diesem Begriff werden umgangssprachlich Fadenpilze aus verschiedenen taxonomischen Gruppen – v. a. Zygomyceten, Ascomyceten und Deuteromyceten (Fungi imperfecti) – zusammengefasst. Schimmelpilze zeichnen sich dadurch aus, dass sie ein Myzel und Sporen bilden, wodurch sie makroskopisch als (oft gefärbter) Schimmelpilzbelag sichtbar werden. Von den unterschiedlichen Fadenpilzgruppen werden Konidien (Deuteromyceten), Sporangiosporen (Zygomyceten) oder seltener Ascosporen (Ascomyceten) gebildet. In der Praxis wird für all diese Verbreitungsstadien der Überbegriff „Sporen" verwendet. Schimmelpilze können Allergien auslösen und/oder zeigen auch reizende und toxische Eigenschaften. Einige Schimmelpilze (v. a. *Aspergillus fumigatus*) sind in der Lage bei immunsupprimierten Patienten oder Personen mit Lungenschädigungen Infektionen, die oft tödlich verlaufen, hervorzurufen.

Schimmelpilze sind ein natürlicher Bestandteil unserer **Umwelt** und kommen hauptsächlich im Boden vor. Als Destruenten bauen sie organisches Material ab und stellen wieder Nährstoffe für die Pflanzen zur Verfügung. Schimmelpilzsporen werden über die Luft verbreitet. Im Frühjahr und Herbst finden sich tausende Schimmelpilzsporen pro Kubikmeter Luft. In Innenräumen können Schimmelpilze an feuchten Stellen wachsen, was zu einer erhöhten Sporenzahl in der Raumluft führt.

Im **Trinkwasser** werden viele Arten von Schimmelpilzen in geringen Konzentrationen nachgewiesen. Es handelt sich dabei meist um Sporen, die aus der Umwelt in das Trinkwasser gelangt sind. Einzelne Sporen können über das Rohwasser eingetragen werden; oft handelt es sich aber um eine sekundäre Kontamination über die Luft in Hochbehältern oder anderen Bauwerken im Wasserwerk. Ein Wachstum von Schimmelpilzen findet man nur lokal bei erhöhten Nährstoffkonzentrationen durch Verwendung ungeeigneter Materialien, z. B. in der Hausinstallation oder in Hochbehältern. Auch thermophile Aspergillen, die in der Lage sind Infektionen auszulösen, wurden im Trinkwasser nachgewiesen. In einer neueren Studie aus Norwegen wurde *Aspergillus fumigatus* als eine der drei häufigsten Arten im Rohwasser und in Proben aus der Hausinstallation gefunden. Ob es über das Trinkwasser zu einer Infektion mit Schimmelpilzen bei immunsupprimierten oder vorgeschädigten Personen kommen kann, ist umstritten, da es keine Studien zum Vergleich der Patientenstämme mit den im Trinkwasser nachgewiesenen Stämmen gibt.

> **Merke:** Schimmelpilze kommen natürlicherweise in der Umwelt vor und können über die Luft in das Trinkwasser gelangen. Ein Wachstum tritt nur lokal auf ungeeigneten Materialien, die Nährstoffe enthalten, auf. Es ist ungeklärt, ob Schimmelpilze über das Trinkwasser Infektionen auslösen können.

Nicht-Cholera-auslösende Vibrionen

Viele pathogene Vibrionen sind halophil und treten in der Umwelt insbesondere in Brack- und Meerwasser auf. Dazu gehören *Vibrio vulnificus*, *Vibrio parahämolyticus* und *Vibrio alginolyticus*. Sie können beim Menschen Durchfallerkrankungen und Wundinfektionen auslösen. Ihr Wachstum wird durch höhere Temperaturen (>15–20 °C) und Nährstoffe gefördert. Vibrionen können in einen nicht-kultivierbaren Zustand übergehen (VBCN, s. Kap. 4.1.3), in dem sie auf Nährmedien nicht mehr nachweisbar sind. Bei *Vibrio vulnificus* wird der nicht-kultivierbare Zustand durch länger anhaltende Abkühlung der Wassertemperaturen, wie sie im Winter vorliegt, ausgelöst. Steigen die Wassertemperaturen im Sommer über ca. 20 °C, wird *Vibrio vulnificus* aktiviert und die Konzentration dieser Vibrionen kann sich deutlich erhöhen. Das Bakterium kann dann auch mit Kultivierungstechniken nachgewiesen werden. In Deutschland treten in heißen Sommern bei Badenden regelmäßig Fälle von Wundinfektionen mit *Vibrio vulnificus* auf, die zum Teil tödlich verlaufen.

In den letzten Jahren wurde auch von Infektionen mit *Vibrio cholerae* non-O1, non-O139 nach Kontakt mit warmem Ostseewasser aus Schweden und mit Süßwasser aus Österreich, Holland und Deutschland berichtet. So erkrankten sechs Personen, die sich am Neusiedlersee aufgehalten hatten an Ohrenentzündung. Ein am Neusiedlersee nach Abschluss einer Chemotherapie tätiger Fischer starb an einer tödlich verlaufenden Sepsis mit *Vibrio cholerae* non-O1, non-O139. Aus dem Trinkwasserbereich sind solche Infektionen unbekannt.

Von vielen Vibrionen – u. a. auch von *Vibrio cholerae* O1, dem Choleraerreger (s. Kap. 4.3.1), – ist bekannt, dass sie in enger Vergesellschaftung mit Invertebraten (Copepoden) leben und so ungünstige Umweltbedingungen überstehen können.

> **Merke:** Nicht-Cholera-auslösende Vibrionen (v. a. *Vibrio vulnificus*) treten in der Umwelt in erwärmten Gewässern auf und können beim Menschen schwere, oft tödliche Wundinfektionen auslösen. Die Infektion geschieht typischerweise beim Baden.

Zusammenfassend lässt sich sagen, dass alle diese neuen Krankheitserreger typische Biofilmorganismen sind, die in enger Kooperation mit anderen Mikroorganismen in der Umwelt leben. Einige, wie die Legionellen, sind zum Wachstum sogar auf das Vorhandensein anderer Bakterien und Protisten angewiesen. Andere können sich unter günstigen Bedingungen im Wasser ohne Kooperation mit anderen Organismen vermehren und nutzen die Biofilme als Rückzugshabitate bei ungünstigen Umweltbedingungen.

Vibrionen können durch ihre Interaktion mit Copepoden sogar in neue Habitate transportiert werden.

> **Merke:** Zur Vermeidung von Problemen mit neuen Krankheitserregern, die im Leitungsnetz wachsen können, sind die regelmäßige Pflege der Rohrleitungen und die Auswahl geeigneter Materialien von größter Bedeutung. Für einige Krankheitserreger ist auch die Temperatur im Leitungsnetz für das Wachstum wichtig. Darüber hinaus kommt der Aufbereitung eine wichtige Rolle zur Reduktion von Nährstoffen im Trinkwasser zu.

Tab. 4.6 Internationale Normen zum Nachweis von Krankheitserregern und Indikatoren im Wasser (Stand 2010).

Inhalt	Norm
Indikatoren:	
Koloniezahl	DIN EN ISO 6222: 1999. Wasserbeschaffenheit – Quantitative Bestimmung der Koloniezahl durch Einimpfen in ein Nährmedium (DEV-Nr. K5)
Escherichia coli und coliforme Bakterien Trinkwasser und saubere Wässer	DIN EN ISO 9308-1: 2001. Wasserbeschaffenheit – Nachweis und Zählung von *Escherichia coli* und coliformen Bakterien – Teil 1: Membranfiltration (DEV-Nr. K12)
Escherichia coli Oberflächen- und Abwasser	DIN EN ISO 9308-3: 1999. Wasserbeschaffenheit – Nachweis und Zählung von *Escherichia coli* und coliformen Bakterien – Teil 2: Miniaturisiertes Verfahren (MPN-Verfahren) für den Nachweis und die Zählung von *Escherichia coli* in Oberflächenwasser und Abwasser (DEV-Nr. K13)
Intestinale Enterokokken Trinkwasser und saubere Wässer	DIN EN ISO 7899-2: 2000. Wasserbeschaffenheit – Nachweis und Zählung von Enterokokken – Teil 2: Verfahren durch Membranfiltration. (DEV-Nr. K15)
Intestinale Enterokokken Oberflächen- und Abwasser	DIN EN ISO 7899-1: 1998. Wasserbeschaffenheit – Nachweis und Zählung von intestinalen Enterokokken – Teil 1: Miniaturisiertes Verfahren (MPN-Verfahren) für Oberflächengewässer und Abwasser. (DEV-Nr. K14)
F-spezifische Bakteriophagen	DIN EN ISO 10705-1: 2002. Wasserbeschaffenheit – Nachweis und Zählung von Bakteriophagen – Teil 1: Zählung von F-spezifischen RNA- Bakteriophagen (DEV-Nr. K16)
Somatische Coliphagen	DIN EN ISO10705-2: 2002. Wasserbeschaffenheit – Nachweis und Zählung von Bakteriophagen. Teil 2: Zählung somatischer Coliphagen (DEV-Nr. K17)
Sulfitreduzierende anaerobe sporenbildende Bakterien	ISO 6461-1: 1986. Wasserbeschaffenheit – Nachweis und Zählung der Sporen sulfitreduzierender Anaerobier (Clostridien) – Teil 1: Flüssiganreicherung (DIN EN 26461-1) (DEV-Nr. K7) ISO 6461-2: 1996. Wasserbeschaffenheit – Nachweis und Zählung der Sporen sulfitreduzierender Anaerobier (Clostridien) – Teil 2: Membranfiltrationsverfahren (DIN EN 26461-2) (DEV-Nr. K7)
Clostridium perfringens Trinkwasser und saubere Wässer	Es gibt zurzeit kein genormtes Verfahren. Die Bestimmung erfolgt mit dem in der Trinkwasserverordnung direkt genannten Verfahren (Membranfiltration auf mCP-Agar) (Revision der ISO 6461-2 ist in Vorbereitung)

Tab. 4.6 (Fortsetzung)

Inhalt	Norm
Krankheitserreger:	
Cryptosporidien/Giardien	ISO 15553: 2006. Wasserbeschaffenheit – Isolierung und Zählung von *Cryptosporidium*-Oozysten und *Giardia*-Zysten aus Wasser
Enteroviren	DIN EN 14486: 2005. Wasserbeschaffenheit – Nachweis humaner Enteroviren mit dem Monolayer-Plaque-Verfahren (DEV-Nr. K3)
Campylobacter	ISO 17995: 2005. Wasserbeschaffenheit – Nachweis und Zählung von wärmebeständigen *Campylobacter*
Legionellen	ISO 11731: 1998. Wasserbeschaffenheit – Nachweis und Zählung von Legionellen DIN EN ISO 11731-2: 2008. Wasserbeschaffenheit – Nachweis und Zählung von Legionellen – Teil 2: Direktes Membranfiltrationsverfahren mit niedriger Bakterienzahl
Pseudomonas aeruginosa	DIN EN ISO 16266: 2008. Wasserbeschaffenheit – Nachweis und Zählung von *Pseudomonas aeruginosa* – Membranfiltrationsverfahren (DEV-Nr. K11)
Salmonellen	ISO 19250: 2010. Wasserbeschaffenheit – Bestimmung von Salmonellen (Ersatz für DIN EN ISO 6340)
Allgemeine Verfahren:	
Probennahme	DIN EN ISO 19458: 2006. Wasserbeschaffenheit – Probenahme für mikrobiologische Untersuchungen
Kultivierung	DIN EN ISO 8199: 2008. Wasserbeschaffenheit – Allgemeine Anleitung zur Keimzahlbestimmung
Qualitätssicherung:	
Validierung – mikrobiologischer Verfahren	DINV ENV ISO 13843: 2001. Wasserbeschaffenheit – Richtlinie zur Validierung mikrobiologischer Verfahren (DEV-Nr. K2)
Gleichwertigkeit von Verfahren	DIN EN ISO 17994: 2004. Wasserbeschaffenheit – Kriterien für die Feststellung der Gleichwertigkeit mikrobiologischer Verfahren (DEV-Nr. K4)
Membranfilterprüfung	ISO 7704: 1985. Wasserbeschaffenheit; Bewertung von Membranfiltern für mikrobiologische Analysen
Überprüfung von Verfahren zur Konzentrierung von Bakteriophagen	ISO 10705-3: 2003. Wasserbeschaffenheit – Validierung von Verfahren für die Aufkonzentrierung von Bakteriophagen aus Wasser

Ausführliche Hinweise zum Nachweis von Indikatoren und Krankheitserregern sowie zur Qualitätssicherung finden sich in Feuerpfeil und Botzenhart, 2008.

4.3.5 Das Indikatorprinzip

Aufgrund der Vielzahl möglicher Krankheitserreger wurden zur Überwachung des Trinkwassers **mikrobiologische Indikatoren** entwickelt, deren Vorhandensein auf Probleme mit fäkaler Belastung (s. Kap. 2.1) oder auf technische Probleme bei der Aufbereitung und im Leitungsnetz hinweisen (s. Kap. 2.2). Trinkwasser und Badewasser werden regelmäßig auf das Vorhandensein von Indikatoren untersucht.

Zur Sicherung einer einwandfreien Qualität ist die stichprobenartige Überprüfung des Endproduktes mit Hilfe der Indikatoren aber nicht ausreichend, sondern muss durch qualitätssichernde Maßnahmen nach dem Stand der Technik bei der Wassergewinnung, Aufbereitung und Verteilung des Trinkwassers ergänzt werden (Multibarrierensystem, s. Kap. 5.4).

4.3.6 Indikatoren für fäkale Verunreinigungen

Fäkalien und ungeklärtes Abwasser können pathogene Viren, Bakterien und Protisten in zum Teil hohen Konzentrationen enthalten. In einer konventionellen Kläranlage werden diese Krankheitserreger um durchschnittlich zwei Zehnerpotenzen reduziert. Daher enthält auch geklärtes Abwasser noch eine Vielzahl unterschiedlichster Krankheitserreger, die in die Oberflächengewässer entlassen werden. In der Praxis ist es nicht möglich, alle diese Krankheitserreger zu bestimmen, um so die Qualität des Wassers zu beurteilen. Zum Nachweis, ob ein Wasser mit Fäkalien oder Abwasser verunreinigt ist, werden daher Mikroorganismen, wie *Escherichia coli* oder intestinale Enterokokken, herangezogen, die immer in großer Zahl in Fäkalien vorkommen, selbst in der Regel aber nicht pathogen sind. Diese Bakterien werden „Indikatorbakterien für eine fäkale Verunreinigung" oder **Fäkalindikatoren** genannt, da sie anzeigen, dass das Wasser fäkal belastet ist (s. Tab. 4.7).

An einen idealen Indikator für fäkale Verunreinigungen müssen folgende Anforderungen gestellt werden:

- Er hat die gleiche Quelle wie die Krankheitserreger, d. h. er kommt im Darm von Menschen und Tieren (für Zoonoseerreger) zusammen mit den Krankheitserregern vor.
- Er kommt in höherer Konzentration als die Krankheitserreger vor.
- Er kommt außerhalb des Darms nicht vor und kann in der Umwelt nicht wachsen.
- Er verhält sich bei Stress in der Umwelt und bei Desinfektionsprozessen wie die Krankheitserreger, d. h. er stirbt gleich schnell (oder weniger schnell) ab als diese.
- Er ist selbst nicht pathogen.
- Er ist leicht und kostengünstig nachweisbar.

Aufgrund der Vielzahl von Krankheitserregern und möglicher Situationen, in denen eine fäkale Verunreinigung beurteilt werden muss, ist offensichtlich, dass es den universell einsetzbaren, idealen Indikator nicht geben kann (s. Tab. 4.7). Die Indikatoren müssen vielmehr je nach Wasserart, Art der Verunreinigung und Verwendungszweck des Wassers so ausgewählt werden, dass bei der Anwesenheit der Indikatorbakterien mit der Anwesenheit von Krankheitserregern gerechnet werden muss und – fast noch wichtiger, aber schwer zu erreichen – dass bei der Abwesenheit von Indikatorbakterien in einem bestimmten Wasservolumen sicher keine Krankheitserreger mehr in Konzentrationen anwesend sind, die zu einer Infektion führen können.

Für die Trinkwasseraufbereitung und zur Kontrolle fäkaler Einbrüche im Leitungsnetz hat sich seit über 100 Jahren das Bakterium *Escherichia coli* (s. u.), später in Kombination mit den Indikatorbakterien „coliforme Bakterien" (s. u.), als Fäkalindikator bewährt. Der Nachteil dieser Indikatorbakterien ist, dass sie relativ empfindlich

auf Desinfektionsprozesse reagieren (s. Tab. 4.7) und daher nach Desinfektionsmaßnahmen keine guten Indikatoren sind (s. Kap. 4.5). Daher wurden zusätzliche, resisten-
tere Indikatoren eingeführt. wie die „**intestinalen Enterokokken**" und „**sulfitreduzierende, sporenbildende Anaerobier**" bzw. *Clostridium perfringens* (s. u.). Diese
Indikatoren haben aber andere Nachteile (s. Tab. 4.7), so dass sie *Escherichia coli* als
Fäkalindikator nicht ersetzen, sondern ergänzen. Da Viren sich im Aufbau sowohl von
der Größe als auch von der Struktur fundamental von Bakterien unterscheiden, wird
nach virenspezifischen Indikatoren gesucht. Als mögliche Indikatoren für humanpathogene Viren bieten sich Viren an, die Bakterien befallen und für den Menschen harmlos
sind – die **Bakteriophagen** (s. u.).

Tab. 4.7   Erfüllung der Anforderungen an einen idealen Indikator.

Anforderung	*Escherichia coli*	Coliforme Bakterien	Intestinale Enterokokken	*Clostridium perfringens*
Gleiche Quelle wie Pathogene	++	+	++	+
Hohe Konzentration	++	++	+[1]	+
Nicht in Umwelt vorkommend	+	−	+	+
Stressresistent	−	−	+	++
Nicht pathogen	++[2]	++	+	−
Leicht nachweisbar	++	++	++	+

++ erfüllt, + teilweise erfüllt, − nicht erfüllt
[1] in tierischen Fäkalien z. T. in höherer Konzentration als *Escherichia coli*
[2] es treten vereinzelt pathogene *Escherichia coli* auf (s. Kap. 4.3.3)

> **Merke:** Der ideale Indikator für fäkale Verunreinigungen hat die gleiche Quelle (Darm
> von Menschen und Tieren) wie die Krankheitserreger, er kommt in höherer Konzen-
> tration als die Krankheitserreger vor, hat kein Umweltreservoir, überlebt bei Stress
> in der Umwelt und bei Desinfektionsprozessen mindestens so gut wie die Krank-
> heitserreger, ist nicht pathogen sowie leicht und kostengünstig nachweisbar. Als
> Fäkalindikatoren werden klassischerweise *Escherichia coli*, coliforme Bakterien und
> intestinale Enterokokken verwendet. Keiner dieser Indikatoren hat alle Eigenschaf-
> ten eines idealen Indikators. Daher muss immer beachtet werden, unter welchen
> Bedingungen die Indikatoren eine sinnvolle Antwort liefern und wann nicht. Für ge-
> chlortes Trinkwasser sind *Escherichia coli* z. B. keine guten Indikatoren, da sie sehr
> chlorempfindlich sind. Als Indikatoren für humanpathogene Viren werden Bakterio-
> phagen oder Adenoviren diskutiert.

Escherichia coli

Escherichia coli ist ein gram-negatives, fakultativ anaerobes, nicht sporenbildendes
Stäbchenbakterium, das zu den thermotoleranten coliformen Bakterien gehört. Es
kommt im Darm von Menschen und warmblütigen Tieren in hohen Konzentrationen
vor (10^8–10^9/g Kot) und stellt 95 % der coliformen Bakterienflora im Kot. In der Umwelt können die meisten der aus dem Darm entlassenen *Escherichia coli*-Bakterien
nicht wachsen, sondern sterben je nach Umweltbedingungen mehr oder weniger schnell

ab. Nur in Ausnahmefällen kann sich *Escherichia coli* unter günstigen Bedingungen in der Umwelt vermehren. Dabei spielen v. a. die Temperatur und die Verfügbarkeit von Nährstoffen insbesondere in Biofilmen (s. Kap. 4.1.1) eine unterstützende Rolle. Die überwiegende Mehrheit der *Escherichia coli*-Bakterien ist nicht pathogen (Ausnahmen s. Kap. 4.3.3) und leicht nachweisbar.

> **Merke:** *Escherichia coli* erfüllt fast alle Eigenschaften für einen idealen fäkalen Indikator und ist bereits seit 30 Jahren als Indikator zur Überwachung der Qualität des Trinkwassers in Deutschland durch die Trinkwasserverordnung vorgeschrieben.

Aufgrund der hohen Wahrscheinlichkeit einer fäkalen Verunreinigung beim Nachweis von *Escherichia coli* in 100 mL Trinkwasser müssen, unabhängig von der nachgewiesenen Konzentration, sofortige Maßnahmen zum Schutz der Bevölkerung getroffen werden. Der **Indikatorwert** von *Escherichia coli* ist allerdings **bei desinfizierten Wässern eingeschränkt**, da *Escherichia coli* im Vergleich zu manchen Krankheitserregern sehr sensitiv auf Desinfektionsprozesse reagiert (s. Kap. 4.5). Wird z. B. eine Chlorung eingesetzt, um nach der Aufbereitung noch vorhandene Indikatorbakterien zu eliminieren, kann als Ergebnis ein Wasser entstehen, das zwar frei von *Escherichia coli* ist, aber trotzdem Krankheitserreger, wie Viren und Parasiten, enthält (s. Kap. 4.5).

Für den **Nachweis** von *Escherichia coli* gibt es, je nach Anwendungsbereich, die internationalen Normen DIN EN ISO 9308-1 (Trinkwasser, saubere Wässer) und DIN EN ISO 9308-3 (Oberflächenwasser, Abwasser). Die Definition von *Escherichia coli* nach diesen Normen hat sich in Übereinstimmung mit der neueren wissenschaftlichen Auffassung gegenüber den vorherigen Nachweisverfahren nach der alten Trinkwasserverordnung verändert. Im Mittelpunkt steht nicht mehr die „Laktosefermentation bei 44 °C zu Säure und Gas", sondern der Nachweis des Enzyms β-Glukuronidase. In der DIN EN ISO 9308-3 wird *Escherichia coli* ausschließlich über das Wachstum bei 44 °C und den direkten Nachweis der β-Glukuronidase über ein fluoreszierendes Substrat definiert. In der DIN EN ISO 9308-1 beruht der Nachweis noch auf der Laktosespaltung bei 44 °C (ohne Gasbildung) und weiteren biochemischen Merkmalen. Es ist aber abzusehen, dass bei der Überarbeitung dieser Norm ebenfalls der direkte Nachweis der β-Glukuronidase über ein fluorogenes oder chromogenes Substrat eingeführt wird. Entsprechende, kommerziell erhältliche Verfahren wurden bereits als gleichwertige Nachweisverfahren zugelassen.

Coliforme Bakterien

Coliforme Bakterien sind eine heterogene Gruppe von gram-negativen nicht sporenbildenden Stäbchenbakterien innerhalb der Enterobacteriaceae, die früher durch die allen gemeinsame Reaktion „Laktosefermentation zu Säure und Gas" definiert waren (s. u.). Zu den coliformen Bakterien zählen neben *Escherichia coli* hauptsächlich die Gattungen ***Klebsiella***, ***Enterobacter***, ***Citrobacter*** und ***Serratia***. Je nach Nachweisverfahren werden die Arten dieser Gattungen mehr oder weniger vollständig erfasst, bzw. auch Arten aus anderen Gattungen erfasst, wie z. B. *Rhanella aquatilis*. Von den genannten Gattungen ist nur *Escherichia* eindeutig fäkalen Ursprungs. Alle anderen Gattungen können auch in der Umwelt vorkommen. Serratien sind sogar reine Umweltbakterien ohne Bezug zu einer fäkalen Verunreinigung. Auch im Leitungsnetz kann es zu einer Vermehrung von coliformen Bakterien kommen, wenn Nährstoffe vorhanden sind und die Temperatur über 15 °C ansteigt. Coliforme Bakterien wurden auch in Biofilmen (s. Kap. 4.1.1) nachgewiesen, wo sie geschützt vor Desinfektionsmaßnahmen lange Zeit überdauern können und dann sporadisch im freien Wasser auftreten.

> **Merke:** Coliforme Bakterien sind nur bedingt als Indikator für eine fäkale Verunreinigung brauchbar (s. Tab. 4.7). Sie zeigen vielmehr allgemeine Mängel in der Aufbereitung und im Leitungsnetz an.

Das Auftreten von coliformen Bakterien im Trinkwasser wird daher nicht so kritisch beurteilt wie das Auftreten von *Escherichia coli*. Daher sind auch die zu ergreifenden Maßnahmen bei Überschreitung der Grenzwerte für diesen Indikator weniger strikt, als wenn der Grenzwert für *Escherichia coli* überschritten wird. Trotzdem sollte das Auftreten von coliformen Bakterien ernst genommen werden. Es sind Fälle bekannt, bei denen nach einer fäkalen Verunreinigung nur coliforme Bakterien und keine *Escherichia coli* nachgewiesen werden konnten. Außerdem zeigt ihr Vorkommen, dass die Aufbereitung nicht ordnungsgemäß funktioniert oder im Leitungssystem Probleme auftreten, die zu einer vermehrten Biofilmbildung führen können. In solchen Habitaten besteht immer auch die Gefahr, dass sich Krankheitserreger vermehren können (s. Kap. 4.1.1). In Krankenhäusern können einige coliforme Bakterien als opportunistische Krankheitserreger zu Problemen führen. Beim Auftreten von coliformen Bakterien im Trinkwasser müssen daher zum Schutz der Gesundheit der Nutzer – insbesondere in Krankenhäusern – die Ursache dafür festgestellt und Abhilfemaßnahmen ergriffen werden.

Für den **Nachweis** von coliformen Bakterien gibt es für Trinkwasser und saubere Wässer die internationalen Normen DIN EN ISO 9308-1. Ein genormtes Verfahren für Oberflächenwasser existiert nicht. Die Definition von coliformen Bakterien hat sich nach dieser Norm in Übereinstimmung mit der neueren wissenschaftlichen Auffassung gegenüber den vorherigen Nachweisverfahren nach der alten Trinkwasserverordnung ebenfalls verändert. Im Mittelpunkt steht nicht mehr die „Laktosefermentation zu Säure und Gas", sondern der Nachweis des entsprechenden Enzyms, der β-Galaktosidase. In der jetzigen Fassung der Norm beruht der Nachweis noch auf dem indirekten Nachweis der β-Galaktosidase über die Laktosespaltung (ohne Gasbildung) und weiteren biochemischen Merkmalen. Es ist aber abzusehen, dass bei der Überarbeitung dieser Norm ebenfalls der direkte Nachweis der β-Galaktosidase über ein fluorogenes oder chromogenes Substrat eingeführt wird. Entsprechende, kommerziell erhältliche Verfahren wurden bereits als gleichwertige Nachweisverfahren zugelassen. Je nach Definition wird ein unterschiedliches Spektrum von coliformen Bakterien erfasst. Daher sind die mit zwei unterschiedlichen Verfahren erhaltenen Ergebnisse nicht bei allen untersuchten Proben vergleichbar, auch wenn die Verfahren statistisch gesehen als gleichwertig anerkannt sind.

Intestinale Enterokokken oder Darmenterokokken

Enterokokken sind gram-positive, Katalase-negative Kokken, die resistent gegenüber NaCl (6,5 %) und Rindergalle sind. Enterokokken können sowohl aus dem Darm von

Menschen und Tieren als auch von Pflanzen und Pflanzenteilen aus der Umwelt stammen. Durch das vorgeschriebene Nachweisverfahren (s. u.) werden vor allem die vier wichtigsten Arten mit fäkalem Ursprung, *Enterococcus faecium*, *Enterococcus faecalis*, *Enterococcus hirae* und *Enterococcus durans*, nachgewiesen. Daher werden die mit diesem Verfahren nachgewiesenen Enterokokken auch als intestinale Enterokokken oder Darmenterokokken bezeichnet. In Einzelfällen werden mit diesem Verfahren aber auch Umweltenterokokken erfasst.

> **Merke:** Der Vorteil der intestinalen Enterokokken verglichen mit *Escherichia coli* als Fäkalindikator ist ihre etwas höhere Resistenz gegenüber Umweltstress und Desinfektionsverfahren.

Sie sind daher ein wichtiger zusätzlicher Fäkalindikator, der auch länger zurückliegende fäkale Verunreinigungen und Probleme durch Desinfektionsschritte anzeigen kann. Die zu ergreifenden Maßnahmen beim Nachweis von intestinalen Enterokokken in 100 mL Trinkwasser sind genauso strikt wie beim Nachweis von *Escherichia coli*.

Für den **Nachweis** der intestinalen Enterokokken gibt es je nach Anwendungsbereich die internationalen Normen DIN EN ISO 7899-2 (Trinkwasser, saubere Wässer) und DIN EN ISO 7899-1 (Oberflächenwasser, Abwasser). In der DIN EN ISO 9308-3 werden die intestinalen Enterokokken nicht mehr über biochemische Reaktionen, sondern ausschließlich über das Wachstum in Anwesenheit bestimmter Hemmstoffe bei 44 °C und den direkten Nachweis eines Enzyms – der β-Glukosidase – über ein fluoreszierendes Substrat definiert.

Sulfitreduzierende, sporenbildende Anaerobier – *Clostridium perfringens*

Wie der Name bereits sagt, werden in dieser Gruppe Bakterien zusammengefasst, die Sporen bilden und in der Lage sind unter anaeroben Bedingungen Sulfit zu Sulfid zu reduzieren. Überwiegend handelt es sich dabei um Vertreter der Gattung *Clostridium*, obwohl auch andere sporenbildende Anaerobier, wie einige Sulfatreduzierer, erfasst werden können.

> **Merke:** Der große Vorteil dieser Indikatoren mit ihren widerstandsfähigen Sporen ist ihre hohe Umweltresistenz und ihre Resistenz gegenüber Desinfektionsprozessen.

Sie können daher zur Kontrolle der Effektivität von Desinfektionsschritten gegenüber widerstandsfähigen Krankheitserregern, wie den Cryptosporidien, eingesetzt werden. Clostridien kommen im Darm von Menschen und Tieren vor. Ihre Konzentration im Kot liegt aber mit $10^3 - 10^4$ KBE/g einige Zehnerpotenzen unter der von *Escherichia coli*. Daher ist im allgemeinen *Escherichia coli* der empfindlichere Fäkalindikator. Clostridien können aber aufgrund ihrer Umweltresistenz lange zurückliegende Verunreinigungen anzeigen. Clostridien und andere sporenbildende, sulfitreduzierende Anaerobier finden sich auch in der Umwelt, insbesondere im Boden und in Sedimenten von nährstoffreichen Seen und Flüssen, in denen sie sich vermehren können. Sie sind daher nicht generell als Fäkalindikatoren geeignet. Daher wurde vorgeschlagen den Nachweis auf *Clostridium perfringens* zu spezifizieren, der als Krankheitserreger beim Menschen Wundinfektionen und Nahrungsmittelvergiftungen auslöst. Für die gezielte Überprüfung von Desinfektionsverfahren können auch sporenbildende Bakterien nicht fäkalen Ursprungs verwendet werden, wie z. B. Sporen der Gattung *Bacillus* bei der UV-Behandlung (s. Kap. 4.5).

Für den **Nachweis** von sulfitreduzierenden, sporenbildenden Anaerobiern, insbesondere *Clostridium perfringens,* ist eine internationale Norm in Bearbeitung (ISO 6464). Bis zur Fertigstellung dieser Norm gilt das in der TrinkwV angegebene Verfahren (s. Tab. 4.6).

Coliphagen und Adenoviren

Bakteriophagen sind leicht nachweisbare Viren, die Bakterien befallen, aber für den Menschen nicht pathogen sind. Als Indikatoren für eine fäkale Belastung eignen sich Bakteriophagen, die typische Darmbakterien befallen und mit dem Kot in großer Zahl ausgeschieden werden, wie die Coliphagen, die *Escherichia coli* infizieren. Sie sind den humanpathogenen Viren in Größe und Aufbau und damit im Verhalten in der Umwelt sowie bei der Aufbereitung und Desinfektion ähnlich und eignen sich daher besser als Indikatoren für eine virale Belastung als die bakteriellen Fäkalindikatoren. So sterben beispielsweise die bakteriellen Indikatoren *Escherichia coli* und intestinale Enterokokken in der Umwelt u. a. durch Sonneneinstrahlung sowie bei der Desinfektion schneller ab als bestimmte Coliphagen (s. Abb. 4.6 und Kap. 4.5).

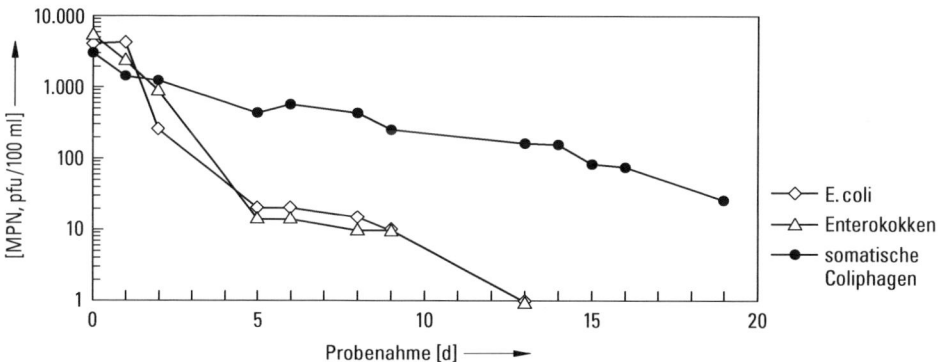

Abb. 4.6 Verhalten von Indikatorbakterien und Coliphagen in der Anlage zur Simulation von Fließgewässern nach Kontamination mit mechanisch gereinigtem Abwasser.

In der Praxis werden insbesondere zwei Gruppen von Bakteriophagen als Indikatoren verwendet. Zum einen die **„somatischen Coliphagen"** als leicht nachweisbare DNA-Bakteriophagen, die in hohen Konzentrationen im Kot vorkommen. Der Nachteil dieser Bakteriophagen ist, dass sie wie *Escherichia coli* wenig chlorresistent sind (s. Kap. 4.5) und daher für die Beurteilung von Wässern nach einer Chlorung nicht geeignet sind. Zum anderen werden **„F-spezifische Bakteriophagen"** als Indikatoren verwendet. Diese RNA-Bakteriophagen befallen die Wirtszelle über die F-Pili (daher der Name!) und sind chlorresistenter als die somatischen Coliphagen. Der Nachteil dieser Bakteriophagen ist aber, dass sie in viel geringeren Konzentrationen auftreten als die somatischen Coliphagen und daher bei nur leichter fäkaler Kontamination des Wassers oft nicht vorhanden sind.

Durch eine Verbesserung der Nachweisverfahren für Viren ist es möglich, viele Viren auch direkt nachzuweisen. Es wurde daher vorgeschlagen **Adenoviren** als sogenannte „Indikatorviren" für fäkale Verunreinigungen zu verwenden, da sie im Gegensatz zu Noroviren und Enteroviren ganzjährig in fäkal belasteten Oberflächengewässern nachweisbar sind.

Sowohl für Coliphagen als auch für Adenoviren wurde gezeigt, dass ihr Vorkommen nicht immer mit dem Vorkommen von humanpathogenen Viren korreliert ist. Dies ist auch nicht zu erwarten, da viele humanpathogene Viren eine starke saisonale Verteilung haben, während die Indikatoren immer im Abwasser vorkommen. Die Anwesenheit der Indikatoren zeigt an, dass unter den gegebenen Bedingungen Viren überleben können und daher auch mit dem Vorkommen von pathogenen Viren gerechnet werden muss, sobald sie über Fäkalien ins Wasser gelangen. Weitere Untersuchungen sind notwendig, bevor diese Indikatoren in der Praxis verwendet werden können.

Zum **Nachweis** von Bakteriophagen gibt es die Normen DIN EN ISO 10705-1+2 sowie ISO 10705-3 (s. Tab. 4.6).

Einige der Fäkalindikatoren werden auch in anderen Bereichen, wie für Schwimm- und Badebecken oder für Badegewässer an Seen und Flüssen, zur Überwachung der Qualität des Wassers eingesetzt. Bei der Übertragung auf andere Systeme müssen bei der Auswahl der Indikatoren und der zulässigen Konzentrationen immer die jeweiligen Bedingungen und das akzeptable Risiko (s. Kap. 4.6) einbezogen werden. Die Endproduktkontrolle mit Indikatoren darf immer nur ein Baustein zur Sicherung einer hygienisch akzeptablen Wasserqualität sein. Sie muss durch die Kontrolle der zugehörigen Prozesse ergänzt werden.

4.3.7 Technische Indikatoren

Außer den Indikatoren, die eine fäkale Verunreinigung anzeigen, gibt es Indikatoren, die auf technische Probleme bei der Aufbereitung oder Verteilung des Wassers hinweisen. Dazu gehören die Koloniezahl (s. u.), die Aeromonaden (s. u.) oder *Pseudomonas aeruginosa* (s. u.).

> **Merke:** Technische Indikatoren (Koloniezahl, Aeromonaden, *Pseudomonas aeruginosa*) weisen auf Probleme bei Aufbereitung, Transport und Lagerung von Trinkwasser hin. *Pseudomonas aeruginosa* hat in Schwimm- und Badebeckenwasser auch die Funktion eines technischen Indikators für die Qualität der Filterstufe bei der Aufbereitung des Beckenwassers, sowie als Indikator für die Verwendung ungeeigneter Materialien

Koloniezahl

Unter der Koloniezahl versteht man die Anzahl von Mikroorganismen in einer Wasserprobe, die auf einem bestimmten **Nähragar** wachsen und Kolonien bilden können. Sie wird als **KBE (Kolonie-bildende Einheiten)** pro mL Wasserprobe angegeben. Die

Bebrütung erfolgt bei zwei unterschiedlichen Temperaturen. Bei 36 °C sollen die möglicherweise auch hygienisch relevanten Arten erfasst werden und bei 20–22 °C die typischen Umweltbakterien. Je nach Wahl des Nähragars werden mehr oder weniger Arten erfasst. Je geringer der Nährstoffgehalt, desto mehr Umweltbakterien können auf der Agarplatte wachsen. Mit dieser Nachweismethode werden aber nie alle Bakterien erfasst. So vermehren sich z. B. typische Wasserbakterien, wie die Eisenbakterien *Gallionella* und *Leptothrix,* sowie die in Biofilmen im Trinkwasser sehr häufige Gattung *Aquabacterium* (s. Kap. 4.1.1) nicht auf den üblichen Nährmedien.

Die Verwendung der Koloniezahl geht auf Beobachtungen von Robert Koch und Zeitgenossen zurück, die festgestellt hatten, dass durch Trinkwasser ausgelöste Epidemien nicht auftraten, wenn der Ablauf von Langsamsandfiltern (auch Langsamfilter, s. Kap. 5.4.13) eine Koloniezahl von weniger als 100 KBE/mL aufwies. Die Koloniezahl wurde also zunächst als Funktionskontrolle von Langsamsandfiltern eingeführt. Inzwischen wird die Koloniezahl darüber hinaus als Indikator für eine Wiederverkeimung im Leitungsnetz verwendet. Auch bei Rohrbrüchen und bei Bauarbeiten ist die Koloniezahl ein empfindlicher Indikator für Verschmutzungen, die auch ein erster Hinweis für eine fäkale Verunreinigung sein können. Eine plötzliche oder kontinuierliche Erhöhung der Koloniezahl deutet auf Probleme hin und muss weitere Untersuchungen zur Klärung der Ursache nach sich ziehen.

Für die **Bestimmung** der Koloniezahl gibt es die internationale Norm DIN EN ISO 6222, die als Agar den Hefeextrakt-Agar vorschreibt. In Deutschland wird noch häufig mit dem bisher verwendeten nährstoffreichen, Pepton- und Fleischextrakt-haltigen Agar gearbeitet, der sich in der Praxis gut bewährt hat und auf den sich die in Deutschland nach der TrinkwV gültigen Grenzwerte beziehen. Da die Anzahl der erfassten Kolonien von der Wahl des Nähragars abhängt, sind die mit beiden Verfahren erhaltenen Koloniezahlen allerdings nicht vergleichbar. Sie können sich in manchen Proben um den Faktor 10–100 unterscheiden, wobei mit dem Agar nach ISO aufgrund der geringen Nährstoffkonzentration höhere Koloniezahlen erreicht werden. Daher ist bei der Bestimmung der Koloniezahl die Angabe des verwendeten Agars unabdingbar für die Interpretation der Ergebnisse.

Aeromonas

Aeromonaden wurden neben ihrer Bedeutung als Krankheitserreger wegen ihrer Fähigkeit, auch kleinste Mengen organische Substanz zu verwerten, als Indikatoren für die Wiederverkeimung und das Biofilmbildungspotential im Trinkwassernetz vorgeschlagen (s. Kap. 4.3.4, Aeromonaden). In den Niederlanden wurde zu diesem Zweck ein Richtwert von 200 KBE/100 mL eingeführt.

Pseudomonas aeruginosa

Pseudomonas aeruginosa hat – außer der direkten Bedeutung als Krankheitserreger – in Schwimm- und Badebeckenwasser auch die Funktion eines technischen Indikators für die Qualität der Filterstufe bei der Aufbereitung des Beckenwassers sowie als Indikator für die Verwendung ungeeigneter Materialien (s. Kap. 4.3.4, *Pseudomonas*). Bei Auftreten von *Pseudomonas aeruginosa* in 100 mL Wasser sollte die einwandfreie

Funktion der Filterstufen und die im Becken und in den technischen Anlagen verwendeten Materialien überprüft werden. Auch das vermehrte Auftreten im Trinkwasser deutet auf erhöhte Nährstoffgehalte, u. a. durch Verwendung ungeeigneter Materialien, hin.

4.3.8 Cyanobakterien und Cyanotoxine

Cyanobakterien sind Bakterien, die Chlorophylle besitzen und wie die höheren Pflanzen in der Lage sind oxygene Photosynthese zu betreiben. Sie wurden daher lange Zeit taxonomisch den Algen zugerechnet und werden auch heute noch – wissenschaftlich nicht korrekt – als **Blaualgen** bezeichnet. Sie kommen natürlicherweise in der Umwelt vor. In Seen findet man sie sowohl suspendiert als Bestandteil des Phytoplanktons als auch in Biofilmen und Sedimenten. Sie treten je nach Art als Einzelzellen oder in zum Teil sehr großen Kolonien auf. Das Wachstum von Cyanobakterien wird durch hohe Nährstoffkonzentrationen gefördert. In den Seen in Deutschland ist meist das Phosphat limitierend. Massenvermehrungen – sogenannte **Algenblüten** – können in eutrophen flachen Seen ab ca. 0,04 mg/L und in tiefen Seen ab 0,02 mg/L Gesamtphosphorkonzentration auftreten. Bei steigenden Phosphatkonzentrationen nimmt das Cyanobakterienwachstum nicht proportional zu, da dann oft das Licht oder andere Faktoren limitierend wirken. Aufgrund der Fähigkeit vieler Cyanobakterien Vakuolen oder Lipide auszubilden, können sie in dicken Lagen an der Oberfläche schwimmen („Aufrahmen"), durch den Wind verdriftet und am Ufer abgelagert werden.

Aus hygienischer Sicht problematisch ist, dass Cyanobakterien in der Lage sind, eine große Vielzahl von **Cyanotoxine**n zu bilden, die entweder in der Zelle gespeichert oder an das Wasser abgegeben werden. Die am besten charakterisierten Toxine sind die leberschädigenden Microcystine, Nodularin und Cylindrospermopsin, sowie die neurotoxischen Anatoxine und Saxitoxine. Die **Lebertoxine** lösen sowohl akute, teilweise tödliche Erkrankungen als auch – bei niedrigen Konzentrationen – chronische Leberschädigungen aus. Sie können darüber hinaus tumorfördernde Wirkungen haben. Die **Neurotoxine** können in hohen Konzentrationen ebenfalls akute Wirkungen haben, sind aber in geringen Konzentrationen wahrscheinlich weniger gefährlich, da aufgrund des Wirkmechanismus nicht mit einer chronischen Wirkung gerechnet werden muss. Bei Massenvermehrungen von Cyanobakterien wurden außerdem viele unbekannte Substanzen gefunden, die noch nicht näher analysiert werden konnten. Bei toxikologischen Untersuchungen in Zellkulturen waren die Effekte von Cyanobakterien größer als aufgrund des Gehalts an bekannten Toxinen zu erwarten gewesen wäre. Es ist daher davon auszugehen, dass nicht alle toxischen Stoffe bei Cyanobakterien bereits entdeckt sind.

Bei Massenvermehrungen von Cyanobakterien in Seen und Trinkwasserressourcen können sehr hohe Konzentrationen an Cyanotoxinen entstehen. Epidemiologische Studien aus Australien, Brasilien, Kanada, China und Schweden zeigen, dass es in solchen Situationen zu akuten **Vergiftungen** bei intensivem Wasserkontakt und über das Trinkwasser kommen kann. So erkrankten in Australien 141 Personen, als bei einer Massenentwicklung von Cyanobakterien, die mit Kupfersulfat bekämpft wurde, in einer Trinkwassertalsperre sehr hohe Toxinkonzentrationen auftraten. In Brasilien gab es 50 Tote unter Hämodialysepatienten, die mit großen Mengen (120 L pro Patient) toxinhaltigem Wasser behandelt wurden. In diesen Patienten konnte der Zusammenhang zu Cyanobakterientoxinen klar nachgewiesen werden, da hohe Toxinkonzentrationen auch im Körper gefunden wurden. Die WHO hat aus Tierversuchen für das wichtigste bekannte Toxin – **Microcystin-LR** – einen Leitwert von 1 µg/L für Trinkwasser abgeleitet. Eine prospektive Studie zum Erkrankungsrisiko durch Cyanobakterien beim Baden mit 852 Badegästen ergab, dass bereits bei mäßig hohen Konzentrationen an Cyanobakterien ein erhöhtes Risiko für Erkrankungen nach dem Baden (u. a. Durchfall, Reizungen der Haut und der Schleimhäute) gegeben war. Ein Zusammenhang mit den bekannten Cyanotoxinen wurde nicht gefunden. Daher wird vermutet, dass die Erkrankungen durch bisher nicht identifizierte Inhaltsstoffe ausgelöst wurden. Weltweit wurden mehr als 20 Arten von Cyanobakterien identifiziert, die gesundheitliche Probleme verursachen können. Dazu gehören *Microcystis spp.*, *Anabena flosaquae*, *Aphanizomenon flosaquae*, *Planktothrix agardhii* und *Nodularia spp.*

In Deutschland wurde in einer großen Studie die Verbreitung von Cyanobakterien und ihrer Toxine in 124 Gewässern untersucht. Dabei zeigte sich, dass die Microcystinbildenden Gattungen *Microcystis* und *Planktothrix* zu den häufigsten Cyanobakterien gehören. Microcystine wurden in 2/3 aller Proben und in über der Hälfte der untersuchten Gewässer gefunden. In den meisten Fällen wurden im Wasser Konzentrationen von <30 µg/L nachgewiesen; bei Massenentwicklungen von *Planktothrix agardhii* traten aber Konzentrationen von mehreren 100 µg/L auf. Sehr viel höhere Konzentrationen als im Wasser wurden in vom Wind angespülten Cyanobakterienmatten am Ufer gefunden. Dort erreichte die Microcystinkonzentration in 1/4 der Proben 1.000 µg/L und in Einzelfällen sogar über 10.000 µg/L. Da Microcystine innerhalb der Zellen gespeichert werden, treten im zellfreien Wasser nur geringe Konzentrationen auf. Nur in 10 % der Proben traten Konzentrationen >1 µg/L auf. Neurotoxine waren weniger häufig als Microcystine und wurden nur in 1/4 der Proben und Gewässer gefunden. Außerdem konnte in der Studie nachgewiesen werden, dass sich die bisher subtropisch verbreitete Art *Cylindrospermopsis raciborskii* in Gewässern in Brandenburg etabliert hat. Damit muss mit dem Vorkommen eines weiteren Lebertoxins, des **Cylindrospermopsins**, gerechnet werden. Cyanobakterien müssen nach der neuen EU-Badegewässerrichtlinie in die Überwachung der **Badegewässer** einbezogen werden. Das Umweltbundesamt hat 1997 eine Empfehlung zum Schutz der Badenden vor Cyanotoxinen veröffentlicht (Empfehlung des Umweltbundesamtes, 2003). Darin wird bei Microcystinkonzentrationen >100 µg/L eine Sperrung der Badegewässer empfohlen. Da sich die Konzentration der Cyanobakterien am Badegewässer je nach Wind und Wetterlage sehr schnell ändern und nicht kontinuierlich überwacht werden kann, sollen Warnhinweise am Strand die Badenden in die Lage versetzen, selbst zu entscheiden, ob ein Baden gefahrlos möglich ist. Als gute Regel für die Praxis hat sich erwiesen, dass man nicht mehr baden soll, wenn man in knietiefem, grünem Wasser seine Füße nicht mehr erkennen kann.

Bei der Trinkwassergewinnung aus belastetem Oberflächenwasser ist die Entfernung der Cyanobakterienzellen durch Filtration die wirksamste Methode, da die Microcystine im Innern der Zellen gespeichert sind. Dabei muss beachtet werden, dass die Zellen möglichst nicht zerstört werden, damit die Microcystine nicht in hoher Konzentration ins Wasser gelangen. Ganz verhindern lässt sich eine Lyse aber nicht. Gelöste Microcystine können durch Oxidation, Aktivkohle und mikrobiellen Abbau entfernt werden. Untersuchungen in Wasserwerken in Deutschland haben gezeigt, dass Microcystine im Trinkwasser kein Problem darstellen. In den meisten Fällen wird Trinkwasser aus gut geschützten Rohwasserquellen gewonnen, in denen Cyanobakterien keine Rolle spielen. In den wenigen Fällen, in denen belastetes Rohwasser aufbereitet wird, in dem sich auch Cyanotoxine befinden können, verhindern die dabei zur Anwendung kommenden, intensiven Aufbereitungsschritte ein Durchbrechen der Toxine in das Trinkwasser. In solchen Wasserversorgungen sollte jedoch dem Vorkommen von Cyanobakterien erhöhte Aufmerksamkeit geschenkt werden. Wie sich das nicht zellgebundene Cyanotoxin Cylindrospermopsin während der Aufbereitung verhält, ist Gegenstand aktueller Untersuchungen.

Zur **Vermeidung von Massenentwicklungen** durch Cyanobakterien müssen die anorganischen Nährstoffe (Nitrat und Phosphat) im Wasser reduziert werden. In deutschen Binnengewässern sind Cyanobakterien meist durch Phosphor limitiert; in Küstengewässern ist häufig Stickstoff der limitierende Faktor. Eine Sanierung von Gewässern kann langfristig nur gelingen, wenn die Zufuhr der Nährstoffe durch punktförmige (Abwasser) und diffuse (Landwirtschaft, Niederschlag) Quellen reduziert wird. Durch die Reduktion der Nährstoffe ergibt sich oft nicht sofort eine Verbesserung, da auch andere limitierende Faktoren eine Rolle spielen. Erst wenn die Gesamtphosphorkonzentration unter einen Wert von 0,04 mg/L bzw. 0,02 mg/L fällt, ist mit einer nachhaltigen Verbesserung zu rechnen (s. o.). Da dies meist sehr kostspielig und langwierig ist, wurden viele Maßnahmen entwickelt, um direkt im See eine Reduktion der Nährstoffe zu erreichen. Dazu zählen Strategien zur Verminderung der Phosphatfreisetzung aus dem Sediment mit Hilfe von Fällungen oder Entfernung bzw. Abdeckung des Sediments, der Abzug von phosphatreichem Tiefenwasser, eine künstliche Durchmischung oder die Manipulation der Nahrungskette durch Einsatz von Raubfischen. Solche seeinternen Maßnahmen – oft als Restaurierung bezeichnet – sind nur in Kombination mit Maßnahmen zur Reduktion des Eintrags von Nährstoffen sinnvoll. Sie bleiben sonst oft wirkungslos oder entwickeln sich, wenn sie erfolgreich sind, zu kostspieligen Dauerlösungen.

Der Einsatz von Bioziden zur Bekämpfung von Cyanobakterien ist nicht zielführend, da bei Lyse der Zellen die Toxine freigesetzt werden. In Deutschland sind solche Bekämpfungsmaßnahmen nicht zugelassen.

Wie bei den fäkalen Verunreinigungen zeigt sich auch bei den Cyanobakterien, dass der Ressourcenschutz die beste Maßnahme zur Vermeidung von Gesundheitsgefahren beim Baden oder über das Trinkwasser darstellt.

> **Merke:** Cyanobakterien sind Bakterien, die wie höhere Pflanzen oxygene Photosynthese betreiben können. Sie wurden daher lange Zeit taxonomisch den Algen zugerechnet und werden auch heute noch fälschlicherweise als Blaualgen bezeichnet. Das Wachstum von Cyanobakterien wird durch hohe Nährstoffkonzentrationen – in Deutschland insbesondere Phosphat – gefördert. Cyanobakterien bilden eine Vielzahl von Cyanotoxinen (Lebertoxine, Nerventoxine). Bei Massenvermehrungen von Cyanobakterien in Seen und Trinkwasserressourcen können sehr hohe Konzentrationen dieser Toxine auftreten. Die WHO hat aus Tierversuchen für das wichtigste bekannte Toxin – Microcystin-LR – einen Leitwert von 1 µg/L für Trinkwasser abgeleitet. In Deutschland wurde Microcystin nicht im Trinkwasser nachgewiesen. Ab einer Microcystinkonzentration von >100 µg/L wird eine Sperrung der Badegewässer empfohlen. Der Ressourcenschutz (Reduktion des Nährstoffeintrags) ist die beste Maßnahme zur Vermeidung von Gesundheitsgefahren durch Cyanobakterien.

4.4 Mikrobiologische Aspekte bei der Aufbereitung

Die beiden Hauptziele sowohl bei der Aufbereitung von Rohwasser zu Trink- oder Brauchwasser als auch bei der Reinigung von Abwasser sind:

- die **Reduktion von Krankheitserregern** und
- die **Reduktion von organischen und anorganischen Nährstoffen**.

Bei der Aufbereitung von **Trinkwasser** werden durch klassische **Filtrationsprozesse** (z. B. Uferfiltration, Sandfiltration, s. Kap. 5.4) die im Rohwasser möglicherweise vorhandenen Krankheitserreger so weit als möglich zurückgehalten und gleichzeitig die organischen Nährstoffe abgebaut.

Beim **Rückhalt der Krankheitserreger** spielen sowohl physiko-chemische Faktoren als auch biologische Faktoren im Filter eine Rolle. Bei der Elimination kann man nicht alleine auf das Absterben der Krankheitserreger vertrauen, da sie unter den kühlen, dunklen und teilweise sogar anaeroben Bedingungen im Filter und besonders in Grundwasserleitern sehr lange überleben können.

Der Rückhalt der Krankheitserreger durch **Adsorptionsvorgänge** ist insbesondere abhängig vom Filtermaterial und der Filtergeschwindigkeit. Ein sehr guter Rückhalt wird in sandigen Filtern oder Untergrundpassagen bei Filtergeschwindigkeiten von <1 m/Tag erreicht. Unter diesen Bedingungen ist die **50-Tage-Grenze** auch für die Elimination von Viren zuverlässig ausreichend. Schlecht ist der Rückhalt dagegen in Karstgrundwasserleitern, in denen sich große Hohlräume ohne Filterwirkung befinden und Fließgeschwindigkeiten von mehreren 1.000 m/Tag erreicht werden. In solchen Systemen ist der Rückhalt von Krankheitserregern schlecht und es kann insbesondere bei Regenereignissen mit vermehrter Wasserführung und Trübung zu Problemen mit dem Durchbruch von Krankheitserregern kommen.

In den Filtern entwickelt sich eine vielfältige **Mikroorganismengemeinschaft** aus natürlichen Wasserbakterien und Protisten in Biofilmen, die sowohl am Abbau der Nährstoffe als auch an der Reduktion der Krankheitserreger beteiligt ist. Durch den Eintrag von Nährstoffen bildet sich insbesondere auf der Oberfläche und in den oberen Filterschichten diese Mikroorganismengemeinschaft aus, die durch Nahrungskonkurrenz, Ausscheidung von Hemmsubstanzen und Prädation zur Elimination der Krankheitserreger beiträgt. Diese biologische Schicht an der Oberfläche der Filter wird als Schmutzdecke bezeichnet. Sie ist umso stärker ausgebildet, je mehr Nährstoffe im Rohwasser vorhanden sind.

Eine andere sehr effektive Art der Filtration zur Entfernung von Krankheitserregern ist die **Membranfiltration**. Dabei wird das Wasser über Membranen mit Porengrößen im Nano- oder Mikrometerbereich filtriert. Wenn nicht gleichzeitig eine Reduktion von Nährstoffen erfolgt, kann es aber nach der Membranfiltration zu Wiederverkeimungsproblemen kommen.

Ziel der Trinkwasseraufbereitung ist es die Krankheitserreger bis zu einem akzeptablen Niveau zu reduzieren (s. Kap. 4.6) und die Nährstoffe so weit zu reduzieren, dass es nicht zu einer Wiederverkeimung im Leitungsnetz kommt. Als Kontrolle der Effektivität der Aufbereitung werden routinemäßig die Indikatorbakterien *Escherichia coli* und intestinale Enterokokken sowie die Koloniezahl gemessen (s. Kap. 4.3.6, 4.3.7). Dabei sollten *Escherichia coli* und intestinale Enterokokken in 100 mL nicht nachweisbar sein und eine Koloniezahl von 100 KBE/mL sollte nicht überschritten werden. Diese Werte verleiten zu der Annahme, dass sich im Trinkwasser nur wenige Bakterien befinden. Dies ist aber ein weit verbreiteter Irrtum. Jedes Rohwasser, das zur Trinkwasserbereitung genutzt wird, egal ob Grund- oder Oberflächenwasser, enthält Bakterien. Aufgabe der Trinkwasseraufbereitung ist es, die im Rohwasser möglicherweise enthaltenen Krankheitserreger zu entfernen, während die angepassten Wasserbakterien sich in ihrer Zahl nur wenig verändern. Daher enthält Trinkwasser in der Regel ca. $10^4 - 10^5$ lebende Bakterienzellen pro mL. Dabei handelt es sich um an das Wasser angepasste **Umweltbakterien**, die mit den bei der Routinekontrolle verwendeten Nährmedien meist nicht nachgewiesen werden können und die auch in der Regel keine gesundheitliche Relevanz haben. Bei der Trinkwasseraufbereitung werden die eher schnell wachsenden und an höhere Wachstumstemperaturen angepassten Bakterien aus fäkalen Verunreinigungen durch an das Wasser und niedere Temperaturen angepasste, langsam wachsende Umweltbakterien ersetzt.

Der **Reduktion von Nährstoffen** kommt eine sehr große Bedeutung für die Qualität des Trinkwassers zu. Nur Trinkwasser mit niedrigen Nährstoffgehalten kann ohne Qualitätsverlust über längere Strecken zum Verbraucher transportiert werden. Bei erhöhten Nährstoffgehalten kann es zum Wachstum von Bakterien im Leitungsnetz (Wiederverkeimung) und insbesondere zu vermehrter Biofilmbildung mit der Gefahr der Entwicklung oder des längeren Überlebens von pathogenen Bakterien kommen (s. Kap. 4.1.1). Auch bei gut aufbereitetem Rohwasser bilden sich im Leitungsnetz in begrenztem Maße Biofilme aus. Diese dünnen Biofilme sind in den Hauptverteilungssystemen immer vorhanden und führen durch ihre Aktivität zu einer Stabilisierung des Wassers, auch während des Transports. Nur wenn es aufgrund des Eintrags von großen Mengen an Nährstoffen zu übermäßigem Wachstum kommt, besteht die Gefahr der Entwicklung und Freisetzung hygienisch bedenklicher Mikroorganismen. In Deutschland kann aufgrund der guten Qualität des Rohwassers und einer guten Aufbereitung des Trinkwassers in vielen Städten ungechlortes Trinkwasser verteilt werden, ohne dass es zu einer Wiederverkeimung im Leitungsnetz kommt.

Auch **Eisen- und Mangan**, die vor allem in Grundwässern häufig in großer Menge vorkommen, können durch die biologische Aktivität von Bakterien in Filtrationsprozessen aus dem Wasser entfernt werden. In anoxischem Grundwasser liegen Eisen und Mangan in reduzierter Form als zweiwertige Ionen gelöst vor. Eisen- und Mangan-oxidierende Bakterien können die zweiwertige in die dreiwertige Form umwandeln, wodurch sich unlösliche Eisenhydroxide bilden. Um diese Fähigkeit technisch ausnutzen zu können, ist es wichtig, die Bedürfnisse der an diesen Prozessen beteiligten Bakterien zu kennen. Eisen- und Mangan-oxidierende Bakterien sind mikroaerophil, d. h. sie vertragen nur geringe Sauerstoffkonzentrationen. Durch Filtration von anoxischem, Eisen- und manganhaltigem Grundwasser über Filter unter mikroaerophilen Bedingungen können sehr effektiv die Metalle aus dem Grundwasser entfernt werden. Solche Filter laufen stabil und wartungsarm. Umso unverständlicher ist es, dass viele Wasserwerke immer noch eine rein chemische Oxidation der Metalle vornehmen und dazu sehr viel Sauerstoff und Energie verschwenden.

> **Merke:** Bei der Aufbereitung von Trinkwasser werden durch klassische Filtrations-
> prozesse (z. B. Uferfiltration, Sandfiltration) die im Rohwasser möglicherweise vor-
> handenen Krankheitserreger so weit als möglich zurückgehalten und gleichzeitig
> die organischen Nährstoffe abgebaut. Der Reduktion von Nährstoffen kommt eine
> sehr große Bedeutung für die Qualität des Trinkwassers zu. Nur Trinkwasser mit
> niedrigen Nährstoffgehalten kann ohne Qualitätsverlust über längere Strecken zum
> Verbraucher transportiert werden, ohne dass es zur Wiederverkeimung u. a. durch
> Biofilmbildung kommt.

Bei der **Reinigung von Abwasser** (s. auch Kap. 5.6) steht traditionell die Reduktion
der leicht abbaubaren, organischen Nährstoffe und der anorganischen Nährstoffe, Phosphor und Stickstoff, im Vordergrund, um die ökologische Qualität der Gewässer mit
Abwassereinleitungen zu verbessern. Der Abbau von POP (engl. persistent organic pol-
lutants) gewinnt allerdings immer mehr an Bedeutung.

Durch die Prozesse bei der Abwasserreinigung werden auch Krankheitserreger im
Abwasser reduziert. Bei einer klassischen Kläranlage mit Belebung verringert sich die
Konzentration an pathogenen Organismen um 2–3 Zehnerpotenzen. Eine gezielte weitere Reduktion von Krankheitserregern in Abwasser wird bei Einleitung in sensible Bereiche, wie Trinkwasserressourcen und Badegewässer, angestrebt.

Die biologischen Prozesse der klassischen Abwasserreinigung können in Suspension (Belebtschlamm/Klärschlamm) oder in Biofilmen auf Oberflächen (Tropfkörper,
Scheibentauchkörper) ablaufen. Bei all diesen Verfahren etablieren sich komplexe mikrobielle Gemeinschaften aus Prokaryoten, Protisten und niederen Metazoen. Das Vorhandensein von Vertretern verschiedener Trophiestufen (Bakterien und sich von Bakterien ernährende Protisten) ist ein wesentlicher Grund für die Reduktion an Biomasse
und damit die Reduktion von Klärschlamm, der sonst entsorgt werden müsste.

Im **Klärschlamm** bilden sich Klärschlammflocken, die 10–1.000 µm groß sind. Außen an der Flocke herrschen aerobe Bedingungen, während sich im Innern, insbesondere von größeren Flocken, anaerobe Bereiche befinden, die auch anaeroben Bakterien,
wie Gärern und sulfatreduzierenden Bakterien, ein Überleben und gegebenenfalls ein
Wachstum ermöglichen. Es hat sich gezeigt, dass nur 1–10 % der in den Belebtschlammflocken vorhandenen Bakterien kultivierbar sind. Daher wurde lange Zeit vermutet,
dass auch nur 1–10 % aktiv sind. Mit neueren Methoden (fluorogene und chromogene
Substrate) konnte eine Aktivität bei bis zu 90 % dieser Bakterien nachgewiesen werden, obwohl nur wenige kultivierbar waren. Bei der Kultivierung werden darüber hinaus
vor allem Gamma-Proteobakterien isoliert, auch wenn diese im untersuchten Habitat
nicht dominieren (Gamma-Shift).

An und in den **Belebtschlammflocken** findet der Abbau von Nährstoffen durch die
Bakterien statt. Die sich bildende Bakterienbiomasse wird von Bakterien-fressenden
Protisten, wie Ciliaten, Flagellaten, Amöben sowie Rotatorien, stark dezimiert. Diese
tragen daher deutlich zu einer Reduktion des Klärschlammvolumens bei, da nur 10 %
der in den Bakterien enthaltenen Biomasse in den Protisten festgelegt wird.

Membranbioreaktoren sind ein Spezialfall der Belebung. Durch das Einbringen einer
Membran, über die das Wasser abgezogen wird, die Mikroorganismen jedoch zurückgehalten werden, kommt es zu einer Anreicherung von Biomasse im Reaktor. Obwohl
durch das zufließende Abwasser große Mengen an Nährstoffen eingetragen werden, befinden sich die einzelnen Bakterien aufgrund ihrer hohen Dichte unter Substratlimi-

tierung. Im Extremfall wachsen sie nicht mehr, sondern führen nur noch einen Erhaltungsstoffwechsel durch. In solchen Membranbioreaktoren entsteht daher nur sehr wenig Überschussschlamm.

Die Lebensgemeinschaften in den **Biofilmen** auf Tropfkörpern sind komplexer aufgebaut als die Klärschlammflocken. Auch hier gibt es aerobe Bereiche an der Oberfläche und anaerobe Bereiche in tieferen Schichten des Biofilms. Außer Bakterien und Protisten finden sich aber auch Makroinvertebraten, wie Collembolen, Nematoden, Insektenlarven und viele andere Organismen. Insbesondere bei speziellen Abwässern mit saurem pH-Wert treten auch Pilze auf. Auch bei den Biofilmen konnte durch neue Untersuchungsmethoden ein besseres Verständnis für Komplexität dieser Lebensgemeinschaften erreicht werden, so z. B. beim räumlichen Zusammenwirken von Nitrifikanten und Denitrifikanten (s. u.).

Pathogene werden in Tropfkörpern meist nicht so gut und nicht so zuverlässig reduziert wie im Belebtschlammprozess.

> **Merke:** Bei der Reinigung von Abwasser steht traditionell die Reduktion von leicht abbaubaren organischen Nährstoffen sowie den anorganischen Nährstoffen Phosphor und Stickstoff im Vordergrund. Immer wichtiger wird aber der Abbau von POPs (engl. persistent organic pollutants). Durch die Prozesse bei der Abwasserreinigung werden auch Krankheitserreger im Abwasser reduziert (bei einer klassischen Kläranlage mit Belebung um 2–3 Zehnerpotenzen). Die Abbauleistung wird durch Mikroorganismen in Flocken (Belebtschlammm) oder Biofilmen (z. B. Tropfkörper) erbracht.

Zur Entfernung anorganischer Verbindungen, wie Phosphat und Ammonium, die in den Vorflutern zu massiver Eutrophierung führen würden, werden heute mikrobiologische Prozesse genutzt.

Die **Denitrifikation** ist eine Art anaerobe Atmung, bei der Sauerstoff durch alternative Elektronenakzeptoren ersetzt wird. Nitrat (NO_3^-) wird im Zuge der Denitrifikation zu Stickstoff (N_2) reduziert und damit dem Wasser entzogen. Da im Abwasser durch aerobe und anaerobe Abbauprozesse jedoch zunächst Ammonium (NH_4^+) gebildet wird, muss durch **Nitrifikation**, die meist im Belebungsbecken lokalisiert ist, zunächst das Ammonium zu Nitrat oxidiert werden, bevor es in einer anaeroben Stufe zu Stickstoff reduziert werden kann. Zur Denitrifikation sind viele fakultativ anaerobe Bakterien aus unterschiedlichsten Gruppen befähigt (z. B. *Alcaligenes, Bacillus, Hyphomicrobium, Paracoccus, Pseudomonas*), während die Nitrifikation nur von wenigen Arten chemolithoautotropher Bakterien durchgeführt wird. Die Nitrifikation verläuft in zwei Schritten. Zunächst wird Ammonium durch *Nitrosomonas, Nitrosospira, Nitrosovibrio, Nitrosolobus* oder *Nitrosococcus* zu Nitrit (NO_2^-) oxidiert. Im zweiten Schritt wird Nitrit durch *Nitrobacter, Nitrospira, Nitrococcus* oder *Nitrospina* zu Nitrat oxidiert.

Die **Entfernung von Phosphat** mit Hilfe von Mikroorganismen basiert auf der Fähigkeit verschiedener Bakterien Phosphat in Form von Polyphosphat (Poly-P) intrazellulär zu speichern. Diese Poly-P-Grana stellen aufgrund der energiereichen Bindungen nicht nur einen Phosphat-, sondern auch einen Energiespeicher dar. Deshalb werden die Poly-P-Speicher auch primär unter aeroben Bedingungen, wenn die Bakterien durch aerobe Atmung einen große Menge Energie gewinnen können, gebildet. Wenn Elektronenakzeptoren, wie Sauerstoff und Nitrat, die eine gute Energieausbeute liefern können, nicht zur Verfügung stehen, kann der Poly-P-Speicher genutzt werden, um die Energiedefizite zumindest zeitweise auszugleichen. Die Eigenschaft der Phosphatspeicherung kann zur biologischen Phosphatelimination in Kläranlagen genutzt werden. Die Fähigkeit Poly-P-Grana zu speichern wird bei vielen Bakterien aus unterschiedlichen Gruppen beobachtet. Mit konventionellen Kulturmethoden wurde früher in Abwasserreinigungsanlagen mit biologischer Phosphatelimination vorwiegend *Acinetobacter* als phophatspeicherndes Bakterium isoliert. Inzwischen wurde mit molekularbiologischen Verfahren nachgewiesen, dass tatsächlich bestimmte Vertreter der *Rhodocyclus*-Gruppe besonders häufig vorkommen. Diese Bakterien – inzwischen der neuen Gattung *Accumulibacter* zugeordnet – sind für einen wesentlichen Teil der Phosphatelimination verantwortlich.

Durch geschickte Kombination anaerober und aerober Stufen in einer Kläranlage können durch Nutzung dieser mikrobiologischen Prozesse Ammonium/Nitrat und Phosphat während des Reinigungsprozesses deutlich reduziert werden.

4.5 Mikrobiologische Aspekte bei der Desinfektion

Unter Desinfektion versteht man die Abtötung oder Inaktivierung von Krankheitserregern, so dass sie nicht mehr in der Lage sind Infektionen auszulösen. Desinfektionsmaßnahmen sind nur in Kombination mit Aufbereitungsverfahren sinnvoll (s. Kap. 5.4.).

Aus mikrobiologischer Sicht muss beachtet werden, dass **sämtliche Desinfektionsverfahren** eine **selektive Wirkung** haben, d. h. dass bestimmte Mikroorganismen besser abgetötet oder inaktiviert werden können als andere. Ein weiteres Problem bei der Desinfektion liegt darin, dass Mikroorganismen häufig nicht frei suspendiert im Wasser vorliegen, sondern Aggregate bilden oder an Partikel gebunden sind und dadurch von den Desinfektionsmitteln sehr schlecht oder gar nicht erreicht werden. Daher ist eine Desinfektion nur nach vorheriger Partikelabtrennung sinnvoll (s. Tab. 4.8 und Kap. 5.4).

In Tabelle 4.8 ist die relative Effektivität von Desinfektionsverfahren gegenüber Viren, Bakterien und Protistendauerstadien zusammengefasst (s. auch Kap. 4.3.2, 4.3.3). Diese Darstellung ist natürlich eine grobe Verallgemeinerung und kann nicht auf alle Vertreter der angegebenen Gruppen undifferenziert übertragen werden. So sind unbehüllte Viren meist resistenter als Bakterien, behüllte Viren aber teilweise sehr sensitiv. Bei Mykobakterien ist die Ozonung weniger effektiv als bei den anderen getesteten Bakterien und *Giardia*-Zysten sind weniger resistent gegenüber Chlordioxid und Ozon als *Cryptosporidium*-Oozysten.

Die zur routinemäßigen Kontrolle der Wasserqualität verwendeten Fäkalindikatoren *Escherichia coli* und intestinale Enterokokken eignen sich nicht als Indikatoren für eine erfolgreiche Desinfektion, da sie auf alle Desinfektionsschritte sehr sensitiv reagieren. Daher kann es vorkommen, dass bei ungenügender Aufbereitung und anschließender – unzureichender! – Desinfektion ein Wasser erzeugt wird, das frei von Indikatorbakterien ist, aber noch Krankheitserreger, insbesondere die sehr resistenten Dauerformen

Tab. 4.8 Relative Effektivität von Filtrations- und Desinfektionsverfahren zur Entfernung von Mikroorganismen aus dem Wasser.

Verfahren	Mikroorgansimen suspendiert			Mikroorganismen partikelgebunden
	Bakterien vegetativ	Viren	Bakteriensporen/ Protistendauerformen	
Filtration	++	+	++	++
Chlorung (Chlor/Chloroxid)	++	+	−	−
Ozonung	++	+	±	−
UV-Behandlung	++	+	±	−

++: Verfahren ist sehr effektiv, + Verfahren ist effektiv, ± Verfahren ist nur bei hoher Konzentration/ Dosis und langer Einwirkzeit effektiv, − Verfahren ist mit den in der Praxis erreichbaren Bedingungen nicht effektiv.

von Giardien und Cryptosporidien, enthält. Dabei können sogar so hohe Konzentrationen an Krankheitserregern ins Trinkwasser gelangen, dass es zu Ausbrüchen kommt, ohne dass die Kontamination durch die bakteriellen Indikatoren angezeigt wird (s. Tab. 4.9). Ohne versuchte Desinfektion oder bei Kontaminationen mit bakteriellen Krankheitserregern sind die Indikatoren dagegen sehr zuverlässig. Eine Desinfektion sollte also in der Praxis nicht dazu benutzt werden, um ein Wasser, das nach der Aufbereitung noch *Escherichia coli* enthält, „sauber zu desinfizieren". Dadurch werden zwar die *Escherichia coli* abgetötet, möglicherweise vorhandene resistente Krankheitserreger dagegen nicht. Eine Chlorung nach der Aufbereitung sollte nur als Vorsorgemaßnahme gegen eine Wiederverkeimung im Leitungsnetz erfolgen.

Auch bei Desinfektionsmaßnahmen im Abwasserbereich eignen sich *Escherichia coli* und intestinale Enterokokken **nicht als Indikatoren** für eine erfolgreiche Desinfektion. Messungen von Viren und *Escherichia coli* (Enterokokken) vor und nach einer Abwasserchlorung in den USA haben ergeben, dass das Verhältnis vor der Chlorung ca. 1 : 30.000 (1 : 3.000) war, nach der Chlorung weniger als 1 : 1. Das bedeutet, dass die Indikatoren durch die Chlorung überproportional abgetötet wurden und verhältnismäßig mehr Viren überlebt haben.

Tab. 4.9 Durch bakterielle Indikatoren angezeigte Ausbrüche mit Bakterien und Protisten (*Giardia* und *Cryptosporidium parvum*) mit und ohne Chlorung des Trinkwassers (zusammengestellt aus Daten von CDC (Center for Disease Control and Prevention) und EPA (Environmental Protection Agency)).

Anzahl Ausbrüche	Krankheitserreger	Trinkwasser- chlorung	Anzeige durch Indikatorbakterien Anzahl	keine Anzeige durch Indikatorbakterien Anzahl
12	Bakterien	ja/nein	11	1
3	Protisten	nein	3	0
5	Protisten	ja	2	3

Bei Desinfektionsmaßnahmen darf daher das Ergebnis nicht nur Anhand von Indikatoren beurteilt werden, sondern es müssen auch ausgewählte Krankheitserreger, wie Viren und Cryptosporidien, herangezogen werden. Eine andere Möglichkeit ist es, mit Indikatoren zu arbeiten, die genauso resistent wie oder resistenter als die resistentesten Krankheitserreger sind. Nur so kann sichergestellt werden, dass bei Abwesenheit des Indikators nach dem Desinfektionsschritt auch keine aktiven Krankheitserreger mehr im Wasser sind. Zur Prüfung von UV-Desinfektionsanlagen wird z. B. das sporenbildende Bakterium *Bacillus subtilis* verwendet.

Krankheitserreger in **Biofilmen** sind gegenüber Desinfektionsmitteln geschützt (s. Kap. 4.1.1). Je dicker die Biofilme sind, desto größer ist der Schutz, den sie bieten. Die Desinfektionsmittel dringen bei dicken Biofilmen nicht vollständig ein, da sie bereits an den oberen Schichten abreagieren. Damit werden Krankheitserreger, die sich in tieferen Schichten befinden nicht vom Desinfektionsmittel erfasst. Oft entwickeln sich Biofilme nach Desinfektionsmaßnahmen besonders gut, da durch die Desinfektion tote Biomasse entsteht, die von den Überlebenden abgebaut werden kann. Da Biofilme im stetigen aktiven Austausch mit der Wasserphase stehen, wird dadurch auch die Qualität des fließenden Wassers beeinträchtigt. In Biofilmen finden sich außerdem Amöben, in denen intrazelluläre Krankheitserreger geschützt vor Desinfektionsmittel überleben können. So sind Acanthamöben gegenüber Chlorkonzentrationen von 0,5 mg/L und die Zysten von Amöben gegenüber Chlorkonzentrationen von bis zu 50 mg/L resistent.

> **Merke:** Sämtliche Desinfektionsverfahren haben eine selektive Wirkung, d. h. bestimmte Mikroorganismen werden besser abgetötet oder inaktiviert als andere. Die klassischen Fäkalindikatoren *Escherichia coli*, coliforme Bakterien und intestinale Enterokokken sind empfindlicher gegenüber Desinfektionsmitteln als die meisten Krankheitserreger (insbesondere Viren und Parasiten) und daher keine guten Indikatoren für desinfizierte Wässer. Mikroorganismen, die nicht frei suspendiert im Wasser vorliegen, sondern Aggregate bilden oder an Partikel gebunden sind, werden von Desinfektionsmitteln sehr schlecht oder gar nicht erreicht. Daher ist eine Desinfektion nur nach vorheriger Partikelabtrennung sinnvoll. In Biofilmen sind Mikroorganismen besonders vor Desinfektionsmitteln geschützt.

Durch aktiven Ressourcenschutz, eine dem Rohwasser angepasste Aufbereitung, die auch die Nährstoffe reduziert, und eine gute Pflege der Leitungsnetze lässt sich auch ohne Desinfektion ein hygienisch einwandfreies Wasser herstellen. Dies wird von vielen Städten in Deutschland laufend unter Beweis gestellt.

4.6 Quantitative mikrobiologische Risikoabschätzung

In der TrinkwV 2001 wird in § 4 gefordert, dass Wasser für den menschlichen Gebrauch „frei von Krankheitserregern" sein muss. Diese Forderung spiegelt den Vorsorgegedanken und das Minimierungsgebot wider und ist dahingehend zu verstehen, dass beim Ressourcenschutz, sowie bei der Aufbereitung, Lagerung und Verteilung von Trinkwasser alles unternommen werden muss, um die Konzentration an Krankheitserregern im fertigen Trinkwasser so gering wie möglich zu halten. Zur Überprüfung der Trinkwasserqualität ist eine solche absolute Forderung, auch vor dem Hintergrund der neuen Krankheitserreger, von denen viele ihr natürliches Habitat im Trinkwasser haben und sich dort vermehren, aber nicht praktikabel. Eine solche theoretische Forderung ohne Angabe des Volumens (100 mL, 1 L, 1 m^3?), das frei von Krankheitserregern sein soll, ist eine in der Praxis nicht erfüllbare Vorgabe. Eine einzige nachgewiesene Legionelle im Leitungsnetz würde dazu führen, dass das Wasser nicht mehr als Trinkwasser geeignet ist.

In der neuen EU-Trinkwasserrichtlinie 98/83/EC (EG-Trinkwasserrichtlinie, 1998) wird diese pauschale Forderung daher durch die überprüfbare Vorgabe ersetzt, dass Trinkwasser frei sein muss von Mikroorganismen und Parasiten, die nach Anzahl oder Konzentration eine Gefahr für die menschliche Gesundheit darstellen. Dies wird in der Trinkwasserverordnung 2001 (TrinkwV, 2001) im § 5 (Mikrobiologischen Anforderungen), der den Besorgnisgrundsatz enthält und eine Verknüpfung mit dem Infektionsschutzgesetz (IfSG, 2001) herstellt, umgesetzt: Im Trinkwasser dürfen „Krankheitserreger im Sinne des § 2 Nr. 1 IfSG nicht in Konzentrationen enthalten sein, die eine Schädigung der menschlichen Gesundheit besorgen lassen". Das heißt, dass einzelne Krankheitserreger im Trinkwasser toleriert werden, solange sie nicht in Konzentrationen vorkommen, die nicht akzeptable Gesundheitsrisiken mit sich bringen. Dies bedeutet aber nicht, dass nun Risiken, die früher nicht toleriert wurden, akzeptiert werden oder dass das Minimierungsgebot ausgehebelt wird, sondern erlaubt es, eine unrealistische – wenngleich wünschenswerte – Forderung in für die Praxis realisierbare und überprüfbare Vorgaben zu übersetzen. Bei dieser Vorgehensweise stellt sich natürlich als nächstes die Frage nach dem akzeptablen Gesundheitsrisiko und der damit verbundenen zulässigen Konzentration an Krankheitserregern.

Es sollten mit Sicherheit keine Konzentrationen an Krankheitserregern zulässig sein, bei denen es zu Krankheitsausbrüchen kommen kann. Trinkwasserbedingte Ausbrüche mit Krankheitserregern traten in Europa nur bei massiven Verstößen gegen die allgemein anerkannten Regeln bei der Trinkwassergewinnung, -aufbereitung oder -verteilung auf (s. Kap. 4.3). Das angestrebte Schutzniveau für die Trinkwasserversorgung in Deutschland und anderen hoch entwickelten Staaten geht aber weit über die Verhinderung von Ausbrüchen hinaus und soll eine hohe Qualität sicherstellen, die auch einzelne Erkrankungsfälle verhindern kann. Die Frage, wie viele über das Trinkwasser ausgelöste Erkrankungen als noch akzeptabel gelten, muss im gesellschaftlichen Konsens geklärt werden. Umfragen in der Bevölkerung hinsichtlich Risiken durch Unfälle oder chemische Substanzen haben ergeben, dass ein Risiko von 10^{-4} oder 10^{-5} (d. h. 1 Fall pro 10.000 oder 100.000) in vielen Fällen als akzeptabel gilt. Die EPA in den USA hat einen entsprechenden Wert von 10^{-4} (eine Infektion pro 10.000 im Jahr) als akzeptablen Wert für trinkwasserbürtige Infektionen festgelegt (dies entspricht größenordnungsmäßig 10^{-6} bis 10^{-7} DALYs, s. Kap. 6.3.4).

Wenn das **akzeptable Risiko** festgelegt ist, kann daraus berechnet werden, wie niedrig die maximal zulässige Konzentration an Krankheitserregern im Trinkwasser sein muss, um unter dem akzeptablen Risiko zu liegen. Die Voraussetzung dafür ist, dass bekannt ist, wie viele Krankheitserreger für eine Infektion benötigt werden und wie viel Wasser ein Betroffener in einem Jahr trinkt. Meist wird von einem täglichen Konsum von 2 L Trinkwasser ausgegangen. Über Studien mit gesunden Freiwilligen, denen unterschiedliche Dosen von Krankheitserregern verabreicht wurden, lässt sich die für eine Infektion benötigte Anzahl dieser Krankheitserreger bestimmen. Aus solchen Untersuchungen ergaben sich für eine Infektionswahrscheinlichkeit von 1 % folgende benötigte Infektionsdosen: *Vibrio cholerae* O1: 1.428 Zellen, *Vibrio cholerae* O1 El Tor: 667 Zellen, *Salmonella* Typhi: 263 Zellen, *Campylobacter jejuni:* 1,4 Zellen, Rotaviren: 0,03 Viren und *Giardia lamblia:* 0,5 Zysten.

Leider gibt es solche Studien nur für wenige Krankheitserreger. Aus diesen Daten kann durch mathematische Modelle das Risiko im Bereich niedriger Dosen, die z. B. zu einem akzeptablen Risiko von 10^{-4} Infektionen pro Jahr führen, berechnet werden.

Da bei den „neuen Krankheitserregern" teilweise bereits äußerst geringe Dosen eine Infektion auslösen können (s. Kap. 4.3), ist die zulässige Konzentration dieser Krankheitserreger, berücksichtigt man einen Trinkwasserkonsum von 2 L am Tag, sehr niedrig. Für Rotaviren wurden in einer Studie unter bestimmten Annahmen z. B. 0,3 Viren/ 100 L als zulässige Konzentration berechnet. Eine **Endproduktkontrolle** im fertigen Trinkwasser ist für solche Konzentrationen nicht möglich, da dafür mehrere Kubikmeter Wasser auf das Vorhandensein einzelner Viren untersucht werden müssten. Die Dokumentation dieses hohen Schutzniveaus kann aber indirekt dadurch erfolgen, dass die Konzentration der Viren im Rohwasser bestimmt wird und die Effektivität der Aufbereitung und ggf. der Desinfektion berücksichtigt wird, um die theoretisch zu erwartende Virenkonzentration im Trinkwasser zu berechnen. Diese Konzentration kann dann mit der zulässigen Konzentration für das akzeptable Risiko verglichen werden. Ist die Aufbereitung beispielsweise in der Lage, Viren um drei Logarithmus-Stufen zu reduzieren, ist ausgehend von 30 Viren/100 L Rohwasser die theoretische Virenkonzentration im Trinkwasser 0,03 Viren/100 L und liegt damit unter der zulässigen Konzentration im oben genannten Beispiel. Für *Giardia* hat eine quantitative Risikoabschätzung ergeben, dass bei einer Konzentration von 0,7–70 Zysten/100 L Rohwasser eine Reduktion von drei bis fünf Logarithmus-Stufen in der Aufbereitung erforderlich ist, um ein akzeptables Risiko von 10^{-4} Infektionen pro Jahr zu erreichen (Percival et al., 2004). Um eine konstant gute Effektivität der Aufbereitung zu garantieren, müssen die Aufbereitungseinheiten nach dem Stand der Technik gebaut und überwacht werden. Die Endproduktkontrolle wird also durch die **Kontrolle des Rohwassers und** wichtiger Schritte bei der **Aufbereitung** ergänzt. Dieses Konzept hält **als HACCP-Konzept** (engl. hazard analysis and critical control points) in vielen Produktionsbereichen Einzug. In Deutschland ist diese Vorstellung bereits Bestandteil des Multibarrierenkonzepts (s. Kap. 5.4) und muss für die Risikoabschätzung hinsichtlich Krankheitserreger nur angepasst und konsequent umgesetzt werden. Bei Gewinnung von Trinkwasser aus gut geschütztem Grundwasser oder Oberflächenwasser ohne fäkalen Einfluss ist eine solche Risikoabschätzung nicht notwendig, da davon ausgegangen werden kann, dass das Rohwasser keine Viren oder andere fäkale Krankheitserreger enthält.

Eine quantitative Risikoabschätzung hinsichtlich mikrobiologischer Risiken im Trinkwasser erlaubt die Dokumentation eines Schutzniveaus, das durch Endproduktkontrolle nicht mehr möglich ist. Ein großes Problem dabei ist allerdings, dass die dazu benötigten Daten für viele Krankheitserreger nicht vorliegen. Die Untersuchungen zur Infektionsdosis wurden darüber hinaus mit gesunden Erwachsenen durchgeführt, während bei vielen der neuen Krankheitserreger vorgeschädigte Personen besonders empfindlich sind. Daher ist eine quantitative Risikoabschätzung nur für wenige der neuen Krankheitserreger möglich.

Ähnliche Überlegungen zum Erkrankungsrisiko wurden auf der Grundlage von epidemiologischen Studien auch für Badegewässer durchgeführt und bilden die Grundlage für die in der neuen **EU-Badegewässerrichtlinie** (s. Kap. 6.10) aufgeführten Kategorien für ausgezeichnete und gute Badegewässer mit entsprechenden zulässigen Konzentrationen an Indikatorbakterien. Die zulässigen Konzentrationen sind in Badegewässern höher als im Trinkwasser, da das Baden nur an wenigen Tagen im Jahr stattfindet und jeweils nur wenig Wasser aufgenommen wird. Außerdem sind Badegewässer Multifunktionsgewässer, bei denen immer mit einer gewissen fäkalen Verunreinigung zu rechnen ist. Die in der Richtlinie vorgegebenen höheren zulässigen Konzentrationen in Binnengewässern im Vergleich zu Küstengewässern sind aus diesen Studien aber nicht zu begründen.

> **Merke:** Eine quantitative Risikoabschätzung hinsichtlich mikrobiologischer Risiken im Trinkwasser erlaubt die Dokumentation eines sehr hohen Schutzniveaus, das durch eine Endproduktkontrolle nicht mehr möglich ist. Die EPA in den USA hat einen Wert von 10^{-4} (eine Infektion pro 10.000 im Jahr) als akzeptablen Wert für trinkwasserbürtige Infektionen festgelegt. Dies entspricht (unter bestimmten Annahmen) z. B. 0,3 Rotaviren/100 L als korrelierende akzeptable Konzentration im Trinkwasser. Ein solch niedriges Konzentrationsniveau lässt sich nicht mehr messen, aber aus der Virenkonzentration im Rohwasser und der Effizienz der Aufbereitung abschätzen.

4.7 Literatur

Bade K., Manz W. und Szewzyk U. (2000): Behavior of sulfate reducing bacteria under oligotrophic conditions and oxygen stress in particle-free systems related to drinking water. FEMS Microbiol. Ecol. 32: 215–223.

Böckelmann U., Manz W., Neu T. und Szewzyk U. (2000): Characterization of the microbial community of lotic organic aggregates ('river snow') in the Elbe River of Germany by cultivation and molecular methods. FEMS Microbiol. Ecol. 33: 157–170.

DVGW Arbeitsblatt 551 (2004): Trinkwassererwärmungs- und Trinkwasserleitungsanlagen; Technische Maßnahmen zur Verminderung des Legionellenwachstums; Planung, Errichtung, Betrieb und Sanierung von Trinkwasser-Installationen. (Anmerkung: die alten DVGW-Arbeitsblätter W 551 (1993) und W 552 (1996) wurden zu diesem neuen W 551 zusammengefasst, www.dvgw.de.)

EG-Trinkwasserrichtlinie (1998): Richtlinie 98/83/EG des Rates vom 3. November 1998 über die Qualität von Wasser für den menschlichen Gebrauch.

Empfehlung des Umweltbundesamtes nach Anhörung der Trink- und Badewasserkommission des Umweltbundesamtes: Nachweis von Legionellen in Trinkwasser und Badebeckenwasser (2000) Bundesgesundheitsbl. Gesundheitsforsch. Gesundheitsschutz 43: 911–915.

Empfehlung des Umweltbundesamtes: Empfehlung zum Schutz von Badenden vor Cyanobakterien-Toxinen (2003) Bundesgesundheitsbl. Gesundheitsforsch. Gesundheitsschutz 46: 530–538.

Empfehlung des Umweltbundesamtes nach Anhörung der Trink- und Badewasserkommission des Umweltbundesamtes: Periodische Untersuchung auf Legionellen in zentralen Erwärmungsanlagen der Hausinstallation nach § 3 Nr. 2 Buchstabe c TrinkwV 2001, aus denen Wasser für die Öffentlichkeit bereit gestellt wird (2006) Bundesgesundheitsbl. Gesundheitsforsch. Gesundheitsschutz 49: 697–700.

Eyler J. M. (2001): The changing assessment of John Snow's and William Farr's cholera studies. Soz. Praeventiv Med. 46(4): 225–232.

Feuerpfeil I. und Botzenhart K. (2008): Hygienisch mikrobiologische Wasseruntersuchungen in der Praxis. Wiley-VCH Verlag, Weinheim. ISBN 978-3-527-31569-7.

Flemming H.-C. und Wingender J. (2002): Was Biofilme zusammenhält. Chemie in unserer Zeit 36: 30–42.

Infektionsschutzgesetz (IfSG, 2001): Gesetz zur Verhütung und Bekämpfung von Infektionskrankheiten beim Menschen vom 20. Juli 2000 (BGBl IS 1045); geändert am 5. November 2001 (BGBl IS 2960).

Kalmbach S., Manz W. und Szewzyk U. (1997): Dynamics of biofilm formation in drinking water: phylogenetic affiliation and metabolic potential of single cells assessed by formazan reduction and in situ hybridization. FEMS Microbiol. Ecol. 22: 265–279.

Kalmbach S., Manz W., Wecke J. und Szewzyk U. (1999): *Aquabacterium* gen. nov., with description of *Aquabacterium citratiphilum* sp. nov., *Aquabacterium parvum* sp. nov. and *Aquabacterium commune* sp. nov., three in situ dominant bacterial species from the Berlin drinking water system. Int. J. Syst. Bacteriol. 49: 769–777.

LAWA (Bund/Länder-Arbeitsgemeinschaft Wasser) (1996): Gewässergüteatlas der Bundesrepublik Deutschland – Biologische Gewässergütekarte 1995. Kulturbuch-Verlag, Berlin.

LAWA (Bund/Länder-Arbeitsgemeinschaft Wasser) (1998): Gewässerbewertung, stehende Gewässer. Vorläufige Richtlinie für die Erstbewertung von natürlich entstandenen Seen nach trophischen Kriterien (www.lawa.de).

Percival S. L., Chalmers R. M., Embrey M., Hunter P. R., Sellwood J. und Wyn-Jones P. (2004): Microbiology of waterborne diseases. Elsevier Academic Press, London

Rose J. B. und Gerba C. P. (1991): Use of risk assessment for development of microbial standards. Wat. Sci. Technol., 24: 29–34.

Schmitt A. (1998): Trophiebewertung planktondominierter Fließgewässer – Konzept und erste Erfahrungen. Integrierte ökologische Gewässerbewertung – Inhalte und Möglichkeiten. Münchener Beiträge zur Abwasser-, Fischerei- und Flussbiologie, 51: 394–411.

Szewzyk U., Manz W., Amann R., Schleifer K. H. und Stenström T.-A. (1994): Growth and in situ detection of a pathogenic *Escherichia coli* in biofilms of a heterotrophic water-bacterium by use of 16S- and 23S-rRNA-directed fluorescent oligonucleotide probes. FEMS Microbiol. Ecol. 13: 169–176.

Trinkwasserverordnung (TrinkwV, 2001): Verordnung über die Qualität von Wasser für den menschlichen Gebrauch vom 21. Mai 2001 (BGBl IS 959).

WWRL (2000/60/EG): EG-Wasserrahmenrichtlinie 2000/60/EG des Europäischen Parlaments vom 23. Oktober 2000 zur Schaffung eines Ordnungsrahmens für Maßnahmen der Gemeinschaft im Bereich der Wasserpolitik.

VDI-Richtlinie 6022: Hygieneanforderungen an Raumlufttechnische Anlagen (2006); Blatt 1–3 (www.vdi.de).

VDI-Richtlinie 2047 Blatt 2: Hygienischer Betrieb von Rückkühlwerken (in Erarbeitung).

Vollenweider R. A. und Kerekes J. (1982): Eutrophication of Waters – Monitoring, Assessment and Control. OECD, Paris.

Winkle S. (1997): Kulturgeschichte der Seuchen. Artemis & Winkler, Düsseldorf.

Xu K. D., Stewart, P. S., Xia, F., Huang, C. T., und McFeters, G. A. (1998): Spatial physiological heterogeneity in *Pseudomonas aeruginosa* biofilm is determined by oxygen availability. Appl. Environ. Microbiol. 64: 4035–4039.

5 Nutzung des Wassers

5.1 Charakteristika der Rohwässer für ihre Nutzung

5.1.1 Grundwässer

Natürliche Grundwässer weisen oft günstige Eigenschaften für eine Nutzung durch den Menschen, insbesondere als Trinkwasser, auf:

- lokal und regional ausreichende Verfügbarkeit
- niedrige Temperatur (um 10 °C in Deutschland)
- frei von kolloidalen und suspendierten Feststoffen
- frei von Krankheitserregern, wie Bakterien, Viren und Parasitendauerstadien, bei guter Filterwirkung des Untergrundes
- gelöste anorganische Hauptinhaltsstoffe, wie Calcium, Magnesium, Kalium, Natrium, Hydrogencarbonat, Sulfat und Chlorid, durch die Einstellung chemischer Lösungsgleichgewichte
- geringe bis mäßige Gehalte an natürlichen organischen Stoffen (Fulvin- und Huminsäuren)
- keine biologisch abbaubaren organischen Substanzen und daher keine Verkeimungsneigung in der Wasserverteilung.

Als nachteilig bei Grundwässern sind folgende Qualitätsparameter zu benennen:

- In sauerstofffreien Grundwässern treten Eisen-II- und Mangan-II-Ionen durch biologische Reduktion der entsprechenden oxidischen Minerale auf. Fe^{2+}/Mn^{2+} müssen daher häufig in der Wasserbehandlung entfernt werden.
- Die Gehalte an Mineralien sind bisweilen zu hoch, dies betrifft vor allem Ca^{2+} und Mg^{2+}, sowie Na^+ und Cl^- (aus Salzvorkommen) und Ca^{2+} und Sulfat (aus Gipslagerstätten).
- Stark reduzierte Grundwässer enthalten Methan, H_2S, Ammonium und Huminstoffe (schwierige Aufbereitung).
- Lokal können natürliche Spurenstoffe, wie Arsen, Nickel, Uran, Fluorid oder Radon, auftreten, wobei Richt- und Grenzwerte überschritten werden.

Die **Trinkwasserversorgung** in Deutschland nutzt zu einem Anteil von ca. 64 % Grundwässer guter bis ausreichender Qualität, in vielen Fällen kleinerer Wasserversorgungen ohne die Notwendigkeit einer Aufbereitung. Dies wird an der DIN 2000 deutlich, die fordert, dass Trinkwasser einem Grundwasser aus dem natürlichen Wasserkreislauf entsprechen soll, mit ausreichend langen Verweilzeiten im Untergrund, bei guter Filterwirkung des Bodens und möglichst mit gelöstem Sauerstoff, um gelöstes Eisen und Mangan zu vermeiden.

> **Merke:** Die Trinkwasserversorgung erfolgt in Deutschland zu etwa zwei Dritteln aus Grundwasser, da dieses die besten Voraussetzungen für einen natürlichen Zustand aufweist und keine Krankheitserreger auftreten.

5.1.2 Anthropogen veränderte Grundwässer

Die menschlichen Aktivitäten aller Art beeinflussen Menge und Qualität von Grundwässern oft erheblich. Die Landnutzungen zu verschiedenen Zwecken (z. B. Landwirtschaft, Besiedlung, Industrie- und Gewerbeparks, Waldplantagen, Altablagerungen) hinterlassen mehr oder weniger deutliche Signale im Grundwasserhaushalt durch veränderte Sickerwassermengen (Grundwasseranreicherung durch Niederschlag) und in der Zusammensetzung der Grundwässer. Aufgrund des teils hohen Alters der Grundwässer in den genutzten Aquiferen können Stoffe, die bereits vor einigen Jahrzehnten ins Grundwasser eingetragen wurden, dieses auch heute noch massiv belasten. Beispiele hierfür sind alte Gaswerksstandorte, Tanklager oder Chemiestandorte. Diese Punktquellen bilden Stoffdepots, die über die Grundwasserbewegung zu Kontaminationsfahnen werden, meistens in Richtung von Grundwasserfassungen mit ihren Absenkungstrichtern. Auch flächenhafte Stoffeinträge, z. B. aus der Landwirtschaft, belasten bzw. verändern das Grundwasser. Die folgende Tabelle 5.1 gibt einen Überblick zu den wichtigsten anthropogenen Belastungen.

Tab. 5.1 Typische Belastungen von Grundwässern und ihre Ursachen.

Belastung/Stoffe	Ursache
Aus Punktquellen:	
Chlorkohlenwasserstoffe (CKW)	unsachgemäßer Umgang mit CKW, undichte Tanks, Unfälle
Gaswerke	Ablagerung der Gaswerksrückstände bei Verkokung
Mineralöle	undichte Tanks, Unfälle, illegale Ableitungen
Altdeponien	nicht abgedichtete Altablagerungen mit diversen Abfallsorten
Aus diffusen Quellen:	
Nitrat	Stickstoffdüngung in der Landwirtschaft, Gülleausbringung, Grünlandumbruch
Pflanzenschutz- und Schädlingsbekämpfungsmittel (PBSM)	Verwendung nicht oder schlecht abbaubarer PBSM, erhöhte und falsche Anwendung
Härte (erhöhter Gehalt von Ca)	Folge der Düngung mit Stickstoff, Freisetzung von Ca^{2+} aus dem Untergrund durch Protonenbildung bei der Nitrifikation
Versauerung	saure Niederschläge mit Schwefel- und Salpetersäure bei unzureichender Pufferung durch Boden/Untergrund

> **Merke:** Ursachen für stoffliche Belastungen des Grundwassers liegen aufgrund des häufig hohen Alters des Grundwassers oft Jahrzehnte zurück.

5.1.3 Quell- und Karstwässer

Quell- und Karstwässer sind unterirdische Wässer, zeigen aber wesentliche Unterschiede zum „echten" Grundwasser. Die Filterfunktion des Bodens und des Grundwasserleiters sind hier in der Regel nicht ausreichend für eine vollständige Rückhaltung von Krankheitserregern, nicht-pathogenen Keimen und partikulären Stoffen (Trübung), insbesondere bei Schneeschmelzen und Starkniederschlägen. Die Verweilzeit und die Länge der Filterstrecken im Untergrund genügen nicht den allgemeinen Anforderungen des Grundwasserschutzes. Quellwässer, die aus älterem Grundwasser gespeist werden, sind dagegen in der Regel von guter bis sehr guter Qualität und zeigen vergleichbare Eigenschaften wie gute Grundwässer.

5.1.4 Seen und Talsperren

In stehenden oder sehr langsam fließenden Oberflächengewässern sedimentieren ungelöste Stoffe, falls ihre Dichte über der des Wassers liegt und die Teilchendurchmesser größer als ca. $20-50\,\mu m$ sind. Unbeeinflusste, natürliche Seen und Talsperren sind daher oft sehr klar, mit Sichttiefen von über 5 m. Seit der Einführung der Wasserversorgung werden solche natürlichen (pristinen) Wasservorkommen weltweit ohne besondere Aufbereitung genutzt, die sich oft auf die Desinfektion beschränkt. In Deutschland wird dagegen mindestens eine Aufbereitung mit Filtration und Desinfektion gefordert.

Das herausragende Qualitätsproblem der Seen und Talsperren ist die **Eutrophierung** (Überdüngung) vor allem mit Phosphor als limitierenden Nährstoff. Der Gesamtphosphorgehalt (P_t) während der Vollzirkulationen der Gewässerkörper im Frühjahr und Herbst bestimmen den sogenannten Trophiegrad und damit die Wasserqualität (s. Tab. 5.2).

Tab. 5.2 Trophiegrade und entsprechender Gesamtphosphorgehalt (P_t) von Seen und Talsperren.

Zustand/Trophiegrad	P_t-Bereich ($\mu g/L$)
oligotroph	≤ 30
mesotroph	$30-50$
eutroph	$50-100$
hypertroph	≥ 100

Die Photosynthese in Wasserkörpern ist der Schlüsselprozess der Eutrophierung (s. Kap. 4.2). Sie führt zu einer Reihe von Qualitätsproblemen:

- hohe Biomassenkonzentration durch Algen und entsprechende Abbauprodukte
- Sauerstoffzehrung im Hypolimnion (Tiefenwasser) mit Freisetzung von Fe^{2+}, Mn^{2+}, NH_4^+ bis hin zu H_2S und CH_4

- geruchs- und geschmacksintensive Stoffe, wie Geosmin und Methylisoborneol, die ins Trinkwasser gelangen können
- Bildung von Algentoxinen, vor allem aus Cyanobakterien (Blaualgen), mit hohem Gefährdungspotential für Mensch und Tier.

Eutrophe Seen und Talsperren erfordern deshalb eine vielstufige physiko-chemische und biologische Aufbereitung, um einwandfreies Trinkwasser auch unter kritischen Bedingungen zu produzieren. Bei Seen und Talsperren ist daher der vorsorgende Gewässerschutz und die Fernhaltung bzw. Vermeidung von Phosphoreinträgen besonders wichtig (s. Kap. 5.6).

5.1.5 Fließgewässer

Die Abflussmenge (m^3/s) von Fließgewässern kann jahreszeitlich und klimabedingt extreme Unterschiede annehmen, wobei das Einzugsgebiet (Größe, Charakteristik, Landnutzungen) eine entscheidende Rolle spielt. Naturnahe Fließgewässer weisen im Allgemeinen konstantere Abflussverhältnisse auf, wegen der natürlichen Retentionswirkungen von Auengebieten und den angeschlossenen Grundwasserleitern. Demgegenüber sind anthropogen stark überprägte Einzugsgebiete mit hohem Flächenversiegelungsgrad, intensiver Landwirtschaft und Verbau der Gewässer (z. B. Eindeichung, Stauhaltungen, Vertiefungen) oft Ursache extremer Abflussereignisse, d. h. Hochwässer und auch Niedrigwässer.

Die **Qualität der Fließgewässer** wird von folgenden Faktoren geprägt:

- Erosionsprozesse im Einzugsgebiet mit Abtrag von Feststoffen und gelösten Substanzen (Hochwassertrübungen)
- diffuse Stoffeinträge aus den Flächen des Einzugsgebiets (Landwirtschaft, Deposition von Luftschadstoffen) und aus drainiertem Grundwasser
- punktuelle Einleitungen von Abwasser und Niederschlag
- gewässerinterne Prozesse, wie Sedimentation, biologischer Abbau von organischer Substanz, Nitrifikation, Ausgasung flüchtiger Stoffe.

Die Qualität der Fließgewässer ist daher oft sehr variabel in Ort und Zeit, was bei der Nutzung wichtig ist. So sind bei großen Flüssen die linke und rechte Seite nicht gleich (Einleitungsfahnen). Weiter ist die Nutzbarkeit bei Extremabflüssen beeinträchtigt, z. B. bei starken Hochwässern mit extremen Feststoffkonzentrationen, oder bei hohen Temperaturen (über 28 °C bei Niedrigwasser mit Einschränkungen bei der Kühlwasserversorgung von Kraftwerken).

Die absichtliche **Einleitung von Abwasser** in die Fließgewässer belastet diese mit persistenten Stoffen, Krankheitserregern und Nährstoffen. Die Nutzbarkeit für eine Trinkwasserversorgung ist damit eingeschränkt bzw. erfordert eine effektive Aufbereitung, z. B. durch Uferfiltration mit Nachreinigung. Die weitergehende Abwasserreinigung zur Entfernung der kritischen Restbelastungen ist deshalb für einen besseren Gewässerschutz eine sinnvolle, vorsorgende Lösung.

> **Merke:** Prinzipiell gibt es verschiedene Rohwässer, die dem Menschen zur Nutzung zur Verfügung stehen. Die Qualität des Wassers aus Grund-, Quell- und Karst und Fließwässern sowie aus Seen und Talsperren ist z. T. höchst unterschiedlich und erfordert verschiedene Aufbereitungsschritte. Quell- und Karstwässer sind oft ungenügend filtriert, in Seen und Talsperren ist eine mögliche Eutrophierung zu vermeiden. Bei Fließgewässern kann sowohl die Einleitung von Abwässern als auch der Einfluss extremer Wetterlagen (Hochwasser, Niedrigwasser) die Zusammensetzung des Wassers stark beeinflussen.

5.2 Wassergewinnung

5.2.1 Fließgewässer

Die Wasserentnahme aus Fließgewässern für die Trinkwasserversorgung weist in Deutschland in der Regel keine Mengenbegrenzungen auf, da die genutzten Gewässer auch bei Niedrigwasser genügend Abfluss haben. In sehr trockenen und heißen Sommern, wie in 2003, kann jedoch die Wasserentnahme für die thermischen Kraftwerke zur Kühlung eingeschränkt werden, weil sonst eine Temperatur von 28 °C im Fluss überschritten wird. Diese Temperaturgrenze soll nachteilige Folgen für den Sauerstoffhaushalt und die Biozönose verhindern.

Im Blick auf die **Qualität des Fließgewässers** und die Wassergewinnung sind folgende Aspekte jedoch relevant:

- Fließgewässer dienen als Vorfluter für Abwassereinleitungen, wodurch **erkennbare Belastungen** unterhalb von Einleitungsorten auftreten. Deshalb wird es vermieden, dicht nach solchen Einleitstellen Wasser zu entnehmen, vor allem nicht in den Fahnen vor einer vollständigen Einmischung im Fluss. Bei Seitenzuflüssen der Nebenarme ist ebenfalls mit erheblichen Fahnen zu rechnen, die zu wesentlichen Qualitätsunterschieden der linken und rechten Flussseite führen können (z. B. Rhein bei Wiesbaden, wo eine Main-Fahne auftritt).
- Die Nutzung der großen Fließgewässer für die Schifffahrt erzeugt eine Gefährdung durch Unfälle, z. B. Leckagen bei Schiffskollisionen. Deshalb wird bei Warnungen die Wasserentnahme zeitweise eingestellt. Zur Kompensation sind Speicherungsanlagen notwendig, die z. B. auch Grundwasserleiter einschließen können (wie bei der Uferfiltration oder künstlichen Grundwasseranreicherung).
- Im Einzugsgebiet ist mit Gefährdungen, wie Unfällen und Bränden in industriellen Anlagen oder dem Stoffaustrag aus kontaminierten Flächen, zu rechnen. Beispiele hierfür sind der Brand in der Schweizerhalle 1986 in einem Chemiewerk bei Basel, wodurch die in den Rhein eingeschwemmten Löschwässer mit Schadstoffen zum Fischsterben führten. Ein anderer Fall trat im Ruhreinzugsgebiet 2006 auf, wo erhöhte Konzentrationen an polyfluorierten Tensiden (PFT) gemessen wurden, die aus einer illegalen Schlammablagerung auf Forstflächen resultierte.

Die relativ hohen Gefährdungen der Fließgewässer lassen daher die Nutzung als Rohwasser zur Trinkwasserversorgung nur mit aufwändigen Aufbereitungsverfahren zu.

Wesentlich weiter verbreitet ist die indirekte Wassergewinnung durch die Uferfiltration und die künstliche Grundwasseraufbereitung (s. biologische Verfahren in Kap. 5.4.13).

5.2.2 Stehende Gewässer

Seen und Talsperren sind häufige Rohwässer der Wasserversorgung. Ihre Speicherfunktion und die Prozesse der Selbstreinigung erlauben bei wirksamer Kontrolle der Eutrophierung und des Einzugsgebiets die Vorhaltung einer qualitativ und quantitativ guten Ressource. Die Gewinnung aus stehenden Gewässern hat vor allem die zweimalige **thermische Schichtung** des Wasserkörpers im Jahresgang zu beachten. Es wird deshalb, bei entsprechender Morphologie des Gewässers, das Wasser in der Tiefe unter der Temperatursprungschicht entnommen, weil dort eine niedrige Temperatur vorliegt. Diese ist günstig für die Wasserversorgung, weil mikrobiologische Prozesse, insbesondere die **Wiederverkeimung**, in der Wasserverteilung deutlich langsamer ablaufen. Mit kaltem Wasser kann daher die Trinkwasseraufbereitung auf eine Flockungsfiltration und geringe Dosierungen von Chlor oder Chlordioxid oder auch auf eine UV-Desinfektion beschränkt werden, was für den Geschmack des Wassers beim Verbraucher günstig ist. Die Entnahme des tiefen Wassers aus dem Epilimnion muss technisch vorgesehen werden, auch bei wechselnden Wasserständen in Seen und Talsperren. Hierfür gibt es entsprechende Bauwerke, wie Entnahmetürme mit mehreren Zulauföffnungen oder in der Höhe verstellbare Einlaufrohre.

Nachteilig bei der Tiefenwasserentnahme ist das Auftreten von reduzierenden Bedingungen als Folge der Eutrophierung, wodurch Eisen, Mangan und Ammonium bei weitgehender Sauerstoffzehrung freigesetzt werden. Deshalb wird angestrebt, in diesen Gewässern oligotrophe, nährstoffarme Verhältnisse einzustellen, vor allem durch die Vermeidung von Phosphoreintrag aus natürlichen und anthropogenen Quellen sowie aus der Rücklösung im Sediment.

> **Merke:** Stehende Gewässer unterliegen der Eutrophierung, die vor allem von Phosphoreinträgen gesteuert wird. Bereits geringe Gesamtphosphorgehalte um 0,03 mg/L wirken sich negativ auf die Wasserqualität aus.

5.2.3 Grund- und Quellwässer

Die vorliegenden geologischen und hydrogeologischen Verhältnisse bestimmen die technische Ausführung der Gewinnung von Grund- und Quellwässern. Abbildung 5.1 zeigt dazu eine Reihe von technischen Einrichtungen zur Wassergewinnung aus Quellen, aus freiem und gespanntem Grundwasser und zusätzlich aus Flüssen sowie über eine künstliche Grundwasseranreicherung mittels Becken.

Quellfassungen werden beispielsweise als Sickerschächte oder als bergmännisch ausgeführte Stollen angelegt. **Brunnen für die Grundwassererschließung** sind schon seit Jahrtausenden im Einsatz und werden meistens vertikal gebohrt, können aber auch schräg angelegt sein. Eine Ausführung als Horizontalbrunnen weist einen zentralen

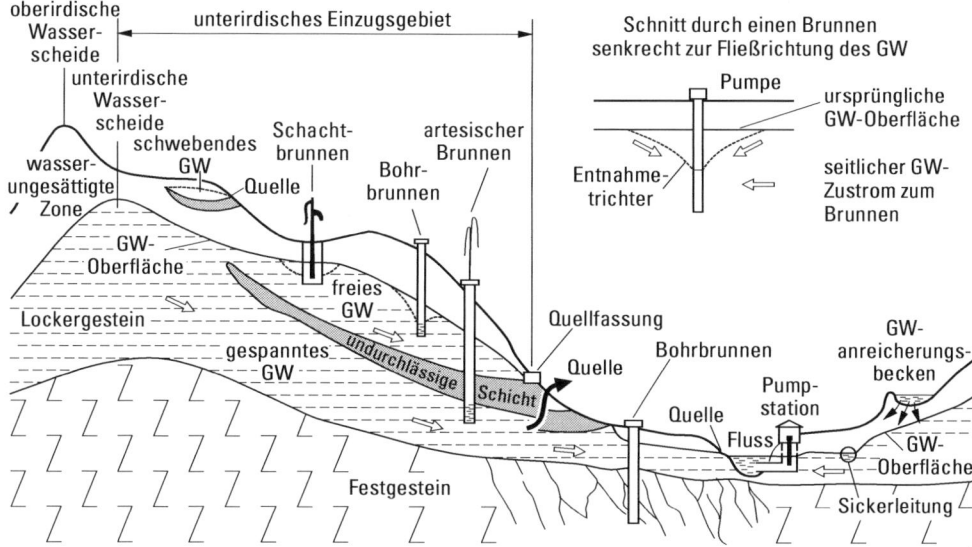

Abb. 5.1 Technische Einrichtungen zur Grundwassergewinnung (Hölting, 1996).

vertikalen Schacht auf, aus dem in der Tiefe in alle Richtungen Sickerrohre angelegt werden, um eine hohe Wasserproduktion zu erzielen.

Brunnenanlagen mit Erschließung des tieferen Grundwassers sind unabhängig von den aktuellen Niederschlagsmengen, während die Schüttung bei Quellen sehr deutlich schwanken kann, da sie oft von sehr jungem Grundwasser aus den oberen Schichten eines freien Grundwasserleiters gespeist werden. **Quellwässer** sind, im Gegensatz zur üblichen Meinung, in ihrer Qualität empfindlich. Bei Starkregen finden Trübungseinbrüche statt, die mit der Belastung durch Krankheitserreger verbunden sind.

Die Wassergewinnung aus Grundwasserleitern beruht in unseren Breiten auf dem sogenannten **safe yield-Konzept**. Darunter versteht man das wasserwirtschaftlich langfristig schadlos nutzbare Dargebot eines Grundwasservorkommens. Als „sicherer Ertrag" (engl. safe yield) ist die Jahresentnahmemenge zu betrachten, die folgende Aspekte berücksichtigt:

- Die natürliche Grundwassererneuerung im Einzugsgebiet wird nicht überschritten, auch nicht nach trockenen Jahren.
- Die Absenkung der Grundwasseroberfläche wird minimiert, auch zum Schutz von grundwasserabhängiger Vegetation oder Landflächen.
- Unerwünschte Zuflüsse aus anderen Grundwasserleitern werden nicht ausgelöst (z. B. Salzwassereinbruch, Kontaminationen).
- Die Rechte anderer Nutzer des Grundwassers werden nicht beeinträchtigt.

Neben der Durchlässigkeit des Grundwasserleiters und seiner Struktur (s. Kap. 1.5) ist der **Speicherkoeffizient** eine wichtige Größe der Grundwassernutzung. Er beschreibt die Menge Wasser in Kubikmeter, die je Meter Grundwasserspiegelabsenkung und je Kubikmeter Untergrund gewonnen werden kann (Einheit m^{-1}). Beispielsweise lassen sich aus einem sandigen Porengrundwasserleiter ca. 0,2 m^3 Wasser je m Absenkung und m^3 Boden gewinnen, d. h. der Speicherkoeffizient ist 0,2 m^{-1}. Die weiteren Wassergehalte des Grundwasserleiters sind als Zwickel- und Haftwasser nicht erschließbar.

Die Erkundung des Grundwassers für die Versorgung beruht auf normierten **Pumpversuchen**, wobei nach einer Bohrung in unterschiedlichen Tiefen eine Pumpe eingebracht wird, die mit unterschiedlichen Mengen fördert. Gleichzeitig wird kontinuierlich der Grundwasserspiegel verfolgt. Dieser sinkt schnell ab, woraus sich die Durchlässigkeit in der Brunnenumgebung ermitteln lässt. Nach wenigen Stunden wird ein konstanter Grundwasserspiegel erreicht, der die Ergiebigkeit des brunnenferneren Grundwasserleiters bestimmbar macht. Insgesamt resultiert hieraus ein Diagramm, in dem der jeweils erreichte untere Wasserstand über der Entnahmemenge Q in m^3/h aufgetragen ist.

> **Merke:** Die Erschließung des Grundwassers erfordert besondere Kenntnisse über dessen Vorkommen, die Erneuerung und die Qualität im Blick auf eine Nutzung für Trinkwasserzwecke.

5.3 Herkunft des Wassers für die öffentliche Wasserversorgung

Zur Deckung des Wasserbedarfs der Wasserversorgung (s. Kap. 1.3) kann nur das Wasserdargebot im Gewinnungsgebiet genutzt werden, das sich aus Niederschlagshöhe und Zufluss abzüglich des Wasserbedarfs der Pflanzen ergibt (s. Gl. 1.3). In Deutschland ist die Niederschlagshöhe sehr unterschiedlich (s. Abb. 5.2) und entsprechend weicht das **regionale Wasserdargebot**, das grundsätzlich für die Wasserversorgung zu bevorzugen ist, voneinander ab. Eine auf ganz Deutschland bezogene Wasserbilanz (s. Kap. 1.2.5) kann zu Fehlschlüssen in Bezug auf das regionale Wasserdargebot führen. Am Beispiel Berlins wird dies besonders gut erkennbar. Dort erfolgt die Wasserversorgung mit Grundwasser, mit Anteilen von 56 % aus Uferfiltrat und ca. 16 % aus angereichertem Grundwasser. Das Wasserdargebot wird im Jahresmittel zu 16 % zur Wasserversorgung genutzt, während in längeren Trockenphasen in heißen Sommern die entnommene Wassermenge bis ca. 60 % des jeweiligen Zuflusses von Spree und Havel ausmacht.

Die Wasserversorgung in Deutschland beruht zu ca. 2/3 auf Grundwasser (64 %), während Oberflächenwasser 27 % und Quellwässer 9 % ausmachen. In diesen Zahlen spiegelt sich die bewährte Strategie, gut geschützte Grundwässer als Ressource erster Wahl für Trinkwasser einzusetzen, auch wenn sie nicht immer regional verfügbar sind. Bei Oberflächengewässern dominieren anteilig See- und Talsperrenwässer, während nur an wenigen Stellen eine direkte Flusswasseraufbereitung zu finden ist. Demgegenüber werden Flüsse und Seen über die natürlichen Aufbereitungsverfahren der Uferfiltration und Grundwasseranreicherung zur Wasserversorgung herangezogen. Beide Varianten sind häufig in Mitteleuropa zu finden und seit 100–150 Jahren in Betrieb, ohne dass ihre Effizienz in der Aufbereitung messbar nachlässt.

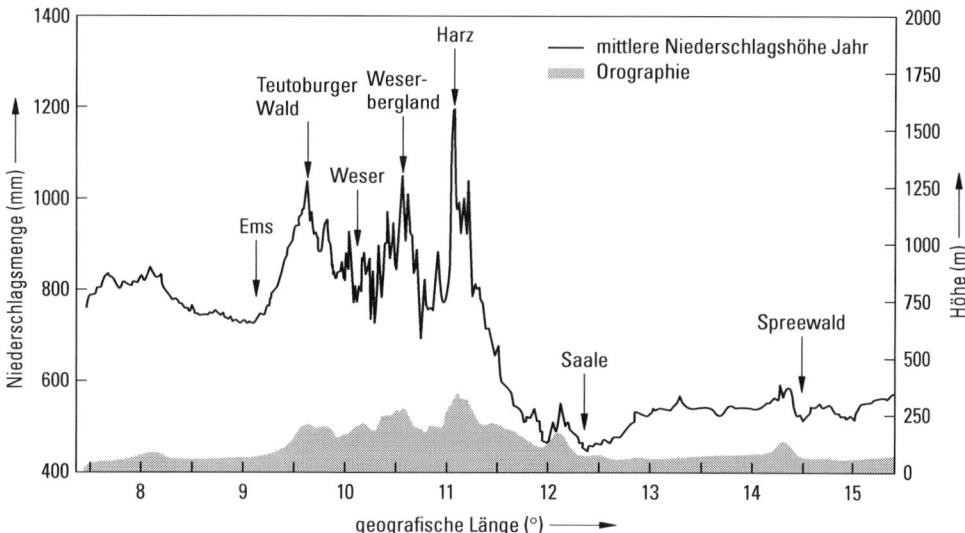

Abb. 5.2 West-Ost-Schnitt der Rasterfelder mittlerer jährlicher Niederschlagshöhen des Bezugszeitraumes 1961–1990 in 51°50' nördlicher Breite (BMU, 2003).

In West- und Südeuropa sowie weltweit ist die Wasserversorgung viel stärker auf fließende und stehende Ressourcen angewiesen, die grundsätzlich einen höheren Aufbereitungsaufwand erfordern. Die Gründe dafür sind vielfältig:

• unzureichende Grundwassererkundung
• quantitativ und qualitativ schlechte Grundwasservorkommen
• hoher spezifischer Wasserverbrauch bei starkem Wachstum und höhere Besiedlungsdichte begünstigen die Oberflächenwassernutzung.

5.4 Ziele und Verfahren

5.4.1 Überblick

Die **natürlichen Wasserinhaltsstoffe** lassen sich über die Kriterien Durchmesser und typischer Konzentrationsbereich einteilen (s. Tab. 5.3). Die Matrix der Wasserinhaltsstoffe umfasst dabei die drei Hauptgruppen „gelöst", „kolloidal" und „suspendiert" sowie drei Konzentrationsbereiche. **Kolloide** und **suspendierte** Stoffe treten überwiegend in Oberflächengewässern auf und erfordern spezifische Trenntechniken. Die für die Aufbereitung wichtigsten und **relevantesten gelösten Inhaltsstoffe** sind Calcium, Eisen, Mangan, Ammonium, die Kohlensäureformen, Sulfat und die Huminstoffe, letztere erkennbar an erhöhten DOC-Werten. Probleme mit den weiteren Inhaltsstoffen, wie z. B. gelöste Salze, Fluorid, Arsen, Methan, Schwefelwasserstoff oder Radon, sind dagegen deutlich seltener.

Tab. 5.3 Inhaltsstoffe natürlicher Wässer.

Größenklassen Unterklassen	Lösungen Elektrolyte		Nicht- elektrolyte	Kolloide	Suspensionen
	Kationen	Anionen			
Teilchendurch- messer	10^{-10}–10^{-8} m (1–100 Å)		10^{-8}–10^{-6} m (0,01–1 μm)		$>10^{-6}$ m (>1 μm)
Hauptinhaltsstoffe (>10 mg/L)	Na^- K^+ Mg^{2+} Ca^{2+}	Cl^- NO_3^- HCO_3^-/CO_3^{2-} SO_4^{2-}	O_2 N_2 CO_2 SiO_2	Silikate Huminstoffe	Tone, Feinsand Algen Detritus
Begleitstoffe (0,1–10 mg/L)	Sr^{2+} Fe^{2+} Mn^{2+} NH_4^+	F^- Br^- NO_2^- PO_4^{3-} Huminstoffe	H_3BO_3 CH_4 NH_3 H_2S	Metallhydroxide Silikate Huminstoffe	Metallhydroxide Algen
Spurenstoffe ($<0,1$ mg/L)	Li^+ Ba^{2+} Cu^{2+} Ni^{2+} Zn^{2+}	As(V) Se(VI)	As(III) Rn		

In den **anthropogen belasteten Rohwässern** sind einige dieser natürlichen Stoffe in übermäßig hoher Konzentration vorhanden oder es liegen xenobiotische Inhaltsstoffe (partikulär, anorganisch oder organisch gelöst) vor, deren wichtigste Vertreter aufge-führt sind.

Anorganische Belastungen:
- Nitrat
- Ca^{2+} (Mg^{2+} ist keine Belastung)
- Sulfat
- Aluminium, Nickel, Arsen.

Bei den meisten dieser anorganischen Stoffe wird der natürliche (geogene) Hintergrund merklich, z. T. sehr deutlich, überschritten und sie werden häufig gerade in Grundwäs-sern beobachtet.

Organische Belastungen:
- Pflanzenbehandlungs- und Schädlingsbekämpfungsmittel (PBSM)
- chlorierte Kohlenwasserstoffe (CKW)
- synthetische Komplexbildner
- halogenierte, nichtflüchtige Stoffe (adsorbierbare organische Halogenverbindungen, AOX)
- sulfonierte Aromaten
- aliphatische und aromatische Kohlenwasserstoffe
- Pharmazeutika und Haushaltschemikalien.

Alle diese Stoffklassen kommen in natürlichen Gewässern praktisch nicht vor und indizieren damit direkt eine anthropogene Qualitätsveränderung. Sie werden gleichermaßen in Grund- und Oberflächenwässern gefunden.

Anhand der Einteilung der Wasserinhaltsstoffe nach Größe und Natur lassen sich die Ziele und die verfügbaren konventionellen und erfolgversprechenden neuartigen Verfahren zur Wasseraufbereitung wie in Tabelle 5.4 aufführen.

Tab. 5.4 Ziele und Verfahren der Wasseraufbereitung.

Ziele	Konventionelle Verfahren	Neuartige Verfahren (z. T. in Entwicklung)
Abtrennung partikulärer Stoffe	Flockung Sedimentation Flotation Filtration Uferfiltration Grundwasseranreicherung	Mikrofiltration Ultrafiltration Ultraschall für Plankton
Abtrennung/Inaktivierung/ Abtötung von Mikroorganismen	Ozon Chlor Chlordioxid Untergrundpassage (sowie Partikelabtrennung, s. o.)	UV-Bestrahlung Mikrofiltration Ultrafiltration
Abtrennung gelöster anorganischer Stoffe	Enthärtung Entcarbonisierung Flockung/Fällung Ionenaustausch Gasaustausch	Umkehrosmose Nanofiltration spezielle Ionenaustauschverfahren, spezifische Adsorptionstechniken
Abtrennung/Destruktion organischer Stoffe	Flockung Ozonung Aktivkohlefiltration biologische Filtration Untergrundpassage Gasaustausch	Nano- und Ultrafiltration weitergehende Oxidationsverfahren

Merke: Auch natürliche Wässer enthalten zahlreiche Inhaltsstoffe. Dazu gehören Salze, Huminstoffe, aber auch Tone und Algen. Bei anthropogen veränderten Wässern treten zusätzlich weitere Inhaltsstoffe (z. B. Pharmaka) auf oder die natürlich vorhandenen liegen in erhöhter Konzentration vor. Die Wahl des Reinigungsverfahrens bei der Trinkwassergewinnung ist abhängig von den das Wasser verunreinigenden Stoffen.

5.4.2 Sedimentation

Ein wichtiges Verfahren zur Reinigung des Wassers von suspendierten Stoffen ist die Sedimentation. Dieses Verfahren beruht darauf, dass in einem Zweiphasengemisch der dispergierte Stoff auf Grund seiner höheren Dichte unter dem Einfluss der Gravitationskraft absinkt und so abgeschieden werden kann.

Eine praktische Begrenzung der Sedimentation ergibt sich aus den sehr geringen **Absetzgeschwindigkeiten** kleiner Teilchen. Abbildung 5.3 zeigt eine Einteilung der Wasserinhaltsstoffe in Ionen und Moleküle, Kolloide und suspendierte Stoffe. Den angegebenen Sedimentationszeiten ist zu entnehmen, dass die Sedimentation für das Abscheiden von Stoffen mit einem Durchmesser kleiner als ca. 1–10 µm offenbar nicht geeignet ist. Diese kleinen Partikel können durch eine vorgeschaltete Flockung zu größeren Partikelverbänden agglomerieren (s. Kap. 5.4.3) und anschließend durch Sedimentation abgetrennt werden.

Kolloidale und suspendierte Stoffe werden ohne die molekular gelösten Stoffe zum Begriff der dispergierten Stoffe zusammengefasst.

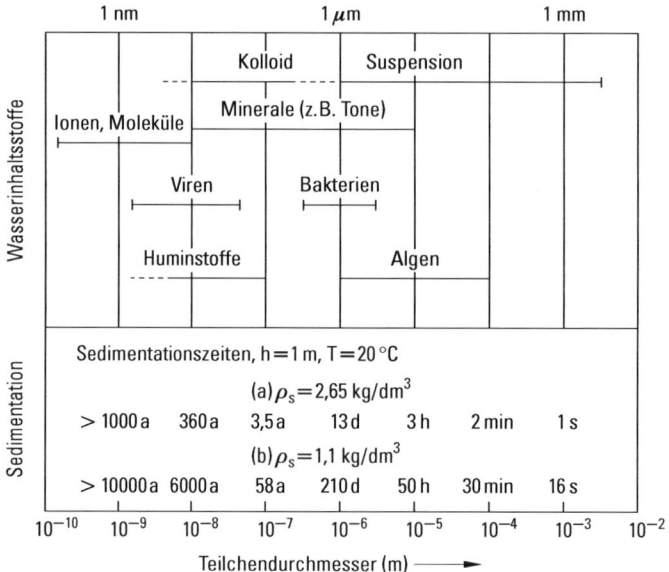

Abb. 5.3 Einteilung der Wasserinhaltsstoffe nach ihrer Größe; ϱ_S = Dichte der Sedimente (Jekel, 1987).

Der Einsatz der Sedimentation als Trennverfahren richtet sich nach dem Trennziel und kann im Wesentlichen durch die folgenden Aufgabenbereiche charakterisiert werden:

- „Klärung" zur weitergehenden Abscheidung der suspendierten Feststoffe
- „Eindickung" von Feststoffen (Schlämmen) zur Erzielung eines möglichst hochkonzentrierten feststoffreichen Teilstroms
- Klassieren zur Erzeugung verschiedener Partikelfraktionen unterschiedlicher Durchmesser
- Sortieren zur Trennung verschiedener Stoffe mit unterschiedlicher Dichte.

Die Prozessführung richtet sich danach, welche der Zielsetzungen im Vordergrund stehen. In den Bereichen der Trinkwasseraufbereitung und Abwasserbehandlung spielen die Ziele „Klärung" und „Eindickung" die wichtigste Rolle.

Leitet man aus der Kräftebilanz eines kugelförmigen Partikels in Wasser die Sinkgeschwindigkeit als Funktion wichtiger Parameter ab, so ergibt sich als Lösung für den Bereich laminarer Strömung, d. h. niedriger Partikeldurchmesser und Sinkgeschwindigkeiten (Reynolds-Zahl ≤ 1), die **Stoke'sche Gleichung**:

$$w_{so} = \frac{1}{18} \cdot \frac{d_p^2 \cdot g}{v} \cdot \left(\frac{\varrho_p}{\varrho_F} - 1 \right)$$

w_{so}: Sinkgeschwindigkeit des Teilchens im stationären Zustand (ungestörtes Strömungsfeld) (m/s);

d_p: „charakteristische Länge", hier Durchmesser des Teilchens (m);

v: kinematische Viskosität (m²/s);

g: Erdbeschleunigung (m/s²);

ϱ_P: Dichte des Teilchens (kg/m³);

ϱ_F: Dichte des Fluids (kg/m³)

Für höhere Partikeldurchmesser und Sinkgeschwindigkeiten ergeben sich der **Newton'sche Bereich** (Reynoldszahl $\geq 10^3$) sowie ein Übergangsbereich. Abbildung 5.4 zeigt die Sinkgeschwindigkeiten für einen weiten Bereich der Partikeldurchmesser und für unterschiedliche relative Dichten der Partikel bezogen auf die Fluiddichte.

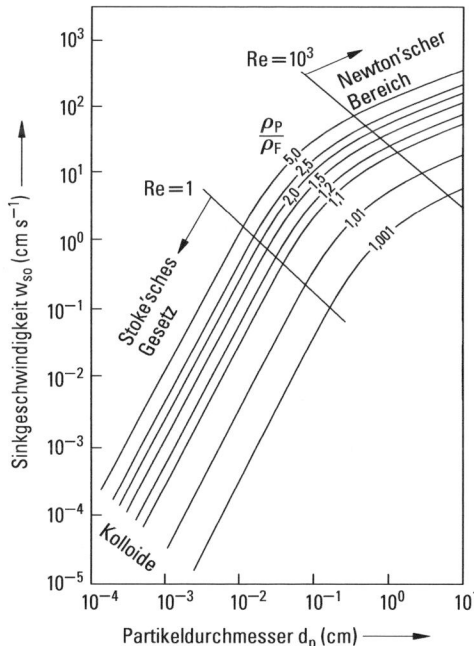

Abb. 5.4 Sinkgeschwindigkeiten für unterschiedlich große Kugeln in Wasser bei 10 °C mit der auf die Dichte von Wasser ϱ_F bezogenen Dichte des Partikels ϱ_P als Parameter (Re: Reynoldszahl).

5.4.3 Flockung

Unter Flockung versteht man die **Agglomeration von suspendierten und kolloidalen Teilchen** zu größeren Partikelverbänden (sichtbare Flocken). In der Wasseraufbereitung erfolgt die Flockung mit dem Ziel unerwünschte Wasserinhaltsstoffe, die stabil im Wasser verteilt sind, durch den Einsatz von Chemikalien so weitgehend wie möglich zu entfernen. Allgemein handelt es sich um ein Verfahren zur Vorbehandlung von Wasser vor einer mechanischen Partikelabscheidung durch Sedimentation, Filtration oder Flotation, bei dem **Flockungsmittel** und/oder **Flockungshilfsmittel** eingesetzt werden, die nicht nur eine Partikelagglomeration ermöglichen, sondern oft auch zusätzlich Fällungsreaktionen verursachen.

Zielsetzungen bei der Flockung in der Wasseraufbereitung:
- weitgehende Entfernung kolloidaler und suspendierter Verunreinigungen (Erzeugung trübstofffreien Wassers)
- Teilentfernung der gelösten organischen Stoffe (DOC), insbesondere färbende Huminstoffe (gelbe bis gelbbraune Farbe)
- Entfernung von anorganischen Spurenmetallen und Phosphaten
- weitgehende Entfernung der zugesetzten Flockungsmittel bei Minimierung der Aufsalzung und des Schlammanfalls.

Flockungschemikalien

Salze der dreiwertigen Eisen- und Aluminium-Ionen: Die wichtigsten Flockungsmittel der Trinkwasseraufbereitung sind die Salze der dreiwertigen Eisen- und Aluminium-Ionen, die in verschiedenen Formen erhältlich sind. Löst man diese Salze in Wasser, dissoziieren sie in Metall-Kationen und die jeweiligen Anionen. Die Metall-Kationen lagern dabei wegen ihrer hohen Ladung sechs Wassermoleküle an, unter Bildung der **Hexaquo-Komplexe**, $Me(H_2O)_6^{3+}$. Diese Komplexe sind nur in stärker saurem Medium beständig; bei Aluminium etwa unterhalb von pH 3–4, bei Eisen unterhalb pH 2–3. Mit steigenden pH-Werten geben die Hexaquo-Komplexe Protonen ab, reagieren also als Säuren. Dabei treten Hydrolysereaktionen ein (s. Tab. 5.5).

Tab. 5.5 Hydrolysereaktionen der als Flockungsmittel verwendeten Aluminium- und Eisen-III-Salze (Jekel, 1987).

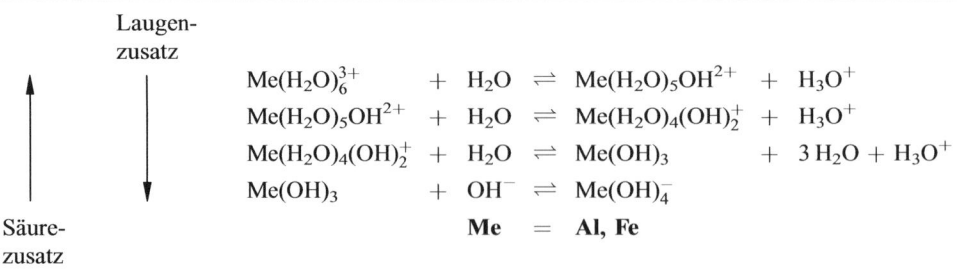

Laugenzusatz

$$Me(H_2O)_6^{3+} + H_2O \rightleftharpoons Me(H_2O)_5OH^{2+} + H_3O^+$$
$$Me(H_2O)_5OH^{2+} + H_2O \rightleftharpoons Me(H_2O)_4(OH)_2^+ + H_3O^+$$
$$Me(H_2O)_4(OH)_2^+ + H_2O \rightleftharpoons Me(OH)_3 + 3\,H_2O + H_3O^+$$
$$Me(OH)_3 + OH^- \rightleftharpoons Me(OH)_4^-$$

Me = Al, Fe

Säurezusatz

Es bilden sich stufenweise (s. Abb. 2.26) die verschiedenen **Hydroxo-Aquo-Verbindungen**, bis bei mittlerem pH-Wert (ab pH 6 für Al und ab pH 5 für Fe) die unlöslichen

Neutralverbindungen $Me(OH)_3$ als voluminöse Niederschläge in Flockenform ausfallen. Die Löslichkeit der Hydroxide ist dabei so gering, dass die Metalle im pH-Optimum weitgehend entfernt werden können. Bei Aluminium ist bei höheren pH-Werten (merklich ab pH 7,5) mit einer Wiederauflösung zu Aluminat $Al(OH)_4^-$ zu rechnen, während dies bei Eisen erst ab pH-Werten von 10 eintritt.

Mit der Vermischung im Wasser und der damit verbundenen pH-Wert Erhöhung des Flockungsmittels ist eine Kondensation der Hydroxo-Aquo-Verbindungen zu **mehrkernigen**, positiv geladenen Komplexen verbunden. Diese haben einerseits eine hohe Affinität zu anderen Hydroxo-Verbindungen (z. B. zu $CuOH^+$, aber auch zu Dihydrogenphosphat) und binden diese ein (fällen), andererseits üben sie wegen der hohen Ladungsdichte eine hervorragende destabilisierende Wirkung auf negativ geladene Kolloide aus. Dies erklärt die große Bedeutung des schnellen Einmischens der Flockungsmittel im Wasser. Die ausfallenden Hydroxide schließen andere suspendierte Feststoffe in die entstehenden Flocken ein. Weitere Partikel werden bei der Bewegung der Hydroxidflocken durch den Reaktionsraum, bei der Sedimentation und auch bei der Filtration über körniges Material, das zuvor mit Fe-Hydroxo-Aquo-Verbindungen beladen wurde, ein- oder angelagert. Diese Einschluss- und Fällungsflockung ermöglicht die Entfernung aller Arten von suspendierten Partikeln, weil deren Eigenschaften hier keinen Einfluss auf den Flockungsvorgang haben.

Organische Flockungshilfsmittel: Hierbei handelt es sich immer um **lineare, wasserlösliche Polymere** mit Molmassen im Bereich von ca. $10^4 - 10^7$ g/mol. Handelsübliche Produkte liegen bei ca. $10^6 - 10^7$ g/mol, was einem Moleküldurchmesser in Lösung von ca. $0,1 - 1$ μm entspricht. Die Polymere werden in der Wasseraufbereitung weitgehend nur als **Flockungshilfsmittel** eingesetzt, also nach den Flockungsmitteln auf Eisen- oder Aluminiumbasis. Sie unterstützen die Bildung gut abtrennbarer und scherfester Makroflocken und sind bei modernen Flockungs- und Abtrennverfahren erforderlich.

Entsprechend ihrer Ladung unterscheidet man **nichtionische, anionische und kationische Polymere**. Weitere Unterscheidungsmerkmale sind neben der chemischen Zusammensetzung, das Molekulargewicht und seine Verteilung, sowie die Ladungsdichte bei Polymeren aus verschiedenen Bausteinen (Copolymere). Die wichtigsten Produktklassen sind die neutralen und anionischen **Polyacrylamide**. Ihre Wirkung beruht vor allem auf dem **Adsorptions-Brückenbildungs-Mechanismus**, wobei diese großen Moleküle gleichzeitig auf zwei Mikroflocken adsorbieren und diese damit über eine molekulare Brücke fest vernetzen.

Verfahrenstechnik der Flockung

Die Tabelle 5.6 gibt einen Überblick über die verschiedenen Stufen des Flockungsprozesses vor der Feststoffabtrennung.

Je schneller die Einmischung, desto größer der Erfolg der Fällung und Flockung. Allerdings lässt sich die kurze, theoretisch ausreichende Zeit von 0,01 s in der Praxis nicht realisieren. Die notwendige **Turbulenz** für die Mischung und nachfolgend für die Flockenbildung kann künstlich durch Rührwerke in Behältern erzeugt werden. In durchflossenen Rohren, Mäandern oder Becken mit starren Einbauten ergibt sich die Turbulenz durch die Strömung.

Tab. 5.6 Die verfahrenstechnischen Stufen des Flockungsprozesses.

Verfahrensschritt	Aufgabe	Zeitbedarf, theoretisch	Zeitbedarf, praktisch	Turbulenz (G-Wert) (1/s)	Energie- bedarf (Wh/m^3)
Mischung und Entstabilisierung	Fällung Entstabilisierung von Kolloiden	0,01 s	0,1–10 s	<5.000	1
Aggregation zu Mikroflocken	schnelle Aggregation zu scherfesten Flocken ohne Flockungshilfs- mittel	14 s	30 s	100–500	0,3–2
Aggregation zu Makroflocken	abtrennbare Makro- flocken, mit bzw. ohne Flockungshilfsmittel	1–20 min	1–30 min	30–100	0,3–3

Um einen Vergleich der verschiedenen Bauformen zu ermöglichen, wird als Kenngröße der **G-Wert** angewendet. Als Maß für die Turbulenz gibt der G-Wert in 1/s einen mittleren Geschwindigkeitsgradienten in einem Fluid an, der durch die mechanische Leistung (P (in W oder Nm/s)) in einem Reaktorvolumen (V (in m^3)) durch die Viskosität des Wassers ($\eta = 0{,}001$ Ns/m^2 bei 20 °C) aufrechterhalten wird.

$$G = [P/(\eta \cdot V)]^{1/2}$$

Bei einem **Behälter mit Rührvorrichtung** wird statt der Leistungsaufnahme des Motors das gemessene Drehmoment (M (in Nm)) an der Achse des Rührers eingesetzt, mit $P = M \cdot 2 \cdot \pi \cdot n$ (n ist die Drehzahl (in 1/s)). Die Turbulenz im Behälter ist nicht gleichmäßig; der G-Wert ist in der Nähe eines Rührers um etwa den Faktor 100 größer als am Rand des Behälters. Dennoch hat sich der G-Wert als Kenngröße für die Bemessung von Anlageteilen bewährt.

$$G = [(M \cdot 2 \cdot \pi \cdot n)/(\eta \cdot V)]^{1/2}$$

Bei einem **Rohrreaktor** oder **Mäanderkanal** wird G aus der Druckdifferenz (Δp (in N/m)) über die gesamte Rohr- bzw. Mäanderlänge (l) und der Aufenthaltszeit (t) des Wassers im Rohr bzw. Mäander berechnet.

$$G = [P/(\eta \cdot V)]^{1/2} = [\Delta p/(t \cdot \eta)]^{1/2}$$

Das Einsatzgebiet von Rohrreaktoren ist der Zufluss von Filteranlagen (Sandfilter, Membranfilter). Eine großtechnische Flockungsanlage mit Rohrreaktoren ist am Zufluss zum Tegeler See in Berlin realisiert (für 5 m^3/s bei Volllast). Sie dient dem Schutz des Sees vor Eutrophierung und ist gleichzeitig die vierte Reinigungsstufe für den Klärwerksablauf aus dem Berliner Norden. Eine Flockungsanlage mit Sedimentation in einem Lamellenabscheider und darunter angebrachtem Eindicker (LME) zeigt Abbildung 5.5. Die Aufenthaltszeit in der gesamten Anlage liegt bei ca. 20 min bei Volllast. Durch die variable Einstellung der Rührwerke in den Flockungskammern ist eine gute Anpassung an das Rohwasser möglich.

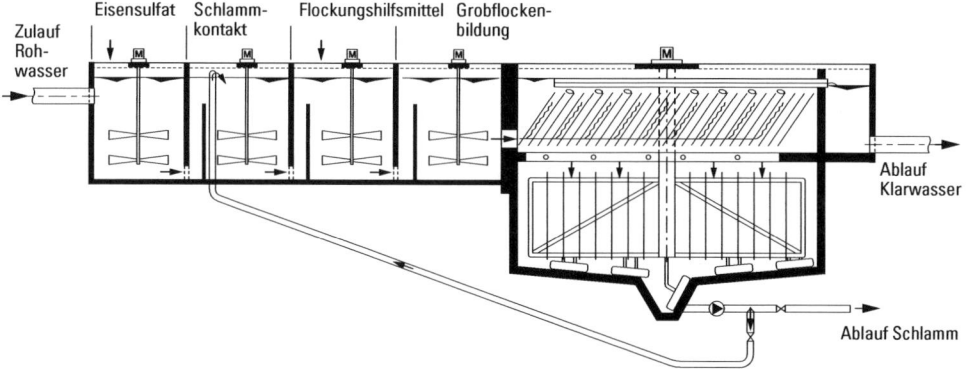

Abb. 5.5 Schema der LME-Anlage, Werk Langenau der Landeswasserversorgung (Grombach, 2000).

5.4.4 Filtration

Mit der Filtration (abgeleitet von „Filz") wird in der Wasseraufbereitung normalerweise die Abtrennung suspendierter Feststoffe durch einen Filter bezeichnet. Daneben können in Filtern jedoch auch Wechselwirkungen zwischen gelösten Wasserinhaltsstoffen und dem Filtermaterial ablaufen, die teilweise einen erwünschten Nebeneffekt (biologische Prozesse) oder das eigentliche Verfahrensziel darstellen (z. B. Marmorfiltration zur Entsäuerung, Adsorption organischer Stoffe im Aktivkohlefilter). Dieses Kapitel beschränkt sich auf den Einsatz der **Filtration zur Feststoffabtrennung**.

Filter können in **Oberflächen- oder Kuchenfilter** und **Tiefenfilter** unterteilt werden (Abbildung 5.6). Bei der kuchenbildenden Filtration wird ein Filtermaterial mit feinen Poren verwendet, so dass die abzuscheidenden Teilchen den Filter nicht passieren können (z. B. Filtertuch bei der Schlammentwässerung oder eine Membran). Zur Tiefenfiltration hingegen wird ein körniges Filtermaterial eingesetzt und die suspendierten Feststoffe scheiden sich im Porenvolumen des Filters ab.

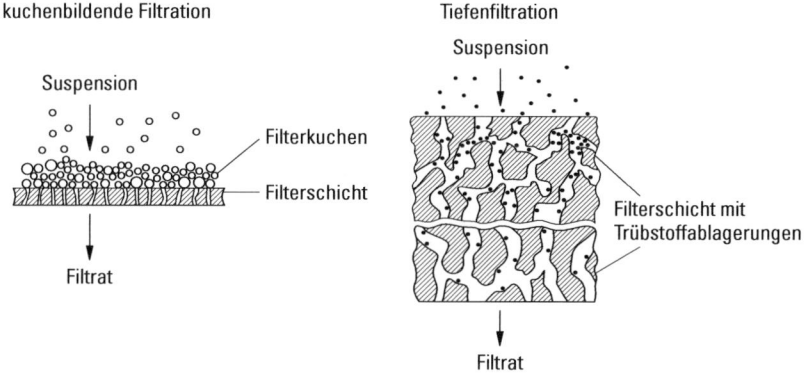

Abb. 5.6 Qualitative Darstellung der kuchenbildenden Filtration (als Beispiel für die Oberflächenfiltration) und der Tiefenfiltration.

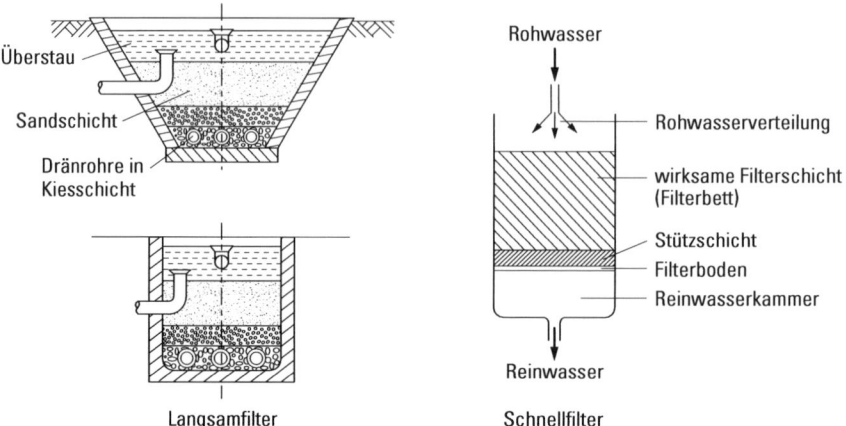

Abb. 5.7 Beispiele für Langsam- und Schnellfilter (Heymann, 1987).

Eine weitere Einteilung der Tiefenfilter kann in Langsam- und Schnellfilter vorgenommen werden (Abbildung 5.7). **Langsamfilter** sind seit gut 200 Jahren bekannt und somit die ältesten Filtertypen bei der technischen Aufbereitung. Sie wirken als mechanische und biologische Filter, werden mit Geschwindigkeiten von ca. 0,1–0,5 m/h betrieben und durch Abschälen der obersten Schicht (Schmutzdecke) regeneriert. **Schnellfilter** werden üblicherweise mit Filtergeschwindigkeiten von 5–15 m/h ausgelegt und vor allem zur Abtrennung von Trübstoffen und Flocken sowie zur Enteisenung und Entmanganung (Grundwasseraufbereitung) verwendet. Sie stellen die am häufigsten anzutreffende Reinigungstechnik in Wasserwerken dar, und werden entweder als Einschicht- oder Mehrschichtfilter betrieben:

Einschichtfilter: Hierzu gehören rückspülbare Filter mit Schüttungen von Kornmassen eines Filtermaterials mit möglichst enger Korngrößenverteilung. Als Materialien für Trübstofffilter sind Quarzsand, Sand, Anthrazitkoks, Bims, Granat, Ilmenit, Lava und Kunststoffgranulate einsetzbar.

Mehrschichtfilter: Mehrschichtfilter sind Filter mit Schüttungen aus mehreren (2–3) Filtermaterialien von jeweils unterschiedlicher Dichte und Körnung (s. Tab. 5.7), die so aufeinander abgestimmt sein müssen, dass nach der Spülung die Schichten getrennt sind (grobes Material oben). Bei zu geringer Spülung, unzureichender Abstimmung der Filtermaterialien oder ungeeigneter Spültechnik vermischen sich die Filtermaterialien. Hierdurch verliert der Mehrschichtfilter seine spezifischen Eigenschaften.

Tab. 5.7 Typischer Aufbau von Doppel- und Dreischichtfiltern.

Material	Schütthöhe (m)	Schüttgewicht (kg/m^3)	Korngröße (mm)
Filterkoks, Bims	0,5–1,2	500–700	1,7–2,5
Sand	0,6–1,5	1.000	0,8
Aktivkohle	0,3–0,6	250–350	3,0–5,0
Filterkoks	0,6–1,2	500–750	1,5–2,5
Sand	0,5–0,8	1.000	0,6–0,8

Rückspülung

Die Rückspülung ist ein Verfahren, um die während des Filterbetriebes am Korn und in den Porenräumen abgelagerten Trübstoffe aus dem Filter zu entfernen. Üblicherweise wird entgegen der Filtrationsrichtung mit Wasser und/oder Luft gespült. Die **Luftspülung** soll eine größere Turbulenz im Filter mit entsprechend intensiverer Reinigung des Filterkorns bewirken. Die reine Luftspülung wird nur als Teil- bzw. Anfangsschritt bei der Filterreinigung angewandt. Sie soll die durch abgelagerte Substanzen besonders verdichteten Zonen an der Filteroberfläche oder an der Grenze zweier Filtermaterialschichten bei Mehrschichtfiltern aufbrechen und die eingelagerten Schmutzteilchen durch den nachfolgenden Wasserspülstrom abschwemmbar machen. Nach der Luft- oder kombinierten Luft-/**Wasserspülung** wird stets mit Wasser nachgespült, um die restlichen Schmutzmengen und auch die Gasblasen aus dem Filter zu entfernen. Dabei soll sich das Filterbett um 10–50 % ausdehnen. Die Filter werden typischerweise dann gespült, wenn entweder die Filter verstopft sind (Durchfluss sinkt ab) oder Trübstoffe durchbrechen. Der Spülwasseranfall liegt bei wenigen Prozenten der Filtratmenge. Abbildung 5.8 zeigt links einen offenen Filter mit den wesentlichen am Aufbau beteiligten Komponenten und rechts einen Filter im Zustand der Filterspülung.

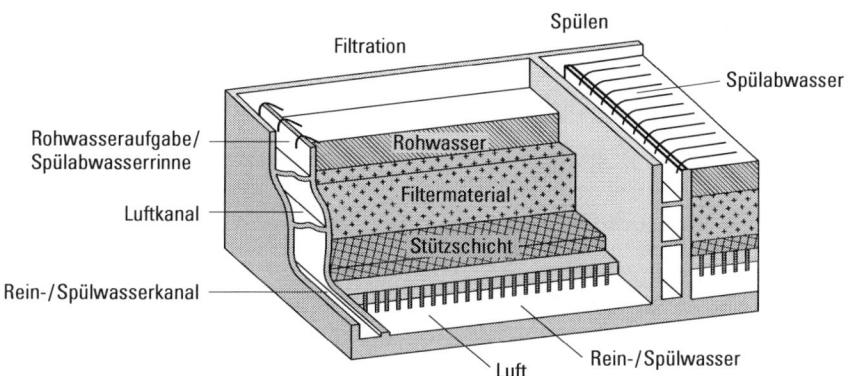

Abb. 5.8 Schematische Darstellung eines offenen Filters.

5.4.5 Membranverfahren

Das Grundprinzip der Membrantechnik beruht auf dem Stofftransport durch eine Membran, wobei die dabei auftretenden Stoffströme die Membran unterschiedlich gut passieren können (s. Abb. 5.9). Bei dieser Trennung auf rein physikalischer Grundlage werden die Komponenten nicht verändert.

In der Natur ist dieses Prinzip Grundlage für den lebensnotwendigen Stofftransport durch Zellmembranen.

Etwa seit den 1960er Jahren werden Membranverfahren (**Umkehrosmose, Elektrodialyse**) zur Entsalzung von Meer- oder Brackwasser eingesetzt und haben häufig die früher üblichen thermischen Verfahren (Destillation) zurückgedrängt. In jüngerer Zeit wird die **Nanofiltration** in der Wasseraufbereitung zur Enthärtung und zur Entfernung

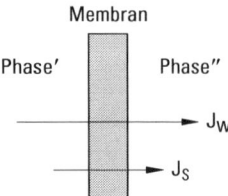

Abb. 5.9 Schematische Darstellung der Wirkung einer Membran zur Stofftrennung (nach Gimpel und Lipp, 1987) J_W und J_S: Wasser- und Stoffstrom.

von Sulfat, Huminstoffen und organischen Spurenstoffen erprobt. **Ultra- und Mikrofiltration** erlauben den Rückhalt von Trübstoffen, hochmolekularen Substanzen und (pathogenen) Mikroorganismen. Im Abwasserbereich wird die weitergehende Reinigung des behandelten kommunalen Abwassers (Reduzierung der Restkonzentrationen von Phosphor, organischen Verbindungen und Mikroorganismen) durch Mikro- und Ultrafiltration untersucht.

Die starke Zunahme der Anwendung von Membranprozessen ist auf mehrere Entwicklungen zurückzuführen:

- Verringerung der Herstellungskosten für die Membranmaterialien
- Betrieb der Membrananlagen mit immer niedrigeren Drücken (und damit mit einem immer geringeren spezifischen Energieverbrauch)
- längere Lebensdauer der neueren Membranmaterialien
- bessere Techniken zur Vorreinigung des Rohwassers.

Übersicht über die Membranverfahren

Ziel der Membranfiltration ist die Änderung der Konzentration gelöster oder kolloidaler Stoffe in einer flüssigen Phase. Die einzelnen Verfahren werden dabei nach der treibenden Kraft (bei den Verfahren der Wasseraufbereitung vor allem die Druckdifferenz), dem Hauptfluss (gelöster Stoff oder Lösungsmittel) und der Größe der zurückgehaltenen oder transportierten Wasserinhaltsstoffe unterschieden (s. Tab. 5.8 bzw. Abb. 5.10).

Die Mikrofiltration eignet sich zur vollständigen Abtrennung aller Bakterien, während die Ultrafiltration auch die kolloidalen Wasserinhaltsstoffe einschließlich der Viren erfasst. Die Nanofiltration erlaubt vor allem die Abtrennung der gelösten organischen Stoffe mit Molmassen über ca. 200 g/mol und der zweiwertigen Kationen und Anionen (z. B. zur Enthärtung). Die Hyperfiltration oder Umkehrosmose wird für die Entsalzung von Brack- oder Meerwasser bei hohen Drücken von 20–100 bar eingesetzt. Der Energieaufwand für die Meerwasserentsalzung beträgt auch bei einer Energierückgewinnung 3,5–4 KWh/m^3 und die Kosten erreichen daher bei großen Anlagen (ca. 100 Mill. m^3 im Jahr) den Bereich um 0,5 € je m^3.

5.4.6 Adsorption

Die Adsorption ist die Anlagerung (s. Kap. 3.4.2, Freundlich-Isotherme) von gasförmigen oder gelösten Stoffen an eine feste Oberfläche. Für eine gute Adsorption sollte der

Tab. 5.8 Membrantransport-Phänomene (nach Gimbel und Lipp, 1987).

Phänomen bzw. Verfahren	Triebkraft	Hauptfluss durch die Membran	Prinzipielles Ergebnis
Osmose	Konzentrations-differenz	Lösungsmittel	Lösungsmittel verdünnt die konzentrierte Lösung
Umkehrosmose[*] Ultrafiltration (UF) Mikrofiltration (MF) Nanofiltration (NF)	Druckdifferenz	Lösungsmittel (Permeat)	Lösungsmittel wird aus der konzentrierten Lösung verdrängt, d. h. der gelöste Stoff bzw. der Feststoff wird darin angereichert
Dialyse	Konzentrations-differenz	gelöster Stoff	gelöster Stoff oder Teile davon werden aus konzentrierter Lösung abgezogen
Elektrodialyse	elektrische Potentialdifferenz	ionogene Stoffe	ionogene Stoffe werden aus bestimmten Bereichen der Lösung abgezogen und in anderen Bereichen angereichert

[*] weitere Bezeichnung für Umkehrosmose: Hyperfiltration (HF), engl. reverse osmosis (RO)

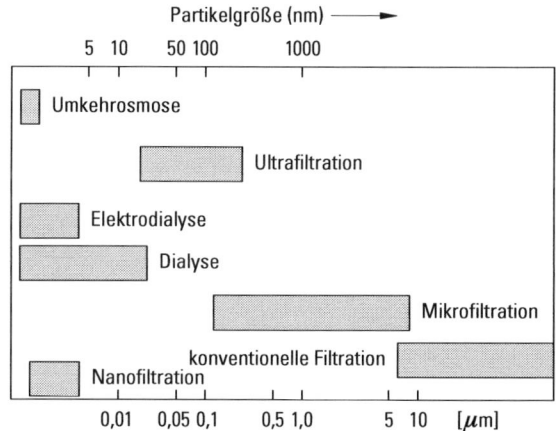

Abb. 5.10 Abgrenzung der verschiedenen Membranverfahren hinsichtlich der Größe der abzutrennenden Teilchen (nach Gimbel und Lipp, 1987).

adsorbierende Stoff (Sorbens) eine möglichst hohe spezifische Oberfläche (in m^2/g oder m^2/L Bettvolumen) mit guter Zugänglichkeit aufweisen. Der zu adsorbierende Stoff (**Sorptiv**) sollte eine ausreichende Affinität zum betreffenden **Sorbens** haben, weil sonst das Lösungsmittel bevorzugt adsorbiert wird. Bei Sorption aus wässriger Lösung handelt es sich immer um eine konkurrierende Adsorption von Wasser und Sorptiv. Man unterscheidet grundsätzlich zwei Verfahrensarten:

- Dosierung eines pulverförmigen Sorbens: Adsorption innerhalb einer bestimmten Reaktionszeit und Abtrennung des Pulvers durch Sedimentation/Filtration.

- Anwendung von körnigem Material in einem Festbettadsorber (Adsorptionsfilter): Beladung des Filters und Durchbruch des zu entfernenden Stoffes.

Das weitaus wichtigste Adsorptionsmittel für die Entfernung organischer Wasserinhaltsstoffe ist die **Aktivkohle**. Für spezielle Anionen (z. B Arsenat, Phosphat) kann Aktivtonerde (poröses Al_2O_3) oder granuliertes Eisenhydroxid eingesetzt werden. Sorptionsprozesse spielen auch in der Abwasserbehandlung und in der aquatischen Umwelt eine Rolle.

Aktivkohleherstellung und -einsatz

Für die Herstellung von Aktivkohle gibt es unterschiedliche Verfahren. Generell werden kohlenstoffhaltige Naturstoffe (Holz, Holzkohle, Späne, Holzmehl, Torf, Stein- und Braunkohle, Kokosnussschalen, Zellstoffablauge, organischer Abfall) thermisch oder chemisch behandelt. Bei der thermischen Behandlung erfolgt zuerst eine Überführung in fast reinen Kohlenstoff durch Verkokung. Danach wird die Kohle durch teilweisen selektiven Abbrand bei 750 °C in Wasserdampfatmosphäre und CO_2 „aktiviert", wobei sich eine Porenstruktur mit hoher innerer Oberfläche bildet. Alternativ dazu kann Pulveraktivkohle auch chemisch hergestellt werden, indem Kohlenhydrate (Zellulose, Holz) mit dehydratisierenden Chemikalien ($ZnCl_2 + H_3PO_4$) erhitzt werden.

Je nach Rohmaterial und Herstellungsprozess entstehen Aktivkohlen mit unterschiedlichen Eigenschaften und Strukturen. Auf dem Markt werden ca. 30–50 verschiedene Sorten angeboten. Die innere spezifische Oberfläche der Handelsprodukte liegt bei einigen 100 bis über 1200 m^2/g, vor allem durch die sogenannten Mikroporen, in denen die Zielstoffe adsorbieren. Die Kosten liegen bei ca. 1–2 €/kg. **Wirksame Entfernung** durch Aktivkohle ist möglich bei:

- Mineralölen
- Geruchs- und Geschmacksstoffen (haben in der Regel aromatische Gruppen)
- Aromaten und substituierten Aromaten
- organischen Farbstoffen (haben immer aromatische Gruppen)
- Pestiziden, Herbiziden, usw.
- halogenierten Kohlenwasserstoffen und AOX
- Pharmaka
- polyfluorierten Tensiden (PFT)
- adsorbierbaren Anteilen der Huminstoffe (messbar als DOC)

Aktivkohle ist nicht oder **nur beschränkt einsetzbar** bei:
- niedermolekularen organischen Säuren
- C_1-, C_2-Aliphaten mit geringer Halogenierung
- hochpolaren Spurenstoffen, wie z. B. Sulfonate oder Röntgenkontrastmittel.

Merke: Die Entfernung von Spurenstoffen ($\mu g/L$–ng/L-Bereich) vor dem natürlichen DOC-Hintergrund ist schwierig, wenn die Spurenstoffe keine deutlich höhere Affinität als der adsorbierbare DOC-Anteil haben.

Einsatztechniken

Pulveraktivkohle wird in Dosiermengen von 2–30 mg/L angewandt, wobei die Dosierung zum Teil nur zeitlich befristet (z. B. bei saisonalen Geruchsproblemen) erfolgt. Nach einer Reaktionszeit von 20–30 min erfolgt eine Abtrennung der beladenen Pulveraktivkohle durch Flockung und/oder Filtration. Eine Regeneration der beladenen Pulveraktivkohle ist nicht möglich (Einmalgebrauch). **Granulierte Aktivkohle** kommt in Aktivkohlefiltern zum Einsatz, die bei konstanter Belastung des Wassers gegenüber Pulveraktivkohle vorteilhaft sind, da bei dieser Anwendung eine höhere Beladung möglich ist. Der Betrieb von Aktivkohlefiltern ist relativ einfach, wobei eine Kontrolle des Filterdurchbruchs der Zielstoffe erforderlich ist (z. B. über UV-Absorption). Eine Regeneration der Kornkohle ist durch thermische Behandlung bei 750 °C möglich, so dass hier die Aktivkohle mehrfach verwendet werden kann. Aufgrund ihrer langen Standzeit werden Aktivkohlefilter oft biologisch besiedelt, so dass diese Filter auch für den Abbau organischer Stoffe nutzbar sein können.

5.4.7 Gasaustausch

Unter Gasaustausch in der Wasserreinigung versteht man die Absorption von gasförmigen Stoffen in H_2O und die Desorption aus der Lösung in die Gasphase. Typische Anwendungen für Gasaustausch sind unter anderem:

- O_2-Eintrag durch Belüftung zur Oxidation von gelösten Verbindungen, wie Eisen und Mangan, oder zur Anhebung der Sauerstoffkonzentration
- Ausgasen („Strippen") von CO_2 (Entsäuerung), CH_4, H_2S
- Eintrag von Ozon- und Chlorgas zur Oxidation/Desinfektion
- Ausblasen von flüchtigen organischen Stoffen, insbesondere chlorierten C_1- und C_2-Kohlenwasserstoffen (leichtflüchtige chlorierte Kohlenwasserstoffe, LCKW).

Eine technische Variante ist in Abbildung 5.11 gezeigt: Die **Wellbahnkolonne** dient zur Belüftung des Wassers mit der Wasserverteilung über ein Lochblech und Zwangsbelüftung im Gleichstrom mit Wasser.

Durch Gasaustausch wird ein bestimmter **Anteil** des gelösten Gases ausgetragen bzw. eingetragen, weswegen die Wirksamkeit η (Eta) eine geeignete Kenngröße zum Vergleich verschiedener Bauformen ist:

$$\eta = (c_o - c_n)/c_o$$

c_o ist die Anfangskonzentration und c_n die Endkonzentration des gelösten Gases im Wasser. Bei der Ausgasung von CO_2 entspricht η einem bestimmten pH-Wert Anstieg um ΔpH, wie z. B. Anstieg des pH-Wertes um 0,5 bei 68,4 % oder Anstieg des pH-Wertes um 1 bei 90 % Wirksamkeit:

$$\Delta pH = pH_n - pH_o = \lg (1 - \eta)$$

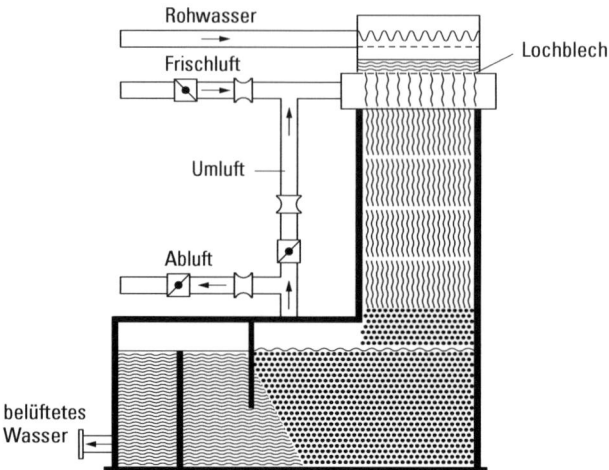

Abb. 5.11 Wellbahnkolonne für den Gasaustausch (Bächle, 1987).

5.4.8 Entsäuerung

Entsäuerungsverfahren werden eingesetzt, um bestimmte Anteile des gelösten CO_2 zu entfernen und damit den pH-Wert auf einen zu berechnenden **Ziel-pH-Wert** anzuheben. Die Entsäuerung ist bei vielen natürlichen Wässern notwendig, wenn sie Calcit lösend sind und durch die pH-Wert Erhöhung die Korrosionswahrscheinlichkeit abnimmt.

Die verwendeten Metalle (Eisen, Zink als Schutzschicht, Kupfer, alte Bleiinstallationen) und zementhaltigen Stoffe (Beton, Zementauskleidungen, Asbestzementrohre) werden von **Korrosionserscheinungen** beeinflusst. Bei zementhaltigen Werkstoffen ist die Betrachtung der Calcit-Sättigung sinnvoll, weil im Zement $Ca(OH)_2$ gebildet wird, das sich zu dichtendem $CaCO_3$ umwandelt („Carbonatisierung des Zement"). Wenn ein Wasser Calcit lösend ist, tritt der Angriff über die $CaCO_3$-Auflösung ein („Zementkorrosion").

Verfahren der Entsäuerung

Physikalische Entsäuerung: Aufgrund des geringen Partialdrucks von CO_2 in der Atmosphäre können sich in offenen Systemen maximal etwa 0,6 mg/L CO_2 im Wasser lösen. Durch Gasaustausch (s. Kap. 5.6) kann deshalb CO_2 bis zum Erreichen des pH-Wertes der Calcit-Sättigung ausgeblasen werden. Dies ist der Ziel-pH-Wert des Verfahrens und aus der Differenz ΔpH ergibt sich die erforderliche Wirksamkeit der Anlage.

Chemische Entsäuerung: Die chemische Entsäuerung kann durch eine Dosierung alkalischer Stoffe erreicht werden. Dabei nehmen die Konzentrationen der Hydrogencarbonat-(HCO_3^-) und Carbonat-Ionen zu, wobei darauf zu achten ist, dass der pH-Wert der Calcit-Sättigung nicht überschritten wird. Aus dem erforderlichen pH-Anstieg kann die Wirksamkeit η und daraus das zu bindende CO_2 berechnet werden.

Folgende Summenformeln können für die Bemessung verwendet werden:

$$CO_2 + NaOH \rightleftharpoons HCO_3^- + Na^+$$

$$2\,CO_2 + Ca(OH)_2 \rightleftharpoons Ca^{2+} + 2\,HCO_3^-$$

Tatsächlich läuft die Reaktion in zwei Stufen ab:

$$CO_2 + H_2O \rightleftharpoons H_2CO_3 \quad \text{langsam}$$

$$H_2CO_3 + NaOH \rightleftharpoons HCO_3^- + Na^+ \quad \text{schnell}$$

Da die Hydratation des Kohlenstoffdioxids zu Kohlensäure relativ langsam verläuft, aber die Neutralisation der Kohlensäure sehr schnell, kommt es an der Dosierstelle regelmäßig zur Überschreitung der Calcit-Sättigung und Ausfällung von Calcit. Die Dosierlösung muss daher vorverdünnt werden und nur sehr langsam (etwa innerhalb 3 s) mit dem Wasser verrührt werden.

Alternativ führt auch die Filtration über gekörntes alkalisches Material zu einer pH-Wert Erhöhung. Der Vorteil dieser Filtration besteht darin, dass sich immer nur soviel $CaCO_3$ lösen kann, wie der Calcit-Lösekapazität entspricht. Bei Filtern mit halbgebranntem Dolomit ist allerdings eine zu starke pH-Wert Erhöhung nicht ausgeschlossen.

„Marmorfiltration"
$$CO_2 + H_2O + CaCO_3 \rightleftharpoons Ca^{2+} + 2\,HCO_3^-$$

Dolomit
$$2\,CO_2 + 2\,H_2O + CaCO_3MgCO_3 \rightleftharpoons Ca^{2+} + Mg^{2+} + 4\,HCO_3^-$$

halbgebrannter Dolomit
$$3\,CO_2 + 2\,H_2O + CaCO_3MgO \rightleftharpoons Ca^{2+} + Mg^{2+} + 4\,HCO_3^-$$

5.4.9 Enthärtung

Mit „Wasserhärte" wird der Calciumgehalt des Wassers bildhaft bezeichnet, der Ursache für die Ausbildung von Carbonatablagerungen (Kesselstein) in wasserführenden Anlagen sein kann (s. Kap. 2.4.1). Allerdings versteht man in der Praxis unter der Härte eines Wassers seinen Gehalt an Erdalkali-Ionen (s. Kap. 3.2.3). Die Härte wird von den **Konzentrationen der Ca^{2+} und Mg^{2+}-Ionen** bestimmt (Angabe der Härte in mmol/L), während Strontium und Barium meist nur in Spuren auftreten. Tabelle 2.3 (s. Kap. 2.4.1) listet die verschiedenen, in der Umgangssprache gebräuchlichen Maßeinheiten und ihre Umrechnung in Stoffmengenkonzentrationen auf.

Von **Enthärtung** spricht man, wenn durch ein Verfahren die Härte des Wassers vermindert wird. Die Zielgröße der Enthärtung sollte sich an der Ca^{2+}-Konzentration orientieren, da Mg^{2+} keine harten Fällungsprodukte bildet und aus diesem Grund relativ unproblematisch ist.

Wird die Konzentration der Hydrogencarbonat-Ionen verringert, was einer Verminderung der Säurekapazität des Wassers entspricht, so bezeichnet man den Prozess als

Entcarbonisierung, unabhängig davon, ob gleichzeitig die äquivalente Menge an Ca^{2+}- und Mg^{2+}-Ionen mit entfernt wird oder nicht.

Für die teilweise oder vollständige zentrale Entfernung des Härtebildner Ca^{2+}- bzw. der HCO_3^--Ionen gibt es eine Reihe von möglichen Gründen bzw. Zielsetzungen:

- eine hohe natürliche Härte des Grundwassers, z. B. in Gipssteingebieten
- eine regionale Zunahme der Wasserhärte aufgrund Deposition saurer Niederschläge und Stickstoffdüngung mit verstärkten Nitrifikations-/Denitrifikationsprozessen
- der vermehrte Einsatz von dezentralen Enthärtungsanlagen (Ionenaustauschprinzip) mit problematischen Umweltfolgen (Erhöhung des Natrium- und des Chlorid-gehalts im Trink- und Abwasser) und Gesundheitsgefährdungen durch das Wachstum von Mikroorganismen in den Anlagen
- gestiegene Ansprüche an weicheres Wasser
- die Vermeidung von Umweltbelastungen (geringerer Bedarf an Entkalkungs-, Wasch- und Reinigungsmitteln)
- die Vermeidung von Kalkablagerungen im Heißwasserbereich
- die Vermeidung der Korrosion bei Mischung unterschiedlicher Wässer im Leitungs-netz.

Bei sehr hartem Wasser (s. Tab. 3.2) mit deutlich mehr als 2,5 mmol/l Calcium kann die zentrale Enthärtung Vorteile aufweisen, jedoch darf nicht bis unter 1,5 mmol/L Erdalkalien (Ca^{2+}, Mg^{2+}) und 1,5 mmol/L HCO_3^- enthärtet werden, um eine minima-le Pufferkapazität des Wassers zur Vermeidung von Korrosionserscheinungen zu er-halten.

Fällungsverfahren

Bei den Fällungsverfahren wird $CaCO_3$ durch die künstliche Verschiebung des KKS-Gleichgewichts (KKS = Kalk-Kohlensäuresystem) in den kalkabscheidenden Bereich ausgefällt. Diese Übersättigung an $CaCO_3$ kann durch die Dosierung alkalischer Sub-stanzen, die Zufuhr von CO_3^{2-} oder den Entzug von gelöstem CO_2 hervorgerufen wer-den. Eine Verwendung von natriumhaltigem Fällmittel im Trinkwasserbereich ist pro-blematisch, weil ein Natriumgrenzwert (200 mg/L) einzuhalten ist.

Kalkfällung: Bei der Kalkfällung treten zwei Mechanismen auf. Zum einen wird die Ca^{2+}-Konzentration erhöht, zum anderen werden gelöstes CO_2 und HCO_3^--Ionen zu CO_3^{2-} umgewandelt und mit Ca^{2+} als $CaCO_3$ abgeschieden (Entcarbonisierung).

$$Ca^{2+} + 2\,HCO_3^- + Ca(OH)_2 \rightleftharpoons 2\,CaCO_3\downarrow + 2\,H_2O$$

$$Mg^{2+} + Ca(OH)_2 \rightleftharpoons Mg(OH)_2\downarrow + Ca^{2+} \quad (\text{bei pH} > 10,5)$$

Natronlauge-Fällung: Im Vergleich mit der Kalkfällung werden beim Einsatz von NaOH bei gleicher Verringerung der Calciumkonzentration nur die Hälfte der HCO_3^--Ionen entfernt. Dies kann von Vorteil sein, wenn die HCO_3^--Konzentration nicht zu stark abgesenkt und trotzdem eine vorgegebene Ca^{2+}-Konzentration erreicht werden soll.

$$Ca^{2+} + HCO_3^- + NaOH \rightleftharpoons CaCO_3\downarrow + Na^+ + H_2O$$

Eine technische Ausführung der zentralen Enthärtung mit dem **Schnellentcarbonisierungsverfahren** ist in Abbildung 5.12 dargestellt. Es wird häufig für harte Grundwässer eingesetzt und erlaubt eine schnelle Abscheidung des Fällungsprodukts an Feinsand im Aufstromreaktor. Dabei entstehen Kugeln ("Pellets") aus Calciumcarbonat, die sich leicht entsorgen oder verwenden lassen.

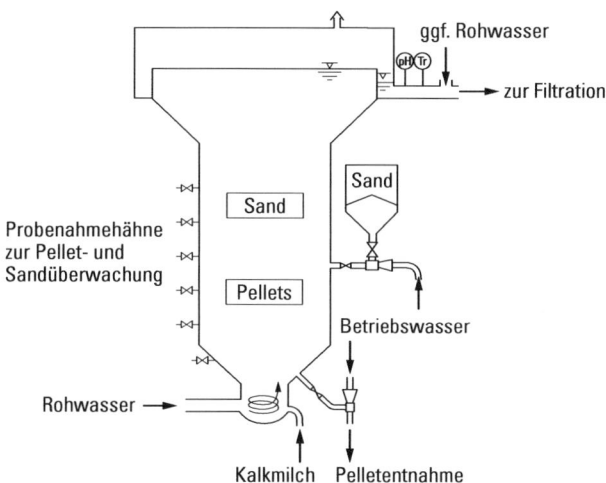

Abb. 5.12 Schnellentcarbonisierungsanlage (Overath und Stetter, 1998).

Weitere eingesetzte Enthärtungsverfahren sind die Nanofiltration und der Ionenaustausch (s. Kap. 5.4.5 bzw. 5.4.10).

5.4.10 Ionenaustausch

Grundlagen

Ionenaustauscher bestehen aus einem festen Trägermaterial (vernetzte Polymere: Harze), an das bestimmte Ionen fest gebunden sind (**„Festionen"**, „Ankergruppen"), wobei deren Ladung durch eine äquivalente Menge beweglicher „Gegenionen" in der Porenflüssigkeit des Festkörpergerüsts kompensiert wird. Diese **beweglichen Gegenionen** können stöchiometrisch und reversibel gegen gleichsinnig geladene Ionen aus dem umgebenden Wasser ausgetauscht werden (Abbildung 5.13). Nach dem Erreichen eines Gleichgewichtszustandes zwischen der Ionenkonzentration in der Porenflüssigkeit und der freien Lösung kommt der Austauschvorgang zum Erliegen. Dagegen werden Ionen, die das gleiche Ladungsvorzeichen wie die Festionen (Coionen) aufweisen, von den Festionen abgestoßen und können nicht in die Porenstruktur eindringen.

Zur **Regeneration** wird der Ionenaustauscher mit einer Lösung gespült, die das Gegenion in hoher Konzentration enthält, und damit in seine Ausgangsform überführt. Die Ionenaustauscher werden nach der Art der austauschbaren Ionen (Kationen oder Anionen) sowie nach der Säure/Base-Stärke der Festionen unterschieden.

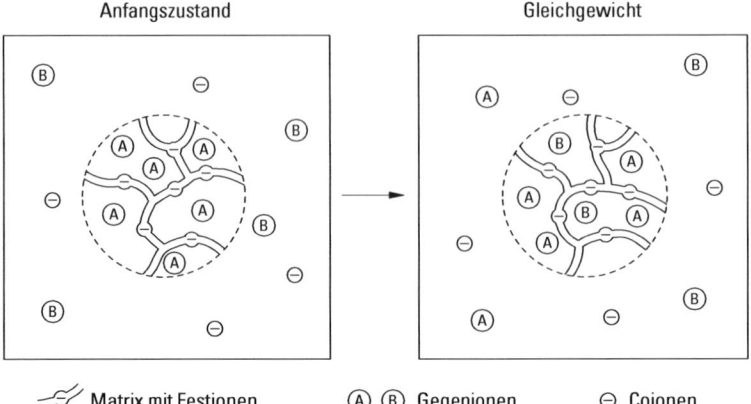

Anfangszustand   Gleichgewicht

Matrix mit Festionen   Ⓐ Ⓑ Gegenionen   ⊖ Coionen

Abb. 5.13   Ionenaustausch mit einer Lösung (schematisch).

Austauscherharze

Analog zur Einteilung in starke oder schwache Säuren bzw. Laugen bezeichnet man auch die Ionenaustauscherharze als stark oder schwach saure Kationen- bzw. stark oder schwach basische Anionenaustauscher. Sie unterscheiden sich durch die Art der Ankergruppen am Trägermaterial (R) des Ionentauschers:

- **Stark saure Kationenaustauscher** sind in der Lage, alle Kationen auszutauschen.

  $R\text{-}SO_3^-$ Sulfonsäuregruppe

- **Schwach saure Kationenaustauscher** können nur die Kationenäquivalente der Salze schwacher Säuren (vor allem H_2CO_3) austauschen, in der Regel also Ca^{2+} und Mg^{2+} (s. u., Selektivitätsreihe), weil bei pH-Werten unter 4 die Carbonsäuregruppe nicht dissoziiert.

  $R\text{-}COO^-$ Carbonsäuregruppe

- Analog können **stark basische Anionenaustauscher** alle Kationen austauschen.

  $R\text{-}NR_3^+$ quaternäre Ammoniumgruppe ($R = CH_3$, C_2H_5)

- **Schwach basische Anionenaustauscher** können lediglich die Anionenäquivalente starker Säuren austauschen, also Cl^-, SO_4^{2-}, NO_3^-, jedoch nicht HCO_3^-, CO_3^{2-}, Silikate, Humate usw. (s. u., Selektivitätsreihe), da bei höheren pH-Werten das Festion durch OH^- neutralisiert wird.

  $R\text{-}NH_3^+$ primäre Ammoniumverbindungen

  $R\text{-}NH_2R^+$ sekundäre Ammoniumverbindungen

  $R\text{-}NHR_2^+$ tertiäre Ammoniumverbindungen

Je nach Art des Ionentauschers können diese in unterschiedlichen pH-Bereichen zum Einsatz kommen (s. Tab. 5.9).

Tab. 5.9 pH-Bereiche für den Einsatz von Ionenaustauschern (Dorfner, 1991).

Art des Ionenaustauschers	ungefährer pH-Bereich
stark saurer Kationenaustauscher	0–14
schwach saurer Kationenaustauscher	5–14
schwach basischer Anionenaustauscher	0–9
stark basischer Anionenaustauscher	0–14

Selektivität

Die Ionenaustauscher weisen aufgrund der chemischen Struktur eine Selektivität gegenüber verschiedenen Ionen auf. In der Regel werden bei gleichwertigen Ionen diejenigen mit höheren Ionenradien (höherem Atomgewicht) und bei unterschiedlichen Ladungen diejenigen mit höherer Ladung bevorzugt. Hieraus ergeben sich die folgenden **Selektivitätsreihen für Ionenaustauscher:**

stark saurer Kationenaustauscher:

$H^+ < Na^+ < NH_4^+ < K^+ < Cu^+ < Cs^+ < Ag^+ < Mg^{2+} < Zn^{2+} < Cu^{2+} < Cd^{2+}$
$< Ca^{2+} < Pb^{2+} < La^{3+} < Th^{4+}$

stark basischer Anionenaustauscher:

$OH^- < HSiO_3^- < HCO_3^- < Cl^- < NO_2^- < Br^- < NO_3^- < SO_4^{2-}$

schwach saurer/schwach basischer Austauscher:

H^+ bzw. OH^- rücken in den obigen Reihen weiter nach rechts

Einsatzbereiche von Ionenaustauschern sind:
- **Enthärtung durch Neutralaustausch:**

  $2\,R\text{-}SO_3^- Na^+ + Ca^{2+}(Mg^{2+}) \rightleftharpoons (R\text{-}SO_3^-)_2\,Ca^{2+}(Mg^{2+}) + 2\,Na^+$

- **Nitrat- und Sulfatentfernung durch Neutralaustausch:**

  $R\text{-}NR_3^+ Cl^- + NO_3^- \rightleftharpoons R\text{-}NR_3^+ NO_3^- + Cl^-$

  $2\,R\text{-}NR_3^+ Cl^- + SO_4^{2-} \rightleftharpoons (R\text{-}NR_3^+)_2 SO_4^{2-} + 2\,Cl^-$

- **Entcarbonisierung:**

  $2\,(R\text{-}COO^- H^+) + Ca^{2+} \rightleftharpoons (R\text{-}COO^-)_2\,Ca^{2+} + 2\,H^+$

  $2\,H^+ + 2\,HCO_3^- \rightleftharpoons 2\,CO_2 + 2\,H_2O$

- **Vollentsalzung:** Bei den Ionenaustauschverfahren zur Vollentsalzung werden Kationenaustauscher in H^+-Form und Anionenaustauscher in OH^--Form in Reihe geschaltet oder ein Mischbett beider Austauscher eingesetzt. Die ausgetauschten Kationen und Anionen werden durch Wasser (aus H^+ und OH^-) ersetzt. Die Vollentsalzung durch den zweistufigen Ionenaustausch ist eine einfache Technik für die Behandlung kleiner Wassermengen (z. B. Anlagen zur Herstellung von voll entsalztem Wasser im Labor).

5.4.11 Oxidation

Bei Oxidationsverfahren werden durch Zudosierung von Oxidationsmitteln anorganische und organische Wasserinhaltsstoffe verändert, d. h. oxidiert. Die wichtigsten Oxidationsmittel sind Sauerstoff, Ozon und Hydroxyl-Radikale (OH).

Sauerstoff

Sauerstoff findet Anwendung für die chemische und biologische Oxidation von Fe^{2+}, Mn^{2+}, NH_4^+ und zum aeroben Abbau organischer Stoffe in biologisch wirksamen Stufen. Hierzu wird das Rohwasser gezielt belüftet und über ein Filtermaterial geleitet (analog zu Schnellfiltern), um dort die Umsetzungen abzuschließen. Es entstehen dabei die unlöslichen Eisen- und Manganhydroxide (diese werden in der Enteisenung und Entmanganung der Grundwasseraufbereitung abfiltriert), Nitrat (bei der Nitrifikation des NH_4^+) und CO_2 (bei der Mineralisation organischer Stoffe).

Ozon

Ozon ist besonders effektiv für die Teiloxidation organischer Substanzen natürlicher oder anthropogener Herkunft. Es wird vor Ort in Ozongeneratoren aus Luft oder Sauerstoff durch elektrische Entladungen hergestellt und über eine Begasung dem Wasser zugeführt.

Viele der aromatischen Organika und der Spurenstoffe reagieren schnell und direkt mit Ozon bzw. indirekt mit OH-Radikalen, die aus Ozon gebildet werden. Dabei entstehen kleinere, stärker polare Moleküle mit einem höheren Sauerstoffgehalt. Diese Oxidationsprodukte sind oft gut biologisch abbaubar, weshalb die Ozonungsstufe immer durch eine natürliche oder technische Biofiltration ergänzt wird. Ozon hat sich für die Entfernung färbender Huminstoffe, vieler Geruchs- und Geschmacksstoffe und für eine Desinfektion der wichtigsten Pathogene in höher belasteten Rohwässern bewährt. Sie ist bei der Oberflächenwasseraufbereitung oft Teil des mehrstufigen Reinigungskonzepts (Multibarrierenprinzip).

Hydroxyl-Radikale (OH)

Diese sehr reaktiven und unselektiven Radikale können auch organische Stoffe anoxidieren bzw. mineralisieren, die einer direkten Reaktion mit Ozon nicht zugänglich sind. Hierzu gehören die chlorierten Aliphaten, einige Pestizide und iodierte Röntgenkontrastmittel. OH-Radikale bilden sich aus Ozon durch den radikalischen Reaktionsweg, wobei durch pH-Anhebung oder die Zugabe von Wasserstoffperoxid mehr Radikale erzeugt werden können. Ein anderer verwendeter Syntheseweg ist die UV-Bestrahlung von Wasserstoffperoxid, wodurch es in zwei OH^--Radikale gespalten wird. Die kurzlebigen OH-Radikale sind keine effizienten Desinfektionsmittel.

5.4.12 Desinfektion

„Wasser für den menschlichen Gebrauch muss **frei von Krankheitserregern**, genusstauglich und rein sein." (§ 4(1) TrinkwV, 2001). Dieses Ziel kann im Rahmen einer

Messungenauigkeit (s. Kap. 4.6) am besten mit dem Konzept eines multiplen Barrierensystems erreicht werden (s. auch „water safety plan" WSP, Kap. 5.4.15, 6.3.1).

Um 1900 wurde erkannt, dass Oxidationsmittel, wie Chlor und Ozon, eine hervorragende desinfizierende Wirkung bei der Wasseraufbereitung haben. Mit der Einführung der Desinfektion durch Chlor wurden die früher häufig auftretenden Cholera- und Typhusepidemien (s. Kap. 4.3.1) fast vollständig vermieden, auch wenn Ressourcenschutz und Aufbereitung unzulänglich waren.

Die Desinfektionswirkung eines Stoffes, also die Abtötung oder Inaktivierung von Krankheitserregern (Bakterien, Viren, Parasiten), hängt von mehreren Faktoren ab:

- Art des Desinfektionsmittels/-verfahrens
- konkurrierende Reaktionen im Wasser mit gelösten organischen Stoffen
- Trübung des Wassers
- Einwirkzeit und Konzentration des Desinfektionsmittels bzw. Intensität der UV-Strahlung
- Art der Mikroorganismen, ihre Lebensformen im Wasser bzw. im Biofilm und ihre Widerstandsfähigkeit gegen die jeweils eingesetzten Desinfektionsverfahren
- andere Parameter, wie Temperatur und pH-Wert.

Dabei unterscheiden sich die verschiedenen eingesetzten Verfahren zur Desinfektion in Aufwand und Effektivität ihrer Wirkung auf verschiedene Organismengruppen (s. Tab. 5.10). Neben traditionellen Chemikalien, wie Chlor bzw. Ozon, wird heute auch die keimtötende Wirkung von Chlordioxid und UV-Strahlung zur Desinfektion eingesetzt.

Tab. 5.10 Aufwand und Effektivität bei Desinfektionsverfahren (Hässelbarth, 1995).

Verfahren	Bakterien	Viren	Parasiten	Aufwand
Cl_2	++	+	−	sehr gering
ClO_2	++	++	−	gering
O_3	++	++	+	hoch
UV-Strahlung	++	++	++	mittel

Die Zugabe eines Desinfektionsmittels ist ohne adäquate Aufbereitung unzureichend, um das oben genannte Ziel auch nur annähernd zu erreichen. Drei Gründe sprechen für diese Auffassung:

- Bei hohem Nährstoffgehalt im Wasser bilden sich starke Biofilme an den Rohrwandungen, die Krankheitserregern genügend Schutz geben (s. Kap. 4.6).
- Selbst bei geringem Nährstoffgehalt werden Huminstoffe zu Reaktionsprodukten mit Carboxylgruppen oxidiert, die den assimilierbaren organischen Kohlenstoff (AOC) erhöhen und zu einer Verkeimung im Netz führen, sobald die Wirkung des Desinfektionsmittels nachlässt.
- Krankheitserreger sind oft in Trübstoffen eingelagert oder leben parasitär in Invertebraten (z. B. Legionellen in Amöben) und sind so für das Desinfektionsmittel nicht zugänglich (s. Kap. 4.3.4).

Für die quantitative Beschreibung der Desinfektionswirkung wird international oft das **c-t-Konzep**t verwendet. In der Praxis kann das zu schwerwiegenden Irrtümern führen, wenn die Auffassung vertreten wird, dass durch eine Erhöhung der Konzentration eines Desinfektionsmittels Mängel bei der Aufbereitung oder beim Ressourcenschutz kompensiert werden könnten. Das c-t-Konzept kann nur bei gut aufbereitetem, trübstofffreiem Wasser ohne Huminstoffe angewendet werden. Es geht stark vereinfachend davon aus, dass sich für ausgewählte Mikroorganismen unter bestimmten Bedingungen eine definierte Desinfektionswirkung erreichen lässt, wenn bei einer niedrigeren Desinfektionsmittelkonzentration die Einwirkzeit entsprechend verlängert wird, bzw. bei kurzer Einwirkzeit die Konzentration entsprechend erhöht wird. Der c-t-Wert als Maß für die Effektivität eines Desinfektionsmittels ist das Produkt aus wirksamer Desinfektionsmittelkonzentration c und der Kontaktzeit t, über die diese Konzentration auf die Mikroorganismen einwirken kann. Die Einheit des c-t-Werts lautet demnach mg · min/L. Beispielwerte für Ozon sind in Tabelle 5.11 aufgeführt. Den Werten ist zu entnehmen, dass die Wirkung bei Bakterien und Viren sehr gut ist. Dagegen ist die Wirkung von Ozon auf Parasitendauerstadien (*Giardia* und *Cryptosporidien*, s. Kap. 4.3.2) eher geringer, d. h. es muss mehr Ozon über längere Zeiten einwirken, um die Inaktivierung von 99 % der Organismen bei gut aufbereitetem Wasser zu erreichen.

Bei der Anwendung dieses Konzeptes ist zu beachten, dass der Verlauf der Desinfektionsmittelkonzentration und die Kontaktzeit in realen Wasseraufbereitungsanlagen in der Regel nicht exakt zu ermitteln sind. Es kann Ressourcenschutz und gute Aufbereitung nicht ersetzen.

Tab. 5.11 c-t-Werte für die Reduktion von Mikroorganismen um 99 % (zwei Logarithmus-Stufen) durch Ozon (Wricke, 2001).

Mikroorganismen	c-t-Wert (mg · min/L)	pH	Temperatur (°C)
Escherichia coli	0,02	6–7	5
Polio 1	0,1–0,2	6–7	5
Rotavirus	0,006–0,6	6–7	5
Giardia lamblia	0,5–0,6	6–7	5
Giardia muris	1,8–2,0	6–7	5
Cryptosporidien	3,5–10	7	25

Zur Desinfektion werden folgende Verfahren eingesetzt:

- **Chlorung** durch Dosierung von Chlorgas bzw. Hypochloritlösungen oder elektrolytische Bildung in chloridhaltigen Wässern
- **Chlordioxid**, das im Wasserwerk aus Chlorit-Lösungen und Chlor hergestellt wird
- **Ozon**, das aus Luft oder besser Sauerstoff durch elektrische Entladung hergestellt wird
- **UV-Bestrahlung** in klarem Wasser mit Licht der Wellenlänge 254 nm mit 400 J/m entweder bei einer Schichtdicke kleiner 1 cm oder mit turbulenter Strömung bei höherer Schichtdicke, mit Schädigung der DNA und damit Inaktivierung.

Bei den chemischen Desinfektionsmitteln Chlor, Chlordioxid und Ozon ist mit anorganischen und organischen **Desinfektionsnebenprodukten** zu rechnen, die toxisch sind und begrenzt werden müssen. Folgende Produkte treten auf:

- **Bei Chlor** entstehen die Trihalogenmethane (THMs), chlorierte Furanone (sogenanntes mutagenes MX) und andere halogenierte Stoffe (AOX).
- **Bei Chlordioxid** entsteht Chlorit.
- **Bei Ozon** entsteht Bromat.
- **Bei Chloraminen** ist mit der erhöhten Bildung von Nitriten und mit iodierten oder bromierten Nebenprodukten zu rechnen.

Bei Chlor ist folgende Besonderheit zu beachten: Das wirksame Agens ist das undissoziierte HOCl-Molekül (unterchlorige Säure, pK = 7,6), dass nur im pH-Bereich unterhalb 7,6 in ausreichendem Anteil vorliegt. Deswegen ist bei höheren pH-Werten Chlordioxid dem Chlor vorzuziehen. HOCl bildet sich aus Chlorgas im Wasser oder aus Hypochloriten (Na- oder Ca-Salze) oder elektrochemisch aus Cl^-. **Chloramine** wirken im Wesentlichen über das im Gleichgewicht abspaltbare HOCl. Aber nur das Di- oder das Trichlorisocyanurat spaltet genügend HOCl ab, um sicher desinfizierend zu wirken. Wegen seiner Lagerfähigkeit ist es als **Chlortabletten** für Katastrophenfälle verfügbar. Chloramine auf Ammoniumbasis sind zu schwach; sie töten zwar Indikatorkeime wie *Escherichia coli* ab, aber nicht sicher alle Krankheitserreger, schon gar nicht in einem ungepflegten Rohrnetz mit hohem Wasserverlust.

Die Wirksamkeit von HOCl gegenüber Bakterien ist außerordentlich hoch, weil es sehr schnell und vollständig mit NH-Verbindungen (NH_3, Amine, Proteine, Fermente) reagiert und so den Stoffwechsel der Bakterien hemmt. In sauberem Wasser genügen bereits 0,1 mg/L Cl_2 für eine Abtötung von Bakterien um vier Zehnerpotenzen innerhalb von 30 Sekunden. Ein solches Ergebnis ist in **Schwimmbadewasser** mit einer Aufbereitung nach den anerkannten Regeln der Technik (DIN 19643) zu erwarten. Dies kann mit der Messung der **Redoxspannung** als Indikator dokumentiert werden: Eine Redoxspannung von z. B. 800 mV an einer Platinelektrode gegen eine Ag/AgCl-Bezugselektrode ist mit 0,1 mg/L Cl_2 nur zu erreichen, wenn die Aufbereitung einwandfrei wirksam ist. Typischerweise ist die Bildung von Chloraminen in einem solchen Bad gering und der sonst übliche **Schwimmbadgeruch** nicht wahrnehmbar.

Vergleichbare Ergebnisse zu den oben genannten Verfahren in Bezug auf die Entfernung von Krankheitserregern aus dem Wasser sind allerdings auch mit einer Bodenpassage (auch mit Uferfiltration) bei ausreichenden Verweilzeiten in einem Porengrundwasserleiter (50 Tage-Regel) oder mit intakten Ultrafiltrationsmembranen (weniger als 0,001 % der Fläche Fehlstellen auf der Membran, Elimination von Krankheitserregern >99,999 % entsprechend fünf Logarithmus-Stufen) erreichbar. Im Ergebnis sind folgende Fälle zu unterscheiden:

- Das Rohwasser ist mikrobiologisch einwandfrei und bedarf nach der Aufbereitung keiner zusätzlichen Desinfektion.
- Das Rohwasser ist belastet, aber durch die Aufbereitung werden alle (im Rahmen der Messunsicherheit) Krankheitserreger entfernt, abgetötet bzw. inaktiviert und das Wasser bleibt auch im Rohrnetz einwandfrei.
- Auch nach der Aufbereitung von belastetem Rohwasser muss zu dem abgegebenen Wasser ein Desinfektionsmittel dosiert werden, um eine **Desinfektionskapazität** im Rohrnetz aufrechtzuerhalten.
- Das Rohrnetz ist in einem Zustand, der zu Besorgnis Anlass gibt, weswegen eine Desinfektionskapazität im Rohrnetz aufrechterhalten werden muss.

Beispiel für den ersten Fall ist Berlin und für den zweiten Fall Zürich. In diesen und anderen Städten wird kein Desinfektionsmittel zum abgegebenen Trinkwasser mehr dosiert.

Seit dem Nachweis **toxischer Desinfektionsnebenprodukte (DNP)** hat sich die Einstellung zur Chlorung drastisch verändert. Die Dosierung wurde von früher 2–3 mg/L auf nunmehr 0,1–0,3 mg/L begrenzt, was einer Stärkung des Stellenwerts der Aufbereitung gleichkommt. In manche Rohrnetze, insbesondere der Fernwasserversorgung, wird etwas Chlor oder Chlordioxid dosiert, auch wenn das Rohrnetz intakt ist und im Grunde keine Desinfektionskapazität erforderlich ist. Hierdurch kann, sofern die Chlorzehrung und der Gehalt an Huminstoffen gering sind, durch den Nachweis des Desinfektionsmittels selbst oder durch **elektrochemische Methoden (s. o., Redoxspannung** bei Schwimmbadewasser) der Einbruch von Fremdwasser schneller erkannt werden.

Die ganzheitliche Bewertung des Hygienestatus des Wassers (Ressourcenschutz, Gewinnung, Aufbereitung, Speicherung und Verteilung) ist ein wesentlicher Grund für die Forderung nach **Wasser einheitlicher Zusammensetzung** in einem Versorgungsgebiet. Die Verantwortung hierfür muss in einer Hand liegen, was eine Einspeisung von verschiedenen Unternehmen in ein Netz verbietet. Bei der Nutzung von Wasser ist kein **Wettbewerb am Markt** möglich.

5.4.13 Biologische Verfahren

Biologische Verfahren haben unter den Bedingungen der Wasseraufbereitung folgende Randbedingungen zu erfüllen:

- Ein massiver Austrag von Mikroorganismen in das aufbereitete Trinkwasser muss ausgeschlossen werden.
- Die geringen Substratkonzentrationen in wenig belasteten Rohwässern bieten zwar ungünstige Voraussetzungen für das Wachstum und den Umsatz von Mikroorganismen, jedoch ist eine weitgehende Entfernung der abbaubaren Stoffe erreichbar.
- Ein Restgehalt an Substrat nach einer biologischen Stufe kann die Wiederverkeimung im Netz begünstigen, weshalb ein weitgehender Umsatz angestrebt wird.

Aus diesen Gründen kommen praktisch nur **Biofilmverfahren** mit unterschiedlichen Trägermaterialien in Betracht, wodurch ein hohes Alter der Biomasse bzw. die Ansiedlung auch sehr langsam wachsender Bakterien erreicht wird. Die Verfahren sind einteilbar in natürlich und in technische Stufen.

Natürliche biologische Verfahren

Uferfiltration: Die Uferfiltration an Flüssen und Seen ist eine alte Form der Wassergewinnung und Aufbereitung, wobei nahe am Gewässer liegende Brunnen den Grundwasserspiegel absenken. Dadurch wird ein hydraulisches Gefälle wirksam und Oberflächenwasser tritt durch die Ufer- und Sohlenschichten bis zum Brunnen durch, vorausgesetzt die Durchlässigkeit des Bodenmaterials ist ausreichend hoch. Ein Schema hierzu ist in Abbildung 5.14 wiedergegeben.

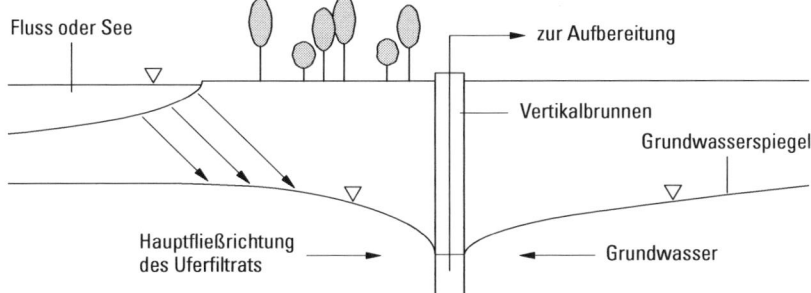

Abb. 5.14 Schema der Uferfiltration.

Auf den ersten Metern findet bei der Uferfiltration eine erhebliche biologische und mechanische Reinigung des Wassers statt, die sich im weiteren Fließpfad fortsetzt, bis der Brunnen erreicht wird. Die Wanderungszeiten liegen im Bereich von 10 d bis 2 a, je nach Standort, Hydrogeologie und Betrieb. Bei der Uferfiltration wird der Sauerstoff durch mikrobiologische Vorgänge gezehrt, bei hohen Umsätzen auch Nitrat. Wenn Nitrat verbraucht ist, findet die Rücklösung von Eisen und Mangan statt. Die nachhaltige Aufbereitungswirkung der Uferfiltration ist vielfach bewiesen und betrifft:

- die weitgehende bis vollständige Abfiltration der Krankheitserreger
- den weitgehenden biologischer Abbau von Organika (wenn sie nicht persistent sind)
- die Einstellung geochemischer Gleichgewichte.

Fallweise wird das Uferfiltrat noch aufbereitet, z. B. mit der Enteisenung und Entmanganung oder über eine Ozonung und Aktivkohlefiltration.

Künstliche Grundwasseranreicherung: Die künstliche Grundwasseranreicherung ähnelt der Uferfiltration, jedoch wird das Oberflächenwasser entnommen, vorgereinigt und dann versickert, Letzteres geschieht oft über Sandfilterbecken (Abbildung 5.15). Die Filterbecken werden wie Langsamsandfilter (s. u.) betrieben, jedoch ohne untere Abdichtung.

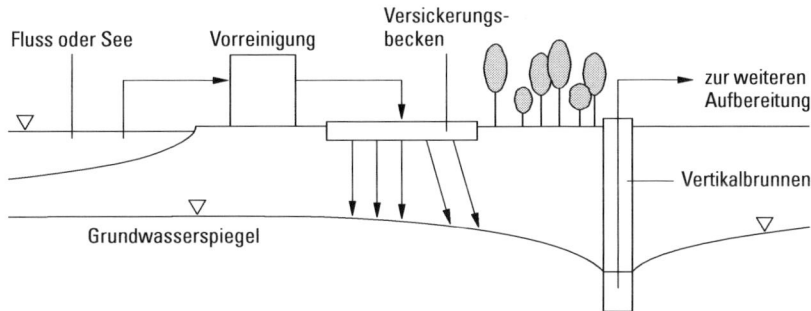

Abb. 5.15 Schema einer künstlichen Grundwasseranreicherung.

Die nahe liegenden Brunnen entnehmen das angereicherte Grundwasser, welches dann weiter aufbereitet werden kann. Die Grundwasseranreicherung eignet sich für Standorte ohne eine Uferfiltration und erlaubt die intensivierte Nutzung vorhandener

Grundwasserleiter mit unzureichender Speicherkapazität. Anlagenbeispiele für eine künstliche Grundwasseranreicherung sind vor allem entlang der Ruhr zu finden. Die Aufbereitungswirkung ist mit der Uferfiltration vergleichbar.

Technische biologische Verfahren

Langsamfiltration: Das älteste Filterverfahren der Trinkwasseraufbereitung nutzt eine intensive mikrobiologische Besiedlung einer Filterschicht aus Sand (sogenannte Schmutzdecke), in der mechanische und mikrobiologische Prozesse dominieren. Langsamfilter erlauben eine gute Abtrennung von Bakterien und Parasiten, eine aeroben biologischen Abbau der organischen Stoffe und die Nitrifikation geringer Ammoniumgehalte. Bei Rohwässern guter Qualität kann sogar auf die Desinfektion verzichtet werden. Diese Technik findet vermehrt Interesse für die dezentrale und sichere, sowie chemikalienlose Trinkwasseraufbereitung in Entwicklungsländern, weil sie aus lokalen Materialien gebaut und einfach betrieben werden kann.

Biologische Filter: Dieser Filtertyp ähnelt stark den Schnellfiltern, nutzt aber die mikrobielle Besiedlung des Trägermaterials (oft Sand, Filterkoks oder Aktivkohle) zum Abbau organischer Stoffe und zur Nitrifikation. Eine Abscheidung von Bakterien und Pathogenen ist nicht wirksam. In Kombination mit Aktivkohlefiltern zur Adsorption von Schadstoffen entwickelt sich oft eine gute biologische Abbauwirkung, die die Standzeiten der Aktivkohle verlängern kann.

Bei der Grundwasseraufbereitung zur Eisen- und Manganentfernung ist sehr häufig die biologische Oxidation im Filterbett zu beobachten, die einen stabilen und wirtschaftlichen Betrieb erlaubt.

5.4.14 Verfahrenskombinationen

Die sachgerechte Anordnung der unterschiedlichen Grundverfahren der Wasseraufbereitung ist von wesentlicher Bedeutung für den Wirkungsgrad und die Sicherheit der Trinkwasserversorgung. Durch Kombinationen lassen sich manche der spezifischen Nachteile einzelner Prozesse vermeiden oder in echte nutzbare Vorteile umwandeln. Die vorhandenen Verfahrenskombinationen der Wasserwerke sind recht unterschiedlich, weil die technischen und historischen Randbedingungen verschieden sind, jedoch lassen sich einige typische Grundschemata angeben.

Häufig eingesetzte Verfahren bei der Aufbereitung von Grundwasser:
- Belüftung und Filtration (Entfernung von Eisen und Mangan)
- Belüftung (CO_2-Entfernung) und Filtration über $CaCO_3$ oder NaOH-Dosierung zur Entsäuerung
- Fällung (zur Teilenthärtung) und Filtration
- Adsorption in Aktivkohlefiltern (bei organischer Belastung und Kontaminationen)

Die permanente Desinfektion entfällt häufig bei Grundwasser, ist jedoch anlagentechnisch vorgesehen, um bei plötzlich auftretenden mikrobiellen Kontaminationen schnell reagieren zu können.

Typische Verfahren bei Oberflächengewässern

Für die Aufbereitung von Oberflächenwässern zu Trinkwasser ist oft eine mehrstufige Aufbereitung notwendig, um die größeren Qualitätsschwankungen des Rohwassers sicher abfangen zu können. Am Ende der Aufbereitung steht auf jeden Fall eine Desinfektion, die aus Sicherheitsgründen vorzusehen ist. Die folgenden Abbildungen zeigen vier Beispiele für Kombinationen von Aufbereitungsverfahren für Oberflächenwässer:

- die Bodenseewasseraufbereitung (s. Abb. 5.16)
- die Aufbereitung einer oligotrophen Talsperre (s. Abb. 5.17)
- die Aufbereitung von Uferfiltrat am Rhein („Düsseldorfer Verfahren", s. Abb. 5.18)
- die direkte Flusswasseraufbereitung im Donauwasserwerk Langenau (s. Abb. 5.19).

Das Wasserwerk Langenau ist eines von nur zwei Werken in Deutschland mit einer direkten Flusswasseraufbereitung und versorgt den Stuttgarter Raum. In der Anlage wird das aufbereitete Flusswasser mit entcarbonisiertem Grundwasser vermischt.

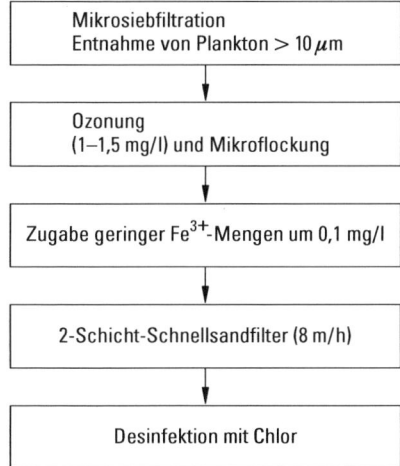

Abb. 5.16 Aufbereitung von Bodenseewasser zu Trinkwasser.

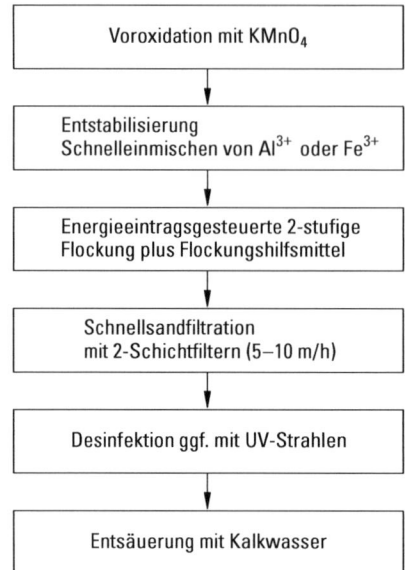

Abb. 5.17 Aufbereitungsschritte zur Gewinnung von Trinkwasser aus einer oligotrophen Talsperre.

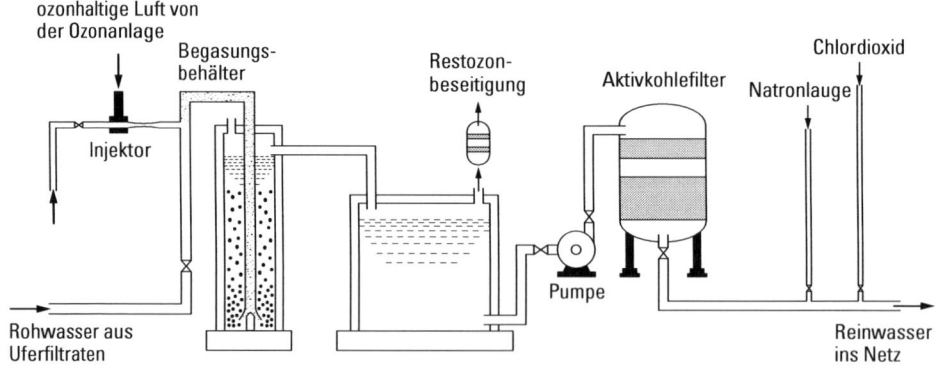

Abb. 5.18 „Düsseldorfer Verfahren" zur Aufbereitung von Rhein-Uferfiltrat mit Ozonung, Filtration und Aktivkohlefilter (Grombach, 2000).

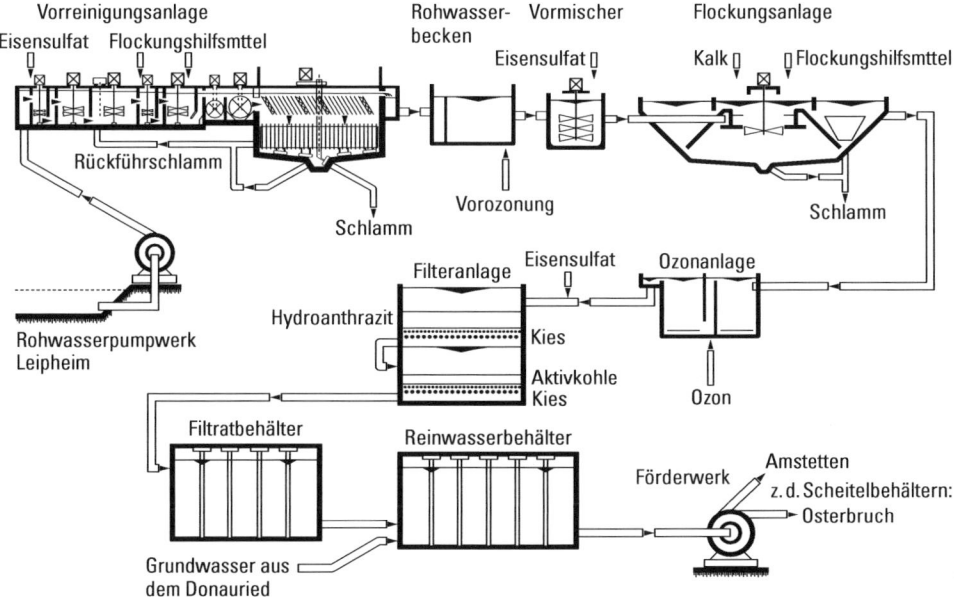

Abb. 5.19 Donauwasserwerk Langenau (Grombach, 2000).

5.4.15 Die Sicherheit der Wasseraufbereitung (Water Safety Plan)

Bis vor wenigen Jahren wurde die Sicherheit der Trinkwasserqualität überwiegend durch die Produktkontrolle (Analyse) sichergestellt. Der Nachteil liegt in der notwendigen Zeit für die analytische Bestimmung, insbesondere der Krankheitserreger und der Fäkalindikatoren, wie den Organismus *Escherichia coli*. Es vergehen zwei und mehr Tage, bis ein Ergebnis vorliegt, d. h. das betreffende Wasser wurde in aller Regel bereits getrunken. In Analogie zur Lebensmittelsicherheit wurde daher das so genannte **HACCP-Konzept** (engl. hazard analysis at critical control points) auch in der Trinkwasserversorgung eingeführt. Es wird dort als **„Water Safety Plan"** der WHO (s. auch Kap. 6.3.1) oder in Deutschland als **„Technisches Sicherheitsmanagement"** bezeichnet und erfordert eine umfassende Bestandsaufnahme und Risikoanalyse in allen Stufen der Wasserversorgung, von der Qualität des Rohwassers, über die einzelnen Verfahrensstufen der Aufbereitung bis zur Wasserverteilung. Nur durch frühzeitige Erkennung unregelmäßiger Zustände im Vorfeld und im Betrieb kann die Qualitätssicherung durchgeführt werden. Hier ist das **Multibarrierenkonzept** sehr hilfreich, wonach in der Versorgung bei gefährdeten Rohwässern mehr als eine Barriere für mikrobielle Belastungen vorhanden sein muss. Hierzu gehören der Rohwasserschutz selbst (Trinkwasserschutzgebiete mit Überwachung), die mehrstufige Aufbereitung mit Kontrollanalytik (mindestens Filtration und Desinfektion) und eine einwandfreie Wasserspeicherung und -verteilung.

Merke: Bei der Aufbereitung von Grund- und Oberflächenwässern zu Trinkwasser kommen je nach Aufbereitungsziel verschiedene physikalische, chemische oder biologische Verfahren einzeln oder in Kombination zum Einsatz. Partikuläre Stoffe werden durch Sedimentation oder Flockung und Filtration entfernt. Mikroorganismen (Bakterien, Viren, Parasiten) werden durch die Zugabe von Chemikalien (Chlor, Ozon) oder durch UV-Bestrahlung abgetötet. Gasaustausch, Entcarbonisierung oder Enthärtung sind Verfahren zur Verbesserung der Qualität und Verminderung der Korrosionseigenschaften. Problematische Einzelstoffe können mit speziellen Verfahren wie Ionenaustausch (Anorganik) und Aktivkohle oder Ozonung (Organik) entfernt werden. Membranverfahren bieten je nach Trenngrenze der Membran eine Entfernung von Partikeln, Mikroorganismen sowie gelösten organischen und anorganischen Stoffen. Naturnahe Verfahren, wie Uferfiltration und Grundwasseranreicherung, nutzen den Boden als Filtermedium und kombinieren physikalische Filtereffekte und biologischen Abbau. Für eine sichere Trinkwasseraufbereitung werden je nach Rohwasserbeschaffenheit häufig kombinierte Verfahren angewandt.

5.5 Abwasseranfall und Abwassercharakteristik

5.5.1 Häusliches Abwasser

Das häusliche Abwasser enthält die Ausscheidungen des Menschen, Wasch- und Reinigungswässer des Körpers und der Gegenstände des Haushalts. Die Abwassermenge entspricht im Wesentlichen der bezogenen Trinkwassermenge von im Mittel 120 L/EW · d (in Deutschland, weil der Wasserverbrauch für die Gartenbewässerung relativ niedrig ist).

Die personenbezogenen Stofffrachten des häuslichen Abwassers sind im Mittel:

- 100 g CSB/EW · d (Summe organischer Stoffe)
- 60 g BSB_5/EW · d (abbaubare organische Stoffe)
- 13 g Stickstoff/EW · d (Harnstoff und Proteine)
- 2 g Phosphor/EW · d (P-haltige Stoffe).

Vor der Einführung der phosphatfreien Wasch- und Reinigungsmittel betrug die P-Fracht 5 g/EW · d, weil ca. 3 g/EW · d aus den polyphosphathaltigen Vollwaschmitteln stammten (eine definierte Punktquelle). Die **Phosphathöchstmengenverordnung** hat zur Einführung der phosphatfreien Waschmittel und deren erfolgreichen Vermarktung geführt, obwohl in der Verordnung der Phosphatgehalt nur begrenzt, aber nicht verboten worden war.

5.5.2 Kommunale Abwässer

Im zentralen Abwassersystem der Gemeinden sind neben den häuslichen Abwässern weitere Abwässer enthalten, allerdings in sehr unterschiedlichen Anteilen:

- **Niederschlagswasser** aus versiegelten Flächen (im „Mischwassersystem", wo diese Wässer mit dem häuslichen Abwasser zusammen abgeleitet werden)

- industrielle und gewerbliche **Indirekteinleitungen** (branchenspezifische Abwässer),
- **unerwünschtes Fremdwasser** aus eindringendem flachen Grundwasser bei undichten Kanälen.

Die Zusammensetzung des kommunalen Abwassers kann deshalb von Ort zu Ort unterschiedlich sein, vor allem bei Starkregen und höheren industriellen/gewerblichen Anteilen. Zum Schutz des Sammelsystems, der Kläranlage und des aufnehmenden Gewässers sind deshalb umfangreiche Vorsorgemaßnahmen erforderlich:

- Rückhalt von Abflussspitzen des Niederschlagswassers und des kommunalen Abwassers durch dezentrale Rückhaltebecken
- Vermeidung der indirekten Einleitung schädlicher Stoffe aus Industrie/Gewerbe durch die Umsetzung der Indirekteinleiterverordnungen der Länder.

Wird das Abwassersammelsystem hydraulisch überlastet, muss das Mischabwasser über separate Überläufe unbehandelt in das Gewässer abgeleitet werden, was zu erheblichen Stoßbelastungen der Gewässer führt (Sauerstoffzehrung, Pathogene, Nährstoffe).

5.5.3 Niederschlagswasser

Die Abläufe von Dächern und versiegelten Siedlungsflächen (Parkplätze, Straßen) können nach Trockenphasen beim ersten stärkeren Regen erheblich stofflich belastet sein (z. B. trockene Deposition, Straßenstaub, Biomasse der Vegetation, Zink und Kupfer aus Regenwasserrohren). Dieser **Spülstoß** („first flush") kann daher höhere Stoffkonzentrationen als das häusliche Abwasser aufweisen und sollte behandelt oder gezielt in Schmutzwasserkanäle eingeleitet werden. Nach dem Spülstoß sinken die Stoffgehalte schnell ab und lassen eine Ableitung oder Versickerung zu (ausgenommen stark frequentierte Verkehrsflächen). Der finanzielle Aufwand für eine Trennung von Schmutzwasser und Niederschlagswasser ist erheblich, z. B. durch ein zweites Regenwassersystem oder die dezentrale Versickerung von weniger belasteten Flächen.

5.5.4 Industrielle und gewerbliche Abwässer

Abwasser aus Industrie und Gewerbe wird entweder indirekt in die öffentlichen Abwassersysteme eingeleitet (**Indirekteinleiter**, vor allem bei kleineren Betrieben) oder in industriellen Klärwerken separat gesammelt, behandelt und direkt in Gewässer abgeführt (**Direkteinleiter**). Der Gesetzgeber definiert hierfür ca. 57 Branchen mit sehr unterschiedlichen Abwasserzusammensetzungen und -frachten. Die moderne Industrieabwasserreinigung umfasst dabei eine Reihe von zusätzlichen Maßnahmen:

- getrennte Abführung von hochkonzentrierten Abwasserströmen zur Sonderbehandlung (z. B. Verbrennung)
- Teilstromvorbehandlungen zur gezielten Entfernung von Schadstoffen bei hohen Konzentrationen
- erweiterte Abwasserbehandlungstechniken, über die mechanisch-biologische Kläranlagen hinaus (z. B. physiko-chemische Reinigung durch Fällung, Adsorption, Oxidation, Membranverfahren)

- Änderung oder Umstellungen der Produktion, um schädliche Abwässer zu vermeiden (produktionsintegrierter Umweltschutz, PIUS).

Kritische Abwasserinhaltsstoffe dieser Abwässer sind Schwermetalle, Cyanid, halogenierte organische Stoffe (AOX), persistente bzw. schwer abbaubare Organika mit ökotoxikologischen Schadwirkungen und solche Stoffe, die bei der Trinkwassergewinnung und -aufbereitung mit den typischen Verfahren nicht sicher entfernbar sind („Trinkwasserrelevante Stoffe").

5.6 Kommunale Abwasserreinigung

5.6.1 Mechanisch-biologische Reinigung

Das ungereinigte Rohabwasser der kommunalen Sammelsysteme würde die Gewässer auch bei hohen Verdünnungsverhältnissen nachhaltig schädigen und belasten. In der Rückschau auf die Gewässerdaten um 1970 ist von erheblichen Sauerstoffdefiziten und hohen organischen Belastungen zu berichten, aber auch von enormen Geruchsproblemen, wie z. B. am Rhein. Mit der Einführung der **mechanisch-biologischen Klärtechnik** in Kommunen und Industrie verbesserte sich der Sauerstoffgehalt der Flüsse sehr schnell und sank seitdem nie mehr unter die Grenze von etwa 4 mg/L („fischkritischer" Wert). In der Elbe wurde diese Verbesserung erst nach der Vereinigung Deutschlands erreicht.

Nachfolgend wurde dann vom Gesetzgeber die **N- und P-Entfernung** aus Abwässern gefordert, um die aufnehmenden Gewässer und die betroffenen Meere (z. B. Nord- und Ostsee) vor Eutrophierung zu schützen. Die Mindestanforderungen an gereinigtes kommunales Abwasser sind in Anhang 1 zur AbwV für die Parameter CSB, BSB_5, NH_4^+, Gesamt-N und Gesamt-P festgelegt. N- und P-Entfernung werden danach für größere Klärwerke gefordert, jedoch können die Einleitwerte fallspezifisch für empfindliche Gewässer verschärft werden. Die typische Kläranlage ist in Abbildung 5.20 schematisch dargestellt.

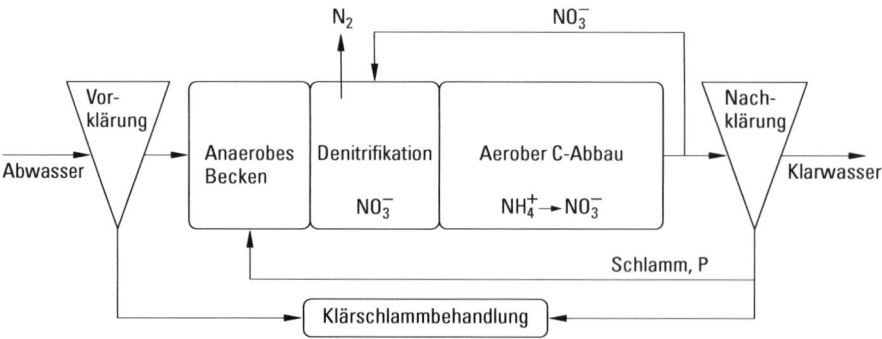

Abb. 5.20 Schematische Darstellung einer mechanisch-biologischen Kläranlage (Gujer, 2007).

Das zufließende Rohabwasser passiert eine Rechenanlage und einen Sandfang zur Abscheidung von Grobstoffen. In der Vorklärung werden durch Sedimentation innerhalb von 1–2 h absetzbare Feststoffe abgetrennt, wodurch der CSB bzw. BSB_5 um etwa ein Drittel abnimmt. Kernteil des Klärwerks ist die dreistufige Belebung zur biologischen N- und P-Entfernung. Das erste Becken wird anaerob betrieben, wodurch die biologische P-Elimination induziert wird. Die zweite anoxische Stufe dient als vorgeschaltete Denitrifikation, in der das rückgeführte Schlamm-Wasser-Gemisch mit Nitrat (aus der Nitrifikation des 3. Beckens bei Belüftung) und der Ablauf des 1. Beckens gemischt werden (keine Belüftung, jedoch Durchmischung). Nach der eigentlichen Belüftungsphase zum Abbau von Restorganik und zur Nitrifikation folgt die Nachklärung, bei der der Schlamm sedimentiert und teilweise in das erste Becken zurückgeführt wird. Der Rest des Schlammes wird als Überschussschlamm (durch den Biomassezuwachs beim Abbau) mit dem Vorklärschlamm in die Klärschlammbehandlung geleitet. Die weitere Behandlung des Klärschlamms erfolgt meist durch Eindickung und Entwässerung, anaerobe Schlammfaulung (mit Produktion von Klärgas, wird zur Stromerzeugung genutzt) oder Schlammverbrennung.

5.6.2 Weitergehende kommunale Abwasserreinigung

Die Restbelastungen der kommunalen Klärwerksabläufe sind für aufnehmende Gewässer und deren Nutzungen fallweise von wesentlicher Bedeutung:

- Die mikrobiellen Belastungen können zu hoch für die Nutzung als Badegewässer sein.
- Die N- und P-Restkonzentrationen können gleichfalls zu hoch sein, um vor allem die Eutrophierung zu vermeiden.
- Schwer abbaubare organische Spurenstoffe (s. Kap. 3.4) können die ökologische Qualität und die Nutzung als Trinkwasserressource beeinträchtigen.

Die Abwasserreinigungstechnik für diese Zielstoffe ist verfügbar und ähnelt z. T. der aufwändigeren Trinkwasseraufbereitung (s. Kap. 5.4):

- Entfernung mikrobieller Belastungen: Schnellfiltration, Membranfiltration, Desinfektion mit UV
- Stickstoffentfernung: nachgeschaltete Denitrifikation
- Phosphorentfernung: Nachfällung und Filtration
- Entfernung organischer Spurenstoffe: Ozonung zur Oxidation, Aktivkohle zur Adsorption

Alternativ kann gereinigtes Abwasser zur **künstlichen Grundwasseranreicherung** verwendet werden, vor allem zur späteren Nutzung als Ressource für die Landwirtschaft und Industrie oder für Begrünung in wasserarmen Regionen. Langjährig betriebene, erfolgreiche Beispiele für Abwasserwiederverwendung über künstliche Grundwasseranreicherung findet man z. B. in Israel oder den USA, wo mikrobiologische und stoffliche Belastungen nachhaltig und effektiv verringert werden (z. T. vollständige, sichere Elimination). Mit der Untergrundpassage ist daher selbst die indirekte Wiederverwendung zur Trinkwasserversorgung vertretbar (s. Kap 5.7).

5.7 Wiederverwendung von gereinigtem Abwasser

Der Begriff „Abwasser" legt nahe, dass man dieses Wasser beseitigen bzw. abführen will. Besonders in wasserarmen Regionen sind Abwässer ohne eine weitere Verwendung jedoch echte Verluste im Nutzungszyklus, weil sie in der Regel nur einmal gebraucht werden (Durchlauf-Prinzip oder Einweg-Verwendung). Abwässer lassen sich jedoch als **sekundäre Ressource** für unterschiedliche Verwendungszwecke betrachten und einsetzen (Asano, 1998). Neben der Wasserphase selbst können in der Wiedernutzung der Gehalt an essentiellen Nährstoffen (N, P) und der Energieinhalt des Abwassers (Wärmeinhalt, Biomasse für Konversionen) günstig sein. Kritisch sind dagegen die pathogenen Belastungen und, fallweise, der höhere Salzgehalt von Abwässern. Im Rahmen einer Wiederverwendung sollte der Begriff „Abwasser" daher durch „gebrauchtes Wasser" (engl. „used water") oder wiedergewonnenes Wasser (engl. „reclaimed water") ersetzt werden (Dieser Begriff ist nicht synonym zu dem Begriff „Brauchwasser" = industriell genutztes Wasser.). Die folgenden Ausführungen behandeln vor allem die Verwendung von kommunalen Abwässern mit geringen industriellen Anteilen.

5.7.1 Wiederverwendung zur landwirtschaftlichen Bewässerung

Den weltweit größten Anteil in der Abwasserwiederverwendung hat die landwirtschaftliche Bewässerung, weil folgende Faktoren diesen Weg begünstigen:
- Nutzung der Nährstoffe C, N, P, K
- konstante Produktion des Abwassers: zuverlässige Ressource mit konstanter Qualität
- ortsnahe Verwendung
- niedrige Wasserpreise (zum Teil auch subventionierte Preise).

Problematisch sind dagegen:
- Schwermetalle und persistente organische Schadstoffe
- ortsferne Verwendung (hohe Investitionen)
- ausreichende Abtrennung von Krankheitserregern (Klärwerke, Abwasserdesinfektion) um gesundheitliche Gefährdungen auszuschließen
- Salzgehalt (insbesondere Na^+-Ionen) ist möglicherweise für die Bewässerung empfindlicher Produkte zu hoch (Entsalzung zu teuer für diese Zwecke)
- saisonaler Bedarf der Landwirtschaft bedingt erhebliche Speichervolumina (oberirdisch in Becken, aber auch unterirdisch im Grundwasserleiter).

Die WHO hat für die landwirtschaftliche Abwasserwiederverwendung die in Tabelle 5.12 aufgeführten Empfehlungen verfasst.

In einer Reihe von Ländern mit langjähriger Abwasserwiederverwendung sind strengere Qualitätsstandards gültig, vor allem für die uneingeschränkte Bewässerung von Pflanzen, die direkt (roh) in den Markt gehen. Israel, USA, Mexiko, der Mittelmeerraum und Australien sind hier zu nennen. Nachfolgend werden zwei Beispiele vorgestellt:

- **Mexiko-City (ca. 1,7 Milliarden m³/a):** Dort wird das kommunale Abwasser nach einer mechanischen Sedimentation (zur Abtrennung der Helminthen, Wurmeier) in

Tab. 5.12 Empfehlungen der WHO für die landwirtschaftliche Abwasserwiederverwendung (WHO, 1989).

Kategorie	Art der Anwendung	fäkale coliforme Keime pro 100 ml	Parasiten pro 1.000 ml
A	Bewässerung von Pflanzen, die roh verzehrt werden, Sportplätze, öffentliche Parks	≤1000 ≤200 für öffentliche Rasenflächen	≤1
B	Bewässerung von Getreide, Industriepflanzen, Futterpflanzen, Weideland oder Bäumen	kein Standard	≤1
C	lokal begrenzte Bewässerung von Pflanzen der Klasse B, wenn Arbeiter und Öffentlichkeit nicht exponiert sind	entfällt	entfällt

das benachbarte Mesqui-Tal, wo ca. 500.000 Bauern die langjährigen Nutzer sind, geleitet. Dieses weltweit größte Projekt hat im Mesqui-Tal den Landschaftswasserhaushalt so ergänzt, dass neue Quellen entstanden, die auch für Trinkwasserzwecke genutzt werden.

- **Tel-Aviv, Israel (Shafdan-Projekt, 130 Mio. m³/a):** In Israel wird das kommunale Abwasser von Tel-Aviv mechanisch-biologisch gereinigt und seit 30 Jahren im Shafdan-Gebiet (Dünengelände südlich der Stadt) über Sandbecken ins Grundwasser geleitet, dort gespeichert und gut gereinigt. Nach ca. sechs Monaten wird es wiedergewonnen und in der nördlichen Negev zur uneingeschränkten landwirtschaftlichen Bewässerung eingesetzt. Die Grundwasseranreicherung ist so effektiv, dass auch eine Nutzung zur Trinkwasserverteilung möglich wäre, allerdings ist dies kaum in der Öffentlichkeit durchsetzbar.

5.7.2 Abwasserwiederverwendung für urbane Zwecke

Es bietet sich an, das gereinigte Abwasser im urbanen Bereich ortsnah einzusetzen, wobei in der Regel eine Filtrations- und Desinfektionsstufe nachgeschaltet werden. Zu nennen sind:

- Bewässerung z. B. öffentlicher Grünanlagen, Waldflächen, Golfplätzen
- Straßenreinigung
- Einspeisung in städtische Feuchtgebiete
- Toilettenspülung über zweites Wasserrohrsystem (vor allem bei großen Gebäuden sinnvoll).

Die hygienische Sicherheit hat dabei höchste Bedeutung, da der Humankontakt hier intensiv sein kann.

5.7.3 Industrielle Wiederverwendung

Sowohl eigenes Industrieabwasser als auch von außen zugeführtes kommunales Abwasser sind gut geeignete Ressourcen für interne Wiederverwendungszwecke. Bei wasserintensiven Produktionen (z. B. Zellstoffherstellung, Textilverarbeitung, Lebensmittelverarbeitung, Galvanik) sind interne Kreisläufe schon länger etabliert, so dass sich der Primärwasserbedarf der Industrie (und damit der Abwasseranfall) in ca. 20 Jahren in Deutschland, trotz wesentlich höherer Produktionsvolumina, etwa halbiert hat. Wasser ist in diesem Kontext nur eine der vielen Ressourcen der unterschiedlichen industriellen Produktionszweige und daher auch eines der Zielobjekte im produktionsintegrierten Umweltschutz („PIUS"). Es ist unmöglich, die vielfältigen Kreislaufschließungsoptionen hier zu nennen. Durch die Kopplung einzelner Maßnahmen ist es einigen Industriezweigen gelungen, den Wasserbedarf um mehr als 80 % zu senken, bis hin zur „abwasserlosen" Produktion, wo durch Entsalzung Brauchwasser zurückgewonnen wird. Allerdings fallen dann feste Rückstände an, die als Abfälle zu entsorgen sind.

5.7.4 Indirekte und direkte Abwasserwiederverwendung für Trinkwasser

Im derzeit existierenden Durchlaufsystem der Wassernutzung wird gereinigtes Abwasser in die Fließgewässer eingeleitet, wodurch flussabwärts liegende Wasserversorgungen ein abwasserhaltiges Rohwasser verwenden. Diese „unabsichtliche" und „ungeplante" Abwasserwiederverwendung ist gängige und akzeptierte Praxis, wird aber nicht so bezeichnet. Die Abwasseranteile der Fließgewässer können fallweise recht hoch sein. In Deutschland ist von bis zu 60 % Abwasseranteilen berichtet worden, in den USA auch bis 90 % (bei wesentlich höherem Wasserverbrauch je EW und Tag, damit höher verdünntem Abwasser). Es ist daher naheliegend, die Abwasserwiederverwendung bis zur Trinkwassernutzung zu betrachten, wenn andere Ressourcen nicht erschließbar oder zu teuer sind (z. B. Meerwasserentsalzung).

Die **indirekte Kreislaufschließung** (als Teilkreislauf) enthält als wichtige Komponenten entweder eine künstliche Grundwasseranreicherung und Wiedergewinnung oder die Einspeisung des gut bis sehr gut gereinigten Abwassers in Talsperren und Seen. Beide Wege bieten den Vorteil des Identitätsverlustes, d. h. das wiedergewonnene Wasser wird nicht mehr als „Abwasser" identifiziert, was für die öffentliche Akzeptanz sehr wichtig ist. Hinzu kommen die multiplen Barrierenfunktionen dieses echten „Recyclings" von Wasser. Die Kreislaufanteile liegen dabei oft unter 50 %, obwohl es technisch möglich wäre, über die Vollentsalzung mit Umkehrosmose und weiteren Behandlungsstufen 90 % zu erreichen.

Bekannte Beispiele der indirekten Wiederverwendungen sind Anlagen in Belgien (Toreele-Wulpen), Orange County (USA), Singapur und Brisbane (Australien). Allen gemeinsam ist die weitgehende Abwasserreinigung mit Umkehrosmose, wodurch die meisten Stoffe entfernt werden. Die Konzentrate werden ins Meer abgeleitet, weshalb diese Lösung bei küstennahen Standorten vorteilhaft ist. Die belgischen und US-amerikanischen Anlagen infiltrieren das ehemalige „Abwasser" in den Untergrund, während in Singapur und Brisbane Talsperren damit aufgefüllt werden, neben anderen direkten industriellen Nutzungen.

Die einzige direkte Abwasserwiederverwendung wird in Windhoek (deutsch auch Windhuk), Namibia, seit 1969 betrieben. Durch eine vielstufige, neu erbaute Recyclinganlage wird dort häusliches Abwasser (Industrieabwasser wird separat abgeführt) zu Trinkwasser aufbereitet und mit Anteilen bis max. 40 % eingespeist. Eine Entsalzung ist nicht vorgesehen, kann aber zukünftig erforderlich werden. Das Behandlungsschema von Windhoek ist in Abbildung 5.21 wiedergegeben und zeigt das Multibarrierenprinzip.

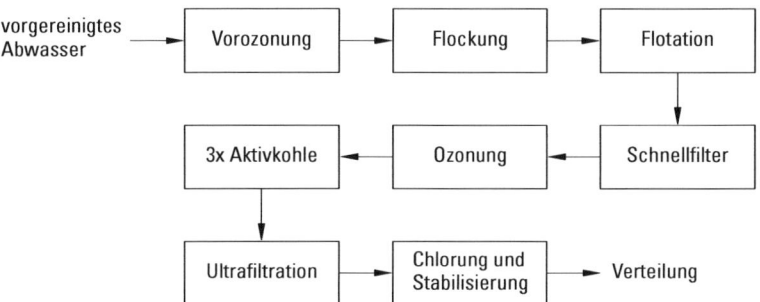

Abb. 5.21 Direkte Abwasserwiederverwendung mit Multibarrierenprinzip in Windhuk (Namibia) ab 2002.

5.8 Entsalzung von Brack- und Meerwasser

Salzhaltige Wässer mit Konzentrationen an gelösten Salzen von über 1.000 mg/L sind für viele Nutzungen (Trinkwasser, Brauchwasser, Bewässerung) nicht geeignet. Bei Mangel an Frischwasser ist deshalb die technische Wasserentsalzung ein Lösungsweg, der weltweit zu Hunderten von Anlagen geführt hat. Der Markt für die Entsalzung entwickelt sich nahezu exponentiell, weil die Weiterentwicklung der Umkehrosmose, die kostengünstige Massenfertigung der Membranen und die implementierte Energierückgewinnung zu erheblichen Kostensenkungen führen. In sehr großen Anlagen (um 100 Mio. m^3/a) liegen die Gesamtkosten bei 40–50 Euro-Cents und sind daher tragbar, zumal andere Versorgungsvarianten (z. B. Frischwassererschließung mit Speicherung und Transport über weite Distanzen) teurer sind. Mit einem Energieaufwand von ca. 3,5–4,0 kWh/m^3 Produktwasser bei Drücken bis 80 bar ist die Meerwasserentsalzung sehr energieintensiv und stark von den Energiepreisen abhängig. Die Weiterentwicklungen zur Entsalzung lassen aber erhebliche Einsparpotentiale erwarten, so dass zukünftig ca. 1,5–2,0 kWh/m^3 erreicht werden könnten. Für Brackwässer ist der Aufwand geringer, weil der Druck proportional zum Salzgehalt ist und weniger Konzentrat bei höherer Produktausbeute möglich ist. Ein Beispiel einer Meerwasserentsalzung mit Vorbehandlung und nachgeschalteten Stufen ist in Abbildung 5.22 gezeigt.

Das Meerwasser wird an der Küste entnommen und über eine Flockung und Schnellfiltration von Kolloiden und suspendierten Stoffen befreit. Bei kleineren Anlagen kann auch die Uferfiltration des Meerwassers zur Vorreinigung dienen. Mit Hochdruckpumpen bis 80 bar werden die Umkehrosmose-Membranmodule beschickt, wo ca. 50 %

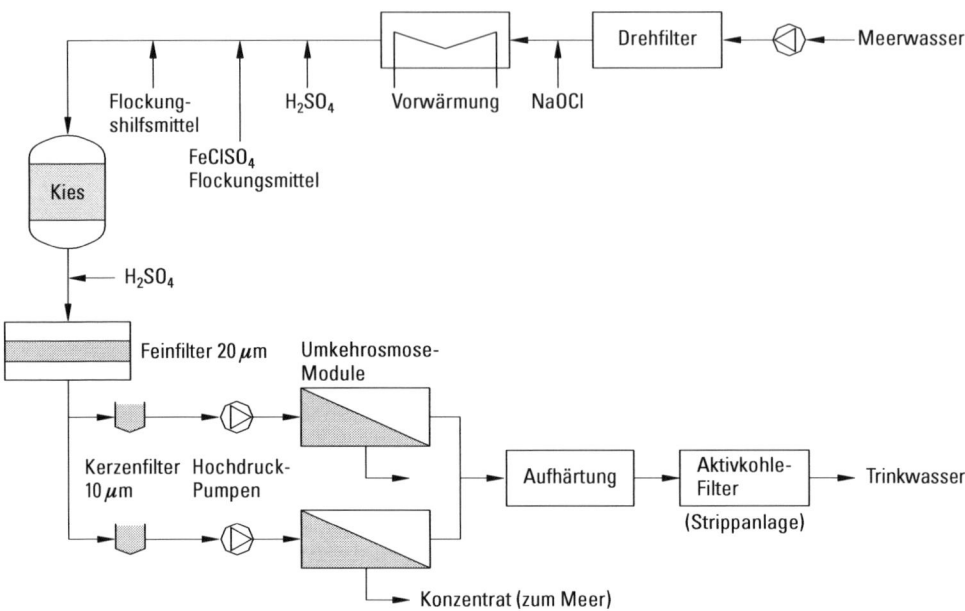

Abb. 5.22 Schema einer Meerwasserentsalzungsanlage (Helgoland).

des Zulaufs die Membranen passieren (Ausbeute), während der Konzentratstrom mit doppeltem Salzgehalt ins Meer eingeleitet wird. Höhere Ausbeuten sind bei Meerwasser nicht wirtschaftlich, bei Brackwasser sind dagegen Ausbeuten bis über 80 % möglich. Das salzarme Permeat muss je nach Nutzung weiter behandelt werden. Hierzu gehört die Entfernung von Bor (Bor ist pflanzenschädlich in der späteren Bewässerung), die Entsäuerung und die Einstellung von Mindestgehalten an Ca^{2+}, Mg^{2+} und HCO_3^-.

Das produzierte salzarme Wasser eignet sich gut für die meisten Nutzungsarten und insbesondere auch für eine nachgeschaltete Abwasserwiederverwendung (wie in Israel). In einem integrierten Nutzungszyklus (Trinkwasser und dann die Abwasserwiederverwendung) kann daher die relativ teure Wasserentsalzung insgesamt eine günstige Lösung sein, vor allem wenn der Energiebedarf weiter sinken würde.

5.9 Dezentrale Systeme der Nutzung, Stoffstromtrennung, Reinigung und Kreislaufschließung

Das traditionelle System der Wasserver- und -entsorgung in städtischen Siedlungsgebieten ist historisch bedingt ein **zentralisiertes System**. Die Trinkwasseraufbereitung und die Abwasserreinigung erfolgt an wenigen zentralen Orten in der Stadt, und die Wasserverteilung bzw. Abwasserableitung erfolgt über weit verzweigte Rohrnetze im Siedlungsraum. Zudem führt dieses konventionelle System der Ver- und Entsorgung zu **linearen Stoffströmen** entlang des Nutzungspfades von Wasser. Trinkwasser wird gewonnen, aufbereitet und verteilt, wonach es im Haushalt genutzt und dabei mit organischen und anorganischen Stoffen beladen wird, bevor das Abwasser über die Kanalisation gesammelt und in der Kläranlage gereinigt wird (s. Abb. 5.23). Damit ist einmal genutztes Wasser mitsamt den enthaltenen Stoffen für die weitere Nutzung im selben Siedlungsgebiet praktisch verloren und wird nach aufwändiger Reinigung in die Oberflächengewässer abgeleitet. Dieses auf eine rasche Entsorgung des Abwassers basierende Grundkonzept hat sich aus Gründen der Siedlungshygiene (Ausbreitung von Epidemien über Kontamination von Trinkwasser mit Abwasserkeimen) im 19. Jahrhundert entwickelt und wird seitdem erfolgreich betrieben. Dennoch wurden in jüngster Zeit die Nachteile dieses zentralen linearen Ansatzes deutlich:

• Zum korrekten Betrieb der Schwemmkanalisation sind relativ hohe Wassermengen notwendig, um die enthaltenen Stoffe sicher zu transportieren. Dies kann besonders in wasserarmen Regionen zu einer Belastung des Wasserhaushalts führen.
• Das gesammelte Abwasser muss in immer aufwändigeren Verfahren gereinigt werden (Entfernung von Organik, Stickstoff und Phosphor, in Zukunft wahrscheinlich noch Spurenstoffe und hygienische Anforderungen).
• Die Rückgewinnung von Wertstoffen (Nährstoffe, Biogas aus Organik) oder dem Wasser an sich (Abwasserwiederverwendung) kann nur durch hohen Aufwand erreicht werden. Dabei ist die Rückführung von Nährstoffen in die Landwirtschaft über eine Klärschlammausbringung problematisch, da dieser potentiell mit Schadstoffen (z. B. Schwermetalle, organische Spurenstoffe) belastet sein kann.
• Die Infrastruktur des zentralen Systems verursacht hohe Kosten, insbesondere zur Errichtung und Erhaltung des Kanalsystems.
• Der zentrale Ansatz erfordert die Auslegung des gesamten Systems (Kanalnetz und Kläranlage) auf die Belastungsspitzen, so dass hohe Sicherheitszuschläge für den korrekten Betrieb notwendig sind.

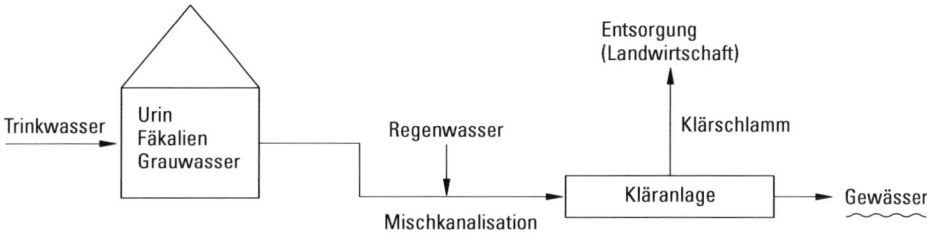

Abb. 5.23 Konventionelles lineares System der Siedlungswasserwirtschaft.

- In Gebieten mit Mischwasserkanalisation (Abwasser und Regenwasser werden im gleichen Kanal gesammelt) kommt es bei Starkregenereignissen zum Überlaufen der Kanalisation und damit zum Eintrag von ungereinigtem Abwasser in die Gewässer.

Aufgrund der genannten Probleme des zentralen linearen Ansatzes werden in den letzten Jahren vermehrt neue Konzepte für die Siedlungswasserwirtschaft entwickelt. Diese Konzepte basieren auf einer **kreislauforientierten Abwasserbehandlung**, die eine effektive Rückgewinnung von im Abwasser enthaltenen Wertstoffen ermöglichen soll und gleichzeitig die Reinigung des Abwassers und damit auch die Abwasserwiederverwendung vereinfacht (Lange und Otterpohl, 2000). Kombiniert werden diese Kreislaufsysteme oft mit einem **dezentralen Ansatz**, der die erhöhten Aufwendungen für ein zentrales System und dessen spezifische Probleme (z. B. Auslegung, hoher Bedarf an Pumpenergie) vermeidet.

Stoffstromtrennung

Die Belastung des häuslichen Abwassers mit Organik, Nährstoffen und pathogenen Mikroorganismen ist je nach Teilstrom im Haushalt sehr unterschiedlich (s. Tab. 5.13). Während die menschlichen Ausscheidungen und damit das Toilettenabwasser hohe Gehalte an Organik, Nährstoffen und pathogenen Keimen enthalten, ist das Abwasser aus Küche, Bad und Waschmaschine („Grauwasser") oft nur gering belastet, stellt aber einen hohen Volumenanteil des Gesamtabwassers. Die Vermischung dieser unterschiedlich belasteten Teilströme führt in Summe zu einem verdünnten und gleichmäßig belastetem Mischabwasser, welches dann – eventuell noch gemischt mit Regenwasser – in der Kläranlage behandelt werden muss.

Tab. 5.13   Charakteristik der verschiedenen Teilströmen des häuslichen Abwassers.

		Toilettenabwasser		Grauwasser aus Küche, Bad, Waschmaschine
		Urin	Fäkalien	
Volumen	(L/(EW · d))	1,5	0,15 (+20–36[*])	80–100
Organik (CSB)	(%)	15	35–55	30–50
Stickstoff	(%)	80	12	8
Phosphor	(%)	50	25	25
Kalium	(%)	50	10	40
Pathogene Keime		–	+++	(+)

[*] Toilettenspülwasser

Ein wichtiger Bestandteil der neuen Konzepte zur Abwasserbehandlung ist daher die **getrennte Erfassung der Abwasserteilströme** im Haushalt (s. Abb. 5.24). **Grauwasser** und **Toilettenabwasser** werden getrennt erfasst und abgeleitet, so dass diese Teilströme auch getrennt behandelt werden können. Möglich ist auch eine separate Erfassung des unverdünnten Urins („**Gelbwasser**") mit speziellen Trenntoiletten, um Nährstoffe gezielt aus dem nährstoffreichen Urin zurückzugewinnen. Dazu wird der Urin in geeigneten Tanks zwischengespeichert, bevor er abtransportiert und weiterverwendet wird. Die Fäkalien samt Toilettenspülwasser („**Braunwasser**") können über eine Vakuumkanalisation mit geringem Spülwasseranfall abgeleitet werden. Das verbleibende Grauwasser wird wie im traditionellen System über Schwerkraftleitungen abgeleitet und behandelt. Regenwasser kann in einem getrennten System erfasst werden, wie es auch schon bei der traditionellen Trennkanalisation der Fall ist. Damit eröffnen sich neue Wege der Nutzung von Abwasser als Ressource und damit der Kreislaufführung von Nährstoffen und Wasser.

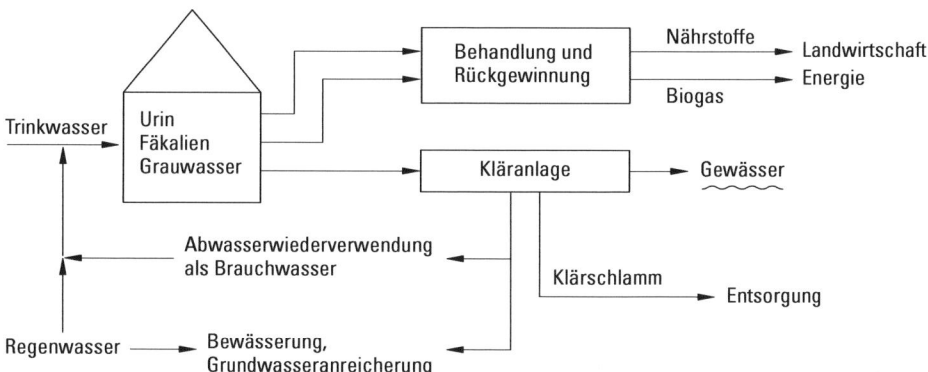

Abb. 5.24 Stoffstromtrennung und Kreislaufführung in der Siedlungswasserwirtschaft.

Nutzung und Kreislaufschließung

Nach ihrer separaten Erfassung können die verschiedenen Teilströme mit einer Vielzahl von unterschiedlichen technischen Verfahren behandelt werden. Dabei entstehen wertvolle Produkte wie Düngemittel, elektrische Energie oder Brauchwasser zur Wiederverwendung. Tabelle 5.14 gibt einen Überblick über mögliche Behandlungsverfahren und ihre Produkte. Viele dieser Verfahren wurden international schon im technischen

Tab. 5.14 Behandlung der Teilströme, Nutzung und Kreislaufführung.

Teilstrom	Behandlung	Nutzung/Vorteile	Kreislaufführung
Urin	Lagerung + Entfernung von Spurenstoffen	direkte Aufbringung in der Landwirtschaft	Nährstoffe
	Struvitfällung, Aufkonzentrierung	Herstellung eines Düngerprodukts	Nährstoffe
Fäkalien	Biogasanlage	Energieerzeugung im Blockheizkraftwerk	Energie
		Schlamm → Landwirtschaft	Organik, Nährstoffe
	Kompostierung	Bodenverbesserung	Organik, Nährstoffe
Grauwasser	Belebtschlammanlage Bodenfilter Membranbioreaktor	geringer Energieaufwand Abwasserwiederverwendung (z. B. Bewässerung, Toilettenspülung)	Wasser
Regenwasser	Sedimentation Bodenfilter	Bewässerung, Grundwasseranreicherung, Toilettenspülung	Wasser

Maßstab erfolgreich erprobt. In Deutschland wurden die neuen Kreislaufkonzepte bisher nur in kleineren Pilotprojekten realisiert, auch weil die bestehenden konventionellen Systeme ihre weitere Verbreitung verhindern. Zudem gibt es noch offene rechtliche Fragen zur Verwendung von Dünger aus Urin und Fäkalien in der Landwirtschaft. Trotzdem wird den Trennsystemen gerade international (Aufbau von Infrastruktur in Entwicklungs- und Schwellenländern) eine zunehmend höhere Bedeutung zukommen. Auch im Hinblick auf das Leitbild der nachhaltigen Entwicklung bieten die Trennsysteme systembedingte Vorteile gegenüber dem konventionellen Konzept der Siedlungswasserwirtschaft: Die Substitution von Mineraldünger und Energie sowie die verminderten Aufwendungen für die Reinigung des verbleibenden Abwassers ermöglichen eine ressourcenschonende Abwasserbehandlung mit verringerten Emissionen in Gewässer und landwirtschaftliche Böden.

> **Merke:** Häusliches und industrielles Abwasser wird in der Kanalisation gesammelt und in zentralen Kläranlagen gereinigt, oft zusammen mit Niederschlagswasser. Die dreistufige Kläranlage besteht meist aus mechanischer Reinigung von Grobstoffen und Partikeln (Vorklärung/Sedimentation), biologischer Reinigung mit Entfernung von organischen Stoffen und Stickstoff (belüftetes Belebtschlammbecken) und chemisch-physikalischer Stufe (Phosphatfällung mit Eisen- oder Aluminiumsalzen). Der entstehende Klärschlamm wird stabilisiert, entwässert und entsorgt. Für die weitergehende Abwasserreinigung (Spurenstoffe, mikrobielle Belastung) eignen sich Schnellfilter, Membranverfahren, UV-Desinfektion, Ozonung oder Aktivkohle. Bei Wassermangel ist eine direkte oder indirekte Wiederverwendung des gereinigten Abwassers möglich, z. B. für die landwirtschaftliche Bewässerung oder zur Grundwasseranreicherung. Eine Alternative für küstennahe Gebiete ist die Entsalzung von Meer- oder Brackwasser in Umkehrosmoseanlagen. Neuartige Trennsysteme erfassen die verschiedenen Abwasserteilströme getrennt, um darin enthaltene Wertstoffe (Nährstoffe, Biogas aus Organik) einfacher zurückzugewinnen und so die Stoffkreisläufe zu schließen.

5.10 Werkstoffe und Trinkwasser

Einleitung

Von der Gewinnung bis zur Aufbereitung und weiter bis zu seiner Verteilung kommt Trinkwasser mit einer Vielzahl von Werkstoffen in Kontakt, die seine Eigenschaften und Zusammensetzung nicht verändern dürfen. Die Werkstoffe dürfen keine Verunreinigungen, keine geruchlich oder geschmacklich wahrnehmbaren Stoffe, keine Bakterizide und auch keine Nährstoffe für Mikroorganismen an das Wasser abgeben, jedenfalls nicht mehr als technisch unvermeidbar. Mit anderen Worten, die Werkstoffe müssen sich **indifferent** gegenüber dem Trinkwasser verhalten. Dieser hohe Anspruch gilt auch für die Werkstoffe und Rohrmaterialien in Gebäudeinstallationen, denn die Nutzer von Trinkwasser haben einen Anspruch darauf, das Trinkwasser genusstauglich und rein an jedem Zapfhahn entnehmen zu können.

In der Praxis lassen diese allgemeinen Anforderungen einen zu großen Spielraum für Interpretationen zu. Entsprechend hoch ist der Stellenwert von normierten Anforderungen und Zertifizierungen, um „geeignete" von „ungeeigneten" Werkstoffen im Kontakt mit Wasser im Allgemeinen, oder im Kontakt mit Trinkwasser nach der Aufbereitung im Bereich der Wasserverteilung oder in der Gebäudeinstallation unterscheiden zu können.

Außerdem müssen Werkstoffe auf die Eigenschaften von Wasser abgestimmt sein, um technische Schädigungen, etwa durch Korrosion, zu vermeiden. Dadurch mag es nicht unbedingt zu einer Verunreinigung des Trinkwassers kommen, wohl aber zum technischen Versagen der Anlage. Die nahe liegende Frage, ob nicht das Trinkwasser durch Zusatzstoffe verträglicher für bestimmte Werkstoffe bereitet werden kann, wird vor dem Hintergrund einer Vielzahl verfügbarer geeigneter Werkstoffe aus heutiger Sicht verneint.

> **Merke:** Immer muss der Werkstoff auf das Wasser abgestimmt sein, nie umgekehrt. Werkstoffe im Kontakt mit Trinkwasser dürfen an das Wasser keine Nährstoffe für Bakterien und keine Stoffe abgeben, welche die Genusstauglichkeit und Reinheit des Wassers beeinträchtigen, jedenfalls nicht mehr als technisch unvermeidbar.

Aufgrund ihres unterschiedlichen Verhaltens in Kontakt mit Trinkwasser sind voneinander zu unterscheiden:

- metallene Werkstoffe
- zementgebundene Werkstoffe
- Werkstoffe aus organischen Materialien.

Neben den verwendeten Werkstoffen kann die Art der Verteilung des Wassers einen Einfluss auf die Trinkwasserqualität haben. Stagniert das Wasser über einen längeren Zeitraum in der Installation sind aufgrund des größeren Verhältnisses von Oberfläche zu Volumen vor allem bei kleinen Leitungsdurchmessern stärkere Beeinträchtigungen zu befürchten. Deshalb ist bei der Planung der Trinkwasserinstallation darauf zu achten, dass lange Aufenthaltszeiten des Wassers vermieden werden. In Verteilungsnetzen sind Ringleitungen unbedingt erforderlich. In betriebenen Gebäudeinstallationen sind eventuell vorhandene unbenutzte Rohrleitungen, sogenannte Totstränge, abzutrennen.

Eine für heutige Verhältnisse bedeutende Gesundheitsgefahr stellt die Vermehrung von Legionellen (s. Kap. 4.3.4) im erwärmten Trinkwasser dar, die bevorzugt in einem Temperaturbereich von 30–45 °C stattfindet. Bei Temperaturen über 55 °C können Legionellen sich nicht mehr vermehren. Werkstoffe der Hausinstallation müssen daher Desinfektionsmaßnahmen durch erhöhte Temperatur oder durch ein chemisches Desinfektionsverfahren standhalten.

Metallene Werkstoffe

Die Wechselwirkung zwischen Werkstoff und Medium und insbesondere zwischen Metallen und Wasser wird als **Korrosion** bezeichnet. Die Korrosion von Metallen ist ein **elektrochemischer Vorgang**. Die Metalle gehen als Kationen durch Oxidation an der Anode in Lösung. Als Gegenreaktion muss an einer Kathode eine Reduktion eines

Stoffes erfolgen. Dies ist vorwiegend die Reduktion von Sauerstoff zu Hydroxyl-Ionen (OH^-). Fehlt Sauerstoff, so werden andere Stoffe reduziert, z. B. Nitrat zu Nitrit oder zu Ammonium, sowie Hydronium-Ionen (H_3O^+) zu Wasserstoff. Entscheidend ist das elektrochemische Potential der beteiligten Reaktionspartner (s. Kap. 2.5.3). Eine solche Wechselwirkung findet immer über die gesamte benetzte Oberfläche des Werkstoffs (**Flächenkorrosion**) statt, nur begrenzt durch mehr oder minder dichte, lösliche oder weniger lösliche **Deckschichten** (s. Abb. 5.25).

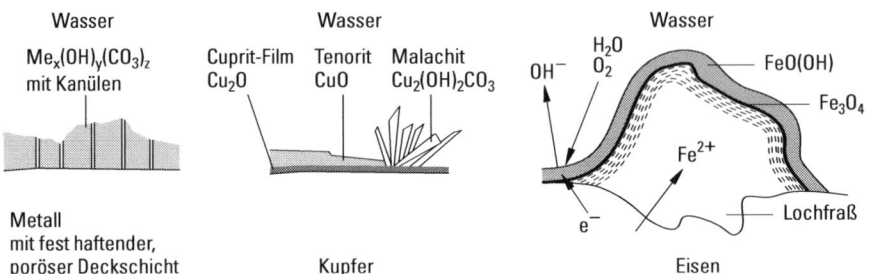

Abb. 5.25 Unterschiedliche Deckschichtbildung auf metallenen Werkstoffen im Kontakt mit Wasser.

Deckschichten führen nicht dazu, dass ein weiterer Angriff auf das Metall völlig unterbunden wird. Vielmehr handelt es sich stets um poröse Deckschichten. Die Konzentrationen der Metallspezies im Trinkwasser werden maßgeblich von den Löslichkeitsgleichgewichten der Oxide und basischen Carbonate der Deckschicht bestimmt. Insofern haben pH-Wert und auch die Anionen der Kohlensäure, mit einer Säurekapazität bis pH 4,3 als Summenparameter, einen hohen Einfluss. Dagegen spielt der Gehalt an Calcium nur eine untergeordnete Rolle. Die Annahme, dass die **Wasserhärte** von Bedeutung sei, was nicht der Fall ist, ist auf eine sprachliche Ungenauigkeit zurückzuführen, weil die Säurekapazität häufig als Carbonathärte bezeichnet wird.

Manchmal ist die Korrosion lokal begrenzt, was zu einem Loch im Werkstoff führt und ihn unbrauchbar macht (**Lochkorrosion**). Art und Funktion der Deckschichtbildung und insbesondere Schäden durch Lochkorrosion lassen sich nicht exakt voraussagen. Daher spricht man auch von der **Korrosionswahrscheinlichkeit** (DIN EN ISO 8044). Hinzu kommen in der Praxis weitere Korrosionserscheinungen, die diesen Begriff rechtfertigen, nämlich Bimetall-, Erosions-, Korngrenzen- und Spannungsrisskorrosion. Zudem ist ein selektiver Angriff von Legierungsbestandteilen (z. B. Entzinkung von Messing) möglich. Das Auftreten der unterschiedlichen Korrosionsarten hängt vom Metall bzw. der Legierung, der Oberflächenbeschaffenheit, der Wasserbeschaffenheit (pH-Wert, Chlorid- und Sulfatgehalt), sowie von der Ausführung und dem Betrieb der Installation ab.

> **Merke:** Korrosion von metallenen Werkstoffen in Wasser findet immer statt. Völlig dichte Deckschichten gibt es nicht. Von einem **Korrosionsschaden** wird jedoch nur dann gesprochen, wenn der Werkstoff in seiner Funktion beeinträchtigt wird (Bei Lockkorrosion ist dies häufig der Fall!) oder wenn das Wasser nachteilig verändert wird (z. B. Blei, s. u.).

Von allen metallenen Werkstoffen im Kontakt mit Trinkwasser ist **Blei** am längsten in Gebrauch. Es wurde bereits in der Antike verwendet, z. B. zum Abdichten von Verbindungen von Tonrohren und als Druckrohrleitung zur Versorgung des Burgberges von Pergamon, wobei eine Höhendifferenz von 200 m (entspricht etwa einem Druck von 20 bar) überwunden werden musste. Blei ist ein idealer Werkstoff für Wasser, aber eben nicht für Trinkwasser: Es ist biegsam, lässt sich löten und bildet eine beständige Deckschicht aus schwer löslichen basischen Bleicarbonaten (s. Abb. 5.25, links), bei der Lochkorrosion praktisch nicht auftritt. Andererseits reicht die wenn auch geringe Löslichkeit der basischen Bleicarbonate selbst bei erhöhten pH-Werten aus, um den gesundheitlichen Leitwert für Blei im Trinkwasser (10 µg/l) nach kurzer Fließstrecke in Bleirohren zu erreichen und bei Stagnation des Wassers ständig erheblich zu überschreiten. Blei ist stark toxisch. In Württemberg sind Bleirohre seit 1878 verboten (Württembergisches. Staatsarchiv CVI 6, Bd1, 1878). In anderen Ländern wurden sie noch weitere 100 Jahre verwendet. Wegen der technischen Beständigkeit von Blei ist es daher nicht verwunderlich, dass in Altbauten (z. B. in Berlin) immer noch Bleirohre zu finden sind.

Seit dem 19. Jahrhundert werden zunehmend Rohre aus Eisen oder aus Gusseisen und in der Gebäudeinstallation aus feuerverzinktem Eisen verwendet. Bei der Korrosion geht **Eisen** grundsätzlich als zweiwertiges Ion (Fe^{2+}) in Lösung, das lösliche Deckschichten bildet. Fehlt Sauerstoff, dann wird Wasser zu Wasserstoff oder Nitrat zu Nitrit reduziert, bis genügend Fe^{2+}-Ionen in Lösung sind (etwa 1 mg/L) und sich das Redoxpotential soweit verschiebt, dass Wasserstoff nicht mehr entstehen kann (s. Kap. 2.5.3). Eine schützende Deckschicht (s. u.) kann sich nur bilden, wenn ausreichend Sauerstoff vorhanden ist und Fe^{2+}-Ionen zu dreiwertigem Eisenoxid oxidiert werden. In stagnierendem Wasser kann es vorkommen, dass der Sauerstoff an der Rohrwand vollständig gezehrt wird. Das Fehlen dieses Oxidationsmittels führt zur Reduktion des in der Deckschicht enthaltenen Fe(III) zu Fe(II), das wiederum gut löslich ist. Dieser Vorgang wird als instationäre Korrosion bezeichnet (Sontheimer, 1988). Bei erneutem Kontakt mit Sauerstoff, z. B. durch Zufluss von frischem, belüftetem Wasser, führt die Oxidation zur Ausfällung von amorphen $Fe(OH)_3$. Das Wasser färbt sich dabei rostig und bekommt den typischen Eisengeschmack. Ungeschützte Eisenrohre sind daher nur bei einer dauerhaft guten Durchströmung einsetzbar, die eine ausreichende Sauerstoffkonzentration an der Rohrwand sicherstellen kann. Die Deckschichtbildung des Eisens ist komplex und erfolgt meist in Form von Pusteln (s. Abb. 5.25, rechts). Das Volumen der abgelagerten Korrosionsprodukte kann ein Vielfaches des korrodierten Eisens ausmachen. Bei kleineren Rohrdurchmessern kann dies zu einer merklichen Verringerung des freien Innendurchmessers führen.

Für die Verwendung in der Gebäudeinstallation werden Stahlrohre durch Eintauchen in geschmolzenes **Zink** geschützt (Feuerverzinkung). Es bildet sich eine dünne Zink-Eisenlegierung und auf dieser eine glatte Zinkschicht aus. Sind die verzinkten Eisenrohre innen rau, kann dies im Betrieb zu ungleichmäßiger Korrosion und zu Lochfraß führen. Zink ist unedler als Eisen. Zink wird dadurch bevorzugt oxidiert und schützt deshalb das Eisen. Zink selbst wird durch eine gut haftende Deckschicht geschützt. Die Löslichkeit des $Zn_5(OH)_6(CO_3)_2$ (Hydrozinkit) der Deckschicht ist jedoch erst bei pH-Werten höher als 9 niedrig genug für einen dauernden Schutz. Bei einem pH-Wert des Trinkwassers unter 7,8 sind verzinkte Eisenrohre nicht geeignet, weil bei jeder Stagnation mehr als 2 mg/L Zink im Wasser erreicht werden, das Zink zu schnell abgetragen wird und der Schutz des Eisenrohres, in Abhängigkeit von den Stagnations-zeiten, deutlich unter 25 Jahren liegt. 2 mg/L Zink im Trinkwasser sind zwar nicht gesundheitlich relevant (soweit die Zinkschicht frei vom Begleitelement Cadmium ist und kein Cadmium in Lösung geht), aber sensorisch wahrnehmbar. Ist die Zinkschicht abgetragen, bewirkt die gleichmäßige Zn—Fe-Legierung unterhalb der Zinkschicht eine Flächenkorrosion des Eisens. Wie in Eisenrohren üblich, bilden sich Pustel (s. o.), die allmählich den Innendurchmesser des Rohres merklich verringern können.

Auch **Kupfer** reduziert den im Wasser gelösten Sauerstoff und unterliegt Korrosions-prozessen, die zu Loch- und Flächenkorrosion führen können. Die Wahrscheinlichkeit für Lochkorrosion konnte jedoch deutlich verringert werden, seitdem als letzter Schritt der Herstellung die Innenoberflächen gründlich von Resten organischer Prozesshilfs-mittel gereinigt werden. Die Ausbildung einer schützenden Deckschicht hängt beim Kupfer maßgeblich von der Trinkwasserbeschaffenheit ab. Neben den möglichen Re-aktionspartnern des Kupfers haben auch gelöste organische Verbindungen einen Ein-fluss. Obwohl in den vergangenen Jahren viele Untersuchungen durchgeführt wurden, ist der Mechanismus der Deckschichtbildung immer noch nicht exakt bekannt. Als erwiesen gilt jedoch, dass sich in einem ersten Schritt ein Cuprit (Cu_2O)-Film auf der Oberfläche bildet, der die Korrosion praktisch nicht hemmt. Erst wenn sich bei Wäs-sern mit pH >7,4 eine Deckschicht aus Tenorit (CuO) und insbesondere aus dem kris-tallinen, schwer löslichen Malachit ($Cu_2(OH)_2CO_3$) ein sogenannter Malachitrasen (Merkel und Eberle, 2001) gebildet haben, kann mit einem Rückgang der Kupferkon-zentration deutlich unter dem gesundheitlichen Leitwert von 2 mg/L Cu gerechnet werden. In der DIN 50930-6 sind auf Grundlage von empirischen Untersuchungen die möglichen Einsatzkriterien für Kupferrohre festgelegt. Die Einsatzkriterien beziehen sich auf den pH- und den TOC-Wert des verteilten Trinkwassers.

Edelstahl bildet keine vergleichbare Deckschicht, sondern eine Passivschicht aus, die den Werkstoff vor einem korrosiven Angriff schützt. Ein Lochfraß an Korngren-zen der Legierung kann auftreten, wenn der Molybdängehalt zu gering ist. Eine Ab-gabe von Metallen in das Trinkwasser wird fast vollständig verhindert. Lediglich eine nicht-sachgemäße Verwendung, z. B. mit hohen Chlorid- oder Desinfektionsmittelkon-zentrationen, kann zu einer Lochkorrosion führen.

Zementgebundene Werkstoffe

Trinkwasserspeicher und Verteilungsleitungen der Wasserversorger sind oftmals aus zementgebundenen Werkstoffen gefertigt. Außerdem werden gusseiserne Rohre heute in der Regel innen mit Zementmörtel ausgekleidet, der den direkten Kontakt des Ei-sens mit dem Trinkwasser verhindern soll. Der Kontakt des zementgebundenen Werk-stoffs mit Trinkwasser führt zur Umwandlung des CaO im Zement zu Calcit (soge-nannte Carbonatisierung) zunächst an der Oberfläche und allmählich auch in tieferen Schichten. Das gebildete Calcit wird vom Wasser gelöst, wenn dessen pH-Wert nied-riger als der pH-Wert der Calcitsättigung ist (s. Kap. 2.6.4.3). Ist der für ein Wasser spezifische pH-Wert der Calcitsättigung erreicht oder überschritten, wird ein Angriff auf den Werkstoff verhindert, was eine wirksame Schutzmaßnahme darstellt. In der Praxis wird der Schutz als ausreichend angesehen, wenn die Calcitlösekapazität (s. Kap. 2.6.4.3 und 5.4.8) des Wassers kleiner als 5 mg/L ist.

Eine Beeinträchtigung des Trinkwassers kann jedoch auftreten, wenn der zementgebundene Werkstoff zu hohe Schwermetallabgaben aufweist oder organische Stoffe abgibt, die eine toxikologische Relevanz haben, den Geruch oder Geschmack des Trinkwasser verändern oder ein vermehrtes Wachstum von Mikroorganismen fördern. Die technischen Regeln (z. B. DVGW Arbeitsblatt W 347) müssen dementsprechende Anforderungen enthalten, die die Herstellung eines hygienisch geeigneten Werkstoffs sicherstellen. Bis in die 1970iger Jahre wurden auch Rohre aus **Asbestzement** verwendet. Die WHO beurteilt die gesundheitliche Gefährdung durch das möglicherweise im Trinkwasser enthaltene Asbest als gering, da eine gesundheitliche Schädigung nur durch die Aufnahme der Asbestfasern über die Atemwege zu befürchten ist. Zudem schützt eine geringe Calcitlösekapazität des Wassers vor einer Abgabe von Asbestfasern ins Trinkwasser. Ein Austausch alter Leitungen aus Asbestzement hat daher eine geringe Priorität im Vergleich zu vordringlichen Aufgaben. Dazu gehören insbesondere die Minderung der Wasserverluste im Rohrnetz, aber auch die Verbesserung des Schutzes des Trinkwassers durch multiple Barrieren.

Werkstoffe aus organischen Materialien

Dem großen Vorteil, dass Kunststoffe nahezu inert sind, stehen auch Nachteile gegenüber:

- Die Abgabe von Stoffen, die für eine Veränderung der Eigenschaften des Kunststoffs eingesetzt werden. Hierzu gehören z. B. Zinnverbindungen, die als Stabilisatoren bei Polyvinylchlorid-(PVC)-Rohren dienen, sowie Phtalate mit langen Seitenketten, die als Weichmacher bei Schläuchen aus PVC Schläuche eingesetzt werden. Wichtigster Vertreter ist das Dioctylphthalat ((DOP), ein Ester aus o-Phthalsäure mit 2-Ethylhexanol).
- Die Abgabe einer Vielzahl von Hilfsstoffen an das Wasser, die für die Produktion tatsächlich erforderlich sind oder nur erforderlich erscheinen. Hierzu gehören Katalysatoren der Polymerisation und Gleithilfsmittel für das Extrudieren der Rohre.
- Die teilweise fehlende Langzeithaftfähigkeit von Kunststoff-Metall-Verbundsystemen.
- Die Alterung von Kunststoffen, insbesondere bei fehlender UV-Beständigkeit und Desinfektionsmittelunbeständigkeit.
- Die mögliche Abgabe von Nährstoffen, die zu erhöhtem mikrobiologischem Bewuchs auf dem Werkstoff führen kann.
- Die Durchlässigkeit für flüchtige organische Stoffe wie Vinylchlorid oder Dichlorethen in kontaminierten Böden.
- Die Durchlässigkeit für Sauerstoff und CO_2.

> **Merke:** Dem Vorteil der Korrosionsfestigkeit stehen bei Werkstoffen aus organischen Materialien auch Nachteile gegenüber, wie Alterung oder Abgabe von organischen Verbindungen, die nur durch sorgfältige Auswahl der Rohstoffe, Überwachung der Produktion und Zertifizierung des gesamten Herstellungsverfahrens vermieden werden können. Zu bedenken ist, dass Rohre der Wasserversorgung jahrzehntelang im Einsatz bleiben. Werkstoffe aus organischen Materialien dürfen den Geruch und Geschmack des Trinkwassers nicht beeinflussen und keine Nährstoffe für Bakterien an das Wasser abgeben, jedenfalls nicht mehr als technisch unvermeidbar.

Die toxikologische Bewertung der verwendeten Ausgangstoffe unter Berücksichtigung der möglichen Reaktions- und Abbauprodukte ist eine Daueraufgabe, da sich die Materialauswahl für die Werkstoffe und die Auswahl der Hilfsstoffe ständig ändern. Das Umweltbundesamt gibt aus diesem Grund Leitlinien für die Bewertung von **Kunststoffen für Trinkwasser** heraus (KTW-Leitlinien, Umweltbundesamt, 2008a und 2008b), die eine hygienische Beurteilung der einzelnen organischen Bauprodukte ermöglichen und als Zertifizierungsgrundlage dienen. Die Abgabe der Stoffe wird dabei nicht durch die Wechselwirkung mit dem Wasser beeinflusst, sondern ist lediglich durch die Migration und durch die Verteilungsgleichgewichte der jeweiligen Substanzen zwischen Werkstoff und Wasser bestimmt. Die Migration wird durch die Diffusion der Substanzen im Material beschränkt. Eine Vereinfachung ergibt folgende Struktur:

- Positivlisten der Materialien und der Additive
- einige wenige Grunduntersuchungen zu Migration von Stoffen in das Wasser
- Überprüfung der Beeinträchtigung von Geruch (engl. threshold odour number, TON) und Geschmack (engl. threshold flavour number, TFN) im Kontakt mit kaltem und mit erwärmten Trinkwasser
- Überprüfung der Abgabe von Bakteriennährstoffen (Prüfung nach DVGW W 270).

Tab. 5.15 Werkstoffe aus organischen Materialien im Kontakt mit Trinkwasser.

Polymer	Einsatzbereich	Bemerkungen
Polyethen (PE) Polypropylen (PP)	Kunststoffrohre und Behälter sowie flexible Rohre für die Sanierung alter Leitungen (Relining, Rehabilitation)	PE mit hoher Dichte (HDPE) oder niedriger Dichte (LDPE) und vernetztes PE-X. Verbundrohre mit Mantel aus dünnwandigem Metallrohr
chloriertes Polyvinylchlorid (PVC-C)	Kunststoffrohre	wegen der Umweltbelastung mit chlorierten organischen Stoffen nicht erste Wahl
Elastomere und chlorierte thermoplastische Kunststoffe	Dichtungen, flexible Schläuche	frei von Weichmachern (Dioctylphthalat, DOP); das Gebot, keine Nährstoffe für Bakterien abzugeben, muss auch bei diesen Produkten erfüllt sein
Epoxidharze	Beschichtungen, Innenauskleidung von Rohren und Behältern	Die große Vielfalt an Bindemitteln (Epichlorhydrin, Bisphenol A) und Härtern (Amine, Isocyanate) erfordert eine Begrenzung durch die sogenannte Positivliste (UBA, 2008b) und eine Zertifizierung der Produktion bzw. der Anwendung an der Baustelle.
Polyester (Polyethenterephthalat, PET)	Getränkeflaschen aus dünnwandigem Kunststoff	Erspart Kosten für Flaschen und Transport. Für Rohre ungeeignet, verformt sich bei mehr als 80 °C. Das Phtalat ist unkritisch, weil es im Polymer eingebunden ist und nicht als Weichmacher DOP dient. Wegen der UV-Durchlässigkeit von PET wird von der WHO auf die Möglichkeit der Desinfektion von Wasser in PET Flaschen mit Sonnenlicht (SODIS) hingewiesen.

Durch die weitgehende Vermeidung der geschilderten Nachteile, die durch Zertifizierung der Produktion nachzuweisen ist, können organische Materialien in großer Vielfalt für den Kontakt mit Trinkwasser verwendet werden (s. Tab. 5.15).

5.11 Literatur

Asano T. (1998): Wastewater reclamation and reuse. Boca Raton, CRC Press.

Bächle A. (1987): Gasaustausch. In: DVGW-Schriftenreihe Wasser, Nr. 206, S. 3-1–3-24. Kurs 6: Wasseraufbereitungstechnik für Ingenieure. Bonn: Wirtschafts- und Verlagsgesellschaft Gas und Wasser mbH.

BMU Bundesministerium für Umwelt Naturschutz und Reaktorsicherheit (2003): Hydrologischer Atlas von Deutschland. Erweiterte Ausgabe

Dorfner K. (Hrsg.) (1991): Ion exchangers. Berlin: de Gruyter Verlag.

Gimbel R. und Lipp P. (1987): Membranverfahren. In: DVGW-Schriftenreihe Wasser, Nr. 206, S. 10-1–10-38. Kurs 6: Wasseraufbereitungstechnik für Ingenieure. Bonn: Wirtschafts- und Verlagsgesellschaft Gas und Wasser mbH.

Gujer W. (2007): Siedlungswasserwirtschaft. Berlin: Springer.

Grombach P. (2000): Handbuch der Wasserversorgungstechnik, München, Wien: Oldenbourg Industrieverlag.

Hässelbarth U. (1995): Hygienische Anforderungen an die Desinfektion von Trinkwasser und Wasser für Lebensmittelbetriebe durch UV-Strahlen. Bundesgesundheitsblatt 12, S. 474–477. Zitiert nach (Wricke 2001).

Heymann E. (1987): Filtration. In: DVGW-Schriftenreihe Wasser, Nr. 206, S. 5-1–5-21. Kurs 6: Wasseraufbereitungstechnik für Ingenieure. Bonn: Wirtschafts- und Verlagsgesellschaft Gas und Wasser mbH.

Hölting B. (1996): Hydrogeologie. Einführung in die Allgemeine und Angewandte Hydrogeologie. Enke, Stuttgart.

Jekel M. (1987): Flockung. In: DVGW-Schriftenreihe Wasser, Nr. 206, S. 4-1–4-28. Kurs 6: Wasseraufbereitungstechnik für Ingenieure. Bonn: Wirtschafts- und Verlagsgesellschaft Gas und Wasser mbH.

Lange J. und Otterpohl R. (2000): Abwasser – Handbuch zu einer zukunftsfähigen Wasserwirtschaft. Donaueschingen-Pfohren, Mallbeton GmbH.

Merkel T. und Eberle S. H. (2001): Das Lebensmittel Trinkwasser und seine korrodierende Verpackung. Nachrichten aus der Chemie, 49, S. 891–896.

Overath H. und Stetter D. (1998): Konzeption zentraler Enthärtungsanlagen. In: Verein zur Förderung des Instituts WAR der TU Darmstadt e.V. (Hrsg.): Zentrale oder Dezentrale Enthärtung von Trinkwasser – Konkurrenz oder sinnvolle Ergänzung? 55. Darmstädter Seminar-Wasserversorgung am 14. Mai 1998.

Sontheimer H. (1988): Der „Kalk-Kohlensäure-Mythos" und die instationäre Korrosion. Z. Wasser-Abw. Forsch. 21, S. 219–227.

Umweltbundesamt (2008a): KTW-Leitlinie – zur hygienischen Beurteilung von organischen Materialien im Kontakt mit Trinkwasser. UBA, Dessau.

Umweltbundesamt (2008b): Beschichtungsleitlinie – zur hygienischen Beurteilung von organischen Beschichtungen im Kontakt mit Trinkwasser. UBA, Dessau.

WHO (2008): Safer water, better health: costs, benefits and sustainability of interventions to protect and promote health. World Health Organisation, Geneva.

Wricke B. (2001): Desinfektion – Grundlagen. In: DVGW Kurs 6 – Verfahrenstechnik der Wasseraufbereitung. 6–8 November 2001, Goslar.

6 Ordnungsrahmen der Wassernutzung

6.1 Einleitung

Der Ordnungsrahmen der Wassernutzung entsprach lange Zeit örtlichen Rechten und Gewohnheiten, bis mit der industriellen Revolution des 19. Jahrhunderts die technischen Fähigkeiten der Menschen, nachteilig in den Naturhaushalt einzugreifen, bedeutsam wurden.

Wie unterschiedlich Regelungen rund ums Wasser sein können, lässt sich mit einem Rückblick auf die Geschichte darlegen: Ausgewählt wurden die Gesetzestafel (Kodex) des Hammurabi, die Empfehlung des Vitruv, die Schrift des Frontinus und die Verfolgung der „Brunnenvergiftung" im Mittelalter. Die in Kapitel 4.3.1 beschriebene **Hamburger Choleraepidemie** (1892) kennzeichnet den Wendepunkt im Verständnis der Bedeutung eines Ordnungsrahmens für Präventivmaßnahmen und Siedlungshygiene. Sie beleuchtet zudem die Tatsache, dass sehr unterschiedliche Disziplinen, darunter Kaufleute, Städtebauer, Bauingenieure, Chemiker und Mediziner, in einen Ordnungsrahmen eingebunden werden müssen. Zu berücksichtigen sind so unterschiedliche Bereiche, wie

- Bewirtschaftung des Wassers nach Menge und Güte,
- hygienische Anforderungen an Trinkwasser und Badewasser und
- ökologische Bewertung der Wasserverfügbarkeit und Belastungen des Wassers.

Mag sein, dass jede Disziplin für sich allein versucht, einen Ordnungsrahmen zu definieren, was insbesondere für die Hygieniker auf der einen und Bauingenieure auf der anderen Seite im Bereich der Wassernutzung gilt, doch ist dies nicht zielführend. Notwendig sind ganzheitliche Ansätze (s. Kap. 6.6), für die z. B. Begrifflichkeiten wie „**integriertes Wasser Ressourcenmanagement**" (IWRM) verwendet werden (s. Kap. 6.11.2).

Der **Kodex Hammurabi** datiert in die Zeit des 18. Jahrhunderts v. Chr. Er ist in Keilschrift in eine Stele aus Basalt gemeißelt, die im Louvre in Paris ausgestellt ist (Kopie im Pergamon Museum, Berlin). Die Bezeichnung Kodex ist der umfangreichen Sammlung von Hinweisen, Geboten und Verboten zur Beschreibung der Lebensverhältnisse in Mesopotamien geschuldet, auch wenn er keinen systematischen Gesetzestext (corpus juri) darstellt. Zivil- und strafrechtliche Sätze greifen ebenso ineinander wie bei den Gesetzen Mose (2. Mose 21–23), die in mancherlei Hinsicht vergleichbar, manchmal fast wortgleich sind. Zusätzlich sind im Kodex Hammurabi auch Regelungen zu **Bewässerung und Dammbau** enthalten. Grund dafür ist die Tatsache, dass bei einer Niederschlagshöhe von nur 200 mm/a künstliche Bewässerung und Dammbau Grundlage des wirtschaftlichen Wohlstands in Mesopotamien der Antike waren (Garbrecht, 1985). Planung und Überwachung oblagen den Priestern und ihren Organisationen, die vermutlich in der Lage waren, die angedrohten Strafen zu vollziehen. Von den 282 Sätzen des

Kodex Hammurabi befassen sich sechs (Nr. 53–56, 259, 260), mit Dammbau und Bewässerung. Als Beispiel sei hier Satz Nr. 53 aufgeführt:

> „Wenn jemand zu nachlässig ist den Damm (seines Feldes) zu pflegen und es kommt zum Dammbruch und zur Flutung aller Felder, dann soll derjenige, dessen Damm gebrochen ist, mit seinem Geld das Korn ersetzen, das durch seine Schuld zerstört wurde."

Aus der römischen Epoche gibt die **Schrift „de architectura" des Marcus Pollio Vitruvius** Hinweise zu Auswahl der Wasservorkommen, Bau der Anlagen und Verteilung des Wassers in der Stadt. Der folgende Lehrsatz entstammt dieser Schrift (Vitruv, 25 v. Chr.):

> „[...] so beobachte man mit viel Aufmerksamkeit, bevor man zu leiten anfängt, die körperliche Beschaffenheit der in der Nähe wohnenden Menschen. Sind diese stark, von frischer Gesichtsfarbe und leiden sie weder an Fußkrankheiten noch an triefenden Augen, so ist das Wasser bewährt. [...] Nicht minder erweist sich das Wasser dann als rein und äußerst gesund, wenn es in seiner Quelle klar und durchsichtig aussieht und, wo es fließt, weder Moos noch Binsen hervorbringt und sonst Unrat zurücklässt."

Es handelt sich um einen Leitsatz, im weitesten Sinne einen **Vorläufer der DIN 2000**. Wie verbindlich er in der Praxis war, hing davon ab, ob Abweichungen vom Leitsatz in irgendeiner Form geahndet wurden, z. B. durch Verlust des guten Rufs. Die Wasserversorgungsanlagen Roms wurden zunächst, wie andere öffentliche Bauten auch, durch Familien der Senatsaristokratie Roms auf eigene Kosten errichtet und unterhalten, nicht ohne politische Absichten. Erst nach Vitruv, als 12 v. Chr. mit dem Tod von Marcus Vipsanius Agrippa dessen Erbe dem Kaiser Augustus zufiel, übernahm die Staatskasse die Kosten der „aquarii", einer Arbeitsgruppe von 240 Sklaven, die für Überwachung und Erhaltung der Wasserbauwerke Roms zuständig waren. Sie wurden dem Kollegium „curatores aquarum" unterstellt.

Den Stand der Technik und den Ordnungsrahmen der Wasserversorgung der römischen Epoche, wie er sich durch Senatsbeschlüsse und Erlasse des Kaisers allmählich herausbildete, wird detailliert und anschaulich in der Schrift **„De Aquaeductu Urbis Romae" des Sextus Iulius Frontinus**, Curator Aquarum von 97–103 n. Chr., beschrieben (Frontinus, 97). Sie blieb der Neuzeit durch eine Kopie erhalten, die vermutlich 1130 angefertigt wurde und die 1429 in der Bibliothek des Klosters Monte Cassino in Italien entdeckt wurde. Neben genauen Angaben zur Lage der Wasserleitungen, zur Regelung des Grundeigentums entlang der Trasse und eines Schutzstreifens beiderseits der Leitungen, enthält die Schrift mit 130 Absätzen auch Angaben zum Unterhalt der Anlagen und zu Mengenmessungen sowie Zuteilung von Wasser für öffentliche und private Zwecke. Als Beispiel sei hier aus Absatz 88 und 97 zitiert:

> (de aquis 88): „[...] Nicht einmal das Überlaufwasser ist unnütz: Die Ursachen des ungesunden Klimas werden fortgespült, der Anblick der Straßen ist sauber, reiner die Atemluft, beseitigt ist die Atmosphäre, die bei unseren Vorfahren der Stadt immer schlechten Ruf eintrug."

> (de aquis 97): [...] Felder aber, die dem Gesetz zuwider mit Wasser aus öffentlichen Wasserleitungen bewässert wurden, verfielen der Enteignung zu Gunsten des Staates. [...] Niemand darf vorsätzlich Wasser verunreinigen, wo es zum Gebrauch der Öffentlichkeit fließt. Wenn jemand es verunreinigt, beträgt die Strafe 10.000 Sesterzen."

In Absatz 129 ist das sogenannte „lex Quinctia" in vollem Wortlaut eingefügt, ein römisches Gesetz, das dem Curator Aquarum die Befugnis zur Pfändung, Verhängung hoher Strafen und Anwendung von Zwangsmitteln erteilt, um die Funktion der Wasserversorgung zu sichern.

Offensichtlich waren die Schriften des Vitruv und des Frontinus im Mittelalter in Vergessenheit geraten. An ihre Stelle trat die Verfolgung des Tatbestands der **„Brunnenvergiftung"**. Dabei ist Folgendes im Nachhinein festzustellen: Alle Brunnen in Siedlungen in der Nähe von Sickergruben waren (und sind) Ausgangspunkt von Seuchen. Diese Kausalität war für die Menschen im Mittelalter auf Grund des kulturellen Hintergrunds außerhalb des Erkennbaren (s. Kap. 4.3.1). Mag sein, dass eine Immunisierung der Überlebenden zu einem Ausklingen von Seuchen führte, obwohl sich an den Zuständen der Wassergewinnung nichts änderte. Beides zusammen, mangelndes Wissen und die Immunisierung, nährte die These der einmaligen „Brunnenvergiftung" als ursächlich für Massenerkrankungen. Sie entwickelte sich im Mittelalter auf Grund fehlender juristischer Grundsätze zu einem Instrument der vorsätzlich falschen Anklage, die kaum eine Bevölkerungsgruppe verschonte. Es ist kein Verfahren bekannt, bei dem der Beweis der vorsätzlich herbeigeführten negativen Veränderung (Vergiftung) der Wasserqualität erbracht wurde. Der Anschein genügte für Anzeige und Verurteilung. Gefördert wurde diese Praxis dadurch, dass das Vermögen der Beschuldigten eingezogen werden durfte, um es zwischen dem Anzeigenden und der Stadt zu verteilen. Die Begünstigung des Anzeigeerstattens war allerdings auch in der griechisch-römischen Epoche Bestandteil des Ordnungsrahmens (Astynomeninschrift von Pergamon: Klaffenbach, 1954, Koerner, 1974; ad aquis 127: Frontinus, 97). Die praktizierte Rechtspflege im Mittelalter führte zu zigtausendfachen Justizirrtümern. Vermutlich haben mehrere hunderttausend Menschen im Europa des Mittelalters solche falschen Anklagen mit ihrem Vermögen und mit ihrem Leben bezahlt (Gockel, 1997). Der Tatbestand der „Brunnenvergiftung" wurde 1871 in das Strafgesetzbuch (StGB) als § 324 aufgenommen, später aber wieder gestrichen. §§ 324−330 StGB befassen sich nunmehr mit Straftaten gegen die Umwelt. Von „Brunnenvergiften" wird nur noch bei wissentlich falscher Anschuldigung gesprochen.

> **Merke:** Regelungen zur Wassernutzung gab es schon in vorchristlichen Kulturen (z. B. Kodex Hammurabi, Mesopotamien). In früheren Zeiten berücksichtigten sie die unmittelbaren Lebensumstände der Menschen. Erst ab Ende des 19. Jahrhunderts bestimmten zunehmend allgemeine Grundlagen, wie z. B. Aspekte der qualitativen und quantitativen Wasserbewirtschaftung, Hygieneanforderungen und die Abschätzung der ökologischen Folgen der Wasserwirtschaft, den Inhalt solcher Ordnungsrahmen.

6.2 Ziele, Motive und Prinzipien von Regelungen

Wie werden Regelungen gestaltet, wer bestimmt sie? Sie sollten ausschließlich auf wissenschaftlicher und deduktiver Empirie beruhen. Es ist falsch anzunehmen, dass Regelungen mit den Mitteln exakter Wissenschaften abgeleitet werden können. Immer beruhen sie auf bestimmten Motiven und verfolgen bestimmte Ziele, die sich mit den Zeitläufen ändern. Die erste Frage lautet, ob **Ziele und Motive** transparent und nachvollziehbar sind und ob nur diese in der Regelung abgebildet sind oder ob **versteckte Motive und Ziele** die Regelungen beeinflussen. Im Vergleich von entwickelten zu weniger entwickelten Ländern sind hier große Unterschiede feststellbar (de Soto, 1990). Je mehr Regelungen entstehen, je höher die Regelungsdichte ist, desto kritischer muss nachgefragt werden, ob sie tatsächlich zielführend sind oder ob versteckte/verdeckte Ziele/Motive verfolgt werden.

Zweitens ist nach den Grundsätzen (**Prinzipien**) zu fragen, die den Regelungen zugrunde liegen. Werden Prinzipien formuliert, so sind es Brücken der Verständigung zwischen Menschen unterschiedlicher Herkunft, kulturellem Hintergrund, Überzeugungen und Zielvorstellungen (Grohmann, 2005). Unbestrittene Prinzipien sind Nachhaltigkeit und Menschenrecht auf Wasser. Darüber hinaus sind die Prinzipien zum Umweltschutz, Ausgleich zwischen Wasserverfügbarkeit und -bedarf, Restrisiko, Kreislauf, Überwachung, das ökonomische Prinzip und das Subsidiaritätsprinzip zu nennen. Prinzipien sind auch Grundlage der Entwicklung von Indikatoren zur Überprüfung der Nachhaltigkeit und für das Benchmarking (UBA, 2001, s. Kap. 6.11).

Nachhaltigkeit

Nachhaltigkeit bedeutet die Bewahrung der Umwelt in einer Weise, dass sie auch zukünftigen Generationen uneingeschränkt verfügbar bleibt. Sie hat in Deutschland Verfassungsrang nach Artikel 20 des Grundgesetzes: „Der Staat schützt auch in Verantwortung für die künftigen Generationen die natürlichen Lebensgrundlagen". Der Begriff wurde aus der Forstwirtschaft abgeleitet. Die Einbeziehung der Nutzung (oder Benutzung) der Umwelt ist seit der UN-Konferenz 1992 in Rio de Janeiro, Brasilien, durch die Definition des sogenannten **Brundtland-Reports** (UN, 1987) üblich:

> „[nachhaltig ist] eine Entwicklung, die die Bedürfnisse der gegenwärtigen Generation befriedigt, ohne die Fähigkeit der zukünftigen Generation zu gefährden, ihre eigenen Bedürfnisse befriedigen zu können." oder im originalen Wortlaut „Sustainable development is development that meets the needs of the present without compromising the ability of future generations to meet their own needs."

Die Umsetzung des Prinzips der Nachhaltigkeit auf den Bereich der Wassernutzung könnte in der Forderung münden, dass die Entnahme nicht höher sein darf als die Niederschlagshöhe (s. Kap. 1) oder die Wassergewinnung nicht höher als das örtliche Wasserdargebot. Folglich wird sich die Wasserbilanz (s. Kap. 1.2) mit allen Nutzern befassen müssen, um Nutzungskonflikte bei Wahrung der Nachhaltigkeit zu vermeiden.

Zweitens bedeutet Nachhaltigkeit, dass die Umwelt nicht verschmutzt wird oder, abschwächend, nicht mehr als ökologisch vertretbar oder, noch weiter abschwächend, nicht mehr als unvermeidlich, ohne die zukünftige Nutzung einzuschränken. Dies zeigt die Dehnbarkeit von Regelungen, die alle dem gleichen Prinzip verpflichtet sind. Streng genommen verlangt Nachhaltigkeit eine Minimierung der Belastungen der Umwelt (**Minimierungsprinzip, Vorsorgeprinzip**).

Drittens bedeutet Nachhaltigkeit eine soziale Verpflichtung. Da die Wassernutzung häufig auch soziale Aspekte berührt, wie Schutz kleinbäuerlicher Betriebe, Toleranz geringer Verschmutzung, Versorgung zu sozial vertretbaren Preisen, wird das Prinzip der Nachhaltigkeit nicht uneingeschränkt in Regelungen umzusetzen sein. Angestrebt wird ein Ordnungsrahmen, der die unterschiedlichsten Ziele berücksichtigt, aber das Prinzip der Nachhaltigkeit (möglichst) nicht verletzt. Dies wird als **integriertes Wasser Ressourcen Management** (IWRM) bezeichnet (s. Kap. 6.11.2).

Menschenrecht auf Wasser

Das Menschenrecht auf Wasser ist ein im Grunde zwar seit langem anerkanntes Prinzip: Wasser ist lebensnotwendig und unersetzlich. Seine praktische Umsetzung stößt jedoch auf nicht geringe Schwierigkeiten. Es ist seit 2002 als ein fundamentales Menschenrecht vorgeschlagen worden (UN, 2002), aber noch nicht abschließend von der UN-Vollversammlung beschlossen:

„The human right to water entitles everyone to sufficient, affordable, physically accessible, safe and acceptable water for personal and domestic uses." (UN, 2002).

Das betrifft nicht nur das Trinkwasser (3 L/d), sondern auch den Wasserbedarf zur **Abwehr seuchenhygienischer Gefahren**. Dies ist z. B. bei Katastrophenhilfe zu beachten, denn 3 L/d je Person sind als Katastrophenhilfe eindeutig zu wenig. Je nach Zugang zu Wasser, entwickelt sich eine Nutzung von etwa 20 L/d je Person, wenn keine Verteilung über Leitungen erfolgt (WHO, 2003). Selbst diese geringe Menge lässt sich nur auf festen Leitungswegen zu sozial verträglichen Preisen verteilen. Eine Verteilung über Tankwagen und Wasserhändler ist um ein Vielfaches teurer (UNESCO, 2003). Die Quantifizierung des Menschenrechts auf Wasser birgt auch Nachteile: Einerseits ist Wasser aus Tankwagen für viele Menschen so kostbar, dass es zwar in Empfang genommen wird, aber nur, um es gleich, zumindest teilweise, weiter zu verkaufen. Andererseits kann der Zugang zu einer Menge von 20 oder auch 100 L/d als Vorwand dienen, Wasserressourcen zu privatisieren und die Menschen von der Nutzung auszuschließen. Bekanntlich ist der Wasserbedarf der Landwirtschaft um ein Vielfaches höher als 100 L/d (s. Kap. 1.3). Menschenrecht auf Wasser bedeutet demnach auch den **gleichberechtigten Zugang** der Menschen einer Region zur Wasserverfügbarkeit dieser Region. Dem Grunde nach können Gewässer nicht eigentumsfähig sein. Ihre Nutzung unter Beachtung der Nachhaltigkeit muss der Allgemeinheit offen stehen.

Umweltschutzprinzipien

Aus Sicht des Umweltschutzes ist die Trias aus **Verursacher-**, **Vermeidungs-** und **Kooperationsprinzip** zu beachten (Storm, 1998). Dies gilt auch für Regelungen der Wassernutzung, z. B. zur Begrenzung von diffusen Kontaminanten, wie Pestiziden,

Nitraten oder Arzneimittelrückständen. Zweifelsohne hat sich die **Kooperation** der Wasserversorgung und der Landwirtschaft hervorragend bewährt, um einerseits Nutzungskonflikte zu vermeiden und andererseits die Pestizidbelastung der aquatischen Umwelt auf Werte unter 0,1 µg/L zu mindern.

Ausgleichsprinzip

Der Ausgleich zwischen Überfluss und Mangel, zwischen Starkregen und Trockenzeiten, ist sicherlich ein wichtiges Anliegen der Regelungen einer nachhaltigen Wassernutzung. Hinzu kommt der Schutz vor Hochwasser, der zu einem Ausgleich der Regenspitzen zwingt.

Restrisikoprinzip

Im Hinblick auf Naturkatastrophen (Überschwemmungen und Dürren) ist das Restrisikoprinzip gut begründet. Es besagt, dass ein Versagen der Schutzsysteme nicht um jeden Preis vermieden werden muss. Allerdings muss das **Restrisiko** in gefährdeten Gebieten so weit herabgesetzt werden, dass eine dort auftretende Katastrophe von der Volkswirtschaft des Landes verkraftet werden kann (Plate und Köngeter, 2003). Gleichzeitig besteht die Gefahr, mit diesem Prinzip Unterlassungen zu begründen, obwohl die technischen und wirtschaftlichen Möglichkeiten verfügbar sind, um ein objektiv bestehendes Risiko weiter deutlich zu minimieren. Der Konflikt zwischen dem von der Gesellschaft (oder der staatlichen Gewalt) akzeptierten und dem für das Individuum akzeptablen Risiko ist grundsätzlich unauflösbar (s. Kap. 6.3).

Kreislaufprinzip

Die mehrfache Nutzung des aus dem Dargebot entnommenen Wassers (Erhöhung der **Kreislaufanteile** an der Nutzung) ist ein Grundpfeiler der Nachhaltigkeit. Die ultima ratio der nachhaltigen Abwasserbehandlung (Reinigung genutzten Wassers) ist seine vollständige Reinigung von allen unerwünschten Stoffen, schlussendlich auch von einem Teil der gelösten Salze, sobald die technischen Möglichkeiten zu angemessenen Kosten verfügbar sind. Ein so gereinigtes Wasser kann unmittelbar wieder verwendet werden, zumindest in der Landwirtschaft.

Ökonomisches Prinzip

Zu keiner Zeit war die Nutzung des Wassers kostenlos möglich. Das ökonomische Prinzip soll dazu anhalten, die Gesamtheit der Kosten, die durch Regelungen verursacht oder erspart werden, transparent zu machen. Vielfach werden insbesondere Kosten des Ressourcenschutzes, der Wassergewinnung und -aufbereitung, des Betriebs von Anlagen der Wassernutzung, der Pflege und Wartung von Anlageteilen und Rohrnetzen, der Abwasserreinigung, der Überwachung, der monetären Bewertung von verbleibenden Umweltbelastungen ganz oder teilweise außer Acht gelassen, was zu unvollständigen Regelungen führt und einen Vergleich von Nutzungen (s. Kap. 6.11) erschwert oder verfälscht.

Überwachungsprinzip

Ohne Überwachung ist jeder Ordnungsrahmen hinfällig. Bewährt hat sich eine Kombination aus interner und davon völlig unabhängiger **kompetenter externer** Kontrolle, deren grundsätzliche Aufgabe es ist, zu überprüfen, ob die Ziele des Ordnungsrahmens erreicht werden. Meist erfolgt die Überwachung an Hand von Zahlenwerten als Zielgröße oder als Werte, die nicht überschritten werden dürfen. Idealer Weise besteht eine Rückkopplung von Überwachung und Ordnungsrahmen, die zu einer stetigen Veränderung des Ordnungsrahmens führt, die von der Mehrheit als Verbesserung in Bezug auf die Erreichung der Ziele des Ordnungsrahmens verstanden werden kann.

Subsidiaritätsprinzip

Nach diesem Prinzip wird in der Europäischen Union verfahren, um die Rechte und regionalen Besonderheiten der Mitgliedstaaten im Verhältnis zur Kommission zu wahren. Aber auch innerhalb eines Staates steht es Legislative und Exekutive nicht zu, sich um Probleme zu kümmern, die von den Bürgern in Eigenverantwortung selbst gelöst werden können. „Subsidium" bedeutet Hilfe. Jede gesellschaftliche und staatliche Tätigkeit ist ihrem Wesen nach subsidiär, d. h. helfend, unterstützend und ersatzweise eintretend. Die höhere staatliche oder gesellschaftliche Einheit darf nur dann helfend tätig werden oder Funktionen der niederen Einheiten an sich ziehen, wenn deren Kräfte nicht ausreichen, diese Funktionen wahrzunehmen. Es wird nicht der alles regelnde und beherrschende Staat benötigt, der eher als Gefahr denn als Hilfe wahrgenommen wird.

> **Merke:** Wassernutzungsregeln verpflichten sich allgemein gültigen Prinzipien, wie z. B der Nachhaltigkeit (Umweltschutz, Kreislaufprinzip) und dem Menschenrecht auf Wasser. Weitere Prinzipien, die bei der Formulierung eine Rolle spielen, betreffen u. a. auch ökonomische Aspekte bzw. die Möglichkeit der Überwachung.

6.3 Akzeptanz und Akzeptierbarkeit von Risiken der Wassernutzung

Übersicht

Ein wesentliches Ziel eines Ordnungsrahmens der Nutzung von Wasser ist die weitgehende Minderung von Gefahren, die im Zusammenhang mit der Nutzung stehen (s. Kap. 6.2, Restrisikoprinzip). Bei Wasser, das direkt mit Menschen oder mit Lebensmitteln in Berührung kommt, ist die **gesundheitliche Bewertung** maßgeblich. Sie gestaltet sich dann besonders einfach, wenn Wasser aus dem **natürlichen Wasserkreislauf** und gut geschützten Grundwasserleitern, das in keiner Weise durch Menschen, Tierhaltung oder Wildtiere beeinflusst wurde (DIN 2000), als Maßstab dient. Solches Wasser genießt als **Trinkwasser** und auch als **Mineralwasser** hohe **Akzeptanz**, selbst dann, wenn es durch geologische Besonderheiten z. B. mit Schwefelwasserstoff (H_2S), Sulfat, Fluorid, Arsen, Uran, Radon oder seltener mit Cadmium, Selen oder Molybdän geringfügig belastet ist (**geogene Belastungen**). Umgekehrt ist die Akzeptanz von gesundheitlichen Risiken durch chemische Stoffe der Industriegesellschaft (**anthropogene Belastungen**) gering, was sich darin ausdrückt, dass manchmal auf Mineralwasser als Trinkwasser ausgewichen wird, auch wenn das Trinkwasser aus der Leitung objektiv keinen Anlass dazu bietet.

Krankheitserreger im Wasser sind das Ergebnis einer Verunreinigung durch Menschen, Tierhaltung oder Wildtiere, eines Eintrags von Nährstoffen, einer Erwärmung oder, ungenau aber allgemein ausgedrückt, einer Veränderung des natürlichen Zustandes. Auch Nährstoffe und stoffliche Belastungen werden, von den erwähnten geologischen Besonderheiten abgesehen, von außen eingetragen, z. B. durch Aufbereitungsstoffe, Zusatzstoffe oder Materialien, mit denen das Wasser in Berührung kommt.

> **Merke:** Um dem Ideal der Wasserqualität nahe zu kommen, hat sich für die Nutzung von Wasser ein **multiples Barrierensystem** bewährt, das beim Ressourcenschutz anfängt und Wassergewinnung, Aufbereitung, Speicherung und Verteilung einschließt. Sein Ziel ist die **Minimierung** stofflicher, bakterieller, protozoischer und viraler Belastungen, weit unterhalb gesundheitlicher Relevanz. Dementsprechend beruht die Überwachung der Qualität von Wasser auf zwei Säulen:
>
> • der Endpunktkontrolle und
> • der Überwachung der Funktionsfähigkeit des multiplen Barrierensystems.

Eine **Endpunktkontrolle** allein kann ohne ein funktionierendes multiples Barrierensystem nicht die Unbedenklichkeit von Trinkwasser sicher stellen. Eine Endpunktkontrolle ist auch materiell und arbeitstechnisch dazu nicht in der Lage, da weder die Häufigkeit der Probenahmen und Untersuchungen noch die Anzahl der zu untersuchenden Parameter beliebig erweitert werden können. Ganz im Gegenteil muss versucht werden, Probenahme und Anzahl der Parameter auf ein notwendiges, allerdings auch hinreichendes Maß zu verringern. Dem grundsätzlich unzulänglichem „**Parameter-Regime**" des Endproduktes ist ein „**Regime der vorsorgenden Maßnahmen**" und seine **Überwachung kritischer Stellen** an die Seite zu stellen, mit der Aufgabe, das multiple Barrierensystem zu stärken. Die WHO hat dieses Konzept, das in Deutschland in vielerlei Hinsicht bereits seit Jahrzehnten praktiziert wird (DIN 2000) in ihren Leitlinien für Trinkwasserqualität (WHO, 2004) als „**Water Safety Plan (WSP)-Konzept**" weiter ausgebaut und im Detail beschrieben (Bartram et al., 2009). Auch im Bereich der Regelung der Qualität von **Badegewässern** wird ein ähnlicher Weg beschritten: Es genügt eine Probe im Monat, wenn Badegewässerprofile erstellt werden, die alle Verunreinigungsquellen erfassen (s. Kap. 6.10).

Die normative Regelung des „Parameter-Regimes" ist einfach (und deswegen verlockend) durch eine Liste von Grenzwerten möglich. Die Regelung eines „Regimes der vorsorgenden Maßnahmen" mit einem multiplen Barrierensystem ist dagegen weit schwieriger und nur durch eine Kombination von technischen Normen (Trinkwasserschutzgebiete, Anforderungen an Aufbereitungsstoffe sowie an Materialien) und Rechtsnormen (WHG, TrinkwV) möglich und setzt darüber hinaus ein hohes Maß an fachlichem Sachverstand bei Anwendern und Überwachungsstellen voraus. Belohnt wird diese Vorgehensweise durch eine geringstmögliche Belastung und durch ein entsprechend minimiertes gesundheitliches Risiko bei höchstmöglicher **Akzeptanz des Wassers**, was auch durch ein ausgeklügeltes „Parameter-Regime" niemals zu erreichen wäre.

Eine Risikobewertung ist unter diesen Prämissen (multiples Barrierensystem, WSP) nicht mehr erforderlich, weil sie bereits im Vorfeld stattgefunden hat, nämlich:

- für die Bewertung von Belastungen des Wassers durch chemische oder durch radioaktive Stoffe unter besonderen Bedingungen (z. B. Belastungen durch landwirtschaftliche Tätigkeit, Arzneimittel im Abwasser),
- für die Bewertung von Belastungen durch Krankheitserreger unter besonderen Bedingungen (z. B. Legionellen in Hausinstallationen),
- für die Bewertungen von Parametern im Zusammenhang mit der Festsetzung von Grenzwerten und als
- Risikobewertung bei unvorhergesehenen Belastungen.

6.3.1 Chemische Stoffe

Die Bewertung der Belastungen des Wassers durch chemische Stoffe, soweit sie analytisch nachweisbar sind und nicht im Wasser vermieden werden können, hat zwischen

- **Stoffen mit Wirkungsschwelle** (einige epigenetisch mutagene Stoffe und alle toxischen Stoffe als sogenannte **Paracelsus Gifte)**,
- Stoffen **ohne** Wirkungsschwelle (die meisten gentoxisch mutagenen und kanzerogenen Stoffe) und
- **radioaktiven** Stoffen zu unterscheiden.

Paracelsus-Gifte
Der Arzt, Alchemist Philosoph und Mystiker Philippus Theophrastus Aureolus Bombast von Hohenheim, genannt Paracelsus (1493–1541) prägte den berühmt gewordenen Satz: „All Ding' sind Gift und nichts ohn' Gift; allein die Dosis macht, das ein Ding kein Gift ist."

Stoffe mit Wirkungsschwelle

Toxische Stoffe mit Wirkungsschwelle werden nach folgendem Schema bewertet: Aus Tierversuchen, aus epidemiologischen Daten oder aus beiden wird eine Stoffzufuhr abgeleitet, die im Untersuchungsansatz (noch) nicht beobachtbar schädlich wirkt. Sie wird, je nach Methodik als **NOAEL oder LOEL (**„no observed adverse effect level" oder „lowest-observed effect level") in Milligramm je Kilogramm Körpergewicht und Tag (mg/(kg · d)) angegeben. Durch eine dimensionslose Variable V_E (üblich ist $V_E = 100$) wird sie von der Kurzzeitexposition des durchschnittlich empfindlichen Versuchstiers auf die Langzeitexposition (70 Jahre) eines empfindlichen Menschen extrapoliert und gegebenenfalls mit einer weiteren Variablen V_U auf die Unsicherheit der Datenlage angepasst. Beide Variablen V_E und V_U werden stoffspezifisch durch Konsens von Fachleuten festgesetzt (oft als **Sicherheitsfaktoren** bezeichnet), mit der Folge, dass sie bei anderer Zusammensetzung maßgeblicher Gremien oder bei Änderung der Datenlage oder deren Gewichtung erheblichen Änderungen unterliegen können. Das Ergebnis ist die nach dem Stand der Erkenntnis und der akzeptierten Konventionen **akzeptierbare** tägliche Belastung (duldbare Körperdosis; engl. tolerable daily intake, **TDI**) in mg/(kg · d), was nicht bedeutet, dass das Ergebnis auch für empfindliche Bevölkerungsgruppen (schwangere Frauen, Kleinkinder, ältere Menschen, Nierenkranke, Allergiker oder Personen mit geschwächtem Immunsystem) oder persönlich **akzeptabel** sein muss:

$$TDI = NOAEL/V_E/V_U \qquad (6.1)$$

An Stelle des Begriffs TDI, der für unerwünschte Belastungen gilt, wird für Stoffe, deren Anwendung erwünscht ist, wie z. B. bei Zusatzstoffen zu Lebensmitteln, der Begriff **ADI** (engl. acceptable daily intake) für die gleiche nach Gl. 6.1 abgeleitete Größe in mg/(kg · d) verwendet. Diese Unterscheidung ist notwendig, um zu erklären, warum mitunter für ADI andere Variablen V_E und V_U verwendet werden als für TDI.

Stoffe ohne Wirkungsschwelle

Für gentoxische, mutagene und kanzerogene Stoffe ist per definitionem kein NOAEL ableitbar. An seine Stelle tritt ein Wert, der mit einem gesellschaftlich akzeptablen, wenn auch nicht immer persönlich akzeptierten Risiko korreliert. Diese Risikohöhe ist ebenfalls das Ergebnis eines Konsenses von Fachleuten. Als Orientierung gilt ein Wert von 10^{-6} Ereignissen pro Jahr, der mit Unfällen durch die sogenannte **höhere Gewalt** (Blitzschlag, Unwetter) korreliert. Das akzeptierte Risiko kann umso höher sein, je höher der Nutzen, der mit einer Belastung korreliert, tatsächlich ist oder persönlich empfunden wird (z. B. Teilnahme am Verkehr als objektiver Nutzen). Auf mutagene und kanzerogene Stoffe im Trinkwasser übertragen bedeutet dies, dass Konzentrationen noch akzeptabel sind, denen bei lebenslanger Exposition (70 Jahre) nicht mehr als 1 zusätzlicher Krankheitsfall (z. B. Krebserkrankung) auf 1 Million Einwohner zugeordnet werden kann.

6.3.2 Radioaktive Stoffe

Auch bei radioaktiven Stoffen (Radionuklide) im Wasser entfällt die Bestimmung eines NOAEL. An dessen Stelle tritt die **natürliche Strahlenbelastung** mit einer mittleren **effektiven Dosis** von 2,4 mSv/a (Millisievert pro Jahr, meist durch Radon, s. u.) als Maßstab für eine akzeptable Belastung. Die effektive Dosis ist aber nicht der direkten Messung zugänglich. Vielmehr müssen die Radionuklide durch quantitative Analyse einzeln vom Wasser abgetrennt werden (Rühle, 2009). Danach wird ihre Radioaktivität als Bq (Becquerel, Kernumwandlung pro Sekunde) eines jeden Radionuklids (c_r) gesondert gemessen und auf das Probenvolumen bezogen. Das Ergebnis c_r in Bq/L für jedes einzeln bestimmte Radionuklid muss mit seinem tabellarisch ermittelten, einer bestimmten Altersgruppe zugeordnetem Dosiskoeffizienten k_{ri} in Sv/Bq multipliziert werden, um die durch genau dieses Radionuklid r für eine bestimmte Altersgruppe i bewirkte Strahlenbelastung zu ermitteln. Die Dosiskoeffizienten berücksichtigen die Art des radioaktiven Zerfalls, die Energie der Strahlung, die Verweilzeit im menschlichen Körper für verschiedene Altersgruppen und die Halbwertzeit jedes einzelnen Radionuklids. Diese sehr komplexen Vorgänge können nur im Konsens von Fachleuten zu einer akzeptierten Zahl, dem **Dosiskoeffizienten** k_{ri} in Sv/Bq, zusammengefasst werden (Bünger und Rühle, 2002).

Die **Summe der Dosisbeiträge** aller Radionuklide ist mit dem Wert der jährlichen Trinkwasseraufnahme V_{TWa} (z. B. 700 L/a für Erwachsene) zu multiplizieren, um den Wert H_i der **effektiven Gesamtdosis** einer Altersgruppe in Sv/a oder mSv/a zu erhalten:

$$H_i = \{\Sigma(c_r \cdot k_{ri})\} \; V_{twa} \tag{6.2}$$

Als akzeptabel gilt eine effektive Gesamtdosis, die nicht höher als die effektive Dosis der **natürlichen Strahlenbelastung** von 2,4 mSv/a ist. Anzumerken ist, dass eine Strahlenbelastung weniger durch radioaktive Stoffe im Wasser als durch das Edelgas Radon Rn-222 in geschlossenen Räumen erfolgt (mittlere Belastung 1,3 mSv/a). Im Abwasser aus Kernkraftwerken darf die effektive Gesamtdosis nicht höher als 0,01 mSv/a sein. Der Beitrag der radioaktiven Stoffe und ionisierender Strahlen aus Anwendungen in der Medizin beträgt 1,8 mSv/a.

> **Merke:** Bei Belastung des Wassers mit Chemikalien unterscheidet man toxische Stoffe mit und ohne Wirkungsschwelle sowie radioaktive Stoffe. In Abhängigkeit von sich ständig verändernden Erkenntnissen und Konventionen wird eine akzeptierbare tägliche Belastung (TDI) definiert. Ein Unterschreiten der daraus abgeleiteten gesundheitlichen Leitwerte im Wasser kann aber besonders für toxische Stoffe ohne Wirkungsschwelle und radioaktive Stoffe nicht garantieren, dass es zu keiner gesundheitlichen Belastung kommt, lediglich das Risiko wird als ausreichend klein angesehen.

6.3.3 Krankheitserreger

Eine Bewertung des gesundheitlichen Risikos durch Krankheitserreger im Trinkwasser stößt aus verschiedenen Gründen auf erhebliche Schwierigkeiten (s. Kap. 4.5 und 4.6):
- Der Nachweis von Krankheitserregern ist methodisch und zeitlich aufwändig.
- Die Infektionsdosis ist, insbesondere bei Viren und Protozoen, sehr gering, was bei jeder Probenahme die Untersuchung eines großen Wasservolumens erforderlich macht.
- Der eigentliche Lebensraum von Bakterien ist nicht das Wasser, sondern der Biofilm (s. Kap. 4.1.1) an der Grenze von Wasser zu Feststoffen (Rohrwandungen, Trübstoffe im Wasser)
- Bakterien, Viren und Protozoen kommen nicht gleichmäßig verteilt im Wasser vor, so dass der quantitative Nachweis in einzelnen Proben kein einheitliches Bild der Belastung liefern kann.
- Angaben über die Infektionsdosis von einzelnen Krankheitserregern sind oftmals mit großen Unsicherheiten behaftet.
- Es sind weitere Informationen über Nährstoffe und Lebensbedingungen erforderlich, um das Risiko quantifizieren zu können.
- Die Desinfektion allein ist keine zuverlässige Barriere.
- Desinfektionsmittel erhöhen den assimilierbaren Kohlenstoff AOC (z. B. Bildung von Carboxyl-Gruppen durch Chlor oder Ozon).
- Nebenprodukte der Desinfektion können toxisch sein (z. B. Trihalomethane, chlorierte Furanone, Nitrite durch Chloramine) und müssen in die Risikobewertung einbezogen werden.

Die Umsetzung des Risikos in einen Zahlenwert ist unter diesen Schwierigkeiten in der gleichen Weise an einen Konsens von Fachleuten gebunden, wie sie bereits bei der Risikoabschätzung für chemische Stoffen geschildert wurde (s. o.). Ein Risiko von 10^{-4} Erkrankungen pro Jahr (1 Erkrankung im Jahr auf 10.000 Einwohner) wird als akzeptabel angesehen (z. B. in der niederländischen Trinkwassergesetzgebung). Von der WHO wird ein akzeptables Risiko von nicht mehr als 10^{-6} verlorener Zeit an Lebensqualität (DALY, engl. disability adjusted life years) pro Person und Jahr vorgeschlagen. Das **DALY-Konzept** beziffert in einer Maßzahl den qualitativen und quantitativen Verlust an gesunder Lebenszeit, die einem theoretisch beschwerdefreien menschlichen Leben durch Krankheit, Behinderung oder vorzeitigen Tod „verloren" gehen (Havelaar und Melse, 2003). DALY beschreibt somit die Wahrscheinlichkeit, mit der eine Person in einem Jahr durch den Konsum von Trinkwasser eine Beeinträchtigung oder Erkrankung, z. B. durch Krankheitserreger, erleidet. Durch Ressourcenschutzmaßnahmen einerseits und durch die Leistung von Aufbereitung und Desinfektion bei belastetem Rohwasser andererseits soll dieses Schutzniveau mindestens erreicht werden. Da einfache Durchfallerkrankungen (Gastroenteritiden) als weniger gewichtig bewertet werden sollten als Erkrankungen mit hoher Letalität, ist es angemessen, Wichtungsvariablen V_W für verschiedene Infektionen anzuwenden, die, vergleichbar dem Vorgehen bei radioaktiven Stoffen, im Konsens von Fachleuten festgesetzt werden.

Auf eine Millionenstadt wie Berlin bezogen (3,5 Millionen Einwohner) besagt das von der WHO vorgeschlagene Ziel von 10^{-6} DALY pro Person und Jahr, dass das vorzeitige Versterben von jährlich 3 Personen jeweils ein Jahr vor ihrer theoretischen Lebenserwartung durch den Genuss von Wasser aus der Leitung akzeptabel ist oder, weniger dramatisch ausgedrückt, dass eine Gastroenteritis ($V_W = 10$) von 3.650 Menschen bei einer Krankheitsdauer von je 3 Tagen hingenommen wird.

Wenn auch epidemiologische Daten mit dieser Genauigkeit nicht verfügbar sind, darf aufgrund der Erfahrungen mit gut geschütztem Wasser vermutet werden, dass das **tatsächliche Risiko** geringer ist. In dieser Vermutung sind Risiken einer insuffizienten Gebäudeinstallation, die (**Legionellen**-Problematik, s. Kap. 4.3.4) und Kurzschlüsse zwischen Nichttrinkwasser (Hausbrunnen, Regenwasseranlagen) und Trinkwasser nicht mit einbezogen. Das hiermit verbundene Risiko, ausgedrückt als DALY, ist um ein Vielfaches höher, allerdings auf den Bereich der Kontamination begrenzt.

Eine Risikoabschätzung, z. B. über das DALY-Konzept, stellt eine zusätzliche Ebene der **Risiko-Kommunikation** für Krankheitserreger dar, die durch eine Endproduktkontrolle nicht erfasst werden können, insbesondere wenn die erforderlichen Maßnahmen zum Schutz der Trinkwasserressourcen, Wassergewinnung, Aufbereitung oder Verteilung nur unvollständig umsetzbar erscheinen. Für die Abschätzung des tatsächlichen Risikos werden Informationen zur minimalen Infektionsdosis, zur Konzentration der Krankheitserreger im Rohwasser und zur Effektivität der einzelnen Aufbereitungsstufen benötigt (s. Kap. 4.6).

> **Merke:** Ziel für ein akzeptabel geringes Risiko durch Krankheitserreger muss eine Wasserqualität sein, die derjenigen eines nährstoffarmen Wassers aus dem natürlichen Wasserkreislauf, das in keiner Weise durch Menschen oder Tierhaltung oder Wildtiere beeinflusst wurde, entspricht.

6.4 Gesundheitliche Leitwerte und Maßnahmenwerte

Aus der duldbaren Körperdosis TDI in mg/(kg · d) kann die Konzentration in mg/L eines Stoffes im Trinkwasser als lebenslang gesundheitlich duldbare Höchstkonzentration **abgeleitet** werden (Dieter und Henseling, 2003). Sie wird als gesundheitlicher Leitwert LW (mg/L) bezeichnet (s. Tab. 6.1). Berücksichtigt werden muss das Körpergewicht ($V_M = 70$ kg) und die Trinkwasseraufnahme ($V_{TW} = 2$ L/d):

$$LW = TDI \cdot (V_M/V_{TW}) \tag{6.3}$$

Je nach Zielorgan der Belastung (Haut, Magen, Leber) sind weitere Variablen erforderlich, wie z. B. Allokations-, Expositions-, Resorptionsvariablen und der tägliche Wasserkontakt beim Schwimmen, um den stoffspezifischen LW abzuleiten.

Für **nicht bewertbare toxische Stoffe**, insbesondere solche, für die noch kein TDI ableitbar ist, gilt bis zur toxikologischen Bewertung ein Leitwert für Trinkwasser von 0,0001 mg/L als akzeptabel.

Werden Grenzwerte überschritten, die in Rechtsnormen festgesetzt sind (s. u.), so ist über Maßnahmen und über die Dauer der Abweichungen zu entscheiden, bis die Anforderungen wieder eingehalten werden. Die TrinkwV erlaubt, dass diese Maßnah-

Tab. 6.1 Beispiele für gesundheitliche Leitwerte (LW), Grenzwerte und Faktor IF für Maßnahmenwerte (MW) für Stoffe **mit** Wirkungsschwelle (nach Dieter und Henseling, 2003).

Stoff im Trinkwasser	Leitwert (mg/L)	Grenzwert (mg/L)	Faktor IF für Maßnahmen bis 10 Jahre
Arsen	0,01	0,01	3,4 (bis zum Einbau einer Aufbereitung)
Blei	0,01 für Säuglinge 0,025 für Erwachsene	0,01	1 für Säuglinge, 3,4 für Erwachsene (bis zum Ausbau alter Leitungen)
Fluorid	0,2	1,5	1
Kupfer	2	2	1
Mangan	0,2	0,05	4
Nitrat	50 für Säuglinge[*] 13 für Erwachsene	50 50	1 für abgepacktes Wasser bei mehr als 50 mg/L 10 (bis 130 mg/L während der Sanierung)
Quecksilber	0,001	0,001	9
Trihalogenmethane (THM)	0,2	0,05 (Summenregel)	–
Pestizide (PBSM)	0,0100 Stoffgruppe C 0,001 Stoffgruppe A	0,0001	100 10

[*] Der Wert für Säuglinge bezieht sich auf die Gefährdung durch Methämoglobinämie (Blausucht), während der Leitwert für Erwachsene die Gefährdung durch Nitrosamine mit einbezieht.

Tab. 6.2: Beispiele für gesundheitliche Leitwerte (LW), Grenzwerte und Faktor IF für Maßnahmenwerte (MW) für Stoffe **ohne** Wirkungsschwelle (Dieter und Henseling, 2003).

Stoff im Trinkwasser	Leitwert (mg/L)	Grenzwert (mg/L)	Faktor IF für Maßnahmen bis 3 Jahre	Faktor IF für Maßnahmen bis 10 Jahre
Bromat	0,010	0,010	17	6
1,2-Dichlorethan	0,003	0,003	17	6
Epichlorhydrin	0,0004	0,0001	17	6
Vinylchlorid	0,0005	0,0005	17	6

men bis zu drei Jahre und unter besonderen Umständen weitere drei und ein drittes Mal drei Jahre, also insgesamt neun Jahre, in Anspruch nehmen können. Entsprechend sind gesundheitlich duldbare Höchstkonzentrationen für kürzere Expositionen abzuleiten, um bewerten zu können, ob die Risiken während der **Grenzwertüberschreitung** akzeptabel sind. Diese für die Dauer der Maßnahmen geltenden Höchstkonzentrationen werden **Maßnahmenwerte** (MW) genannt. Grundsätzlich ist MW > LW und zwar um einen Interpolationsfaktor IF, der Gegenstand toxikologischer Forschung ist. Dementsprechend wird nicht der MW angegeben, sondern der Faktor IF, um den der MW nach heutiger Kenntnis (Dieter und Henseling, 2003) höchstens größer als LW sein kann. Auch sollte der im Einzelfall vom zuständigen Gesundheitsamt festzusetzende MW nicht den vollen Rahmen ausschöpfen, der von IF ermöglicht wird.

Die Faktoren IF (s. Tab. 6.1 und 6.2) zur Berechnung der gesundheitlich duldbaren Höchstkonzentrationen (MW) während der Maßnahmen bei Grenzwertüberschreitungen sind für toxische Stoffe ohne Wirkungsschwelle alle gleich, jedoch für Stoffe mit Wirkungsschwelle höchst unterschiedlich. Maßgeblich sind im Einzelfall aktuelle MW, die von der Trinkwasserkommission des Umweltbundesamtes festgesetzt werden.

> **Merke:** Leitwerte (LW) sind gesundheitlich akzeptable Höchstkonzentrationen in Wasser, bei deren Berechnung der TDI (tolerable daily intake), das Körpergewicht und die tägliche Trinkwasseraufnahme einfließen. Ein Maßnahmenwert (MW) während einer Sanierung ist um einen Interpolationsfaktor größer als LW und bezieht sich auf die Dauer der Exposition während der Sanierung.

6.5 Grenzwerte und Parameterwerte

Ein Trinkwasser, das bei allen Parametern die Grenzwerte der TrinkwV nur knapp unterschreitet, z. B. für Arsen, Blei, Cadmium, Kupfer, Nitrat und Quecksilber, ist **nicht akzeptabel** im Sinne der Zielvorstellungen der TrinkwV und der DIN 2000 (s. Kap. 6.8). Das allein zeigt, dass sich die Festsetzung von Grenzwerten an der Vermeidbarkeit und nicht nur an gesundheitlichen Leitwerten orientieren muss (Dieter und Grohmann, 1995). Um in der Öffentlichkeit besser verständlich zu machen, dass es sich bei einem Grenzwert keinesfalls um einen Gefahrenwert handelt, bevorzugt die Trinkwasserrichtlinie der EU den neutralen Begriff **„Parameterwert"**.

Wie weit Risikoabschätzungen zur **Festsetzung von Grenzwerten (Parameterwerten)** herangezogen werden müssen, ist von Parameter zu Parameter zu prüfen. Maßgeblich ist:

- Für **geogene** Stoffe:
  Der gesundheitliche Leitwert (LW), aber auch die Leistungsfähigkeit der Aufbereitung nach dem Stand der Technik (z. B. Arsen, Uran).
- Für **anthropogene** Stoffe:
  Ein Vorsorgewert möglichst weit unterhalb des LW (z. B. Pestizide).
- Für den Sonderfall **Nitrat**:
  Ein Wert, der dem LW entspricht, weil die Nitratbelastung vieler Rohwasser noch nicht durch flächendeckenden Grundwasserschutz entscheidend verringert werden konnte und weil eine Aufbereitung im Wasserwerk zu vermeiden ist.
- Für den Sonderfall **Fluorid**:
  Ein Wirkungswert weit oberhalb vom LW, um eine Trinkwasserfluoridierung zu ermöglichen, die aber nicht mehr angewendet wird, weil eine Fluorid Applikation auf anderen Wegen (Zahnpasta, Salz) als über das Trinkwasser effektiver ist und die Umwelt nicht belastet.
- Für **Korrosionsprodukte**:
  Ein Wert, der dem LW entspricht, aber auch die Verfügbarkeit der Materialen und die Kosten der Erneuerung von Leitungen (z. B. einerseits Kupfer und andererseits die langwierige Absenkung des Grenzwertes für Blei an den LW für Blei) berücksichtigt.
- Für **Krankheitserreger**:
  Indikatoren der Abwasserbelastung zur Sicherung eines wirkungsvollen multiplen Barrierensystems.
- Für **Hausinstallationen**:
  Die Regeln der Technik zur Vermeidung eines Infektionsrisikos durch Legionellen und zur Auswahl geeigneter Materialien.
- Für **Badegewässer**:
  Indikatoren zur Minderung der Abwasserbelastung und des Nährstoffeintrags (entweder Sichttiefe und Phosphat bei Naturbädern oder Badegewässerprofile oder beides, s. Kap. 6.10).
- Für Pestizide und Biozide:
  Die aaRdT unter Beachtung des Vermeidungsprinzips. Ein Wert unter 0,1 µg/L gilt als unbedenklich.
- Für **Arzneimittel**:
  Die Vermeidbarkeit einer Belastung der aquatischen Umwelt, insbesondere wenn biologisch nicht abbaubare Arzneimittel im Einzelfall bei Dauerexposition toxisch oder gar kanzerogen wirken. Dabei können wegen des Vorrangs der medizinischen Indikation grundsätzlich keine Grenzwerte festgesetzt, wohl aber gesundheitliche Leitwerte abgeleitet werden. Ein Wert unter 0,1 µg/L gilt als unbedenklich.

Die **Definition eines Grenzwertes** (UBA, 1996) ist wie folgt: Ein Grenzwert ist ein Zahlenwert für einen Parameter in einer Rechtsnorm, die der Umsetzung von mit diesem Parameter verbundenen Zielen bzw. rechtlichen Motiven dient. Aus dem Vergleich mit Messwerten für den Parameter in dem Medium, auf das sich die Rechtsnorm bezieht, ergeben sich auf der Grundlage einer definierten Probenahme- und Analyseprozedur, unter Berücksichtigung eines zulässigen Fehlers des Messwertes, Anweisungen für den Vollzug der Rechtsnorm.

Der **zulässige Fehler** ist mithin Bestandteil des Grenzwertes. Erst mit diesem zusammen ist der Vollzug der Rechtsnorm möglich. Das zeigt folgendes Beispiel: Die Strafbarkeit einer dauernden Grenzwertüberschreitung für bestimmte Parameter der TrinkwV wäre erst gegeben, wenn der Messwert um den zulässigen Fehler, der sich aus der geforderten Präzision und Richtigkeit der Methode ergibt, höher als der Grenzwert ist (Messwert plus zulässiger Fehler). Um Klarheit zu schaffen, kann in der Rechtsnorm bestimmt werden: „Werte, die einzuhalten sind, berücksichtigen die Messunsicherheiten der Analyse- und Probennahmeverfahren" (z. B. in § 3 Abs. 2, Änderung TrinkwV 2011 oder in § 6 Abs. 2 Satz 2 AbwV 2004).

Wenn allerdings, wie es die TrinkwV vorsieht, bereits dann eine Meldepflicht besteht, wenn der Grenzwert überschritten werden kann, ist zu berücksichtigen, dass dieser Tatbestand vorliegt, wenn der Messwert sich dem Grenzwert nähert (Messwert höher als Grenzwert minus zulässigem Fehler).

6.6 Akteure und Bestandteile des Ordnungsrahmens

Die Komplexität der Wassernutzung erfordert einen ganzheitlichen Systemansatz des Ordnungsrahmens und damit ein Verständnis der Akteure für alle ihre Bereiche. Ermöglicht wird dies mit einer aus der Ökonomie übernommenen Struktur (Breithaupt et al., 1998) von drei Ebenen, denen die Akteure des Ordnungsrahmens zuzuordnen sind:

- Die **Makroebene** ist der Bereich der EU, der nationalen Regierungen, Regionalverwaltungen und Kommunen, sowie die Plattform zur Unterstützung der Regierung und des Parlaments bei der Erarbeitung und Implementierung von Programmen zur nachhaltigen Wassernutzung.
- Die **Mesoebene** ist der Bereich der Verbände, Kammern, Forschungseinrichtungen, Universitätsinstitute etc..
- Die **Mikroebene** ist der Bereich des Vollzugs und der Implementierung der Maßnahmen in Konzernen, Unternehmen, Betrieben und Haushalten.

Bestandteile des Ordnungsrahmens sind:

- **Rechtsnormen und Richtlinien der EU**, die von der Mesoebene vorbereitet und auf der Makroebene erlassen werden.
- **Empfehlungen von Bundesbehörden**, die durch autorisierte Kommissionen (z. B. Trinkwasserkommission des Umweltbundesamtes) auf der Mesoebene zur Unterstützung des Vollzugs von Rechtsnormen erarbeitet werden.
- **aaRT (allgemein anerkannte Regeln der Technik)** sind technische Verfahren und Vorgehensweisen, die in der praktischen Anwendbarkeit erprobt sind und von der Mehrheit der Fachleute auf allen drei Ebenen (Makro- Meso- und Mikroebene) anerkannt werden (Konsensfindung). Hierzu gehören die DIN EN Normen (oder DIN Normen, wenn auf EU Ebene keine Norm verfügbar ist) und das Regelwerk

des DVGW sowie gleichwertige Regelungen anderer Länder. **ISO Normen** (international organization for standardization) nehmen häufig Rücksicht auf Belange weniger entwickelter Länder und können nicht als aaRT gelten, wenn EN oder DIN Normen mit höherem Schutzniveau verfügbar sind.

- **Herstellerangaben** und öffentlich zugängliche Festlegungen der Hersteller (**PAS**, engl. public available specification) auf der Mikroebene. **PAS sind keine aaRT**, auf die sich WHG und TrinkwV beziehen können. PAS sind öffentlich zugängliche technische Angaben und Festlegungen von **Herstellern** in Kooperation mit einigen wenigen Fachleuten, ohne qualifizierte Konsensfindung in allen drei Ebenen.

Erst die Vernetzung der drei genannten Ebenen ermöglicht es, einerseits bestehende Ordnungsrahmen einer ständigen Überprüfung und Anpassung an den Stand der Erkenntnisse zu unterziehen und andererseits die Praktikabilität und den Vollzug zu sichern.

Ziel dieses ganzheitlichen Ansatzes ist es, die Bewertung der Effizienz nicht allein nach monetären Kriterien durchzuführen, sondern mit natur- und sozialwissenschaftlichen Methoden Ziele zu formulieren und **Indikatoren** zu entwickeln (s. Kap. 6.11), mit deren Hilfe sich beurteilen lässt, ob der bestehende Ordnungsrahmen adäquat zu den Zielen ist oder nachgebessert oder verändert werden muss.

6.7 Wasserhaushalt

Beim Wasserrecht standen zunächst die Nutzung der Wasserkraft und die Bewässerung im Vordergrund. Allmählich wurde die Bewirtschaftung des in der Natur vorhandenen Wassers nach Menge und Güte einbezogen und schließlich größeres Gewicht auf den Schutz des Umweltmediums Wasser als einer der natürlichen Grundlagen menschlichen Lebens gelegt.

In Deutschland wird dies im **Wasserhaushaltsgesetz** (WHG) geregelt, welches einerseits die Befugnis des Bundes widerspiegelt und andererseits der Umsetzung der Europäischen Richtlinie (Richtlinie 2000/60/EG, zuletzt geändert durch Richtlinie 2008/105/EG, **Wasserrahmenrichtlinie** WRRL) in nationales Recht dient. Diese Umsetzung ist mit den 24 Artikeln des Gesetzes zur Neuregelung des Wasserrechts vom 31. Juli 2009 (BGBl 2009, I Nr. 51, S. 2585) erfolgt. Zuvor musste das Grundgesetz dahingehend geändert werden (Artikel 74, Abs. 1, Nr. 32 GG), dass der Bund auf dem Gebiet des Wasserrechts nicht nur Rahmen-, sondern Vollregelungen erlassen darf, wovon er mit der notwendigen Zustimmung des Bundesrates Gebrauch gemacht hat. Soweit im Rahmen der Subsidiarität angemessen, haben die Länder die Möglichkeit, ergänzende Verordnungen zu erlassen, z. B. zur Festsetzung von Wasserschutzgebieten.

Artikel 1 des Gesetzes zur Neuregelung des Wasserrechts enthält die 106 Paragraphen des neuen WHG 2009, das am 1. März 2010 in Kraft getreten ist. Damit sind aber nicht nur die WRRL, sondern auch die Richtlinien 1980/68/EWG und 2006/11/EG über die Ableitung gefährlicher Stoffe in Gewässer, die Richtlinie 2006/118/EG zum Schutz des Grundwassers, die Richtlinie 1992/171/EWG (geändert durch die Verordnung EG 1137/2008) über die Behandlung von kommunalem Abwasser, die Richtlinie 2004/35/EG (geändert durch 2006/21/EG) über Umwelthaftung und Sanierung von Umweltschäden und schließlich die Richtlinie 2007/60/EG über das Management von Hochwasserrisiken in deutsches Recht umgesetzt worden. Der bis dato vorherrschende Flickenteppich an Vorschriften wurde beseitigt und ein übersichtlicher Ordnungsrahmen des Wasserrechts geschaffen. Das **WHG 2009** umfasst Regelungen zu folgenden Themen:

- Bewirtschaftung der Gewässer
- Wasserversorgung
- Abwasserbeseitigung
- Umgang mit Wasser gefährdenden Stoffen
- Gewässerausbau nebst Damm-, Deich- und Küstenschutzbauten
- Hochwasserschutz
- wasserwirtschaftliche Planungen und Dokumentation nebst Vorgabe von Fristen.

Es enthält Regelungen zu Gewässerschutzbeauftragten, Haftung und Sanierung von Gewässerschäden, Duldung, Entschädigung sowie Gewässeraufsicht. Das WHG 2009 sollte Teil eines Umweltgesetzbuches werden, was aber noch nicht realisiert werden konnte und möglicherweise am Föderalismus in Deutschland scheitert.

Als **Ziel und Motiv** des WHG 2009 ist in § 1 der Schutz der Gewässer definiert:

- als Bestandteil des Naturhaushalts,
- als Lebensgrundlage des Menschen,
- als Lebensraum für Tiere und Pflanzen und
- als nutzbares Gut.

Ziel ist auch ein **guter ökologischer Zustand** aller Gewässer, der durch Maßnahmenprogramme erreicht werden soll. Die Bestimmung des § 4 Abs. 2 WHG, dass fließende oberirdische Gewässer und Grundwasser **nicht eigentumsfähig** sind, entspricht dem Menschenrecht auf Wasser (s. Kap. 6.2), wie auch die Regelung der Daseinsvorsorge der Wasserversorgung (s. u.).

Erlaubnis und Bewilligung

Zusätzlich zum Wasserrecht sind noch die §§ 324–330 StGB, **Straftaten gegen die Umwelt,** heranzuziehen. Hierdurch werden **unbefugte Verunreinigungen** der Gewässer oder nachteilige Veränderungen ihrer Eigenschaften bei Strafe verboten.

Folgerichtig regelt das WHG die Befugnis der Handlungen, die sonst zu einer Kollision mit dem StGB führen. Dies kann nur durch **Erlaubnis** (widerrufliche Befugnis) oder durch **Bewilligung** (Recht auf Befugnis) der Benutzungen der Gewässer erfolgen (§ 9 WHG 2009). Verfahren der Erlaubnis oder der Bewilligung werden ausführlich geregelt.

Besorgnisgrundsatz

Nicht nur die Benutzungen eines Gewässers können zu Verunreinigungen oder nachteiligen Veränderungen führen. Zu denken ist an die zahlreichen kleineren und größeren Ölunfälle durch Korrosion einwandiger Tanks oder Pipelines, Überfüllungen ohne Sicherheitseinrichtungen sowie Transportunfälle.

Um regelnd einzugreifen, müssen zeitgemäße technische Anforderungen durchgesetzt werden. Dies gelingt mit Hinweis auf die **aaRT** (z. B. DIN EN oder DVGW Regeln, s. Kap. 6.6), die eingefordert werden müssen, wenn eine Gefährdung der Gewässer zu besorgen ist (im Sinne von zu befürchten). Der **Besorgnisgrundsatz** ist dem **Vermeidungs-** und dem **Vorsorgeprinzip** geschuldet. Der Besorgnisgrundsatz findet auch Anwendung, um den Rahmen für Erlaubnis oder Bewilligung festzulegen, um **erlaubnisfreie** Benutzungen einzugrenzen (§ 46 WHG 2009) und um Lagerungen von Stoffen an Gewässern oder das Befördern von Flüssigkeiten oder Gasen in Rohrleitungen an Gewässern auf das technisch unvermeidbare Maß zu begrenzen (wörtlich: „..., dass eine nachteilige Veränderung der Wasserbeschaffenheit nicht zu besorgen ist", §§ 32, 45, 48 WHG 2009).

Wasser gefährdende Stoffe

Die Systematik zum Umgang mit Wasser gefährdenden Stoffen hat sich seit den 1970er Jahren mit den Vorschriften zu Lagerung und Transport von Stoffen verschiedener **Wassergefährdungsklassen** entwickelt und wurde allmählich auch auf Anlagen der Produktion und Lagerung ausgedehnt (Lühr, 2001). Die aus heutiger Sicht notwendigen Regelungen sind nunmehr in §§ 62 und 63 WHG 2009 enthalten. Allerdings ist die Änderung des **Stellenwertes der aaRT** gemäß § 62 Abs. 2 WHG 2009 auffällig:

> „Anlagen [...] **dürfen nur** entsprechend den allgemein anerkannten Regeln der Technik beschaffen sein [...]".

Üblich in Rechtsnormen ist lediglich die Vermutung, dass die Zielvorstellungen der Rechtsnorm erreicht werden, wenn die aaRT eingehalten sind. Kritisch wird es, wenn die Zielvorstellungen im Umgang mit Wasser gefährdenden Stoffen (§ 62 Abs. 1 WHG 2009) mit aaRT erkennbar nicht erreicht werden, oder wenn unklar ist, ob bestimmte Regelungen, wie ISO Normen oder PAS (s. Kap. 6.6), Anwendung finden sollten.

Flussgebietseinheiten

Die Gewässer sind nach Flussgebieten zu bewirtschaften (§ 7 WHG 2009). Dies entspricht den Vorgaben der WRRL 2000/60/EG und war für die Länder der Bundesrepublik Deutschland eine ungewohnte Herausforderung an Kooperationsbereitschaft über die Landesgrenzen hinweg. In Deutschland sind es 10 Flussgebiete, nämlich Donau, Rhein, Maas, Ems, Weser, Elbe, Eider, Oder, Schlei/Trave sowie Warnow/Peene. Für jede Flussgebietseinheit sind ein **Maßnahmenprogramm** und ein **Bewirtschaftungsplan** nach den Vorgaben der WRRL bzw. WHG 2009 aufzustellen, die erstmalig bis Ende 2015 und dann alle sechs Jahre zu überprüfen und gegebenenfalls zu aktualisieren sind. Die aktive Beteiligung aller interessierten Stellen ist erwünscht. Über die Gewässer sind **Wasserbücher** zu führen. In diesem Bereich fällt die **Gütegliederung** der Gewässer nach Substratverfügbarkeit bzw. **Saprobie** (σαπρότης = Fäulnis) bei heterotrophen Organismen (s. Kap. 4.2).

Wasserversorgung

Wasserversorgung ist eine Aufgabe der Daseinsvorsorge. Dies entspricht dem Grundsatz des Menschenrechts auf Wasser (s. Kap. 6.2). Dass dies so eindeutig in § 50 Abs. 1 WHG 2009, zumindest für den Bereich der öffentlichen Wasserversorgung festgestellt wird, ist hilfreich, aber nicht zwingend. Ebenso gut hätte es auch im Muttergesetz der Trinkwasserverordnung, § 37 Infektionsschutzgesetz (IfSG), verankert sein können. Die überwiegende Auffassung ist, dass Aufgaben der Daseinsvorsorge nach dem Subsidiaritätsprinzip Selbstverwaltungsaufgaben der Kommunen sind (Artikel 28 Abs. 2 GG). Demnach würde stets eine **Weisungsbefugnis** bei den Kommunen verbleiben, selbst dann, wenn sie die Aufgabe der Wasserversorgung an Betreiber abgeben. Das WHG beschränkt sich dem Grunde nach auf den Bereich der **Ressourcen** und verpflichtet zur ortsnahen **Wassergewinnung**. Zur Entlastung des Wasserhaushalts enthält das WHG eine Verpflichtung zum **sorgsamen Umgang mit Wasser**, der nicht allgemein gehalten wurde, sondern (zur Zeit noch, s. Kap. 1.5) nur den Bereich der Rohrnetzpflege und Empfehlungen an Endverbraucher anspricht, nicht aber z. B. die Erhöhung der Kreislaufanteile bei der Wasserversorgung, wie sie z. B. in Berlin am Tegeler See stattfindet. Erstmalig wird der Rahmen der **Wasserschutzgebiete** bereits im WHG (§ 51 WHG 2009) geregelt und nicht erst in den Wassergesetzen der Länder. Die Länder können, wenn es das Wohl der Allgemeinheit erfordert, durch Rechtsverordnungen mit Bezug auf die aaRT solche festsetzen. Dabei wäre an die technische Regel W 101 des DVGW zu denken. Damit wird der Tatsache Rechnung getragen, dass der **flächendeckende Grundwasserschutz** des WHG, der sich aus Erlaubnis und Bewilligung in Verbindung mit dem Besorgnisgrundsatz ergibt, eben nicht oder nicht immer für den Ressourcenschutz für die Trinkwassergewinnung ausreichend sein mag. Die Regelung legt den Begünstigten (Wasserversorger) Verpflichtungen zur Beobachtung der Gewässer und des Bodens auf. Die Länder erhalten dadurch zusätzliche Daten über die Beschaffenheit der Gewässer, die sie für Maßnahmenprogramme (s. o.) benötigen. Werden erhöhte Anforderungen festgesetzt, die die **ordnungsgemäße** land- oder forstwirtschaftliche Nutzung eines Grundstücks einschränken, so ist angemessener Ausgleich zu leisten (§ 52 Abs. 5 WHG). Diese Regelung sollte in Anwendung des Kooperationsprinzips zu einer Zusammenarbeit von Land- und Wasserwirtschaft genutzt werden, um **Nutzungskonflikte** zu vermeiden und gemeinsam den Begriff „ordnungsgemäß" auszufüllen.

Heilquellenschutz

§ 53 WHG 2009 ermächtigt die Landesregierung durch Rechtsverordnung Heilquellenschutzgebiete festzusetzen. Darüber hinaus wird bestimmt, dass Heilquellen auf Antrag staatlich anerkannt werden können (s. Kap. 6.9). Hiermit sind besondere Betriebs- und Überwachungspflichten verbunden. Diese Regelung lässt das **versteckte Motiv** vermuten, den Zugang der öffentlichen Hand zu Daten der Wasserbeschaffenheit zu ermöglichen, die sonst nur mit hohem Aufwand und Kosten erhoben werden könnten.

Abwasserbehandlung

Insgesamt wird durch die Regelungen §§ 54–61 WHG 2009 festgelegt (Beispiel für eine **Vollregelung** des WHG), dass die mit dem behandelten Abwasser in die Gewässer gelangenden erlaubten Stoffmengen zwar geduldet werden, aber nicht höher sein dürfen als nach den aaRT unvermeidbar. Die mit Stoffeinleitungen (Schadstoffeinheiten) verbundene Abgabe wird weiterhin in einem gesonderten **Abwasserabgabegesetz** geregelt, das durch Artikel 12 des Gesetzes zur Neuregelung des Wasserrechts 2009 (s. o.) angepasst wurde. Es besteht ein Zusammenhang zur Saprobie und der Gewässergüte (s. o. und Kap. 4.2). Die Abwasserabgabe ist eine flankierende ökonomisch wirkende Maßnahme, deren Aufkommen zweckgebunden für Verbesserung der Gewässergüte ist.

Das WHG 2009 verwendet immer noch den Terminus „**Beseitigung von Abwasser**", der nach dem Stand des Wissens überholt ist und dem Kreislaufprinzip widerspricht. Vermutlich ist dies dem Begriff „Abwasserbeseitigungspflichtige" geschuldet, der auch von § 41 IfSG verwendet wird:

> „Die Abwasserbeseitigungspflichtigen haben darauf hinzuwirken, dass Abwasser so beseitigt wird, dass Gefahren für die menschliche Gesundheit durch Krankheitserreger nicht entstehen".

Dies sind nicht nur die Kommunen selbst, wie bisher, sondern nach § 55 WHG 2099 juristische Personen des öffentlichen Rechts, die nach Landesrecht verpflichtet werden. Damit erweitert das WHG die Möglichkeiten zur gemeinsamen Organisation der Wasserversorgung und der Abwasserbehandlung, die nach dem Stand des Wissens einheitlich sein sollte, weil ohne Wasserversorgung kein Abwasser entsteht.

Es werden ausdrücklich **dezentrale Anlagen** akzeptiert. Dem Grunde nach kommt es nicht darauf an, ob Einwohner an die öffentliche Kanalisation angeschlossen sind, sondern darauf, ob die Abwasserbehandlung in zentralen oder dezentralen Anlagen mit **zertifizierter Überwachung** erfolgt. Die statistische Angabe „% der Einwohner, die an eine Kanalisation angeschlossen sind" ist demnach zu ändern in „% der Einwohner, die an eine überwachte Anlage angeschlossen sind". **Indirekteinleitungen** von Abwasser in Gewässer über öffentliche Abwasseranlagen bedürfen der Genehmigung durch die zuständige Behörde. **Niederschlagswasser** aus bebauten oder befestigten Flächen ist Abwasser im Sinne § 53 WHG 2009. Es wird geregelt, dass Niederschlagswasser ortsnah versickert wird oder de facto über **Trennkanalisation** in Gewässer eingeleitet werden soll, jedenfalls nicht über die Kläranlage. Die Behandlung von Straßenabläufen vor Einleitung in Gewässer wird nicht geregelt, obwohl der Besorgnisgrundsatz Anlass dazu gibt.

Einer Verwendung des gereinigten Wassers aus einer Abwasserbehandlungsanlage in der Landwirtschaft steht nach dem WHG 2009 nichts im Wege, insbesondere dann nicht, wenn nach § 55 die „Beseitigung von Abwasser" das Wohl der Allgemeinheit nicht beeinträchtigt. Dies wäre zweifelsohne bei Bewässerung von Anpflanzungen **nachwachsender Rohstoffe** mit gereinigtem Abwasser aus einem multiplen Barrierensystem zutreffend.

Gewässerausbau, Hochwasserschutz

Gewässer sind so auszubauen, dass natürliche Rückhalteflächen erhalten bleiben, das natürliche Abflussverhalten nicht wesentlich verändert wird sowie naturraumtypische Lebensgemeinschaften bewahrt werden (§ 67 WHG 2009). Gewässerausbau bedarf der

Planfeststellung durch die zuständige Behörde. Hierauf aufbauend werden Risikogebiete für Hochwasser ermittelt und in Risikokarten dargestellt. Es sind **Risikomanagementpläne** nach der Richtlinie 2007/60/EG für Flussgebiete und Küstengewässer bis spätestens Ende 2015 zu erstellen. Sie dienen dazu, die nachteiligen Folgen von Hochwasser zu verringern, soweit dies möglich und verhältnismäßig ist (Restrisikoprinzip). Für diese Pläne ist eine Koordination in einem Flussgebiet zwingend, damit das Risiko der Unterlieger nicht durch Maßnahmen der Oberlieger erhöht wird.

6.8 Wasser für den menschlichen Gebrauch (Trinkwasser)

Trinkwasser ist der Oberbegriff für alles Wasser für den menschlichen Gebrauch, also nicht nur das Wasser zum Trinken und für die Zubereitung von Speisen und Getränken. Zwar ist Trinkwasser das wichtigste Lebensmittel, darüber hinaus ist aber eine wesentliche Aufgabe des Trinkwassers die Abwehr von Seuchengefahren (**Seuchenprophylaxe**), wozu mindestens 20 L/d je Einwohner erforderlich sind (Menschenrecht auf Wasser, s. Kap. 6.2).

> **Merke:** Trinkwasserversorgung ist eine komplexe Aufgabe. Sie besteht aus Ressourcenschutz, Gewinnung, Aufbereitung und Verteilung mit dem Ziel, dem Endnutzer am Zapfhahn ein genusstaugliches und reines Wasser zur Verfügung zu stellen (im Sinne des § 4 TrinkwV 2001 und auch § 4 Änderung der TrinkV 2011), so dass sich niemand gezwungen sieht, abgepacktes Wasser zu erwerben. Die Anforderungen orientieren sich an der Qualität von Grundwasser, das dem natürlichen Wasserkreislauf entnommen wurde und das in keiner Weise durch Menschen, Wildtiere, Tierhaltung oder Landwirtschaft beeinträchtigt wurde (s. DIN 2000).

In einem europäischen Haushalt kann mit einer Nutzung von 100 L/d ohne Komfortverzicht gerechnet werden. Diese Menge kann kostengünstig nur über feste Leitungen zu den Zapfstellen der Endnutzer befördert werden. Die Versorgung über feste Leitungen ist damit Mittel der Wahl (**Ökonomieprinzip**).

Aus dem Ökonomieprinzip ergibt sich auch die Forderung, dass die Qualität des Trinkwassers an der Zapfstelle der Endnutzer so beschaffen sein muss, dass sich niemand gezwungen sieht, zusätzliche Mittel für **abgepacktes Wasser** oder Wasser aus Tankwagen aufzubringen. Erwerb und Verwendung von abgepacktem Wasser, Tafelwasser oder Mineralwasser muss der subjektiven Entscheidung des Einzelnen überlassen bleiben und darf sich nicht aus einer objektiv mangelhaften Qualität des Wassers aus der Leitung ergeben.

Die Ziele der Wasserversorgung können durch Anwendung der **aaRT** erreicht werden (DIN 2000). Rechtsnormen sind zusätzlich in Anwendung des Subsidiaritätsprinzips nur erforderlich

- zur Feststellung, dass es sich bei der Wasserversorgung um eine Aufgabe der **Daseinsvorsorge** im Rahmen der Selbstverwaltung der Kommunen handelt (§ 50 Abs. 1 WHG 2009),
- um die Anwendung der **aaRT** als verbindlich zu erklären (z.B. durch § 4 Änderung der TrinkwV 2011),

- um die zeitliche Duldung und die Vorgehensweise bei Abweichungen von den Anforderungen festzulegen (§ 9 TrinkwV 2001 bzw. § 10 Änderung der TrinkwV 2011),
- um die Überwachung zu regeln (TrinkwV und Akkreditierungen) und
- um einheitliche Standards in der EU zu sichern (TRL 1998/83/EG).

Die Trinkwasserrichtlinie (TRL) 1998/83/EG fordert, dass Wasser für den menschlichen Gebrauch am Zapfhahn, an dem es entnommen wird, **genusstauglich und rein** ist. Dies wird als gegeben angenommen, wenn es Mindestanforderungen entspricht. Insbesondere dürfen Messwerte nicht die festgelegten entsprechenden **Parameterwerte** überschreiten. Die Umsetzung der TRL erfolgte in Deutschland durch die TrinkwV auf Grund der Anforderungen §§ 37–39 IfSG sowie § 55 IfSG zur Angleichung an Rechtsvorschriften der Mitgliedstaaten der EU. Der Vollzug der TrinkwV wird durch die **Trinkwasserkommission** des Umweltbundesamtes beratend begleitet (§ 40 IfSG). Demnach gelten in Deutschland die Rechtsnormen:

- Für den Ressourcenschutz bis zur Wassergewinnung:
  Das WHG (WHG 2009) in Verbindung mit den Bestimmungen des StGBs, §§ 324–330 (Straftaten gegen die Umwelt) und in Verbindung mit den einschlägigen aaRT.
- Ab der Wassergewinnung bis zur Abgabe am Zapfhahn:
  Die TrinkwV mit ihren Bestimmungen zu Straftaten und Ordnungswidrigkeiten in Verbindung mit §§ 73–75 IfSG sowie den für diesen Bereich geltenden aaRT.
- Für Geräte und Anlagen, die nach dem Zapfhahn von den Endnutzern betrieben werden, z. B. Wasserfilter:
  Das Lebensmittel-, Bedarfsgegenstände- und Futtermittel-Gesetzbuch (LFGB).

Verantwortlichkeiten für das Trinkwasser
Die Trinkwasserversorgung ist eine **komplexe Aufgabe** mit den Bereichen Ressourcenschutz, Wassergewinnung, Aufbereitung und Verteilung. **Zentrale Verantwortung** zur Bewältigung dieser Aufgabe hat die Kommune (§ 28 Abs. 2 GG), weil es sich um eine Aufgabe der Daseinsvorsorge handelt (§ 50 WHG 2009). Die Kommune beauftragt ein Wasserversorgungsunternehmen (WVU) mit der Wahrnehmung der Aufgabe, behält aber die Weisungsbefugnis zu grundsätzlichen Fragen, wie z. B. Wahl der Gewinnungsgebiete oder Aufwendungen für die Pflege des Rohrnetzes. Das WVU hat im Versorgungsgebiet ein **natürliches Monopol**, weil es die Verantwortung für die Wasserqualität hat und Trinkwasser in einem Leitungssystem einheitliche Zusammensetzung haben muss. Daher gibt es einen Wettbewerb um den Markt aber **keinen Wettbewerb im Markt**.

Ressourcenschutz ist Aufgabe der Wasserbehörden, doch wird im Bereich von ausgewiesenen Wasserschutzgebieten nach § 51 WHG 2009 das WVU in die Verantwortung mit einbezogen. Durch **Kooperation** mit den Verursachern, insbesondere mit der Landwirtschaft, verschafft sich das WVU einen Überblick über Kontaminationsquellen (**Kontamination-Kataster**) und wirkt auf eine Verminderung der Kontamination hin (Vermeidungs- und Kooperationsprinzip). Die Regelungen des § 10 der Änderung TrinkwV 2011 werden genutzt, um auch bei langfristigen Kontaminationen, z. B. durch Nitrat, auf eine Vermeidung der Beeinträchtigung der Gewässer hinzuwirken und so eine Aufbereitung im Wasserwerk zur Unterschreitung von Grenzwerten (z. B. 50 mg/L für NO_3^-) abzuwehren.

Die Auswahl der **Gewinnungsgebiete** (Grundwasser, Uferfiltrat aus Oberflächen-wasser, Trinkwassertalsperren) ist eine gemeinschaftliche Aufgabe von Wasserbehör-den, Kommunen und WVU.

Die **Aufbereitung** fällt in die ausschließliche Verantwortung des WVU, das hier-zu die aaRT, beginnend mit DIN 2000, und nur Stoffe und Verfahren gemäß der Liste des Umweltbundesamtes nach § 11 Änderung TrinkwV 2011 anwendet.

Die **Verteilung** des Trinkwassers über Rohrleitungen und Speicher ist der kost-spieligste Bereich der Wasserversorgung (etwa 70 % der Gesamtkosten). Die Verant-wortlichkeiten sind dreigeteilt:

- Von der Gewinnung bis zur **Abgabe an Abnehmer** ist das WVU verantwortlich. Es sorgt durch Wahl geeigneter Werkstoffe und Pflege der Rohrnetze dafür, dass das Trinkwasser unverfälscht die Abnehmer erreicht. Sicherheitseinrichtungen schützen das Leitungsnetz vor Kontaminationen aus den Rohrnetzen der Abnehmer.
- **Abnehmer** von Trinkwasser vom WVU, die Verantwortung für Trinkwasser in ihrem Bereich tragen, sind Haus- und Wohnungseigentümer als Inhaber von Haus-installationen, Betreiber von Verteilungsnetzen auf Wochenmärkten oder Cam-pinganlagen sowie Betreiber von Befüllungsanlagen für Schiffe, Eisenbahnwagen oder Flugzeuge (DIN 2001 Teil 2).
- Für die verbleibenden Meter von einem Wasserzähler mit Rückflusssicherung bis zum Zapfhahn sind die **Inhaber** dieser Anlagen verantwortlich, z. B. Wohnungs-eigentum, Verkaufsstände, Campingwagen, Eisenbahnwagen, Flugzeuge (in einem Miethaus entfällt der dritte Bereich).

Die **Überwachung und Kontrolle** dieses komplexen Systems, auf das sich das Ver-trauen der Endnutzer stützt, wird zweistufig gesichert:

- Eigenkontrolle durch das WVU mit akkreditierten Laboratorien (§§ 14, 15 Ände-rung TrinkwV 2011 und Akkreditierungsgesetz vom 31.07.2009) und
- Überwachung durch das Gesundheitsamt (§§ 18–20 Änderung TrinkwV 2011), bei Gefahr jederzeit, weswegen die Unverletzlichkeit der Wohnung (Art. 13 Abs. 1 GG) insoweit eingeschränkt wird (§ 37 Abs. 3 IfSG).

6.9 Mineral-, Quell- und Tafelwasser, Heilwasser

Mineral-, Quell- und Tafelwasser sind Lebensmittel. Daher wird der Ordnungsrah-men durch das Lebensmittel- und Futtermittel-Gesetzbuch (LFGB 2005) bestimmt. Maßgeblich ist die Mineral- und Tafelwasser-Verordnung (Min/TafelWV 2006), die Herstellen, Behandeln und Inverkehrbringen von **natürlichem Mineralwasser** (2. Ab-schnitt der Min/TafelWV) sowie von Quell- und Tafelwasser (3. Abschnitt der Min/TafelWV) regelt. In Mineralwasser dürfen nur natürlich vorkommende Bestandteile enthalten sein. Für einige chemische Parameter sind Höchstgehalte angegeben, darun-ter für **Nitrat** 50 mg/L NO_3^-. Ein solch hoher Wert lässt immer eine Beeinträchtigung des Gewässers durch die Landwirtschaft vermuten. Der Parameterwert hat hier die Funktion, dennoch die Abfüllung des betroffenen Wassers unter der Bezeichnung

„natürliches Mineralwasser" zu ermöglichen, wenn die Beeinträchtigung nicht offensichtlich ist, sondern nur vermutet wird. Von Bedeutung ist auch der Zusatz „für die Zubereitung von **Säuglingsnahrung** geeignet", der nur erlaubt ist, wenn der Nitratgehalt 10 mg/L NO_3^- nicht überschreitet. Hintergrund sind nicht gesundheitliche Überlegungen (s. Tab. 6.1), sondern die oben erwähnte Vermutung der Beeinträchtigung eines natürlich vorkommenden Mineralwassers mit höherem **Nitratgehalt**.

Heilwässer sind Arzneimittel, insofern ist das Arzneimittelgesetz (AMG 2005) zu beachten. Die Min/TafelWV und die TrinkwV klammern Heilwässer aus. Neben dem AMG sind die Qualitätsstandards für Heilbrunnen (Deutscher Heilbäderverband e.V., 2005) als aaRT maßgeblich und für die Anerkennung als Heilquelle die Kurortgesetze der Länder, die sich allerdings auf das jeweilige Landeswassergesetz beziehen. Obwohl der Ordnungsrahmen etwas unübersichtlich erscheint, ist es doch folgerichtig, im WHG den Quellenschutz als Teil des Grundwasserschutzes aufzunehmen (s. Kap. 6.7).

6.10 Badewasser und Badegewässer

Schwimmen und Baden sind mit einem Infektionsrisiko verbunden, das umso größer ist, je mehr Menschen sich in einem Becken, einem Naturbad oder einem Gewässer aufhalten (Tiefenbrunner, 2002). Je geringer das Volumen ist, das jedem Badenden zur Verfügung steht, desto höher muss der technische Aufwand sein, um das Infektionsrisiko gering zu halten. Deswegen können Schwimm- und Badebecken nur mit Aufbereitung und Desinfektion betrieben werden, während bei Gewässern durch Maßnahmen des Umweltschutzes eine für die Badenden akzeptierbare Gewässergüte geschaffen werden muss. Naturbäder nehmen eine Zwischenstellung ein. Bei solchen naturnahen technischen Einrichtungen wird auf Desinfektion verzichtet und versucht, mit naturnahen Methoden die Belastungen durch die Badenden abzufangen. Entsprechend diesen Unterschieden bei Anforderungen und Aufwand ergeben sich Unterschiede für den Ordnungsrahmen.

Badegewässer

Für Badegewässer reichen die Bestimmungen des WHG 2009 allein nicht aus. Lädt ein Gewässer zum Baden ein, dann ist offensichtlich ein guter ökologischer Zustand erreicht, entsprechend den Zielvorgaben des WHG, doch können geringe Abwassereinleitungen zu einer drastischen Verschlechterung der hygienischen Qualität (s. Kap. 4.2) führen. Der Strand und das Gewässer werden durch die Badenden selbst mehr oder weniger stark belastet. Auch kann es immer wieder zu Badeunfällen kommen, was eine Organisation von Hilfsleistungen, abhängig vom Umfang der Inanspruchnahme von Strand und Gewässer, erforderlich macht. Zur Harmonisierung der höchst unterschiedlichen Anforderungen in der EU wurde als Ordnungsrahmen bereits 1976 eine Badegewässer-Richtlinie verabschiedet. In die neuere Richtlinie (2006/7/ EG), die in Deutschland seit 2008 angewendet wird, wurden Überwachungsparameter aufgenommen, bei denen durch epidemiologische Studien eine direkte Korrelation zur Gesundheit der Badenden nachgewiesen wurde, nämlich insbesondere die Parameter intestinale Enterokokken und *Escherichia coli*. Alle anderen Parameter, die eher den ökologischen Zustand beschreiben, wie pH, Nitrat- und Sauerstoffgehalt wurden mit Hinblick auf die WRRL nicht aufgenommen. Auch die Parameterwerte „Sichttiefe" und „Phosphat", die als **Indikatoren** in der alten Richtlinie 76/160/EWG von großer Bedeutung waren, sind nicht übernommen worden, obwohl insbesondere die Sichttiefe ein öffentlichkeitswirksamer Parameter ist.

Bis Ende 2015 müssen alle Badegewässer in der EU zumindest die Qualität „ausreichend" erreichen. Die Einstufung des Zustands der Badegewässer erfolgt mit „ausgezeichnet", „gut", „ausreichend" und „mangelhaft" nach einem vorgegebenen Bewertungsschema (Anhang II der Richtlinie) anhand von Datensätzen mit 95 % bzw. 90 % Perzentil der mikrobiologischen Indikatoren intestinale Enterokokken und *Escherichia coli* (s. Kap. 4.3.6). Von ebenso großer Bedeutung ist die Verpflichtung, **Badegewässerprofile** zu erstellen. Es wird auf die WRRL (2000/60/EG, in Deutschland WHG) Bezug genommen und eine Ermittlung und Bewertung aller **Verschmutzungsursachen**, die das Badegewässer und die Gesundheit der Badenden beeinträchtigen könnten, verlangt. Zu bewerten sind die Gefahr der Massenentwicklung von Cyanobakterien (s. Kap. 4.3.8), Makroalgen und Phytoplankton, sonstige Verschmutzungsursachen sowie Bewirtschaftungsmaßnahmen und ein Zeitplan zur Beseitigung von Verschmutzungen. Die Profile sind alle zwei Jahre zu erstellen. Dieser Zeitraum verlängert sich auf vier Jahre, wenn der Zustand „ausgezeichnet" erreicht wurde. Mit der neuen Badegewässer-Richtlinie wird die Endpunktkontrolle reduziert und ein aktives Management der Qualität der Badegewässer gefördert. Die Richtlinie verpflichtet zu einer umfassenden Information der Öffentlichkeit sowie zu einer Beteiligung der Öffentlichkeit bei der Erstellung der Liste der Badegewässer.

Naturbäder und Kleinbadeteiche

Künstlich angelegte abgegrenzte Gewässer, die von den Oberflächengewässern und dem Grundwasser getrennt sind, werden von der Badegewässer-Richtlinie 2006/7/EG nicht erfasst und zählen auch nicht zu den Beckenbädern mit Aufbereitung und Desinfektion (s. u.). Durch das im Vergleich zu einem Badesee geringe Wasservolumen mit oft hohem Besucherandrang an Schönwettertagen der Badesaison, besteht die Möglichkeit einer raschen Verschlechterung der hygienischen Qualität des Badewassers, dem die Kapazität der Regenerationsbereiche nicht immer gewachsen ist (Tiefenbrunner, 2002). Da keine Desinfektionskapazität im Badewasser vorgesehen ist, muss bei Naturbädern und Kleinbadeteichen ein wesentlich größeres Wasservolumen je Badegast als bei Beckenbädern vorgehalten werden. Badebenutzer müssen durch Warnhinweise über das erhöhte Infektionsrisiko bei hohem Besucherandrang aufgeklärt werden.

Der Ordnungsrahmen wird von der Empfehlung „Hygienische Anforderungen an Kleinbadeteiche (künstliche Schwimm- und Badeteichanlagen" (UBA, 2003) und Erfahrungen von Fachleuten und Hinweise von Fachvereinigungen (z. B. Deutsche Gesellschaft für naturnahe Badegewässer e.V.) gebildet. Auch kann die Richtlinie 2006/7/EG hilfsweise herangezogen werden, doch müssen die Parameterwerte der **Indikatorkeime** strenger sein als in der Richtlinie angegeben, da mehr Krankheitserreger durch die Badenden eingetragen werden, als aus den Werten für Indikatoren geschlossen werden kann. Als mikrobiologische Überwachungsparameter werden *Escherichia coli* (<100 Keime pro 100 mL), intestinale Enterokokken (<50 Keime pro 100 mL) sowie *Pseu-*

domonas aeruginosa (< 10 Keime pro 100 mL) vorgeschlagen. Wichtige **Indikatoren** zur Kontrolle der Massenentwicklung von Algen und Cyanobakterien sind eine Sichttiefe von mehr als 2 m und ein Gesamtphosphor (Gesamt-P) unter 10 µg/L. Es ist eine Trennung von Regenerations- und Badebereich, ein möglichst hoher Flächenanteil des Regenerationsbereichs und eine gute Durchströmung des Badebereichs erforderlich. Keineswegs ist der Aufwand für Naturbäder kleiner als für Badebecken, wenn Überwachung der Gesamtanlage und die Pflegemaßnahmen insbesondere für den Regenerationsbereich bedacht werden (Tiefenbrunner, 2002).

Beckenbäder

Von der Ermächtigung des § 38 IfSG, für Schwimm- und Badebeckenwasser eine Verordnung vergleichbar der TrinkwV zu erlassen, wurde bisher kein Gebrauch gemacht. Offensichtlich besteht ein hohes Vertrauen in die Regeln der Technik für diesen Bereich, dass folgende Anforderungen des § 37 IfSG erfüllt werden:

> Schwimm- oder Badebeckenwasser in Gewerbebetrieben, öffentlichen Bädern sowie in sonstigen nicht ausschließlich privat genutzten Einrichtungen muss so beschaffen sein, dass durch seinen Gebrauch eine Schädigung der menschlichen Gesundheit, insbesondere durch Krankheitserreger, nicht zu besorgen ist.

Solange die Verordnung fehlt, hat die Empfehlung „Hygieneanforderungen an Bäder und deren Überwachung" (UBA, 2006), die die Badewasserkommission des Umweltbundesamtes (UBA) aufgrund der Ermächtigung des § 40 IfSG erarbeitet und veröffentlicht hat, große Bedeutung. Sie regelt nicht nur den Wasserbereich, sondern auch die gesamte Hygiene in Schwimmhallen sowie die Überwachung. Auch ohne Rechtsverordnung ist die Überwachung durch das Gesundheitsamt gesichert und die Unverletzlichkeit der Wohnung (Art. 13 Abs. 1 GG) insoweit eingeschränkt (§ 37 Abs. 3 IfSG).

Auch hat die maßgebliche Norm DIN 19643, Aufbereitung von Schwimm- und Badebeckenwasser, einen hohen Stellenwert im Ordnungsrahmen. Außer der Aufbereitung regelt sie auch die Durchströmung der Becken, die vertikal erfolgen soll, um die durch die Badegäste verursachten Belastungen über die Umlaufrinne zeitnah der Aufbereitungsanlage zuzuführen. In einem gut geführten Bad nach DIN 19643 wird im Beckenwasser eine hohe **Redoxspannung** (s. Kap. 5.4.12) bereits mit wenig Chlor erreicht.

6.11 Bewertung der Wassernutzung und der Effizienz des Ordnungsrahmens

6.11.1 Methoden der Bewertung

Oft lassen sich Fortschritte in einem Teilgebiet des Ordnungsrahmens nur durch Abstriche innerhalb eines anderen Teilgebiets erreichen (z. B. die verbindliche Einführung der vierten Reinigungsstufe im Klärwerk vermindert die Belastung der Gewässer durch weniger Emissionen, führt aber zu höherem Energieaufwand und höheren Kosten). Für eine Abwägung der Vor- und Nachteile bestimmter Maßnahmen in der Wasserwirtschaft sind daher Bewertungsmethoden entwickelt worden, mit denen sich Auswirkungen eines Ordnungsrahmens darstellen lassen, um so die Entscheidungsfindung in Politik, Wirtschaft und Kommunen zu unterstützen. Hierzu gehören die **Indikatormethodik**, das **Benchmarking** und die **Ökobilanz** (Life Cycle Assessment, die im Folgenden erläutert werden.

6.11.2 Indikatoren

Aus den in Kapitel 6.2 genannten Prinzipien lassen sich bestimmte Zielsetzungen für eine nachhaltige Wassernutzung formulieren. Prinzipien können aber auch anders als in Kapitel 6.2 definiert werden (s. Tab. 6.3). In jedem Fall haben sie die Aufgabe, Brücken der Verständigung im Hinblick auf ein gemeinsames Ziel zu bilden (Grohmann, 2005).

Die Zusammenfassung aller der in Kapitel 6.2 und Tabelle 6.3 genannten Ziele wird auch als „Integriertes Wasser Ressourcen Management" (**IWRM**) bezeichnet (s. Kap. 1.5).

Tab. 6.3 Auswahl von Prinzipien (abweichend von Kapitel 6.2) einer nachhaltigen Wasserwirtschaft (Kahlenborn und Kraemer 1998).

Regionalitätsprinzip	Die regionalen Ressourcen und Lebensräume sind zu schützen, räumliche Umweltexternalitäten zu vermeiden.
Integrationsprinzip	Wasser ist als Einheit und in seinem Nexus mit den anderen Umweltmedien zu bewirtschaften. Wasserwirtschaftliche Belange müssen in die anderen Fachpolitiken integriert werden.
Verursacherprinzip	Die Kosten von Verschmutzung und Ressourcennutzung sind dem Verursacher anzulasten.
Kooperations- und Partizipationsprinzip	Bei wasserwirtschaftlichen Entscheidungen müssen alle Interessen adäquat berücksichtigt werden. Die Möglichkeiten zur Selbstorganisation und zur Mitwirkung bei wasserwirtschaftlichen Maßnahmen sind zu fördern.
Ressourcenminimierungsprinzip	Der direkte und indirekte Ressourcen- und Energieverbrauch der Wasserwirtschaft ist kontinuierlich zu vermindern.
Vorsorgeprinzip (Besorgnisgrundsatz)	Extremschäden und unbekannte Risiken müssen ausgeschlossen werden.
Quellenreduktionsprinzip	Emissionen von Schadstoffen sind am Ort des Entstehens zu unterbinden.
Reversibilitätsprinzip	Wasserwirtschaftliche Maßnahmen müssen modifizierbar, ihre Folgen reversibel sein.
Intergenerationsprinzip	Der zeitliche Betrachtungshorizont bei wasserwirtschaftlichen Planungen und Entscheidungen muss dem zeitlichen Wirkungshorizont entsprechen.

> „IWRM ist ein Prozess, bei dem durch koordiniertes Management der Nutzen der Wasserressource ökonomisch und gesellschaftlich maximiert wird, ohne ökologische Schäden hervorzurufen."

Es basiert auf der Dublin Deklaration über Wasser und nachhaltige Entwicklung vom Januar 1992 und den Zielen der Agenda 21, Kap. 18.8 der Rio Deklaration (UN, 1992). Das IWRM ist das international anerkannte **Leitbild** einer guten Politik auf dem Wassersektor. Es ist eine sehr allgemein gehaltene Plattform, was einen Konsens über kulturelle Grenzen und Landesgrenzen hinaus begünstigt, aber zugleich Schwächen bei der Analyse und **Bewertung** enthält, die ohne Mindeststandards (mehrere Kriterien) nicht zu beheben sind.

Um die Erfüllung dieser Zielsetzungen und den Vergleich zwischen verschiedenen Maßnahmenalternativen zu ermöglichen, sind Indikatoren notwendig. Diese Indikatoren dienen im Wesentlichen der Beschreibung und Quantifizierung von Auswirkungen bestimmter Maßnahmen z. B. für Monitoring, Entscheidungsfindung, Prognose zukünftiger Entwicklungen, oder öffentlicher Information und Kommunikation. Es existiert eine Vielzahl unterschiedlicher **Indikatorsysteme** auf nationaler und internationaler Ebene (Steinberg et al., 2002). Ein Beispiel einer offenen Liste von Indikatoren für bestimmte ökologische Zielsetzungen einer nachhaltigen Wasserwirtschaft gibt Tabelle 6.4. Die Entwicklung von geeigneten Indikatoren orientiert sich u. a. an der Quantifizierbarkeit des spezifischen Sachverhalts, der verfügbaren Datenqualität und der Aussagekraft für bestimmte Zielgruppen.

Tab. 6.4 Beispiele ökologischer Zielsetzungen einer Wasserversorgung und offene Liste von Indikatoren (verändert nach UBA 2001).

Ressourcenschutz	Indikatoren
Integration	• Anteil der benutzten Wasserressourcen, der integriert bewirtschaftet wird
Regionalität	• Anteil des im Versorgungsgebiet geförderten Rohwassers an der gesamten Wasserförderung
Wasserqualität	• Belastung der Rohwässer mit Nitrat, PBSM und Industriechemikalien • Trend der Belastung
Quellenreduktion, Langfristigkeit	• Schutzzonen (Verhältnis notwendiger zu tatsächlichen Flächen) • Aufwendungen für flächendeckenden Ressourcenschutz
quantitativer Zustand	• Entnahme in Relation zur Neubildung (bei Grundwasser)
Ressourcenminimierung	• Energieeffizienz • Abfalleffizienz
Kreislauf	• gemeinsame organisatorische Verantwortung von öffentlicher Wasserver- und Abwasserentsorgung • Verwertungsquote des Abfalls • Kreislaufanteil an der Wasserversorgung

Tab. 6.4 (Fortsetzung).

Trinkwasserqualität	
Ressourcenschutz	• Anteil chemisch belasteten Rohwassers, das eine Aufbereitung erfordert • Anteil mikrobiologisch belasteten Rohwassers, das eine Desinfektion erfordert
Versorgung	• Häufigkeit von Abweichungen von den Anforderungen der TrinkwV • Effizienz der Maßnahmenpläne nach der TrinkwV bei Abweichungen von den Anforderungen • Häufigkeit und Gründe von Desinfektionsmaßnahmen • Häufigkeit von Störungen • Anteil der Wasserverluste an der Gesamtförderung • Zufriedenheit der Kunden mit dem Wasserversorgungsunternehmen • Akzeptanz des Wassers aus der Leitung in Bezug auf abgepacktes Wasser
Überwachung	• Häufigkeit der Überwachung für bestimmte Parameter in Relation zu den rechtlichen Vorgaben • Anteil der Beschwerden Privater in Relation zur betroffenen Bevölkerung bei Abweichungen von den Anforderungen • Zeitspanne zwischen Beschwerden Privater und veranlasster Abhilfe

> **Merke:** Die Zusammenfassung von vielen Einzelindikatoren zu einem Gesamtbild der Wassernutzung ist nur durch eine vergleichende Bewertung und Abwägung zwischen den Indikatoren möglich. Dabei treten oft Zielkonflikte auf, so dass eine eindeutige Aussage für oder gegen eine bestimmte Maßnahme immer auf dem Konsens der Bewertenden beruht. Transparenz und Nachvollziehbarkeit bei der Ableitung dieser Werthaltungen sind daher unverzichtbare Grundlagen für eine abschließende Beurteilung z. B. der Nachhaltigkeit.

6.11.3 Benchmarking

Ein modernes Managementinstrument zur stetigen Verbesserung von Prozessen ist das Benchmarking. Ursprünglich zur Steigerung der Wettbewerbsfähigkeit von Unternehmen auf dem freien Markt konzipiert, basiert das Benchmarking auf einem Vergleich verschiedener Unternehmen im selben Marktsegment und einer Orientierung am Unternehmen mit den besten Werten („benchmark"). Das Ergebnis ist eine monetäre Bewertung der Produkte und des wirtschaftlichen Erfolgs.

Ziel des **Benchmarking in der Wasserwirtschaft** ist ebenfalls die Effizienzsteigerung und die Schaffung dynamischer Anreize zur Verbesserung der Leistungsfähigkeit des Unternehmens. Dabei tritt die monetäre Bewertung in den Hintergrund. Weit wichtiger sind ökologische Aspekte und Indikatoren der Nachhaltigkeit, sowie Akzeptanz und soziale Aspekte. Über einen Vergleich von Kennzahlen zwischen verschiedenen

Wasserversorgern lassen sich damit Optimierungspotentiale identifizieren. Ein Benchmarking-Verfahren ist meist als ein dauerhafter Kreisprozess angelegt, der sich in fünf Schritte unterteilen lässt (s. Tab. 6.5).

Die organisatorische Trennung von Wasserversorgung und Abwasserentsorgung (oft in unterschiedlichen Unternehmen) erschwert hierbei die integrierte Betrachtung des gesamten Wasserkreislaufs und die Ausnutzung von Synergieeffekten. Dennoch gibt es auf nationaler und internationaler Ebene viele Ansätze für Benchmarking-Verfahren, so z. B. das Benchmarking der „International Water Association (IWA)" (Alegre et al., 2006) oder der „Deutschen Vereinigung für Wasserwirtschaft, Abwasser und Abfall" (DWA, 2008). Dabei stehen zwar betriebswirtschaftliche Kennzahlen im Vordergrund, bewertet werden aber auch Versorgungssicherheit, Qualität, Kundenzufriedenheit und Nachhaltigkeit.

Tab. 6.5 Schritte eines Benchmarking-Prozesses.

Planung	• Analyse kritischer Erfolgsfaktoren • Auswahl der Leistungsbereiche bzw. Prozesse • Entwicklung und Definition von Leistungsindikatoren
Suche	• Auswahl der Benchmarking-Partner
Erfassung	• Sammlung der notwendigen quantitativen und qualitativen Informationen • Untersuchung und Dokumentation der Leistungsbereiche bzw. Prozesse
Analyse	• Identifikation von Leistungsunterschieden • Analyse der Ursachen von Leistungsunterschieden
Umsetzung	• Festlegung von Verbesserungsmaßnahmen, mit denen die Indikatorwerte der als führend erachteten Unternehmen erreicht werden sollen • Kontrolle von Maßnahmen und Monitoring des Benchmarks (bzw. Neuauflage des Benchmarking)

6.11.4 Ökobilanz/Life Cycle Assessment

Seit den 1970er Jahren wird die Methodik der Ökobilanzierung (**Life Cycle Assessment**) für die Bewertung der ökologischen Nachhaltigkeit von Produkten oder Prozessen verwendet. Dabei handelt es sich um eine strukturierte Analyse des gesamten Lebenszyklus eines Produkts bzw. Prozesses inklusive aller vor- und nachgelagerten Prozesse („cradle to grave" = „von der Wiege bis zur Bahre"). Durch diese Betrachtungsweise fließen auch indirekte Auswirkungen (z. B. Energieerzeugung, Transportprozesse) in die Analyse mit ein. Ein weiterer zentraler Bestandteil der Ökobilanz ist der Bezug auf eine funktionelle Einheit, die den quantitativen Vergleich zwischen verschiedenen Maßnahmenalternativen ermöglicht. Damit werden alle entstehenden Umweltauswirkungen (Ressourcenverbrauch und Emissionen) und die entsprechenden Indikatoren auf eine gemeinsame Größe bezogen.

Die vier zentralen Arbeitsschritte einer Ökobilanz sind in den zugehörigen ISO-Normen 14040 und 14044 definiert (ISO, 2006). Sie umfasst im Einzelnen folgende Bestandteile:

- Festlegung des Ziels und des Untersuchungsrahmens (Systemfunktionen, funktionelle Einheit, Systemgrenzen, Datenqualität)
- Sachbilanz (Datenerhebung, Stoffstrommodellierung)
- Wirkungsabschätzung (Klassifizierung und Charakterisierung der Ergebnisse der Sachbilanz mit Indikatoren, Normierung, Ordnung und Gewichtung der Indikatoren)
- Auswertung (Interpretation der Ergebnisse mit Sensitivitäts- und Fehleranalyse)

Diese Arbeitsschritte werden meist iterativ durchgeführt, so dass eine nachträgliche Anpassung der Methodik möglich ist. Während die Sachbilanz das Herzstück der Ökobilanz bildet und den größten Arbeitsaufwand bedeutet, findet die Wirkungsabschätzung mittels geeigneter vorgegebener Bewertungssysteme statt. Ökobilanzen wurden bereits für viele Fallstudien innerhalb ausgewählter Bereiche der Wasserwirtschaft angewandt, um die ökologische Nachhaltigkeit bestimmter Maßnahmen zu überprüfen. Im ökonomischen Bereich existiert das Verfahren des „Life Cycle Costing", welches das Verfahren der Ökobilanz auf die Kostenrechnung überträgt.

6.12 Literatur

Alegre H., Baptista J. M., Cabrera Jr, E., Cubillo F., Duarte P., Hirner W., Merkel W. und Parena R. (2006): Performance Indicators for Water Supply Services – Second Edition, IWA Publishing, London.

Bartram J., Corrales L., Davison A., Deere D., Drury D., Gordon B., Howard G., Rinehold A., Stevens M. (2009): Water safety plan manual: step-by-step risk management for drinking-water suppliers. World Health Organization, Geneva.

Breithaupt M., Höfling H., Petzold L., Philipp C., Schmitz N. und Sülzer R. (1998): Kommerzialisierung und Privatisierung von public utilities. Gabler Verlag, Wiesbaden.

Bünger T. und Rühle H. (2002): Radioaktivität in Trinkwässern. In Grohmann, A. (Hrsg.) (2003): Karl Höll–Wasser. 8. Aufl. de Gruyter Verlag Berlin.

de Soto H. (1990): Zum Beispiel Lima, eine Antwort auf den Vortrag von Günter Grass „Zum Beispiel Calcutta". Club of Rome, die Herausforderungen des Wachstums. Scherz Verlag, Bern, S. 93.

Deutscher Heilbäderverband e. V. (2005): Begriffsbestimmungen – Qualitätsstandards für die Prädikatisierung von Kurorten, Erholungsorten und Heilbrunnen, 12. Aufl., Flöttmann Verlag, Gütersloh.

Dieter H. H. und Henseling M. (2003): Kommentar zur Empfehlung: Maßnahmewerte (MW) für Stoffe im Trinkwasser während befristeter Grenzwert-Überschreitungen gem. § 9 Abs. 6–8 TrinkwV 2001. Bundesgesundhbl. 46: 701–706.

Dieter H. H. und Grohmann A. (1995): Grenzwerte für Stoffe in der Umwelt als Instrument der Umwelthygiene. Bundesgesundhbl. 38: 179–186.

DWA (2008): Benchmarking in der Wasserversorgung und Abwasserbeseitigung, Merkblatt DWA-M 1100, Deutsche Vereinigung für Wasserwirtschaft, Abwasser und Abfall, Hennef.

Frontinus Sixtus, Iulius (97): DE AQUAEDUCTU URBIS ROMAE, in der Übersetzung von G. Kühne. Frontinus Ges.(1982): Wasserversorgung im Antiken Rom. R. Oldenbourg Verlag, München.

Garbrecht G. (1985): Wasser: Vorrat, Bedarf und Nutzung in Geschichte und Gegenwart. Rohwolt Taschenbuch Verlag, Reinbeck.

Gockel B. (1997): Brunnenvergiftung – fragmentarische Betrachtungen zu einem „schwarzen Kapitel". Frontinus-Gesellschaft e. V., Bonn und Köln, Heft 21: 117.

Grohmann A. (2005): Sechs Prinzipien einer nachhaltigen Trinkwasserversorgung. Vom Wasser, 103: 3–32.

Havelaar A. H. und Melse J. M. (2003): Quantifying Public Health Risk in the Guidelines for Drinking-water Quality: A Burden of Disease Approach. RIVM Report 734301022/2003, National Institute for Public Health and the Environment (RIVM), Bilthoven.

ISO (2006): DIN EN ISO 14040: Umweltmanagement – Ökobilanz – Grundsätze und Rahmenbedingungen, DIN EN ISO 14044: Umweltmanagement – Ökobilanz – Anforderungen und Anleitungen, Deutsches Institut für Normung e. V., Beuth Verlag, Berlin.

Kahlenborn W. und Kraemer R. A. (1998): Nachhaltige Wasserwirtschaft in Deutschland – Endbericht. Studie im Auftrag des Umweltbundesamts, UBA 296 23 110, Umweltbundesamt, Berlin.

Klaffenbach G. (1954): Die Astynomeninschrift von Pergamon. Akademie-Verlag, Berlin.

Koerner R. (1974): Recht und Verwaltung der griechischen Wasserversorgung nach den Inschriften. Archiv für Papyrusforschung, Band 22–23.

Lühr H.-P. (2001): Umgang mit wassergefährdenden Stoffen. In: Lecher K., Lühr H.-P. und Zanke Ulrich, C. E.: Taschenbuch der Wasserwirtschaft, 8. Aufl., Parey Buchverlag, Berlin.

Plate E. und Köngeter J. (2003) Wasser und Naturkatastrophen. In: DFG, Wasserforschung im Spannungsfeld zwischen Gegenwartsbewältigung und Zukunftssicherung. Wiley-VCH, Weinheim, S. 97.

Rühle H. (Hrsg.) (2009) Glossar zu den Messanleitungen für die Überwachung radioaktiver Stoffe in der Umwelt und externer Strahlung. RADIZ Information Nr. 31, RADIZ Schlema e. V., Schlema.

Steinberg C., Weigert B., Möller K. und Jekel M. (2002) Nachhaltige Wasserwirtschaft: Entwicklung eines Bewertungs- und Prüfsystems, Erich-Schmidt-Verlag, Berlin.

Storm P.-Ch. (1998) Umweltrecht. 11. Aufl., Beck-Texte im dtv Verlag, München.

Tiefenbrunner F. (2002) Badewasser. In: Grohmann, A. (Hrsg.): Karl Höll – Wasser. 8. Aufl. de Gruyter Verlag Berlin.

UBA Umweltbundesamt (Hrsg.) (1996) Transparenz und Akzeptanz von Grenzwerten am Beispiel des Trinkwassers. UBA Berichte 6/96, Erich Schmidt Verlag, Berlin.

UBA Umweltbundesamt (2001) Nachhaltige Wasserversorgung in Deutschland: Analyse und Vorschläge für eine zukunftsfähige Entwicklung, Erich-Schmidt-Verlag, Berlin.

UBA Umweltbundesamt (2003) Hygienische Anforderungen an Kleinbadeteiche. Bundesgesundhbl. 46: 527–529.

UBA Umweltbundesamt (2006) Hygieneanforderungen an Bäder und deren Überwachung. Bundesgesundhbl. 49: 926–937.

UNESCO-WWAP (World Water Assessment Programme) (2003) Water for People, Water for Life, UN World Water Development Report (WWDR1), UNESCO Publishing, Paris, S. 341.

UN United Nations (1987): Report of the World Commission on Environment and Development, Anex to A/42/427, Our Common Future, Chapter 2: Towards Sustainable Development, No 1. (www.un-documents.net).

UN United Nations (1992): Application Of Integrated Approaches To The Development, Management And Use Of Water Resources. Agenda 21, Chapter 18. (www.un-documents.net).

UN United Nations (2002) The right to water, General Comment 15, (Twenty-ninth session, 2003), U.N. Doc. E/C.12/2002/11. Committee on Economic, Social and Cultural Rights.

Vitruvius, Pollio, Marcus (25 v. u. z.) De architectura, 8,4,1; in der Übersetzung von C. Fensterbusch, Primus Verlag, Darmstadt.

WHO World Health Organization (2003) Right to Water. WHO, Genf.

WHO World Health Organization (2004): Guidelines for Drinking-water Quality. 3. Auflage, Band 1, Kap. 4. WHO, Genf.

Register

1728959R00204

Printed in Germany
by Amazon Distribution
GmbH, Leipzig